▲ 하늘에서 본 나사 에임스연구소. 에임스연구소는 캘리포니아 마운틴뷰에 있다. ©나사

▲ 나사 에임스연구소 소장으로 재직하던 시절 피트 워든. ©나사

◀ 레인보우 맨션. ⓒ윌 마셜

▲ 레인보우 맨션 차고에 있는 플래닛랩스 창립 멤버. 가운데에 앉아 있는 사람이 윌 마셜이다. 맨 왼쪽에 앉은 로비 싱글러 뒤로 크리스 보슈하우젠이 서 있다. ⓒ플래닛랩스

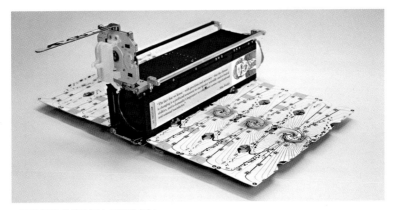

▲ 플래닛랩스의 위성 도브. ⓒ플래닛랩스

▲ 궤도로 여행을 시작한 도브. ⓒ플래닛랩스

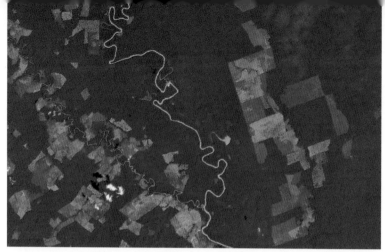

▲ 도브는 아마존 열대우림의 파괴 실태를 관찰한다. ⓒ플래닛랩스

▲ 러시아가 우크라이나를 침공하기 몇 달 전부터 국경에 군사 물자를 배치하는 모습이 도브에 잡혔다.
ⓒ플래닛랩스

◀ 아마추어 공개출처정보 분석가 데커 에벨레스가 발견한 중국의 미사일 격납고 중국은 미사일 격납고를 숨기기 위해 팽창식 돔 모양의 흰색 덮개를 씌운다.
ⓒ플래닛랩스

▲ 로켓 자전거를 탄 피터 벡. ⓒ로켓랩

▲ 우주 강국 미국을 방문한 피터 벡. ⓒ로켓랩

▲ 발사를 앞둔 일렉트론. ⓒ키런 패닝

▼ 뉴질랜드 마히아반도에 있는 로켓랩의 발사 단지. ⓒ로켓랩

▲ 뉴질랜드에 있는 로켓랩의 생산 시설. ⓒ로켓랩

▲ 다스 베이더의 로켓 발사 소굴 같은 로캣랩의 오클랜드 관제 센터. ⓒ로켓랩

▲ 로켓랩 발사장 앞에 서 있는 피터 벡. ⓒ로켓랩.

▶ 아스트라가 주최한 '우주의 여명' 파티에서 크리스 켐프와 애덤 런던. ⓒ애슐리 반스

▲ 아스트라 엔진 시험실에서 일하고 있는 벤 브로커트. ⓒ애슐리 반스

▶ 아스트라 앨러미다 본사 임시 테스트 구역으로 로켓을 밀고 가는 크리스 켐프와 직원들. ⓒ애슐리 반스

▶ 아스트라 스카이호크 공장이 들어서기 전 건물 상태. ⓒ애슐리 반스

◀ 스카이호크가 최첨단 공장으로 변화할 무렵 뿌듯하고 자신감 넘치는 크리스 켐프. ⓒ애슐리 반스

▲ 코디액섬에서 로켓 소프트웨어를 상황에 맞추어 즉시 코딩하고 있는 제시 케이트 싱글러. ⓒ애슐리 반스

▲ 아스트라 직원들은 알래스카에서 산장을 숙소로 이용했다. 이곳에서 그들은 로켓과 삶에 대해 고민했다. ⓒ애슐리 반스

▲ 알래스카 코디액섬의 태평양우주기지에서 발사를 기다리고 있는 아스트라 로켓. ⓒ아스트라

▲ 알래스카에서 로켓을 수리하고 있는 아스트라 엔지니어들. ⓒ애슐리 반스

▲ 아스트라 발사 책임자 크리스 호프만. ⓒ애슐리 반스

▼ 개선된 아스트라 스카이호크 공장. ⓒ제이슨 헨리

▲ 아스트라 앨러미다 공장의 주변 풍경. ©제이슨 헨리

▲ 캘리포니아 멘로파크에 있는 자택 사무실에서 맥스 폴랴코프 ©애슐리 반스

▲ 드니프로 항공우주박물관 주차장에 전시된 로켓. ⓒ애슐리 반스

▼ 드니프로 숲에 있는 로켓 시험장. ⓒ애슐리 반스

▲ 반덴버그우주군기지에서 파이어플라이 로켓의 상태를 확인하며 즐거워하는 맥스 폴랴코프. ⓒ애슐리 반스

▼ 텍사스에 있는 파이어플라이 로켓 공장에서 톰 마르쿠식. ⓒ켈시 매클렐런

◀ 캘리포니아에서 처음 발사되는 파이어플라이 로켓 알파. ⓒ파이어플라이

▲ 맥스 폴랴코프의 텍사스 농장을 배경으로 한 파이어플라이 로켓 시험대. ⓒ애슐리 반스

레인보우 맨션

수천조의 우주 시장을 선점한 천재 너드들의 저택

레인보우 맨션

애슐리 반스 지음 | 조용빈 옮김

RAINBOW MANSION

멀린다에게
고맙고도 미안한 마음을 전하며

독자에게

이 책은 4개 대륙에서 5년간 취재하고 수백 시간 인터뷰한 끝에 완성되었다. 이 책의 주요 인물들과 희비의 순간을 함께하며 그들의 세계를 들여다보았다. 그들은 개인적 삶을 여과 없이 보여주었고 그 덕분에 성격이나 동기, 관점 등 기자가 종종 겪는 어려움 없이 이해할 수 있었다. 이 책에 나오는 인용은 모두 별도의 언급이 없는 한 내가 직접 취재한 결과다. 읽다 보면 알겠지만 이 책 전체에 걸쳐 등장하는 인물들이 한 말을 그대로 적었다. 그들의 이야기와 생각을 그들만의 언어로 말하는 게 중요하다고 생각했다. 일부 인용은 간결함과 명확성을 위해 편집하기는 했지만 가독성을 위해 정확성을 희생하지 않았다. 이 책에 나오는 인물과 관련해 〈블룸버그비즈니스위크Bloomberg Businessweek〉에 앞서 기사를 쓰기도 했다. 하지만 기사의 문구가 마음에 든다고 해서 이 책에 그대로 인용한 경우는 거의 없다.

사실 확인을 위해 최선을 다했다. 다음 쇄에 반영할 수정 사항이 있다면 내 홈페이지(ashleevance.com)에도 게시할 예정이다. 홈페이지에서는 여러분의 의견도 받고 있다.

내가 이 책을 쓰면서 느꼈던 즐거움을 여러분도 누리기를 바란다.

차례

프롤로그   집단 환각

오, 지구여, 올려다보라.

다가오는 1,000년의 빛이 벌써 하늘을 낯설고도 새로운 색으로 물들이는 세기의 지평선 너머를 올려다보라.

올려다보라. 우리는 중력의 법칙을 무시하고 너무나 낮았던 세계의 천장을 뜯어냈다.

하늘은 너의 것이다. 털구름으로 해변을 새로 만들고 층쌘구름으로는 계곡을 만들었다.

고개를 들어라! 너는 평생 도랑이나 진흙, 물웅덩이만 내려다보도록 태어나지 않았으나 그토록 바라던 것이 없을까 두려워 고개를 들지 못했다.

이제 올려다보라, 인간의 꿈과 전설에 계속 나타났던 형체를. 오래전 정글에서 엿보았을 때부터 저 푸르고 먼 언덕 위에, 저 산 위에 무엇이 살고 있는지 궁금해했던 형체를.

오, 지구여, 올려다보라.

— 앨런 무어, 《미라클 맨》

경제적 관점에서 볼 때 행성 간 우주탐사는 인류의 연속성을 보장하기 위해 이루어져야 한다. 만약 오랜 시간이 지난 후 인류가 더는 진화가 불가능한 지점에 도달했다고 여겨질 때 생명과 발전의 지속은 우리의 최고 목표이자 목적이 되어야 한다. 생명과 발전이 멈추면 엄청난 재앙이 따를 것이다.

— 로켓공학의 아버지 로버트 고더드Robert Goddard(1913)

그토록 엄청났던 기대는 사라지고 극심한 불안과 절망이 엄습했다. 2008년 9월 28일 약 15명의 스페이스X 직원들이 열대지방의 작은 섬에서 흰색 팰컨1을 궤도에 올리기 위해 준비하고 있었다. 대다수 직원에게 이 순간은 6년간의 고된 노고가 끝나고 완벽한 성취감을 느낄 기회였다. 문제는 이전에도 발사를 준비한 적이 있었고 그때마다 일이 잘 풀리지 않았다는 것이다. 정글로 뒤덮인 이 작은 기지에서 로켓 3대를 발사했지만 모두 발사 직후 폭발하거나 비행 중 분해되어버렸다. 과거 실패한 경험은 스페이스X 엔지니어와 기술자들에게 심각한 좌절감을 안겨주었다. 그들은 자신의 지적 능력과 창의성을 의심했다. 어쩌면 스페이스X의 창업자이자 CEO인 일론 머스크가 그들을 믿은 것 자체가 끔찍하고 값비싼 실수였을지 모른다고, 어쩌면 그들은 몇 분 후에 새로운 직업을 구해야 할지도 모른다고 생각했다.

작업 조건은 처음부터 이상적이지 않았다. 스페이스X는 태평양 한가운데 100여 개의 섬으로 이루어진 콰절레인Kwajalein 환초에 로켓 발사 시설을 설치했다. 지리상 하와이와 호주를 이웃으로 둔 섬은 고도가 해수면과 얼마 차이 나지 않고 습도는 높으며 햇빛은 피할 길이 없는 곳이다. 게다가 열대 휴양지에서나 환영받을 염도 높은 바닷물은 기계와 씨름하며 육체노동을 할 때 최악의 조건이었다.

스페이스X 팀원 몇몇은 2003년 콰절레인을 처음으로 방문할 당시 방해받지 않고 로켓을 실험할 장소를 찾고 있었다. 콰절레인으로 간 데는 그만한 이유가 있었다. 콰절레인에는 1,000명의 일상생활을 지원 하고 복잡한 무기 시스템을 테스트할 수 있는 기반 시설이 구축되어 있 었다. 이곳에서 미군이 수십 년 동안 레이더 및 미사일 방어 시스템을 중 심으로 작전을 수행해왔기 때문이다. 무엇보다도 콰절레인의 큰 장점은 현지인들이 폭발에 익숙해져 있다는 것이었다. 정체불명의 20대 몇몇과 닷컴 백만장자가 액체 폭발물로 가득한 금속관을 들고 나타나 사고가 없 기만 바라는 현장을 보고도 크게 신경 쓰지 않았다.

하지만 스페이스X 직원들이 매일매일 생활하는 곳은 '길리건의 섬Gilligan's Island'(무인도에 도착한 조난자들의 모험을 그린 1960년대 TV 드라마.─옮긴 이)과 비슷해서 잘 갖추어진 군사 전초기지와는 환경이 달랐다. 설비나 주택, 상점, 식당, 술집 등의 시설이 콰절레인섬, 즉 가장 큰 섬에만 있었 기 때문이다. 스페이스X 직원들이 있는 3,000m² 규모의 오믈렉섬에는 선착장 2개와 헬리콥터 이착륙장, 창고 4개, 야자수 100여 그루가 기반 시설의 전부였다. 이곳에서 스페이스X는 캘리포니아와 텍사스에서 보 낸 로켓 부품을 받아 조립하고 테스트한 뒤 완성한 로켓을 최종 발사할 계획이었다.

오믈렉섬을 유용한 공간으로 탈바꿈하기 위한 공사가 2005년에 본격적으로 시작되었다. 스페이스X 직원들은 로켓발사대로 사용할 위 치에 대형 콘크리트 바닥을 설치했다. 그늘진 곳에 로켓과 도구를 보관 하고 작업할 수 있게 텐트도 설치했다. 1960년대식 이동식 트레일러 몇 대를 개조해 거주 공간과 사무실로 사용했다. 배관도 직접 했다. 식사는 포장 샌드위치나 바다에서 구할 수 있는 재료로 해결했다.

어려운 여건에도 스페이스X의 작업 속도는 몇 년 단위로 진도를 측정하는 항공우주산업치고는 엄청나게 빨랐다. 한때 황량했던 오믈렉섬은 로켓에 연료를 공급하는 데 필요한 액체산소(산화제)와 케로신(등유) 추진제 그리고 다양한 기계장치를 가압하는 데 사용하는 헬륨을 저장하기 위한 원통형 탱크로 가득 차기 시작했다. 가스 발생기는 천사처럼 보였다. 이는 트레일러에서 에어컨을 사용할 수 있다는 뜻이었다. 트레일러 안이 시원해지면 잠시나마 땀을 식힐 수 있었고 문제가 발생해도 긴장감이 덜했다. 몇몇 부지런한 사람은 제대로 된 화장실과 샤워실을 설치했다. 2005년 9월 초에는 발사 전에 로켓을 수직으로 세워 제자리에 고정하고 지탱할 금속 비계를 설치했다.

한 달에 한 번씩 장비로 가득 찬 대형 컨테이너를 잔뜩 싣고 화물선이 도착했다. 9월 말에는 화물선 한 척이 팰컨1의 1단, 즉 본체를 싣고 왔다. 10월 말에 로켓을 조립해 발사대로 옮긴 다음 수직으로 세웠다. 엔지니어 대부분은 엔지니어답게 그 순간의 상징성에 큰 의미를 부여하지 않았다. 하지만 팰컨1은 분명 신성한 상징물처럼 보였다. 기이한 알루미늄 오벨리스크는 정글 빈터 한가운데서 삐쭉 튀어나와 위로, 가능한 한 멀리까지 올라가겠다는 의지를 만방에 알렸다.

어떤 로켓 프로그램이든 이 시점이 되면 연속해서 문제가 발생한다. 로켓 자체는 이미 설계와 제작이 끝났다. 보통 가장 까다로운 부분인 엔진은 다른 곳에서 점화 테스트를 거치며 실제 발사까지 반복에 반복을 거듭한다. 수많은 소프트웨어 코드를 작성하고 오류를 찾아내고 정밀하게 조정한다. 로켓 내부의 배선 역시 꼼꼼하게 손본다. 그리고 이 모든 노력이 합쳐지면 제대로 작동하리라 낙관적으로, 이성적으로 희망한다. 그러나 로켓 신은 그렇게 호락호락하지 않다.

로켓이 완전히 조립되어서 대기권을 뚫고 나아가려면 지상에서 수백 가지 테스트를 거쳐야 한다. 테스트는 비교적 사소한 부품 때문에 실패하는 일이 허다하다. 50달러짜리 밸브가 오작동해서 교체해야 하는 경우 로켓 본체의 해치를 열고 고장 난 부분을 찾는 데 진땀을 흘려야 한다. 또는 배터리 팩에 습기가 차 교체해야 할 수도 있다.

때로는 운송 문제로 테스트가 잘못되거나 아예 진행되지 못할 때도 있다. 예를 들어 로켓 발사를 준비할 때는 로켓연료실을 엄청난 양의 액체산소로 가득 채워야 한다. 문제는 액체산소를 액체 상태로 유지하기 위해서 매우 낮은 온도에 보관해야 하는데, 이 연료가 냉각 탱크에서 로켓연료실로 이동하면 주변 대기의 열로 인해 즉시 기화된다는 점이다. 로켓을 액체산소로 채운 다음 테스트를 앞두고 발생하는 문제점을 하나씩 고치려고 애쓰다가 정작 점화 준비가 완료되었을 때는 너무 많은 액체산소가 기화되어 테스트를 진행할 수 없게 되는 일이 종종 있다. 하루 동안 같은 사고가 다섯 번 터지고 액체산소 저장 컨테이너는 비어 있으면 그제야 깨닫는다. 태평양 한가운데 작은 섬에 갇혀 액체산소를 해가 지기 전에 가져다달라고 부탁할 사람이 반경 3,000km 이내에는 없으며 신속하게 운반할 수단도 없다는 사실을 말이다.

관계자가 아니면 로켓을 만드는 과정이 이렇게 힘들다는 사실을 이해하지 못한다. 로켓은 의도와 목적에 맞게 완성되면 발사 준비가 끝난다고 생각한다. 여러 가지 문제가 발생해 몇 개월씩 고쳐야 한다고도 생각하지 않는다. 하지만 실제로 문제가 발생한다. 흔히 우스갯소리로 지금 로켓 발사의 발목을 잡는 것은 고된 단순 작업이지 물리학 이론이 아니라고 말한다. '로켓 과학'의 정말 어려운 분야인 물리학 이론은 오래전에 해결되었다고 한다. 이 시점에 필요한 것은 무조건 문제를 해결해내는 기술자지 박사 학위 소지자가 아니다.

2005년 10월부터 2006년 3월까지 스페이스X 팀은 바로 이런 문제에 대처해왔다. 직원들은 매일 해가 뜰 때 로켓으로 출근해서 해가 지고도 한참 뒤까지 로켓과 씨름했다. 지칠 대로 지친 날들이 이어졌고 종종 실망스러운 일도 있었지만 로켓을 발사하겠다는 희망으로 버텼다. 일론 머스크는 2002년 스페이스X를 설립하고 머스크답게 회사의 첫 번째 로켓을 1년 이내에 발사하겠다는 완전히 비현실적인 목표를 세웠다. 4년이 지난 시점에서도 스페이스X 팀은 새로운 로켓 프로그램을 성공시키기 위해 엄청난 속도로 전진하고 있었다. 스페이스X 팀은 머스크의 허황한 요구와 무한한 지원을 동력으로 삼았다. 그들은 기존 항공우주산업의 관료주의가 구시대적 유물임을 증명하고 업계에서 새로운 길을 개척할 수 있다는 생각에서 힘을 얻었다.

팰컨1은 결코 인상적인 로켓은 아니었다. 오히려 그 반대였다. 그래도 장점은 있었다. 높이 21.3m에 지름이 1.7m였고 450kg 정도의 화물을 궤도에 올릴 수 있는 추진력을 보유했다. 1회 발사에 드는 비용은 약 700만 달러였다. 가장 주목할 만한 점은 이 가격이었다. 일반적으로 인공위성을 궤도에 올리기 위해 사용하는 로켓은 1회 발사에 8,000만~3억 달러가 든다. 수백 개의 협력업체가 자신의 이익을 최대화하는 가격으로 부품을 공급하기 때문이다. 스페이스X는 가장 저렴한 부품으로 대체하거나 자체적으로 만드는 방법을 채택하여 전체 방정식을 뒤집었다.

2006년 3월 24일에 마침내 이 모든 노력을 테스트할 순간이 왔다. 일부는 머스크와 함께 콰절레인섬의 관제 센터에 자리 잡았고 나머지는 문제 발생 시 대응하기 위해 오믈렉섬에 대기했다. 팀원들이 아침 일찍부터 체크리스트를 점검하고 대망의 순간을 준비하면서 발사 절차가 시작되었고 오전 10시 30분에 팰컨1은 이륙했다. 격렬한 굉음이 오믈렉섬의 임시 구조물을 몇 초 동안 뒤흔들더니 로켓이 중력을 뚫고 하늘로 솟았다. 온갖 복잡한 감정에 휩싸여 팰컨1을 바라보던 스페이스X 직원들에게 시간이 길게 느껴지기 시작했다. 로켓의 상태를 눈으로 확인하기 위해 몸통을 위아래로 훑으며 1초가 몇 분처럼 느껴졌다.

하지만 문외한이 보기에도 로켓에 문제가 생겼음을 쉽게 알 수 있었다.▼ 정확히 일직선으로 치솟아야 하는 로켓이 이륙 후 본체가 흔들리면서 회전했다. 이는 로켓을 다루는 사람들에게 끔찍한 징조였다. 비행 30초 후 엔진이 꺼졌다. 로켓은 잠시 상승을 멈추더니 지상으로 떨어지기 시작했다. 그 순간 로켓은 오믈렉섬을 향해 떨어지는 폭탄이나 마찬가지였다. 화학연료를 실은 금속 덩어리는 발사대에서 180m 떨어진 암초에 부딪혀 폭발했다. 로켓에 실렸던 미 공군의 소형 위성은 하늘로 치솟았다가 연장 창고 지붕을 뚫고 떨어졌다. 수천 개의 로켓 파편이 섬 전역과 바다로 떨어졌다.

스페이스X 직원들은 결과에 만족하지 않았지만 예상치 못한 일도 아니었다. 새로 개발한 로켓이 첫 비행에 성공하기란 드문 일이다. 가장 실망스러운 부분은 로켓이 오믈렉섬에서 폭발했다는 점이다. 로켓이 폭발할 경우 상당히 올라간 다음, 해상에서 폭발하는 게 가장 좋다. 스페이스X 직원들은 섬으로 돌아가 엔지니어로서 부족함을 처절하게 느끼며 로켓 잔해를 직접 주워 모으는 치욕을 겪고 싶지 않았다.▼▼

며칠 후 직원들은 짧은 비행에서 수집한 데이터를 분석하고 로켓 잔해를 정밀 분석했다. 조사를 통해 연료 파이프를 고정하는 알루미늄 너트가 콰절레인의 뜨겁고 염도 높은 공기에 수개월 동안 노출되면서 부

▶ 당시 약 5,000명이 발사를 온라인으로 지켜보았다.

식했음을 발견했다. 단돈 5달러에 불과한 이 부품에 금이 가면서 등유가 새어 나와 엔진에 화재가 발생했다. 아이러니하게도 스페이스X는 향후 문제의 재발을 막기 위해 더 저렴한 스테인리스스틸 재질의 너트를 사용하기로 했다.

스페이스X는 그 뒤 1년 동안 새로운 로켓을 제작하고 모든 테스트를 거쳐 2007년 3월에 다시 발사했다. 두 번째 로켓은 훨씬 더 나은 성능을 발휘하며 7분 이상 비행했지만 연료가 예상치 못한 방식으로 출렁거려 엔진에 추진력을 충분히 공급하지 못했다. 로켓은 또다시 지구로 추락했지만 이번에는 대기권에서 타버렸다. 스페이스X는 18개월 후인 2008년 8월에 세 번째 발사에 도전했다. 발사는 순조로웠지만 로켓의 2단이 1단에서 분리될 때 어딘가에 걸리면서 궤도에 도달하지 못했다. 발사를 취재한 기자는 '팰컨1 또 실패'라는 제목으로 기사를 썼다.

그 무렵 스페이스X 팀은 완전히 지쳐 있었다. 콰절레인에서의 삶은 이국에서 경험하는 즐거움에서 고문으로 바뀐 지 오래였다. 더는 밤중에 술집에 모여 그날 일을 반성하거나 심오한 우주 이야기를 하지 않았다. 그 대신 직원들은 말썽을 부려 탈출할 계획을 세웠다. 한 엔지니어가 레드불과 보드카를 섞어 마신 뒤 공항 활주로를 알몸으로 달리면 섬

▶▶ 콰절레인섬의 군사령관은 로켓이 폭발한 데 흥미를 느꼈는지 스페이스X의 발사 및 테스트 담당 부사장인 팀 버자에게 연락해 만나자고 했다. 버자는 이렇게 회상했다. "섬의 최고 책임자가 급히 사령관 집으로 가라고 전화를 했더군요. 저는 '제기랄. 이거 보통 문제가 아닌데.'라고 생각했습니다. 사령관은 이라크에서 막 돌아온 무시무시한 육군 대령이었어요. 오토바이를 타고 사령관의 집에 가니 맥주 2병을 놓고 현관에 앉아 있더군요. 제가 앉으니 '오늘은 운이 안 좋았지만 곧 회복할 겁니다. 영상에서 봤던 것에 대해 더 이야기하고 싶습니다.'라고 말하더군요." 스페이스X를 책망하는 대신 사령관은 로켓의 폭발력이 얼마나 되는지 알고 싶어 했다. 사령관은 버자에게 "군에서 로켓을 활용할 방법은 없을까요?"라고 물었다.

에서 추방될지도 모른다고 말했다. 테이블에 있는 모든 사람이 그 말에 동의하자 그는 밖으로 곧장 달려나가 계획을 실행했다. 하지만 그보다 더한 일도 경험한 섬의 군인들은 다음 날 그를 오믈렉으로 돌려보냈다.

공개 석상에서 머스크나 나사 관계자, 미국 정부는 아무런 문제가 없다고 발표했다. 새로운 로켓은 폭발하기 마련이라고 했다. 스페이스X는 모든 문제를 파악하고 해결했다고 말했다. 이런 일들을 항공우주업계에서는 자연스러운 과정으로 받아들인다고 했다. 그러나 내부에는 여러 심각한 문제가 있었다. 우선 머스크는 엄청난 속도로 개인 재산을 소진하고 있었고 매년 기자회견에서 스페이스X가 궤도에 진입하지 못하는 이유를 설명하는 데 애먹고 있었다. 정부 관계자들도 달걀훤자로 주황색 모호크 머리를 세운 관제 센터 직원이 독특한 기업 문화가 아니라 문제 많은 기업 문화를 보여주는 것은 아닌지 의심하기 시작했다. 오믈렉 섬 곳곳에 쌓여 있는 엄청난 양의 맥주와 위스키가 이러한 의심을 더 부추겼다.

팰컨1과 오믈렉 발사대 개발에 참여한 스페이스X의 핵심 인물인 팀 버자는 이렇게 말했다. "세 번째 발사 때 정말 절망적인 상황이었습니다. 일론은 돈과 시간이 바닥나고 있었죠. 검토에 검토를 거듭했지만 처참한 기분만 들었습니다. 많은 사람이 처음으로 이게 끝일지도 모른다고 생각했습니다. 그때 일론이 전 직원을 대상으로 화상회의를 했습니다. '돈을 더 빌리겠습니다. 우리에게는 아직 로켓이 하나 남아 있고 8주 안에 발사해야 합니다.'라고 말했습니다."

꼬박 1년이 걸리는 과정을 두 달 안에 끝내야 하고 회사와 당신의 경력, 민간 우주여행의 성공 여부가 이 급박한 일을 정밀하게 수행하는 데 달려 있다는 말을 들었을 때 느껴지는 두려움은 이루 말할 수 없다.

하지만 스페이스X 팀은 꾹 참고 견디며 마지막으로 한 번 더 밀어붙이기로 했다.

기한이 터무니없이 정해지자 캘리포니아 본사에서 네 번째 팰컨1 로켓을 오믈렉으로 신속하게 가져오는 일이 가장 시급한 문제로 떠올랐다. 과거에는 매달 도착하는 화물선에 로켓을 실어왔지만 이번에는 비행기로 가져와야 했으므로 공군의 대형 수송기 C-17이 필요했다. 우여곡절 끝에 버자와 팀원들은 C-17과 조종사들을 수배해 로켓을 수송기에 싣는 데 성공했다. 좋은 소식이었다.

나쁜 소식은 이 조종사들이 항공기를 한계까지 몰아붙이기를 좋아하는 전직 군 조종사라는 사실이었다. C-17을 부드럽게 활주로에 진입시키는 대신 전투기처럼 몰았다. 공기압이 급격하게 증가하자 얇은 금속으로 된 로켓 본체가 쪼그라들기 시작했다. 경악한 스페이스X 엔지니어들은 근처에 있는 도구를 집어 들고 로켓의 통풍구를 열어 로켓 내부와 수송기 내부의 압력을 균일하게 했다. 엔지니어들이 재빠르게 대처한 덕분에 추가 손상은 막았지만 로켓은 이미 온전한 상태가 아니었다.

이 사고가 난 뒤 스페이스X의 분위기는 더욱 가라앉았다. 섬에 있는 일부 팀원들은 발사 전까지 손상된 로켓을 다시 작동 가능한 상태로 정상화하기란 불가능하다고 생각했다. 안타깝지만 누군가는 머스크에게 전화를 걸어 무슨 일이 일어났는지 보고해야 했다. 평소와 마찬가지로 머스크는 해결책을 찾아 계속 전진하라고 답했다.

스페이스X의 엔지니어와 기술자들은 2008년 8월 초부터 9월 28일까지 이 저주받은 로켓에 전력을 다했다. 매일같이 팰컨1의 본체를 점검하고 수리한 결과 지루한 사전 발사 테스트를 시작할 수 있었다. 스페이스X 직원들이 '일론'이라고 이름 지은 길이 90cm의 대형 코코넛게가 가끔 작업장에 들렀는데 좋은 징조 같았다.

그렇게 9월 28일이 되고 모두가 다시 한번 제자리에 섰다. 스페이스X 팀은 나름의 경험이 쌓였지만 이제껏 궤도에 올리려고 시도한 모든 로켓 중 가장 성공 가능성이 낮은 로켓이었다. 발사대에 올리기 위해 정신없이 서둘러야 했기 때문이다. 그런데도 오전 11시 15분에 팰컨1의 엔진이 점화되었고 로켓은 파란 하늘로 치솟아 우주로 날아갔다. 비행하는 동안 관제 센터는 로켓이 중요한 지점에서 제 역할을 할 때마다 간간이 터져 나오는 "젠장, 그렇지."라는 말 외에는 쥐죽은 듯 조용했다. 그러다가 마침내 로켓이 완벽하게 작동하여 궤도에 진입했음이 분명해졌다. 우주에 도착하자 그 뾰족한 상단이 조개껍데기처럼 열리면서 위성 대신 그냥 쇳덩어리를 궤도에 내려놓았다. 스페이스X가 계속 실패하자 위험을 무릅쓰고 탑재물을 맡기려는 고객이 없었기 때문이다.

발사가 성공했다는 것이 분명해진 그 첫 순간, 오믈렉에 있는 스페이스X 팀원들은 하이파이브를 주고받았지만 흥분은 자제했다. 팀원들은 발사대로 돌아가 연료 공급 시스템과 기타 장비를 차단해야 했다. 그 사이에 다른 스페이스X 직원들은 콰절레인섬에서 보트를 타고 오믈렉섬으로 향했다. 안전 조치가 끝나고 전체 팀이 모이자 누군가 "궤도! 궤도! 궤도!"라고 소리쳤다. 그러자 다른 사람들도 소리를 지르기 시작했고 "궤도, 궤도, 궤도!"라는 함성이 원시 전쟁의 구호처럼 퍼졌다. 오믈렉섬의 오후 축하 행사는 콰절레인섬의 저녁과 심야 축하 행사로 이어졌다. 술에 취한 엔지니어들은 6년간의 투쟁을 온몸으로 쏟아내면서 다시 한번 환호하기 시작했다. 그들은 로켓 황홀경을 맛보고 있었다.

▶◆◀

이 책은 스페이스X에 관한 책이 아니다. 그렇다면 내가 왜 스페이스X와 그 로켓에 관해 이렇게 많은 지면을 할애했는지 궁금할 것이다. 나는 여러분이 팰컨1과 그와 관련한 모든 것을 알아야 한다고 생각한다. 팰컨1이 이 책에서 소개하는 모든 일의 시작이었고 어쩌면 인류 역사의 흐름을 바꿨을지도 모르기 때문이다.

실질적 의미에서 스페이스X는 팰컨1 덕분에 저비용 로켓을 제작해 궤도에 올린 최초의 민간 기업이 되었다. 이는 수많은 항공우주업계 종사자가 수십 년 동안 꿈꿔왔던 기술의 이정표이자 업적이었다.

상징적인 의미에서 스페이스X 엔지니어들은 기존의 질서를 깨뜨렸다. 2008년 당시에는 전혀 예상치 못했지만 궤도 진입에 성공한 첫 발사는 그 뒤 모든 것을 촉발한 사건이 되었다. 육상 선수 로저 배니스터가 1마일 경주에서 4분 벽을 깼듯이 스페이스X는 우주여행에 대한 인류의 한계를 다시 생각하게 했다. 전 세계 엔지니어와 몽상가들의 상상력과 열정을 자극했고 일대 전환점이 찾아오자 우주 열풍이 불기 시작했다.

미국과 소련이 달에 도달하기 위해 처음 경쟁을 시작한 이래 우주 역사는 몇몇 정부 인사의 손에 좌우되었다. 로켓 프로그램에 자금을 지원하려면 미국이나 중국, 유럽연합의 힘이 필요했다. 이들은 우주를 희귀하고 값비싼 상품으로 만들었다. 과거에 로켓을 직접 만들어 힘의 균형을 바꾸고자 했던 몇몇 자산가가 있었지만 실패했다. 물론 스페이스X는 나사와 미군으로부터 격려와 재정적 지원을 받았다. 하지만 갑자기 나타나 1억 달러의 사재를 털어 스페이스X를 설립한 것은 머스크였다. 머스크는 의욕이 넘치는 개인이 똑똑하고 근면한 사람들로 넘치는 회사의 도움을 받으면 언젠가는 국가 전체와 대등해질 수 있음을 증명했다.

더 폭넓은 의미에서 스페이스X는 정부에서 지원받는 기존의 항공우주산업이 당연시하던 '진실들'을 거부하고 새로운 방식으로 로켓을 발사했다. 반드시 전문 협력업체가 가치를 인증한 값비싼 '우주 등급' 장비로 로켓을 만들지 않아도 되었다. 소비자 전자 제품의 성능이 크게 향상되어 이제는 상용 부품으로도 혹독한 우주 환경을 견디기에 충분했다. 아울러 소프트웨어와 컴퓨터 성능이 크게 발전하면서 엔지니어들은 과거보다 훨씬 더 많은 것을 성취할 수 있게 되었다. 1960년대부터 이어져 온 견고한 관료주의와 낡은 사고방식을 벗어던지면 로켓 제작을 현대화하고 효율화할 수 있다. 새로운 것들이 가능해졌다.

기존 항공우주업계는 이러한 사실을 거부했다. 업계에서는 스페이스X를 그저 별난 존재나 마이너리그 선수쯤으로 여겼다. 팰컨1은 450kg 정도의 화물을 궤도에 올릴 수 있었지만 기존의 대형 로켓은 수 톤의 화물을 운반할 수 있었다. 스페이스X가 본격적으로 더 큰 로켓을 만들려 한다면 곤란에 빠질 것이다. 막대한 개발 비용으로 머스크의 자금은 바닥날 것이다. 엔지니어들은 자신의 기술과 현대적 방법을 이용해 더 진보된 로켓을 만들지 못할 것이다. 그렇게 되면 스페이스X는 기껏해야 기존 기업과 마찬가지로 몸집만 불리고 비싼 조직이 될 수밖에 없다. 최악의 경우 시도조차 하지 못하고 망할 수도 있는데, 업계에서는 이 시나리오가 가장 가능성이 높다고 생각했다.

돌이켜보면 기존 항공우주업계는 머스크와 스페이스X의 엔지니어들을 점잖은 방식으로든 치욕적인 방식으로든 과소평가했다. 팰컨1이 발사된 지 십수 년이 지난 지금 스페이스X는 새로운 로켓 제품군 3종을 구축했다.

스페이스X는 새 로켓을 내놓을 때마다 크기를 키웠다. 스페이스X의 주력 로켓인 팰컨9는 현재 상업용 로켓업계를 장악하고 있으며 매주 위성을 궤도에 올려보내고 있다. 스페이스X는 로켓 재사용 기술을 완성해 로켓 본체를 지구로 가져와 다시 발사한다. 이는 여전히 한 번 사용한 로켓을 바다에 버리고 있는 경쟁사들과는 대조적이다. 스페이스X는 또한 위성 사업에 뛰어들어 역사상 그 어떤 기업보다 많은 위성을 제작해 우주로 날리고 있다. 2020년 코로나19로 전 세계가 멈춘 가운데 스페이스X는 우주 비행사 6명을 국제 우주정거장으로 보냈다. 이를 통해 미국은 2011년 우주왕복선이 퇴역한 이후 처음으로 인간을 우주에 보내는 능력을 회복했다. 한편 텍사스 남부에서 스페이스X는 스타십을 만들고 있다. 머스크는 스타십을 운송 수단으로 삼아 화성 식민지 건설이라는 최종 목표를 실현하고자 한다.

기존의 항공우주업계는 스페이스X가 등장했다고 해서 달라진 게 없었다. 그러나 이들의 무대책으로 인해 팰컨1은 머스크의 제국을 넘어 인류와 우주와의 관계를 변화시키는 데까지 영향을 미쳤다. 엔지니어와 기업가, 투자자들은 스페이스X가 이룩한 성과를 보고 자신만의 원대한 비전을 품기 시작했다. 이들 역시 끊임없이 발전하는 전자와 컴퓨터, 소프트웨어의 물결을 타고 자신만의 우주 기업을 꾸릴 수 있었다. 전 세계 사람들은 좋든 싫든 자신을 제2의 일론 머스크로 여기기 시작했다.

퇴역한 미 공군 대령이자 전 국방부 우주개발국장인 프레드 케네디Fred Kennedy는 이렇게 말했다. "대형 업체들이 모든 걸 쥐고 흔들었습니다. 과거에는 대형 협력업체와 손을 잡지 않으면 끝이라고 생각했어요. 그런데 일론이 돌파구를 마련했어요. 일론은 다른 식으로도 할 수 있다는 걸 보여주었습니다. 저는 그게 모든 사람의 상상력을 사로잡았다고 생각해요."

민간에서 우주 활동이 증가하자 대중매체는 주로 머스크와 동료들, 예를 들어 제프 베이조스, 리처드 브랜슨 그리고 지금은 고인이 된 폴 앨런 등의 이야기를 중점적으로 다루었다. 이들은 모두 로켓 회사부터 우주 비행기까지 다양한 벤처에 사업 자금을 지원했다. 사람들은 주로 우주 관광사업을 시작하거나 머스크처럼 달과 화성을 식민지화하려는 억만장자들에 관심을 집중했다.

대중은 전 세계에 흩어져 있는 수백 개 회사가 새로운 유형의 로켓과 위성을 개발하기 위해 치열하게 노력한다는 사실은 모른다. 이 회사들은 인간이 달 주위를 돈다거나 화성에 정착하는 일보다 더 즉각적이고 구체적인 경쟁에 참여하고 있다. 이들은 지구 표면에서 160~1,900km 상공의 지구 저궤도에 경제체제를 구축하고자 노력하고 있는데, 이는 결국 인류 기술 진화에서 새로운 경쟁의 장이 될 것이다.

1960년대부터 2020년까지 우주에 쏘아 올린 위성의 수는 꾸준히 증가하여 약 2,500대의 위성이 지구를 중심으로 공전하고 있다. 이 중 대부분은 군사 조직이나 통신 회사, 과학자들을 위한 임무를 수행하고 있다. 발사되기 전에 각 위성은 최첨단 기술의 결정체로 여겨졌다. 위성은 설계하고 제작하기까지 수년이 걸렸고 승합차나 소형 버스만큼 컸다. 관행상 항공우주업계는 위성 제작에 비용을 아끼지 않았다. 10~20년 동안 임무를 수행하는 위성이 우주의 혹독한 조건을 견뎌내야 하기 때문이다. 그 결과 위성 하나당 10억 달러 이상의 비용이 들었다.

그런데 2020~2022년에 놀라운 일이 일어났다. 위성의 수가 갑자기 2배로 늘어나 5,000대가 되었다. 향후 10년간 이 수치는 5만 대에서 10만 대 사이로 증가하리라 예상한다. 스페이스X와 아마존을 포함한 몇몇 회사와 국가들은 위성 수만 개를 발사하여 우주 기반 인터넷 시스템을 구축하려고 한다. 이들의 위성은 광케이블을 이용할 수 없는 전 세계

35억 명에게 초고속 인터넷 서비스를 제공할 예정이다. 또한 이들은 끊임없이 움직이는 인터넷 위성으로 전 세계를 뒤덮어 드론이나 자동차, 비행기, 각종 컴퓨터 장치 및 센서 등이 어디에서든 데이터를 주고받을 수 있게 할 것이다.

우주 인터넷 외에도 이미 수백 대의 위성이 지구궤도를 돌며 거의 매시간 지구에서 일어나는 모든 일을 사진과 비디오로 찍고 있다. 정부 기관에 영상을 제공해온 기존의 정찰위성과 달리 이 새로운 위성들은 신생 스타트업의 소유로 누구라도 위성사진을 구매할 수 있다. 각종 기관은 이제 수만 개의 영상을 수집하고 분석해서 정치적·상업적 판단을 하고 있다. 기관들은 북한의 군사 활동이나 중국의 원유 생산량부터 개학철 월마트 이용객의 수나 아마존 열대우림의 파괴 속도에 이르기까지 다양한 정보를 평가하고 있다. 위성은 인공지능AI 소프트웨어에 힘입어 인간 활동의 전반을 내려다보며 관찰할 수 있게 되었다. 그야말로 지구의 실시간 회계 시스템인 셈이다.

이 모두 위성들이 그 어느 때보다 작고 저렴해졌기에 가능한 일이다. 우리가 이미 다양한 분야에서 경험해온 컴퓨터와 전자 기술의 발전이 위성 분야에서도 영향을 미치고 있다. 새로운 위성의 가격은 10억 달러가 아니라 10만 달러에서 몇백만 달러에 불과하다. 그 크기도 카드만한 크기부터 구두 상자, 심지어 냉장고만 한 크기까지 다양하다. 위성은 보통 그룹으로 작동하도록 설계되는데, 업계에서는 이를 위성군이라 부른다. 위성군은 우주에서 3~4년 활동한 다음 대기권으로 재진입하여 소멸한다. 비용이 저렴하니 위성 회사는 항상 새로운 위성을 발사할 수 있다. 10~20년 된 오래된 위성에서 더 나은 성능을 얻으려고 노력할 필요 없이 새 위성으로 교체하면 간단히 끝난다. 이와 함께 통신이나 영상, 과학, 응용프로그램 등 분야에 상관없이 더 많은 회사가 우주에서 무언가를 시도하는 게 가능해졌다. 그 결과 수백 대의 위성 관련 스타트업이 생겨나 기발한 아이디어로 지구 저궤도를 정복하기를 희망하고 있다.

일반적으로 한 해에 약 100대의 로켓이 궤도에 진입하여 위성을 올려놓는다. 대략 전체 발사의 4분의 3을 중국·러시아·미국이, 나머지는 유럽·인도·일본이 차지한다. 하지만 우주에서 기존 질서는 이제 유효하지 않다. 로켓이 충분하지 않아 수만 대의 위성을 궤도에 올리려는 기업과 정부의 수요를 맞추지 못하고 있다.

그래서 지난 몇 년 동안 약 100개의 로켓 스타트업이 우주 페덱스가 되기를 희망하며 등장했다. 이 신생 로켓 회사들은 대체로 아이디어가 기발하다. 이들은 6,000만~3억 달러가 드는 대형 로켓을 제작하는 데는 관심이 없다. 게다가 한 달에 한 번이라는 기존 로켓 제조업체의 평균 발사 주기도 고수하지 않는다. 그 대신 신생 로켓 제조업체들은 100만~1,500만 달러가 드는 소형 로켓을 제작해 매일은 아니더라도 매주 발사하고 싶어 한다. (가장 혁신적인 아이디어는 우주 캐터펄트로, 로켓을 궤도에 올려놓는 데 25만 달러가 들고 하루 8회 발사할 수 있다. 무척이나 똑똑한 사람들조차 그 실현 가능성을 믿는다.)

팰컨1도 한때는 페덱스와 같은 기능을 수행할 목적으로 만들어졌다. 그러나 2008년 첫 발사에 성공한 직후 머스크는 소형 로켓을 만들지 않고 더 큰 로켓에 자원과 에너지를 집중하기로 했다. 2008년에는 그런 전략이 의미가 있었다. 당시에는 소형 위성 시장이 크지 않았고 스페이스X가 생존하기 위해서는 정부와 통신 회사의 대형 위성을 발사하여 실제로 돈을 벌어야 했기 때문이다. 그 외에도 머스크는 사람을 우주에 보내고 수천 톤의 자재를 화성에 보내는 장기 계획을 세우고 있었는데, 둘

다 소형 로켓으로는 불가능한 일이다.

로켓 스타트업들은 필요에 따라 발사할 수 있는 저렴한 로켓의 시대가 왔다는 논리로 무장하고 팰컨1이 떠난 빈자리에 물밀 듯 몰려들었다. 이 논리를 가장 잘 증명한 회사는 뉴질랜드 오클랜드에 피터 벡Peter Beck이 설립한 로켓랩이다. 벡은 유명한 배우와 데이트하거나 트위터에서 과감한 발언을 하지도 않는다. 전기차 회사도 없다. 하지만 벡의 이야기는 머스크의 이야기만큼이나 특이하고 믿기 힘들다. 벡은 대학에 진학하지 않고도 독학으로 로켓을 공부해 어렵게 로켓 회사를 설립했다. 그도 그럴 것이 뉴질랜드에는 항공우주산업이 전무했다. 로켓랩은 2017년부터 17m 길이의 검은색 로켓 일렉트론을 발사하기 시작했으며 2020년에는 스페이스X와 마찬가지로 유료 고객을 위해 정기적으로 위성을 궤도에 올리는 민간 기업에 합류했다.

수많은 소형 로켓 회사가 이 열풍에 합류하기를 원하지만 대부분 인력과 자금이 턱없이 부족한 형편이다. 이들 소형 로켓 회사는 대부분 더 멋진 무언가를 꿈꾸는 로켓광이 운영하며 제대로 실력을 갖춘 곳은 10여 개다. 이들 중 다수는 미국에 기반을 두고 있으며 나머지는 호주나 유럽, 아시아에 있다. 머스크와 벡은 영리하고 끈질긴 사람이라면 누구나 어디서든 로켓을 만들 수 있다는 생각을 끌어냈다.

당연한 이야기지만 소형 로켓을 제조하는 회사들은 우주로 많은 화물을 한 번에 실어 나를 수 없다는 심각한 문제에 직면해 있다. 6,000만 달러짜리 스페이스X 로켓에 수백 또는 수천 대의 소형 위성을 실어 한 번에 우주로 보내면 더 저렴한 소형 로켓보다 kg당 비용이 낮다. (대형트럭 한 대와 소형 승합차 수십 대를 떠올려보면 된다.) 소형 로켓 제조업체들은 여러 기업과 정부가 언제든 저렴하게 로켓을 이용할 수 있다는 사실을 알면 훨씬 더 많은 물건을 훨씬 더 자주 우주로 보내리라 기대한다. 18개월 전부터 미리 신청해야 하는 스페이스X와 달리, 로켓랩은 웹 사이트에 접속하면 몇 주 안에 출발하는 로켓을 예약할 수 있다. 일단 사람들이 이런 시스템을 신뢰하게 되면 지구 저궤도 경제가 급격히 변화하기 시작한다. 철도 몇 개를 놓고 경쟁하던 시스템에서 대중교통에 가까운 시스템으로 기본 인프라가 변한다.

2008년만 해도 민간 우주산업에 투자금이 거의 유입되지 않았다. 스페이스X와 스타트업 블루오리진이 주요한 민간 로켓업체였고 위성 스타트업은 거의 존재하지 않았다. 그러나 지난 10년 동안 수십억 달러가 민간 우주산업에 쏟아져 들어왔다. 투자의 주체가 정부에서 억만장자나 벤처 투자가로 옮겨갔다. 우주로 나가기 위해 의회의 승인을 받거나 무모한 몽상가가 자신의 전 재산을 걸 필요가 없었다. 단지 두어 사람이 회의실에 모여 엄청난 위험이 있지만 누군가의 돈을 사용하겠다고 합의만 하면 된다.

우주광들은 매일 많은 로켓이 발사되는 미래를 꿈꾼다. 로켓들은 수천 대의 위성을 싣고 날아가 우리 머리 위에서 그리 멀지 않은 곳에 배치할 것이다. 위성은 지상의 통신 방식을 바꿀 것이다. 지구 구석구석까지 인터넷이 닿게 해 이롭든 해롭든 온갖 영향을 미칠 것이다. 위성은 또한 이전에는 상상도 할 수 없었던 방식으로 지구를 관찰하고 분석할 것이다. 지상에서 인류의 삶을 바꿔놓은 데이터 센터가 궤도로 옮겨질 것이다. 사실상 우리는 지구 주위에 컴퓨터 막을 구축하고 있는 셈이다.

이런 과정은 수십 년에 걸쳐 진행되었다. 하지만 최근 몇 년 동안의 진행 속도는 놀랍고 고무적이면서도 어딘가 모르게 불안하다. 최근 우주개발을 주도하는 인물들은 관료적이고 신중했던 전임자들과는 다르다. 일례로 로켓 스타트업에서는 MIT 출신의 천체물리학 박사보다 한때 유전에서 일했던 용접공이나 F1 경주용 자동차의 엔진을 만들던 기술자를 만날 가능성이 더 높다. 이들은 화물을 궤도에 올리기 위해 설계된 로켓을 제작하고 있지만 다르게 보면 민간인이 대륙간탄도미사일 ICBM을 만드는 셈이다. 현재 이들의 재능은 높은 가격에 팔려나가고 있다. 항공우주공학의 서부 시대가 도래한 것이나 마찬가지다. 그런가 하면 위성 분야에서는 벌써부터 당국의 규제 승인 없이 로켓에 장치를 실어 몰래 궤도에 올린 사례가 한 차례 목격되었다. 지구 저궤도에서 자리를 차지하려면 우선 물건을 우주로 보내고 나중에 용서를 구하는 편이 나을지도 모른다.

우주를 둘러싼 분위기도 빠르게 바뀌었다. 과거에 여러 나라는 과학자들의 능력을 과시하고 시민의 안전을 보장하기 위해 수십억 달러를 쏟아부었다. 우주개발은 민족주의나 애국주의와 연결되었다. 하지만 머스크와 베이조스 같은 억만장자들이 등장하자 우주개발은 인류의 운명을 결정짓는 고귀하고 필수불가결한 과업으로 변했다. 본래 탐험가인 인류는 지능과 기술을 최대한 활용하여 미지의 세계를 향해 나아감으로써 모든 사람에게 희망을 불어넣을 수 있다고 이 억만장자들은 주장했다. 그 이유는 단지 인류의 생존과 번영을 위해서다. 우주에서 일어나는 새로운 활동에도 당연히 이러한 동기들이 관통하고 있겠지만 훨씬 더 근본적인 동기는 따로 있다. 실리콘밸리의 끝없는 부와 통제력, 권력 추구가 바로 그것이다. 한마디로 우주는 이제 비즈니스를 위해 열려 있다. 다른 모든 것과 마찬가지로 우주도 사고파는 상품이 되었다.

▶◆◀

지난 몇 년 동안 나는 인류 역사의 특별한 순간이 펼쳐지는 현장을 맨 앞에서 지켜보았다. 머스크와 스페이스X로부터 시작한 내 여정은 캘리포니아, 텍사스, 알래스카, 뉴질랜드, 우크라이나, 인도, 영국, 스발바르, 프랑스령 기아나를 거쳐 보통 기자들이 들어가지 못하는 곳까지 이어졌다. 지저분한 창고에서 늦은 밤까지 로켓엔진을 처음으로 점화하는 엔지니어들과 함께한 일부터 남미 정글에서 로켓 발사라는 눈부신 순간을 맞이한 일까지 다양하게 경험했다. 그곳에는 자가용 제트기와 공유 주택, 총을 든 경호원과 환각제가 있었다. 줄지어 선 남성 스트리퍼와 욕조에서 썩어가는 고래 사체도 보았다. 첩보 행위 수사와 연방 당국의 급습도 있었다. 우주 히피를 만났고 재산이 사라지는 고통을 잊으려 술을 퍼마시는 억만장자를 보았다.

이 책에서 나는 전 세계 사람들이 새로운 위대한 목표에 집착하는 모습을 현장 한가운데서 생생하게 전달하고자 노력했다. 이 이야기는 플래닛랩스Planet Labs · 로켓랩Rocket Lab · 아스트라Astra · 파이어플라이에어로스페이스Firefly Aerospace 등 4개 회사가 새로운 유형의 위성과 로켓을 개발하는 여정을 따라가며 전개된다. 이들 회사의 리더와 엔지니어들은 미개척지에 자신이 와 있음을 안다. 이 미개척지는 개인용 컴퓨터나 소비자를 대상으로 한 인터넷 서비스의 초창기와 비슷하다. 환상적인 무언가가 손에 잡힐 듯 다가오며 역사에서 역할을 할 기회를 감지하고 있다.

이 책에 담긴 이야기들은 흥미를 자아낸다. 예를 들어 플래닛랩스는 스페이스X만큼이나 극적인 방식으로 우주 기술과 지구 저궤도 경제를 변화시켰다. 그런가 하면 일론 머스크보다 훨씬 먼저 이 분야에 뛰어들어 혁명을 시작하기 위해 배후에서 일한 피트 워든Pete Worden 준장 같은 사람도 있다. 이상주의자와 공상적 박애주의자, 뛰어난 인재들이 엄청난 일을 벌이기도 한다. 몇몇 인물은 극심한 어려움을 극복하고 영웅이 되기도 한다. 하지만 그 결말이 모두 좋지만은 않다는 점을 미리 말해두고 싶다. 읽다 보면 중간중간 희극과 비극이 적절히 섞여 있을 것이다. 나는 이 모든 것의 엄청난 광기를 포착하고자 했다.

그렇다. 그것은 광기다. 앞에서 내가 말한 바와 같이 우주는 이제 비즈니스 대상이다. 하지만 사람들이 돈을 벌기 위해 선택하는 것치고 우주는 매우 독특하다. 우주는 오랜 신화와 환상을 품고 있다. 콰절레인 섬에서 팰컨1은 신성한 상징물로 보였다. 불길로 가득 찬 프로메테우스의 관은 인간의 노력을 상징했다. 그저 돈을 벌기 위해 새벽 2시까지 일한다는 냉소적인 용접공조차도 언젠가 친구들에게 자신이 거대한 하늘에 무언가를 놓았다고 말할 수 있다는 생각에 즐거워한다. 수석 엔지니어든 CEO든 부유한 투자자든 자신을 모험가라고 생각한다. 그들은 모든 걸림돌과 물리학 법칙을 극복하고 지구조차 자신의 의지를 가로막을 수 없음을 증명하기 위해 터무니없는 위험을 무릅쓰고 있다. 본능적으로 그들은 무언가를 정복하고 싶어 한다. 좀더 숭고하게 표현하면 우주에 무언가가 있어 인류는 자신을 무한한 이야기의 일부로 인식하고 우주에 운명을 맡긴다.

나는 현재 우주산업이 일종의 집단 환각에 의해 움직인다는 결론을 내렸다. 조용히 업계 사람들에게 이 많은 로켓과 위성이 말이 되는지를 물어보거나 사업이 언젠가는 수익을 낼 가능성이 있냐고 물어보면 더러는 아무것도 장담할 수 없다고 고백할 것이다. 그런데도 수십억 달러가 계속 흘러들어와서 이 새로운 사업은 점점 더 이상해지고 있다. 늘 그렇듯 이상주의와 열정, 발명과 자기도취 그리고 탐욕 등이 한데 엮여 행동을 부추긴다. 이 위대한 환각을 밀어붙이는 유대감도 마찬가지다. 지나치게 많이 묻거나 결과에 연연하게 두지 않는다. 현실이 희망과 꿈을 방해하지 않도록 하는 것이다. 그래 봐야 결국 이곳은 우주다. 그냥 "젠장! 일단 하자고, 어차피 우리가 해야 할 일이니까."라고 말하면 그만이다.

1부

RAINBOW

우주를 드립니다

MANSION

1.   도브, 날개를 펴다

로비 싱글러Robbie Schingler

는 역사를 새로 쓰기 위해 인도에 왔다. 2017년 2월 싱글러는 인도 동부 해안에 있는 인구 700만의 혼잡한 도시 첸나이Chennai에 도착했다. 갓 마흔 줄에 접어든 싱글러는 그저 평범한 여행객처럼 보였다. 보통 체격에 청바지와 반소매 셔츠를 입고 갈색 머리 위로 선글라스를 걸쳤다. 도착해서 바로 고급 호텔에 체크인한 다음 시차와 새로운 환경에 적응하기 위해 시내 구경에 나섰다. 첸나이는 엄청난 열기와 습기를 내뿜는 동시에 사방에서 밀려오는 자극으로 정신을 차릴 수 없는 곳이었다. 호텔 정문에서 몇 발자국만 벗어났을 뿐인데 거리는 사람들로 터질 듯했고 옆으로는 3륜차 툭툭이 마치 경주하듯 내달았다. 발을 내딛는 곳마다 쉴 새 없이 쏟아져 나오는 온갖 색과 냄새와 소음에 감각이 마비될 지경이었다. 산책을 마치자 싱글러는 시차로 인한 피로를 극복하지 못하고 잠들어버렸다.

2월 13일에 낮잠을 자다니 대단한 배짱이었다. 싱글러는 위성을 제작하는 플래닛랩스를 공동 설립했다. 이틀 후에 구두 상자만 한 위성 88대를 인도가 개발한 극궤도 위성 발사체PSLV에 실어 보낼 예정이었다. 대학과 스타트업, 연구 기관이 보내는 위성 16대도 같이 실릴 예정이었다. 지금까지 어떤 로켓도 한 번에 104대나 되는 위성을 우주로 쏘아 올린 적이 없었으므로 인도 언론은 이 기록적인 사건을 국가 위신을 고양하는 일이라며 대대적으로 다루었다.

기록을 세우는 일은 좋지만 플래닛랩스는 위태로운 상황이었다. 플래닛랩스는 위성산업과 지구에 대한 우리의 이해를 혁신한다는 목적으로 2010년에 설립되었다. 간단히 말해 플래닛랩스가 제작한 위성은 지구 주위를 돌면서 지구에서 일어나는 일을 장착된 카메라로 끊임없이 촬영한다. 사진을 촬영하는 위성은 몇십 년 전부터 있었지만 고가인 데다 클뿐더러 그 수도 적었고 촬영 범위에 한계가 있었다. 게다가 이 위성이 촬영한 이미지는 관용이나 군사용으로 우선 제공되었고 그 후에는 구매할 여력이 있는 일부 기업에나 제공될 뿐이었다.

플래닛랩스는 더 작고 저렴한 위성을 많이 만들어 우주에 배치하는 구상을 했다. 위성군 혹은 군집위성이라 불리는 수백 대의 위성이 일정한 패턴으로 지구궤도를 돌면서 매일매일 지구 곳곳을 촬영한다는 계획을 세웠다. 이는 기술적으로 엄청난 의미가 있었다. 위성에서 지구를 찍은 사진이 이제는 희귀하지도 소수에 의해 독점되지도 않는다는 뜻이었다. 플래닛랩스는 지구에서 일어나는 모든 일을 끊임없이 촬영하여 누구나 이용할 수 있게 인터넷으로 제공하고자 했다. 그러면 크림반도에 집결한 군대든, 대양을 항해하는 선박이든, 중국 선전에 짓는 건물이든, 심지어 북한의 미사일 시험 발사든 관계없이 매일 모종의 음모가 진행되는 현장 사진을 합리적인 가격으로 내려받을 수 있게 된다.

　마치 스파이 활동이나 첩보 수집 행위처럼 보이기도 하는데, 실제로 관련 활동에 군집위성이 이용될 게 뻔했다. 하지만 로비 싱글러와 공동 창업자 윌 마셜Will Marshall, 크리스 보슈하우젠Chris Boshuizen은 우주광과 우주 히피의 조합이었다. 이들은 자신의 위성이 선한 영향력을 행사하리라 믿었다. 열대우림을 관찰하고 대기 중의 메탄가스와 이산화탄소의 농도를 측정하고 전쟁으로 폐허가 된 지역에서 난민들의 움직임을 추적하는 데 위성이 촬영한 사진을 이용할 수 있다고 생각했다. 정보 제공 측면에서는 무기 실험이나 환경 파괴 사태와 관련한 객관적 진실을 제공해서 정부가 사건을 은폐하고 불순한 방향으로 왜곡하는 일을 방지할 수 있다고 기대했다. 플래닛랩스는 이 모든 것을 염두에 두고 자신들의 위성을 '도브Doves'라고 불렀다.

　2017년 로켓 발사를 앞두고 플래닛랩스는 십수 대의 위성을 궤도에 올려놓고 기본 계획의 실행 가능성과 기반 기술을 테스트했다. 따라서 이번 발사를 통해 군집위성이 완성되면 24시간 관찰이 가능해진다. 계획대로 위성이 작동한다면 플래닛랩스는 몇 가지 거대한 이정표를 세우는 것이었다. 플래닛랩스는 지구궤도를 도는 위성을 가장 많이 보유한 스타트업으로 떠올라 뉴스페이스New Space(민간이 주도하는 항공우주산업을 말한다. 이와 달리 정부가 주도하거나 정부가 주계약자로서 주도하면 올드스페이스Old Space라고 한다. ─옮긴이)의 이단아로서 스페이스X와 어깨를 나란히 할 기회였다. 작고 값싼 위성도 같이 움직이면 그동안 위성산업을 지배해온 크고 비싼 위성보다 더 낫거나 그에 못지않음을 보여줄 수 있었다. 전에 감히 상상하지 못했던 방식으로 우주 이용이 개방되어 컴퓨터만 있으면 누구나 선명하게 지구를 들여다보고 인간의 모든 활동을 분석하는 세상이 오리라 기대했다.

다음 날 아침이 되자 싱글러는 더는 자고 있을 수 없었다. 인도 정부가 제공한 SUV를 타고 호텔에서 출발해 북쪽 사티시다완우주센터를 향해 거의 3시간 동안 달렸다.

인도는 우주여행 분야의 강자다. 저임금으로도 채용 가능한 우주 공학 분야의 인재가 많다. 이런 풍부한 인적 자원으로 인도를 대표하는 PSLV 로켓은 자국뿐만 아니라 미국 등을 포함한 여러 우방에 신뢰할 만하면서도 경제적인 선택지가 되었다. 매년 PSLV 로켓 3~5대가 정부 기관인 인도우주연구기구의 감독하에 우주로 화물을 실어 나른다. 인도우주연구기구가 세운 업적은 인도 내에서 엄청난 찬사를 받아 무인 화성탐사선 망갈리안이 2,000루피 지폐에 실릴 정도다.

인도에는 로켓발사장이 몇 군데 있는데, 그중에서 사티시다완우주센터가 아마 가장 이색적일 것이다. 사티시다완우주센터는 1971년 벵갈만 스리하리코타섬에 세워졌다. 이 섬은 하늘에서 보면 염소를 소화하고 있는 뱀처럼 생겼다. 섬은 맨 위와 아래쪽이 가늘게 27km 길이로 뻗었고 가운데가 8km 정도 불룩 튀어나왔다. 첸나이에서 발사장까지 가는 도로는 '무양보' 원칙을 따랐다. 트럭이나 오토바이, 버스는 말할 것도 없고 돼지나 소, 심지어 플라스틱 물통을 머리에 인 여인네들과도 도로를 놓고 다퉈야 했다. 나중에 일행은 어쩔 수 없이 도로에서 빠져나와 샛길을 통해 습지대와 염전 그리고 구멍이 숭숭 뚫린 진흙밭으로 둘러싸인 둑길로 접어들었다.

어떤 로켓발사장에 가든 똑같이 혼란스러운 느낌을 받는다. 우리는 로켓이라고 하면 마치 미래에서 온 것 같은 매끈한 무언가를 떠올린다. 로켓발사장이라는 게 인류의 모든 과학적·공학적 성취가 모인 앞마당 같은 곳이기 때문이다. 하지만 현실은 깔끔하고 정돈되었다기보다는 거칠고 산만한 곳이라는 느낌을 더 많이 받는다. 이유는 발사 실패 시 인명과 재산 피해를 막기 위해 발사장이 주로 외진 해안가에 자리 잡은 탓이다. 게다가 발사장 대부분이 우주 경쟁이 한창이던 시기에 지어져 현대의 최첨단 기술과는 거리가 먼 것도 또 다른 까닭이다.

싱글러가 찾아간 사티시다완우주센터는 예상대로 첨단 과학 단지가 아니라 폐업한 디스코장 같았다. 출입 통제소 앞에 차를 세우자 경찰 둘이 다가와 신분증을 요구했다. 그러고는 모두 차에서 내려 노트북이나 휴대전화 같은 전자 기기를 꺼내라고 하고는 장부에 일일이 일련번호를 적었다. 절차가 진행되는 동안 망고나무 그늘 밑에서 쉬고 있으니 흰 소 두 마리가 느긋하게 근처를 돌아다니는 게 보였다. 보안 점검이 끝난 후 싱글러는 증명서를 받으러 인근에 있는 다른 사무실로 갔다. 사무실 천장에는 전구가 지저분한 전선 끝에 매달려 있었고 벽에는 빛바랜 로켓과 과학자들의 사진이 아무렇게나 붙어 있었다. 신발도 신지 않은 직원 둘이 일어서더니 싱글러의 서류를 챙겨서 갔고 잠시 후 출입증을 가지고 돌아왔다.

기숙사 형태의 숙소에 짐을 내려놓고 있으니 인도우주연구기구의 최고위 간부가 시설 구경을 시켜준다며 데리러 왔다. 로켓 발사에 수백만 달러를 지급했으므로 로켓발사대와 우주 비행 관제 센터를 돌아보는 특별 대우를 받았다. 인도우주연구기구는 울창한 열대림을 밀어버리고 그 공간에 건물을 지었다. 이동 내내 나무 위를 분주하게 움직이는 원숭이 소리가 끊이지 않았고 가끔 건널목에서 소가 지나갈 때는 차 안에서 기다려야 했다.

발사 전날 저녁에는 크게 할 일이 없었다. 플래닛랩스 직원 둘이 발사장 밖에서 발사를 보기 위해 인도에 입국했지만 이들에게는 센터를 출입할 권한이 없었다. 다만 로켓 발사를 기념하고자 가네시 조각상 88개를 샀다고 전화를 걸어왔다. 싱글러는 그 조각상이 행운을 가져다줄 것이라고 확신했다.

발사 당일 아침 싱글러는 플래닛랩스를 위해 공덕을 쌓았다. 해가 뜨기 전에 일어나 카페에서 아침 식사를 한 후 숙소 인근의 사원에 가서 명상과 기도를 했다. 플래닛랩스는 발사 때 유난히 운이 없었다. 처음에는 안타레스 로켓, 그다음에는 스페이스X 로켓이 폭발하면서 위성이 모두 파괴되는 불운을 겪었다. 그런데 묘하게도 폭발은 플래닛랩스의 위성 생산 방식을 검증하는 계기가 되었다. 저렴한 소형 위성이었으므로 소실되어도 다시 시작하기 쉬웠다. 5억 달러나 하는 기계 하나를 만드는 데 10년이 걸리기도 하는 이전 세대의 위성과는 비교가 안 되었다. 그렇다 하더라도 한 번에 위성 88대를 잃은 것은 뼈아픈 손실이었고 업계의 선두에 나서려는 플래닛랩스의 계획은 타격을 입을 수밖에 없었다.

우주를 관장하는 신에게 기도를 마쳤으니 이제 싱글러는 인도와 인도의 유능한 엔지니어를 믿는 수밖에 없었다. 인도우주연구기구 측 인사들과 함께 관제 센터로 이동해서 보니 그곳은 TV에서 본 나사의 관제 센터와 다르지 않았다. 컴퓨터와 모니터가 달린 책상이 줄줄이 놓여 있었고 실험복을 입은 직원들은 앉아서 생각하거나 분주하게 돌아다녔다. 싱글러는 우주 비행 관제 센터 뒤 유리 벽으로 구분된 관람실에 자리를 잡았다. 인도 정부 인사들도 와 있었는데 나는 싱글러 옆자리에 자리를 잡았다.▾

▸ 사티시다완우주센터에 따르면 나는 출입을 허락받은 최초의 외국인 기자였다.

로켓 발사는 오랫동안 긴장 상태를 유지하다가 갑자기 봇물 터지듯 흥분 상태로 들어가는 리듬으로 진행된다. 싱글러는 가슴을 졸이며 엔지니어들이 발사 과정을 마지막으로 점검하는 모습을 90분 동안 지켜봤다. PSLV 로켓 꼭대기 43m쯤 되는 높이에 수천만 달러 상당의 위성이 매달려 있는 동안 싱글러가 할 수 있는 것이라고는 안절부절못하며 옆 사람과 잡담하는 일밖에 없었다. 하지만 발사 30분 전이 되자 시간개념이 모호해졌다. 사람들은 전처럼 움직였지만 시간은 한 번에 몇 분씩 지나갔다. 갑자기 5분이 사라지더니 다음에는 7분이 훌쩍 지나버렸다. 그러다 문득 '맙소사. 이거 발사가 되기는 하는 거야? 되겠지?'라며 불안이 몰려왔다.

싱글러가 이런 생각을 한창 하고 있을 때 누군가 관람실 옆에 달린 커다란 두 문을 열고 사람들을 밖으로 안내했다. 여남은 사람이 반원 모양의 파티오에 모여 서자 뒤에 있는 스피커에서 우주 비행 관제 센터의 소리가 요란스럽게 울려 나왔다. 30초, 15초 그리고 바로 마지막 10초 카운트다운이 시작되었다. 몇 초간 고통스러운 시간이 지나고 마침내 9시 28분에 나무 사이로 로켓이 떠올라 구름을 뚫고 날아올랐다. 사람들이 박수를 치며 환호성을 질렀지만 개중 발사에 익숙한 몇몇은 재빨리 돌아서서 다시 안으로 들어갔다. 싱글러는 잠시 더 머물며 만면에 미소를 띠고 동료와 포옹했다. "괜찮군. 이제 보러 가세."

보러 가자는 말은 로켓이 제대로 작동하는지 관제 센터로 가서 확인하자는 얘기였다. 힘겹게 지구의 중력을 이겨내고 날아오른 로켓은 아직도 할 일이 많이 남아 있었다. 제 궤도를 찾아가서 위성들을 안전하게 안착시켜야 했다. 그러려면 일이 잘되기를 바라며 절체절명의 시간을 좀 더 보내야 했다.

약 30분 후 지구 상공 약 480km 궤도에 위성들이 안착했다는 소식이 들려왔다. 흰색 도브는 로켓의 화물칸에서 하나씩 떨어져나와 마치 한 줄로 엮인 진주가 어둠을 타고 흐르듯 했다. 샌프란시스코에 소재한 본사 직원들은 전 세계 지상 기지국에 설치한 안테나를 통해 위성과 교신하기 시작했다. 먼저 위성들이 정상적으로 작동하는지를 확인해야 했다.

그때까지 한 번에 88대나 되는 위성을 쏘아 올린 조직은 없었다. 보통 1, 2대였고 어쩌다가 4, 5대가 전부였다. 따라서 플래닛랩스는 엄청난 속도로 지구궤도를 공전하는 도브 88대의 위치를 파악하고 통제하고 조종하는 다양한 방법을 개발해야 했다.

이를 위해 플래닛랩스는 최초 명령을 수신할 위성 3대를 '카나리아'로 지정했다. 사전 점검을 위해 이 위성들에 위성 주변에 자기장을 생성하는 소형 장치인 마그네토커를 켜는 명령을 내렸다. 마그네토커는 자기장을 생성해 지구 자기장과 상호작용함으로써 위성을 안정된 자세로 세워 위성이 빙글빙글 도는 것을 막는다. 그런 다음 마그네토커와 반작용 조절 바퀴를 이용해 위성 양쪽의 태양전지판을 펴서 각 위성이 태양을 향하도록 했다. 비둘기라는 이름대로 위성 도브가 날개를 편 셈이다. 다음 단계로 탑재된 센서가 별자리와 달의 위치 등을 추적해 위성 GPS 수신기와 카메라를 조정했다.

이 과정에서 몇 가지 문제를 발견했으나 플래닛랩스의 엔지니어들이 새 프로그램을 짜서 위성으로 전송하여 해결했다. 이런 식으로 위성을 몇 대씩 묶어 명령을 내렸고 마침내 모든 위성이 정상적으로 작동할 준비를 마쳤다.

모든 임무가 끝날 때쯤이면 싱글러는 인도에 없을 것이다. 도브들이 천천히 산개해 일정한 거리로 지구를 두르고 사진을 촬영하기 위해 자리를 잡으려면 두어 달이 걸린다. 놀랍게도 도브는 추력기가 아닌 차등 항력 제어 기술을 이용해 우주에서 움직인다. 태양전지판이 마치 돛처럼 작동해서 희박한 대기를 밀어내며 움직인다. 태양전지판을 수직으로 세우면 수평일 때보다 5배의 저항력이 발생한다. 차등 항력을 이용해 궤도에 있는 위성을 제어하는 기술은 이론적 개념에 불과했지만 플래닛 랩스의 천재들이 이를 실용화했다.

인도를 떠나기 전에 싱글러는 발사 성공을 축하하는 시간을 가졌다. 싱글러는 현지 TV 방송사와 기자들과 인터뷰하고 인도우주연구기구 관계자들이 기자회견을 하는 동안에도 자리를 지켰다. 그런 다음 고위 인사들과 점심을 함께하고 짐을 챙겨 첸나이로 돌아가는 차에 몸을 실었다.

돌아가는 길에 싱글러는 운전자에게 길가 가게에서 맥주를 사서 축배를 들자고 했다. 발사를 기념하는 건배를 나눈 뒤 우리는 차를 타고 교차로로 진입했는데 다른 차 6대도 우리와 동시에 들어와 각자 제 방향으로 길을 틀고 있었다. 놔두면 다른 차와 부딪힐 게 뻔했지만 어느 쪽도 양보하려 하지 않았고 우리 차는 다른 차와 천천히 충돌했다. 두 운전자는 차에서 내려 서로 차를 살펴본 후 그냥 갈 길을 가기로 했다. 싱글러는 이 와중에도 미소를 잃지 않았다. 방금 수학과 물리학이 이룬 기적을 보았는데 지구상에서 발생한 자질구레한 사고로 기분을 그르치고 싶지 않았다.

그 뒤 2, 3일간 싱글러는 우주 히피 같은 성격을 여실히 드러냈다. 발사 다음 날 묵을 호텔을 예약하지 않았는데 술에 취해 저녁 늦게야 이를 깨달았다. 결국 싱글러는 발사 성공으로 백만장자가 되었어도 다른 직원의 방에서 곯아떨어져야 했다. 다음 날 해안가를 찾아가 물놀이를 했고 고대 사원도 가보았다. 나는 그 후에 미국으로 돌아왔지만 싱글러는 인도에 계속 머무르며 '유토피아적 공동체'인 오로빌Auroville을 방문했다. 오로빌에서도 숙소를 잡지 못해 작업장 콘크리트 바닥에서 낡은 아이스크림 기계 옆에 몸을 웅크린 채 쪽잠을 잤다.

인도 언론은 이번 발사를 비중 있게 다루었고 몇몇 외신은 기록적인 위성의 숫자와 플래닛랩스의 계획에 주목했다. 하지만 항공우주업계 전문가를 제외하고 이번 발사의 의미를 제대로 이해하는 사람은 거의 없었다. 스페이스X가 팰컨1을 발사한 이후 민간 우주 기업이 이렇게 언론의 주목을 받은 적은 없었다.

2010년에 설립된 플래닛랩스는 2017년까지 위성 수백 대를 우주로 쏘아 올렸다. 개중에는 궤도를 이탈하여 지구로 떨어지거나 대기 중에서 타버린 위성도 있었다. 하지만 위성 150여 대는 현재 제 역할을 해서 시사회에 참석한 영화배우인 양 파란 지구를 끊임없이 촬영하고 있다. 불과 몇백 명 남짓한 직원으로 구성된 스타트업이 우주로 진출해 가장 중요한 영역의 상당 부분을 잠식했다. 이번 발사로 플래닛랩스는 지구궤도를 돌며 제대로 작동하는 위성의 10%를 점유하게 되었다. 이는 모두 창업자의 이상주의와 대담함뿐만 아니라 완전히 새로운 방식으로 위성을 설계하고 제작한 덕분에 가능한 일이었다.

스페이스X는 일론 머스크라는 이름과 멋진 로켓으로 우주에서 벌어지는 새로운 일과 변화를 향한 사람들의 관심을 모두 흡수했다. 하지만 우주산업을 조금이라도 아는 사람이라면 플래닛랩스의 이번 성취에 열광할 수밖에 없었다. 우주에 도달하는 방식과 궤도에 올라서서 할 수 있는 일에 대한 활동 규칙이 빠르게 바뀌고 있다고 느꼈기 때문이다. 이제 스페이스X나 플래닛랩스 같은 민간 기업이 정부를 밀어내고 우주산업을 주도할 수 있다는 믿음이 더욱 굳건해졌다. 지구 저궤도에 새로운 경제체제가 구축되고 있다는 말이 실감 났다. 2017년 이후 수십억 달러의 투자금이 제2의 스페이스X나 플래닛랩스를 꿈꾸는 스타트업으로 흘러들기 시작했다.

이 무렵 호기심이 많은 구경꾼이라면 이런 질문을 했을지도 모른다. 플래닛랩스는 어떻게 설립되었는가? 창고 바닥에서 잠자는 일론 머스크만큼 특이한 두 사람이 어떻게 지구를 관찰하는 시스템을 만들게 되었는가?

이 질문에 답하려면 로비 싱글러를 비롯한 플래닛랩스의 공동 창업들보다 먼저 알아야 할 인물이 있다. 누군가를 화나게 하는 데 엄청난 재능이 있는 한 천재 장군이 바로 플래닛랩스의 창업 과정을 이끌었다. 그는 잘 알려지지는 않았지만 최고의 연출가로서 놀라운 일들을 실현해 낸 인물이다.

2.　두 우주광의 창의적 만남

2002년 2월 19일 자
〈뉴욕타임스〉는 '민심 잡기: 국제적 우호 여론을 위한 국방부의 노력A
Nation Challenged: Hearts and Minds; Pentagon Readies Efforts to Sway Sentiment Abroad'이라는
제목의 기사에서 미 국방부가 전략영향사무소라는 기관을 신설했다고
폭로했다. 기사에 따르면 이 기관은 9·11테러 후 미국의 군사행동에 대
해 국제적 여론을 형성하기 위한 목적으로 만들어졌다. 달리 말해 미국
은 국방부의 개입을 숨긴 채 친미 성향의 언론 기사를 강화함으로써 특
히 이슬람 지역에서 테러와의 전쟁을 미화하는 데 선전을 활용하겠다는
뜻이었다.

　　세부 내용은 잘 알려지지 않았지만 기사에 따르면 전략영향사무
소는 인터넷과 광고, 비밀 작전 등을 통해 잘못된 정보를 퍼뜨리는 사악
한 프로그램에 엄청난 자금을 투자할 계획이었다. 사람들은 곧바로 그런
활동의 합법성에 의문을 제기했고 외신 기자들은 자신들도 모르는 사이

에 막대한 예산이 투입되는 심리전에 동원될 수도 있다는 사실에 그다지 달가워하지 않았다. 도널드 럼즈펠드 국방부 장관을 비롯한 참모들은 이 기관이 절대로 부정직한 활동에 관여하지 않을 것이며 여론을 얻기 위한 분석에 주력할 것이라고 강조했다. 단순한 선전이 아니라 최첨단 기술을 통한 정확한 선전으로 국민의 혈세를 낭비하지 않겠다고 다짐했다.

하지만 전략영향사무소의 비밀스러운 특성이 공개되자 심각한 정치적 문제가 불거졌다. 〈뉴욕타임스〉에 기사가 난 지 정확히 일주일 만에 전략영향사무소는 없어졌다. 럼즈펠드 국방부 장관은 다음과 같이 밝혔다. "전략영향사무소가 심한 타격을 입어 제 기능을 수행할 수 없다고 판단하여 이를 폐지하기로 했습니다."

이는 전략영향사무소를 이끌고 있던 공군 준장 사이먼 피트 워든이 바라던 결말은 아니었다. 하지만 동료들 사이에서 '피트'라고 불리는 워든은 30년 동안 공군에서 생활하며 이런 불편한 상황에 이골이 나 있었다. 천체물리학을 전공한 워든은 무기 개발과 비밀 작전에서부터 우주의 특성을 연구하는 전공 분야까지 다양하게 경험했다. 워든은 가는 곳마다 구태의연한 사고에서 탈피해 관료 조직에 과감하게 생기를 불어넣어서 명석하고 파격적인 인물로 명성을 쌓았다. 하지만 이런 성격은 결국 상사와 마찰을 빚었고 그런 탓에 워든은 인정받고 전보 발령받기를 반복했다.

전략영향사무소 폐지로 워든은 로스앤젤레스에 있는 우주미사일시스템센터로 발령이 났다. 우주미사일시스템센터는 군사기술을 우주에서 활용하는 방안을 연구하는 곳이었다. 워든은 50명으로 구성된 팀을 맡아 미래에 획기적인 방식으로 활용할 만한 우주무기를 고안하는 일을 담당했다. 목표는 흥미를 끌 만한 보고서를 작성해서 언젠가 군의 중요 인사의 눈에 띄기를 바라는 것이었다. 워든은 이렇게 말한다. "고위 인사들이 모인 자리에서 연구 결과를 브리핑하면 '아주 좋은 생각이네요.'라는 말을 듣죠. 그러고 이 인사들은 보고서를 어디 책장 같은 데 넣어두죠. 그러다 6개월이나 5년 후 새 임무가 떨어지면 과거에 했던 연구 중 쓸 만한 게 있다는 것을 기억해내고서야 그 보고서를 다시 꺼냅니다."

워든은 보고서 작성을 마다하지 않았다. 이런 행태에도 나름의 장점이 있다고 생각했다. 하지만 그보다는 행동으로 옮기기를 더 좋아했다. 엄청나게 발전한 전자공학과 컴퓨터 기술은 위성과 로켓 분야에도 새로운 가능성을 열어준다고 오래전부터 생각했다. 워든은 누군가 작고 성능 좋은 위성을 만들어 역시 작고 성능 좋은 로켓에 실어 보낼 수 있다면 군에서 말하는 '신속 대응이 가능한 우주' 분야에서 중요한 돌파구가 생길 것이라고 보았다. 워든은 훗날 우주군이 공식화될 것을 염두에 두고 우주 자산을 미국의 다른 군사 자산과 동일한 속도와 정밀성으로 배치할 능력을 원했다. 워든은 이렇게 말한다.

"예를 들어 보츠와나 같은 곳에서 갑자기 위기 상황이 벌어졌다고 합시다. 문제는 보츠와나에 특화된 위성이 따로 없다는 겁니다. 이런 곳에 곧 육군과 공군을 배치할 예정이라면 지원을 위해 위성을 같이 발사하면 판도가 바뀌겠죠."

하지만 군은 전부터 우주개발에서 비용 절감과 속도와는 거리가 멀었다. 1960년대 나사와 군은 모든 로켓과 위성은 실패없이 작동해야 하며 이를 위해 어떤 비용도 치를 수 있다는 사고방식에 젖어 있었다. 무언가 잘못되어 비난을 받으면 새로운 지침과 규정을 만들고 더 많은 절차를 마련해 다시는 같은 문제가 발생하지 않게 했다. 미 공군 우주개발 전문이었던 프레드 케네디는 다음과 같이 지적했다. "40년 동안 무결점

문화가 지속되었습니다. 이를 해결할 방법은 모두 해체하고 처음부터 다시 시작하는 수밖에 없었어요."

국방부 산하 연구 개발 기관인 방위고등연구계획국DARPA은 점점 구시대적 운영 방식에 지쳐갔다. DARPA의 임무는 10년, 20년, 30년 앞을 내다보고 공상과학소설 수준의 군사기술을 개발하는 것이다. 이를 위해 연구원들은 온갖 기발한 과학적 아이디어를 실험해보고 싶었지만 그럴 기회가 거의 없었다. 보잉이나 록히드마틴 같은 방산업체는 행동이 굼뜨고 로켓 발사 횟수가 적었기 때문이다. 케네디에 따르면 DARPA 사람들은 "소형 로켓 추진체 50개를 사서 하루에 하나씩 발사해 이 한심한 업체의 코를 납작하게 해주자."라고까지 말했다.

워든은 새 직책을 맡게 되면서 곧 DARPA에서 비슷한 생각을 하는 사람들과 만나 함께 머리를 맞대기 시작했다. 이들은 일론 머스크라는 부자에 주목했다. 일론 머스크는 스페이스X를 설립해 소형 로켓을 가능한 한 많이 띄우려 했다.

얼마 지나지 않아 머스크가 워든의 사무실에 나타났다. 이 둘은 죽이 잘 맞았다. 워든은 당시를 이렇게 기억한다. "2~3년 안에 팰컨1을 만들 수 있다고 하면서 우리가 그 로켓을 정말 사용할지 알고 싶어 하더군요." 군 최고위직 우주광이었던 워든은 상상할 수 있는 모든 '특이한' 괴짜 발명가들을 만났다. 차고에서 광선총을 만드는 사람부터 비행접시가 차세대 군용 차량이 되리라 확신하는 사람까지 다양했다. 하지만 머스크는 달랐다. 워든은 머스크의 비범함을 알아보았고 일종의 동질감까지 느꼈다. 이 둘은 언젠가 화성에 식민지를 건설하고 그 너머까지 진출할 수 있다고 생각했고 이를 위해 무엇을 해야 할지 의견을 주고받았다. 워든은 머스크에게 믿음이 갔다. "일론은 미래를 볼 줄 알았어요. 당시에는 그런 예지자가 많았죠. 하지만 일론에게는 남과 다른 무언가가 있었어요. '헛소리하는 사기꾼이 아니라 진국'이라고 생각했죠. 특히 로켓과 그 작동 원리를 제대로 꿰고 있었어요."

워든의 재촉으로 DARPA는 스페이스X와 소형 위성을 실어 보내는 계약을 체결했다.▼ 이로써 스페이스X에는 힘이 실렸고 DARPA는 계약 내용을 감독할 권한을 얻었다.

그로부터 2~3년간 국방부는 워든에게 콰절레인 환초에 있는 스페이스X의 발사장을 감독하게 했다. 워든은 캘리포니아에서 하와이를 거쳐 콰절레인 환초에서 오믈렉섬에 이르는 장거리를 오가며 관련 사항을 보고했다. 워든은 스페이스X가 로켓을 만드는 방식을 좋아했다. 스페이스X의 유연한 조직도 마음에 들었다. 어려운 여건 속에서도 직원들은 활력이 넘쳤고 창의성이 빛났다. 하지만 규율이 느슨한 점은 아쉬웠다. 스페이스X는 절차를 문서화하지 않았다. 안정된 공급망을 확보하기보다는 부정기 화물선과 머스크의 자가용 비행기에 의존해 중요 부품을 긴급 조달했다. 워든 자신도 격의 없이 위스키를 마시며 떠들기를 좋아했지만 발사대 인근에서 떠들썩한 술판이 벌어지는 광경을 보고 걱정하지 않을 수 없었다.

"보니까 테니스화를 신은 직원들이 로켓을 만지작거리며 그 위에 올라가기도 하더군요. 한번은 숙소로 쓰는 트레일러에 가서 캐비닛을 열었더니 맥주가 여러 박스 나왔어요. 저도 맥주를 좋아하기는 하지만 로켓 발사를 얼마 안 남겨놓고는 자제해야죠. 직원들이 관제 센터와 교신 내용을 가지고 농담하는 게 실리콘밸리의 젊은이들 같았죠. 실리콘밸리

▶ 이 위성을 실은 로켓은 결국 연장 창고 지붕을 뚫고 추락했다.

에서 소프트웨어를 개발하는 친구들이 생각났어요. 소프트웨어는 컴파일 과정에서 실패해도 새로 하면 되고 비용도 들지 않으니 괜찮습니다만 로켓은 수백만 달러가 투입되는 데다 6개월이나 걸리는 일이란 말입니다. 악마는 디테일에 있다는 속담처럼 복구 역시 마찬가지입니다."

워든은 국방부와 머스크에 우려를 표시했다. 머스크는 워든의 지적에도 아랑곳하지 않았다. "일론은 저에게 천문학자지 로켓을 만드는 엔지니어는 아니지 않느냐고 하더군요. 그래서 저는 '스페이스X의 로켓 추진 기술이나 설계를 문제 삼는 게 아닙니다. 우리는 이 프로젝트에 수십억 달러를 투자했는데 당신들이 일하는 걸 보니 공군 장교로서 걱정되는 거예요. 로켓은 성공하지 못할 겁니다.'라고 일론에게 답해주었죠."

첫 번째 로켓이 실패하고 연달아 두 번째, 세 번째까지 실패한 다음에야 스페이스X는 워든과 관계자들의 조언을 받아들였다. 젊은 스페이스X는 올드스페이스의 구태의연한 방식과 생각을 받아들일 마음이 없었다. 그렇게 되면 애초의 취지가 무색해지기 때문이다. 하지만 스페이스X의 엔지니어와 비행 관제 센터 직원들은 얼마든지 개선할 의지가 있었고 약간의 프로 정신이 더해지자 팰컨1은 궤도를 향해 박차고 오를 수 있었다.

팰컨1이 성공하기 전에도 워든은 이미 혁명이 시작되었음을 알고 있었다. 오랜 기간 방위산업체와 부딪히면서도 다르게 생각하려 노력했고 발전된 소비자 기술을 어떻게 이용할지 고민했다. 컴퓨터와 각종 소프트웨어를 설계하던 사람들이 이제 우주로 진출하여 관료들 앞에 모습을 드러내려 한다는 것을 알았다. 그랬다. 실리콘밸리의 천재들은 자신감이 넘쳐 무례해 보일 수 있다. 하지만 이들에게는 야망과 창의적인 생각과 엄청난 자본이 있었다. 당시 50대 후반이었던 워든은 머스크처럼 변화의 주동자가 되어 우주산업의 신구 세대를 연결하는 매개자로서 중요한 역할을 할 수 있을 것 같았다. 워든은 우주와 정부에 관한 자신의 깊은 지식과 실리콘밸리의 속도와 추진력을 연결할 곳을 찾아야 했다. 다행히 그런 이상적인 곳에 자리가 났다.

3.

에임스연구소에 오신 것을
환영합니다

실리콘밸리에 처음 오면 대부분 실망한다. 대개는 기술의 신세계를 발견하리라는 희망을 품는다. 샌프란시스코를 떠나 남쪽으로 향하는 길에서 화려한 조명과 시속 1,500km로 달리는 반중력 열차를 볼 수 있으리라 기대한다. 지난 60년간 축적된 부를 찬양하는 반짝이는 마천루와 거대한 건축물도 그려본다. 하지만 그 반대다. 실리콘밸리는 오래된 상점가와 낮은 사무실 건물, 낡은 도로로 연결된 구식 주택들이 즐비한 동네다. 그나마 초현대적 인상을 풍기는 게 있다면 혼잡한 고속도로를 뚫고 잇따라 달리는 테슬라의 자율 주행차 정도다.

실리콘밸리는 현재도 과거도 중요하게 생각하지 않는다. 역사를 쌓을 시간이 없었다. 한 거대 기술 기업이 지배적 위치에서 내려오면 새로운 회사가 그 건물을 차지하고 이전 기업에 대한 어떤 경의도 없이 처음부터 새로 시작한다. 이 모든 기술혁명의 시발점이 된 최초의 트랜지스터 공장▼은 몇 년 전 청과점으로 바뀌더니 지금은 몇 개의 건물로 나뉘었다.

실리콘밸리에서 과거와 현대를 대표하는 상징적 건물을 찾는다면 마운틴뷰에 있는 나사 에임스연구소다. 실리콘밸리의 대동맥인 101번 고속도로를 타고 지나다 보면 800만 m²에 달하는 특이한 단지가 눈에 띈다. 연구소는 샌프란시스코만의 염호와 평평한 습지가 있는 물가에서 시작해 거대한 격납고와 긴 활주로로 이어진다. 지상에는 사무동 건물이 펼쳐져 있지만 눈길을 끄는 것은 따로 있는데, 바로 풍동wind tunnel이다. 사다리꼴로 길이 430m, 높이 55m에 달하는 세계 최대 규모의 풍동 시설이 마치 기자의 피라미드처럼 덩그러니 서서 주변을 압도한다. 이 외에도 다층 모의 비행 장치와 양자 연산 센터 그리고 실험용 액체와 기체를 보관하는 각종 거대한 금속 용기들이 흩어져 있다. 센터를 위에서 보면 따분한 관공서 건물과 영화 '007' 속 악당의 은신처가 한데 뒤섞여 있는 듯한 느낌이다.

에임스연구소의 역사는 1930년대 후반으로 거슬러 올라가는데, 찰스 린드버그가 서부 해안에 새로운 항공 연구 센터의 건립을 정부에 제안했다고 한다. 당시 남쪽 베이에어리어는 기술보다 농업에 더 치중하고 있었고 과일과 견과류를 많이 재배해 환희의 계곡Valley of Heart's Delight이라 불렸다. "딸기밭이 몇 킬로미터고 끝없이 펼쳐져 있었어요." 1947년 초봉 2,644달러를 받고 에임스연구소로 온 잭 보이드의 말이다.

미국이 제2차 세계대전을 끝내고 소련과 우주 경쟁에 돌입하면서 에임스연구소는 북적이기 시작했다. 에임스연구소는 풍동 건설에 전력

▶ 마운틴뷰 샌안토니오로드 391번지 쇼클리반도체연구소.

을 쏟아 아음속·초음속 비행기 연구의 핵심이 되었다. 그 후 에임스연구소의 엔지니어들은 머큐리·제미니·아폴로 계획을 가능하게 한 일련의 기술 발전을 이뤄냈다. 반도체산업이 아직 걸음마 단계였으므로 에임스연구소는 첨단 기술의 총아로서 인재를 유치하는 데도 문제가 없었다. 보이드는 에임스연구소로 당시 수재들이 몰려들었다고 한다. "직원들의 나이는 평균 스물아홉 살 정도로 젊었고 전 세계의 수재란 수재는 다 모였습니다. 정말 대단했어요. 어떤 일이라도 가능할 것 같았으니까요." 에임스연구소의 전성기는 1980년대까지 이어졌다.

하지만 아이러니하게도 에임스연구소 덕분에 성장한 사우스베이의 기술산업이 핵심 인재를 빼가기 시작했다. 스탠퍼드대학과 UC버클리의 졸업생들은 나사보다 반도체나 PC, 소프트웨어 회사에서 일하는 편이 훨씬 재미있고 보수도 낫다고 생각했다. 게다가 미소 냉전 체제가 완화되면서 우주 경쟁이 시들해진 탓도 있었다. 에임스연구소는 남부 캘리포니아에 있는 다른 나사 연구소인 제트추진연구소에 정치적으로 밀렸다. 제트추진연구소의 예산과 업무는 늘어났지만 에임스연구소는 반대의 길을 걸었다. 머스크와 스페이스X 팀이 팰컨1의 발사를 위해 노력하던 2006년이 되자 상황은 더욱 안 좋아져 나사는 한때 미국의 영광이었던 에임스연구소의 폐쇄를 고려하기도 했다.

당시 나사 국장은 마이클 그리핀Michael Griffin이었는데 워든과는 수십 년 전부터 알고 지낸 사이였다. 두 사람은 로널드 레이건 행정부에서 전략방위구상SDI에 참여한 경험이 있었다. 일명 '스타워즈'라고도 하는 SDI는 적의 미사일이 미국 본토에 도달하기 전에 격추하기 위해 여러 미래 무기를 개발해서 우주에 배치한다는 계획이었다. 워든과 마찬가지로 그리핀도 우주와 관련해 기발한 생각을 좋아했고 실리콘밸리 스타트업의 기백을 잘 알고 있었다. 그리핀은 2006년 5월 워든을 연구소장으로 임명했다. 워든이 에임스연구소를 쇄신해 뉴스페이스와 같은 기술 위주의 새로운 분위기를 조성할 수 있으리라 생각했기 때문이다. 워든은 마이클에게서 이런 당부의 말을 들었다. "와서 같이 일해봅시다. 다만 나사에 대한 그런 발언을 자꾸 함부로 해서는 안 됩니다."

'그런 발언'이란 오래전부터 워든이 공개적으로 나사를 비난해온 것을 말한다. 무엇보다 그는 '스스로 핥는 아이스크림콘On Self-Licking Ice Cream Cones'이라는 제목으로 나사에 대해 발표한 적이 있다. 워든에 따르면 언젠가부터 나사는 미국의 우주 역량을 강화하는 데 초점을 잃고 관료 조직화되었다. 막강한 정치인이 나사를 쥐고 흔들어 우주왕복선이나 허블 우주망원경처럼 예산이 많이 드는 프로젝트는 자신의 주에 유치하기 위해 로비를 벌이는 반면 더 저렴하고 신속하게 개발하려는 경쟁사의 노력은 원천차단했다.

스스로 핥는 아이스크림콘▼이란 자신의 생존 말고는 다른 존재 목적이 없는 조직을 말하는데, 이 말은 워든이 생각하기에 나사를 묘사하는 데 안성맞춤이었다. 그나마 다행인 것은 1992년 당시 워든은 우주개발이 어디로 가야 하고 어디로 가는지 알고 있었다는 점이다. 그는 작고 저렴한 위성에 투자해야 한다고 꾸준히 주장해왔다. 워든은 또한 막대한 비용이 드는 장기 프로젝트에만 집중하지 말고 우주에서 기후변화를 측정하는 실험과 같은 일련의 단기 프로젝트를 너무 늦기 전에 실시하자고

▶ 인터넷에 보면 워든이 이 말을 처음 했다고 하지만 워든은 아버지한테 들었다고 한다. 워든의 아버지에 따르면 제2차 세계대전 당시 육군 항공대원들이 이 말을 사용했다.

나사에 건의했다. 물론 결과는 뻔했다. 나사는 워든의 건의를 무시했다.

워든은 에임스연구소를 맡으면서 나사를 향한 공개적 비판을 자제하겠다고 약속했지만 전임자와 비슷한 방식으로 연구소를 운영할 생각은 전혀 없었다. 그는 25년간 나사에 할 말이 많았지만 제대로 할 수 없었다. 이제 나사에 지침뿐만 아니라 모범을 보여줄 기회를 얻었다. 그리고 워든의 성과는 전설로 남았다.

▶◆◀

에임스연구소에 대한 개혁이 본격적으로 시작된다. 곧 그 이야기를 다룰 예정이다. 하지만 워든이 무엇을 했고 왜 그렇게 했는지 살피기 전에 알아야 할 게 있다. 워든이 누구인지 그리고 어떻게 그와 같은 인물이 나오게 되었는지 알아야 한다. 팰컨1이 민간 우주산업에 불을 지핀 사건이라면 워든은 막후에서 주동자 역할을 하며 복지부동하는 조직을 흔들고 자극했으며 혁신적으로 사고하는 사람들에게 기회를 제공했다.

워든은 1949년 미시간에서 태어나 디트로이트 외곽에서 성장했다. 어머니는 교사였는데, 워든이 열네 살 되던 해에 암으로 돌아가셨다. 민항기 조종사였던 아버지는 장기간 집을 비우는 일이 잦았고 워든은 혼자 있는 시간이 많았다. "친구가 없었어요. 아마 제가 좀 까다로웠던 것 같아요. 형제자매가 없는 탓도 있었지만 제 성격 때문이기도 했어요."

워든은 어려서부터 천문학을 좋아했다. 어머니가 그에게 처음 사준 책의 제목이 《별Stars》과 《행성Planets》이었는데, 내용을 거의 외우다시피 했다. 워든은 천문학책은 물론 공상과학소설까지 탐독했다. 아폴로 프로그램이 한창 진행 중일 무렵에는 미시간대학에 입학해 물리학과 천문학을 복수 전공했다. 워든은 또한 학교에서 요구하는 체육 활동을 면제받기 위해 공군 학생군사교육단에 자원했다. "운동이 정말 싫었어요. 그런데 학생군사교육단 사무실에 가니 홍보물 앞장에 은하수 사진과 공군 항공우주연구단에 관한 설명이 있었죠. 그걸 보고 공군 과학 장교가 되기로 한 겁니다."

미시간대학을 졸업한 워든은 공군에 입대해 아리조나대학에서 천문학 박사과정을 밟았다. 공군에서 워든은 여러 부대에서 찾는 신병이었다. 그중에서 국가정찰국의 제의는 너무 좋아 무시하기 어려웠다. "인터뷰하러 로스앤젤레스에 갔는데 마치 첩보 영화의 한 장면 같았어요. 기지 안으로 들어가니 암호를 대야 통과할 수 있는 여러 겹의 철문이 나왔어요. 경광등이 번쩍이면서 신원 미상자가 기지에 침입했다는 사이렌이 울리는데 대령은 정확히 무슨 일을 하는지는 말해주지 않고 그냥 '걱정 말게. 멋있는 일이야.'라고 하더군요."

국가정찰국은 첩보 활동을 하는 기관으로, 워든 역시 당시 비밀 프로젝트에 참여했으나 이에 대해서는 지금도 말할 수 없다. 확실한 것은 그가 일을 잘해서 수백만 달러의 예산이 투입되는 프로젝트를 감독하는 역할을 맡았다는 사실이다. 워든은 또한 군 내부와 정계 주요 인사들과 돈독한 인맥을 쌓았다.

1983년 레이건 대통령이 백악관 연설을 통해 스타워즈계획, 즉 SDI를 발표하자 워든의 출세는 보장된 듯했다. 우주왕복선 프로그램을 운영했던 제임스 에이브러햄슨James Abrahamson이라는 공군 준장이 스타워즈의 책임자로 임명되었고 워든은 특별보좌관이 되었다.

정말 많은 사람이 스타워즈를 말도 안 되는 계획이라고 생각했다. 당시에는 존재하지 않았던 기술이 현실화되어야 가능한 일이었기 때문이다. 지구상 최첨단 레이더 시스템이 위성 네트워크와 교신해 소련에서 미사일이 발사되는 순간, 이를 포착하고 분석하여 비행경로를 추적한다는 구상이었다. 이에 따르면 지상 기지에서 레이저 빔을 우주에 있는 거울로 발사하면 다시 그 거울이 또 다른 거울로 반사해서 소련의 미사일을 파괴할 수 있다. 레이저로도 파괴가 안 되면 궤도를 돌고 있는 미사일이 작동해 격추할 수 있다. 여기에는 중성 입자 빔을 이용하는 계획도 포함되어 있었다. 위협적이고 멋있어 보였지만 소련 당국이나 핵전쟁 반대론자들은 당연히 싫어했다. 당시 SDI와 우주 전쟁과 관련된 여러 프로그램은 듣기만 해도 무시무시했다.

이런 걱정꾼들과 달리 워든은 스타워즈 구상을 열렬히 반겼다. 워든의 표현에 따르면 그동안 군비경쟁은 체스 게임으로, 소련 측의 전략적 특성에 더 유리한 게임이었다. 소련은 군축 협정을 통해 "규칙을 동결"했고 자신의 현재 상황에 만족하고 있었다. 이에 반해 미국은 "게임 규칙이 바뀌면 더 잘할 수 있는" 포커 선수 같은 기질이 있다고 워든은 말했다. 스타워즈로 인해 새로운 무기로 새로운 전장, 즉 우주에서 싸워야 하니 교전규칙이 바뀐 셈이었다. "우리가 유리한 포커 게임이었죠. 알다시피 요즘 레이저 빔은 예측이 불가하잖아요."

특별보좌관의 임무 중에는 여러 비판에 맞서 스타워즈 프로그램을 옹호하는 일도 포함되어 있었다. 워든은 공개 토론과 비공개 토론에서 정치인이나 과학자, 소련에 맞서 논리를 펼쳤다. 그는 이 일에 소질이 있었고 또다시 승진했다. 워든은 대의를 지지했지만 이 역시 순전히 우주광으로서의 신념에 근거한 것이었다. "저는 토론을 정말 열심히 했습니다. 그때나 지금이나 군사력을 우주에 집중하면 우주 분야에서 큰 발전을 이룰 수 있다는 생각에는 변함이 없습니다. SDI가 미사일로 방어한다는 개념보다 더 마음에 들었습니다."

1991년 대령으로 진급한 워든은 SDI 내에서 연 20억 달러의 예산을 주무르는 기술 부문장으로 취임했다. 그는 많은 예산을 투입해 SDI 프로젝트를 진행하면서도 우주에 대한 사랑을 실천하는 데 힘썼다. 워든은 클레멘타인 임무를 기획했다. 달 궤도로 탐사선 클레멘타인을 보내두 달 동안 SDI 기술들을 테스트하고 달 표면 전체를 지도로 작성하게 한다는 구상이었다. 미국은 지난 20년간 달 탐사에 투자한 적이 없었지만 클레멘타인 임무는 대성공을 거두었다. 워든이 민간에서 개발한 소프트웨어와 장치를 사용해야 한다고 주장한 덕분에 나사와 SDI 팀은 탐사선 제작 비용을 기존의 5분의 1 정도로 줄일 수 있었다. 클레멘타인은 달표면 전체를 세밀하게 지도로 작성했을 뿐만 아니라 달 분화구에 물이 있다는 증거를 최초로 찾아냈다.

워든은 클레멘타인 외에 델타 클리퍼에도 자금을 지원했다. 델타 클리퍼는 재사용 가능한 로켓인 데다 수직 이착륙을 할 수 있었다. 이를 두고 워든은 "일론이나 베이조스가 재사용 가능 로켓을 최초로 만들었다고 떠드는 걸 보면 가소로울 따름입니다. 우리는 이미 25년 전에 만들었어요."라고 말한다.

SDI 계획은 결국 1993년에 폐기되었다. SDI에 반대하는 사람들은 그렇게 복잡한 시스템이 실현 가능한지 의구심을 품었지만 워든과 관계자들은 그 가능성을 철석같이 믿고 있었다. 재사용 가능한 발사체와 미사일 요격체 실험에 성공한 결과가 이를 증명한다고 했다. 어쨌든 SDI 계획은 실행 여부와 상관없이 소련이 붕괴하는 데 일조했다. SDI는 그 이름만으로도 소련이 불확실한 미래 방어 시스템에 대비해 없는 예산을 쥐어짜게 했기 때문이다. 워든은 여전히 아쉬워한다. "우리가 가진 패가 소련보다 훨씬 더 많았는데 당시에는 그걸 몰랐어요. 여러 테스트를 통해 SDI가 실현 가능하다는 것을 충분히 보여주었는데도 말이죠."▼

워든에 따르면 소련은 SDI를 중지시킬 수 없음을 깨닫자 근본적으로 다른 길을 택해야 한다고 판단했다. "스타워즈계획이 소련의 권력 구조에 엄청난 균열을 일으켜 결국 붕괴로 이어진 겁니다. 스타워즈계획에 반대한 사람들은 이 계획이 별 충격을 주지 못했다고 생각합니다. 하지만 저는 스타워즈계획이 결정적이었다고 봅니다. 단순한 핵미사일 경쟁에서 핵을 넘어 우주 경쟁으로 판도를 완전히 바꿔놓았으니까요."

워든에 따르면 SDI는 미국이 우주탐사를 넘어 우주에서 첨단 기술을 응용하는 데까지 나아가게 했다. 그 과정에서 우주 기술 연구의 상당 부분이 나사에서 새로운 아이디어를 시도하는 사람과 회사로 옮겨갔다. 워든은 SDI가 우주개발을 향한 새로운 움직임을 촉진했다고 한다. "SDI는 자본과 노력을 집중하는 계기가 되었습니다. 그 덕분에 새로운 기술과 다양한 방식으로 오늘날 우리가 하는 일을 시작할 수 있었습니다. 이는 기존의 항공우주 기업에서 벗어나 우주개발을 향한 새로운 움직임의 시작이었습니다. 그런 의미에서 경이로울 정도로 훌륭한 방위비 지출이었다고 생각합니다. 아무것도 만들지 않고도 게임의 판도를 바꿔버렸으니까요."

▶ 많은 장군이 레이건 대통령에게 스타워즈계획을 취소해서 소련에 일종의 평화공세를 펼치자고 주장했다. 그렇게 하면 추가 핵무기 개발을 금지하는 협상에 유리하리라는 논리였다. 그러나 워든과 같은 SDI 찬성론자들은 SDI가 협상에 훨씬 더 유용한 위치를 제공할 것이라고 믿었다. 이를 위해 워든은 스타워즈계획의 실현 가능성을 주장하는 논문을 써서 레이건 대통령이 항상 정독한다는 〈내셔널리뷰National Review〉에 게재했다. 워든은 자신의 글이 대통령을 움직여 1986년 레이캬비크 정상회담에서 SDI를 고수하게 했다고 확신했다. "냉전을 종식하는 데 제 역할이 컸죠."

SDI 계획이 폐기된 후 워든은 이름도 거창한 여러 직책을 전전했다. 그는 공군 전장지배 담당 차관보, 우주전쟁센터 설계 및 기술 국장, 제50우주비행단장 등을 역임하며 많은 위성과 부하를 통솔했다. 워든은 공군과 정부 고위층에게 깊은 인상을 남겼지만 분노를 사기도 했다. 나사는 세 번이나 워든을 해고하려 했다.

2001년 9·11테러가 발생한 후 워든이 옮겨간 곳이 전략영향사무소다. 앞서 언급한 바와 같이 전략영향사무소는 설립되자마자 폐지되었다. 워든은 당시 정부의 발령에 대해 이렇게 얘기한다. "펜타곤에 있는 지휘관은 두 부류로 나뉩니다. 대부분은 관료형이죠. 평시에는 이런 사람들을 선호합니다. 하지만 전시에 적을 이기려면 판세를 바꿀 과격분자나 별종이 필요합니다. 군은 이 사실을 잘 알고 있습니다. 그래서 항상 그런 사람들을 여기저기 배치하는 겁니다. 저도 그런 부류 중 하나였던 것 같아요. '전쟁이 나면 이 미친 사람이 나가게 유리창을 깨란 말이야.' 뭐 이런 느낌입니다."

워든은 오늘날까지도 대테러 활동에서 정보전이 최선이라고 주장한다. "테러를 자행할 필요가 없음을 깨닫도록 테러범들을 설득해야 합니다. 그들을 전부 다 죽일 수는 없잖아요?"

그러면서 워든은 이렇게 덧붙인다. "사람들은 우리가 허위 정보를 흘렸다고 비난하더군요. 말도 안 되지만 여하튼 논란이 많았죠. 그래서 영광스럽게도 대통령께서 저를 해고했답니다. 공군 준장을 달고 예편했는데 그 정도면 뭐 성공한 거죠."

▶◆◀

2002년 10월 텍사스 휴스턴에서 국제우주대회가 열렸다. 1950년 대부터 시작된 이 대회는 각국의 우주 전문가들이 모여 연설과 세미나 등을 벌이는 행사다.

조지 W. 부시 대통령의 지시로 막 예편한 워든은 국제우주대회에 참석해 우주항공업계 사람들을 만났다. 워든은 몇몇 회의에 들어가 이야기를 나누다 저녁이 되자 친구와 함께 술집에 갔다. 위스키를 홀짝이던 워든은 가까운 테이블에서 시끄럽게 떠들어대는 소리를 들을 수 있었다. 술집은 우주광들로 꽉 차 있었는데 이들은 항공우주 분야에서 일하는 "젊은이들이 창의력과 에너지를 활용해 우주를 평화적으로 활용하고 인류 발전에 이바지하고자" 모인 국제청년우주연맹의 일원이었다. 한마디로 모두 우주 히피들이었다.

늘 그렇듯 이 젊은 우주광들은 텍사스 중심가에 있는 한 술집에 모여 우주 전쟁의 개념을 비난하고 있었다. 워든의 귀에 우주무기에 관한 이야기가 들어왔다. "우주무기의 안 좋은 점에 대해 열변을 토하더군요." 그런데 워든이 토론을 좋아하는 것을 잘 아는 친구가 그 우주광들에게 가서는 전 SDI 간부이자 전 전장지배 담당 차관보로, 궤도에 어둠을 불러온 그 장본인을 만나볼 의향이 없냐고 물었다. "친구가 저를 가리키며 저기 다스 베이더가 앉아 있으니 실제로 대화를 나눠보라고 하더군요."

당시 현장에는 훗날 플래닛랩스의 창업자 3인, 즉 윌 마셜과 크리스 보슈하우젠, 로비 싱글러 외에도 우주 관광 기업 버진갤럭틱Virgin Galactic을 이끌게 되는 조지 화이트사이즈George Whitesides 등이 있었다. 워든을 중심으로 몇몇이 반원을 그리며 둘러앉았다. 곧 워든과 마셜은 본격적으로 토론에 들어갔다. 둘 다 우주에 관한 한 누구에게도 뒤지지 않았고 인간이 달에 정착하는 것뿐만 아니라 태양계 저 멀리까지 나가야 한다는 데는 동의했다. 하지만 우주무기에 대해서는 의견이 달랐다. 마셜은 젊은이답게 우주 평화를 주장했고 워든은 그런 마셜을 순진하다고 생각했다. "토론하며 윌이 어떤 생각을 하는지 바로 알아챌 수 있었어요. 우주에 우주무기를 일절 들여놓지 않으면 새로운 유토피아를 만들 수 있다고 생각하더군요. 그에 반해 저는 전직 군 장교로서 유토피아에는 나쁜 놈이 많은 법이라고 삐딱하게 생각했죠." 워든은 우주무기는 단순한 무기가 아니며 영향력과 지배력을 행사하는 수단이므로 다르게 봐야 한다고 마셜을 설득하려 했다.

대화는 격렬했고 논쟁의 여지가 있었지만 감정이 상하는 일 없이 잘 끝났다. 감정이 상하기는커녕 워든은 이상을 추구하는 젊은이들이 맘에 들었고 젊은이들은 워든의 식견과 경륜에 감탄했다. 마셜을 비롯한 몇몇 학생은 그 뒤로 20여 년간 워든과 계속 연락을 주고받았다. 워싱턴 DC나 캘리포니아 등 우주 관련 행사가 열리는 곳이면 어디서든 만나 대화하며 서로 더 많은 것을 배웠다. 워든은 말한다. "사업이든 정치든 학문이든 무엇을 하든 간에 최선책은 똑똑하면서도 당신과 의견이 다른 사람을 만나는 겁니다."

술집에서의 첫 만남과 그 뒤로 계속된 인연은 함께한 모든 사람에게 행운을 가져다주었다. 2006년 워든이 에임스연구소를 맡을 무렵 이 우주 히피들은 대학을 졸업하고 우주 관련 분야에서 경력을 쌓을 기회를 노리고 있었다. 이와 동시에 워든은 연구소를 쇄신할 청사진을 구상하고 있었다. 워든은 젊은 피를 수혈하면 조직에 자극이 되리라 생각하고 마셜, 보슈하우젠, 싱글러 같은 이상주의자들에게 연락해 에임스연구소로 오라고 설득했다.

그런데 그게 마음처럼 쉬운 일은 아니었다. 나사는 대중에게 여전히 매력과 호감을 얻고 있었지만 젊은 엔지니어들에게는 그렇지 못했다. 정부의 지원을 받는 전 세계 항공우주 기관이 거의 그렇듯 나사에는 구태의연한 습성이 남아 있었다. 수십 년간 동일한 방식으로 일을 처리했고 현상 유지를 최우선으로 삼았다. 나사는 최첨단 기술과 혁신을 주도하는 사고의 본거지여야 했지만 전혀 그렇지 못했다. 느리고 관료적이었으며 미지의 영역을 개척하는 용기 있는 과학자의 요람이 아니라 국방부의 하청업체처럼 행동했다.

하지만 워든에게는 사람을 끌어당기는 매력과 설득력 있는 말솜씨가 있었다. 워든은 다른 스타트업에서 일하느니 좀더 큰물에서 놀아야 한다며 젊은이들을 영입했다. 시간이 지난 뒤의 일이지만 그가 뽑은 인원들은 나사에서 기존 질서를 파괴하고 혁신을 달성하는 핵심 세력이 된다. 그 뒤로 이들의 우정은 더욱 깊어졌다. 이들은 워든의 기대보다 더 많은 것을 이루어냈고 에임스연구소를 나와서는 위성과 로켓 회사를 설립해 새로운 흐름을 선도한다.

새로운 자리에서 어느 정도 업무를 파악하자 워든은 공군에서 유연한 사고에 능한 사람들을 데려오기 시작했다. 공군연구소에서 헬리콥터·항공기·위성 기술 개발을 담당했던 피트 클루파Pete Klupar는 에임스연구소에 와서 기술 이사가 되었다. SDI에서 무기 설계를 담당했던 앨런 웨스턴Alan Weston은 기획 이사가 되었다. 워든은 연구소 내에서도 인재를 찾아냈다. 관료주의와 비효율성의 늪에 빠지지 않고 창의적 사고로 큰일을 할 만한 사람이 기존 직원 중에도 있었다. 그중 한 명이 25년간 에임스연구소에 근무한 크레온 레빗Creon Levit이다. 헝클어진 곱슬머리가 인상적인 레빗은 워든의 특별보좌관에 임명된다. 레빗은 말한다. "워든은 나이에 상관없이 이런 사람들을 모아 조직을 변화시킬 수 있다는 확신을 주었습니다."

　워든은 여러 가지 골치 아픈 프로그램과 함께 수천 명의 공무원을 인수받았는데, 이들 대다수는 타성과 안일에 빠져 있었다. 이들의 태도는 워든이 견딜 수 없을 정도였다. 에임스연구소의 고위직도 골칫거리이기는 마찬가지였다. 이 인사들은 연구소장 자리가 워든에게 넘어간 데 강한 불만을 품고 있었다. 워든은 자기 의지대로 곧장 밀고 나아갔다. 레빗에 따르면 당시 워든은 사업가처럼 굴었다. "계약과 같은 중요한 문제에 바로 답변을 못 하면 다음 주까지 상세 보고서를 작성하라고 지시했어요. 워든은 조직을 운영하는 데 능숙했어요. 그게 딱 보이더라고요. 처음에는 조용하고 부드럽게 시작했다가 나중에 화를 냈죠. 워든은 '제기랄, 내가 여기 연구소장이야. 안 된다고 하지 말고 이렇게 하면 된다고 하란 말이야.'라고 소리쳤어요."

　워든은 지시하는 데 익숙한 장군이었지만 연구소는 행정조직이었다. 레빗은 말한다. "사람들은 워든의 권위적인 태도에 분노했어요. 워든이 조직의 느린 업무 처리 관행에 불만을 표하자 연구소 사람들은 미래가 불확실하다고 느꼈습니다. 워든은 외부 사람들을 고용해 윗자리에 앉혔죠. 결국 에임스연구소는 둘로 갈라지게 됩니다. 워든은 항상 이런 식으로 말했어요. '에임스연구소는 우주 비행 센터가 될 것이고 우리는 소형 위성을 만들 것이다. 우리는 나사의 업무 관행을 혁신하고 잘못된 프로그램을 바로잡고 조직을 간소화해서 새로운 일을 해야 한다.' 이러니 그를 좋아하는 사람과 싫어하는 사람으로 나뉠 수밖에 없었습니다."

　에임스연구소를 맡았을 때 워든은 쉰일곱 살이었다. 그는 외모나 행동에서 몸에 밴 오랜 군 생활이 그대로 드러났다. 워든은 희끗희끗 센 머리를 옆은 짧게 하고 위는 길게 길러 오른쪽으로 가르마를 탔다. 운동을 별로 좋아하지 않는 그는 평균 체격에 배가 좀 나온 편이었다. 무엇보다도 가장 큰 특징은 목소리와 표정에 있었다. 워든은 마치 목구멍 깊숙한 곳에 있는 우물에서 단어를 끌어 올려 힘들게 밖으로 밀어내듯 탁하면서도 절제된 어조로 말했다. 얼굴은 늘 약간 실망한 표정을 짓고 있었다. 전체적으로 뚱하고 늙수그레하게 보였지만 그는 자기가 좋아하는 주제나 사람에 대해 말할 때면 온화함과 열정이 흘러넘쳤다.

에임스연구소 직원 2,500여 명 중 상당수는 워든을 보자마자 싫어했지만 좋아한 사람도 꽤 있었다. 연구소에는 워든과 마찬가지로 틀을 깨려는 우수한 연구원이 많았다. 워든은 이를 다행으로 여겼다. "다행히도 연구소에는 팀 플레이어가 아닌 사람이 많았어요. 팀플레이란 말이 끔찍한 이유는 아무것도 하지 말고 그냥 팀의 일원으로서 역할만 하라고 하기 때문이에요. 연구소에는 일을 벌이고 싶은 사고뭉치들이 많았습니다. 나사에도 '일단 저지르고 보자.'라는 정신으로 움직이는 곳이 있어야 하는데 에임스연구소가 그런 곳이었습니다."

워든이 맨 처음 하고자 했던 일은 달에 로봇을 보내는 프로젝트였다. 조지 W. 부시 대통령은 2010년까지 우주왕복선을 퇴역시키고 2020년까지 달에 보낼 유인 우주왕복선 프로젝트를 추진하라고 나사에 지시했다. 달 표면에 인간이 발을 내딛기 전에 로봇 탐사선을 먼저 보낼 예정이므로 워든은 로봇의 일부만이라도 에임스연구소가 제작하기를 바랐다. 그는 스페이스X처럼 저비용 개발 기술을 이용해 나사 역사상 가장 저렴한 로봇 탐사선을 만들자고 제안했다.

하지만 올드스페이스의 관료주의와 정부의 정실주의가 곧바로 워든의 계획을 방해했다. 앨라배마주 출신의 막강한 상원의원 리처드 셸비가 워든의 계획을 알아차렸다. 셸비는 앨라배마에 나사 마셜우주비행센터를 유치했으며 록히드마틴이나 보잉과 같은 기업에서 많은 후원을 받고 있었다. 이들 기업의 공장이 앨라배마에 있었으므로 셸비는 뉴스페이스식 계획이 나올 때마다 모조리 좌절시켜 이들 기업을 보호했다.▼ 이들 기업의 무기력이나 무능력, 탐욕스러움은 셸비에게 전혀 문제가 되지 않았다. 셸비는 달 탐사 임무와 관련해 나사 그리핀 국장에게 연락해 로봇 탐사선 프로젝트를 록히드마틴이나 보잉에 맡기라고 했다. 에임스연구소는 로봇 탐사선 프로젝트에서 손을 떼라는 요구였다. 워든는 셸비를 비난했다. "셸비는 최악의 정치인입니다. 제 계획을 훔친 겁니다. 나쁜 정부의 가장 실망스럽고 구역질 나는 작태예요."

워든은 셸비와 그에 굴복한 나사를 향해 공개적 비난도 서슴지 않았다. 그 결과 워든은 에임스연구소에 부임한 지 몇 달 만에 해임될 뻔한 위기를 맞기도 했다. 하지만 워든은 나사의 결정에 굴하지 않았다. 그는 관료들이 얼마나 잘못된 판단을 내렸는지 증명하고자 에임스연구소에서 새로운 비밀 프로젝트를 시작했다.

워든은 달을 잠시 찔러보고 마는 소형 로봇이 아니라 달 착륙선 전체를 만들겠다는 계획을 세웠다. 그것도 적은 비용으로 말이다. 나사 기준에 따라 달 착륙선을 제작하려면 수억에서 수십억 달러가 들겠지만 2,000만 달러만 들여도 제대로 된 달 착륙선을 제작할 수 있음을 워든은 보여주고 싶었다.

이 프로젝트를 위해 워든은 앨런 웨스턴을 영입했다. 앨런 웨스턴은 전설적인 인물이었다. 웨스턴은 호주 출신으로 옥스퍼드대학에서 공학을 전공했다. 1970년대에 대학을 다닌 그는 데인저러스스포츠클럽

▶ 의회에서 셸비는 스페이스X를 비방하는 데 앞장서기도 했다.

Dangerous Sports Club의 핵심 일원이었다. 이 클럽은 술과 마약을 일삼으며 무모한 모험을 하기로 유명했다. 투석기를 이용해 공중에 몸을 던지거나 거대한 헬륨가스 풍선에 매달린 분홍색 캥거루 튜브를 타고 영국해협을 건너기도 했다.

1979년 웨스턴은 컴퓨터 시뮬레이션을 통해 인간이 신축성 있는 줄을 묶고 높은 다리에서 뛰어내려도 살 수 있음을 확인한 후 그대로 실행에 옮겼는데, 오늘날 번지점프는 바로 이렇게 시작되었다. 웨스턴은 영국의 한 다리에서 뛰어내려 이론에 문제가 없음을 증명한 뒤 미국 샌프란시스코로 건너가 금문교에서 뛰어내렸다.▼ 그는 체포를 피하려고 가슴을 묶은 줄을 풀고 내려와 대기 중인 보트에 올라 육지로 간 뒤에 차를 타고 도주했다.

바로 그 앨런 웨스턴이 어찌어찌해 미 공군에서 무기 설계자로 일하다가 스타워즈계획에 참여하고 있었다. 스타워즈계획에서 웨스턴은 여러 방향으로 발사되어 소련의 미사일을 파괴하는 동시에 탄두를 다른 곳으로 유도하는 우주 기반 발사 무기 시스템을 연구했다.

그런데 이 발사 무기 시스템에 관한 연구는 공교롭게도 저비용 달 착륙선의 기초가 되었다. 웨스턴은 공군에 있을 때 팀원들과 함께 우주에서 기동할 수 있는 자체 추진기를 장착한 쓰레기통 크기의 무기 시스템을 개발한 적이 있었다. 여기서 무기만 제거하면 소형 로버(달이나 행성 표면을 탐사하는 로봇)를 탑재할 만한 달 착륙선의 기본 구조가 갖춰지는 셈이었다.

▶ 당시 웨스턴의 누이동생들은 그가 자살하려 한다고 신고하여 이 번지점프를 중단시키려 했다.

웨스턴은 이 극비 임무를 위해 월 마셜 등 여러 사람을 합류시켰다. 이들은 연구소의 오래된 도장 공장 하나를 비밀 개발실로 사용했다. 이들은 폭 122cm, 높이 90cm 정도 되는 사다리꼴 기계에 아랫부분에는 착륙용 추진기를, 옆에는 비행경로를 미세하게 조정할 수 있는 추진기를 장착할 계획이었다. 공장 내부에는 커다란 그물망을 설치해서 테스트 도중 기계가 제멋대로 날아가도 벽이나 사람과 부딪히지 않게 했다. 2008년이 되자 마이크로 루나 랜더Micro Lunar Lander라고 이름한 착륙선은 엄청난 진전을 이루었다. 이 착륙선은 이륙하여 선회하며 상공에 떠 있다가 부드럽고 안전하게 지상에 착륙할 수 있었다.

루나 랜더는 에임스연구소의 명물이 되었다. 사람들은 이 작은 팀이 단시간 내에 이뤄낸 성과를 대단하게 생각했다. 구글의 공동 창업자 래리 페이지와 세르게이 브린이 마셜의 초대로 방문했고 여러 우주 비행사와 정부 관리, 워든의 옛 동료들이 루나 랜더를 보러 왔다. 웨스턴과 마셜을 비롯한 몇몇 수석 엔지니어는 논문을 써서 이 저렴한 소형 착륙선이 2020년 인간을 달에 보내기 전에 필요한 사전 작업을 할 수 있다고 주장했다.

웨스턴 등은 재료비와 인건비를 모두 포함해 300만 달러가 안 되는 금액으로 착륙선을 개발했다. 이들은 착륙선을 완성하는 데 조금 더 비용이 필요해서 발사 비용까지 합치면 4,000만 달러를 들여 달에 착륙선을 띄울 수 있다고 예상했다. 물론 로켓은 스페이스X의 팰컨1을 이용할 계획이었다.▼ 마셜은 자신들이 이룬 성과에 기뻐했다. "어느새 그렇게

▶ 2008년 팰컨1이 궤도에 오르기 몇 달 전이었지만 에임스연구소는 스페이스X가 성공할 것이라는 희망을 품고 있었다.

적은 비용만으로 임무를 수행할 수 있게 되어버렸죠. 정말 대단하지 않나요?"

개발한 달 착륙선이 제대로 작동하자 워든과 웨스턴은 자신들의 비밀 프로젝트를 나사에 공개하기로 했다. 달 탐사에 대변혁을 불러올 이 저비용 착륙선을 나사가 매우 좋아할 것으로 생각했다. 미국의 유인 우주왕복선 프로젝트가 성공하는 데 발판이 되리라 믿었기 때문이다.

그러나 나사와 셸비 상원의원은 정반대의 반응을 보였다. 나사 과학 팀은 착륙선이 제대로 실험할 능력이 없다고 일축했고 탐사 팀은 자신들이 저비용 착륙선의 제작을 맡았어야 했다고 주장했다. 셸비는 달 착륙선 개발 임무를 앨라배마 헌츠빌에 있는 마셜우주비행센터가 아닌 에임스연구소가 맡았다는 데 격노했다. 이 같은 반응들에 워든도 화가 났다. "셸비 의원이 이 사실을 알게 되자마자 에임스연구소의 프로젝트는 또다시 퇴짜를 맞았습니다. 저 역시 무지 화가 났어요."

다행히 웨스턴이 탐사선을 보여준 사람 중에 44억 달러의 예산을 관리하는 나사 과학 담당 중역 앨런 스턴Alan Stern이 있었다. 앨런 스턴은 웨스턴 팀에 계획을 수정하면 어떻겠냐고 물었다. 스턴은 달 착륙선을 궤도를 돌면서 실험하는 소형 탐사 위성으로 바꿔보자고 제안했다. 그러면 마셜우주비행센터의 달 착륙선 프로젝트에 영향을 미치지 않아 에임스연구소에 대한 셸비의 화를 누그러뜨릴 수 있다고 했다. 그렇게 해서 에임스연구소는 달의 대기 및 먼지 환경 탐색, 즉 라디LADEE이라는 이름의 새로운 임무를 부여받았다. 스턴은 4,000만 달러로는 그 같은 장비를 만들 수 없다고 보고 예산을 2배로 늘렸다.

프로젝트를 계속 진행할 수 있어서 다행이었지만 스턴의 8,000만 달러짜리 예산에 따라붙은 나사의 관료주의는 불행이었다. 윌 마셜은 결재 과정부터 달라졌다고 한다. "아직도 기억이 납니다. 갑자기 결재 체계가 12단계나 생겨버렸습니다." 나사의 공식 임무가 된 프로젝트를 지원하기 위해 12명으로 구성된 안전 및 관리 팀이 추가로 들어왔다. 그러자 기술 관련 요구도 급증하기 시작했다. 처음에 나사는 위성에 적외선 분광기를 장착하라고 하더니 그다음에는 먼지 감지기, 그다음에는 질량분석기까지 달라고 했다. 특히 질량분석기는 무게가 10kg 이상 나가 위성이 더 커져야 했다. 위성이 커지면 계산과 테스트를 전부 다시 해야 하고 로켓도 더 큰 것을 사용해야 하는 문제가 발생한다. 마셜은 나사에 그렇게 할 수 없다고 답했다. 그러자 마셜은 나사로부터 이런 말을 들었다고 한다. "아, 그래요. 그럼 프로젝트를 취소해야겠네요." 이에 마셜은 욕을 해주고 싶은 심정이었다.

그래도 라디 프로젝트는 다양한 형태로 계속되었고 마침내 2013년에 2억 8,000만 달러의 비용으로 달을 향해 출발했다. 나사 입장에서는 상당히 낮은 비용이었지만 워든을 비롯한 팀원들이 보여주고자 한 많은 것을 무색하게 했다. 마셜은 말한다. "우리가 과학 탐사 활동을 신경 쓰지 않은 건 아닙니다. 하지만 비행할 때마다 10억 달러를 쓸 필요는 없다고 생각했어요. 4,000만 달러로도 많은 임무를 수행할 수 있다는 걸 보여주고 싶었죠. 하지만 우리가 애초에 생각한 바와 달리 모두 정반대로 흘러갔습니다."

셸비 의원의 지원에도 불구하고 마셜우주비행센터는 자신들의 달 탐사 임무가 전부 취소되는 것을 앞으로 몇 년 동안 지켜봐야 했다. 그러는 사이 에임스연구소는 달 분화구 관측 및 감지 위성, 즉 엘크로스LCROSS라는 두 번째 임무를 수행했다. 계획에 따르면 오래된 추진체를 달 표면에 충돌시킨 다음 작은 우주선이 그 잔해물을 분석한다. 윌 마셜이 참여한 이 임무는 달에 물이 있을 뿐만 아니라 그 양이 과학자들의 예상보다 훨씬 더 많다는 것을 밝혀냈다. 엘크로스는 여러모로 달을 향한 관심과 달 식민지 건설에 대한 기대를 다시 불러일으켰다.

▶◆◀

몇 년이 지나자 에임스연구소는 실리콘밸리에서 과학 분야의 핵심이 되었다. 모두 워든 덕분이었다. 에임스연구소는 단기 우주탐사 임무에 집중하면서도 원래 임무인 항공기 설계와 테스트에도 신경 썼다. 그리고 이와 동시에 워든이 오랫동안 품어왔던 심우주deep space 탐사에 대한 꿈도 실현해나가기 시작했다.

워든은 연구소 내에 일련의 새로운 연구 센터를 설치했다. 워든은 나사 과학자들이 DNA 합성을 통해 미생물과 박테리아를 만들어 우주로 보낼 수 있게 합성생물학 센터를 설립했다. 또한 에임스연구소는 구글과 함께 양자 연산 센터를 만들어 AI 등의 분야에서 혁신을 도모했다. 워든은 에임스연구소에서 언젠가 자기 증식이 가능한 지능형 생체 로봇을 제작해 우주로 보내면 이 유기체가 스스로 식민지를 개척할 수 있다고 생각했다.

연산 분야에서 구글과의 협력은 에임스연구소가 되살아났다는 또다른 신호로서, 말 그대로 실리콘밸리와 긴밀한 유대 관계가 형성되었다는 뜻이었다. 마운틴뷰에 있는 구글 본사 옆에 바로 에임스연구소가 있었으므로 워든은 구글 최고 경영진에 자가용 비행기 활주로와 격납고를 임대하는 계약을 체결했다. 여기에 더해 구글에 연구소 소유의 토지 약 16만 m²를 40년간 1억 4,600만 달러에 임대해 구글 캠퍼스를 에임스연구소 마당까지 끌어들였다. 에임스연구소는 또한 사용하지 않는 건물을 스타트업에 개방했다. 신생 회사들은 비교적 저렴한 가격에 사무실을 얻을 수 있었고 필요하면 에임스연구소와 협업도 가능했다. 이런 맥락에서 워든은 스페이스X와 같은 신생 민간 우주 기업과 함께 새로운 기술을 개발할 기회를 놓치지 않았다. 워든은 한때 연구소에 테슬라 자동차 생산 시설을 유치하려고 했으나 연방법에 저촉되어 포기했다.

워든이 실리콘밸리의 인재들을 포섭하기 위해 영입한 인물이 바로 크리스 켐프Chris Kemp였다. 2006년부터 에임스연구소에서 일하기 시작한 켐프는 나중에 아스트라라는 로켓 회사를 설립한다. 그는 앨라배마 출신으로 10대 시절부터 컴퓨터와 인터넷 관련 사업을 해왔다. 에임스연구소에 들어오기 직전에는 6년간 이스케피아Escapia라는 별장 공유 웹사이트의 설립자 겸 CEO로 활약했다. 뼛속까지 사업가였던 켐프는 우주광이기도 했는데 우여곡절 끝에 윌 마셜을 알게 되어 그 일행과 어울렸다.

당시 20대 초반이었던 켐프는 로스앤젤레스에서 열린 우주 콘퍼런스에서 윌 마셜, 로비 싱글러와 어울리다가 워든과 만났다. 마침 나사의 마이크 그리핀 국장으로부터 막 에임스연구소 책임자로 임명받은 워든은 북쪽으로 가는 비행기를 타러 로스앤젤레스국제공항으로 갈 생각을 하니 막막했다. 켐프는 말한다. "피트가 우리랑 같은 테이블에 앉아 있었는데 '아, 비행기 타기 싫은데 누구 차 있는 사람 없나?'라고 하더군요."

켐프는 워든에게 에임스연구소가 있는 베이에어리어까지 태워준다고 했고 여기에 마셜과 싱글러도 따라나섰다. 이들은 1번 고속도로를 타고 캘리포니아 해안을 따라 올라갔다. 차를 타고 가는 내내 워든은 태양계에 인간을 정착시키겠다는 계획을 설명했다. 켐프는 말한다. "피트는 우리에게 인간의 태양계 정착을 위해 일해야 할 도덕적 의무가 있다고 했어요. 그리고 이를 위해 에임스연구소를 어떻게 활용할지 쉬지 않고 떠들었죠. 그건 대단한 경험이었어요. 몇 시간이고 피트와 직접 대화하다니 정말 꿈이 이루어진 것 같았어요. 목적지에 다다르자 피트가 저에게 지금 무슨 일을 하느냐고 묻더군요. 시애틀에서 여행사를 하고 있다고 했죠. 그랬더니 '쓸데없는 짓 때려치우고 나랑 같이 일하는 게 어때? 정보기술부를 한번 맡아서 해봐.'라고 하더군요."

켐프는 워든의 제안에 확신이 서지 않았지만 시애틀로 돌아가는 비행기를 취소하고 에임스연구소 인근에서 며칠 더 머무르기로 했다. 그날 밤 워든을 에임스연구소까지 데려다준 후에도 켐프는 입구에서 무장한 보안 요원들이 지키던 모습과 혹시나 있을지 모를 침입자를 찾기 위해 서치라이트가 경내를 비추던 광경이 내내 잊히지 않았다. 다음 날 워든은 켐프에게 고온에서 플라스마가 여러 물질로 분해되는 열 차폐 시설과 미국 서부 해안에서 가장 큰 슈퍼컴퓨터 그리고 다층 모의 비행 장치를 보여주었다. 마셜과 싱글러도 켐프와 함께 연구소를 구경했는데 이들 모두 워든이 왜 이렇게까지 신경 써서 안내해주는지 의아했다.

켐프는 회상한다. "우리는 도대체 무슨 꿍꿍인지 몰랐습니다. 피트는 자신에게 충성할 사람들을 불러들여 기회를 주고 에임스연구소를 장악할 계획이었던 거죠. 하지만 우리는 정치에 관심이 없었어요. 어차피 GS-13이나 GS-15까지 올라갈 생각도 없었죠.[▼] 그게 뭔지도 몰랐어요. 그래도 피트는 정말 우리에게 많은 걸 느끼게 해주었어요. 우리에게 들

▶ GS(general shedule)란 미국 연방 공무원 임급 체계로 GS-1이 가장 낮은 등급이며 GS-15가 가장 고위직이다.

어와서 하고 싶은 일을 해보라고 했어요."

켐프는 에임스연구소 정보기술 책임자가 되어 워든이 기대한 대로 엄청난 혁신을 일으켰다.

첫 단계로 켐프는 정보기술부 전체 회의를 소집하여 수백 명에 달하는 직원에게 업무 성과가 부진하다고 알렸다. 사실 켐프는 부서 인원을 절반으로 줄여도 2배의 성과를 낼 수 있다고 생각했다. 직원들이 항의하자 그는 정보기술부를 어떻게 생각하는지 연구소 직원들의 의견을 듣고 이를 동영상으로 촬영해 보여주었다. 연구소 직원들은 컴퓨터를 받는 데만 6개월이 걸리고 여기에 함께 사용할 모니터까지 받으려면 또다시 6개월이 걸린다고 불평했다. 통신망은 낡았고 소프트웨어는 형편없다며 불만이 끊임없이 이어졌다.

켐프는 말한다. "부서 직원들이 일어나서 나가버렸어요. '당신이 뭔데 다른 부서에 묻고 다니는 거야?' '그게 우리 잘못이야?'라는 식으로 묻더군요. 그래서 저는 '당신들 잘못이 맞아요.'라고 응수했죠. 전 회의실에 있던 직원들보다 한참 어렸어요. 그들은 저를 연줄로 책임자가 된 건방진 놈으로 취급했어요. 그러니 친구가 별로 없었죠."

켐프가 직원들을 해고하고 비용을 절감하기 시작하면서 에임스연구소 밖에서도 적이 생기기 시작했다. 기술 서비스 회사를 운영하는 기업인이자 한때 대선 후보였던 로스 페로Ross Perot는 나사와 거액의 계약을 맺고 있었다. 그런 로스 페로가 어느 날 오후 텍사스 플레이노에 있는 사무실로 켐프를 불러 고함을 질렀다. 하지만 켐프는 단호했다. "로스가 '도대체 무슨 일이야? 왜 사용액이 절반밖에 안 되는 거야? 매년 우리한테 1억 8,000만 달러씩 썼잖아?'라고 하더군요. 그래서 저는 더는 그럴 수 없다고 답해줬어요."

켐프는 영향력 있는 실리콘밸리의 기업인들을 만나 나사의 화려한 면을 보여주는 그럴듯한 일도 맡았다. 구글 CEO 에릭 슈미트 같은 인사들을 플로리다로 데리고 가 케이프커내버럴 기지 귀빈실에서 로켓 발사를 관람하게 했다. 그러고 발사하기까지 남은 꽤 긴 시간을 이용해 켐프는 기업인들과 이야기하면서 나사와 이들 기술 기업이 공동으로 추진할 만한 일을 찾으려고 노력했다. 그 덕분에 나사는 위성사진이나 연구, 기술 분야 서비스를 기업에 제공하는 계약들을 맺을 수 있었다. 구글과의 협업도 이런 대외 활동의 결과였다.

당시만 해도 순진했던 켐프는 대외 활동을 하면서 정부가 어떻게 움직이는지 배우는 소중한 경험을 했다. 워든은 켐프와 함께 로켓발사장으로 갈 때면 렌터카를 타자고 고집했다. 기사가 운전하는 기술 기업 임원의 차는 절대 타지 않았다. 부유한 임원들이 저녁 식사 자리에서 500달러짜리 와인을 주문하더라도 워든은 항상 켐프가 먼저 계산하게 했다. 수많은 의회 조사에 시달려온 워든은 별거 아닌 접대로도 공격 대상이 된다는 것을 잘 알고 있었다. 켐프는 워든에게 당부의 말을 들었다. "피트는 아무리 사소한 것이라도 상대에게 약점을 잡혀서는 안 된다고 경고했어요." 이러한 방침 덕분에 워든과 마셜, 켐프는 훗날 나사와 정부 내 경쟁 관계에 있는 세력들에게 공격받을 때 무사할 수 있었다.

워든은 젊은 괴짜들을 불러들이는 것 외에도 나사에서는 보기 힘든 색다른 활력을 에임스연구소에 불어넣었다. 매년 과학 전시물과 설치 미술, 전자음악, 춤, 술 등이 어우러지는 우주 축제를 열기 시작했고 수천 명이 넘는 사람들이 연구소 마당으로 몰려와 래퍼 커먼이나 가수 더블랙키스 등의 공연을 보기도 했다. 당시 에임스연구소에서 근무했던 알렉산더 맥도널드 나사 수석 경제 고문은 말한다. "이건 나사 국장이 전력을 다해 우주를 위한 우드스톡 페스티벌을 만들자고 하는 거나 마찬가지였어요." 2008년에는 급속한 과학기술의 발전을 기념하고 탐구하는 데 전념하는 파격적이고 컬트적인 싱귤래리티대학이 에임스연구소에 설립되었다.

싱귤래리티대학의 설립으로 뜻밖의 행운을 얻는데, 바로 크리스 보슈하우젠(플래닛랩스 공동 창업자)이 에임스연구소에 합류하게 된 것이다. 보슈하우젠은 워든이 영입한 청년들과 마찬가지로 국제청년우주연맹의 일원으로 휴스턴에서 워든이 마셜과 술집에서 토론을 벌일 때 현장에 있었다. 그후 보슈하우젠은 국제청년우주연맹의 원로로 변신해 조직 구성에 관여하고 있었다. 이런 보슈하우젠의 조직 구성 능력을 잘 알고 있던 사람이 마셜이다. 워든이 싱귤래리티대학을 에임스연구소에 설립하려 할 때 마셜은 보슈하우젠을 추천했다.

시드니대학에서 우주망원경 설계로 물리학 박사 학위를 받은 보슈하우젠은 마셜과 다른 친구들이 에임스연구소에 취직한다는 이야기를 듣기 전까지 나사처럼 관료적인 집단에서 일한다는 생각을 전혀 해본 적이 없었다. "원래 나사에 가고 싶지 않았어요. 에임스연구소는 다른 나사 조직과 다르다는 말을 월 마셜에게 한 1년 정도 듣고 나서 설득되었죠." 싱귤래리티대학에서 일할 기회를 얻은 보슈하우젠은 나사와 다른 이곳의 분위기와 잘 맞았다.

에임스연구소에 온 뒤부터 보슈하우젠의 삶은 급격히 달라졌다. 지금까지는 그저 연구 지원 기금이나 타면서 시간을 낭비해온 터였는데 갑자기 래리 페이지나 워든 같은 사람들과 어울리며 무에서 유를 창조하듯 대학 설립을 담당하게 되었다. 보슈하우젠은 계획을 면밀히 검토한 후 불과 몇 주 만에 학생을 모집하고 학과과정을 구성했으며 에임스연구소 내 강의할 장소까지 결정했다. 그 과정에서 대학의 발전 기금을 모으는 일과 같은 까다로운 업무도 맡았다. 워든은 250만 달러 정도면 충분하다고 했는데 놀랍게도 첫 기금 모금 만찬에서부터 래리 페이지가 50만 달러를 기부하는 등 엄청난 자금이 쏟아져 들어왔다.

처음에 보슈하우젠은 에임스연구소를 나사보다 약간 더 활동적인 조직이라고만 생각했다. 그러나 시간이 지날수록 그는 이곳에서 더욱 극적인 일이 진행되고 있음을 깨달았다. 보슈하우젠은 피트 워든조차 원래 다스 베이더 같은 사람이라 여겼다. 하지만 워든이 데려온 사람들은 공통으로 우주를 향한 애정뿐만 아니라 지구에서 살아가는 일에 대한 낭만도 가지고 있었다.

기술산업은 닷컴 시대의 주가 상승과 사용자 확보에 집착하면서 1960년대를 주도했던 반문화적 분위기를 많이 잃었다. 그때는 애플의 공동 창업자인 스티브 잡스와 스티브 워즈니악 같은 사람들이 AT&T와 계약을 유지하기 위해 전화망을 해킹하고 또 어떤 사람들은 '민중'이 정부와 기업으로부터 권력을 되찾을 도구라며 컴퓨터를 옹호하던 시절이었다. 에임스연구소에 변화가 일던 시기는 기술의 상업화가 많이 진전된 시기였지만 이 무렵 연구소에 온 사람들은 사회혁명이 이곳에서 시작되리라 믿었다. 일례로 앨런 웨스턴은 자신의 자유정신에 따라 세상을 구상했고 마셜은 거의 공산주의자였으며 켐프는 필요에 따라 무정부주의자가 되기도 했다. 그리고 이들의 친구 레빗은 수단과 방법을 가리지 않고 사고의 확장을 추구했다.

보슈하우젠은 말한다. "피트는 우리 모두를 여기에 불러놓고 십자군 같은 걸 만들었어요. 미국 전역과 전 세계에서 모여들어 큰일을 낼 듯했습니다. 1960년대 감성이 있었죠. 약간 이상했지만 그래도 재미는 있었어요."

그런 분위기는 사람들에게 더 많은 자유를 주어 창의성과 실험 정신의 발현으로 이어졌다. 하지만 더 심오해지기도 했다. 워든의 추종자들은 우주를 캔버스로 여겼다. 우주라는 캔버스에 자신들이 생각하는 사회의 운영 방식과 인류의 진화 방식을 표현하고자 했다. 그리고 곧 마셜은 카리스마 넘치는 인물로 부상해 워든이 처음 에임스연구소에서 시작한 일을 현실 세계와 우주로 끌고 나아가는 역할을 한다.

▶◆◀

워든은 좋은 의도로 축제나 싱귤래리티대학 등을 구상했지만 이에 대한 논란도 예상했다. 나사의 보수적인 사람들은 에임스연구소 경내에서 열리는 그런 행사들을 혐오했다. 이들 가운데 몇몇은 파벌의 '피트 우상화'를 경멸했다. 워든이 추종자들에게 너무 많은 권한을 준다고 불만을 쏟아냈으며 애국심으로 뭉친 일부 에임스연구소 직원은 신성한 나사의 영토에 들어온 마셜이나 보슈하우젠 같은 외국인에 우려를 표명했다. 워든에게도 문제가 있었다. 그는 특정인에 대한 편애를 과시하며 상황을 악화시키는 경향이 있었다.

구글과의 거래로 에임스연구소는 원치 않는 조사를 받는다. 구글의 자가용 비행기들을 연구소로 끌어들이고 구글과의 협업을 강화해 결국 구글문과 구글마르스로까지 이어지게 한 데는 켐프의 공이 컸다. 켐프와 워든조차 이러한 수입원을 발견하고 놀랐으며 구글과 협업을 매우 성공적이라고 평가했다. 나사에는 엄청나게 많은 데이터가 있었지만 이를 잘 정리해 유용하게 활용할 수단이나 의지가 부족했다. 그런데 구글은 바로 그런 일에 엄청난 소질이 있었다. 사람들에게 3D로 달을 탐험하거나 화성의 계곡을 누빌 기회를 주지 못할 이유가 없었다.

　나사 사람들은 켐프가 구글만 편애하고 다른 기업에 기회를 주지 않는다고 생각했다. 나사는 프로젝트를 최종 승인하고 나서도 구글로부터 받은 데이터 사용료를 어떻게 회계 처리할지조차 결정하지 못했다. 켐프는 황당했다. "제가 구글에 가서 에릭 슈미트 회장을 만나고 회계부서에서 수백만 달러짜리 수표를 받아 와 나사에 전달한 기억이 아직도 생생합니다. 수표를 받아 나사에 갖다 주니 '돈을 잘못 받아 온 것 같은데 재무부에 주면 되나요? 이걸 어떻게 해야 하죠?'라고 했어요." 언론의 반응도 황당하기는 마찬가지였다. 쓸데없이 덩치만 커진 나사가 구글에 이용당한다고 했다. 게다가 납세자들이 낸 세금으로 제작한 탐사선과 망원경으로 찍은 사진이라고 했다. 아무리 무료라고 해도 어떻게 공공 기관이 이런 자산을 민간 기업의 서비스로 제공할 수 있냐는 말이었다.

　구글과 협업에 관한 보도는 지역 매체와 기술 매체를 넘어서 그 여파가 대단했다. 심야 토크쇼 진행자인 제이 레노가 달에서 스타벅스를 찾기 위해 구글문을 이용한다는 농담을 자신의 방송에서 할 정도였다. 나사 고위층에서는 이런 식으로 에임스연구소가 관심을 한 몸에 받으면 좋아했지만 사안에 따라 달랐다. 한번은 나사 고위층에 보고도 안 한 내용이 언론을 통해 먼저 보도된 적이 있었다. 구글과 계약을 맺고 에임스연구소의 공간을 래리 페이지와 세르게이 브린의 자가용 비행기를 위해 제공한다는 소식이 언론에 유출되었다. 계약을 진행한 켐프는 화가 잔뜩 난 워든에게 불려갔다. "그 기사가 〈뉴욕타임스〉 1면을 장식했어요. 거대한 보잉757 사진이 떡하니 실려 있었죠. 피트가 저를 불러 대체 무슨 짓을 한 거냐며 소리 지르는데 침이 얼굴에 다 튈 정도였어요. 저는 납세자를 위해서 좋은 일을 했다고 했죠. 저도 피트도 해고되지 않았어요. 오히려 모두 입지가 더 나아졌죠."

워든을 향한 비판과 에임스연구소 내부의 분열은 2009년에 최고조에 달했다. 콘퍼런스 참석 차 빈에 간 윌 마셜이 샌프란시스코국제공항을 통해 들어오다 세관에 억류되는 사건이 터졌다. 처음에 마셜은 무작위 보안 검사에 걸렸다고 생각했다. 세관원은 마셜에게 질문을 퍼붓고는 가방을 열라고 했다. 30여 분을 그렇게 당하고 나서 조사실로 이동해 본격적으로 심문을 받자 마셜은 생각보다 문제가 심각하다는 것을 깨닫기 시작했다. "달 착륙 임무와 같이 현재 진행 중인 일들의 기술적 문제에 관해 묻더군요."

관리들은 마셜에게 노트북을 넘기고 비밀번호를 알려달라고 요구했다. 마셜은 말한다. "나사는 비밀번호를 누구에게도 누설하지 말라고 했는데 정부 관리는 비밀번호를 말하라고 하는 상황이었죠. 저는 이 모든 게 정말로 모순된다고 생각했어요."

워든이 미친 짓을 하는 데 오른팔 역할을 했던 것으로 알려진 알 웨스턴은 마셜을 데리러 공항에 왔는데 기다려도 이 말발 센 영국인이 나오지 않자 왜 이렇게 오래 걸리는지 의아했다. 이런 알 웨스턴에게 계속 전화가 걸려오자 끝내 관계자들은 마셜에게 전화를 받으라고 허락했다. 당시 마셜의 상사였던 웨스턴은 비밀번호를 넘기라고 지시했다. 마셜이 말한다. "그 노트북은 그 뒤로 한 번도 본 적이 없어요." 마셜은 6시간이나 더 심문을 받은 뒤에 풀려났다.

알고 보니 에임스연구소 내 한 파벌이 작성한 보고서가 문제였다. 연구소 직원 20여 명을 중국 스파이로 고발하는 보고서였는데, 여기에 워든과 웨스턴, 마셜이 포함되어 있었다.

달 착륙선은 스타워즈계획의 무기 추진 시스템에 기반했으므로 국제무기거래규정을 적용받았다. 이 규정은 미국 시민권자 외에는 무기 시스템을 보거나 심지어 관련 사진이나 문서를 보는 것조차 금지한다는 내용을 골자로 한다. 국제무기거래규정은 여러 가지로 해석이 가능한 다소 모호한 부분도 있다. 보고서는 마셜과 같은 외국인이 미사일 방어 시스템을 중국과 같은 나라에 넘기거나 적어도 달 착륙선 관련 자료에 대한 보안에 허술할 수 있다고 우려했다.

해당 보고서의 작성자는 달 착륙선 팀원 중 애국심이 강한 인물들로, 평소 마셜이 요란하게 큰소리치며 현실과 동떨어진 이야기를 하는 것을 극도로 싫어했다. 마셜은 달 착륙선을 만드는 작업장에 유엔기를 걸어놓기도 했다. 하지만 모든 국가를 위한 선의에서 달 착륙선을 만드는 게 아니었다. 달 착륙선 팀은 나사와 미국의 영광을 위해 일하는 팀이었다. 애국자의 눈에 마셜은 국가의 기밀을 유출하는 부주의한 우주광으로 보이거나 심하면 워든이 에임스연구소에 심어놓은 스파이로 보일 뿐이었다.

마셜에게 불리한 증거가 있었지만 심각한 것은 아니었다. 마셜은 베이징항공항천대학의 여름 학기 강의를 맡아 중국에 간 일이 있었다. 최근에는 빈에 가면서 민감한 정보가 담긴 노트북을 가져갔다. 나사 직원은 노트북을 가지고 출장 갈 때 허가를 받아야 하는데 마셜은 이 규정을 몰랐다.

마셜 등이 스파이로 지목된 사건을 계기로 에임스연구소 내 상황은 더욱 심각해졌다. 워든에 따르면 연구소 내 일부 직원이 미국의 우주 프로그램을 말살하려는 대담한 음모를 꾸미고 있다는 55쪽짜리 보고서를 작성해 의회에 넘겼기 때문이다. 워든과 그 일당뿐만 아니라 버락 오바마 대통령과 일론 머스크 그리고 스페이스X와 민간 우주 탐사를 적극 지지한 로리 가버Lori Garver 나사 부국장까지 이 일에 연루되어 있다는 내용이었다. 이 보고서를 근거로 FBI는 조사를 시작해 4년이나 질질 끌었고 그사이 에임스연구소는 언론에 의해 스파이 소굴로 낙인찍혔다.

당국은 3개월 동안 에임스연구소 경내 보안 구역에 마셜의 출입을 금지했고 업무용 이메일 계정도 정지시켰다. 마셜은 말한다. "유죄가 입증되기 전까지는 무죄가 아니냐고 변호사한테 물었더니 그게 흔히들 하는 오해라고 하더군요. 어릴 적부터 그렇게 알고 있었는데 아니라면 전 세계에 알려야 한다고 말했더니 변호사는 '맞아요, 다들 그렇게 알고 있죠.'라고 대꾸하더군요. '입 닥쳐, 이 자식아.'라는 말이 튀어나올 뻔했어요."

마셜은 푸념한다. "허가받지 않고 노트북을 반출했으니 규정을 어긴 건 맞지만 그런 빌어먹을 규정이 있다고 아무도 말해주지 않았어요. 엄밀히 말하면 저는 법이 아니라 내부 규정을 어긴 겁니다. 중국을 위해, 아니 그 누구를 위해서도 스파이 짓을 하지 않았는데 퍽이나 고맙더군요."

FBI나 검찰 모두 범법 행위를 증명할 어떤 증거도 찾아내지 못했다. 세상일은 모른다고 하지만 평생을 미합중국을 수호하기 위해 헌신한 워든 준장 같은 사람이 계획적으로 스타워즈계획을 타국에 넘길 생각을 했다는 주장은 어불성설이었다. 마셜은 말한다. "다행히 제대로 심의가 이루어져서 샌프란시스코 연방 검사가 공소를 기각했습니다. 나중에 알게 된 사실이지만 제가 일찌감치 혐의를 벗은 뒤에도 검찰이 여러 사람을 괴롭혔다고 하더군요. 그러나 결국 담당 검사가 증거가 없다고 하며 끝이 났습니다."

마셜이 노트북을 가지고 해외 출장을 간 것을 알고 워든은 매우 화를 냈다. 워든은 켐프와 마찬가지로 마셜에게도 사소한 규칙 위반이 큰 문제로 비화하지 않게 주의하라고 경고했다. 그러나 마셜은 관료적 관행이나 자질구레한 세부 사항에 크게 주의를 기울이지 않았다. 피트 무리는 에임스연구소에서 워든이 벌인 여러 파격적 행동이 정부 조사의 발단이 되었다고 생각했다. 마셜은 단지 불만을 표출할 물꼬를 터주었을 뿐이다.

워든은 말한다. "원래 변화를 유발하면 곧 이에 저항하는 반대 세력이 생기게 마련입니다. 저를 눈엣가시로 여긴 직원이 수십 명은 될 겁니다. 그들의 눈엔 제가 데려온 일명 피트키드들Pete's Kids도 고울 리가 없었어요. 그러던 차에 가장 규칙을 안 지키는 마셜이 눈에 띈 것 같습니다."

마지막 사건은 워든을 향한 나사와 미국 정부의 혐오가 얼마나 어리석었는지를 보여준다. 사진작가였던 한 직원에게 호의를 표하기 위해 워든을 비롯한 직원 10여 명이 바이킹 복장을 하고 연구소 인근 습지대를 배경으로 상륙하는 장면을 연출했다. 가상의 약탈자를 처치하기 위해 손에 칼을 쥔 채 안개를 뚫고 돌진하는 워든의 사진이 인터넷에 올라오자 아이오와주 상원의원 척 그래슬리가 이 사진 촬영에 대한 연방 조사를 촉구하기에 이르렀다. 그래슬리는 이 경솔한 행위에 얼마나 많은 정부의 시간과 세금이 낭비되었는지 알고 싶어 했다. 하지만 다들 주말에 자원해서 촬영한 것으로 판명이 났다. 조사에 들어간 비용만 4만 달러가 넘었다.

워든은 2006년부터 2015년까지 에임스연구소를 이끌었다. 10년간 워든은 존폐 위기에 처한 연구소를 나사의 가장 유명하면서도 때로는 가장 악명 높은 연구 단지로 탈바꿈시켰다. 워든은 실리콘밸리의 가장 귀중한 자원인 인력과 기술, 자본을 최대한 활용했다. 이를 통해 에임스 연구소는 생산적인 기술 연구소로 성장해 다가올 시대에 중요한 역할을 할 기관으로 자리 잡았다. 그 과정에서 워든은 우주 임무 비용을 절감하는 동시에 민간 우주개발을 최대한 활용해야 한다고 주장했다.

여러 논란이 쌓이고 쌓이자 결국 워든은 자리에서 물러난다. 워든이 성과가 좋지 않은 직원에게 고함을 지른다는 불만이 나사에 수없이 접수되었다. 게다가 노조는 일할 의지가 없어 보이는 직원을 워든이 해고하려 하자 이를 달가워하지 않았다. 누군가는 워든이 나사를 싫어하던 성향을 그대로 가지고 있어서 언론에 정보를 흘려 대외적으로 나쁜 이미지를 형성한다고 믿었다. 또 누군가는 워든이 터무니없이 비싼 로켓을 계속 만들겠다는 나사의 결정은 비판하면서 스페이스X와 같은 기업을 칭찬하는 데 분노했다. 마침내 자신을 옹호해주던 고위층 인사들이 무더기로 나사를 떠나자 워든은 정치적 입지가 매우 취약해졌다. 워든은 은퇴를 택하고 단순한 삶으로 돌아가려 했다.

워든은 말한다. "사람들한테 인기가 없기는 하지만 마키아벨리의 명언을 제일 좋아합니다. 풀어쓴 말인데 이렇습니다. '질서를 바꾸는 일이 가장 어렵다. 질서를 바꿔 얻을 게 있는 사람은 성공이 불확실하므로 소극적으로 찬성하지만 잃을 게 많은 사람은 극렬하게 반대하기 때문이다.' 결국 매우 어려운 도전에 직면하게 된다는 이야기죠. 바로 이런 것 때문에 일론과 저는 동지라고 생각합니다. 일론이 혁신을 위해 저보다 더 많은 일을 해왔을 테지만 우리 둘 다 비난의 대상이 된다는 게 어떤 건지 잘 알고 있죠."

워든은 나사의 관료주의를 극복하고 개혁에 저항하는 방어기제가 내장된 조직을 개혁했을 뿐만 아니라 에임스연구소 너머까지 영향을 미칠 수 있었다. 워든은 전 세계의 똑똑하고 정열적인 젊은이들을 불러 모은 다음 목적의식을 부여하고 방해물을 극복하는 방법을 가르쳤다. 그는 한 세대에 한 번 나올까 말까 한 환경을 조성해 위대한 사상이 흐르고 돈독한 우정이 싹트게 했다. 앞으로 살펴보겠지만 워든이 에임스연구소로 불러들인 젊은이들은 함께 뭉쳐 일론 머스크가 팰컨1을 타고 날아간 뒤 그 자리를 이어받는다. 피트키드들은 민간 우주산업에서 차세대 혁명을 일으킨다.

4.   레인보우 맨션

2006년 실리콘밸리로 몰려온 피트키드들은 살 곳이 필요했다. 이미 서로 알고 지내는 사람들도 있어 같이 살기로 했다. 윌 마셜과 로비 싱글러, 제시 케이트 카원샤프 Jessy Kate Cowan-Sharp는 워싱턴에 있을 때도 다른 사람들과 공동생활을 해왔으므로 캘리포니아에서도 그렇게 못 할 이유가 없다고 생각했다.

마셜이 총대를 짊어지고 온라인 벼룩시장을 뒤져 에임스연구소 근처에 여러 사람이 살 만한 곳을 찾기 시작했다. 마셜은 저택이라고 해도 될 만한 집을 금세 발견하는데 애플의 본거지로 알려진 쿠퍼티노시 교외에 있는 레인보우 드라이브 21677번지였다. 기술업계에 종사하던 집주인은 다른 곳으로 이사했고 닷컴 붕괴 이후 몇 년째 집이 비어 있었다. 20대 여럿이 이 집에 들어가려면 첫 달과 마지막 달 월세에 보증금까지 합쳐 총 2만 달러를 지불해야 했다.

처음에는 금액이 말도 안 되는 듯했다. 그러나 10명 이상이 함께

사는 것을 생각하면 베이에어리어의 임대료와 수준이 비슷했다. 카원샤프는 룸메이트를 찾아 월세와 생활비 부담을 줄이는 등 공동생활을 짜임새 있게 조직했다. 누구보다 공동생활을 하고 싶어 했던 크리스 켐프는 스타트업 2, 3군데에서 돈을 융통해 첫 월세와 초기 자금으로 사용했다.

집은 실리콘밸리가 내려다보이는 언덕 위에 있었고 붉은색 기와 지붕과 미색 외벽이 지중해식 저택을 떠올리게 했다. 대문에 들어서면 제일 먼저 앞마당을 가로지르는 아담한 해자가 눈에 띄었다. 해자에는 작은 도개교가 놓여 있고 그 밑으로 잉어들이 유유히 헤엄쳐 다녔다. 집 내부는 건물의 한쪽 전체를 차지하는 커다란 침실을 비롯해 여러 개의 작은 침실과 거실 공간으로 이루어졌다. 집주인이 식기를 제외하고 전부 그대로 두고 간 것 같았다. 몇 가지 가구와 피아노, 아크릴 조리대가 달린 바와 홈시어터 시설 등이 그대로 있었다. 집 안 전체는 연한 분홍색과 파란색이 주조를 이루는 파스텔톤이었다. 나무가 우거진 실리콘밸리 교외 작은 부지에 500m² 규모로 지어진 문자 그대로 맥맨션(맥도날드 체인점처럼 획일화된 대형 주택. - 옮긴이)이었다. 이제 이 집을 특이한 거주자들이 들락날락하게 된다.

마셜은 그룹의 구심점이었다. 마셜은 대학 시절 우주를 좋아하는 청년들의 모임에서 로비 싱글러와 제시 케이트 카원샤프를 만나 급속도로 가까워졌다. (나중에 카원샤프가 싱글러와 결혼해 남편의 성을 따른다. 따라서 지금부터는 혼란을 방지하기 위해 남편은 그대로 싱글러, 부인은 성을 빼고 제시 케이트라 부르겠다.) 마셜은 영국에서 나고 자라며 학교를 다녔지만 켐프와는 이전부터 친구였다. 1989년 당시 켐프는 앨라배마주에 살았는데 이곳에 있는 마셜우주비행센터에서 마셜이 인턴십을 하면서 둘은 가까워졌다. 마셜과 켐프는 죽이 잘 맞아서 앨라배마를 돌며 하이킹과 현장 학습을 다녔다.

그러다 마셜이 켐프를 우주광들이 모인 자신의 클럽에 끌어들였다. 초기 거주자 중에는 영국인 케빈 파킨Kevin Parkin도 있었다. 파킨은 1996년 마셜과 함께 레스터대학에 입학했고 10년 뒤 워든의 제안으로 에임스연구소에 왔다.

싱글러 부부가 가장 큰 침실을 차지했고 마셜은 돗자리와 접이식 벽이 있는 일본식 다다미방을 선택했다. 켐프와 파킨은 2층에 있는 어린이방을 하나씩 차지했는데 화장실은 하나였다. 켐프는 말한다. "월풀 욕조도 있었어요. 창문에서 집 뒤쪽 일본식 정원이 훤히 내려다보였어요." 켐프는 에임스연구소에 얼마나 있을지 몰라 시애틀에 있는 아파트에 짐 대부분을 두고 왔는데 방에 침대와 수납장 같은 가구가 있어 좋아했다. "방에 거의 모든 게 다 있었어요. 할 일이라고는 구질구질한 옷만 치우면 됐어요. 정말 좋은 집이었죠."▼

피트키드들은 레인보우 드라이브에 있는 이 집을 '레인보우 맨션' 이라 이름 붙이고 주거비를 줄일 궁리를 했다. 그들은 방 하나를 유스호 스텔로 만들었다. 방 하나에 2층 침대 2개를 놓아 실리콘밸리를 여행하거나 단기 체류를 원하는 젊은이들을 위해 사용했다. 거실 2개도 침실로 개조해서 10명 이상이 살 수 있게 했다.

공유 주택이라는 개념은 새로운 게 아니다. 공유 주택은 베이에어

▶ 한 친구는 레인보우 맨션에 살 때 켐프를 '괴짜 관리님'이라고 불렀다. IT 출신인데다 생김새와 옷차림도 그랬다. 철테 안경을 쓰고 약간 통통했으며 머리는 아주 짧게 깎고 다녔다. 켐프는 마이크로소프트스러운 사람이었다. 하지만 그는 항상 세상을 장악할 음모를 꾸미고 계획을 짰다고 한다. 켐프는 또한 어떤 상황에서도 방법을 찾는 문제 해결사로 정평이 났다. 한번은 엘리베이터에 갇힌 적이 있었는데 천장의 패널을 뚫고 엘리베이터 통로를 기어 올라간 다음 2층 문을 열어 사람들을 안전하게 끌어냈다고 한다.

리어에서는 흔히 볼 수 있는 주거 형태다. 하지만 레인보우 맨션은 엔지니어와 소프트웨어 개발자들이 실리콘밸리로 모여드는 현상을 상징했다. 제시 케이트 덕분에 이른바 해커 하우스hacker house(주로 IT 종사자들이 모여 사는 공유 주택을 가리키는 용어. ─옮긴이)가 유행하기 시작했다. 계속 오르기만 하는 베이에어리어의 임대료를 해결하려는 사람도 있었고 커뮤니티 같은 느낌을 원하는 사람도 있었다. 또한 스타트업을 위한 네트워크 형성 차원에서 공유 주택을 이용하려는 사람들도 있었다. 이런 형태의 집들이 늘어나면서 2013년에는 〈뉴욕타임스〉에 '베이에어리어의 공유 주택으로 몰려드는 밀레니얼 세대들Bay Area Millennials Are Flocking to Communes'라는 제목의 기사가 실려 레인보우 맨션과 제시 케이트가 소개되기도 했다.

하지만 2006년 레인보우 맨션에는 그 뒤에 생겨난 아류들과는 다른 불가사의한 힘이 있었다. 레인보우 맨션의 중심에는 가족만큼이나 끈끈한 유대 관계를 맺은 친구들이 있었다. 이들은 우주에 대한 애정과 심오한 무언가를 공유하며 이상주의로 똘똘 뭉쳐 있었다. 이 그룹은 이 세상을 더 좋게 변화시킬 수 있다고 믿었으며 마셜과 싱글러 부부가 이 같은 정신을 레인보우 맨션을 거쳐가는 사람들에게도 불어넣으려고 했다.

핵심 그룹 외에도 개성 넘치는 다양한 인물이 레인보우 맨션을 거쳐갔다. 보통 나사 직원 2, 3명과 애플이나 구글, 스타트업에서 일하는 직원 몇 명은 늘 있었다. 자기 방에서 생활하는 사람도 있었고 2층 침대로 채워진 임시 숙소에서 지내는 사람도 있었다.

레인보우 맨션의 새 입주자 중에는 마셜이 온라인 벼룩시장에 올린 특이한 광고에 끌려서 온 사람이 많았다. "세상을 바꾸고 싶은 주도적이고 열정적인 젊은 여성을 찾습니다."나 "지적인 커뮤니티에 동참할 룸메이트 구합니다."와 같은 광고를 보고 왔다. 집의 위치나 구조를 설명하는 대신 바로 거주하는 사람들에 관한 설명으로 넘어갔다. 또한 "수요일 밤 퇴근 후 집으로 돌아왔는데 15명이 서재에 모여 갑작스럽게 만찬을 하고 있다고 상상해보세요. 기분이 어떨 것 같나요?"나 "살면서 영향을 미치거나 이바지하고 싶은 2가지 있다면 무엇인가요?"처럼 질문형 광고를 내기도 했다.

새로운 사람이 오면 마셜은 가끔 일과 삶의 선택에 관해 물었다. 지금 하는 일은 무엇인지, 왜 그 일을 하는지, 왜 그 같은 방식으로 일하는지, 최종 목적은 무엇인지 등을 물었다. 이는 마셜의 끝없는 호기심에서 비롯한 질문들이었다. 그는 단지 사람들에게서 배우고 그들의 사고방식을 이해하고 싶었을 뿐이다. 이 같은 소크라테스식 대화법은 사람들이 시간을 어떻게 보내는지 사유하게도 했다. 마셜이 의도한 바는 아니지만 몇몇은 대화가 끝나고 정신이 나가 방 한구석에 태아처럼 웅크리고 누웠다고 한다.

레인보우 맨션의 정신은 피트키드들이 나사에서 하는 일과 맥을 같이했다. 직장에서 그들은 우주산업의 근간을 흔들어 정부나 군보다는 개인에게 더 많은 힘을 주려 했다. 집에서 제시 케이트와 싱글러, 마셜은 새로운 사회조직을 제시했다. 이들은 레인보우 맨션을 중요한 아이디어를 토의하는 '계획 공동체'로 보았다. 그 아이디어로 현 상황을 개선해 사회를 더 나은 방향으로 유도할 수 있다고 생각했다. 베이에어리어에 진입한 엔지니어와 투자자들로 인해 1960년대 반문화적 분위기는 확실히 퇴색했지만 그 잔재가 레인보우 맨션에 어느 정도 남아 있었다.

마셜은 공동체 생활이 인류의 부족적 본능과 더 잘 어울린다고 생각했다. 마셜은 말한다. "저는 공동체 생활을 좋아합니다. 사랑과 아이디어가 넘치며 매주 많은 것을 배울 수 있죠. 왜 사람들이 핵가족 단위 또는 그와 비슷한 형태로 자신을 묶어놓는지 의문입니다. 핵가족이란 게 인간이 최근에 고안해낸 독특한 발명품이기는 하지만 그리 좋은 발명품은 아니라고 생각합니다."

레인보우 맨션에 살거나 잠시 다녀간 사람들은 공동체가 주는 에너지를 만끽했다. 영영 끝나지 않을 여름휴가 같았다. 거의 매일 밤 거주자와 손님들은 그날의 당번이 요리하는 집 밥 스타일의 식사를 함께 즐겼다. 마셜은 남은 음식을 활용하는 특별한 재능이 있어서 어떻게 해서든 30명을 먹일 수 있는 요리를 뚝딱 만들어냈다. 손님은 국가원수·우주비행사·과학자·억만장자·발명가 등 다양했다.

식사 후 사람들은 종종 서재에 모였다. 서재는 철학·화학·건축 등에 관한 책으로 가득했고 그 벽에는 형형색색의 그림이 걸려 있었다. 차나 위스키를 즐기면서 AI의 위협부터 우주 쓰레기의 위험에 이르기까지 다양한 주제로 토론을 벌였다.

좀 거창하게 말하자면 레인보우 맨션은 예술과 첨단 기술을 위한 공동 연구 개발실이었다. 집에 들어서면 벽에 걸린 예술 작품이 흔히 새로운 작품으로 바뀌어 있었다. 한번은 화장지와 종이타월로 만든 거대한 사면체가 입구 천장에 매달려 있기도 했다. 레인보우 맨션 거주자 대부분은 소프트웨어의 소스 코드를 공개해 누구나 자유롭게 사용·수정할 수 있게 하자는 오픈소스 소프트웨어 운동에 참여했다. 레인보우 맨션에서 해커톤hackathon (시간을 정해놓고 해킹 실력을 겨루는 대회. - 옮긴이)이 열리기도 했고 코더들이 맨션으로 몰려와 저녁이나 주말 내내 작업하기도 했다.

레인보우 맨션에 살았던 셀레스틴 슈너그Celestine Schnugg (현 벤처 투자가)는 엔지니어 무리 때문에 연못가에서 일광욕을 끝까지 하기 힘들었다고 한다. "사람들이 전기장치를 상자에 담아와 집을 밝혔어요. 수백 명이 24시간 내내 집 안 곳곳을 차지하고 있었죠. 같이 참여하거나 도와줄 수밖에 없었어요. 모두에게서 진정성이 느껴졌어요. 자신의 열정을 따라 필요한 무언가를 만들어내려고들 했습니다. 소프트웨어가 아니어도 개인적인 프로젝트여도 상관없었습니다. 맨션에서는 사람들이 거리낌 없이 서로 가르치고 배웠습니다. 저는 그 집을 '너드 맨션Nerd Mansion'이라고 이라고 불렀어요."

주말이면 마셜은 늘 모험거리를 생각해내고 참가자를 초대했다. 슈너그는 말한다. "월은 늘 이런 식이었어요. '여기 갈 거야! 같이 갈래?' 그러면 모든 사람이 그 썩어빠진 차에 올라타고 나사로 가서 염소를 쫓고 월의 멋진 달 착륙선이 트램펄린 같은 데서 튀어 오르는 것을 보곤 했죠. 그러고 나서 또 다른 고물차에 몸을 싣고 살사를 추러 샌프란시스코로 갔어요."

마셜과 함께한 모험은 친구들이 '비현실적 영역'이라고 불렀던 것으로부터 도움을 받았다. 마셜은 아주 힘든 상황에서도 행운을 일으키는 능력이 있는 듯했고 어디를 가든 유쾌한 우연이 따랐다. 일례로 저택에 입주한 지 얼마 되지 않았을 때 마셜은 당시 여자친구와 함께 트레킹을 떠났다. 이틀 동안 쿠퍼티노에서 산타크루즈산맥을 거쳐 워델비치까지 80km을 걸어야 하는 트레킹이었다. 마셜은 침낭과 물 2병, 견과류 한 봉지만 배낭에 담았다. 그는 목적지에서 어떻게 집으로 돌아올지, 일이 조금이라도 잘못되면 어떻게 해결할지는 전혀 생각하지 않았다. 하지만 그런 것은 중요하지 않았다. 트레킹 첫날 두 사람은 종일 걷고 밤에는 침낭에서 잤다. 그다음 날도 종일 걸어 마침내 목적지에 도달했다. 마셜은 트레킹 도중 여자친구와 헤어질 뻔했다. "여자친구와 마지막 언덕을 내려가고 있는데 휴대전화도 안 터지고 돌아갈 방법도 없고 아무런 대책도 없다는 사실이 정말로 막막하게 느껴지기 시작했습니다. 제가 음식을 준비하지 않아서 우리는 도중에 헤어질 뻔했어요. 그런데 해변에서 카이트서핑을 하는 사람들이 보였어요. 순간 저 중에 아는 사람이 있으면 좋겠다는 생각이 들더군요."

그때 비현실적 영역이 영향을 발휘했다. 카이트서핑을 하는 사람 중에 이 스포츠의 선구자 돈 몬터규가 있었는데, 마침 마셜이 아는 사람이었다. 게다가 몬터규가 이 서핑을 가르치던 사람이 구글 창업자 래리 페이지와 세르게이 브린이었다. 두 사람은 레인보우 맨션 근처에 살았고 마셜과 여자친구를 집까지 태워다 주었다. "돌아오는 길에 세르게이가 원래 계획은 뭐였냐고 물었어요. 저는 별 계획이 없었다고 대답했어요. 결국 우리랑 래리, 세르게이 그리고 개 한 마리가 도요타 프리우스를 타고 왔죠. 여자친구가 두 사람에게 무슨 일을 하는지 물었는데 그냥 구글에서 일한다고만 답하더군요. 그 이상은 말하지 않았어요."

얼마 후 마셜은 세르게이에게서 연락을 받았다. "그 일이 있고 난 뒤 세르게이가 쪽지를 보내왔어요. 세르게이는 우리의 트레킹 경로를 구글 지도에서 찾아보고 의아해했어요. 제정신이 아니라고 하더군요. 그 후로 우리는 버닝맨 축제에도 같이 가고 하면서 친구로 지내고 있습니다."

모든 공유 주택과 마찬가지로 레인보우 맨션에도 긴장과 갈등이 있었다. 누가 나서서 설거지하기 전까지 싱크대에는 식기들이 그대로 쌓여 있어 몇몇 까다로운 사람은 눈살을 찌푸렸다. 맨션에서는 음식을 공유했기 때문에 혼자 먹는 음식이면 딱지를 붙여놓았지만 일부는 이를 무시했다. 전체 회의에서는 현관문을 잠글지 말지를 두고 토론을 벌였다. 보안을 위해 잠가야 한다는 사람들이 있었지만 마셜의 생각은 달랐다. 마셜은 잠금의 상징적 의미에 대해 생각했다. 문을 잠그지 않는 것은 집

이 누구에게나 열려 있다는 표시라고 했다.▼

　모든 사람에게 공동체 생활이 맞는 것은 아니었다. 특히 마셜의 대학 동창인 케빈 파킨Kevin Parkin 처럼 내성적인 사람에게는 더욱 그랬다. 파킨은 하소연했다. "정말 짜증이 났어요. 카메라만 없다뿐이지 리얼리티 쇼에 출연한 것 같았어요. 한번은 나랑 크리스 보슈하우젠이 방문을 잠그려고 열쇠를 산 적이 있는데 사람들은 이를 반사회적 행동으로 간주하더군요. 조직의 기조가 흔들리고 있다는 얘기도 들었죠. 그들의 기대치나 운영 방식, 경계는 달랐어요. 제가 뭘 해야 할지 모르겠더군요. 꽤 오랫동안 마셜과 친구로 지냈지만 함께 살기 전까지는 누군가를 진정으로 알기 어려워요."▼▼

　파킨은 또한 마셜이 자기 시리얼을 다 먹고 새로 채워놓지 않아 불쾌했다. "윌은 자기는 규칙에서 예외라고 생각하고 짜증 나게 행동했죠."

　레인보우 맨션의 숙적이 있었다. 바로 제일 가까운 곳에 사는 이웃인 리타였다. 리타는 언덕 꼭대기에 있는 큰 집에 살았다. 아무도 리타를 잘 몰랐다. 하지만 리타가 이상한 이웃에 분개하고 있다는 사실만은 확실했다. 맨션에서 파티를 열기 전이면 투표를 통해 누가 리타에게 가서

▶ 에임스연구소에 근무하던 사람들이 맨션을 떠나고 몇 년 후에도 현관문을 잠그지 않아 전에 살던 사람들이 그냥 집 안으로 들어가 새 입주민들을 만나기도 했다.

▶▶ 레인보우 맨션의 핵심 구성원들과 마찬가지로 파킨도 워든이 영입한 인물이다. 레스터대학에서 물리학을 전공한 뒤 캘리포니아공과대학에서 항공우주공학 박사 학위를 취득했으며 비전통적 로켓 추진 시스템을 전공했다. 파킨은 에임스연구소에 오자마자 새로운 임무 설계 센터를 구축하기 시작했다. 이를 위해 컴퓨터 및 소프트웨어 시스템을 개발해서 엔지니어들이 새로운 우주선을 개발하고 그 작동 방식과 비용을 시뮬레이션할 수 있게 했다. 파킨은 에임스연구소 내 오래된 도서관을 개조하여 설계 센터를 건립했으며 그 후에는 대학에서 한 연구를 바탕으로 새로운 유형의 로켓을 설계했다.

곧 엄청난 소음이 발생할 것이라고 통보할지 정했다. 누군가 말했듯 "누군가는 가서 리타의 심기를 달래야 했다."

　　하지만 대개 리타 달래기는 실패했고 때로 상황이 심각해지면 경찰이 출동하기도 했다. 어느 해 9월에는 국제 해적처럼 말하기 날을 맞아 맨션 앞마당에 해골과 해적 깃발을 꽂은 적이 있었다. 리타는 깃발이 위협적이라고 경찰에 신고했다. 리타는 또한 레인보우 맨션 사람들이 지구 시민을 축하하는 작은 행사를 하면서 유엔기를 달기 위해 소라고둥을 불며 국기 게양대까지 행진하는 모습도 이상하게 생각했다.

　　이 모든 게 터무니없이 들릴지도 모르겠다. 하지만 레인보우 맨션 사람들에게는 세계를 바꾸고자 하는 진지한 열망이 있었다. 이들은 세계를 구하기 위한 노력을 정례화하려 했다. 정기적으로 모임을 열어 지구와 인류에게 긍정적 영향을 미칠 방법을 생각하고 목표 달성을 위해 날짜까지 지정했다. 이들은 또한 자신의 행동에 책임을 지고자 노력했는데 누구보다도 이를 진지하게 받아들인 사람은 마셜이었다.

　　자신이 설정한 엄격한 기준에 부합하기 위해 마셜은 삶의 여러 측면을 정량화해서 스프레드시트로 만들었다. 친구들은 이를 마셜 매트릭스Marshall Matrix라고 불렀다. 마셜은 자신의 어떤 행동이 전 세계와 인류의 삶에 가장 큰 영향을 미치는지 분석해보고 싶었다. 마셜은 말 그대로 의미 있는 삶으로 이끄는 알고리즘을 작성한 셈이었다. 마셜이 고안한 복잡한 과정은 대강 이렇다.

　　우선 목표를 나열하고 이에 따른 계획을 나열합니다. 그러고 나서 이 계획이 각 목표에 어떻게 기여하고 영향을 미치는지 자문합니다. 그런 다음 성공 확률을 계산하고 시간과 돈이 얼마나 들지 적죠. 그 결과들을 나눈 다음 각각의 값을 다른 요소들과 곱합니다.

다른 사람들과 비교한 자신의 능력이나 참여도 차이 등 일반적으로 놓치기 쉬운 요소들도 고려하려 노력했습니다. 예를 들어 제가 하지 않더라도 누군 가가 이 일을 할 거로 생각한다면 그 계획의 가중치를 줄여야 합니다. 그 외에도 관심도나 작업량 같은 요소도 염두에 두어야 합니다.

이렇게 하면 하나의 계획이 성공할 가능성이나 목표에 영향을 미칠 가능성이 6배까지 높아지는 걸 발견했습니다. 저와 공동체는 이 세계를 돕기 위한 야심 찬 목표를 가지고 있습니다. 이러한 종류의 분석 시스템은 계획에 집중하는 데 도움이 되죠.

마셜은 삶의 거의 모든 측면을 이런 식으로 분석했다. 그는 데이트하는 데도 마셜 매트릭스를 작성할 정도였다. 마셜은 또한 레인보우 맨션에서 에임스연구소까지 최적 경로를 찾고자 경로 선택별 이동 시간을 추적하기도 했다.

하지만 마셜이 약 5년 동안 거의 모든 대화를 녹음했다는 사실은 논란거리가 되었다. 셔츠 주머니에 항상 작동하는 녹음기를 넣고 큰 스티커를 붙여 녹음기의 존재를 알렸다. 마셜은 우주나 철학에 관한 친구들과의 감동적인 대화가 허공으로 사라지는 게 안타까웠다. 그래서 대화를 녹음하고 분류하여 이 문제를 해결하려고 했다. 친구들은 대부분 대화 녹음을 마셜이 좋아하는 이상한 일로 치부하며 문제 삼지 않았다. 그러나 마셜을 싫어하던 에임스연구소 직원들은 그렇지 않았다. 그 녹음기가 바로 마셜이 스파이라는 증거라고 생각했고 녹음에 동의하지 않는 동료도 있었다. 파킨이 그랬다. "녹음하는 데 동의하지 않았어요. 관두라고 했어요."

마셜의 기행과 레인보우 맨션에서 벌어지는 색다른 생활 방식이 누군가에게는 사소하거나 어리석어 보일 수 있다. 그러나 이는 마셜이 이룬 혁신의 바탕이 된다. 레인보우 맨션은 선행을 격려하는 곳이었다. 레인보우맨션 같은 곳이 아니라면 플래닛랩스는 탄생할 수 없었을 것이다. 그리고 이런 회사를 책임질 사람 역시 마셜밖에 없었다.

5.

우주로 간 스마트폰

윌리엄 스펜서 마셜은 1978년생으로 영국 동남부 지역에서 누나와 여동생과 함께 성장했다. 자매들의 표현에 따르면 가족은 "야심 찬 중산층"의 삶을 살았다고 한다. 집은 소박했고 뒤뜰에는 텃밭이 있었다. 양이나 염소, 기니피그와 같이 작은 동물들을 키울 수 있는 여유 공간도 있었다. 마셜은 부모님의 이혼으로 힘든 사춘기를 보냈다. 부모님은 끈질긴 갈등 끝에 이혼했다.

어린 시절 마셜은 깡마르고 머리가 붉었다. 괴짜의 풍모가 역력했다. 수학과 과학은 잘했지만 인문학은 적성에 맞지 않았다. 그는 또 지독한 악필이었다. 글씨가 형편없어 한 교사는 마셜이 난독증이라고 생각할 정도였다. 그는 소설이나 난해한 사회과학에는 관심이 없었다. 그런 과목을 공부하는 게 시간 낭비라고 생각했다. 어릴 때부터 인생에서 중요한 것이 무엇인지에 대해 확고하게 주장했고 비논리적이라고 생각하는 사람과는 사납게 논쟁했다. 형제들은 마셜이 사회성이 부족하다고 여겼다. 사람들과 어울려 사는 방법을 배워나가야 한다고 말하고는 했다.

학교만 벗어나면 마셜은 활력이 넘쳤다. 들판을 뛰어다녔고 만만한 나무가 있으면 항상 꼭대기까지 올라갔다. 천방지축인 데다 겁도 없어 주위 사람들을 아연실색게 했다. 형제들은 혀를 내둘렀다. "월은 워낙 겁이 없어서 절벽 끝에 서서도 전혀 무서워하지 않았어요. 인생에서 위험을 무릅쓰지 않는 게 유일한 위험이라는 철학을 몸소 실천하는 스타일입니다."

마셜의 자연 사랑은 부모님에게서 나왔다. 부모님은 마셜을 있는 그대로 받아들였다. 그는 가축을 돌보고 말을 탔다. 캠핑도 많이 다녔다. 아버지가 르완다에서 고릴라 보호 프로그램을 감독했는데 마셜 역시 이 일에 관심이 있었다. "저는 전부터 자연보호 활동에 관심이 있었어요. 힘없는 사람과 동물들을 위해 목소리를 내야 한다는 뿌리 깊은 정의감이 있었죠."

마셜은 수학과 물리학에서 뛰어난 재능을 보였다. 학력고사에서 높은 점수를 받았고 학업 성취도가 뛰어났다. 몇몇 교사는 어머니를 따로 불러 마셜이 생각하고 행동하는 게 다른 아이들과 다르다고 알려주었다. 하지만 가족과 오랜 친구들은 마셜이 딱히 눈에 띄는 아이는 아니었다고 한다. 한 친구는 말한다. "우리 중 누구도 그가 '실리콘밸리의 중심'이 되리라고는 예상 못 했습니다."

마셜의 진로는 어릴 때부터 정해졌다. 어린 월은 방을 우주 포스터로 도배하고 온갖 우주나 과학 잡지를 방바닥에 흩트려 놓았다. 그는 때로 가족의 오래된 랜드로버 위에 매트리스를 끌고 올라가 몇 시간이고 쌍안경으로 별을 바라보고는 했다. 열여섯 살에는 망원경을 사려고 술집과 철물점에서 아르바이트를 했다. 하지만 몇 달 동안 돈을 모았는데도 턱없이 부족하자 직접 망원경을 만들기로 했다. 모든 부품을 손으로 깎아서 만들었지만 1,600달러짜리 렌즈는 어쩔 도리가 없었다.▼

비현실적 영역을 이때 처음 경험했다. 렌즈를 구하기 위해 학교가 나섰다. 영국의 유명한 천문학자 패트릭 무어Patrick Moore에게 도움을 요청하는 편지를 보냈다. 특이했던 이 무어라는 인물은 당시 인기 있는 천문학 TV 프로그램인 '밤하늘The Sky at Night'을 진행하고 있었다. 무어는 마셜에게 렌즈를 줬을 뿐만 아니라 학교 시상식에서 망원경을 공개할 때도 참석했다.▼▼ 그 후로도 마셜은 무어와 서신을 주고받으며 학업에 대한 조언을 구하기도 했다.

1996년 마셜은 집을 떠나 레스터대학에 입학하여 물리학을 공부했다. 레스터대학을 선택한 이유는 4년 만에 석사 학위를 취득할 수 있는 속성 과정이 있었기 때문이다. 레스터대학은 유럽 최고의 우주공학과 학부 과정을 운영하고 있었으며, 물리학과 학생들에게는 유럽우주국의 후원으로 실제 위성과 로켓을 제작하는 기회가 주어졌다.

레스터대학 기숙사는 부유한 직물 제조업자의 소유였으나 그 일가가 이사하면서 학교 측에 기부한 건물이었다. 마셜의 방은 커다란 팔각형 모양이었는데, 그는 이 방을 공학 실험실로 만들어버렸다. 파킨은 마셜의 방에 관해 이렇게 말한다. "윌은 끈을 당기면 필요한 게 바로 나오는 장치를 방에 설치했어요. 여기저기 끈이 있어서 셔츠가 필요하면 끈을 당겼죠. 그러면 꼬깃꼬깃한 셔츠가 어디선가 쑥 내려왔어요. 문을

▶ 이때를 즈음해 마셜은 가족과 친구들에게 이름을 윌리엄 스펜서 마셜에서 윌리엄 스페이스 마셜로 바꾸었다고 말했지만 공식 개명은 하지 않았다.
▶▶ 학교에는 아직도 마셜이 만든 망원경이 전시되어 있다.

열고 싶거나 불을 끄고 싶을 때도 마찬가지였습니다." 마셜은 또한 파킨의 방에도 장치를 설치해서 파킨이 서랍을 열거나 커튼을 닫을 때마다 폭죽이 터지도록 했다. "마셜이 신경을 많이 썼어요. 제 방에 폭죽을 설치했는데 왜 사랑스럽지 않겠어요?"

입학한 지 얼마 되지 않아 마셜은 동료들 사이에서 리더로 부상했고 학문과 정치를 병행하기 시작했다. 파킨은 당시를 이렇게 표현한다. "윌은 그 자체로 완전히 다른 활동 영역에 속해 있었어요. 정치적 성향이 있어 정책에 자신의 목소리를 내고 싶어 했습니다."

마셜은 총리에게 편지를 보내 영국이 국제 우주정거장에 더 적극적으로 참여해야 한다고 주장했다. 유엔우주업무사무소에도 편지를 보냈다. 그 결과 젊은이들로 구성된 그룹을 조직하여 향후 우주에서 일어날 일에 대한 생각을 발표하는 콘퍼런스에 초대받기도 했다.▼ 마셜은 현장 학습을 기획해 미국과 러시아, 유럽 전역을 돌아다니며 여러 우주 기관을 방문했다. 마셜은 말한다. "숙박비가 감당이 안 될 때는 어쩔 수 없이 빈대 전략을 폈습니다. 누구한테든 붙어야 했습니다. 하지만 물리학밖에 모르는 순진한 우리는 매번 실패하기 일쑤였어요. 그래도 기차에서 술을 마시고 아무 데나 바닥에 쓰러져 자고 우주 기관을 방문하는 매우 멋진 시간이었습니다."

마셜의 조직력은 미래 영국을 짊어질 청년들에게 관심을 두고 있던 위원회의 눈길을 끌었다. 어느 날 마셜은 수백 명의 청년과 함께 엘리자베스 2세와 차를 마시는 행사에 초대받았다. 마셜은 그답게 유엔을 개

▶ 이를 계기로 마셜은 국제청년우주연맹을 창립했고 이를 통해 나중에 레인보우 맨션에서 함께 살게 되는 사람들을 만난다.

선하기 위한 4쪽 분량의 제안이 담긴 편지를 준비했다. 이 편지에는 또한 유엔안전보장이사회에서 인도의 지위를 강화해야 하며 유엔이 더욱 더 많은 사람을 대변해야 한다는 내용이 담겨 있었다. 물론 여왕에게 직접 전달할 생각은 아니었다. 다만 자신의 말을 경청할 만한 중요한 누군가가 행사에 참석하리라 생각했다. 그런데 정말로 토니 블레어 총리가 참석했다. 마셜은 총리에게 다가가 주머니에서 편지를 꺼내 전달했다. "총리와 이야기를 나누었는데 편지를 가져가서 읽겠다고 하더군요. 아마 읽지는 않았을 겁니다."

이 사건은 마셜의 성격 형성에 커다란 영향을 미쳤다. 마셜은 명성이나 부에 관심이 없었다. 영국인 특유의 선입관에서 벗어나 여왕이나 총리를 만나도 평범한 사람을 대하듯 편안하게 다가갔다. 동시에 마셜은 절대 기회를 놓치지 않았다. 그는 어디든 들어가면 가장 중요한 사람을 곧장 찾아가 일을 더 진전시키려 했다. 마셜은 지적이고 열정적이라는 인상을 주었다. 그래서 사람들은 그의 말에 귀를 기울이고 제안에 끌리고는 했다.

1999년이 되자 마셜은 젊은 우주 애호가와 과학자들 사이에서 유명 인사로 떠올랐다. 우주 기관 견학 외에도 마셜은 캘리포니아 제트추진연구소와 마셜우주비행센터에서 인턴십을 하며 여름을 보냈고, 그곳에서 크리스 켐프를 만났다. 또한 빈에서 열린 유엔 회의에서 미래 우주 기업가나 연구자, 학자들과 친분을 쌓았다. 여기에는 미래 레인보우 맨션의 입주민도 있었다. 2주간 열린 이 회의에서는 전 세계 학생들이 모여 우주탐사와 우주 공간의 평화적 이용에 관해 집중적으로 논의했다. 회의 끝에 학생들은 '우주와 인류 발전에 관한 빈 선언Vienna Declaration on Space and Human Development'을 발표했는데, 이를 통해 우주는 모든 사람의 공유 자원임을 강조하고 인류가 책임감을 가지고 우주를 이용해야 한다고 촉구했다.

마셜은 이 유엔 회의를 인생에서 중요한 순간으로 여겼다. 우주를 좋아하고 열정과 지식으로 인류의 삶을 개선하고자 하는 동지를 많이 만났기 때문이다. 젊은이들은 맥주잔을 부딪치며 밤늦게까지 이상주의적 생각을 주고받았다. 마셜은 그 순간을 잊지 못했다. "최고였어요. 정말 중요한 일을 하는 것 같았고 아무도 우릴 막지 못할 것 같았습니다. 항상 이렇게 살아야 한다고 생각해서 일종의 우주 키부츠kibbutz(이스라엘의 집단 농업 공동체. – 옮긴이)를 만들기로 했습니다. 같은 공간에 살면서 힘을 합치고 싶었던 거죠. 그렇게 해서 레인보우 맨션이 탄생한 거예요."

2000년 마셜은 옥스퍼드대학에서 물리학 박사과정을 시작했다. 마셜은 스티븐 호킹과 함께 획기적인 물리학 연구를 수행한 노벨상 수상자 로저 펜로즈 교수의 지도를 받으며 4년 동안 우주의 근본 특성을 연구하는 실험을 위해 몇 가지 개념을 개발했다. 마셜은 젊은 우주 연구자들과 관계를 유지하면서 옥스퍼드대학의 정치적·사회적 논의에도 관심을 기울였다. 박사과정이 끝날 때쯤 마셜은 세계 최고의 이론물리학자들을 따라잡기 어려우니 자신의 재능을 우주에서 구체적 성과를 거두는 데 사용하는 편이 더 낫겠다는 결론을 내렸다.

박사 학위를 취득한 후 잠시 우주 정책을 연구하기도 했는데 그때 워든에게서 연락이 왔다. 워든과 마셜은 2002년 10월 휴스턴에서 열린 국제우주대회에서 처음 만난 이후로 계속 좋은 관계를 유지해왔다. 이메일과 문자 그리고 공유 주택에서 모임 등을 통해 지속해서 연락을 주고받았다. 워든은 마셜을 영입 1순위로 명단에 올려놓았다. 마셜이 피트키드 가운데서도 가장 중요한 일을 할 사람으로 눈에 띄었기 때문이다.

마셜은 마른 체격에 안경을 쓰고 지저분한 외모를 하고 있어 크게 대단해 보이지 않았다. 그러나 마셜의 과학과 우주을 향한 관심과 관습을 허무는 열정은 전염성이 강했다. 마셜의 주변에서는 흥미로운 일들이 벌어졌고 사람들은 그런 마셜과 함께 있고 싶어 했다. 마셜은 재치와 괴짜 특유의 매력을 겸비하고 있었으므로 실리콘밸리에 딱 맞는 인물이었다. 그는 엔지니어와도 억만장자와도 어울릴 수 있는 사람이었다. 마셜은 행동의 중심에 설 운명이었다.

에임스연구소에서 마셜은 여러 프로젝트에 관여했다. 그는 앨런 웨스턴 팀과 함께 달 착륙선을 제작하는 데 많은 시간을 보냈다. 달 궤도를 도는 우주선을 만들기도 했으며 그 이후에는 달과 충돌하여 물을 발견하는 우주선을 만드는 데도 관여했다. 마셜은 프로젝트에 참여할 때마다 우주선을 현대화하고 우주여행 비용을 저렴하게 해야 한다고 생각했다. 이는 워든의 강력한 외침이기도 했다.

2009년에 마셜은 저렴한 우주여행이 가능하다는 것을 보여줄 뜻밖의 기회를 얻었다. 우주 교육 프로그램을 제공하는 비영리단체인 국제 우주대학의 학생들이 에임스연구소를 방문했는데 마침 크리스 보슈하우젠과 마셜이 학생들을 안내하고 그들에게 일을 찾아주는 책임을 맡았다. 처음에 두 사람은 학생들에게 달 착륙선을 보여주고 그 개발에 참여하게 하면 좋겠다고 생각했다. 그러나 에임스연구소 관리자들은 학생들이 대부분 외국인인 데다 달 착륙선이 구식이기는 하지만 엄연히 군사기술을 다루는 일이라며 반대했다. 그때 누군가가 학생들에게 부품을 주고 위성을 처음부터 조립해보게 하는 게 어떻겠냐고 제안했다. 보슈하우젠은 황당했다. "여태껏 들어본 제안 중 가장 바보 같은 제안이었어요. 모욕처럼 느껴지더군요. 그건 마치 '우리는 진짜가 아닌 가짜 위성을 만듭니다.'라고 떠드는 것과 마찬가지였어요. 하지만 그 당시에는 그게 우리가 할 수 있는 최선이었습니다."

결국 마셜과 보슈하우젠은 학생들을 데리고 레고로 위성을 만들었다. 이때 레고 마인드스톰 NXT 키트를 사용했는데 이 키트에는 다양한 센서와 로봇 장치들이 포함되어 있었다. 여기에 자이로스코프, 자기탐지기, 카메라 등을 연결했다. 보슈하우젠은 또한 라디 프로젝트에 사용하는 소프트웨어를 가져와 레고의 메인 컴퓨터에서 실행되도록 손보았다. 이들은 겨우 900달러를 들여 도시락 크기의 위성을 개발했는데, 앞쪽에 레고 컴퓨터를 달고 그 주위에 금속 구조물을 설치해 나머지 부품을 고정했다. 학생들은 천장에 연결된 줄에 위성을 매달고 명령을 내려 자이로스코프가 위성의 위치를 조정해서 카메라가 지구상의 가상 목표물을 향하게 조작했다. 보스하우젠은 말한다. "위성에 움직이라는 지시를 내리면 모터들이 굉음을 내며 작동했습니다. 위성은 회전하기도 하고 위치를 수정하기도 하며 여기저기 돌아다니다가 우리에게 사진을 보내곤 했습니다."

이 프로젝트는 DIY 우주탐사를 특집으로 다룬 잡지 〈메이크〉의 표지를 장식하기도 했다. 기사에는 마셜과 보슈하우젠이 한 손으로 이상해 보이는 레고 NXT 위성을 들고 웃는 사진이 실렸다. 에임스연구소의 피트키드들이 우주를 향한 새롭고도 색다른 접근 방식을 생각해내 대중의 관심을 끌었다. 하지만 언론 보도보다 중요한 것은 이 프로젝트로 인해 마셜과 보슈하우젠의 머릿속에서 온갖 아이디어가 봇물 터지듯 터지기 시작했다는 사실이다. 학생들을 위해 시작한 다소 평범한 프로젝트를 통해 연구원들은 일상에서 사용하는 소비자 전자 제품이 얼마나 훌륭한지 깨달았다. 보슈하우젠은 말한다. "레고 위성을 만든 다음 주말에 마셜과 저는 롱비치에서 열린 콘퍼런스에 갔습니다. 거기서 몇몇 사람들에게 레고 위성을 보여주며 이것이 우주의 미래라고 말했습니다. 다들 헛소리라며 그 위성으로 아무것도 할 수 없다고 했지만 저는 정말로 가능하다고 믿었습니다."

2006년에 워든이 에임스연구소의 기술 이사로 영입한 항공우주산업의 베테랑 피트 클루파는 마셜과 보슈하우젠을 비롯한 레인보우 맨션의 모든 사람과 친분이 두터웠다. 클루파는 몇 년간 에임스연구소에서 회의를 마칠 때마다 새로운 스마트폰을 들고 흔들며 과학자와 엔지니어들에게 이것이 무엇을 의미하는지 생각해보라고 다그쳤다. 애플과 안드로이드 스마트폰 제조사들은 작은 컴퓨터 기기로 지각변동을 일으켰다. 이 스마트폰에는 엄청난 연산 기능과 많은 데이터 저장 공간, 가속도계, 움직임을 감지하는 자이로스코프, 위치를 파악하는 GPS, 강력한 카메라, 통신용 무전기 등이 탑재되어 있었다. 그 기능은 여러 면에서 나사를 비롯한 항공우주산업체에서 생산하는 고가의 컴퓨터와 센서보다 더 뛰어났다.

당시까지만 해도 기존의 항공우주업계 종사자들은 궤도에 진입하는 모든 기기는 우주의 극한 환경에서 견딜 수 있도록 견고하게 만들어야 한다고 생각했다. 업계 관계자들은 극한의 테스트를 거친 장비를 구입했고 이전 발사 임무에 성공한 제품만 선호했다. 그런 장비는 대량생산하는 회사가 없었으므로 항상 비싸고 부피가 컸다.

클루파는 항공우주산업이 소비자 가전산업에서 일어나는 발전에 눈을 감고 있다고 했다. 삼성이나 애플과 같은 기업은 정부나 항공우주 기업들보다 훨씬 더 큰 비용을 연구 개발과 공장 설비에 투자했다. 이들은 작은 스마트폰에 엄청난 성능을 집어넣는 기술을 완성했고 일상생활의 여러 악조건에서도 견디는 기기를 만들어냈다. 클루파는 일반 전자 기기가 우주에서도 잘 견딜 수 있다고 믿었다. 그렇다면 나사는 가장 저렴하고 강력한 시스템을 구축할 수 있다고 생각했다. 하지만 나사의 생각은 달랐다고 클루파는 말한다. "나사 본부에 가서 이런 사실을 설명하면 돌아오는 답은 '우리가 하는 일은 엑스박스나 스마트폰으로 할 수 있는 게 아니다. 우리에게는 정교한 장비가 있어야 한다.'는 식이었어요. 그들은 상황이 어떻게 전개되는지 전혀 모르고 있었죠. 나사와 공군, 우주사령부에 있는 모든 사람에게 말했지만 아무도 들으려 하지 않더군요."

그런데 학생용 프로젝트 때문에 마셜과 보슈하우젠은 클루파가 하는 말의 중요성을 깨달을 수 있었다. 레고 위성은 처음에는 장난처럼 보였지만 실제로는 꽤 기능적이었다. 그렇다면 다음 단계는 클루파의 말을 그대로 적용해보는 것이다. 스마트폰을 우주로 보내서 제대로 작동하는지 봐야 하지 않을까? 그렇게 해서 마셜과 보슈하우젠은 2009년에 폰샛PhoneSat 프로젝트에 착수했다.

폰샛의 핵심 목표는 매우 간단했다. 시중에서 판매 중인 스마트폰을 구입해서 우주로 날려 보낸 다음 그 스마트폰이 사진을 찍어 지구로 보낼 수 있을 만큼 오래 작동하는지 확인하고자 했다. 마셜과 보슈하우젠은 또한 스마트폰에 내장된 모든 센서에서 데이터를 수집해 스마트폰이 우주에서 얼마나 유용한 일을 할 수 있는지 대략적이나마 알고 싶었다.

워든의 지시에 따라 폰샛 팀은 나사의 눈에 띄지 않기 위해 조용히 활동했다. 프로젝트에 참여한 누구도 이 프로젝트가 단순한 테스트가 될지 아니면 더 의미 있는 일이 될지 알 수 없었다. 그러나 한 가지 분명한 사실은 나사가 폰샛 프로젝트를 '임무'로 분류하는 순간 각종 위원회와 심의회 등 여러 절차가 따라붙어 결국 속도는 느려지고 비용은 증가한다는 것이었다. 따라서 에임스연구소 어딘가 구석에 숨어 눈에 띄지 않는 게 최선이었다.

마셜과 보슈하우젠은 에임스연구소 내 외딴곳에 있는 작은 사무실을 찾아내 마호가니 책상 3개와 탁자, 소파, 카펫 등을 비치했다. 책상 2개는 평소 컴퓨터 작업을 위한 것이었고 나머지 하나는 최초의 폰샛이 탄생할 곳이었다. 프로젝트 예산은 겨우 3,000달러에 불과해서 공식적으로 지출 승인을 받지 않고도 필요한 품목을 구입할 수 있었다. 두 사람은 팀을 꾸리기 위해 저임금에도 실제 우주 프로그램에 참여할 기회를 찾는 인턴들을 고용했다.

2010년 7월 폰샛 팀은 자신들이 나사의 일반 프로젝트와 얼마나 다른지 분명히 밝혔다. 초기 단계였지만 팀은 자신들의 아이디어가 정말로 가능성이 있는지 평가하고 싶었다. 우선 스마트폰을 로켓에 실어 발사 시 진동과 충격은 물론 발사 후 압력을 견뎌내는지를 확인해야 했다. 그런데 실제 로켓에 스마트폰을 탑재하려면 수백만 달러와 수개월의 계획이 필요했다. 하지만 팀은 시간과 자금이 부족했기에 차선책을 택했다.

마셜과 보슈하우젠은 스마트폰 몇 대를 들고 네바다주 북서부에 있는 블랙록사막으로 차를 몰았다. 블랙록사막은 매년 버닝맨 축제가 열리는 곳으로 잘 알려져 있다. 그러나 로켓 애호가들에게는 직접 제작한 로켓을 테스트하기 위한 최적의 장소이기도 했다. 매년 수십 명의 사람이 블랙록사막에서 볼스Balls라는 행사를 개최하는데, 행사에서 아마추어 로켓 제작자들은 자신이 만든 추진체와 6m 높이의 로켓을 가지고 나와 9km 상공까지 날려 보내기도 했다.

마셜과 보슈하우젠은 그 로켓 중 하나를 이용하고 싶어 이 아마추어 행사에 참석했고 거기에서 금세 수다쟁이 톰 애치슨Tom Atchison과 친해졌다. 애치슨은 아마추어 로켓 제작자로서 종종 이런 행사에서 학생들을 도와주는 사람이었다. 애치슨은 말한다. "마셜과 보슈하우젠이 스마트폰을 로켓에 실어 궤도에 올리고 싶다고 했어요. 그런데 18개월이 걸릴 것이라고 불평하더군요. 그래서 제가 '젠장, 비켜봐요. 지금 바로 날려줄 수 있어요. 험난한 여정이겠지만 충분히 해낼 수 있을 거예요.'라고 말했습니다."

첫 시험 발사를 위해 폰샛 팀은 로켓의 한 쪽을 열고 스마트폰을 삽입한 다음 촬영할 수 있도록 조그만 구멍을 뚫었다. 인티미데이터Intimidator 5라고 불리는 이 로켓은 발사 후 450kg의 추력으로 8.5km 상공까지 날아갔다. 이를 통해 폰샛 팀은 가속도계와 같은 부품이 강한 중력하에서 어떻게 작동하는지 확인할 수 있었다. 또 로켓이 올라갔다가 낙하산을 펴고 지구로 내려올 때 촬영한 사진을 수집할 수 있었다. 그러나 두 번째 시험 발사는 결과가 좋지 않았다. 로켓이 날아가기는 했지만 오작동으로 낙하산이 펴지지 않았다. 로켓은 지면으로 떨어져 모든 게 박살났다.

하지만 추락은 도리어 전화위복이 되었다. 폰샛 팀은 잔해를 파헤쳐 로켓에서 꺼낼 수 있는 것은 무엇이든 꺼냈다. 비록 스마트폰은 찌그러지고 산산조각이 났지만 유효한 데이터로 가득 찬 저장 장치는 그대로 작동 중이었다. 폰샛 팀은 두 번의 발사를 마치고 자신들의 생각이 옳다고 확신했다. 애치슨은 말한다. "그들은 소비자 전자 기기 부품을 로켓에 실제로 활용할 수 있다는 걸 보여줬습니다."

마셜은 블랙록사막에서 비현실적 영역을 또다시 느꼈다. 현장에는 벤처 투자가 스티브 저벳슨이 있었다. 저벳슨은 실리콘밸리에서 아마추어 로켓 애호가로 유명했다. 애치슨의 오랜 친구인 저벳슨은 자신의 로켓을 테스트하던 중 마셜과 보슈하우젠이 무엇을 하는지 알게 되었다. 스페이스X의 초기 투자자이기도 한 저벳슨은 폰샛의 활용이 차세대 민간 우주 분야에서 중요한 변수가 되리라는 것을 재빨리 알아차렸다. 저벳슨은 곧장 마셜과 보슈하우젠과 친구가 되었고 돈을 준비해 그들을 따라다니기 시작했다.

마셜은 처음부터 폰샛 프로젝트를 책임졌다. 그는 프로젝트 일정을 관리하고 마감일을 설정했으며 인내심으로 프로젝트를 진행했다. 보슈하우젠은 인턴들이 수시로 바뀜에 따라 더 많은 기술 업무를 떠맡았다. 인턴들이 폰샛 코드를 작성하면 보슈하우젠은 필요에 따라 이를 점검하고 수정했다.

시험 발사가 끝난 후 폰샛 팀은 스마트폰 테스트에서 실제 위성 제작으로 방향을 전환했다. 이들은 큐브샛을 모방하기로 했다. 큐브샛이란 가로, 세로, 높이가 모두 10cm 이하인 소형 위성이다. 큐브샛은 원래 교육용 도구였다. 더 많은 학생에게 실제 우주 비행체를 제작하고 발사할 기회를 제공하고자 소형 위성의 제작을 단순화하고 표준화하는 방법을 찾고 있던 대학이 만든 것이다.▼ 학생들은 동일한 위성 설계를 이용해 태양전지판이나 전자장치, 센서 등이 잘 작동하는지 정보를 교환할 수 있었고, 무엇보다 각 학교에서 위성을 제작할 때 처음부터 동일한 작업을 반복할 필요가 없어졌다.

폰샛의 설계는 HTC에서 제작한 300달러짜리 넥서스원 스마트폰

▶ 샌루이스오비스포 캘리포니아폴리테크닉주립대학과 스탠퍼드대학에서 1999년에 시작되었다.

을 기본으로 했다. 측정을 수행할 스마트폰을 골격에 부착했다. 스마트폰이 대략 10일 동안 작동하는 데 필요한 여러 센서와 전자장치는 그 주위에 둘렀다. 주요 핵심 기술로는 리튬 이온 배터리 12개와 상용 무선송신기 그리고 스마트폰의 상태를 관찰해서 필요에 따라 재부팅 신호를 보내는 별도의 컴퓨터 칩 등이 있었다. 스마트폰의 가속도계와 자기탐지기는 이동 데이터를 제공하며, 더 정확한 판독을 위해 온도 센서를 추가했다. 폰샛 팀은 또한 사진 촬영 시간을 정하고 가장 좋은 사진을 선별해서 보내는 소프트웨어를 만들었다.

단순한 구상에서 시작해 실제 작동하는 기기로 발전하는 데까지 약 18개월이 걸렸다. 초기에 기기를 개발하며 엔지니어들은 폰샛의 부품을 테스트하여 높은 압력과 온도 변화에 어떻게 대응하는지, 장거리에서 무선송신기가 잘 작동하는지 확인했다. 작업 대부분은 나사 실험실에서 이루어졌지만 일부 테스트는 야외에서 진행해야 했다. 간혹 엔지니어들은 두 팀으로 나뉘어 두 산의 정상에 올라가 폰샛과 수신기 간에 통신이 원활한지 점검하기도 했다.

보슈하우젠은 말한다. "스마트폰을 진공상태에서 테스트해봤습니다. 지금은 작동하는 게 당연해 보이지만 당시에는 스마트폰이 진공상태에서 계속 작동하리라고 확신하지 못했어요. 당연히 고장 날 거로 생각했으니까요."

2011년 중반에 폰샛 팀은 풍선에 장치를 매달아 지상 32km 상공에 띄우는 또 다른 테스트를 했다. 이 테스트에서 팀은 처음으로 심각한 문제에 부딪혔다. 온도가 떨어지면 스마트폰이 저절로 꺼졌다. 실제로 지구 저궤도는 바람이 부는 상층대기보다 더 따뜻하지만 엔지니어들은 만일에 대비해 스마트폰용 단열 케이스를 만들었다.▼

엔지니어들이 폰샛의 성능 개선에 매달리는 동안에도 소비자 전자 제품은 계속해서 발전했다. 더 빠른 칩과 더 좋은 센서를 장착한 최신 스마트폰이 속속 출시되었다. 보슈하우젠이 구글의 안드로이드폰 사업부에서 몇 명의 친구를 사귀자 구글 직원들이 갓 나온 스마트폰을 에임스연구소로 들고 와 폰샛 팀에게 테스트용으로 제공하기도 했다.▼▼ 스마트폰은 리튬 이온 배터리와 태양전지의 성능이 대폭 개선된 덕분에 발전할 수 있었다. 엔지니어들은 폰샛이 처음 예상보다 더 오래 임무를 수행할 수 있으며 스마트폰 자체가 매우 정교한 비행 소프트웨어를 실행할 능력이 있다는 사실을 깨달았다.

당시에는 소형 위성을 만드는 사람이 많지 않았다. 이들은 보통 큐브샛 골격 3개를 연결해 위성을 만들었다. 각 큐브에 배터리와 전자장치 그리고 위성이 수행할 작업용 장치를 설치했다. 대학에서는 소형 위성을 저렴하게 제작했지만 위성 가격은 전반적으로 빠르게 상승하고 있었다. 아직도 사람들은 궤도에 올랐던 '우주 등급'의 회로 기판과 전자장치를 사용해야 한다고 생각했는데, 이 '우주 등급' 장치는 대부분 성능과 가격 면에서 10년 이상 뒤처져 있었다.

한편 폰샛 팀은 임무에 전념하며 최대한 능력을 발휘하려고 노력했다. 두 번째 폰을 개발하기 위해 엔지니어들은 스마트폰의 단열 케

▶ 마셜에 따르면 이런 일도 있었다. "테스트용 풍선 하나가 센트럴밸리 들판에 떨어졌는데 경찰이 이를 주워 들자 황소들이 몰려와 도망가는 일이 있었습니다. 이 모든 게 카메라에 담겼어요. 제일 웃기는 장면은 경찰이 이 장치가 UFO인지 아닌지 이야기하다가 결국 '아마도 그 과학자인가 하는 놈들이 만든 걸 거야.'라고 결론을 내리는 장면입니다."

▶▶ 구글 엔지니어들은 곧 프로젝트에 참여했다. 풍선 테스트를 도왔고 특수 소프트웨어에 접근할 수 있는 권한을 폰샛 팀에 제공하기도 했다.

이스를 제거하고 주 회로 기판을 뽑아냈다. 큐브 전체를 컴퓨터 시스템으로 채우는 대신 폰샛은 얇은 회로 기판 하나로도 동일한 동력을 확보할 수 있었다. 따라서 엔지니어들은 나머지 공간을 위성을 지원하는 부품으로 채웠고 그 결과 지금까지 만들어진 그 어떤 위성보다 강력한 소형 위성을 만들 수 있었다. 처음 폰샛을 설계할 때는 우주에서 며칠 동안 상태를 보고하고 몇 장의 사진을 찍을 수 있는 장치를 만드는 게 목표였다. 하지만 두 번째 폰샛을 개발하면서 새로운 기회가 열렸다. 이제 이 위성에는 태양전지판과 고성능 무선송신기 그리고 위성이 궤도에서 위치를 더 잘 조정할 수 있게 하는 장치를 넣을 위한 공간이 새로 생겼다. 첫번째 폰샛이 아이디어를 증명하는 데 주력했다면 두 번째 폰샛은 실제 작업을 수행하고 그 능력으로 사람들을 놀라게 할 것으로 기대했다.

마셜과 보슈하우젠은 일련의 테스트를 거친 후 물밑에서 하던 작업을 멈추고 폰샛 프로젝트를 공개할 때가 왔음을 깨달았다. 이 위성을 실제 로켓을 이용해 지구 저궤도에 올려놓으려면 자금이 필요한데, 그 유일한 방법은 자신들의 비밀 프로젝트를 나사의 공식 임무로 전환하는 것뿐이었다.

물론 피트 워든이 줄곧 뒤에서 폰샛 프로젝트를 지원해왔다. 워든은 이 프로젝트를 별다른 질문 없이 승인하고 눈을 피해 작업할 수 있도록 도왔다. 워든 역시 폰샛 프로젝트가 어떤 결과를 거둘지 몰랐지만 수십 년 동안 정부에 촉구해온 저비용 위성에 한 걸음 다가서는 길이라고는 생각했다. 나사에서는 아무도 이 하찮고 예산도 보잘것없는 프로젝트에 신경을 쓰지 않았다. 하지만 피트키드들은 새로운 시각으로 이 기술에 주목했다. 워든이 이들을 에임스연구소로 데려온 이유도 바로 폰샛과 같은 것을 만들기 위해서였다.

마셜과 보슈하우젠이 비행 준비가 다 되었다고 워든에게 말하자 그는 1.4kg가량의 폰샛 3대를 실을 로켓을 알아보기 위해 여기저기 전화를 돌리기 시작했다. 2012년 말에 발사 예정인 안타레스 로켓에 공간이 있는데 그 비용은 21만 달러라고 했다. 나사는 자금 집행을 승인했다. 위성들은 알렉산더, 그레이엄, 벨이라는 이름이 붙었다.

마셜과 보슈하우젠은 위성 발사를 매우 기뻐하며 나사의 여러 센터를 방문해 임무에 참여할 인원을 모집했다. 두 사람은 저렴한 우주 비행이라는 뉴스를 기관 전체에 퍼뜨리고 싶었지만 홍보는 기대만큼 잘 진행되지는 않았다.

나사 본부를 방문한 마셜과 보슈하우젠은 고위 관계자와 회의를 기다리며 로비에 있었다. 로비 벽에는 향후 나사가 수행하고자 하는 몇몇 미래 과학 임무가 자세히 적힌 포스터들이 붙어 있었다. 그중 하나가 태양흑점 폭발 활동과 이것이 지구의 대기권에 미치는 영향을 감시할 기상위성군에 관한 내용이었다. 포스터에 따르면 나사는 이 임무에 약 3억 5,000만 달러가 소용되리라 예상했다. 마셜과 보슈하우젠은 그 자리에서 계산기를 두들겨보고 자신들의 새로운 기술을 응용하면 3,500만 달러로 이 일을 해낼 수 있다고 생각했다.

회의에서 마셜과 보슈하우젠은 고위 인사에게 우선 폰샛 프로젝트에 대해 자세히 설명한 다음 더 좋은 소식이 있다며 태양흑점 폭발 프로젝트를 맡게 되면 나사의 예상보다 훨씬 저렴한 비용으로 가능하다고 했다. 보슈하우젠은 말한다. "우리는 너무나 흥분했어요. 비용이 많이 들어 자금을 지원받지 못할 일을 도울 수 있다고 고위 인사에게 말했죠. 그러나 그는 회의실을 떠나며 우리 아이디어를 믿기 어렵다고 웃더군요. 그때 우리 스스로가 이 일을 해봐야겠다는 생각이 들었어요."

폰샛 3대는 원래 계획했던 2012년 말이 아닌 2013년 4월에 발사되었다. 나사는 이를 대대적으로 홍보하면서 저렴하게 우주를 이용할 수 있는 새로운 방법이라고 떠들었다. 흥미롭게도 그 로켓에는 또 다른 소형 위성도 실려 있었다. 바로 캘리포니아의 스타트업 코스모기아Cosmogia에서 제작한 도브라는 위성이다.

6.

플래닛랩스의 탄생

폰샛 프로젝트 초기부터 마셜과 보슈하우젠은 뭔가 큰일을 낼지도 모르겠다는 감이 있었다. 위성산업은 수십 년간 전통과 고정화된 사고방식에 얽매여 소비자 컴퓨터 기술의 엄청난 발전을 사실상 완전히 무시하고 있었다. 두 과학자에게 가장 큰 문제는 이 새로운 유형의 위성으로 무엇을 할 수 있느냐였다. 작은 위성이 큰 위성보다 무엇을 더 잘할 수 있을까? 두 사람의 사상적 성향을 기준으로 새로운 유형의 위성이 과연 무슨 일을 할 때 인류에게 가장 큰 도움이 될까?

마셜과 보슈하우젠은 낮에는 에임스연구소에서 폰샛 프로젝트에 집중했지만 밤에는 레인보우 맨션에서 친구들과 이 문제를 고민했다. 마셜은 그답게 사람들이 생각한 아이디어를 수집해 스프레드시트에 입력하고 순위를 매긴 후 이를 검증하려 했다. 마셜은 사회를 돕고 약간의 돈을 벌 수도 있으며 기술적으로 새로운 20가지 정도의 아이디어를 목록화했다. 마셜 등은 위성영상, 새로운 GPS 추적 장치, 과학 실험, 새로운 우주통신 시스템 구축 등을 논의했지만 토론을 진행할수록 다양한 이유로 위성영상이 가장 큰 주목을 받았다.

우주에서 영상을 촬영하는 위성 대부분은 정부나 연구 기관, 소수 기업이 관리하고 있었다. 이들은 매우 소수며 극도로 배타적이었다. 영상촬영위성은 대당 2억 5,000만~10억 달러에 달했다. 이 위성들은 또한 크기가 승합차나 작은 버스만 했다. 설계에서 발사까지 보통 수년이 걸렸고 궤도에 오른 위성은 최장 20년 동안 우주에서 작동했다. 영상촬영위성은 고가이므로 상대적으로 귀한 상품이었다. 미국 정부조차도 원하는 모든 정찰위성을 보유할 수 없었다. 기존 업계의 영상촬영위성은 특정 관심 지역만 그것도 이따금 사진을 찍을 수 있었다.

폰샛을 실험하면서 마셜과 보슈하우젠은 지구를 촬영하는 방법을 재고해보았다. 초강력 고가 위성을 몇 대 만드는 대신 값싼 위성을 많이 만들어 지구를 카메라로 완전히 둘러싸면 어떨까 생각했다. 마셜이 계산한 바에 따르면 지구의 모든 지점을 매일 촬영하기 위해서는 약 100대의 위성이 필요했다. 관건은 투자자들이 실현 가능하다고 느낄 만큼 합리적인 비용으로 위성을 대량생산하는 데 있었다. 마셜은 말한다. "정찰위성 하나에 약 10억 달러까지 지출하고 있습니다. 우리는 이보다 훨씬 적은 비용으로 수백 대를 설치할 수 있습니다. 금액이 크긴 하지만 엄청난 금액은 아니죠. 벤처 투자가라면 충분히 지원할 수 있는 수준입니다."

마셜과 보슈하우젠이 꿈꾸는 위성은 기본적으로 처분 가능한 위성이었다. 20년이 아니라 3~5년만 지구 저궤도를 돌도록 설계했다. 기한이 도래하면 추락하여 대기권으로 진입 시 연소한다. 새로운 위성을 계속 우주로 보내려면 그때마다 로켓을 발사해야 하지만 이것 역시 마셜과 보슈하우젠이 생각하는 위성 계획에 다 포함되어 있었다. 새로 궤도에 진입하는 위성에 최신 컴퓨터나 전자 기기를 장착해 촬영 장치를 계속 개선한다.

스페이스X가 로켓 발사의 효율성에 혁신을 가져왔듯 마셜과 보슈하우젠도 위성의 효율성을 높이고 싶었다. 위성 하나에 10억 달러를 투자하니 수십 년은 사용해야 한다거나 모 아니면 도라는 극단적인 사고방식에 얽매여 있으면 안 된다고 생각했다. 그 대신 당장 필요한 작업에 적합한 위성을 궤도에 올려놓으면 시간이 지남에 따라 개선할 수 있다. 부품이 고장 나도 문제 될 게 없다. 곧장 최신 부품으로 교체하면 그만이기 때문이다. 로켓 발사도 마찬가지라고 생각했다. 10억 달러 상당의 위성이 발사대에서 폭발해버리면 관계자들의 경력도 회사도 한순간에 날아갔다. 하지만 값싼 위성은 몇 대가 폭발해도 다시 만들면 된다.

무엇보다 마셜과 보슈하우젠이 구상한 위성군은 인류가 지구를 이해하는 방식을 바꿀 것이다. 특정 시점에 찍은 몇 장 안 되는 사진이 아니라 끊임없이 업데이트되는 영상으로 대체되어 바다나 밀림, 농장의 상태를 훨씬 더 잘 관찰할 수 있다. 화물 이동, 도로와 건물 건설, 지역별 활동 수준 비교 등 인류의 경제활동 대부분을 들여다볼 수 있다. 하지만 이보다 더 파격적인 계획은 정부의 통제를 벗어난 서비스 형태로 정보를 제공하기 위해 누구나 검색할 수 있도록 위성이 촬영한 영상을 데이터베이스화하는 것이다. 마셜과 보슈하우젠은 전 지구를 대상으로 구글과 같은 분석 시스템을 구축할 수 있다고 생각했다.

에임스연구소에서 쌓은 경력 덕분에 마셜과 보슈하우젠은 독특한 입지를 다질 수 있었다. 두 사람은 연구소에서 일하며 달 착륙선과 우주선을 만들었고 복잡한 임무와 그에 따른 데이터 분석에 참여했다. 이를 통해 두 사람은 우주산업의 복잡성을 직접 경험할 수 있었다. 게다가 워든이 항상 다른 생각과 경제적인 접근 방식을 요구한 덕분에 남들이 놓친 기회를 포착할 수 있는 시각을 갖게 되었다. 마셜은 말한다. "우리는 경쟁사보다 우주에서 효율을 1kg당 100~1만 배 끌어 올릴 수 있습니다. 항공우주업계가 워낙 게으르고 낙후되어 이렇게 차이가 크게 나는 거죠. 문제가 심각합니다."

2010년 말 마셜과 보슈하우젠은 회사를 세우기로 했다. 에임스연구소에서 폰샛 프로젝트를 좀더 진행하고 싶었지만 새로운 사업을 준비하느라 무척 바빠졌다. 두 사람은 마지못해 피트 워든에게 퇴사 계획을 알렸다. 처음에 워든은 난색을 보였지만 곧 상황을 받아들였다. 그러고는 그들에게 에임스연구소에서 프로젝트와 관련해 작업한 시간을 모두 꼼꼼하게 기록하라고 당부했다. 그래야만 그들이 퇴근 후 저녁과 주말에만 새로운 사업을 준비하는 데 시간을 썼음을 증명할 수 있다고 했다. 나중에 두 사람의 창업 소식이 알려졌을 때 나사 고위층이 불평하거나 그보다 더 나쁜 일이 생길 가능성을 최소화하기 위해서였다.

보슈하우젠은 말한다. "우리는 피트에게 말하기 전에 생각하고 또 생각했습니다. 피트는 매우 소중하고 가까운 친구였고, 우리는 아마도 그가 에임스연구소에서 이루고자 했던 것을 가장 잘 보여주는 본보기였을 겁니다. 우리는 피트가 화낼 걸 뻔히 알고 있었고 실제로 며칠 동안 화내는 소리를 들어야 했죠. 피트는 우리가 떠나는 것을 좋아하지 않았습니다. 하지만 피트는 우리 회사가 자신이 세운 목표를 상징한다는 데 공감했습니다. 우리가 떠나는 것 자체가 그가 성공했다는 신호였습니다."

마셜과 보슈하우젠은 레인보우 맨션에서 몇 시간 동안 회사 이름을 정하기 위해 고심했다. 마셜은 대지大地를 뜻하는 '가이아Gaia'를 넣고 싶었고 두 사람 모두 우주 느낌이 나는 이름을 원했다. 그들은 인터넷에서 이것저것 찾아본 뒤 '코스모스'와 '가이아'의 합성어인 '코스모기아'라는 다소 황당한 이름으로 결정했다. 보슈하우젠은 말한다. "우리는 서로 하이파이브를 하며 완벽한 이름을 찾았다고 매우 좋아했습니다. 하지만 아무도 이름을 기억하지 못했죠. 그건 끔찍한 이름이었어요. 열광적인 꿈에 취한 우리에게만 환상적으로 보였던 거예요."

코스모기아는 곧 플래닛랩스로 사명을 바꿨고, 6개월 지난 후 2011년에 팀을 꾸리기 시작했다. 마셜과 보슈하우젠과 더불어 로비 싱글러가 공동 창업자로 합류했다. 싱글러는 4년간 피트 워든의 특별보좌관으로 근무하며 나사의 데이터와 기술을 대중에 공개하기 위한 여러 프로그램을 주도했다. 싱글러는 또한 몇몇 위성과 소형 우주선 임무를 수행하는 데도 도움을 주었다. 플래닛랩스에 합류하기 직전까지 싱글러는 나사 본부에서 최고 기술 책임자의 오른팔 역할을 했다. 세 사람 모두 레인보우 맨션에서 수없이 많은 밤을 보내며 기술과 사업 계획에 관한 아이디어를 논의했다. 특히 오랫동안 함께 살아온 마셜과 싱글러에게는 가장 친한 친구와 함께 회사를 설립할 기회였다.

각자가 자신의 고유한 능력을 발휘했다. 보슈하우젠은 회사 운영의 기술적인 측면을 담당했고 마셜은 CEO로서 플래닛랩스의 비전을 주관하고 회사가 앞으로 나아가도록 했다. 싱글러는 전략 수립과 실행, 채용과 같은 좀더 실질적인 문제를 처리하는 데 재능이 있었으며 고객과의 관계 구축에도 힘썼다. 또한 빈센트 보이클리어스, 메튜 페라로, 벤 하워드, 제임스 메이슨, 마이크 사피안 등 에임스연구소에서 근무했던 몇몇 사람도 나사라는 안정된 직장을 버리고 플래닛랩스에 참여했다.

여느 실리콘밸리 스타트업과 마찬가지로 플래닛랩스도 차고에서 탄생했다. 팀원들은 레인보우 맨션에서 먼저 편하게 개념을 논의한 다음 차고로 가서 그 아이디어를 실제 장치로 만들려고 노력했다.

기본 개념은 지구 사진을 제대로 촬영할 수 있는 가장 작고 저렴한 위성을 만드는 것이었다. 위성은 간단히 말해 망원경이 든 상자에 사진을 저장하고 전송하기 위한 컴퓨터와 통신 시스템을 탑재한 형태다. 위성은 또한 우주에서 방향을 제어하고 수년 동안 작동하기 위한 시스템도 필요하다. 엔지니어들이 차고에 모여 모든 구성 요소를 펼쳐놓고 필요한 물리적 공간을 확인하기 시작했다. 이들은 수개월에 걸쳐 부품을 줄이고 다른 요소를 적절히 결합하는 방법을 고안해냈다. 시제품을 제작해야 하는 단계에 이르자 플래닛랩스는 차고에서 벗어나 실제 사무실을 찾아야 했다.

폰샛 프로그램은 워든의 감독하에 에임스연구소에서 계속 진행되었다. 그사이 플래닛랩스는 샌프란시스코 시내에 자리를 잡았다. 레인보우 맨션에서는 실험 비용을 자비로 충당해왔지만 그 금액이 커지면서 어디선가 자금을 조달해야 했다. 마셜과 보슈하우젠은 블랙록사막에서 있었던 일을 떠올리며 벤처 투자가 스티브 저벳슨에게 전화를 걸었다. 놀랍고 기쁘게도 저벳슨은 플래닛랩스에 처음으로 자금을 지원해주었다. 마셜은 말한다. "처음에 300만 달러를 모금했는데 그중 스티브가 투자한 돈만 200만 달러였습니다. 스티브는 가능성을 보고 승부를 건 겁니다."▼

새로운 회사에서 일하면서 마셜과 싱글러 부부는 생활환경을 바꿨다. 그들은 사무실과 더 가까운 샌프란시스코에 살고 싶었다. 그들은

▶ 초창기 직원인 제임스 메이슨에 따르면 투자자들에게 보여줄 상세한 사업 계획서를 준비했으나 결국 전혀 쓸모가 없었다. 메이슨은 "윌이 버닝맨 축제에서 저벳슨을 만난 것으로 충분했습니다."라고 말한다. 그 외에는 카프리콘투자그룹과 오레일리알파테크벤처스 등이 투자해주었다.

레인보우 맨션을 내놓고 알라모스퀘어 인근으로 이사했다. 이사한 집은 700m² 면적에 침실 8개가 있는 빅토리아풍의 저택이었다. 한때 신발업계 거물이 소유했던 저택으로, 지하에 볼링장과 도서관뿐만 아니라 넉넉한 거실 공간도 갖추고 있었다.▼ 제시 케이트는 레인보우 맨션만큼이나 영감을 주는 새집을 다시 12명이 함께 거주하는 공유 주택으로 바꿔놓았다. 기술업계에 종사하는 사람들이 집에 종종 찾아와 모임에 참석하거나 차기 사업을 위한 전략을 세우고는 했다.

일반적으로 위성은 먼지나 기타 오염 물질이 전자장치와 기계 부품에 닿지 않게 청정실에서 제작된다. 렌즈가 달린 모든 장치는 깨끗한 영상을 얻기 위해 특별히 깨끗한 환경이 필요하다. 우주로 기껏 영상촬영위성을 쏘아 올렸는데 누군가의 옷에서 떨어져 나온 보풀이나 먼지로 영상이 손상되는 일만큼 낭패도 없을 것이다. 그러나 당시 플래닛랩스는 최첨단 시설을 갖출 만한 자금이 부족했고 저렴한 비용으로 일을 처리해야 했다.

임시 위성 실험실을 만들기 위해 회사는 먼저 아마존에서 온실과 공기 필터를 구입했다. 온실은 사람들이 안에 들어가서 작업할 수 있을 만큼 충분히 컸다. 플래닛랩스에는 당시 30여 명의 직원이 있었고 그중 상당수가 실험복을 입고 온실에 들어가 처음부터 위성을 만들기 시작했다. 에임스연구소에서 이직한 벤 하워드는 말한다. "원래 뒷마당에나 있어야 할 온실이었지만 일하는 데 전혀 문제가 없었습니다."

플래닛랩스가 첫 도브를 제작하기까지 약 1년 반이 걸렸다. 도브는 가로, 세로 10cm에 높이가 30cm인 직육면체 모양으로 초기 폰샛 큐

▶ 크리스 켐프는 자기 집을 따로 구했기 때문에 이 집으로 들어오지 않았다.

브보다 3배 더 컸다. 내부에는 단열을 위해 금박 테이프로 감싼 원통형 망원경을 설치했고 그 주위로 개별 가열 장치가 달린 리튬 이온 배터리와 회로 기판을 배치했다. 측면에는 태양전지판과 안테나를 부착했다. 도브의 제작 비용은 100만 달러도 채 되지 않았다.

내가 플래닛랩스의 창업자들을 처음 만난 때가 2012년 중반이었는데 최초의 도브 생산에 전력을 기울던 시기였다. 온실은 그럴싸한 제조 시설로 바뀌어 있었다. 플라스틱 시트로 사무실과 분리된 작은 공장을 만들었다. 사무실에는 인상적인 테스트 장비와 각종 기기가 있었지만 위성을 생산하는 공장이라기보다는 지하 우주산업체 같았다.

마셜과 싱글러는 내게 이 작은 공장을 보여주며 플래닛랩스가 어떻게 나사로부터 시작되었는지 그 배경을 이야기해주었다. 마셜과 싱글러는 열정이 넘쳤다. "아프리카의 삼림 파괴를 감시하고 불법 어업을 추적하고 빙하가 녹는 것을 관측하기 위해" 역사상 그 어느 조직보다 많은 위성을 쏘아 올리겠다고 했다. 그렇게 해서 어떻게 회사가 돈을 벌 수 있을지는 분명하지 않았지만 마셜과 싱글러는 분명 멋지고 이상주의적이었다. 마셜이 "우리는 인간의 의식과 지구를 이해하는 데 새 지평을 열고자 합니다."라고 말하자 "이 정보를 가장 필요로 하는 사람들에게 제공하는 게 제일 중요하다고 생각합니다."라고 싱글러가 덧붙였다.▼

▶ 마셜은 내게 이런 말을 한 적이 있다. "저벳슨은 돈을 버는 것이 주된 목적이 아닌 사람들에게 투자하길 좋아한다고 하더군요. 돈이 목적인 사람들은 단기적으로 생각하는 경향이 있습니다. 인류를 화성에 정착시키겠다는 일론 머스크나 지구를 구하겠다는 우리처럼 장기 목표가 있다면 훨씬 더 크게 도약해서 상황을 극적으로 변화시킬 수 있을 겁니다. 구글 창업자 래리와 세르게이는 사업 계획이 없었습니다. 그저 인터넷을 유용하게 하고 싶었을 뿐입니다. 이런 식으로 먼저 엄청난 가치를 지닌 무언가를 만든 다음 나중에 비즈니스 모델을 붙이는 거죠."

2013년 4월 플래닛랩스는 최초로 도브 2대를 발사했다. 우연하게도 그중 한 하나는 첫 번째 폰샛과 동일하게 안타레스 로켓에, 다른 하나는 러시아 로켓에 실렸다. 몇 달 후에는 위성 2대를 쏘아 올리고 처음으로 많은 양의 데이터를 수집하기 시작했다.

위성이 무사히 궤도에 오르자 플래닛랩스는 처음 성공한 스타트업이 누릴 만한 것은 다 누렸다. 최초로 위성과 교신한 엔지니어는 추적국에서 뛰어나와 소리를 지르며 안테나 주위를 돌았다. 추적국 안에 있던 엔지니어들은 위성과 통신 테스트가 성공하자 술병을 땄다. 나중에 위성 하나가 지구로 귀환하기 시작하여 대기권에서 연소하였을 때 플래닛 팀은 사망한 도브를 위해 파티 겸 장례식을 열었다.

위성에서 보내온 첫 번째 사진에는 우거진 숲이 보였지만 팀원 중 누구도 정확한 위치를 알지 못했다. 당시 플래닛랩스는 촬영 장소를 정확히 식별하는 기술이 부족했다. 몇 시간 후 누군가가 위성이 오리건주를 찍었다는 사실을 알아냈다. 마셜은 말한다. "로비가 그 사진을 휴대전화에 담아 왔어요. 정말 멋지더군요. 아름다웠습니다. 나무 하나하나가 다 보인다는 게 너무 놀라웠습니다. 우리가 계획한 대로 작동했다는 사실이 충격적일 정도였죠. 로비는 아직도 그 사진을 휴대전화에 가지고 있어요."

그 이후 몇 달에 걸쳐 더 많은 사진을 수집하면서 플래닛랩스 직원들은 우주 비행사와 마찬가지로 '조망 효과'를 경험하기 시작했다. 조망 효과란 먼 우주에서 지구를 보면서 얇은 대기에 의존해 인간을 보호하는 작은 물체가 얼마나 취약한지 깨닫는 경험이다. 플래닛랩스의 직원들은 계절에 따라 숲의 색이 바뀌는 광경을 지켜보았다. 에임스연구소에서 폰샛 등의 임무를 하다 합류한 제임스 메이슨은 말한다. "아프리카 같은 곳에서는 정말로 대지가 숨 쉬는 것을 볼 수 있었어요. 우리는 지구가 진화하는 것을 실시간으로 보았습니다."

초창기 플래닛랩스의 엔지니어들은 위성업계에서 보기 힘든 신속한 판단력과 적응력을 보여주었다. 한번은 도브 중 하나의 무선통신 장치 소프트웨어에 오류가 발생하면서 메모리가 지워진 적이 있었다. 송수신기를 다시 작동시키기 위해 두 직원이 핵심 코드를 새로 작성해 위성으로 전송했다. 그런데 위성이 지상국 위를 지날 때만 '교신'이 가능하므로 새 코드 모두를 설치하기 위해 여러 번의 작업이 필요했고 결국 다시 작동하기 시작했다.

이 초기 시행착오 덕분에 위성은 고정된 장치가 아니라 유연한 장치라는 플래닛랩스의 생각이 더욱 굳건해졌다. 이제 위성은 몇 년이고 그 자리에 그대로 있을 필요가 없어졌다. 일반 컴퓨터나 스마트폰처럼 개선하고 업데이트할 수 있다. 플래닛랩스는 위성에 대한 기존의 생각을 무너뜨렸다. 이제 위성은 궤도에 한번 놓이면 그대로 두어야 하는 조심스러운 기계가 아니다.

처음 두 번의 발사가 모두 성공하자 이 신생 회사에 대한 투자자들의 신뢰는 높아졌다. 2013년 중반에는 1,300만 달러의 자금을 추가로 조달했다. 스티브 저벳슨이 다시 한번 투자를 주도했으며 이번에는 벤처 투자가 피터 틸, 에릭 슈미트 등이 참여했다. 플래닛랩스는 이 돈으로 도브 28대를 새로 제작했다. 2014년에는 이 위성들을 화물 로켓에 실어 국제 우주정거장으로 보냈다. 우주정거장에 도착하자 우주 비행사들이 위성들을 궤도에 진입시켰다. 2015년에 투자자들은 플래닛랩스의 비전에 완전히 매료되어 1억 7,000만 달러를 추가로 투자했다. 현재 플래닛랩스는 100대가 넘는 위성을 제작하고 있으며 이를 실어 보낼 로켓을 찾고 있다.

플래닛랩스는 위성을 지속적으로 개발해 우주로 실어 보내면서 초기 위성의 성능을 잘못 판단했다는 사실을 깨달았다. 첫 번째 도브는 궤도에 진입한 지 얼마 안 되어 이탈했다. 새 도브는 지구 저궤도에서 비행을 시작하고 몇 개월 후 기계 과열로 배터리가 방전되었다. 몇 개 안되는 지상국에서 빠르게 움직이는 위성 수십 대를 관리하는 것도 매우 힘들었다. 벤 하워드는 말한다. "성능이 끔찍한 위성을 더 세밀하게 관리할 수 있는 시스템을 설계해야 했어요. 규모가 작고 경험이 부족해 더 힘들었습니다. 우리는 그저 위성 100대를 제작해 우주에 띄운 다음 '인쇄' 버튼을 눌러 영상을 인쇄만 하면 된다고 생각했습니다. 하지만 그게 아니었어요."

도브가 강한 햇빛을 지속해서 받자 온도가 치솟기도 했다. 그러면 배터리 충전과 같은 작업을 수행하기 어려워진다. 도브가 과열되면 이를 식히기 위해 엔지니어들은 며칠이고 가동을 중단시켰다.

렌즈에도 문제가 있었다. 일반 영상촬영위성은 렌즈 온도가 오르내리지 않도록 세심한 주의를 기울인다. 그러나 도브는 렌즈가 가열과 냉각을 반복하면서 초점이 흐려졌다. 벤 하워드는 이렇게 말한다. "그런 일이 발생하면 기본적으로 우리가 할 수 있는 일은 아무것도 없었어요. 광학 엔지니어가 한 명쯤 있었어야 했어요." 무엇보다 위성이 수집하는 모든 영상을 제대로 전송하기에는 송수신기의 성능이 부족했다. 하워드는 말한다. "많은 위성을 궤도에 올렸지만 실제로 우리가 필요로 하는 품질의 영상을 생성하고 수익을 창출할 수 있는 위성이라고 하기에는 부족했습니다. 우리가 해낼 수 없을 것이라는 우려가 정말 컸습니다."

플래닛랩스는 냉혹한 현실을 깨닫는 시간을 거쳤다. 항공우주산업계는 플래닛랩스와 이들의 초짜 같은 태도를 비웃었다. 플래닛랩스는 될 때까지 되는 척하는 실리콘밸리 정신을 위성에 적용해서 너무나 성급하게 위성 100대를 궤도에 올리려 했다. 업계의 일부 전문가들은 플래닛랩스가 대가를 제대로 치르고 있다고 생각했다. 위성은 제작하기가 매우 어려운데 나사에서 나온 사람들은 자신들의 능력을 과대평가하고 있었다. 그들은 기술보다 비전이 더 중요하다고 생각했다.

플래닛랩스는 많은 문제를 대중에게 공개하지 않았다. 마셜은 플래닛랩스가 이미 목표를 대부분 달성한 듯 기술 콘퍼런스 같은 곳에서 세계를 구할 위성에 관한 이야기하고 다녔다. 그러나 무대 뒤에서는 계속해서 발생하는 문제를 해결하며 수백 대의 위성을 궤도에 올려놓고 지구와 정보 전송을 조정하는 데 필요한 기술을 개발하느라 여념이 없었다.

가장 큰 문제는 로켓 발사업계에서 살아남는 것이었다. 플래닛랩스는 많은 위성을 가능한 한 저렴하게 궤도에 올려놓고 싶었지만 당시에는 로켓 발사 횟수가 많지 않았다. 국제 우주정거장과의 협업은 발사 비용이 비교적 저렴해 선택한 방법이었다. 하지만 문제는 국제 우주정거장의 궤도가 플래닛랩스의 목표에 적합하지 않다는 것이었다. 위성이 사진을 촬영하기에 완벽한 지점으로 이동할 때까지 수개월을 소비해야 했다.

이후 플래닛랩스는 마이크 사피안Mike Safyan을 전 세계 로켓 기업과 관계를 형성하고 계약을 협상하는 책임자로 임명했다. 플래닛랩스는 미국의 스페이스X를 비롯해 러시아, 인도 등 전 세계 로켓업체를 떠돌며 위성을 궤도에 올려야 했다. 플래닛랩스는 또한 신생 로켓 발사업체를 기웃거리기도 했다. 아직 이들의 로켓을 신뢰할 수는 없었지만 신생 업체들은 더 저렴하게 더 자주 로켓을 발사하겠다고 약속했다. 게다가 신생 업체들은 소형 위성을 추가가 아닌 주요 탑재물로 취급하고 위성을 이상적인 궤도에 배치하는 데 특히 주의를 기울이겠다고 했다. 로켓산업을 육성하기 위한 목적에서라도 플래닛랩스는 뉴질랜드에 있는 로켓랩과 계약하고 일렉트론이라는 로켓을 사용하기로 했다.

어떤 회사도 그렇게 많은 로켓 발사와 관련한 협상을 진행한 적이 없었으므로 사피안은 로켓 발사업계에서 가장 인맥이 두터운 사람으로 떠올랐다. 사피안은 늘 발생하는 발사 지연 문제를 해결하고 적시에 위성을 우주로 쏘아 올리는 가장 효율적인 방법을 찾아냈다.

플래닛랩스는 위성과 교신하기 위해 강력한 안테나와 송수신기를 갖춘 광범위한 지상국 네트워크를 구축해야 했다. 두 사람 정도가 관리하는 지상국은 극지방과 적도 근처 오지에 배치되기도 했다. 엔지니어들은 수십 곳의 지상국과 수백 대의 위성 간의 데이터 전송을 조정하는 방법을 배워야 했다. 매일 수 페타바이트petabyte의 암호화된 정보를 네트워크를 통해 주고받았다.

플래닛랩스는 또한 대량으로 위성을 생산하는 기술이 필요했다. 더 많은 자금을 조달하고 회사가 안정을 찾으면서 온실과 플라스틱 시트는 공장으로 바뀌었는데, 사무실 아래층을 대부분 공장으로 사용할 정도였다. 보통 위성 회사는 한 번에 1, 2대의 위성을 제작하지만 플래닛랩스는 발사할 수 있는 로켓만 수배하면 비교적 짧은 시간에 수십 대를 생산해야 했다.

플래닛랩스에서 공장을 책임지는 사람은 체스터 길모어Chester Gill-more였다. 나비넥타이를 맨 길모어는 열정적 에너지로 가득 차 누구보다 자기 일을 즐기는 것처럼 보였다. 길모어는 기존 부품을 언제든 최신 컴퓨터 시스템이나 센서로 교체할 수 있게 제조 공정을 운영하여 위성을 최고 품질로 유지했다. 최초 폰샛은 부품이 몇 개 되지 않았지만 플래닛랩스가 만든 위성에는 2,000개의 다양한 부품이 들어갈 정도로 진화했다. 거의 모든 부품에는 고유의 바코드가 있어 공장에 도착한 시점과 위성에 설치된 시점을 파악하고 우주에서 성능을 추적하는 데 사용한다.

어떤 회사도 그렇게 많은 위성을 제작한 적이 없었으므로 플래닛랩스의 제작 방식은 기존의 방식과 매우 달랐다. 길모어는 말한다. "CIA가 대형 정찰위성을 만들려면 이렇게 진행할 거예요. 먼저 필요한 기술 사양을 상세히 적은 문서를 각 업체로 보냅니다. 그러면 여러 업체에서 6개월 동안 견적서를 작성하고 CIA는 그중에서 마음에 드는 업체를 선정합니다. 그러고 나서 업체가 위성을 설계하기 시작하면 4개월이 걸립니다. 이후 시제품이 나오기까지 1년이 걸리고 또 그러고 나면 일련의 승인을 거쳐야 합니다. 승인이 끝나고 최종 위성이 완성되기까지 또다시 18개월이 걸리죠. 그러고도 위성을 발사하는 데 또 6~9개월이 걸립니다. 따라서 모든 과정이 끝나면 5년 전 기술로 만들어진 새 위성이 궤도에 오르게 되는 거죠."

플래닛랩스에서는 약 12명이 일주일에 위성을 최대 30대까지 생산할 수 있다. 플래닛랩스는 항공우주업계 외부에서 사람을 고용해 밑바닥부터 훈련했다. 한 직원은 법무사였고 또 다른 사람은 자전거 정비사였다. 이들은 42개의 서로 다른 작업 공정을 옮겨 다니며 제조와 테스트 작업을 처리했다. 생산 팀의 원칙은 항상 유동적인 엔지니어들의 요구에 적극적으로 대응하는 것이었다. 위성은 세대를 거듭할수록 시야각, 해상도, 영상 품질, 배터리 수명, 저장 용량, 컴퓨터 성능, 위치 추적, 태양전지판 등이 개선되었다.▼

보통 플래닛랩스는 한 번에 도브 20~90대를 우주로 보낸다. 이들 위성을 배치할 때 로켓은 상단을 기울여 천천히 회전하면서 2도 간격으로 1, 2대의 위성을 궤도에 올려놓는다. 모든 도브가 궤도에 안착하는 데는 약 5분이 걸린다. 일단 우주 공간에 나가면 각 도브는 태양전지판이 펼쳐지고 한쪽 끝의 뚜껑이 열리면서 안테나가 나온다.

새로운 도브는 극지방을 중심으로 돌고 있는 기존 위성과 같은 궤도를 돌게 된다. 위성을 분산 배치하면 각 위성은 그 아래 일정 범위의 지역을 촬영한다. 지구가 회전하는 동안 그 위에서 위성은 사실상 라인 스캐너 역할을 하면서 쉬지 않고 촬영한다. 위성을 최적의 위치에 배치하기 위해 플래닛랩스는 차등 항력 제어 기술을 사용해 위성의 속도를 조절한다.

위성이 올바른 위치에 자리 잡으면 자세 제어 시스템이 방향을 설정한다. 자이로스코프와 센서가 자기장을 찾고 지구의 수평선과 태양, 별을 찾는다. 마그네토커와 반작용 조절용 바퀴는 위성의 움직임을 조정하여 원하는 정렬에 맞춘다.

도브의 경로는 태양동기궤도다. 각 위성은 매일 같은 시간에 같은 지점을 지나가는데 이 궤도는 사진의 빛과 그림자를 균일하게 하는 데 도움이 된다. 도브가 궤도를 한 바퀴 도는 데 90분 정도가 걸리므로 하루에 16번 궤도를 도는 셈이다. 지구는 위성 아래에서 자전한다. 따라서 위성은 뉴욕·세인트루이스·샌프란시스코의 현지 시간 오전 9시 상공을 모두 통과할 수 있다.

도브는 하루에 약 200만km² 면적을 촬영하는데 이는 멕시코 면적과 맞먹는다. 도브는 지상국으로 하루 10차례 8분씩 사진을 전송한다.

▶ 2013~2021년 도브는 매일 수집하는 데이터 양을 1만 배로 늘리는 등 성능이 향상되었다.

사진이 지구에 도착하면 플래닛랩스의 소프트웨어가 이를 편집하고 정리한다. 구름이나 그림자로 손상된 사진은 삭제한다. 그러면 고객은 앱에 로그인해 원하는 사진을 찾아볼 수 있다. 플래닛랩스는 기업과 정부에 사용료를 받고 영상을 제공한다. 다만 기자나 비영리단체, 연구자, 환경 단체 등에는 사용료를 할인해주고 있다.

플래닛랩스는 창립 이래로 줄곧 영상 품질이 좋지 않다는 비판을 받아왔다. 도브는 특정 지역을 해상도 3m로 촬영하고 있는데 이는 컴퓨터 화면에 보이는 사진의 작은 픽셀 하나가 대략 사방이 3m인 땅의 면적과 같다는 뜻이다. 건물이나 자동차, 주요 이정표는 알아볼 수 있지만 사진에서 세세한 정보까지 찾아내기는 힘들다. 플래닛랩스는 지난 몇 년동안 위성의 성능을 크게 개선했지만 위성 자체가 가진 한계로 인해 해상도를 높이기는 어려운 일이다. 지구 위 특정 높이에 배치된 특정 크기의 망원경은 정해진 품질의 사진만 찍을 수 있다.

이러한 비판에 맞서 플래닛랩스는 단지 관심 있는 지점만 촬영하는 것이 아니라 지구 전체를 24시간 촬영하는 데 큰 의미가 있다고 주장한다. 플래닛랩스의 위성은 장기간에 걸쳐 촬영하므로 다른 위성이 놓칠 수 있는 추세와 변화를 포착한다. 플래닛랩스가 이처럼 광범위한 네트워크를 구축하고 다른 기업이나 정부도 보유하지 못한 데이터를 구축할 수 있었던 데는 위성을 작고 저렴하게 만든 공이 컸다.

2017년 플래닛랩스는 지구관측위성인 스카이샛을 제조하는 테라벨라를 인수하여 영상 품질을 높이고자 했다.▼ 테라벨라는 플래닛랩스와 마찬가지로 최신 기술을 사용해 위성을 제조하던 스타트업이다. 스카이샛은 구두 상자만 한 플래닛랩스의 위성보다 커서 그 크기가 냉장고만하다. 큰 위성 덕분에 테라벨라는 더 큰 렌즈를 장착할 수 있었고 해상도

50cm가 가능했다. 테라벨라의 위성들은 지구의 여러 궤도에 진입해 있어 플래닛랩스는 다양한 시간대에 다양한 위치에서 더 많은 영상을 수집할 수 있게 되었다.

두 위성 시스템이 함께 작동하면서 플래닛랩스는 이전과 비교할 수 없는 기술적 우위를 확보했다. 항상 그 자리에서 지켜보고 있는 도브는 숲이 벌목되거나 새로운 건물이 건설되거나 미사일이 발사되는 등의 지구 변화를 감지할 수 있을 만큼 강력하다. 테라벨라의 위성은 모든 곳을 볼 수 없지만 도브가 집중할 곳을 감지하면 위치를 조정할 수 있다. 테라벨라를 인수한 이후 몇 년 동안 플래닛랩스는 위성 제작 및 발사와 관련한 전문 지식을 활용하여 더 많은 대형 위성을 만들어 궤도에 올렸다.

여러분이 이 글을 읽는 순간에도 수백 대의 플래닛랩스 위성이 궤도를 돌고 있다. 대부분 소형 위성인 도브고 약 20여 대는 대형 위성이다. 플래닛랩스는 하루에 특정 지역을 최소 12번 촬영할 수 있을 정도로 기술이 발전했다. 궤도를 돌고 있는 플래닛랩스의 위성 전체는 하루에 400만 장 이상의 사진을 촬영한다. 플래닛랩스의 아카이브에는 지구상 어느 장소든 평균 2,000장의 사진이 보관되어 있다.

▶ 구글은 2014년 테라벨라의 전신인 스카이박스이미징을 5억 달러에 인수해 독립 사업부로 운영했다. 그러다 세르게이 브린이 절친한 친구인 윌 마셜에게 설득당해 테라벨라를 플래닛랩스에 매각했다.

7.

언제 어디서든

2021년 초 미국 워싱턴DC의 군 관계자 사이에서는 중국이 핵무기를 늘리고 외곽 지역에 미사일 격납고를 건설 중이라는 소문이 돌았다. 이 설을 입증할 공개된 정보원은 없었지만 소문을 퍼뜨리는 사람들은 대규모 무기 증강이 진행 중이라고 확신했다. 누군가가 미사일 격납고의 존재를 확인해 폭로한다면 중국은 점점 더 공격적으로 변하고 미국과 긴장은 더욱 고조될 것이다.

데커 에벨레스Decker Eveleth는 공개출처정보 관련 업계에서 활동하는 멘토 2명에게서 이 무기에 관한 소문을 들었다. 공개출처정보 분석가는 이용 가능한 공개된 정보를 수집하여 군사 및 경제 활동을 파악한다. 공개출처정보 분석가는 세무 기록이나 군 계약서 등을 샅샅이 뒤지거나 위성영상을 분석해서 중요한 정보를 얻어낸다. 이러한 도구를 이용해 분석가는 간혹 북한의 미사일 시험 발사나 제재 국가로 향하는 불법 원유 수송에 대한 세부 정보를 밝혀낸다. 공개출처정보 분석가는 대개 정부나 악덕 업자들이 숨기고 싶어 하는 정보를 밝혀내 대중에게 알리고 공론화한다.

리드칼리지에 재학 중이던 에벨레스는 취미 삼아 정보 수집가로 활동하면서 공개출처정보 관련 업계와 가까워졌다. 다른 학생들이 맥주를 마시며 마리화나를 피우는 동안 에벨레스는 컴퓨터 앞에 앉아 데이터베이스를 뒤지고 위성영상을 분석했다. 이를 통해 에벨레스는 자신의 재능을 발견했다. 게다가 그는 노련한 분석가조차 놓친 패턴을 찾아내기도 했다. 에벨레스는 종종 자신이 발견한 정보를 트위터에 올렸으며 공개출처정보 관련 업계의 베테랑들과 대화를 나눌 정도로 확실한 정보들을 발견해냈다.

2021년 5월 중순 에벨레스는 소문으로만 떠돌던 중국의 미사일 격납고를 찾아보기로 했다. 에벨레스는 중국군이 이전에 미사일을 숨기기 위해 사용한 팽창식 돔 모양의 덮개를 이번에도 씌웠을 것으로 추측했다. 분석가들은 이 흰색 돔을 '죽음의 에어바운스bouncey houses of death'라고 불렀다. 이 돔 구조물이 운동장이나 어린이 파티에서 볼 수 있는 에어바운스 놀이 기구와 비슷했기 때문이다. 에벨레스는 또한 이 돔이 중국 북부 사막지대에 있을 것으로 추정했다. 북부 사막은 중국군이 활발하게 활동하는 곳이었고 그곳에는 넓은 평지가 있었기 때문이다.

취미 활동의 하나로 에벨레스는 플래닛랩스에 계정을 개설한 다음 영상 자료를 불러와 수천 킬로미터에 달하는 사막을 격자로 나누어 하나씩 검색했다. 한 달 넘게 걸렸지만 6월 말에 에벨레스는 중요한 것을 발견해냈다. 바로 대형 돔 모양 덮개 120여 개를 찾아낸 것이다. 중국에서 이전에 발견된 격납고 건설 현장에는 기껏해야 몇십 개에 구조물만 있었다. 만약 에벨레스가 발견한 돔 모양 덮개가 실제로 120개의 새로운 미사일 격납고라면 이 정보는 전 세계에 반향을 불러일으키며 새로운 군비경쟁이 진행 중임을 알릴 수 있을 터였다.

2021년 6월 27일 오전 8시, 에벨레스는 플래닛랩스에 연락해서 자신이 발견한 구조물이 격납고일 수 있다고 알렸다. 위성 도브는 지난 몇 달 동안 해당 지역의 사진을 수없이 찍었으며 에벨레스는 사진을 시간순으로 정리해 격납고의 건설 과정을 재구성할 수 있었다. 가장 최근의 선명한 사진을 얻기 위해 고해상도 스카이샛을 해당 지역에 맞출 수 있냐고 에벨레스는 물었고 플래닛랩스는 기꺼이 도와주기로 했다.

다음 날 플래닛랩스의 엔지니어들은 지구의 지상국에서 위성으로 무선 신호를 보냈다. 위성에 장착된 컴퓨터가 신호를 받자 위성은 반작용 조절용 바퀴를 가동해 위치를 바꾸고 목표물 쪽으로 방향을 잡았다. 위성은 초당 7.6km의 속도로 이동하면서 사막을 빠르게 연속촬영했다. 송신기는 사진을 지구로 전송했고 플래닛랩스의 소프트웨어는 이를 해독했다. 28일 오전 8시 46분, 에벨레스는 플래닛랩스 홈페이지에 로그인하여 돔뿐만 아니라 미사일 통제 센터로 추정되는 지하 시설에서 나오는 통신 케이블용 참호도 확인했다. 에벨레스가 공개출처정보 관련 업계의 베테랑들에게 이 사진들을 보여주자 모두 소문으로만 떠돌던 격납고를 찾아냈다는 데 동의했다. 에벨레스는 말한다. "정말 대단한 발견이었습니다. 제가 뭔가를 최초로 찾았다는 걸 알게 되었을 때 짜릿함은 이루 말할 수가 없었습니다."

에벨레스가 기자들에게 사진을 보여준 후 중국의 핵무기 확산에 관한 기사가 많은 신문의 1면을 장식했다. 국무부는 이 발견을 '우려스러운' 것으로 분류했다. 중국 언론은 풍력발전소 건설 현장을 우연히 발견한 것이라고 일축하며 에벨레스를 아마추어 탐정 정도로 치부했다. 이런 중국 측의 노력은 가상했지만 사진에는 그곳이 핵무기 기지임을 보여주는 단서가 너무나 많았기에 실소만 자아냈다.

이 사건을 취재하던 기자들은 당연히 이 발견이 가져올 정치적 파장만 중점적으로 다루었다. 아무도 대학생이 달랑 노트북 하나로 중국의 주요 군사 작전을 발견했다는 데 주목하지 않았다. 에벨레스는 군이나 정부 기관이 아닌 민간 기업이 구축한 수백 대의 위성을 이용해 발견했다. 이는 누구나 할 수 있는 일이다. 공개출처정보 전문 분석가이자 에벨레스의 멘토인 제프리 루이스는 말한다. "과거에는 정부만 위성을 보유했습니다. 민간은 가질 수 없었죠. 이제 민간도 위성을 갖게 되었습니다. 정부 위성이 조금 더 성능이 좋을 뿐이죠. 정부 위성이 좀더 낫다니 좋은 일이지만 실제로는 그리 중요하지 않습니다."

1940년대부터 미군 내에서는 지구 주위에 정찰위성 배치해야 한다는 주장이 제시되기 시작했다. 진주만공격으로 미국의 정보 수집 능력은 큰 허점을 드러냈고 워싱턴DC의 스파이들은 하늘에서 항상 모든 것을 볼 수 있는 눈이 있으면 좋겠다고 생각했다. 당시 군이 정찰위성 배치를 추진하는 데 유일한 걸림돌은 기술적 한계뿐이었다. 카메라를 우주로 쏘아 올린 다음 촬영한 사진을 전송하는 기술이 부족했다.

1950년대가 되자 정찰위성에 대한 열망은 더욱 절박해졌다. 1957년 소련이 스푸트니크1을 발사하자 미국은 우주 기술에서 경쟁국에 뒤처지고 있다고 우려했다. 그 외에도 미국은 소련의 미사일 무기고에 관한 명확한 정보가 없어 불안했다. 정찰기가 사진을 찍을 수 있었지만 대부분 알려진 장소만 비행해야 했다. 소련 영공을 통과하는 데 따르는 위험과 상대적으로 짧은 비행시간 때문이다. 미국은 광활한 땅을 뒤져 이전에 발견하지 못한 격납고와 군사시설을 찾을 방법이 없었다. 소련이 무엇을 건설하고 있는지 정확히 파악하지 못한 미국은 실제로 무엇과 맞서고 있는지 그리고 군비경쟁에서 앞서고 있는지 아니면 처참하게 뒤처져 있는지 전혀 알 수 없었다.

1958년이 되자 미국 정부는 '코로나CORONA'라는 암호명으로 알려진 비밀 계획을 수립했다. 이 계획은 정찰위성 프로그램을 실행하기 위해 새로운 기술을 개발한다는 목표를 세웠다. 로켓을 개발해 위성을 궤도에 올리고 대기로 인한 왜곡과 우주선의 진동과 같은 문제를 처리할 수 있게 특별히 설계한 카메라를 장착해서 선명한 사진을 촬영할 계획이었다. 미국은 우주에서 촬영한 사진을 지구로 전송하는 방법도 개발해야 했다. 당시 데이터 전송 시스템은 궤도에서 지상국으로 방대한 영상 파일을 보낼 수 있을 만큼 빠르지 못했다. 코로나 계획의 일환으로 한 엔지니어 그룹은 엉뚱한 방법이기는 하지만 우주에서 촬영한 필름을 낙하산이 달린 캡슐에 담아 지구로 떨어뜨리는 방법을 고안해냈다. 그 방법은 별게 아니었다. 필름을 담은 캡슐은 대기권 진입 시 타지 않게 열 차폐 장치로 보호하고 비행기가 공중에서 낙하산을 갈고리로 낚아채면 되었다.

이 모든 활동을 위장하기 위해 미국 정부는 '디스커버러DISCOVER-ER'라는 공개 프로그램을 만들어내 우주개발과 관련된 임무라고 홍보했다. 따라서 누군가가 로켓이 여러 번 발사되는 것을 알아채더라도 지구를 이해하기 위한 연구 활동이라고 둘러대면 되었다. CIA와 공군은 코로나의 기술 개발을 담당했고 위장 계획과 우주 관련 연구를 지원하기 위해 새로운 조직이 만들어졌다. 이 조직이 바로 고등연구계획국ARPA였는데 나중에 방위고등연구계획국DARPA로 명칭이 바뀌었다.

코로나는 기념비적인 계획이었다. 정부는 이 계획에 우수한 엔지니어들을 대거 투입하고 다양한 산업 분야에서 촬영 관련 부분을 지원할 인재들을 모집했다. 이들은 모두 보안 서약을 하고 최대한 빨리 임무에 투입되었다. 하지만 처음에는 일이 순조롭게 진행되지 않았다. 첫 18개월 동안 미국은 로켓 12대를 발사했지만 죄다 실패했다. 로켓이 폭발하거나 캡슐이 회수되지 않거나 때로는 카메라가 제대로 작동하지 않기도 했다. 하지만 발사 횟수가 늘어나면서 코로나 계획은 안정을 찾아갔고 1960년에는 처음으로 우주에서 촬영한 영상이 도착하기 시작했다.

결과는 엄청났다. 초기 사진들은 소련 일대를 광범위하게 담고 있었다. 회수된 캡슐 하나에는 정찰기가 4년간 촬영한 것보다 더 많은 사진이 담겨 있었다. 미국은 국립사진해석본부라는 극비 조직을 설립하고 수백 명의 직원을 고용해 180m 길이의 필름을 캡슐에서 꺼낸 다음 현미경으로 각 프레임을 분석했다.

코로나를 통해 맨 처음 알아낸 사실은 소련이 예상보다 훨씬 적은 핵무기를 보유하고 있다는 것이었다. 이는 일시적이긴 하지만 미국에 큰 안도감을 주었고 동시에 이 프로그램의 가치를 증명했다. 영상은 미국이 대소련 군사 기획과 정치에 활용할 수 있을 만큼 신빙성 있는 자료였다. 아울러 분석가들은 소련 전역에서 군사 활동과 관련된 수많은 장소를 새롭게 발견하기도 했다.

로켓이 폭발하고 카메라가 고장 나는 일이 잦았지만 미국은 코로나 계획을 끈기 있게 진행했다. 1961년에는 거의 20대의 로켓을 발사했으며 1960년대 내내 그 수준을 유지했다. 영상 분석가들는 1년에 약 320km 길이의 필름을 검토했다. 당시에는 사진에서 얻은 정보를 추적할 만한 컴퓨터 시스템이 없었다. 그래서 분석가들은 영상을 중심으로 이야기를 구성하고 세부 사항을 더해 서술했다. 분석가들은 새로운 분석가들에게 그 내용을 들려주며 사진을 목록화하는 제도적 기억을 쌓아

갔다.▼

기술의 발전으로 위성영상을 수집하는 데도 커다란 변화가 생겼다. 다른 국가들도 비교적 짧은 시간에 강력한 위성을 궤도에 올려놓았다. 위성의 성능은 더욱 향상되었다. 원격 명령으로 특정 목표물을 정확히 포착할 수 있었으며 사진의 해상도는 계속 좋아졌다. 정찰위성 프로그램들은 여전히 비밀에 부쳐져 있다. 하지만 지상에 있는 불과 몇 센티미터 크기의 물체를 포착할 수 있는 정찰위성 수십 대가 지구 주위를 돌고 있다고 한다. 위성이 촬영한 사진은 이제 컴퓨터 데이터베이스로 바로 전송된다. 일련의 공학적 기적을 통해 위성영상이 지구로 돌아오는 시대는 끝났다.

1970년대에 들어서면서 위성영상 분야는 정보기관으로부터 독립하게 된다. 나사와 같은 기관들도 지구를 관측하고 지질 변화를 관찰하기 위해 위성을 발사하기 시작했다. 여기에는 수십억 달러의 세금이 들어갔다. 그 덕분에 이제 50년 동안 찍은 수백만 장의 사진을 보유하게 되었고 누구나 이를 자유롭게 열람할 수 있게 되었다. 1990년대에 미국 정부는 민간 기업이 자체 위성을 발사하고 그 영상을 판매할 수 있도록 허용하기 시작했다. 다만 정부는 상업용 위성영상의 해상도에 제한을 두었다. 이 같은 제한에도 군대나 기업, 연구자들은 위성영상을 유용하게 활용했고 소수의 기업이 자체 영상촬영위성 군단을 거느리고 시장에 진입했다.

▶ 이와 관련해 다음 책을 참조했다. Jack O'Connor, *NPIC: Seeing the Secrets and Growing the Leaders: A Cultural History of the National Photographic Interpretation Center*, Acumensa Solutions, 2015.

지난 60년 동안 위성영상을 해석하는 일은 인간이 해왔다. 미군은 전통적으로 젊은 인재들을 선발해서 엄격한 훈련을 통해 사진에서 주목할 대상을 찾아내는 방법을 가르쳤다. 이들은 국가별 군의 탱크, 트럭, 비행기, 항공모함, 미사일 격납고, 원자로 등의 크기와 형태를 기억해야 한다. 러시아 T-64 전차에는 장비함이 2개 있지만 T-64B에는 3개가 있다는 사실을 기억하지 못하면 훈련에서 탈락하고 다른 직무를 맡게 된다. 일반적으로 영상 정보 분석 훈련을 시작한 사람 중 약 10%만 이 암기 과정을 통과한다.

기계적인 암기 과정이 끝나면 영상 분석가는 기술을 연마해야 한다. 분석자 한 명이 6주 동안 130km² 정도 되는 한 지역을 살펴보면서 미묘한 경관 변화나 새로 추가된 시설물을 찾아낸다. 작업은 대부분 단조로우며 중요한 발견은 미묘한 변화를 찾아내는 데서 생긴다. 예를 들어 감시 중인 건물에 평소와 다른 색상의 차량이 도착하기 시작하면 새로운 무리가 시설을 점령했다고 해석할 수 있다. 가장 암울한 변화는 사진에서 땅의 질감이 달라지는 것이다. 무장단체가 대규모로 무덤을 팠다는 뜻이기 때문이다.▼

군은 항상 가장 좋은 영상을 가장 먼저 확보한다. 군은 고성능 위성과 고해상도 영상을 보유하고 있다. 군의 정찰위성은 주로 알려진 관심 지역을 향하고 있다. 익히 잘 알려진 바에 따르면 우주에 있는 위성은 북한을 주시하고 매일 영상 수천 개를 분석가들에게 전송한다. 북한도

▶ 자폐 스펙트럼 장애가 있는 사람 중 패턴을 찾고 변화를 포착하는 데 탁월한 사람이 있다. 대학생 에벨레스도 자폐를 앓고 있다고 한다. 이스라엘방위군 지리공간정보부에 다수의 자폐 장병이 있는 이유도 바로 이 때문이다.

이를 알고 위성을 피해 군사작전을 숨기거나 위장한다. 북한은 간혹 이런 감시를 이용하기도 하는데, 미국의 정찰위성이 북한 상공에 있을 때 미사일을 시험해 영상을 남기고 군사력을 과시한다.▼

그러나 군은 항상 모든 것을 볼 수 있을 만큼 위성이 많지 않다. 이는 기존의 상업 위성 사업자도 마찬가지다. 최고해상도 위성은 비용이 많이 들어 대량으로 제작해 발사할 수 없다. 과거에는 이로 인해 커다란 정보 공백이 발생했고 기업이나 분석가는 원래 감시 중인 지역이 아니면 요청에 따라 필요한 지역의 사진을 확보할 수 없었다. 플래닛랩스가 등장하기 전에는 기업이나 개인이 요청한 영상 자료를 받으려면 몇 달을 기다려야 했다. 위성영상업계 용어로 표현하면 올바른 위치를 향해 조준하도록 위성에 '임무를 부여'해야 하는데 그 앞에는 이미 수천 건의 요청이 밀려 있는 상태다. 그렇게 해서 겨우 영상이 촬영되면 기업이나 개인은 기꺼이 수천 달러를 지불한다.

공개출처정보 전문 분석가 제프리 루이스는 말한다. "우선 위성영상업체 담당자에게 전화해서 원하는 내용을 말해야 합니다. 담당자는 가격을 알려주고 일정을 살펴본 다음 당신의 순서를 말해줄 겁니다. 요청이 얼마나 긴급하냐에 따라 요금이 달라지기도 합니다. 당신의 차례가 되어도 위성이 원하는 장소를 놓치거나 구름이 끼어 보고자 하는 것을 가릴 수 있습니다. 이렇듯 위성을 배치하기 위해 업체와 협상하고 적정한 가격을 찾아내는 과정은 매우 복잡합니다."

▶ 워싱턴DC에서는 북한이 미사일 시험을 하기 직전에 한국 주식을 공매도한다는 소문이 돈다. 북한의 미사일 시험 사진이 공개되면 투자자들이 불안해한다는 점을 노린 것이다.

하지만 플래닛랩스 덕분에 루이스와 같은 분석가들에게는 지구 사진이 넘쳐나고 있다. 도브가 촬영한 사진들은 최고해상도는 아니지만 양이 매우 많고 새로운 이야기를 전해준다. 이제 우리는 영상 분석가들이 말하는 '생활 패턴'을 전 세계에 걸쳐 볼 수 있다. 생활 패턴이란 인간과 산업 사이에 매일 발생하는 작용으로, 특정 지역이나 장소에서 일어나는 일을 상세히 밝혀준다.

생활 패턴을 평가하는 데 여전히 인간 분석가들의 역할이 중요하지만 컴퓨터와 AI 소프트웨어가 점점 더 많은 작업을 수행하고 있다. AI는 시스템에 입력된 수많은 영상을 통해 지구상에서 특정 대상을 찾는 방법을 학습한다. AI는 자동차, 나무, 건물, 도로, 화물선, 유정, 주택 등에 대해 학습한다. 이런 사물의 모양을 익히면 AI는 항상 이를 관찰하면서 도로가 바뀌거나 집이 허물어지거나 선박이 항구를 떠날 때마다 이를 기록한다. 이러한 포괄적인 분석 시스템은 잠시도 쉬는 법 없이 인간 분석가를 위한 경계병 역할을 한다. 지구상에서 주목할 만한 변화가 일어나면 AI는 인간에게 경보를 보내고 인간은 상황을 자세히 살펴본다.

이와 비슷한 일을 한다고 알려진 구글어스나 구글맵 같은 제품을 잘 알 것이다. 이런 프로그램이 사용하는 영상은 대부분 상업용 위성 시스템에서 가져온다. 구글은 위성사진을 수집해 전 세계를 분류하는 데 탁월한 성과를 거두었다. 그러나 구글어스에서 제공하는 사진은 오래된 게 많고 인구 밀집 지역만 선명하게 나오는 경향이 있다. 이런 구글 제품을 장난감으로 만들어버린 게 플래닛랩스와 혁신적인 AI 도구를 개발한 기업들이다.

2019년 플래닛랩스는 자사의 영상과 AI 소프트웨어를 이용하여 지구상의 모든 도로와 건물을 보여주는 완벽한 지도를 최초로 제작했다고 밝혔다. 좀더 쉽게 파악할 수 있게 건물은 파란색으로, 도로는 빨간색으로 구분해 지도는 마치 해부도처럼 보인다. 샌프란시스코와 같은 도시는 격자 모양의 파란색 상자와 그사이에 혈관처럼 얽혀 있는 빨간색 선으로 이루어져 있다. 지구의 인프라를 이해하는 데는 이것만으로도 충분할 것이다. 그러나 플래닛랩스의 사진은 도로가 변하고 새로운 건물이 들어설 때마다 업데이트된다.

전 세계 나무를 지도화해 그 분포를 파악하는 데도 유사한 시스템을 사용한다. AI 소프트웨어는 나무의 수를 표로 작성할 수 있을 뿐만 아니라 어떤 종류의 나무가 있는지도 알려준다. 그런 다음 생물량을 계산하고 이산화탄소 소비량을 정확하게 추정한다.

위성영상과 AI 소프트웨어는 이전에 불투명했던 문제를 명확하게 보여준다. 남아메리카에서는 플래닛랩스의 기술을 이용해 아마존 열대우림의 상태를 관찰한다. 안타깝지만 매년 열대우림이 얼마나 줄어드는지 알 수 있다. 하지만 사람들의 행동에 책임을 물을 수도 있다. 남아메리카에서는 한 기업이 불법으로 나무를 벌목했다는 사실을 입증하는 핵심 증거로 위성사진을 채택해 다수의 소송이 제기되었고 승소하기도 했다. 플래닛랩스의 영상은 탄소 상쇄 프로그램에도 힘을 보태고 있다. 감사들은 플래닛랩스의 소프트웨어를 사용하여 기업이 일정 수의 나무를 심겠다는 약속을 제대로 이행하는지 확인할 수 있다.

플래닛랩스는 이렇게 상업적으로 기술을 활용하면서 수익을 창출해왔다. 미국 정부는 정보 수집부터 환경 관련 업무까지 다양한 목적으로 매년 수천만 달러를 들여 플래닛랩스의 영상을 분석한다. 자체적으로 위성을 보유하지 않은 국가들도 플래닛랩스와 계약을 체결하고 있다. 위성이나 로켓을 쏘아 올리지 않아도 최첨단 우주 기술을 이용할 수 있기 때문이다. 플래닛랩스의 주요 고객 중 하나가 농부다. 농부는 위성의 특수 센서를 이용해 작물의 상태를 기가 막히게 관리한다. 위성은 작물이 생성하는 엽록소의 양을 측정하여 작물의 건강 상태와 적당한 수확 시기를 확인할 수 있다.

오비탈인사이트Orbital Insight와 같은 스타트업은 플래닛랩스에서 구입한 영상과 공공 데이터베이스에 있는 무료 영상을 활용하여 더욱 정교한 분석을 한다. 오비탈인사이트는 연말 성수기에 월마트 주차장에 있는 차량의 수를 세어 매장의 혼잡도를 파악하며 이 데이터를 고급 정보에서 이익을 취하려는 월스트리트의 헤지펀드나 금융 기관 등에 판매한다. 이 스타트업은 또한 미국 전역의 옥수수밭을 살펴보고 작물의 상태를 추적하여 수확량을 예측한다. 월스트리트의 원자재 중개업체는 정확성이 검증된 이런 자료를 구입해 옥수수 선물 거래에서 어느 방향으로 베팅할지 결정하기도 한다. 더 나아가 AI 시스템은 밤에 켜진 조명의 수를 계산하고 바다에 있는 선박의 움직임을 추적하고 광산에서 나오는 석탄의 양을 집계해 세계 각국의 국내총생산을 추정한다. 이러한 작업을 수행하려면 인간 분석가 수천 명이 필요하지만 AI 소프트웨어는 이 모든 작업을 지칠 줄 모르고 수행한다.

오비탈인사이트의 가장 인상적인 기술은 전 세계 원유 공급량을 측정하는 방식이다. 오비탈인사이트는 원유 저장 탱크의 사진을 분석한다. 원기둥 모양의 저장 탱크는 지붕이 원유 위에 떠 있는 형태다. 그래서 탱크 안에 있는 원유의 양에 따라 지붕이 오르락내리락한다. 오비탈인사이트는 지붕이 내려갈 때 탱크의 측면에 비치는 그림자 크기를 분석해 탱크별 저장량과 특정 시점에 한 나라의 원유 보관량을 수치로 산출한다. 오비탈인사이트는 중국에 있는 수천 개의 저장 탱크에 대해 영상 알고리즘을 실행한 결과 중국이 분석가나 경제학자들에게 공개하는 수치보다 훨씬 더 많은 원유를 저장하고 있다는 사실을 여러 차례에 걸쳐 발견했다. 오비탈인사이트의 창업자 제임스 크로퍼드는 "우리는 세상에 대한 진실을 판매합니다."라고 말한다.

플래닛랩스의 위성이 밝히는 진실은 매년 증가하고 있다. 플래닛랩스의 위성영상은 지구와 인간의 활동에 필요한 정황과 세부 정보를 제공한다. 캘리포니아에서 플래닛랩스의 위성영상은 과학자들이 저수지 수량을 측정하고 가뭄을 감지하는 데 도움을 주고 있다. 숲에서 산불 위험이 가장 큰 지역을 정확하게 찾아내 나무를 솎아내거나 태우는 데 위성영상을 이용하는 과학자들도 있다. 한편 캘리포니아의 공유지를 감시하는 공무원들은 위성사진을 이용하여 마약 재배지를 찾아내기도 한다.

공개출처정보 전문 분석가들은 중국이 최초로 국산 항공모함을 건조하고 남중국해 인공 섬을 점령하고 위구르족 재교육 센터를 확장한 사실 등을 밝혀내 발표했다. 이때 플래닛랩스의 위성사진이 〈월스트리트저널〉이나 〈뉴욕타임스〉 같은 신문의 1면에 등장해 기사의 신뢰도와 이해도를 높여주었다. 이와 비슷한 방식으로 이란에서 비밀 미사일 시설을 발견했고 테슬라가 네바다에 초대형 배터리 공장을 짓고 있다는 소식과 사우디아라비아에서 정유 시설이 공격을 받았다는 소식이 알려졌다. 2020년 베이루트 항구에서 폭발 사고가 발생하자 플래닛랩스는 피해 규모를 보여주는 사진을 공개했다. 코로나19가 전 세계를 강타했을 때는 세계경제가 멈추면서 텅 빈 도시의 풍경이 플래닛랩스의 사진들에 고스란히 담기기도 했다.

물론 진실이 항상 환영받는 것은 아니다. 2019년에 플래닛랩스는 인도와 파키스탄 사이의 분쟁에 휘말린다. 인도 나렌드라 모디 총리가 이끄는 정부는 앞서 카슈미르에서 발생한 자살 폭탄 테러에 대한 보복으로 파키스탄 동북부에 있는 이슬람 무장 단체의 훈련 캠프를 성공적으로 공습했다고 주장했다. 선거를 코앞에 둔 모디 총리는 공습을 이용해 자신의 세를 과시하고자 했다. 그러나 파키스탄 당국은 인도 전투기가 목표물을 놓치고 파키스탄의 군용기에 격추되었다고 주장했다. 모디 정부는 이런 주장을 부인하고 자신들의 폭격으로 '매우 많은' 테러리스트가 사망했다고 주장했다.

과거에 이 지역 주민들은 스스로 어느 정부의 말을 믿을지 판단해야 했다. 양쪽 모두 자신의 주장이 옳다며 상대방이 허위 정보를 퍼뜨린다고 비난했다. 기자들은 폭격 현장으로 가서 목격자들과 이야기를 나누었지만 주민들의 설명 역시 의심과 불신으로 점철되어 있었다.

그러나 플래닛랩스는 인도가 목표물을 놓쳤음을 명확히 보여주는 위성사진을 가지고 있었다. 인도 전투기가 투하한 폭탄은 빈 들판에 떨어진 것으로 나타났다. 플래닛랩스는 인도에서 기업 활동을 하고 있으면서도 해당 사진을 기자들에게 제공했으며 이 보도로 인해 정치적으로 민감한 시기에 모디 총리는 크게 당황했다. 윌 마셜의 말처럼 "사진은 거짓말을 하지 않는다."

마셜은 말한다. "평균 2~3주에 한 번씩은 직원이 와서 사진을 공개해도 되냐고 물어보지만 제 기억에 안 된다고 한 적은 한 번도 없습니다. 그런데 사진이 민간인을 위험에 빠뜨릴 수 있다면 안 된다고 말할 겁니다. 그런 상황을 항상 조심하죠. 하지만 단순히 수치심 때문이라면 그건 다른 문제입니다."

플래닛랩스가 사진을 공개한 후 인도와 파키스탄 언론은 쉬지 않고 이 문제를 다루었다. 인도에 있는 플래닛랩스의 고객사들은 회사의 행동에 불만을 제기했고 사람들은 트위터를 통해 마셜을 공격했다. 얼마 안 되어 인도 로켓에 플래닛랩스의 위성을 싣기로 한 계획이 취소되었다는 통보를 받았다. 모디 정부의 인사가 인도 항공우주국에 압력을 넣어 플래닛랩스를 골탕 먹이라고 지시한 것이다.

마셜은 말한다. "정말 어리석은 조치였어요. 인도의 선거철과 맞물려 모디가 자신의 세를 과시한 겁니다. 하지만 이제 어느 정부든 마음대로 일을 벌이고 거짓말할 수 없음을 보여줘서 전반적으로 다행이라고 생각합니다. 이는 전 세계가 투명성을 향해 나아간다는 의미입니다. 우리는 사진을 공개하는 데 책임감을 가지고 항상 신중히 처리하고 있습니다. 우리의 사진은 각국 정부가 세상을 다루는 방식을 바꿀 겁니다. 그들은 숨을 곳이 없습니다."

미국 정부는 전부터 상업용 위성영상 기업에 막대한 자금을 투입해왔다. 그렇게 하면 정부는 이들 기업에 민감한 영상은 숨기고 공개를 원치 않는 것들은 촬영하지 말라고 요청할 수 있으리라 생각했다. 그러나 플래닛랩스의 등장으로 영상 공개를 결국 피할 수 없게 되었다. 너무 많은 사람이 플래닛랩스의 만물을 보는 눈에 접근할 수 있어 중요한 일들을 놓칠 리가 없기 때문이다. 플래닛랩스도 기존 기업들과 마찬가지로 미국 정부와 군을 대상으로 기업 활동을 펴고 있으므로 이들을 거스를 수만은 없다. 그러나 마셜은 이제 기밀주의 시대는 가고 새로운 시대와 새로운 현실이 도래했다고 생각한다. "우리는 위성영상 자료가 개방적이고 민주적인 사회에 훨씬 더 유용하다고 생각합니다. 이런 영상을 능숙하게 활용할수록 정부는 입지가 더 좋아질 겁니다. 전 세계 여러 정부와 문제가 생기더라도 플래닛랩스는 새롭고 투명한 체제가 정착될 때까지 노력할 겁니다."

대다수 사람은 영상촬영위성이 존재한다는 사실도, AI가 우주에서 우리의 생활 패턴을 관찰하고 있다는 사실도 모른다. 위성이 사람의 얼굴을 볼 수 없다는 점과 분석 작업이 개별 행동보다는 전반적인 추세에 초점을 맞춘다는 점을 우리는 위안으로 삼을 수 있다. 그러나 우리도 정부와 마찬가지로 이 '새롭고 투명한 체제'를 받아들여야 한다. 방대한 컴퓨터와 관측 시스템이 머리 위에서 우리가 하는 일을 계속해서 관찰하고 분석한다. 이런 기술은 매우 정교해 보이지만 아직 초기 단계에 불과하다. 하지만 카메라 성능은 향상될 것이고 데이터 양은 증가할 것이며 알고리즘은 점점 더 개선될 것이다. 인간의 모든 활동이 엄청난 양의 데이터베이스에 축적되면 이 정보를 예상치 못한 방식으로, 바람직하지 못한 방식으로 이용하는 사람이 등장할 것이다.

혁신적인 분석가와 소프트웨어 엔지니어들은 이미 위성영상의 데이터베이스와 개인의 행동과 관련된 데이터베이스를 연결하는 방법을 찾아냈다. 예를 들어 오비탈인사이트는 스마트폰에서 수집한 위치 데이터를 이용해 영상 분석을 보완하기 시작했다. 스마트폰 앱은 사용자의 위치를 계속해서 추적하고 앱 개발사는 이 데이터를 익명화해서 판매한다. 이러한 데이터는 기업이 도시 주변의 유동 인구를 파악하는 데 사용한다. 오비탈인사이트는 테슬라 생산 공장을 출입하는 사람의 수를 파악하여 2교대 또는 3교대 근무를 하고 있는지 아니면 생산 시설을 감축했는지를 확인한다.

한 군사 분석가는 전 세계 여러 항구에 자동 경보를 설정해두었다. 위성이 특정 항구에서 비정상적인 활동을 감지하면 분석가는 위성영상을 분석하여 무슨 일이 일어나고 있는지 알아보기 시작한다. 한번은 베네수엘라 북부 해안에 있는 항구도시 푸에르토카베요에서 경보를 받았다. 분석가는 위성영상을 분석해 대형 유조선이 항구에 입항한 것을 확인했다. 그런 다음 항구의 지리적 좌표를 여러 소셜 네트워크 검색 시스템에 입력해 온라인에 사진을 게시한 사람들의 위치 데이터와 대조했다. 분석가는 푸에르토카베요 근처에서 온라인에 여행 기록을 남긴 러시아 선원 몇 명을 발견했다. 이는 러시아 석유 회사가 미국의 제재를 위반하고 베네수엘라에 원유를 공급하고 있다는 뜻이다.

플래닛랩스의 놀라운 기술에 관해 처음 듣는 사람들은 기술이 악용되지 않을까 우려한다. 플래닛랩스의 기술이 일반 시민을 감시하거나 사악한 정부의 권력 남용을 돕는 도구로 사용될 수 있다고 생각한다.

마셜 역시 플래닛랩스의 영상이 일으키는 갈등과 이로 인해 발생하는 문제들을 잘 알고 있다. 플래닛랩스는 위성을 보호하고 영상이 소비되는 방식을 살피기 위해 최선의 노력을 기울인다. 그런데도 모든 신기술이 그렇듯 위성영상도 양날의 칼처럼 긍정적인 면과 부정적인 면을 함께 가지고 있어 만족스럽지 않지만 절충하는 선에서 받아들인다.

물론 마셜은 위성영상의 장점이 단점보다 훨씬 더 많다고 생각한다. 마셜은 인류의 가장 시급한 문제를 해결하는 데 플래닛랩스가 이바지할 수 있기를 바란다. "플래닛랩스는 오늘날 인류에게 닥친 문제를 해결하는 데 커다란 도움이 되는 데이터베이스를 생산하고 있습니다. 삼림 파괴나 불법 어업을 추적해 막고 산호초와 수자원을 보호하며 식량 생산성과 교통 효율성을 개선해 삶의 질을 향상하는 데 도움을 줄 수 있죠. 플래닛랩스는 인류가 자원을 더 잘 보호하는 데 이바지합니다."

▶◆◀

보통 머리 위에 전구가 켜진 그림으로 발명을 표현한다. 그래서 우리는 발명을 불현듯 떠오른 기발한 생각이라고 여긴다. 맞는 말이다. 그런 발명도 있다. 물론 천재적인 발명의 순간을 찬양한다고 해서 그 앞에 있는 모든 힘들고 혼란스러운 과정이 사라지는 것이 아니다. 발명은 행운이나 샤워 중에 갑자기 떠오르는 기발한 생각이 아니다. 발명은 과정이다. 그것도 설명할 수 없는 기이한 과정이다.

마셜은 한 무리를 이루어 함께 작동하는 위성군을 생각해냈다. 하지만 여러 가지 복잡한 배경이 없었다면 마셜도 그런 생각을 하지 못했을 것이다. 천문학을 전공한 별난 준장과 별을 좋아하는 어린 이상주의자, 기술 히피들의 공유 주택 등 여러 요소가 알맞은 장소와 시기에 딱 맞추어 있었기에 지구를 둘러싼 우주 카메라 네트워크가 가능했다.

뛰어난 생각은 발상에서 시작해 일단 구체화되면 당연하게 느껴진다. 과거에 사람들은 소형 위성을 쓸모가 없다고 생각했다. 태양전지판을 돛처럼 사용하여 우주에서 위성을 조종할 수 있으리라고는 아무도 생각하지 못했다. 공산품처럼 위성을 대량생산하리라고는 그 누구도 예상하지 못했다. 하지만 플래닛랩스가 성공하자 새로운 위성 기업이 수십 개씩 생겨나기 시작했다.

이 책을 쓰기 시작했을 때만 해도 궤도에는 2,000대의 활성 위성이 있었고 그중 약 10%에 해당하는 200여 개가 플래닛랩스의 위성이었다. 상황에 변화가 없었다면 계속 그렇게 유지했겠지만 그렇지 않다.

2021년 말 기준 궤도에는 5,000대의 위성이 있다. 그중 약 2,000대가 스페이스X에서 제작해 발사한 위성이다. 이 위성들은 영상촬영위성이 아니라 스페이스X의 스타링크라는 위성 인터넷 시스템의 일부다. 스타링크 위성군은 지구 주위를 돌며 지상의 안테나로 고속 인터넷을 제공한다. 스타링크의 주요 단기 목표는 최초로 진정한 글로벌 인터넷 서비스를 구축해 스타링크 안테나만 있으면 누구나 언제 어디서든 인터넷 접속이 가능하게 하는 것이다. 초고속 인터넷을 이용하지 못하는 약 35억 명에게 이는 신이 보낸 선물이 될 것이다. 이제 이들도 현대 사회에 일원으로 참여할 수 있다. 비행기나 배, 자동차는 물론 오지에서도 동일한 편리함을 누릴 수 있어 어디에서든 인터넷은 피할 수 없는 존재가 될 것이다. 역사상 처음으로 지구는 끊임없이 그 둘레를 도는 정보 네트워크를 갖게 될 것이다.

하지만 2,000대의 위성만으로는 이 거대한 비전을 실현하기 어렵다. 이 숫자로는 지구의 일부 지역밖에 감당하지 못한다. 스페이스X는 거대한 네트워크를 완성하기 위해서 최대 4만 대의 위성을 발사할 계획이다.

스페이스X는 플래닛랩스의 위성 제작 방침을 받아들여 기존의 위성보다 작고 현대적인 통신위성을 만들어냈으며 많은 시행착오 끝에 대량생산하는 방법을 익혔다. 스페이스X는 위성을 지구와 비교적 가까운 지구 저궤도로 날려 신호 강도를 높게 유지한다. 이들은 또한 위성을 일회용 물건처럼 취급한다. 스페이스X의 위성은 몇 년 동안 제 기능을 하다가 수명을 다하면 지구로 떨어지면서 타버리고 최신 모델로 교체된다.

전 세계적 우주 인터넷망을 구축하고자 하는 기업은 비단 스페이스X뿐만이 아니다. 최근에는 삼성, 애플, 페이스북, 아마존, 보잉과 같은 기업들은 물론 중국과 러시아도 수천 개의 위성을 운용할 계획을 세우고 있다. 현재로서는 이들 중 아마존이 스페이스X의 가장 강력한 경쟁자로 보인다. 아마존은 가능한 한 빨리 약 3,500대의 위성을 발사할 예정이다.

그러나 스페이스X에 도전할 만한 가장 유리한 위치에 있는 회사는 원웹One Web이라는 스타트업이다. 스페이스X와 마찬가지로 원웹은 플래닛랩스의 기술에서 영감을 받아 일론 머스크와 같은 시기에 대규모 우주 인터넷 시스템을 계획하기 시작해 유럽과 러시아 로켓의 도움으로 이미 수백 개의 위성을 발사했다. 하지만 이런 계획에는 큰 비용이 들게 마련이다. 2022년 초까지 원웹은 영국 정부와 코카콜라, 소프트뱅크, 리처드 브랜슨의 버진그룹 등에서 약 47억 달러를 조달했다. 스페이스X는 자체 로켓이 있는데도 스타링크에 자금을 지원하기 위해 수십억 달러를 조달해야 했다.

원웹과 같은 유망 기업 외에도 다양한 규모와 형태의 기업들이 우주 인터넷 시스템을 구축하고 싶어 한다. 이 기업들은 궤도에서 지상으로 신호를 전달하고 우주에서 활동할 공간을 차지하고자 주파수 대역을 놓고 치열한 경쟁을 벌이고 있다. 서로의 신호를 간섭하지 않고 충돌하지 않도록 위성을 배치해야 하기 때문이다.

미국에서는 정부 기관들이 주파수 문제를 주시하고 있으며 유엔을 비롯한 국제기구들도 우주를 감시하고 있다. 이들은 로켓이나 위성 회사들이 작업 내용을 정확히 파악하고 위성을 안전하게 궤도에 올리는 일을 지원한다. 정부는 또한 주파수 대역을 공정하게 할당하고 우주 영토를 공평하게 나누기 위해 노력한다.

그러나 최근 몇 년간 규제 당국이 로켓 발사 추세나 기업인의 의지를 따라가기 힘든 상황이 되었다. 규제 당국은 로켓을 몇 개월에 한 번씩 발사하고 위성이 매년 20~50대 정도 증가하던 시절에 너무도 익숙해져 있다. 하지만 지금은 위성의 수가 기하급수적으로 증가하여 매년 수만 대의 위성이 궤도에 자리 잡고 있다. 지상에서 몇 달에 걸쳐 위성군에 대한 규제를 논하는 사이에 스페이스X를 비롯한 여러 기업은 계속해서 로켓과 위성을 우주로 쏘아 올린다.

사업적인 측면에서 우주 인터넷이 과연 수익을 가져다줄지 아무도 모른다. 1990년대 후반 이리듐이라는 회사가 우주 인터넷 시스템을 조기에 구축하기 위해 50억 달러를 들여 위성 80대를 설치했다. 인터넷과 휴대전화가 막 대중화되던 시기에 우주에 네트워크를 구축한다는 발상은 너무 앞서간 것이었다. 결국 이리듐이 파산하고 이후 아무도 우주 인터넷 시스템이라는 야심 찬 꿈을 꾸지 않았다. 하지만 20년이 지난 후 플래닛랩스가 나타나 시대가 바뀌었음을 일깨워주었다.

초고속 인터넷에 접속하지 못하는 35억 명은 주로 빈곤 지역에 산다. 이들에게서 스페이스X나 아마존이 얼마나 많은 수익을 창출할 수 있을지 아직 미지수다. 기업과 부유층은 어디에서나 빠르고 편리하게 인터넷에 접속하기 위해 돈을 지불하겠지만 그 고객이 얼마나 많을지는 아무도 모른다. 현재 투자자들은 스페이스X의 기업 가치를 1,000억 달러 이상으로 보고 있는데, 이는 스타링크가 커다란 수익을 창출한다는 전망을 전제로 하고 있다. 스페이스X와 같은 효율적인 회사에도 로켓 발사로 큰 수익을 내지 못한다. 따라서 가입자가 매달 요금을 지불하는 통신사가 되는 편이 훨씬 낫다.

우주 인터넷 시스템은 정치적 측면에서도 복잡한 부분이 많다. 스페이스X 등과 같은 기업 대부분은 인터넷 서비스 제공을 위해 국가에서 별도로 허가를 받아야 한다. 중국이나 러시아와 같이 인터넷을 통제하는 국가들은 국민이 스타링크 안테나를 구매해서 엄격한 방화벽을 우회할 수 있다는 발상 자체를 싫어한다. 하지만 데이터 인프라에 관심을 가지고 투자할 여력이 있는 국가라면 모두 우주 인터넷을 원할 것이다. 따라서 위성의 수가 급격하게 증가하는 현상은 피할 수 없는 현실이다.

웃기면서도 슬픈 얘기지만 우리 평범한 지구인들은 머리 위에서 일어나는 일에 크게 관심이 없다. 몇 년 안에 위성이 5,000대에서 5만 대로, 그 이후에는 훨씬 더 많아지리라는 사실을 아는 사람을 찾기 어려울 것이다. 심지어 일론 머스크가 오랜 기간 스타링크에 관해 이야기하는 것을 들어온 천문학자들마저 위성이 망원경의 시야를 가로막을 수 있는데도 우주 인터넷이라는 발상을 심각하게 받아들이거나 반대하지 않았다. 망원경 뒤에 앉아 항의해도 억만장자와 국가의 야망을 절대 이길 수 없었다.

초고속 인터넷 시스템 외에도 영상이나 저속 데이터 서비스를 위해 수십 개의 위성 네트워크가 구축되고 있다. 일부 회사는 특수한 레이더를 사용해 구름을 뚫고 야간에 사진을 촬영하는 지구관측위성을 개발했다. 가스정에서 나오는 메탄가스와 바다 상태를 정밀하게 측정하는 위성을 개발한 회사들도 있다. 스웜테크놀로지라는 스타트업은 카드 한 장보다 작은 크기의 위성을 제작하는 데 성공했다. 규제 당국은 지구상의 추적 시스템이 이 소형 위성을 감지하지 못해 궤도에 있는 다른 위성에 위험을 초래할 수 있다고 우려했다. 스웜테크놀로지는 미국 당국에서 위성 발사를 금지했지만 2018년에 인도 로켓에 위성을 실어 몰래 발사했다. 이 사건은 최초의 불법 위성 발사이자 항공우주산업이 얼마나 과열되어 있고 통제를 벗어난 상태인지를 보여주는 신호탄이었다. 스웜테크놀로지는 연방통신위원회로부터 엄중한 경고와 함께 90만 달러의 벌금을 부과받았지만 계속 위성을 발사했다.▼

▶ 최초 위성 발사 후 레이더가 스웜테크놀로지의 위성을 포착할 수 있다는 사실이 밝혀졌다. 이후 스웜테크놀로지는 당당하게 위성을 발사했다.

사람들은 이 모든 위성이 현대적 생활 방식에 치명적일 결과를 가져올 수 있다고 우려한다. 사람들은 위성이 궤도에서 서로 충돌할지 모른다고 걱정한다. 케슬러 증후군Kessler Syndrome이란 지구 저궤도가 비교적 적은 수의 위성 충돌만으로도 아수라장이 될 수 있다는 주장이다. 한 위성이 다른 위성과 고속으로 충돌하면 수천 개의 파편이 발생하고 각 파편은 초고속 미사일이 되어 또 다른 위성과 충돌하는 연쇄 작용을 일으킨다. 지구 저궤도에 파편들이 일정 수준에 이르게 되면 이를 뚫고 새로운 로켓과 위성을 발사하는 일이 어려워진다. 더구나 GPS나 통신 시스템과 같은 기존 기술이 와해되면 인류의 생활은 다른 시대로 되돌아갈 수도 있다.

물론 위성과 기존 파편을 추적해 이 정보를 플래닛랩스나 스페이스X와 같은 기업에 제공하는 스타트업이 있다. 이들은 충돌이 예상되는 위성을 알려주고 충돌을 막기 위해 위성을 옮길 만한 곳을 제안한다. 우주 쓰레기를 수거하겠다는 스타트업도 나타나기 시작했다.▼

우리는 지상에 사는 인간이므로 군집위성이 모든 위험을 감수할 정도로 가치가 있는 사업인지에 크게 관심이 없다. 지구 저궤도는 상상할 수 있는 가장 흥미롭고 손길이 닿지 않은 부동산 시장으로 부상했다. 규제 당국이나 정부는 로켓과 위성이 지구에 있을 때나 어느 정도 통제가 가능하다. 일단 우주로 나아가면 이들이 할 수 있는 일은 거의 없다. 지금 기업들은 마음대로 우주에 가서 원하는 것을 궤도에 올려놓을 자금을 충분히 갖고 있다.

우리는 지금 차세대 대규모 인프라 구축의 초기 단계에 있다. 지

▶ 윌 마셜은 아이러니하게도 나사의 에임스연구소에서 바로 이 일에 한동안 종사했다.

구를 디지털 정보 네트워크로 둘러싸는 통신 시스템을 구축하는 중이다. 우리의 컴퓨터와 휴대전화는 인터넷 연결 범위에서 벗어날 수 없을 것이다. 자율 비행 비행기나 자율 주행 자동차, 드론 역시 마찬가지다. 지난 20~50년 동안 공상과학물이 등장하리라 예상한 거의 모든 기기가 이 정보 네트워크에 의존할 것이다.

게다가 이제 막 그 모습을 드러낸 새로운 컴퓨터 장치 역시 마찬가지다. 농부들이 농지 곳곳에 습도 센서를 설치하면 센서는 감지한 내용을 우주에 떠 있는 컴퓨터에 보고할 것이다. 선적 컨테이너와 그 안에 있는 짐에도 작은 센서가 부착될 것이다. 우주에서 오는 인터넷은 어디서나 이용할 수 있고 우리의 삶을 변화시킬 것이다. 물론 모든 게 계획대로 되어야 가능한 일이다.

스페이스X가 2008년에 발사한 팰컨1이 이런 움직임의 시초라고 생각할 수 있다. 그러나 이 용감한 신세계 건설에 플래닛랩스가 스페이스X와 거의 비슷한 역할을 했다는 데는 이론의 여지가 없다. 일론 머스크는 로켓 발사 비용을 수천만 달러 낮추었지만 6,000만 달러는 여전히 큰돈이다. 플래닛랩스 위성의 성능은 기존 위성을 몇천 배에서 몇만 배까지 능가한다. 더 저렴하고 더 작고 더 강력해졌다. 스페이스X와 플래닛랩스는 우주로 가는 방법뿐만 아니라 우주에 도착해서 우리가 할 수 있는 일도 바꾸었다.

지상에서 지난 60년 동안 세계경제와 생산성은 무어의 법칙 덕분에 급성장했다. 무어의 법칙이란 컴퓨터는 2년마다 2배로 빨라지고 그 비용과 크기는 줄어든다는 기술업계의 법칙이다. 이는 현대 세계를 창조한 원동력이다.

무어의 법칙은 우주에까지 영향을 미치지 못했다. 지구 저궤도에 있는 컴퓨터 관련 기술은 항상 시대에 뒤떨어져 있었다. 지구에서 스마트폰으로 틱톡을 시청하는 동안 우주에서는 여전히 모뎀을 통해 AOL에 접속하고 있었다.

이를 플래닛랩스가 바꿔놓았다. 플래닛랩스가 우주로 무어의 법칙을 가져왔다. 도브는 지구와 우주의 혁신 속도를 일치시키고 지상 경제의 시간과 궤도 경제의 시간을 맞추는 첫걸음이었다.

우주 경제가 이 새로운 현실을 최대한 활용하고 인터넷 속도로 급성장하는 데 유일한 걸림돌은 새로운 위성을 날릴 로켓이 부족하다는 것이었다. 값싼 로켓이 필요했고 이를 제작하기 위해 벤처 투자가들의 자금이 필요했다.

자신을 차세대 일론 머스크라고 생각하는 사람들에게 행동하라는 크고 분명한 소리가 들린다. 조직을 만들고 자금을 확보해 로켓 경쟁에 뛰어들라고 말이다.

2부

피터

RAINBOW

벡이라는   가능성

MANSION

8.

한 뉴질랜드 우주광의
이력서

일론 머스크는 이른 저
녁인 줄 알고 내게 전화했다. 내가 있는 곳을 기준으로 이른 저녁은 아니
었다. 그냥 저녁이었다. 2018년 11월 나는 뉴질랜드 오클랜드에 있는 쾌
적한 교외의 한 마을에서 주택을 빌려 몇 주 동안 머물고 있었다. 그날
하루 소형 로켓을 만드는 로켓랩의 주요 공장을 방문하고 돌아와 내내
로켓랩과 창업자 피터 벡에 관해 생각하던 중이었다. 그런데 로켓랩을
다녀온 후 머스크의 비서에게 연락이 왔다. 비서는 일론이 내게 곧 전화
할 예정이라고 했고 나는 하던 생각을 멈춰야 했다.

통화를 앞두고 친구가 몰래 가지고 온 마리화나젤리를 먹고 맥주
한 잔을 기울였다. 일종의 자기 관리였다. 3년 전 머스크의 전기를 출간
한 이후 나는 그와 의미 있는 대화를 나눈 적이 없었다. 머스크는 내가
책에 쓴 내용 중 일부를 인정하지 않고 고소하겠다고 협박해 우리 관계
는 이전보다 훨씬 안 좋아졌다. 몇 년간 쌓아둔 감정의 응어리를 내려놓

고 두개골을 울리는 긴장감을 가라앉히기 위해 마리화나젤리와 필스너를 꺼냈다. 여러분도 그런 경험이 있을 것이다.

통화를 시작하자마자 몇 년간 소원했던 관계를 풀고 몇 가지 문제를 해결하려 할 줄 알았지만 웬일인지 머스크는 생각이 다른 것 같았다. 머스크는 내가 뉴질랜드에 있다는 것을 알고 주로 이에 관한 이야기만 하려고 했다. "뉴질랜드에 정말 양이 많나요? 양이 많다고 들었어요. 그리고 킴닷컴Kim Dotcom도 있다고 하던데요."

킴닷컴은 대용량 미디어 파일을 교환할 수 있는 메가업로드라는 인터넷 서비스를 운영했던 사람이다. 닷컴이 거주하던 뉴질랜드와 미국 당국은 메가업로드에서 교환되는 저작권 자료의 양에 경악하고 2012년에 자택을 급습했다. 총을 든 경찰이 헬리콥터를 타고 닷컴의 집에 들이닥쳐 얼굴에 주먹을 날리고 옆구리를 걷어차고 나서야 범인을 법정에 세울 수 있었다. 머스크가 말했다. "뉴질랜드에 가면 피터 잭슨의 집을 보고 싶어요. '반지의 제왕'을 방문하는 거랑 같잖아요. 그리고 킴닷컴도 보고 싶어요. 이 2가지를 해보고 싶어요. 급습도 재연해볼 수 있을 거예요."

알고 보니 머스크는 테슬라에 대해, 테슬라가 끔찍한 한 해를 어떻게 극복하고 살아남았는지에 대해 말하고 싶어 했다. 그래서 한참을 그런 애기를 나눈 후 나는 다시 로켓랩으로 화제를 돌렸다. 피터 벡의 회사는 최근에 스페이스X와 더불어 성공한 민간 로켓 회사 대열에 합류했다. 로켓랩은 자체 우주기지에서 로켓을 발사해 탑재물들을 궤도에 올려놓는 데 성공했다. 나는 머스크가 이 신생 회사를 어떻게 생각하는지 알고 싶었다. "인상적이었어요. 궤도에 진입한다는 게 보통 어려운 일이 아니에요. 베이조스는 엄청나게 돈을 쏟아붓고도 성공하지 못했잖아요."

피터 벡이 언젠가 머스크와 저녁 식사를 하고 싶다고 말했다고 전하자 머스크는 재미있게 생각했다. 머스크는 농담 섞인 목소리로 이렇게 말했다. "벡이랑 스테이크나 먹으러 갑시다. 꽃도 좀 들고 가죠."

벡과 머스크는 나중에 결국 만났고 많은 사람의 궁금증을 자아냈다. 내가 통화할 당시에 머스크는 로켓랩과 피터 벡에 별다른 관심이나 우려를 보이지 않았다.

2018년에 그런 생각을 한 사람은 머스크만이 아니었다. 로켓랩은 제2의 스페이스X로 떠올랐지만 주목한 사람은 거의 없었다. 상대적으로 덜 알려진 이유는 로켓랩이 뉴질랜드에서 시작되었기 때문이다. 뉴질랜드는 세계 주요 도시와 멀리 떨어져 있어 그 나라에서 발생하는 일은 무시되기 일쑤다. 벡에게는 또한 우주산업의 거물이 보이는 일반적인 특징이 없었다. 억만장자도 아니었고 이전에 거대 기술 기업을 세운 경력도 없었으며 논란을 일으키는 발언이나 눈에 띄는 행동을 하지 않았다. 오히려 정반대였다. 벡은 남이 알아주든 말든 열정을 가지고 로켓 제작에 몰두했다.

2016년 뉴질랜드를 방문했을 때 호기심 반 행운 반으로 로켓랩을 알게 되었다. 우주산업 관련 매체에서 오클랜드에 기반을 둔 한 업체가 일렉트론이라는 소형 로켓을 제작하고 있다는 기사를 발견했다. 이 기사에 끌려 회사를 방문했지만 솔직히 큰 기대는 하지 않았다. 일렉트론은 기본적으로 스페이스X가 2008년에 제작해 발사에 성공한 팰컨1의 개량형에 불과했기 때문이다. 로켓랩은 더 현대적인 부품을 투입하고 여러 새로운 기술을 적용해 일렉트론을 만들었지만 핵심은 그대로였다. 일렉트론은 저렴하게 비행할 수 있는 소형 로켓으로 발사할 때마다 위성을 몇 대씩 우주로 운반하는 것을 목표로 했다.

하지만 내가 로켓랩을 회의적으로 본 이유는 피터 벡이라는 인물과 그가 뉴질랜드에서 로켓을 만들려고 한다는 사실 때문이었다. 벡에 관한 여러 소문을 종합해보면 그는 정식으로 항공우주공학을 공부한 것 같지 않았다. 사실 벡은 대학을 다니지도 않았다. 경력이라고 해봐야 식기세척기 제조업체와 정부 연구소에서 잠깐 근무한 게 전부였다. 로켓공학은 벡이 밤늦은 시간이나 주말에 탐구해온 취미였다. 이 사람이 어떻게 벤처 투자가들을 설득하여 자신의 취미에 자금을 지원받았는지 의아했다.

전해지는 이야기도 전혀 말이 되지 않았다. 로켓 회사를 단숨에 창업할 수는 없는 일이다. 자원과 지식이 풍부한 미국에서조차 성공한 로켓 스타트업은 스페이스X 하나뿐이었다. 이에 비해 뉴질랜드는 항공우주산업의 불모지라 해도 과언이 아니었다. 숙련된 항공우주공학자나 적절한 자재, 관련 기간산업 등 로켓 제작에 필요한 모두가 부재했다. 아마추어 로켓 제작자인 벡은 말 그대로 외딴 섬에서 로켓 과학의 복잡성과 함께 이런 문제들을 해결해야 했다. 투자자들이 큰 실수를 저지른 게 분명했다.

2016년에 로켓랩은 오클랜드공항 근처 대형 건물에 있었다. 당시 로켓랩은 전형적인 로켓 제조업체의 모습을 갖추고 있었다. 컴퓨터 앞에서 일하고 있는 엔지니어들과 전자장치를 제작하고 테스트할 수 있는 몇 개의 방과 일렉트론 3대를 제작하는 대형 공장이 있었다. 야외에 엔진을 테스트하기 위한 별도의 장소도 있었다. 여러모로 이상적인 환경이었다. 여러 로켓 스타트업이 사막과 같이 외떨어진 곳에서 제작과 테스트를 하는 데 반해 로켓랩은 대도시 중심부 근처에 있었기 때문이다.

벡이 이룬 성과를 보고 매우 놀랐다. 약 18m 높이에 너비가 1.2m인 일렉트론은 제작 막바지 단계에 있었고 나머지 로켓 2대도 거의 완성된 상태였다. 로켓랩은 로켓의 강도를 높이면서 무게를 줄이기 위해 알루미늄이나 스테인리스스틸 대신 탄소섬유를 활용했다. 검은색 로켓은 차분하면서도 세련된 느낌이었다. 일렉트론은 로켓랩의 러더퍼드 엔진 9개를 장착했는데, 이는 유명한 뉴질랜드 출신 과학자 어니스트 러더퍼드Ernest Rutherford의 이름을 딴 것이다.▼ 엔진은 예술 작품 같았다. 전자 부품 주위로 구부러진 금속 조각들이 정밀하게 배치되어 있었다. 공장도 똑같이 정리 정돈되어 있었다. 모든 도구가 작업대 위에 깔끔하게 놓여 있었다.

당시 서른아홉 살이었던 벡은 아무런 격식이나 허세 없이 공장에서 나를 맞았다. 보통 키에 보통 체격을 가진 벡의 가장 인상적인 특징은 곱슬곱슬한 갈색 머리였다. 미국 기자가 뉴질랜드까지 로켓 공장을 보러 왔다는 데 만족해하며 나에게 상세한 이야기를 들려주었다. 벡은 공장을 소개하는 내내 쉬지 않고 일렉트론과 러더퍼드 엔진에 관한 기술의 세부 사항까지 늘어놓았다. 벡의 가식 없는 모습은 로켓랩이 창조한 역사와 맞지 않아 보였다. 일반적으로 로켓 재벌들은 자랑하고 과시하기를 좋아한다. 그러나 벡은 그냥 어찌어찌하다 보니 로켓을 만든 평범한 사람처럼 보였다.

벡이 밝힌 로켓랩의 목표는 명확했다. 스페이스X가 시작했지만 잊힌 임무를 로켓랩이 완수하겠다고 했다. 로켓랩은 세계에서 가장 저렴하고 신뢰할 수 있는 로켓을 언제든 바로 우주로 발사하는 것을 목표로

▶ 피터 벡은 말한다. "러더퍼드는 자본이 없으면 생각을 해야 한다고 했는데, 로켓랩에 해당하는 말입니다. 문제를 해결할 때, 정말 복잡한 문제에 접근할 때 다양한 방법을 고민했습니다."

했다.

2008년 팰컨1의 첫 성공적 발사 후 스페이스X는 곧 소형 로켓 개발을 포기하고 훨씬 큰 팰컨9로 방향을 전환했다. 스페이스X는 화성에 북적대는 식민지를 건설하는 것을 주요 임무로 정했고 이를 위해서는 대형 로켓이 필요했다. 스페이스X는 단기적으로도 팰컨1의 실용성이 떨어진다고 생각했다. 2008년에도 위성업계는 여전히 대형 위성에만 집중했으므로 이를 실어 나를 큰 로켓이 필요했으며 플래닛랩스와 같은 기업들은 아직 주류가 되기 전이었다. 스페이스X가 마음만 먹었다면 아마도 뛰어난 소형 로켓을 개발했을 수도 있었겠지만 당시에는 시장성이 없었다.

2006년에 설립된 로켓랩은 몇 년 동안 다양한 계획을 추구하다가 팰컨1의 종말과 소형 위성의 부상으로 완벽한 기회가 열렸음을 깨달았다. 로켓랩은 화물 약 230kg을 500만 달러에 궤도로 운송할 수 있는 소형 로켓을 제작할 계획이었다. 로켓랩은 한 달에 한 번씩 로켓을 발사하는 일반적 방식 대신 매달, 매주, 3일에 한 번으로 점차 발사 횟수를 늘려나가고자 했다.

이런 발사 가격과 발사 횟수는 로켓산업에 혁명을 일으키기 충분했다. 로켓은 일반적으로 중형과 대형으로 나뉜다. 이런 로켓에 위성을 실어 보내려면 비용이 3,000만~3억 달러가 들었다. 그리고 여기에 실리는 대형 위성을 만드는 데는 보통 1억~10억 달러가 들었다.

플래닛랩스 같은 소형 위성 제조업체들은 보통 초과 화물 요금을 내고 로켓에 위성을 실어야 했다. 소형 위성은 주요 화물인 대형 위성 주변 구석진 공간에 처박혀 우주로 갔다. 가령 스페이스X는 주요 탑재물인 대형 위성을 먼저 원하는 궤도에 안착시킨 다음 불현듯 생각났다는 듯 소형 위성을 궤도에 올려놓는다. 대형 위성은 매우 정밀하게 본궤도에 배치되는 반면 소형 위성은 몇 달에 걸쳐 조금씩 움직여 자기 궤도에 진입해야 하는 경우가 많았다. 소형 위성은 2등 시민과 같은 취급을 받았다.

이와 달리 로켓랩은 소형 위성 제조업체의 모든 요구를 충족했다. 플래닛랩스와 같은 회사는 이제 로켓의 화물칸에 여유 공간이 생길 때까지 기다릴 필요가 없었다. 이들은 자신만의 일렉트론을 주문해서 원하는 곳으로 정확히 위성을 보낼 수 있었다. 사업을 시작하려는 스타트업에 우주로 무언가를 적시에 보내는 능력은 매우 중요했다.

위성의 궤도 진입 비용을 낮추고 로켓 발사를 정기화하면서 로켓랩은 위성을 지구 저궤도로 배송하는 서비스업체가 되었다. 그리고 2016년이 되자 세계는 분명히 그러한 서비스가 필요한 것처럼 보였다. 삼성과 스페이스X와 같은 기업들은 새로운 우주 기반 인터넷 시스템을 구동하기 위해 수천 대 이상의 위성을 궤도에 올리겠다는 계획을 발표했다. 크고 작은 여러 기업이 비슷한 목표를 가지고 자체적으로 거대한 위성군을 구축하려 했다. 이러한 시스템이 실현되려면 현재 있는 로켓으로는 수요를 감당할 수 없을 것이다. 또한 위성이 고장 나거나 수명이 다하면 새 위성을 보내기 위해 로켓을 언제든 발사해야 하지만 기존의 대형 로켓업체는 평균 한 달에 한 번만 우주로 로켓을 보냈다.

벡은 말한다. "우주에 인터넷을 설치하면 다른 유틸리티와 다를 바 없는 인프라를 우주에 설치하는 것입니다. 수도나 전기처럼 되는 거죠. 인터넷이 끊이지 않을 겁니다. 대형 로켓으로 한 번에 많은 위성을 쏘아 올려 위성군을 구축할 수 있습니다. 그러나 일부 위성에 문제가 생기면 몇 시간 안에 대체 위성을 보내 인프라를 복구해야 해요. 이때도 로켓랩은 역할을 할 수 있습니다. 무언가를 궤도에 올리는 데 몇 시간이면 충분하니까요."

　더 나아가 벡은 신뢰할 수 있고 상대적으로 저렴한 우주여행이 가능해지면 여러 기업이 연쇄적으로 새로운 아이디어에 도전하는 현상을 일으키리라 예측했다. 드물고 값비싼 우주로의 항해가 일상화되면 더욱 많은 위성 기업이 등장할 것이며, 로켓랩은 사람들의 우주에 대한 사고방식을 바꾸고 우주 경제가 활성화되는 데 도움을 줄 것이라고 했다.

　일부 사람들은 로켓랩이 뉴질랜드에 있다는 것을 문제 삼기도 하는데 벡은 오히려 이를 장점이라고 주장했다. 우주개발 선진국은 대부분 우주에 뛰어든 지 수십 년이 지남에 따라 관료화되고 타성에 빠졌다. 이들 국가의 우주기지는 방산업체나 정부 기관이 주도하는 경향이 있었다. 이와 달리 뉴질랜드는 모든 면에서 로켓랩이 최초였다. 뉴질랜드에는 우주 활동을 규제하는 법률이 없었으므로 정부가 규제하는 법안을 만들 때도 로켓랩에 의견을 물어보는 독특한 상황이 벌어졌다.

　순전히 물류라는 측면에서 로켓업체들은 로켓을 발사할 때 으레 사람이나 비행기, 배로 인해 통제를 받아야 했다. 하지만 로켓랩은 뉴질랜드의 남섬 외딴 곳에 전용 발사 기지를 건설하여 누구의 눈치도 보지 않고 마음대로 로켓을 발사할 수 있었다. 다른 로켓 제조업체와 달리 로켓랩은 항공교통이 한창인 시간을 피하거나 배가 지나갈 때까지 기다릴 필요가 없었다. 발사대에 로켓을 설치하고 버튼만 누르면 바로 발사할 수 있었다. 로켓랩은 또한 전용 발사 기지를 보유하고 있었으므로 나사나 다른 업체에 발사대 임대료로 100만 달러를 낼 필요가 없었다.

　로켓랩이 목표를 달성하지 못할 것으로 생각하는 이유는 많았다. 하지만 로켓랩은 존재 자체가 항공우주산업에서 일어나고 있는 커다란 변화의 상징이었다. 전에는 국가가 로켓을 만들었다. 그러다 일론 머스크가 나타나 로켓 제작에 대규모 자본을 투자했다. 이제는 벤처 자본만으로 항공우주산업에서 승부를 보려는 회사가 나타나고 있을 정도다. 투자자들은 우주산업도 다른 산업처럼 돈이 될 수 있다고 판단했다. 과연 매주 우주로 가는 로켓이 필요할까? 정말 수익성이 있을까? 정기적으로 저렴하게 우주로 갈 수 있다면 이에 대한 우리의 인식이 바뀔까? 사람들은 이를 알아보기 위해 기꺼이 돈을 지불할 준비가 되어 있었다.

기존에는 새로운 로켓 프로그램을 개발하려면 수천 명의 뛰어난 과학자와 엔지니어의 노력과 수십억 달러의 자금이 필요했다. 스페이스 X는 로켓 제작비를 낮추고 경험이 부족한 젊은 엔지니어를 고용해서 이러한 오랜 관행을 바꾸어놓았다. 하지만 중요한 기술 대부분은 나사나 보잉 또는 록히드마틴 같은 기업에서 오래 경험을 쌓은 업계 종사자들의 두뇌에서 나왔다. 이들은 새로운 접근 방식을 시도할 때도 절대로 해서는 안 되는 실수에 관해 잘 알고 있었다. 하지만 로켓랩은 그런 지혜를 활용할 수 없었다.

벡은 실제로 로켓을 만들어본 적이 없었다. 이는 로켓랩의 직원들도 마찬가지였다. 로켓은 본질적으로 ICBM이기 때문에 미국은 이와 관련한 기술을 연구하는 사람들에 엄격한 제한을 두었다. 그래서 로켓랩은 과거 미국에서 로켓을 개발한 베테랑을 고용할 수 없었고 결국 뉴질랜드나 호주, 유럽에서 대학을 갓 졸업한 젊은이들을 영입하는 수밖에 없었다.

경험이 없는 리더에 경험이 없는 직원이니 로켓랩의 실패는 불 보듯 뻔했다. 하지만 벡은 물리와 기계가 작동하는 방식에 타고난 감각을 지닌 전문 엔지니어였다. 벡은 컴퓨터산업과 재료 분야의 놀라운 발전에 자신의 재능을 더하면 참신한 사람들이 새로운 환경에서 만들어낸 로켓을 세상에 내놓을 수 있다고 생각했다. 여전히 로켓 과학은 어렵고 복잡하지만 그렇다고 해서 로켓 기술을 천재만의 전유물로 생각할 이유가 더는 없었다. 로켓에 접근하기가 쉬워진 것이다.

하지만 로켓랩의 이런 생각은 아폴로계획이나 심지어 일론 머스크의 위험한 도박만큼 매력을 발산하지 못했다. 로켓랩과 투자자들은 사실상 기술의 발전으로 어느 정도 창의적이고 능력을 갖춘 사람이 적당한 자본만 있다면 우주로 진입하는 게 어렵지 않다고 했다. 이들의 말이 맞다면 우주는 이제 신비롭다기보다 실용적으로 느껴질 것이다. 이런 이유로 사람들이 벡과 로켓랩에 열광하지 않았는지도 모른다. 그러나 나는 이런 로켓랩이 더욱 매력적으로 보였다.

러시아의 콘스탄틴 치올콥스키, 독일의 헤르만 오베르트, 미국의 로버트 고더드 같은 초기 로켓 개발의 선구자들은 거의 같은 시기에 우주를 탐사하는 기계라는 아이디어를 생각해냈다. 이들은 쥘 베른과 허버트 웰스의 공상과학소설과 산업혁명의 발전에 자극받아 1920년대부터 액체연료를 주입하여 발사체를 궤도에 올려놓는 방안을 제안하기 시작했다. 고더드는 가장 성공적이어서 1926년에 최초로 로켓 발사에 성공했지만 올라간 높이는 12m에 불과했다. 고더드는 다음과 같은 글을 남겼다. "로켓을 달에 쏘아 올리려면 엄청난 비용이 들 것이다. 하지만 그만한 가치가 있지 않겠는가?"

이후 20년간 고더드를 비롯한 연구자들은 개인이나 군 기관에서 자금을 받아 연구를 추진했다. 로켓의 상업적 잠재력은 분명하지 않았지만 일부 사람들은 로켓을 과학적 명성과 성취의 대상으로 간주했다. 부자들은 몇 세기 동안 매우 정교한 망원경 개발에 자금을 지원해왔는데, 로켓이나 위성도 민간 개발의 경로를 걸을 수 있었다.▼ 그러나 냉전과 이에 따른 우주 경쟁은 항공우주 기술을 민간 자본으로부터 멀리 떨어진 새로운 방향으로 이끌었다. 미국에서는 나사가 우주개발을 담당하는 게 당연시되었다. 로켓과 위성은 국가의 의지이자 전 세계에 과시하고자 하는 힘이었다. 기업가 정신과 몽상가들의 열정은 뒷전으로 밀려나야 했다. 아폴로계획이 많은 사람에게 영감을 주기는 했지만 우주로 진입하는 주체와 방법에 대한 인식을 고착화했다.

여러 로켓 애호가와 부자들이 간혹 100년 전 고더드의 정신을 되살리려 했지만 대부분 실패했다. 우주의 상업적 이용을 실감 나게 한 장본인은 머스크를 비롯한 그의 엔지니어 동료들이었다. 피터 벡과 로켓랩에도 비약적으로 발전할 잠재력이 있었다. 하지만 고더드의 영혼마저 따뜻하게 해줄 법한 '뉴질랜드 로켓 애호가, 궤도에 오르다Rocket Hobbyist in New Zealand Reaches Orbit'라는 제목의 머리기사는 2016년도에나 나왔다.

로켓랩은 복잡한 최첨단 우주선을 만들려는 게 아니었다. 대형 로켓은 여전히 막대한 투자와 일정 수준의 전문 기술이 있어야 했다. 벡은 가장 우아하고 정밀한 소형 로켓을 만들고 싶었다. 벡은 사람들을 달이나 화성으로 보내기보다는 누군가를 위해 우주의 잠재력을 열어줄 도구를 만들고 싶었다. "저는 민간 우주산업을 위해 여기까지 왔습니다. 로켓랩에 중요한 건 그게 다예요. 거창하게 떠들 이유도 없죠. 우리에겐 할 일이 있으니 묵묵히 하는 거예요."

벡은 2016년 1월에 나에게 이렇게 말하며 그해 중반까지 지구 저

▸ 나사의 수석 경제학자이자 피트키드인 알렉스 맥도널드의 다음 책을 참조했다. Alex MacDonald, *The Long Space Age: The Economic Origins of Space Exploration from Colonial America to the Cold War*, Yale University Press, 2017.

궤도 정복을 위한 계획을 시작하겠다고 다짐했다. 벡은 너무나 열정적이고 자신감 있게 말했고 나는 믿고 싶었다. 로켓랩이 민간 우주산업에서 새롭고 흥미로운 시대를 열어가리라 믿고 싶었다. 하지만 나는 점잖게 미소를 지으며 속으로는 낄낄댈 수밖에 없었다. 피터 벡은 그다음에 무슨 일이 벌어질지 알고 있었을까? 로켓 회사는 대부분 비슷한 패턴을 보인다. 먼저 일정이 지연되고 그다음에는 로켓이 폭발하고 그러고는 자금이 바닥난다.

9.   아버지의 유산

피터 벡은 땅끝에서 성장했다. 벡의 고향인 인버카길에 가려면 뉴질랜드 최남단까지 내려가야 한다. 인버카길 북쪽과 동쪽에서는 농부들이 푸른 평지에서 소와 양을 키운다. 서쪽에는 피오르드랜드국립공원이 있어서 신이 손으로 빚은 듯한 숲과 호수와 산을 볼 수 있다. 인버카길은 놀라울 정도로 화려한 주변 풍광에 잘 녹아들었다. 인구 6만의 나른한 도시 인버카길은 매우 춥고 바람이 많이 부는 곳으로 알려져 있다.

인버카길의 소박한 시내 중심가는 마치 1850년대 스코틀랜드와 영국을 그대로 가져다 놓은 듯 보인다. 디스트리트, 타인스트리트, 포크파이레인 등 거리 표지판도 마찬가지다. 관광객들은 이 도시의 복고적 매력을 거부할 길이 없다. 한 호텔의 광고판은 1889년에 붉은 벽돌로 지어진 30m 높이의 워터타워와 멋진 공원, 클래식모터사이클메카라는 박물관이 있는 빌 리처드슨의 교통박물관을 주요 관광 명소로 추천한다.

특히 클래식모터사이클메카는 '오세아니아 최고의 모터사이클 박물관'이라고 하는데 알아서 판단하기 바란다.▼

모터사이클에 대한 열정은 빌 리처드슨만의 전유물이 아니었다. 뉴질랜드의 여느 지역과 마찬가지로 인버카길에는 모터사이클을 손보고 경주를 즐기는 사람들이 많다. 인버카길에서 가장 유명한 인물은 아마도 모터사이클을 개조해 최고 속도를 기록한 버트 먼로일 것이다. 버트 먼로의 실화를 바탕으로 한 영화가 있을 정도인데, 영화에서 앤서니 홉킨스가 먼로로 분해 연기를 펼쳤다. 인버카길에 태어난 탓인지 피터 벡 역시 쇳덩어리를 주물럭거리기를 좋아했다.

인버카길을 산책하다 피터 벡을 아느냐고 물어보면 대부분 "예"라고 대답하지만 놀랍게도 "아니요."라고 대답하는 사람도 있었다.▼▼ 일론 머스크 말고 민간 로켓 분야에서 벡만큼 성공한 사람은 없으므로 그는 뉴질랜드에서 가장 부유한 사람이다. 그렇다면 벡은 유명 인사여야겠지만 이곳은 뉴질랜드다. 뉴질랜드는 독특한 곳이다.

인버카길 주민들은 대부분 피터 벡의 아버지 러셀 벡은 알고 있다. 러셀 벡은 2018년 일흔여섯의 나이로 세상을 떠났다. 러셀은 르네상스인 같았다. 그는 20년 동안 사우스랜드박물관장을 지냈다. 이 박물관에서는 마오리족의 전통에서부터 희귀 동물종, 지역의 예술운동에 이르기까지 다양한 주제에 대해 배울 수 있었다. 박물관 건물은 러셀이 부임한 1965년 이전에 지어졌지만 건축의 가장 특징적인 요소는 러셀이 만들

▶ 정작 이 광고판에 빠진 게 있었다. 인버카길에서는 유난히 가축 분뇨 냄새가 많이 났고 무료 대장 검사 광고도 눈에 많이 띄었다.
▶▶ 2019년에는 그랬지만 지금은 분명 바뀌었을 것이다.

었다. 그는 1990년대에 기금을 모아 건물 위에 흰색 피라미드를 세웠다. 이 피라미드는 오세아니아는 물론 남반구에서 가장 큰 피라미드다.▼ 피라미드 왼편에는 천문대가 있다. 천문대에는 러셀이 10대 때 만든 구경 30cm짜리 망원경이 있다. 이 천문대는 사우스랜드천문학회의 정기 모임 장소였으며 피터를 비롯한 많은 지역 어린이에게 천문학을 처음 접하는 기회를 제공했다.▼▼

러셀 벡은 박물관 업무 외에도 마오리족이 '포나무pounamu'라고 부르는 옥玉에 남다른 열정을 쏟았다. 러셀은 남섬을 비롯해 전 세계 포나무 분포 지역과 역사, 마오리 문화와의 관계, 세공법 등을 연구했다. 러셀은 옥에 관한 여러 권의 책을 저술했으며 실제로 최고 전문가였다. 말년에는 평생 전 세계에서 수집한 옥 조각 예술 1,500여 점을 뉴질랜드의 한 연구 기관에 기증하여 옥 관련 컬렉션 중 최대 규모로 평가받기도 했다.

러셀 벡은 또한 인버카길을 비롯해 뉴질랜드 남섬 전역에 걸쳐 과학적 주제를 담은 대형 조각품을 설치하는 흔적을 남겼다. 인버카길 시내 중심에는 해시계 역할을 하는 대형 금속 우산이 펼쳐져 있는데, 우산의 각 면에는 다양한 별자리가 새겨져 있다. 우산 손잡이는 마오리족 예

▶ 인터넷에 그렇게 되어 있다.

▶▶ 피터 벡은 우주에 대해 아버지와 나눈 이야기를 이렇게 추억했다. "제가 어릴 때 아버지는 저를 데리고 밖으로 나가서 별처럼 빛나는 것을 보여주셨어요. 그리고 그것이 인공위성이라고 설명해주시며 위성이 무언가를 하고 있다고 하셨죠. 저는 아버지에게 '저기 있는 다른 별들도 위성인가요? 그것도 사람이 만든 것인가요?'라고 물었습니다. 아버지는 그건 항성이며 그 주위에는 행성이 있고 행성에서는 사람이 살 수 있다고 하셨어요. 그때가 아마 우주가 제게 의미 있게 다가온 첫 순간이었을 겁니다. 그때까지만 해도 위성이라는 개념은 저에게 생소한 것이었어요. 저는 책을 많이 읽었지만 위성에 대한 지식은 무척 흥미로웠습니다. 위성은 지구에 있는 많은 사람에게 영향력을 미치고 있었죠."

술에서 자주 볼 수 있는 코루koru, 즉 고사리 잎처럼 나선형인데 이는 마오리족의 별 연구에 경의를 표하는 의미를 담고 있다. 이 우산에서 가까운 곳에는 러셀이 만든 '배움의 정육면체Cube of Learning'라는 조각상도 있다. 멀리서는 정육면체로 보이지만 가까이 다가가면 마름모꼴로 둘러싸인 육면체임을 알 수 있다. 러셀은 사람들에게 "보이는 게 전부가 아니므로 의문을 제기하고 조사해야 한다."라고 가르치기 위해 이 조각상을 만들었다고 한다. 러셀은 또한 해안 근처에 바닷가에서 시작해 땅으로 올라와 고정된 거대한 닻사슬 조형물을 설치했다.

러셀 벡이 사망하자 지역 신문은 "그가 할 수 없는 것은 없었다."라는 부고를 실었다. 러셀을 표현한 가장 정확한 표현이다. 벡의 가족은 스코틀랜드에서 이주한 후 곧바로 매우 유능하고 상상력이 풍부한 사람들로 자리매김했다. 러셀의 집안사람들은 대대로 대장장이였다. 이들은 뉴질랜드로 이주한 후 지역 농장에서 사용할 기계를 만들어 사업에 성공했다. 러셀은 자신의 손으로 무엇이든 만드는 능력이 있었고 아들 피터도 마찬가지였다.

인버카길은 흐리고 춥지만 아이들을 키우기에 좋은 곳이었다. 러셀과 교사였던 아내 앤은 1977년에 태어난 피터와 그보다 먼저 태어난 두 아들을 목가적인 환경에서 키웠다. 가족은 마을의 깔끔하게 정돈된 지역에 있는 1950년대식 붉은 벽돌집에서 살았다. 집에는 침실 3개와 큰 작업실이 있었다.

어린 시절 가족의 가장 중요한 활동은 작업실에서 물건을 만드는 일이었다. 녹황색 문이 달린 이 작업실은 원래 러셀의 차고 겸 연구 자료를 보관하는 공간이었다. 세월이 흐를수록 차는 밖으로 밀려났고 연구 자료는 밀링머신, 선반, 용접기 등으로 대체되면서 작업실은 결국 연구하고 개발하는 장소로 바뀌었다.

새로운 오디오를 구입하면 형제 중 한 명이 거실에서 빼내 작업실에 가져다 놓고 뒷면을 열어 어떻게 작동하는지 알아보고는 했다. 러셀은 고가의 장비가 망가질까 봐 놀라기는커녕 "그래, 이 안에 뭐가 있는지 한번 살펴보자."라고 하며 아이들의 실험에 동참했다. 러셀은 실험을 장려하고 아이들을 "근면한 작업자"로 키우고자 했다. 러셀 벡은 말했다. "가장 빠른 배움의 길은 무언가를 만들겠다는 욕구와 만드는 능력과 시설을 갖추는 것이라고 생각합니다."▼

러셀은 아이들에게 다양한 도구의 사용법을 가르친 다음에는 방해하지 않았다. 피터 벡은 아버지 덕분에 남다른 어린 시절을 보냈다고 한다. "아무도 우리 주위에 서서 '조심해.' 또는 '이렇게 해야지.'라고 말하는 사람이 없었어요. 우리가 전동 드릴을 사용하면 아버지가 곁눈질로 우리를 보고 계신다는 걸 알았어요. 아버지는 심각하게 위험한 상황이 아니면 절대 간섭하지 않으셨죠. 요즘 관점에서 보면 그런 도구를 가지고 하고 싶은 대로 했으니 조금 히피적으로 보일지도 모르겠습니다. 저의 어린 시절은 남들과는 조금 달랐던 것 같아요."

청소년 시절 형제들은 틈만 나면 자동차에 매달렸다. 형들이 먼저 나서서 싸고 낡은 차를 사서 작업실로 가져와 수리를 시작했다. 형제들은 차의 모든 부품을 뜯어낸 다음 골격을 바탕으로 자동차를 개조했다. 그들의 목표는 단순히 굴러가는 일반 자동차를 만드는 게 아니었다. 형제들은 자동차를 경주용으로 개조했다. 그들은 그렇게 만든 차를 팔고 그 수익으로 장비와 차를 구입하는 과정을 반복했다. 피터 벡은 말한다.

▶ 사우스랜드 구술 채록 프로젝트의 하나로 실시한 인터뷰에서 한 말이다.

"아무도 그냥 차를 사지 않았어요. 우리가 차를 만들었죠. 낡고 오래된 차를 사서 완전히 뜯어고쳤습니다."

어린 시절 피터가 처음으로 한 큰 작업은 알루미늄 자전거 제작이었다. 당시 산악자전거가 유행이었는데 열네 살이었던 피터는 초경량·초강력 알루미늄 산악자전거는 없다고 생각했다. "저는 보통 자전거가 아니라 페라리 같은 자전거를 원했습니다." 가족에게 그 계획을 알리자 아버지는 약간의 주의를 건넸다. "아주 복잡한 작업이야. 꼭 완수해라."

아버지 말씀은 농담이 아니었다. 벡 가문에서 작업을 완수하지 못한다는 것은 용납할 수 없는 일이었다. 피터는 그런 도전을 즐겼다.

피터는 돈이 없었으므로 알루미늄 재료를 얻기 위해 금속 가공 공장을 찾아다니고 쓰레기통을 뒤졌다. 학교 작업실에서는 자전거 손잡이를 돌리고 조종하는 헤드셋 베어링과 같은 부품을 깎는 방법을 스스로 익혔다. 낡은 자전거를 찾아서 분해한 다음 새 알루미늄 부품의 거푸집으로 사용했다. 이 과정에서 부엌 오븐에 부품을 넣고 가열한 다음 냉장고에서 식힌 다른 부품을 꺼내 둘을 순간적으로 압력을 이용해 끼우는 이른바 '프레스 피트'을 직접 해보기도 했다. "냄새가 날 정도로 뜨거운 부품을 들고 집에서 뛰쳐나왔다가 다시 차가운 부품을 들고 달려가 망치로 강하게 내리쳐서 둘을 끼워 맞췄어요."

피터는 노력 끝에 다짐한 대로 어디에도 없는 자전거를 만들었다. 자전거는 동체 역할을 하는 하나의 알루미늄관으로 이루어져 있었고 뒷바퀴 위로 아치형으로 뻗은 안장은 물리법칙을 거스르는 듯한 초현대식 디자인이었다. 돌이켜보면 이 자전거는 그의 사고방식을 잘 보여준다. 피터는 단계별로 목표에 접근하는 대신 처음부터 불가능하고 야심 찬 목표를 향해 나아갔다. "그 자전거는 정말 환상적으로 잘 달렸어요. 제가 자전거를 만든 아이라고 신문에까지 나왔죠. 여기서 중요한 점은 제가 중간 단계를 싫어했다는 거예요. 일반 자전거를 만들거나 개조하고 싶지 않았어요. 곧장 원하는 단계로 달려가고 싶었어요. 학교에서 과학 박람회 같은 게 열리면 비커가 아니라 화염방사기를 들고 나갔어요. 제게는 그게 흔한 일상이었어요."

피터는 열다섯 살 때 부모님께 300달러를 빌려 처음으로 모리스 미니를 구입했다. 녹 때문에 차 바닥에 큰 구멍이 생겨 발이 빠지지 않게 조심하며 집으로 차를 몰고 왔다. 그 뒤 6개월간 피터는 거의 작업실에서 생활하며 차를 개조했다. 이로 인해 학업에 지장을 받았지만 부모님은 아무 말없이 그를 내버려두었다. "학교에서 돌아오면 곧장 작업실로 들어갔어요. 엄마가 저녁을 가져와 벤치에 놓아두면 차갑게 식어버리기 일쑤였죠. 배가 고파야 먹었어요. 엄마는 단 한 번도 '앵글 그라인딩 그만하고 자야지.'라고 말한 적이 없어요."▼

피터는 우선 녹슨 부품을 모두 수리했다. 그런 다음 차의 엔진을 손보고 터보 장치를 장착했다. 그리고 서스펜션을 수리해서 머리끝에서부터 발끝까지 차를 완전히 뜯어고쳤다. "주로 책을 보거나 사람들과 이야기하면서 배웠어요. 엔진은 기본 원리만 알면 그리 복잡하지 않아요."

용돈을 벌기 위해 피터는 방과 후 몇몇 아르바이트를 했다. 피터는 다양한 알루미늄 제품을 제조하는 스웨이츠알루미늄에서 일했으며 철물점인 E.헤이스앤손스에서 밀링머신과 선반을 조립하고 화장실을 청소했다. 금속 소매업체와 철물점에서 하는 일은 피터의 적성에 맞았고 "그냥 얻어지는 것은 없다. 모든 것을 스스로 얻어야 한다."라는 가훈에도

▶ 정말로 이렇게 말하는 엄마가 있는지 묻고 싶다.

부합했다.

이렇게 물건을 뜯어고치고 아르바이트를 하면서도 피터는 아버지와 함께 우주에 관한 관심을 키워나갔다. 아버지가 10대 때 만든 망원경은 평범한 취미 활동 수준이 아니었다. 금속 경통을 직접 제작하고 렌즈와 거울을 연마하는 방법을 배웠으며 망원경 주위로 나무 건물을 세워집 뒷마당에 일종의 임시 천문대를 만들었다. 이 망원경은 가정용 천체망원경으로는 다소 거창했고 러셀 벡이 이를 박물관으로 옮긴 다음에야 제자리를 찾은 듯했다. 여섯 살 때부터 피터는 천문대에서 아버지의 망원경으로 밤하늘을 바라보기 시작했다. "추위로 덜덜 떨면서도 그 안에 들어앉아 목성같이 멋진 별들을 본 것은 좋은 추억으로 남아 있습니다."

그때부터 피터는 아버지와 함께 사우스랜드천문학회의 월례 모임에 참석하기 시작했다. 지적이고 호기심 많은 다양한 사람이 모인 곳에서 피터는 토론을 듣고 지식을 탐구하는 기회를 얻었다. 학회 회원들의 평균연령은 50세 정도였지만 어린 피터도 끼워줘서 밤늦게까지 차와 비스킷을 즐기며 유익한 시간을 보낼 수 있었다. "모두들 집에 대형 망원경이 있었고 최근 연구 성과나 발견에 관해 이야기했어요. 대부분 알아듣기 어려웠지만 모든 게 매우 멋지고 흥미로워 보였어요."

1986년 피터가 아홉 살 때 핼리혜성이 지구에 출현할 예정이라고 알려졌다. 피터는 핼리혜성에 깊이 매료되어 이내 파고들었고 학교 과제로 이에 관해 책을 쓰기도 했다. 결국 피터는 교사들이 그에게 핼리혜성에 관해 물어볼 정도로 반전문가가 되었다.

핼리혜성을 파고든 경험은 이후 피터가 공부하는 데 많은 영향을 미쳤다. 피터는 어떤 주제에 관심이 있거나 과제를 하는 데 정보가 필요하면 무조건 그 주제를 파고들었다. 그래서 학교에서 몇 차례 상을 받기도 했다. 하지만 공부를 위한 공부에는 관심이 없었고 우등생도 아니었다. 피터는 말한다. "저는 게으르지는 않았어요. 기본적으로 잘하고 싶은 마음은 있었습니다. 발표 준비를 제대로 못 하면 참기 힘들었어요. 하지만 뭔가 관련성을 찾지 못하면 중요하지 않다고 생각했습니다."

맏형 존은 열여섯 살에 집을 떠나 자동차를 개조해 판매하는 일에 종사했고 나중에는 모터바이크 경주에 나가는 등 열정적인 삶을 살았다. 둘째 형인 앤드류도 대학에 진학하는 대신 집을 떠나 지역 알루미늄 제련소에서 일했다. 형들은 자신들의 연장에 대해 매우 까다롭게 굴었지만 피터에게 조언과 지지를 아끼지 않았다. "제 주위에는 좋은 엔지니어가 많았어요. 제가 작업을 잘못하고 있으면 형이 와서 지적해주었죠." 형들이 집을 떠난 후 피터는 작업실을 독차지했고 기계와 공학에 관한 관심은 더욱 깊어졌다.

열여섯 살이 되자 피터도 집을 떠나기로 했다. 이로써 아들 중 하나라도 대학에 진학하기를 바랐던 부모의 바람은 바람으로 끝이 났다. 피터는 검정고시로 고등학교 졸업 학력을 취득했고 이후 공학 과정에 관한 책자를 샅샅이 뒤졌다. "저는 공학 쪽에서 일하고 싶었지만 대학은 맞지 않는다고 생각했어요." 피터가 선택한 공구와 금형 제작은 가장 어려운 분야였다. 산업과 일상생활에 사용되는 주요 물품을 대량생산하는 데 필요한 기술을 모두 배워야 했기 때문이다. 1995년 정밀한 제품으로 유명한 지역 가전제품 제조업체 피셔앤파이클이 피터에게 더니든으로 이사 오는 조건으로 수습자리를 제의했다.

피터는 어린 나이에 집을 떠나는 게 전혀 두렵지 않았다. 독립심이 강해 일찍부터 인버카길에서 친구들과 어울려 살지, 아니면 세상에서 무엇을 할 수 있는지 알아보기 위해 떠날 수밖에 없다고 생각했다. 피터는 미지의 세계를 경험하고 자신의 기술을 얼마나 발전시킬 수 있는지 알고 싶었다. "사실 제가 금형 제조업에 관심이 있었던 유일한 이유는 그 일이 어렵기 때문입니다. 금형 제작은 정밀한 기술이고 제가 생각한 모든 단계를 뛰어넘는 일이었죠. 누군가 어렵다고 하면 제게는 불에 기름을 끼얹는 거나 마찬가지입니다. 제가 하고 싶은 일을 하기 위한 기술과 능력을 배우는 데 금형 제작만 한 게 없었어요."

인버카길에서 뉴질랜드 남섬 남동쪽에 있는 더니든까지는 차로 2시간 30분이 걸린다. 더니든은 번창한 대도시는 아니지만 인구가 약 15만 명으로 인버카길보다 3배나 많으며, 뉴질랜드에서 가장 오래된 대학인 오타고대학을 비롯해 오타고폴리테크닉공과대학 등이 있어 학생들로 활기가 넘치는 곳이었다.

피터 벡은 피셔앤파이클에서 정말로 열심히 했다. 벡은 영국과 네덜란드 출신의 노련한 두 기술자 밑에서 일을 배웠다. 두 사람은 공구와 금형 제조 기술에 광적으로 집착했고 피터가 자신들의 엄격한 기준을 충족하기를 바랐다. 벡이 받은 첫 테스트는 정사각형 둘이 완벽하게 맞물릴 수 있도록 줄을 이용해 성형하는 작업이었다. 접촉하는 면 사이의 거리는 0.0254mm의 정밀도를 요했다. 이후로도 테스트가 이어졌고 벡은 최우수 수습생 상을 잇달아 수상할 정도로 뛰어난 실력을 발휘했다. 이는 타고난 재능과 공구 사용 경험 그리고 초과근무도 마다치 않는 태도 덕분에 가능한 일이었다.

벡은 자신의 행운을 믿을 수 없었다. 피셔앤파이클은 최고의 장비를 갖추고 있어 마음껏 사용할 수 있었다. 벡은 두툼한 옷을 겹겹이 입고 차고 같은 작업실에서 시간을 보내는 대신 청바지에 티셔츠만 걸치고 최신 설비로 꽉 찬 시설로 출근했다. 이 최첨단 시설에는 대당 25만 달러에 달하는 컴퓨터 제어 절단기와 세계 최고의 가전제품에 사용되는 금형을 만드는 100만 달러짜리 대형 기계가 있었다. 무엇보다도 벡은 피셔앤파이클에서 기술을 인정받는 게 좋았다. 회사는 벡을 첨단 기계를 운영하는 책임자로 임명했다. 벡이 제품 개선안을 제안하면 회사는 귀를 기울이고 그 조언을 따랐다. 벡은 다른 수습생들뿐만 아니라 많은 베테랑 기술자에게도 없는 기술적 재능이 있었다. 그 덕분에 벡은 4년의 견습 과정을 3년도 채 안 되는 기간에 끝내는 기록적인 수습 과정을 밟았다.

현장에서 실력을 입증한 벡은 제품의 형태와 기능에 좀더 직접적인 영향을 미칠 수 있는 디자인실로 자리를 옮겼다. 피셔앤파이클은 고급 식기세척기와 세탁기 같은 제품에 주력했는데 식기세척기가 세제를 분사하는 방식에 문제가 있어 고민 중이었다. 가전제품 제조업체 대부분은 한 공급업체에서 분사기를 구매했지만 피셔앤파이클은 더 나은 제품을 만들고자 벡과 숙련된 엔지니어를 짝지워 독창적인 디자인을 개발하게 했다. 벡은 이곳에서 세제 연수제가 효과를 제대로 발휘하도록 하는 혁신적인 수렴-발산 노즐 시스템을 고안해냈다.

벡은 일을 너무나 좋아해서 늦게 퇴근하는 일이 잦았다. 아침 일찍 출근해서 새벽 3시까지 야근하기 일쑤였다. 이를 인사팀과 노조에서 반길 리 없었다. 벡은 이들의 눈치를 보며 매일 오후 5시 퇴근 카드를 찍고 회사에 남아 일을 마무리했다. "제가 야근하는 걸 다른 직원들이 눈치채지 못하게 하고 싶었습니다. 가끔 인사팀에서 제가 무슨 일을 하고 있는지 알고 '그렇게 오래 일하면 안 됩니다.'라고 경고하기도 했죠. 그럴 땐 잠깐이나마 눈에 띄지 말아야 했어요."

퇴근 후에도 벡은 미니나 다른 자동차를 개조했는데 전만큼 재미가 없었다. 그는 차량에 과급기와 연료 분사기를 추가했지만 더 높은 출력과 더 빠른 속도 등 더 많은 것을 원했다. 벡은 차량 개조의 한계 요인이 내연기관에 있음을 깨달았다. "계속 추진하기에는 한계가 있었어요. 그래서 그때부터 제트엔진을 만들기 시작했죠. 하지만 제트엔진도 동력이 충분하지 않았습니다. 그러다 로켓으로 방향을 틀었습니다. 제가 정말로 원하는 분야였죠."

10.

폭탄에 올라타다

뉴질랜드에서는 수완이 있어야 한다. 무엇보다 뉴질랜드는 지구 끝자락에 있는 섬나라기 때문이다. 인버카길을 나서면 다음이 남극이다. 뉴질랜드인은 오래전부터 자신들이 가진 것으로 만족하는 법을 배워야 했다. 이는 대도시 외곽에서 농사를 짓는 사람이라면 특히나 그렇다. 뉴질랜드는 인구가 500만 명 정도에 불과하다. 북섬과 남섬을 아무리 차로 달려도 보이는 것은 양뿐이다. 그래서 뉴질랜드 하면 대부분 양을 떠올린다. 이렇게 고립되어 있어서 자립심과 창의력이 유별나다. 생각하고 방안을 짜내야 문제를 해결할 수 있기 때문이다.

이러한 특징 때문에 뉴질랜드는 '8번 철사' 정신으로 유명하다. 8번 철사란 1800년대 중반 양 목장에서 울타리용으로 인기를 끌었던 4mm 굵기의 철사를 말한다. 8번 철사는 무엇보다 값이 저렴해 농장에서 다용도로 사용되었다. 8번 철사로 웬만한 농장 물건은 다 수리했다.

뉴질랜드에서는 이 8번 철사가 곧 강력 접착제였다. 시간이 지남에 따라 8번 철사는 무엇이든 능숙하고 확실하게 수리하는 뉴질랜드인의 정신을 상징하게 되었다. 뉴질랜드인은 울타리나 전자레인지, 자동차 등이 고장 나면 무엇이든 주변에 있는 부품을 활용해 고쳐냈다.

피터 벡은 이 8번 철사 정신에 반감이 있다. 영리하고 수완 좋은 뉴질랜드 국민을 부정하는 것은 아니다. 벡은 8번 철사 정신이 오히려 뉴질랜드인을 스스로 한계 짓게 한다고 생각한다. 뉴질랜드는 이제 생존을 위해 혼자 힘으로 버티던 외딴 농업국이 아니다. 뉴질랜드는 똑똑한 사람들과 자원이 넘쳐나고 있다. 이제는 농장에서 발생한 문제를 스스로 해결하는 데 만족할 때가 아니라 목표를 높여 전 세계인 원하는 환상적인 무언가를 만들어낼 때라고 벡은 생각한다. 하지만 벡의 이러한 견해는 다소 모순된다. 피셔앤파이클에서 누구보다 스스로를 8번 철사 정신으로 몰아붙였기 때문이다.

벡이 로켓엔진과 로켓에 관심을 품기 시작한 때는 열일곱 살, 견습생 시절 초기부터다. 더니든 교외에 집을 구하고 뒤뜰에 연구용 창고를 만들었다. 벡은 도서관에서 추진제와 로켓엔진 설계에 관한 책들을 빌렸고 얼마 지나지 않아 과산화수소로 작동하는 엔진을 만들기로 작정했다. 과산화수소는 희석하면 입안을 헹궈도 될 만큼 안전하지만 농도가 올라가면 산화력이 강력해 언제든 폭발할 수 있다. 그래서 과산화수소는 식기세척제로도 쓰이고 폭발물로도 쓰였다.

시중에서 판매하는 과산화수소는 3% 농도로 물과 섞여 있다. 벡이 필요한 농도는 90%였다. 벡은 조사를 통해 50% 농도의 과산화수소를 판매하는 지역 화학 회사를 알아냈다. 벡이 이 과산화수소를 주문하니 전문 기사가 집으로 배달해준다는 연락이 왔다. "회사에서 일하면서 하루가 끝나기만을 기다리고 있던 차에 물건을 문 앞에 두었다는 연락을 받았습니다. 매우 화창한 날이었어요. 무조건 집으로 내달렸습니다." 차를 세우고 집 모퉁이를 돌자 현관에 20L짜리 과산화수소통이 보였다. 그런데 통이 이상했다.

원통형 드럼통이 구형으로 변해 있었다. 배달 전문 기사는 전문가가 아니었다. 기사가 용기를 잘못 선택해 과산화수소수가 안에서 분해되면서 산소를 배출했다. 통이 산소로 부풀어 오른 것이다. 벡은 말한다. "현관에 앉아 어떻게 해야 할지 고민했어요. 부푼 통이 현관을 꽉 막고 있었죠. 안으로 들어가서 보호 장비라도 착용하려면 통을 넘어가야 했습니다. 어쩔 수 없이 살금살금 다가가 가스를 좀 빼내려고 했어요. 그때 생각보다 쉬운 일이 아니라는 걸 처음 깨달았습니다."

가스를 배출한 후 벡은 드럼통을 안 쓰는 방으로 옮겼다. 여기에 기포탑 반응기를 설치해서 과산화수소수를 증류했다. 어느 날 아침에는 이 방에서 나오는 연기가 온 집 안을 뒤덮은 탓에 머리가 욱신거려 잠에 깼다. 할 수 없이 뒷마당에 있는 창고로 장치들을 옮겼지만 이곳도 크게 안전하지는 않았다.

일반적으로 고농도 과산화수소를 다룰 때는 방호복을 착용해야 한다. 과산화수소는 모든 유기물과 반응한다. 가령 고농도 과산화수소가 피부에 닿으면 살을 파고들면서 피부가 하얗게 변하고 극심한 통증을 유발한다. 하지만 벡은 무모한 10대처럼 용접 헬멧과 방염복을 착용하고 팔과 몸통을 쓰레기봉투로 감싸서 안전 문제에 대처했다.▼ 간혹 과산화수소수가 옷에 묻어 자연발화가 일어나기도 했다. "뒷마당에 있는 창고

▶ 당연히 8번 철사로 쓰레기봉투를 고정했다.

라고 했지만 마약 공장처럼 보였습니다. 조명은 켜져 있고 압출기는 종일 돌아갔죠. 과산화수소를 정제하는 동안 모든 밸브와 배출구는 내내 쉭쉭거리며 굉음을 냈습니다."

벡은 실험을 계속했고 마침내 직접 만든 연료로 작동하는 엔진을 최초로 만들었다. 그러나 결국 더 안전한 방법이 필요하다고 판단했다. "저는 아직도 저가형 로켓에 과산화수소수를 사용하자고 말하는 사람을 보면 고개를 절레절레 흔들게 됩니다. 저는 그때 호되게 당하고 그런 생각을 버려서 오히려 다행이죠. 과산화수소는 독성이 없어 다루기 쉬워 보이지만 정말 끔찍한 물질입니다. 저는 연구를 포기했습니다. 과산화수소는 정말 위험물이에요."▼

벡은 과산화수소는 포기하고 다른 추진제를 계속 연구하며 로켓 엔진 설계에 더 큰 노력을 기울였다. 업무상 회사에 늦게까지 남아 있는 날이 많았지만 집에 돌아와서도 자신의 연구를 위해 작업실에서 많은 밤을 보냈다. 사무실 직원 대부분은 벡이 무슨 일을 하는지 알고 있었고 몇몇은 도움을 주기도 했다. 한번은 벡이 회사 구매 담당자에게 알루미늄 주괴 가격을 물어본 적이 있었다. 그때 담당자가 2,000달러 정도라고 했는데, 이는 수습생 월급으로는 어림도 없는 금액이었다. "구매 담당자에게 다른 방법을 찾아야겠다고 말했는데 며칠 후 제 책상 위에 알루미늄

▶ 벡의 설명을 덧붙인다. "과산화수소는 유기물에 매우 민감해요. 92% 농도의 과산화수소가 담긴 병을 열고 재채기를 하면 그날은 일진이 안 좋은 거예요. 과산화수소는 분해되면서 산소와 열을 방출합니다. 과산화수소를 증류할 때 물은 증발시키고 과산화수소만 남도록 해야 하는데 이게 상당히 위험한 작업입니다. 추진제로 쓸 만큼 초고농도의 과산화수소를 얻은 다음에는 다른 실험을 시작했습니다. 과산화수소를 담은 배양접시를 바위 위에 올려놓고 주사기로 다른 액체를 주입한 적이 있었는데 그 바위 근처 식물이 전부 죽어버렸습니다. 아마 지금도 풀이 안 날 겁니다."

덩어리가 떡하니 놓여 있었어요."

작업은 대부분 개인 창고에서 이루어졌다. 벡의 집은 더니든의 카이코라이밸리에 있었는데, 주택 대부분이 계곡 동쪽 가장자리에 있는 언덕 위에 자리 잡아 서쪽으로 드넓게 펼쳐진 목초지를 바라보고 있었다. 벡이 첫 번째 엔진을 만들며 밤늦게 테스트를 시작했을 때 실험실의 폭발음이 계곡 전체에 울려 퍼져 개들이 짖고 이웃들이 무슨 일인지 궁금해 밖으로 나온 일이 있었다. "아무도 집 앞에 나타나지 않아 더 놀랐어요. 수풀이 우거진 곳이라 어디서 무슨 일이 벌어지고 있는지 정확히 알기 어려웠죠. 요즘 같으면 어림도 없는 일이에요."

로켓엔진 기술을 완벽히 익히기 위해 벡은 조지 폴 서턴과 오스카 비블라즈의 《로켓 추진 원리Rocket Propulsion Elements》와 같은 고전을 탐독했으며 인터넷에서 과학 논문을 찾고 나사의 방대한 기술 자료와 매뉴얼 아카이브를 활용하기도 했다. 자료를 읽고 추진제를 실험할수록 자신감과 여유가 생겼다. 열여덟 살이 되던 해에 벡은 로켓을 장착한 자전거를 만들기로 한다.

벡이 만든 이 장치는 경주용 모터바이크와 자전거를 합쳐놓은 듯했다. 본체는 길쭉하고 밝은 노란색이었다. 손잡이가 앞바퀴 바로 위에 있어 자전거를 똑바로 앉아서 타는 게 아니라 본체 위에 엎드려 가슴은 프레임에 거의 닿게 하고 다리는 뒷바퀴 양쪽으로 쭉 뻗고 타야 했다. 본체는 견고한 진짜 경주용 모터바이크처럼 보였지만 나머지 부분은 다소 우스꽝스러워 보였다. 본체 바로 아래에 로켓 장치가 있었는데 추진제가 담긴 한 쌍의 실린더로 구성되었다. 실린더는 은박지로 대충 싼 것처럼 보였고 복잡한 관을 통해 엔진과 연결되어 있었다. 배기관은 뒷바퀴 위쪽에 붙어 있어 벡이 타면 엉덩이 뒤로 튀어나온 듯 보였다. 그리고 이 모든 장치를 50cm BMX 자전거 타이어 2개가 지탱했다.

어느 날 밤 벡은 퇴근길에 목숨을 걸어보기로 했다. 작업복과 자전거 헬멧을 착용하고 회사 주차장으로 나가 자전거에 올라탔다. 다음은 벡이 말해준 로켓 자전거를 처음 탄 날의 소감이다.

처음으로 로켓 자전거에 올라탔는데 손만 뻗으면 바로 닿는 곳에 시동 버튼이 있더군요. 무슨 일이 벌어질지 궁금했어요. 첫 주행은 그야말로 환상적이었어요. 비록 짧은 시간이었지만 로켓의 힘으로 달리는 느낌을 처음 맛본 겁니다. 말로 다 설명할 수 없는 느낌이었죠. 완전히 빠져들었어요.

가볍게 버튼만 누르면 바로 출발하고 그다음에는 그냥 몸을 맡기는 겁니다. 가장 위험한 순간은 출발선에서 가속할 때입니다. 앞으로 똑바로 방향을 잡지 않으면 위험해질 수도 있습니다. 한번 잡은 방향으로 무조건 나가니까요. 처음 0.5초는 정말 무서워요.

추진제가 떨어지면서 자전거가 점점 가벼워지죠. 공기저항은 증가하지만 무게가 줄어든 만큼 가속도가 증가합니다. 엄청난 소음과 함께 순간적으로 속도가 붙어요. 그러면 정신이 나갑니다.

여기서 잠시 진정하고 이게 얼마나 어리석은 짓인지 생각해보자. 당시 벡은 180cm에 가까운 키에 몸무게는 64kg이었다. 그 가느다란 몸은 자신의 곱슬머리를 지탱하기도 벅차 보였다. 로켓 자전거에 대해 흥분한 목소리로 당당하게 말하는 모습이 열혈 과학자처럼 보였다. 젊은 브라운 박사라고 생각하면 된다. '빽 투 더 퓨쳐'에서 파마머리를 한 그 박사 말이다. 벡은 뒷마당 창고에서 직접 연료를 조제하고 친절한 사람들이 선물해준 여분의 재료로 로켓엔진을 만들었다. 자진해서 폭탄에 올라탄 것이다.

그 뒤로 여러 차례 실험을 거친 다음 벡은 회사 주차장에서 직원들과 간부들을 모아놓고 공식 시승식을 열었다. 얼마 뒤에는 이 자전거를 더니든에서 열리는 한 축제에 들고 나갔다. 더니든의 도로에서 열리는 이 행사에는 드래그 레이스(개조한 자동차로 짧은 거리를 달리는 경주. – 옮긴이)를 비롯한 다양한 경주가 포함되어 있었다.

개조 자동차에 익숙한 사람들의 눈에도 벡의 자전거는 기괴하게 보였다. 몇몇이 행사 주최 측에 심각한 안전 문제를 제기했다. 주경기는 약 200m 도로에서 진행되는데 관중을 보호하는 장치는 타이어 더미밖에 없었다. 가전제품 회사의 견습생이 창고에서 만든 내장형 미사일에 문제라도 생기면 호기심 많은 구경꾼들은 어떻게 될까? 안전성을 점검하기 위해 행사 '수석 조사관'은 아주 느긋하게 뉴질랜드 방식으로 벡의 자전거를 살펴보았다. 조사관은 벡에게 브레이크는 성능이 괜찮은지 물었다. 벡이 "고성능 브레이크"를 장착했다고 하자 경주에 나가도 좋다는 허락을 받았다. 단, 구급차가 자전거를 따라가야 한다는 조건을 달았다.

주최 측은 벡에게 경주하기 전에 '저속' 주행을 해보라고 했다. 하지만 '저속'은 선택할 수 있는 옵션이 아니었다. 이 로켓 자전거에는 2가지 기능밖에 없었다. 하나는 멈춤이고 다른 하나는 "모두가 무사하길"이었다. 게다가 벡은 신호가 녹색으로 바뀌어도 자전거를 바로 출발선에서 출발시킬 수 없었다. 자전거 뒤쪽에 있는 발판에 다리를 올려놓을 시간이 필요했기 때문이다. 벡은 "흐느적거리며" 자전거를 양다리로 박차 안정된 속도까지 올린 다음 발판에 발을 올리고 정면으로 방향을 잡은 뒤 손잡이에 있는 마법의 버튼을 눌러 출발시켰다. "다들 당황해서 무슨 일이 일어나고 있는지 아무도 몰랐습니다. 이상한 노란색 물건에 사람이 올라타서 거리를 달리고 그 뒤로는 구급차가 따라가고 있었죠."

벡은 적어도 겉모습은 그럴듯해 보였다. 그는 평소 입던 지저분한 작업복을 사물함에 넣고 빨간색과 검은색으로 된 경주복으로 갈아입고 여기에 노란 장갑과 검은색 헬멧을 착용했다. 그러고는 어머니 앞에 섰다. 어머니가 자신이 무엇을 잘못해 아들이 저렇게 되었을까 걱정하는 사이 벡은 성공적으로 도로를 질주했다. 벡은 자전거로 출발 5초 만에 시속 145km를 기록했지만 사실 시속 160km를 넘겼다가 느려진 속도였다. 자전거를 정지시키기 위해 브레이크를 바로 잡을 수 없었다. 속도 때문에 브레이크 패드가 녹아버리기 때문이다. 자전거를 정지시키려면 자전거에서 몸을 일으킨 다음 공기저항을 만들어 시속 100km 이하로 속도를 떨어뜨려야 비로소 브레이크를 잡을 수 있는 수준이 되었다.

관중은 그 속도에 환호성을 질렀고 벡에게 다시 한번 보여달라고 했다. 이번에는 벡을 제대로 된 경주에서 보고 싶어 했는데, 마침 제로백(자동차가 정지 상태에서 시속 100km에 이르는 시간. ─옮긴이)이 4초인 닷지 바이퍼를 가진 사람이 있었다. 벡이 출발했다. 로켓 자전거와 바이퍼가 나란히 달리자 바이퍼 운전자는 가속 페달을 밟았다. 결과는 벡의 승리였다. "너무 재미있었어요. 대회가 끝나자 주최 측에서 저에게 사고가 나지 않아 천만다행이라고 말했어요."

벡은 가전제품 제조업체에서 7년 동안 일했다. 벡은 더 많은 도구를 다루는 능력을 완벽하게 연마했으며 일을 해내는 사람으로 명성을 얻었다. 그는 또한 디자인 부서를 거치면서 점점 더 까다로운 프로젝트를 맡아 기계를 개선하는 전문가로 성장했다. 회사를 그만둘 무렵 벡은 가전제품을 만드는 데 사용하는 거대한 스탬프와 프레스를 설계하는 임무를 맡았다. 즉, 기계를 만드는 기계를 만드는 일이었다.

천성이 내성적이었던 벡은 피셔앤파이클에서 근무하는 동안 많은 사람과 사귀지는 못했지만 디자인 부서에서 엔지니어로 일하던 미래의 아내 케린 모리스를 만났다. 둘은 팀이 되어 프로젝트를 진행했는데, 케린이 고안한 가전제품 디자인을 위해 벡은 몇 가지 도구를 제작했다. 둘은 벡이 시작한 주간 행사인 '금요일 밤의 도전' 덕분에 함께 어울리기 시작했다. 금요일 밤의 도전은 직원 한 명이 과제를 제안하면 나머지 직원들이 이를 수행하는 행사였다. 과제에는 절벽 다이빙, 외줄에 매달려 강 건너기 같은 것들이 있었다. 무사안일한 태도에서 벗어나는 일이면 무엇이든 도전 과제가 될 수 있었고 이는 그야말로 피터 벡에게 잘 어울리는 여가 활동이었다.

그러나 케린과의 진지한 만남은 로켓에 대한 벡의 집착으로 시작되었다. 케린을 비롯한 디자인 부서 여직원들은 하염없이 자신의 취미에만 몰두하고 식사도 제대로 하지 않는 벡을 불쌍히 여겨 아파트로 초대해 음식을 대접하고는 했다. 그런데 케린과의 식사는 곧 잦은 만남으로 이어졌고 벡이 로켓과 관련한 테스트를 할 때면 케린은 안전 지킴이 역할을 자처했다. "엔진 테스트 전에 케린에게 전화를 걸어 혹시라도 일정 시간 내에 전화가 없으면 구급차와 소방차를 불러달라고 했어요. 엔진이 점점 강력해지고 있으니 무슨 일이 생길지 몰랐던 거죠." 나중에 케린은 알아서 그의 집으로 와서 테스트를 도왔다.

벡은 로켓 자전거에 이어 로켓 추진 스쿠터와 제트엔진으로 움직이는 롤러스케이트를 만들기도 했다. 케린은 이런 실험을 지켜보며 무조건 벡과 함께했다. 벡은 말한다. "로켓 스쿠터를 테스트하던 도중 엔진 점화기를 건드렸다가 엄청난 전기 충격을 받은 적이 있어요. 너무나 고통스러워 공중으로 뛰어오르며 고래고래 소리를 질렀죠. 정신을 차리고 보니 케린이 바닥을 구르며 깔깔 웃고 있더군요. 전 정말 죽을 수도 있다고 생각했는데 케린은 그게 엄청나게 재미있었나 봅니다."

케린은 더니든 외곽에 있는 바다와 접한 목장에서 태어났다. 모리스 집안은 1860년대부터 목장을 운영했다. 바다사자와 노란눈펭귄이 종종 출몰하는 숨 막히게 아름다운 곳에서 자란 케린도 8번 철사 정신을 받아들여야 했다. 케린은 농장의 잡동사니를 수리하고 가족 사업을 돕는 데 능숙했다. 케린은 기계공학을 전공했다. 2002년 피터 벡과 사귀던 중 유전 및 자원 관리 서비스 회사인 슐룸베르거에 취직했다. 슐룸베르거는 뉴질랜드 북섬 서쪽 끝에 위치한 도시 뉴플리머스에 있었다. 피터는 피셔앤파이클을 그만두고 케린을 따라갔다.

뉴플리머스에서 피터는 초호화 요트를 제조하는 업체에 취직했다. 요트는 탄소섬유와 티타늄으로 만들어졌으며 여러 까다로운 기술 문제를 해결해야 했으므로 피터에게는 매력적인 일이었다. 가령 항상 선실은 40m가량 되는 요트 뒤쪽에 위치해서 프로펠러를 비롯한 기계들의 시끄러운 소리가 났다. 업계는 피터 같은 사람들을 고용해 소음을 줄이기 위한 수단을 취했지만 선박 제조 산업은 무엇보다 경험을 중시하고 새로운 아이디어를 받아들이기 싫어했다. 그가 개선책을 제안하고 컴퓨터 시뮬레이션을 통해 그 효과를 증명해 보여도 소용이 없었다. "과거가 그 효과를 증명하니 무조건 그 방식을 따라야 한다고 생각하는 사람들이었어요. 정말 미치는 줄 알았습니다."

피터는 퇴근 후 집으로 돌아와도 좋을 게 없었다. 이사한 집에는 창고가 없었고 로켓에 몰두할 시간도 거의 없었다. 한편 케린은 유정과 가스정의 성능을 분석하기 위해 중동과 미국으로 자주 출장을 떠났다. 피터는 주어진 상황을 최대한 잘 활용하려 했다. 휴가 때는 카이로로 날아가 케린을 만나기도 했다. 이는 피터가 혼자서 해외로 나가는 첫 여행이었다. 상사가 자신의 제안에 신경 쓰지 않더라도 피터는 선박 기술 문제에 계속 노력을 기울였다. 운이 좋았는지, 끈기 덕분인지 아니면 둘 다였는지 여하튼 피터는 이 일을 계기로 로켓 제국의 토대를 마련한다.

11. 성지순례

요트 회사 대표는 벡에
게 배의 주방에 들어갈 티타늄 손잡이를 수작업으로 만들어달라고 했다.
그러려면 몇 시간이고 금속을 연마해서 손잡이를 완벽하게 만들어야 했
는데 비슷한 제품은 시장에 널렸다. 이러한 수작업은 좀더 가벼운 손잡
이를 만들어 요트의 무게를 조금이라도 줄이려는 데 목적이 있었다. 그
러면서도 대표는 엔진과 프로펠러의 소음을 줄이기 위해 무식한 방법을
선택했다. 대표는 직원들에게 배의 뒷부분을 양이 얼마가 되든 상관없으
니 모래로 채우라고 했다.

이는 벡의 공학적 감각에 대한 모욕이었다. 벡은 그냥 두고 볼 수
없었다. 벡은 프로펠러를 연구하고 그 소음의 출력을 분석했다. 그는 흡
음재와 음향 공명기를 이용해 적절히 주파수만 조정해주면 프로펠러의
소음을 상쇄할 수 있다는 것을 알았다. 벡은 자신의 이론을 확인하기 위
해 컴퓨터 모델을 만들었지만 확실하게 확인하기 전까지는 상사에게 말

하고 싶지 않았다. 결국 뉴질랜드 정부 지원 연구소인 산업연구원IRL에서 음향 공학 전문가를 만나기로 했다.

뉴질랜드 3곳에 사무실을 둔 IRL은 최고의 과학자와 엔지니어들로 가득했다. IRL은 획기적인 아이디어를 도출해 기업이 어려운 문제를 해결할 수 있게 도와 국내 산업을 발전시키고자 설립되었다. 벡은 오클랜드에 있는 IRL 사무실에서 요트 소음에 관해 회의했다. 그런데 벡의 눈에 연구소의 최고급 장비와 채용 공고가 들어왔다. 벡은 기술직에 지원하여 입사했다. 뉴플리머스에 온 지 1년 만에 요트 회사에 사표를 냈다.

케린이 리비아로 파견 근무를 나가자 피터 벡은 뉴질랜드의 최대 도시인 오클랜드로 이사했다. 4층짜리 IRL 사무실은 고급 주택과 멋진 레스토랑, 커피숍이 즐비한 주거지역에 있어 어색해 보였다. IRL은 한동안 설립 취지에 맞게 운영되었다. 1990년대 초부터 IRL은 기술 스타트업과 사무실을 공유하며 실험실과 장비를 함께 사용하고 아이디어를 교환하기도 했다. 그러나 벡이 입사한 2004년부터 IRL에 대한 정부 쪽 자금이 줄어들면서 상대적으로 스타트업들은 더욱 활기를 띠기 시작했다.

당시 스물네 살이었던 벡은 정부 연구원들과 함께 일하기 시작했다. 벡은 탄소섬유 같은 복합 소재를 연구하는 팀에 투입되었다. 전통을 자랑하는 뉴질랜드 요트는 아메리카컵에서 우승하며 전성기를 구가하고 있었다. 그 덕분에 뉴질랜드는 배와 비행기를 넘어 새로운 분야까지 영역을 확장하려는 탄소섬유 전문가들의 각축장이 되었다. 벡은 두 과학자에게서 지도를 받으며 특정 소재가 얼마나 많은 스트레스를 견딜 수 있는지 테스트하는 매우 정교한 기술을 배웠다. 벡은 자신의 실무 능력과 동료들의 이론적 지식을 결합해 곧바로 팀의 든든한 일원이 되었다.

한 프로젝트에서 벡은 연구원들이 탄소섬유 패널을 물속에 내던져 테스트할 수 있는 장비를 만들었다. 이는 배의 선체가 파도에 부딪히는 상황을 인위적으로 만드는 장비로서 연구 팀은 여러 값을 측정하고 가혹한 스트레스를 견뎌내면서도 유연하고 가벼운 패널을 만들려고 노력했다. 이런 지식은 나중에 탄소섬유 로켓을 대기권으로 쏘아 올릴 때 유용하게 써먹을 수 있었다.

또 다른 프로젝트에서 벡과 동료들은 IRL 건물의 지하실로 내려가 나무로 된 약 20m짜리 풍력발전용 원동기 날개를 테스트한 적이 있었다. 벡은 우선 날개를 고정할 프레임을 만든 다음 날개를 위아래로 흔드는 기계장치를 만들었다. 이를 통해 날개가 부러질 때까지 흔들리는 상황을 재현했다. 기계를 켜자 날개가 앞뒤로 움직이며 지하실 전체에 쿵쿵하는 소리가 울려 퍼졌다. 당시 벡의 동료였던 더그 카터는 말한다. "피터는 정말로 똑똑한 친구예요. 그는 모든 것을 직접 설계하고 만들었어요. 벡은 지하실의 여러 기둥에 하중을 분산하고 프레임이 받는 힘을 건물로 전달했습니다. 장치는 벽에 균열을 낼 정도로 단단했고 우리는 날개가 아니라 건물이 무너질까 걱정했어요. 벡은 정말 타고난 과학자예요."

전성기에 IRL은 정부의 지원을 받아 다양한 분야에서 과학의 한계를 뛰어넘는 순수 연구를 수행했다. 하지만 벡이 들어갔을 때는 기업이 프로젝트를 요청하면 비용을 받고 조언을 제공하는 업무에 치중해 있었다. IRL은 옛 영화는 잃었지만 연구원 대부분이 석사 이상의 학위를 소유한 최고 과학자 집단이었다. 벡은 학위가 없었지만 연구원 사이에서 자리를 잡는 데 문제가 없었다. 카터는 말한다. "피터가 아무런 자격증이 없다는 게 이상할 정도였죠. 사실 그는 마음만 먹으면 대학에 가서 어떤 학위든 받을 수 있었을 거예요. 피터는 정말 스펀지 같은 사람입니다. 10억 명 중 하나 나올까 말까 한 천재라고 생각해요."

그런데 학위 문제가 불거졌다. 탄소섬유 복합재 개발 실패와 관련한 법정 소송에서 벡이 전문가로서 증인으로 나서야 했을 때 문제가 생겼다. 벡은 수년 동안 대학에서 강의하고 심지어 박사과정 학생들을 지도해왔는데도 IRL은 학위가 없다는 이유로 그를 법정에 세우지 않기로 했다. 이는 벡을 경멸하는 조치였다. 조직과 기업이 경험보다 학위라는 종잇조각을 더 우선시하는 실수를 자주 저지른다고 벡은 생각했다. "배움에는 2가지 길이 있습니다. 하나는 대학에 가서 축 파손을 배우는 겁니다. 그리고 다른 하나는 산업 현장에 가서 실제로 축이 부러지는 상황을 경험하는 거죠. 대학에서는 축 파손을 배우면 결과는 학점으로 나오죠. 하지만 공장에서는 축이 파손되면 그 결과 생산 시설이 멈춰버려요. 아주 큰 차이죠."

IRL에 입사해서 처음 몇 년 동안 벡은 연구 과제에 몰두했다. 피셔앤파이클에서 업계 내부 사정을 속속들이 배웠다면 IRL에서는 원자 수준에서 재료의 특성을 조사하는 새로운 도구를 다룰 수 있었다. "저는 정부 소유의 자산을 모두 사용할 수 있었습니다. 진동 테스트 장비나 충격 테스트 장비, 최고의 소프트웨어 같은 것들을 마음껏 사용할 수 있었죠. 많은 것을 만들지는 못했지만 연구나 지식 관점에서 물리학을 깊이 이해하는 데 도움을 받았습니다."

연구소 사람들은 벡을 좋아했다. 벡은 늘 자신감을 잃지 않으면서도 문제에 대한 접근 방식의 오류를 지적할 때 뽐내거나 누군가를 비하하지 않았다. 벡의 생김새 역시 사람들의 마음을 여는 데 일조했다. 여전히 마른 체격에 양송이버섯 모양의 곱슬머리를 한 벡은 하얀 실험복을 즐겨 입는 서퍼처럼 보였다. 취미도 벡을 더욱 친근하게 느껴지게 했다. 사람들은 퇴근 후에 벡이 오래된 코르벳 밑에 들어가 있거나 기름으로 범벅이 된 채 공구 가방을 뒤지는 모습을 자주 볼 수 있었다.

박사 학위 소지자들은 떼돈은 못 벌었지만 연봉 4만 달러로 시작한 벡보다는 많이 받았다. 벡은 또 다른 프로젝트 비용을 마련하기 위해 마을 반대편에 있는 공구와 주형 제조 공장에서 부업을 시작했다. 오후 6~9시에 공장에서 컨설팅을 해주고 집으로 돌아와 밤 10시부터 새벽 2~3시까지 추진제와 로켓엔진을 연구했다. 이때의 노력으로 그는 추진제에 관한 전문 지식을 키우고 엔진의 크기와 출력까지 관련 지식을 확대할 수 있었다. 벡은 또한 로켓 자동차를 만들어 기록을 경신하겠다고 마음먹고 자동차 추진 시스템과 프레임을 제작하기 시작했다. 그러던 중 휴가를 떠났는데 이 일로 벡의 삶은 새로운 방향으로 옮겨갔다.

2006년경 케린은 업무상 미국에 한 달 동안 머물러야 했다. 벡에게 일생에 한 번뿐인 우주광의 순례 기회가 찾아왔다. 벡은 전부터 다양한 프로젝트와 관련해 조언을 구하며 나사나 대형 항공우주 회사, 우주 애호가들과 온라인상으로 관계를 맺어왔다. 미국에 가면 이들을 만나고 최신 항공우주 기술을 접할 수 있으리라 생각했다. 벡은 우주 강국을 방문할 뿐만 아니라 자신이 작업한 내용을 사진으로 보여주고 실제 경험담도 듣고 싶었다. 내심 누군가 일자리를 제안할지도 모른다고 생각했다. 어렵게 일해 여행 자금을 마련한 벡은 한 달간 휴가를 냈다.

벡은 꼼꼼한 편이지만 이번 여행에는 세세한 계획이 없었다. 벡은 미국 항공우주산업의 두 축인 캘리포니아와 플로리다를 방문하는 데 시간을 할애하고 싶다는 생각만 하고 미리 약속을 잡지는 않았다. 벡은 주로 항공우주 회사와 나사를 방문해 온라인상에서 연락을 주고받던 친구를 만나거나 연구 개발 현장을 둘러볼 계획이었다. "사람들을 만나고 미국 항공우주산업을 맛보는 제 나름의 방식이었어요. 그게 가장 중요한 목표였습니다."

　미국에 도착하자 벡은 경외감과 가능성에 압도당했다. 그도 그럴 것이 공항은 로스앤젤레스 항공우주산업의 한복판에 있다. 공항에서 남쪽으로 몇 킬로미터만 가도 전통을 자랑하는 보잉위성시스템과 노스럽그러먼, 레이시언우주및항공시스템 등의 칙칙하고 네모난 모양의 건물이 보인다. 몇 킬로미터 더 달리면 일론 머스크의 스페이스X 본사와 거대한 로켓 공장을 만날 수 있다. "모터바이크를 탄 경찰들이 있었는데 TV 드라마 '기동순찰대'를 보는 줄 알았어요. 지어낸 이야기인 줄만 알았는데 진짜 있었어요. 미국에 도착해 택시를 타고는 창문에 매달려 눈을 떼지 못했습니다. 제가 이 모든 항공우주 회사의 건물을 지나가고 있다는 게 믿어지지 않았어요."

　벡이 로스앤젤레스에서 맨 처음 들른 곳은 우주광의 성지인 노턴 세일즈였다. 밖에서 보면 빈민가 전당포처럼 보이지만 안으로 들어가면 항공우주 애호가의 천국이었다. 폐기된 우주 프로그램에서 나온 엔진이나 터보펌프, 밸브, 위성 등 수년 동안 가게 사장이 수집한 물건들이 여기저기 널려 있었다. 벡은 항공우주박물관에 가서 유리 진열대 너머로 빤히 들여다보는 대신 우주 쓰레기장이라는 낙원에서 부품들을 직접 손으로 만져보고 싶었다. 몇 시간이고 선반을 뒤지고 밸브를 헤집으며 가게 안을 이 잡듯이 탐색해나가는 동안 주인은 별 이상한 놈도 다 있다는 눈길을 주었다. 그 뒤 벡은 보잉과 프랫앤휘트니, 록히드마틴, 에어로젯로켓다인을 돌아다녔다. 그곳에 가서 사람들을 만나 로켓 자전거, 제트팩 그리고 이상한 기계의 사진이 담긴 스크랩북을 보여주며 자신이 단순한 우주광이 아니라고 말하고 싶었다. 실제로 안내대를 통과해 엔지니어와 대화를 나누기도 했지만 보안 요원들에게 약속을 잡고 다시 오라는 말을 듣는 일이 더 많았다.

캘리포니아 남부에 온 로켓 애호가라면 반드시 모하비사막에 들러야 했다. 모하비사막은 미국이 수십 년 동안 최첨단 항공기를 테스트해온 곳이다. 최근에는 이곳에 우주 스타트업이 생겨나 값싸고 빠르고 안정된 궤도 진입 방법을 찾고 있었다. 로켓과 관련해 공식적으로 승인된 정부 활동의 대부분은 벡이 처음 방문한 에드워드공군기지에서 이루어진다. "기지를 가리키는 표지판을 보고 '맙소사! 이게 바로 그토록 찾던 성배구나!'라고 생각했습니다. 너무 흥분해서 차에서 뛰어내려 입구에서부터 사진을 찍기 시작했습니다. 그러자 총을 든 남자가 다가와 신분증을 보여달라고 하더군요. 그래서 중동 국가의 도장이 잔뜩 찍힌 여권을 내밀었죠. 썩 유리한 상황이 아니었어요. 하지만 제가 그다지 위협적이지 않다는 걸 깨달았는지 그는 머리에서 떠오르는 대로 '반지의 제왕'에 관해 묻기 시작했습니다. 그 영화가 저를 구해준 것 같아요. 그는 저에게 돌아가라고 하더군요."

모하비에 도착해 보니 스타트업 10여 개가 그곳 공항의 격납고에서 로켓과 우주 비행기, 달 착륙선 등을 만들고 있었다. 이들은 기존의 항공우주 회사들보다 벡을 더 반겨주었고 로켓 스크랩북을 보고는 벡을 자신들과 같은 부류로 인정했다.

벡은 모래투성이인 작업장들을 돌면서 모하비 사람들이 자신과 비슷한 것을 만들고 비슷한 문제들을 겪고 있음을 알고 매우 기뻤다. 모하비 사람들과 벡의 유일한 차이점은 돈이었다. 모하비 사람들은 미국 정부의 연구 보조금이나 우주를 꿈꾸는 백만장자의 지원금을 받고 있지만 벡은 매달 집세를 내고 식료품을 사고 남은 돈으로 꾸려갔다. "뉴질랜드에서는 제가 어디에 있는지 전혀 몰랐습니다. 바닥에 있는지, 중간에 있는지, 꼭대기에 있는지 전혀 몰랐어요. 모하비 사람들은 같은 장비를 사용하고 같은 엔진을 만들며 같은 어려움을 겪고 있었습니다. 제가 차고에서 하는 일과 정확히 똑같은 일을 하고 있었어요. 그건 엄청난 깨달음이었고 매우 고무적인 경험이었습니다."

벡은 모하비에서 비행기에 몸을 싣고 플로리다의 케이프커내버럴에 도착했다. 엄청난 로켓광이었던 벡은 그토록 큰 로켓이나 발사대를 가까이서 본 적이 없었다. 벡은 여느 관광객들과 마찬가지로 케네디우주센터를 한 바퀴 돌았다. 그는 가는 곳마다 심장이 멈춰버릴 것 같은 환희를 느꼈다. "카메라 배터리가 닳기 시작해서 겁이 났어요. 진짜 로켓을 만져본 건 처음이었습니다. 알코올중독자를 보드카로 가득 채운 수영장에 집어넣은 거나 마찬가지였어요." 밤이 되면 케린에게 전화를 걸어 자신이 보고 깨달은 것들로 한참 수다를 떨었고, 그때마다 케린은 그의 열정을 존중해주었다.

벡의 여행 중 가장 중요한 일정은 여러모로 최악이었다. 벡은 로스앤젤레스로 돌아와 최첨단 우주탐사 차량을 제작해온 나사의 유명한 제트추진연구소를 견학하기로 하고 예약을 잡았다. 처음에 벡은 평소대로 우주 애호가의 열정으로 이곳을 둘러보았다. 벡은 거대한 로켓을 만들어 달에 사람을 보낸 바로 그 나사의 신성한 장소 중 한 곳에 와 있다고 생각했다. 그러나 점점 열정이 사라져갔다. 제트추진연구소는 1960년대에 갇혀 있는 듯했고 연구 시설에는 오래된 컴퓨터 장비와 기기만 놓여 있었다. 설상가상으로 무리를 이끌던 가이드는 여행객들에게 계속해서 나사가 시대에 뒤떨어졌다고 이야기했다.

벡은 실험실에서 일하는 엔지니어를 발견하고 무리에서 벗어나 개인적으로 대화를 나누려고 해보았다. 벡은 나사의 좋은 면을 보고 싶었다. 그러나 가이드는 벡에게 다시 무리로 오라고 했고 그의 호기심은 충족되지 못했다. 벡은 제트추진연구소에서 스타트업의 열광적인 분위기를 느낄 수 있으리라 생각했다. 마감일을 맞추기 위해 뛰어다니는 사람, 밤샘 근무 후 복도에서 잠을 청하는 사람 등을 상상했다. 하지만 벡이 보고 들은 것은 관료주의와 불평이었다.

"저는 나사를 대단히 존경하고 있었습니다. 최첨단 금속과 세라믹, 놀라운 기계들을 보고 싶었습니다. 나사는 모든 기관을 능가한다고 생각했죠. 하지만 그렇지 않았어요. 사람들은 제대로 된 컴퓨터가 없다고 불평했고 기술은 낙후되어 있었습니다. 저는 제트추진연구소를 나온 뒤 나사에 대한 모든 환상이 깨져 극도로 우울해졌습니다. 그날의 제트추진연구소는 저를 무너뜨렸어요."

제트추진연구소를 방문하고 얼마 지나지 않아 벡은 13시간 거리에 있는 오클랜드로 향하기 위해 비행기에 올랐지만 머릿속은 온통 노턴 세일즈에서 본 장비들에 대한 생각으로 가득 차 있었다. 벡은 1960년대에 만든 항공우주 장비의 우수성에 감탄을 금할 수 없었다. 그다음에는 모하비사막에서 자신처럼 먼지투성이인 격납고에서 땜질하던 사람들과 제트추진연구소를 방문했을 때의 실망감이 생각났다. 당시만 해도 벡은 스페이스X나 블루오리진과 같은 회사가 있다는 사실도 그들이 무엇을 하는지도 몰랐다. 벡은 노스럽그러먼이나 록히드마틴 같은 대기업에 일자리가 있는지 알아보고 항공우주의 최첨단 분야에서 일하기 위해 미국에 갔지만 어디에도 최첨단은 존재하지 않았다. 기업이든 나사든 모두가 예전 방식으로 일했고 열정이 보이지 않았다. 새로운 아이디어를 가진 사람도 없었고 항공우주 기술을 발전시키려는 사람도 보이지 않았다.

비행기가 이륙하자 벡은 창가에 기대어 밖을 내다보았다. 벡은 노스럽그러면 빌딩의 빛나는 파란색 간판을 뒤로한 채 미국을 떠났다. "그 순간 울컥했습니다. 엄청나게 큰 기대를 품고 미국에 왔는데 그 간판이 황량하고 감상적인 여정의 마지막을 장식했죠. 눈물이 앞을 가려 파란색 글자가 가물가물하더군요."

낙담한 벡은 생각말고는 아무것도 할 수 없었다. 주위 승객들이 맛없는 기내식을 먹거나 작은 화면을 보다가 잠들 때 벡은 내면의 혼란으로 8~9시간 동안 내리 생각에 잠겼다. "지금까지 믿고 있었던 모든 것이 잘못되었다는 생각이 들었습니다. 제가 중요하다고 생각했던 일을 하고 싶은 마음이 전혀 생기지 않았어요. 록히드마틴 직원과 했던 대화가 기억납니다. 제가 몇 가지 아이디어를 제안했더니 '우리는 정부가 지시하고 지원하지 않으면 움직이지 않습니다.'라고 하더군요. 저는 아직도 이 말이 머릿속에서 잊히질 않습니다. 엔지니어란 원래 문제를 해결하는 존재입니다. 잠시 자기 연민에 빠질 뻔도 했죠. 하지만 저는 문제를 해결하기로 했습니다. 제가 직접 해보자고 결정했죠."

그 순간 벡은 엔지니어로서 일종의 종교적 계시와 같은 경험을 했다. 멋진 것을 만들어야 할 사람들이 멋진 것을 만들지 않고 있었다. 그들은 사실상 포기했다. 그들이 해야 할 일은 인간이 우주에 도달하고 우주와 상호작용하는 방식을 바꾸는 것이다. 누군가는 저가 로켓을 만들어 거의 매일 위성을 우주로 날릴 수 있게 해야 한다. 이런 로켓이 존재하고 기업과 과학자들의 신뢰를 얻을 수 있다면 인간과 우주의 관계는 근본적으로 바뀔 것이다. 우주로 가는 게 당연시되고 온갖 가능성이 열릴 것이다. 벡은 자신의 소명을 발견했다.

엔지니어답게 벡은 앞으로 해야 할 일을 여러 단계로 나누었다. 회사를 만든다. 자금을 조달한다. 우선 작은 것부터 만들기 시작해서 자신감을 북돋운다. 그런 다음 더 큰 것을 만든다. 더 많은 자금을 모은다. 단지 계획을 세우는 일만으로도 고뇌가 사라지고 열정으로 가득 찼다. "어떤 날은 일이 잘 안 풀려 엄청나게 스트레스를 받기도 합니다. 그러다 해결책이 떠오르면 언제 그랬냐는 듯이 스트레스가 깔끔하게 사라지고 온몸은 아드레날린으로 가득 찼죠. '자, 이제 시작이야!'라고 외쳤고 아내에게 언젠가는 노스럽그러면 빌딩이 제 것이 될 거라고 말했습니다."

오클랜드에 도착한 벡은 집으로 곧장 달려가 작업실로 내려갔다. 벡은 한참을 고민하다가 회사 이름을 생각해냈다. 바로 '로켓랩'이었다. 그런 다음 컴퓨터로 간단히 로고를 그렸는데 검은색 로켓 중앙에 로켓랩이라는 글자가 있고 로켓 뒤쪽에서 빨간색 불꽃이 뿜어져 나오는 모양이었다. 벡은 로고를 인쇄해 지하실 문 바깥에 붙였다. 그 간단한 행위만으로도 갑자기 모든 게 현실로 느껴졌다.

하지만 벡은 황홀하기보다 좌절감을 느꼈고 중압감에 압도당했다. 이때가 2006년 중반이었고 그는 곧 서른 살이 되었다. 벡은 자신과 자신의 능력을 의심하지 않았고 앞으로 닥칠 도전을 두려워하지 않았다. 다만 시간이 없다고 느꼈다. 할 일이 너무 많았기 때문이다.

아테아

피터 벡은 로켓 회사를 차리겠다고는 했지만 구체적으로 어떤 로켓을 만들지는 생각하지 않았다. 부업까지 했지만 돈도 많지 않았기에 벡은 아주 작게 시작하기로 마음먹고 '관측로켓'을 만들기로 했다. 관측로켓은 엔진과 공기역학적 설계 등 로켓의 주요 기능은 모두 있지만 대형 로켓만큼 어마어마한 일은 할 수 없다. 관측로켓은 지구의 대기권을 벗어나 우주로 날아가지만 방향을 틀거나 궤도에 진입할 만한 속도를 내지 못한다.

관측로켓은 제한적이지만 유용한 일을 할 수 있다. 관측로켓은 상층대기나 준궤도로 탑재물을 운반할 수 있다. 이 로켓은 작고 덜 복잡해 상대적으로 저렴하게 제작할 수 있다. 따라서 무중력 상태에서 화학물질과 분자의 특성을 측정하거나 테스트하기 위해 우주로 탐사선을 보내려는 과학자에게 매력적이다. 게다가 관측로켓을 제작하는 업체가 많지 않았으므로 빠르고 저렴하게 제작할 수 있다면 대학이나 연구 기관에 판매할 수 있을 것으로 생각했다.

마법 같은 계시를 경험하고 회사를 세우기로 했지만 벡은 곧 자기 의심에 사로잡혔다. 모든 위험하고 대담한 도전에는 반드시 자기 의심이 생기기 마련이었다. 벡은 IRL로 가서 몇몇 사람에게 로켓 회사 창업에 관해 물었다. "제가 물어본 사람 중에 더그 카터가 있었어요. 카터는 IRL 에서 사업 개발을 담당하고 있었죠. 카터에게 제 계획을 말했습니다. 지금 돌이켜보면 그와 이야기하면서 배운 게 많습니다. 말도 안 되는 생각이라고 말할 수도 있었겠지만 카터는 그렇게 말하지 않았어요."

재미있는 점은 더크 카터는 벡과 완전히 다르게 기억하고 있다는 사실이다. 카터는 이렇게 말했다. "벡이 미국에 가서 나사 사람들을 다 만났다고 했어요. 믿을 수가 없었습니다. 벡은 로켓에 정말 관심이 많고 사업을 시작하고 싶다고 했지만 저는 현실성이 떨어진다고 생각했죠. 벡은 곱슬머리를 한 서퍼처럼 보였거든요. 전반적인 느낌은 벡에게 별로 가망이 없다는 것이었습니다. 저는 벡에게 로켓 부품을 제조해보면 어떻겠냐고 권했죠." 하지만 카터에게 벡을 도울 만한 아이디어가 있기는 했다. 카터는 마침 잡지에서 뉴질랜드의 한 부자에 관한 기사를 읽고 있었다. 그 부자의 이름은 놀랍게도 마크 로켓Mark Rocket이었다. 기사에 따르면 이 부자는 우주의 모든 것을 사랑한다고 했다. 그래서 카터는 벡에게 이 부자에게 전화해서 자금을 융통해보라고 말해주었다.

마크 로켓의 본명은 마크 스티븐스였다. 소비자 인터넷 붐이 일던 초창기에 스티븐스는 뉴질랜드 관광 웹 사이트를 운영하며 각종 목록을 제공하기 시작했다. 이 사이트에는 렌터카업체와 호텔, 각종 체험 활동 등의 목록이 있었다. 이 사이트는 지역에서 전화번호부를 발행하는 출판사의 관심을 끌 정도로 인기를 얻었다. 결국 해당 출판사는 마크 스티븐스의 웹 사이트를 인수했고 스티븐스는 백만장자가 되었다.

스티븐스는 어린 시절부터 우주에 매료되어 하늘로 여행을 떠나고 싶어 했다. "저는 우주 비행사와 우주 프로그램이 있는 미국에서 태어나지 못한 게 애석할 정도였어요." 경제적으로 여유가 생기자 스티븐스는 속에 담고 있던 우주광 기질을 남김없이 드러냈다. 이름을 마크 로켓으로 바꾸고 버진갤럭틱이 계획한 25만 달러짜리 우주 비행도 예약했다. 이 우주 비행은 부유한 관광객들을 데리고 우주로 가 우주의 가장자리를 몇 분 동안 체험하고 돌아오는 상품이다. 마크 로켓은 말한다. "제이름부터가 누군가를 사로잡는 아이디어였죠. 말의 힘은 정말로 대단해요. 다양한 방식으로 우리에게 영향을 줄 수 있다고 생각합니다. 우리는 마치 예술 작품처럼 삶을 창조할 수 있습니다. 우주여행 예약은 자신과의 약속을 지키기 위해 돈을 쓰겠다는 걸 보여준 겁니다."

벡이 마크 로켓에게 전화한 때는 2006년으로 아주 적기였다.▾ 마크 로켓은 남반구에 항공우주 기술이나 민간 우주 프로젝트와 관련하여 활동이 거의 없다는 사실을 안타까워하고 있던 차였다. 이와 관련해 투자처를 물색했지만 "딱 봐도 허술한" 사람들뿐이었다. 그 반면에 마크 로켓은 벡과 통화하고 전의 사람들과 다른 인상을 받았다. 벡은 진짜 엔지니어 같았고 관측로켓 계획은 실현 가능성이 있다고 판단했다. 무엇보다 로켓랩만큼 마크 로켓이라는 투자자에게 어울리는 곳도 없었다.

마크 로켓은 벡에게 추가 정보를 요청했고 벡의 이력을 파악하기

▸ 벡의 기억에 따르면 카터한테 마크 로켓에 관한 이야기를 들은 게 아니라고 한다. 벡은 어느 날 차를 타고 가다 라디오에서 마크 로켓이 버진갤럭틱의 여행 상품을 구매한 것과 관련해 인터뷰하는 내용을 들었다고 한다.

위해 몇 군데 전화를 돌렸다. 벡이 보낸 제안서에 따르면 불과 몇 분 안에 80kg가량의 화물을 우주로 날려 보낼 수 있으며 이공계 대학이 주요 고객이 될 것으로 예상했다. 마크 로켓은 목표를 너무 높게 잡았다고 생각하고 우선 2kg의 화물부터 시작해보자고 벡에게 제안했다. 로켓은 말한다. "사람들에게 우리가 엔진과 전체 시스템을 만들 수 있음을 보여주기 위해 먼저 시제품부터 만들어야 한다고 생각했지만 벡은 좀더 큰 로켓으로 가야 한다며 고집을 꺾지 않았습니다."

초기에 다소 의견 충돌이 있기는 했지만 마크 로켓은 불과 몇 주 만에 자금을 지원하기로 했다. 그는 로켓랩에 30만 달러를 투자하고 지분 50%를 가졌다. 로켓은 말한다. "돈을 허투루 쓰는 것처럼 보였지만 제가 꼭 하고 싶었던 일이었어요. 아무도 하지 않는 일을 하는 거로 생각했습니다."

벡은 이미 로켓랩의 미래를 구체적으로 그리고 있었지만 마크 로켓에게 모든 것을 공개하지는 않았다. 관련 기반 시설이 전혀 없는 뉴질랜드에서 30만 달러로 로켓 회사를 설립하겠다는 계획은 대담하다 못해 무모했다. 벡은 남반구에서 유일하게 자신의 희망과 꿈을 지지해주는 사람이 놀라서 도망갈까 봐 두려웠다. 이렇듯 절박했던 벡은 창업 초기부터 지분 50%를 내놓는 등 미숙함을 보였다. "제 계획이 너무 미친 소리로 들릴까 봐 두려웠습니다."

돈을 손에 쥔 벡은 IRL에 새 회사를 설립하기 위한 공간을 빌릴 수 있는지 물었다. IRL은 벡에게 사무실 한 층과 지하실 일부 공간을 제공했다. 로켓랩은 사람들을 보호하기 위해 콘크리트 벽으로 격리된 곳을 만들고 본격적인 실험에 돌입할 수 있었다. 게다가 이 모든 게 무료였다.

벡은 무언가에 홀린 사람처럼 첫 로켓을 만들기 시작했다. 프로젝트를 진행하려면 다시 한번 추진제를 실험해야 했다. 이번에는 화학물질을 정제하는 것이 아니라 적절한 추진제 조합법을 찾아내야 했다. 벡은 화학에 대해 거의 아무것도 몰랐으므로 책부터 찾아 읽었다. 복도에서 누구든 도움이 될 만한 사람을 만나면 조언을 구하기도 했다. 몇 달 동안 많은 실험을 한 결과 벡은 과염소산암모늄과 알루미늄, 수산기말단폴리부타디엔의 조합을 선택했다. 그리고 고체연료를 만들어 퇴근할 때 금고에 보관했다.

이제 독립된 엔진을 만드는 것을 넘어 우아하고 완벽한 로켓을 만드는 방법을 배워야 했다. 벡이 과거에 만든 엔진은 자전거나 롤러스케이트 같은 것에 끼워 넣는 식이었다. 그러나 로켓은 그 크기가 작다 해도 전체를 고려해야 했다. 로켓이라는 기계에는 단순한 오류도 불필요한 부품도 들어갈 여유가 없었다. 본체와 전자장치를 포함한 로켓의 모든 부품은 정밀하고 신중한 계획에 따라 설계해야 했다. "신나면서도 명료했어요. 아무것도 모르는 제가 혼자서 얼마나 많은 일을 해낼 수 있는지 깨닫기 시작했죠. 정말 모른다는 것은 크게 중요하지 않았어요."

처음에 벡은 관측로켓을 제작하는 데 1년이면 충분하다고 생각했다. 벡은 실제 회사를 운영하는 게 재미있었다. 로켓랩이라는 이름과 사무실 문에 붙은 회사 로고에 자부심을 느꼈다. 회사 이름에 붙인 실험실을 뜻하는 '랩lab'이라는 단어가 작업에 무게감을 더했다. "회사 이름이 그냥 로켓 주식회사나 로켓 회사였으면 크게 의미가 없었을 겁니다. 하지만 로켓랩이라고 하면 사람들은 실험실임을 알고 갑자기 신뢰감을 느낄 겁니다." 벡은 진지한 느낌을 더하기 위해 사무실에서 하얀 실험복을 입었다.

벡은 혼자서 로켓엔진을 비롯해 본체와 전자장치를 동시에 설계하려고 했다. 벡은 가능한 한 빠르게 한 단계에서 다음 단계로 넘어갔다. 로켓랩의 유일한 직원으로서 사업 운영 방식도 배워야 했다. "취미로 할 때는 보험에 대해 걱정할 필요가 없었어요. 집을 태워버리면 허술한 계획만 탓하면 됩니다. 그러나 사업을 하면서 다른 사람의 건물을 태워버리면 계획이 아니라 그냥 사업 자체가 문제인 겁니다."

벡은 머릿속으로 최종 결과물이 어떤 모습일지 확실히 그려볼 수 있었다. "개념상으로만 존재하는 그런 게 아니었어요. 제 머릿속엔 완성품이 있었습니다." 출발점에서 시작해 최종 결과물이 나오기까지 오직 긴 시간만이 필요했다. 벡은 명확한 비전을 가지고 있었으므로 중간에 해결해야 할 문제들을 전혀 두려워하지 않았다. "무언가를 하기로 하면 제 마음은 기정사실로 받아들입니다. 저는 마음먹은 일이 될지 안 될지는 궁금하지 않아요." 문제는 벡이 일을 완료하는 데 걸리는 시간과 자금을 과소평가한다는 데 있었다. "이를 알고 나서부터 저는 모든 일에 파이를 곱합니다. 보통 총비용이나 시간이 제가 생각한 것보다 3.14배 정도 더 들더군요."

2007년이 되자 벡은 회사를 함께 꾸려나갈 직원을 모집하기 시작했다. 벡은 전기공학자 숀 오도널과 친분이 있었다. 숀 오도널은 뉴질랜드 해안 도시 네이피어 출신으로 스타트업에서 근무한 경력이 있었고 컨설팅 사업을 운영하기도 했으며 IRL에서 몇 차례 근무하기도 했다. 오도널은 IRL에서 뉴질랜드 육류 수출용 데이터베이스 추적 시스템을 구축하는 데 참여한 경력이 있었다. 벡은 오도널이 구축한 추적 시스템에서 우주산업과 관련한 잠재력을 발견하고 어느 날 저녁 오도널에게 접근했다. 오도널은 말한다. "퇴근하느라 건물을 나서고 있는데 피터가 길까지 저를 따라오더군요. 이상했습니다. 전에는 한 번도 그런 적이 없었거든요. 그런데 저를 세우더니 로켓랩에서 같이 일하지 않겠냐고 하더군요. 전 속으로 좋다고 생각했습니다. 하지만 좀 미친 짓 같았어요."

백은 오도널을 시간제 근무로 고용해서 로켓의 항공 전자장치 제작 작업을 맡겼다. 오도널은 사무실에 있는 책상 2개 중 하나를 차지하고 전자장치를 테스트했다. 오도널도 백과 마찬가지로 책을 읽고 나사의 웹 사이트를 검색하며 로켓에 대해 많이 배웠다.

오도널이 들어온 지 얼마 되지 않아 백은 첫 정규직 직원으로 니킬 라구를 고용했다. 라구는 열 살 때 가족과 함께 인도에서 뉴질랜드로 이민 왔다. 엔지니어 집안 출신인 라구는 오클랜드대학에서 기계공학을 전공했다. 라구는 석사 학위를 취득한 직후 로켓랩에 합류했다. 백은 라구에게 공학 및 운영 책임자라는 직함을 주었지만 사실은 '모든 것을 다 하는 엔지니어'라고 해도 무리가 아니었다. 라구는 로켓을 제작하고 투자자를 위한 재무 모델과 자료를 작성하고 예산을 관리하는 것 외에도 일반적으로 백이 요구하는 모든 것을 해야 했다.

피터 백과 회사의 대주주 마크 로켓은 대학을 졸업하지 않았지만 라구에게는 문제가 되지 않았다. 라구는 백이 책에서 습득한 공학 이론을 응용해 실제로 적용하는 데 뛰어난 재능이 있음을 알았다. 백의 손쉬운 접근 방식은 라구에게 신선하게 느껴졌다. 백의 접근 방식은 라구가 대학에서 배운 추상적인 이론과 달랐다. "단 한 번도 '이거 혹시 사기 아냐?'라는 생각을 해본 적이 없어요. 저는 피터가 할 수 있다고 믿었습니다. 그와 함께 있으면 소용돌이 속으로 빠져들어 가게 됩니다. 피터는 항상 의욕이 넘치고 전속력으로 나아가죠. 그는 문제가 생기면 어떻게든 해결책을 찾아냈습니다. 중간에 포기하는 법이 없었어요. 젊은 엔지니어는 이론에만 매달리기에 십상입니다. 하지만 피터는 같이 문제를 해결하다가 안 되면 퇴근한 후에 작업실에서 무언가를 만들어와 이론이 맞았는지 틀렸는지 증명해 보이곤 했습니다."

직원이 3명뿐인 로켓랩은 외부인들에게 우스꽝스러워 보였을지도 모른다. 사무실은 작은 원룸 크기였다. 임시 칸막이를 설치하여 얼마 안 되는 공간을 작업 영역에 따라 나누었다. 컴퓨터와 책상을 한곳에 두고 전자장치를 조립하는 곳과 테스트하는 곳을 분리했다. 가구는 모두 제각각이었다. 한 건물에 있는 다른 사무실에서 얻어 쓰다 보니 그렇게 되었다. 사무실에는 창문이 있었지만 건물이 언덕에 맞닿아 있어 창문 위쪽으로 푸른 하늘만 살짝 보였다. 한 방문객은 이 공간을 "지하 감옥"이라고 놀리기도 했다.

라구에 따르면 지하 작업 공간은 사무실과 달리 "위험하지만 멋진 일을 할 수 있는" 곳이었다. 로켓엔진은 지하실에 설치한 소형 컨테이너(10피트, 2.4×3m)에서 테스트했다.▼ 추진제를 실험할 때는 창고에서 했다. 창고를 만들어 완전히 밀폐하고 정전기를 막기 위해 접지接地해서 통제된 환경에서 실험할 수 있게 했다. 과염소산암모늄 같은 화학물질을 사용할 때는 특히 주의해야 했다. 과염소산암모늄은 결정을 분쇄해서 크기를 조절했다.▼▼ 라구는 말한다. "과염소산암모늄은 불이 잘 붙을 뿐만 아니라 흡입하는 것만으로도 건강에 여러 안 좋은 영향을 미칠 수 있습니다." 아니나 다를까 로켓랩은 건물 벽을 울리는 폭발음으로 IRL의 모든 사람을 끊임없이 놀라게 했다.

▶ 나중에는 모형 로켓발사장이나 에어뉴질랜드 소유의 시설에서 테스트를 진행했다.
▶▶ 한번은 IRL의 누군가가 낡고 고장 난 현미경을 버린 적이 있었다. 더그 카터는 너무 복잡해서 고칠 수 없다고 했지만 벡은 폐기물 상자로 들어갈 뻔한 이 현미경을 1달러에 사서 고친 다음 결정을 들여다보는 데 사용했다.

가장 까다로운 숙제는 낙하산을 이용해 로켓을 지구에서 회수하는 기술을 구현하는 것이었는데 이는 야외에서 실시했다. 테스트를 위해 로켓랩은 로켓과 화물의 무게를 재현하고자 여러 종류의 센서와 가속도계를 장착한 70kg가량의 금속 덩어리를 만들었다. 그런 다음 착륙 목표 지역을 비행할 비행기를 수배해 누군가 화물칸에서 금속 덩어리를 던져야 했다. 조종사가 비행하는 동안 로켓랩 직원이 비행기의 난간에 매달린 채 지상의 조그만 모래 언덕을 향해 금속 덩어리를 던지면 다른 직원이 지상에서 낙하하는 그 덩어리와 무선 신호로 통신하기 위해 계속 따라가야 했다. 하지만 계획대로 진행되지 않는 경우가 많았다. 라구는 말한다. "로켓연료 테스트를 미친 짓이라고 하지만 낙하산 테스트도 만만치 않아요. 낙하산도 독자적인 과학의 한 분야입니다."

로켓랩 직원들은 연구를 진행하면서 앞으로 펼쳐질 기회에 더욱 용기를 얻었다. 1950~1960년대에 항공우주산업에서 종사한 사람들은 비교적 짧은 기간에 많은 것을 성취했다. 그 결과 우주산업은 지난 수십 년 동안 무사안일에 빠져 모험을 두려워하게 되었다고 벡은 생각했다. 따라서 창의적인 방식으로 문제에 접근한다면 소규모 팀과 제한된 자원만으로도 엄청난 일을 할 수 있다고 생각했다.

그렇지만 로켓랩은 끊임없는 재정 압박에 시달렸다. 마크 로켓의 투자는 도움이 되었지만 그다지 오래 가지 못했다. 벡은 발사 비용을 선불로 낼 대학을 고객으로 유치하고 싶었다. 하지만 대학들은 실적이 전혀 없는 로켓랩을 그다지 진지하게 받아들이지 않았다. 게다가 미국이나 유럽의 탑재물은 로켓에 실으려면 승인을 받아야 하는데 그 절차도 무척 까다로웠다. 벡은 프로젝트를 빠르게 진행하기 위해 직원을 좀더 고용하고 싶었지만 그럴 돈도 없었다.

라구는 말한다. "너무 답답했습니다. 우리는 계속 '왜 돈이 있는 사람을 찾을 수 없을까? 실리콘밸리의 회사들은 냅킨에 아이디어를 끼적거리거나 파워포인트 자료만 가지고도 수백만 달러를 받아내는데 우린 도대체 뭐 하는 거지? 그 돈에서 조금만 떼 줘도 우리는 많은 일을 할 수 있을 텐데.'라며 한탄하곤 했죠."

재정난을 타개하기 위해 벡과 라구는 끊임없이 보조금을 찾아다녔다. 미국의 항공우주 스타트업들은 보통 나사나 DARPA에서 수백만 달러를 지원받았다. 하지만 로켓랩은 소규모 계약으로 연명해야 했는데 그마저도 항공우주와 관련 없는 일이었다. 로켓랩은 초호화 요트용 탄소섬유 선체를 초음파검사하는 계약을 몇 건 체결했다. 파이프의 강도를 조사하기 위해 소형 폭발물을 터뜨리는 일도 있었다. 라구는 이런 실험들이 좋기도 했지만 두렵기도 했다. 라구는 15년 동안 폭발물 작업을 하고도 아직 손발가락이 멀쩡한 벡을 보며 위안으로 삼았다.

지역 잡지 〈메트로Metro〉의 기자가 2008년 4월 IRL을 방문해 피터 벡과 마크 로켓을 인터뷰하면서 로켓랩은 본격적으로 주요 언론의 주목을 받았다. '뉴질랜드 최초의 우주 탐험 프로그램'을 만들기 위해 정부가 9만 9,000달러를 로켓랩에 지원한 사실이 계기가 된 듯했다.

〈메트로〉의 기사는 회의적이면서도 동정심과 호기심을 불러일으켰다. 기사는 초반부터 지원금 심사 과정에서 정부 과학자 중 누구도 로켓랩의 기술이나 주장을 검증하지 않았다고 지적하며 벡이 "책상물림인지 사자처럼 용감한지" 궁금해했다. 기사는 사무실에 전시된 로켓 스쿠터와 로켓 제트팩을 설명하면서 어린 시절 벡의 도전을 언급하기도 했다. 벡은 인터뷰에서 로켓랩의 첫 로켓에 관해 이야기했다.

벡은 기자들에게 첫 로켓의 이름은 아테아1로 할 것이라고 했다.

아테아Ātea는 마오리어로 '우주'를 뜻한다. 로켓랩은 기자에게 아테아1의 모형을 보여주며 모형은 높이 5.5m, 너비 20cm이지만 실제 로켓은 약간 더 클 것이라고 했다. 아테아1은 발사 비용 8만 달러로 25kg의 화물을 싣고 약 240km 상공의 우주로 나갈 것이며 발사 후 탑재물은 낙하산을 타고 천천히 지구로 돌아올 것이라고 했다.

로켓을 개발하는 18개월 동안 벡은 탑재 중량을 낮추고 목표를 다 듬어나갔다. 벡은 사업가로서의 면모도 갖추게 되었다. 대학에서 주문을 받지 못했다는 사실을 드러내지 않고 로켓랩의 로켓은 연구용이며 주로 교육 기관을 대상으로 판매할 예정이라고 했다. 그러다가 잠시 후 벡은 사랑하는 사람이 정식으로 '우주인'이 되길 원한다면 고인의 유골이나 유품을 우주로 보내는 일에도 로켓랩은 열려 있다고 말했다.▼

벡은 5,000달러만 내면 사진이나 명함, 머리카락 같은 것을 로켓에 실어 우주로 보낼 수 있다고 했다. 그러나 그 자신도 100% 자신은 없는 것 같았다. 기자가 누가 그런 일을 하겠냐고 묻자 벡은 이렇게 답했다. "저 역시 그렇게 할 것 같지는 않은데 사람마다 생각이 다 다르니까요. 우주에 가고 싶다면 2,000만 달러를 들여 러시아 로켓을 타거나 25만 달러를 들여 버진갤럭틱을 탈 수도 있지만 죽을 때까지 기다렸다가 몇천 달러만 내고 로켓랩의 로켓을 타고 갈 수도 있습니다. 결국 우주에 가는 건 마찬가지입니다. 다만 죽은 다음에 간다는 게 다를 뿐이죠." 마크 로켓은 충분히 사업성이 있다고 생각했다. 자신의 투자금이 걸린 마크 로켓은 우주를 돌고 온 친척의 유골을 벽난로 위에 올려놓으면 좋을 것 같

▶ 인터뷰에서 벡은 이렇게 말했다. "뭔가 재미있는 걸 하고 싶으면 우리가 할 수 있습니다."

다고 했다. "우주에 다녀온 밥 삼촌의 유골을 벽난로 위에 올려놓을 수도 있죠."

벡과 로켓은 나중에 자신들의 입지에 영향을 미칠 문제에 대해 일련의 입장을 표명하면서 방위산업체로부터 돈을 받는 일은 절대로 하지 않겠다고 못 박았다. 벡은 기사에서 이렇게 말했다. "우리는 처음부터 군과 관련한 일은 그 어떤 것도 하지 않겠다는 방침을 세웠습니다. 군은 매우 달콤한 유혹입니다. 많은 돈을 받을 수 있지만 우리가 하는 일은 과학이지 살상이 아닙니다. 우리 사전에 무기는 없습니다." 하지만 아이러니하게도 마크 로켓은 나중에 상황에 따라 국방부의 자금도 받을 수 있다고 여지를 두었다. "우리는 나사와 계약을 맺고 무기를 만들 수는 없지만 연구 개발 관련 분야라면 좀더 운신의 폭이 넓다고 생각합니다. 분명히 말씀드리지만 우리는 군을 반대하는 건 아닙니다."

벡은 첫 발사 목표일은 2008년 9월로 잡았으며 당시 로켓랩은 아테아1 6대를 발사하여 뉴질랜드를 민간 우주산업 강국으로 만들 예정이라고 했다. 행사를 위한 티셔츠를 준비 중이고 투자는 언제든 환영이라고 했다. 벡은 "로켓 발사는 뉴질랜드를 위한 것입니다. 우리는 모든 뉴질랜드인이 자랑스러워하기를 바랍니다."라고 말했다.

벡의 인터뷰가 있고 나서 몇 달 후 스페이스X는 팰컨1을 발사했다. 일론 머스크의 회사는 로켓랩보다 몇 년 앞선 듯 보였지만 벡을 비롯한 동료들은 이 발사에서 깨달음을 얻었다. 스페이스X가 자금과 인력이 아무리 많다 해도 척박한 환경에서 로켓을 만들기는 로켓랩과 마찬가지라는 사실을 알게 되었다. 라구는 말한다. "스페이스X 사람들이 조립식 건물에 침대를 놓고 로켓 옆에서 잔다는 얘기를 들었습니다. 그들은 어려운 여건을 극복하고 해냈습니다. 우리도 비슷한 처지에 놓여 있다고 생각했어요. 큰 힘이 되었습니다."

하지만 스페이스X를 향한 당시 업계의 시선은 라구의 말과 좀 차이가 있었다. 오랜 노력 끝에 2008년 스페이스X가 첫 성공을 거둔 당시 항공우주업계에서는 스페이스X를 조롱거리로 여겼다. 대형 로켓 제조업체들이 장난감이라 여길 정도로 작은 로켓을 만들려다 파산할 뻔했던 회사가 바로 스페이스X였다. 사람들은 스페이스X가 더 큰 로켓을 만들려다 결국 파산할 것이며 저렴하고 쉽게 쏘아 올릴 수 있는 로켓을 만들기 위한 기술적 돌파구를 마련하지 못할 것으로 생각했다. 스페이스X에 비하면 로켓랩의 야망은 정말 아무것도 아니었다. 겨우 2.5명의 직원이 심지어 궤도에 안착하지도 못하는 소형 로켓을 만드느라 쩔쩔매고 있었다. 스페이스X가 농담이라면 로켓랩은 90분짜리 코미디 특집이었다.

모든 로켓 회사가 그렇듯 로켓랩도 스페이스X와 비슷하게 일정이 계속 늦어졌다. 〈메트로〉와 인터뷰 이후 몇 달 동안 로켓랩은 마크 로켓이 애초에 생각했던 것과 거의 비슷하게 설계 목표를 축소했다. 로켓랩이 총력을 기울여 제작한 아테아1은 높이 6m, 너비 15cm로, 탑재물 2kg을 145km 상공까지 쏘아 올리는 것을 목표로 했다. 로켓랩은 설립 후 3년 만인 2009년 말에 아테아1을 우주로 날려 보낼 예정이었다.

항공우주업계는 아테아1을 장난감으로 여겼지만 벡은 자신의 공학 기술을 과시할 기회라고 생각했다. 인터뷰에서 벡은 가장 큰 도전이 '파멸의 나선'을 해결하는 것이라고 설명했다. 로켓 물리학에 따라 질량을 1g 추가할 때마다(예를 들어 연료 탱크 무게나 로켓이 회전하지 않도록 하는 날개의 무게 등) 로켓랩은 10g의 연료를 추가해야 했다. 벡이 설명한다. "가령 로켓의 앞부분에 10g 무게의 나사를 추가한다고 해보죠. 그러면 갑자기 10g의 나사를 들어 올리기 위해 100g의 추진제를 더 주입해야 합니다.

추진제를 더 많이 넣기 위해서는 더 큰 연료 탱크가 필요하겠죠. 그러면 또 추가한 추진제를 위해 연료 탱크를 10g 늘려야 합니다. 이제 질량이 10g 늘어났으니 100g의 연료가 더 필요합니다. 그러려면 또 연료 탱크가 커져야 합니다."▼

　　로켓랩은 '파멸의 나선'을 역으로 이용하기로 했다. 가능한 한 로켓의 무게를 줄여 누구도 만들지 못한 가장 효율적인 관측로켓을 생산하고자 했다. 벡의 계획에 따라 로켓랩은 로켓의 동체를 탄소섬유로 만들고 고체 추진제와 액체 추진제를 동시에 사용하는 독자적인 연료 혼합 방식을 개발했다. 게다가 로켓이 대기와 마찰할 때 발생하는 $870°C$가량의 열을 견딜 수 있게 단열재를 설계하기도 했다. 비록 벡이 예상했던 것보다 3.14배 더 걸려 아테아1을 만들었지만 이 작은 회사는 그들의 창의성과 기술을 입증했다.

　　2009년 11월이 되자 자금이 바닥나기 시작했다. 마크 로켓은 추가로 돈을 빌려주었다. 하지만 로켓랩이 계속해서 존재하려면 이제는 세상에 기술을 보여줘야 했다. 공학도 개선도 이제 더는 의미가 없었다. 우선 로켓이 날아가는 것을 보여줘야 했다. 라구는 말한다. "압박감이 엄청났어요. 우리는 몇 주 동안 밤낮으로 쉬지 않고 일했습니다."

　　발사 장소를 찾는 데도 벡은 상상력을 발휘했다. 호주 쪽에 연락해 사막의 무인지대를 빌릴 수 있는지 알아보았지만 아무도 진지하게 받아들이지 않았다. 수소문 끝에 뉴질랜드 동부 해안에 있는 머큐리제도 인근에서 해군이 소유한 땅을 찾았다. 오클랜드에서도 가까웠으며 무기 시험장으로 여겨지는 곳이었기에 작은 로켓을 발사한다고 하면 설득하기

▶ 지역 방송국에서 한 인터뷰다.

도 쉬울 것 같았다.

벡은 그 장소를 좀더 조사하던 중 머큐리제도 중 하나인 그레이트머큐리섬의 공동 소유주가 마이클 페이라는 부유한 은행가라는 사실을 알게 되었다. 벡은 군 당국과 실랑이하기보다 섬에서 원하는 대로 할 수 있는 부자와 이야기하는 편이 낫겠다고 생각했다. 뉴질랜드인들은 한 다리만 건너면 다 아는 사이다. 벡은 페이를 아는 사람에게 전화를 걸어 섬을 역사적인 로켓발사장으로 제공할 의사가 있는지 물었다. 마이클 페이는 말한다. "저는 사생활을 아주 중요시하는 사람이라서 섬에 살고 있습니다. 그런데 친구가 전화해서 어떤 남자가 로켓을 발사하고 싶어 한다고 하더군요. 저를 대신해서 꺼지라고 말해주겠다고 하기에 그 사람의 전화번호를 알아달라고 했습니다."

로켓 발사를 허락하기 전에 페이는 오클랜드에 있는 벡의 연구소를 방문하고 싶어 했다. 페이는 벡의 로켓 자전거 등의 사진을 보았다. 페이는 말한다. "처음에는 회의적인 마음으로 갔는데 디자인이 훌륭하고 정교함이 느껴지는 로켓이 있더군요. 장인 정신이 돋보였습니다. 벡은 자신이 무엇을 만들었고 어떻게 작동하는지 매우 명확하게 설명해주었습니다."

11월 말에 벡과 라구 그리고 오도널이 그레이트머큐리섬에 나타났다. 페이도 발사에 적극적으로 참여했다. 페이는 헬리콥터와 바지선과 배를 로켓랩에 제공했고 로켓랩 직원들은 일주일 동안 필요한 장비를 외딴 섬으로 운반했다. 벡은 말한다. "마이클 페이는 우리더러 로켓 발사에만 신경 쓰라고 하더군요. 다른 건 자신이 알아서 할 테니 걱정 말라고 했습니다." 페이는 록 밴드 U2의 보노와 같은 유명인을 섬으로 초대한 적이 있어 발사 행사를 파티로 만들기로 하고 친구와 언론에 초대장을 보냈다. 그리고 요리사를 고용하여 모두에게 음식을 대접하기로 했다.

로켓 발사에 대한 소식이 퍼졌지만 뉴질랜드 정부의 각계각층에서는 이상하리만큼 반대가 없었다. 그레이트머큐리섬과 관련한 문제를 자문해주는 지역 의회는 정책안 어디에도 기업이 섬에서 로켓을 발사할 수 있다는 규정은 없지만 발사할 수 없다는 규정도 없다고 했다. 페이는 인맥을 동원해 단 2통의 전화로 발사 당일 그레이트머큐리섬의 상공을 지나는 항공사들의 항공편을 모두 우회시켰다. 페이는 말한다. "세관원이 뉴질랜드를 떠났다가 다시 들어오는 로켓도 입국 서류가 있어야 한다고 했을 때가 가장 힘들었어요." 페이는 최초로 뉴질랜드에서 만든 로켓이 우주로 날아갔다 바로 돌아오는데 서류 작성을 요구한다는 것은 말이 안 된다며 여러 차례 호소해 겨우 세관을 설득했다.

페이는 또한 로켓이 바다로 떨어지면 이를 회수하는 작업을 감독하기로 했다. 페이는 현지 선박용품 가게에서 닻을 구입해 이를 헬리콥터 측면에 매달아 로켓을 건져 올리는 갈고리로 사용할 계획이었다. 페이는 벡이 가지고 있는 여분의 로켓 동체를 가지고 몇 차례 테스트를 진행했다. 페이는 말한다. "닻은 조종석에 묶었어요. 로켓에 계속해서 물이 차는 문제가 있었지만 로켓을 천천히 올리면서 물이 다 빠질 때까지 기다린 다음 헬리콥터 안으로 옮기는 방법을 연습했습니다."

11월 30일에 벡과 팀원들은 이른 아침부터 아테아1을 발사하기 위해 준비했다. 작은 불도저를 사용해서 언덕을 깎아낸 다음 벙커를 만들었다. 벙커 안에는 정원에서 쓰는 창고를 설치해 비행 관제 센터를 만들었다. 이렇게 해놓으니 마치 로켓 발사에 관심이 있는 호빗이 설치한 구조물처럼 보였다. 오도널은 말한다. "벙커는 로켓발사대와 꽤 가까웠어요. 그래서 벙커 상단에 목제 기둥을 몇 개 박아 일종의 보호 장치로 사용했습니다. 피터는 혹시라도 무언가 잘못되면 액체연료에 불이 붙어서 그 불길이 벙커로 향할 수 있다고 했어요."

마이클 페이는 집에서 만든 양고기 소시지를 조심스레 은박지로 싸서 로켓의 화물칸에 실었다. 취재진 둘을 포함한 참관인들은 임시 비행 관제 센터 주변 잔디 언덕에 텐트를 쳤다. 로켓을 축복하기 위해 마오리식 의식이 열렸고 모두가 좋은 구경거리가 펼쳐지기를 기대했다.

첫 로켓 발사에는 늘 문제가 따르기 마련이다. 로켓랩은 연료 공급을 제어하는 부품의 결함으로 어려움을 겪었다. 이는 5달러짜리 부품이지만 자칫하면 발사 자체가 중단될 수 있었다. 페이가 방문객들에게 음식과 음료를 제공하는 동안 벡은 헬리콥터를 타고 북섬에 있는 철물점으로 날아갔다. 벡은 완전히 똑같은 부품은 아니지만 적당한 부품을 구해 서둘러 섬으로 돌아왔다. 너무 서두르는 바람에 벡은 부품 값을 지불하는 것도 잊었다. "여하튼 수중에 한 푼도 없었어요." 벡은 헬리콥터에서 내린 다음 점점 조바심을 내는 사람들 앞에서 로켓을 수리했다.

오후 2시를 조금 넘긴 시간에 벡은 벙커로 들어가 로켓 발사를 준비했다. 벡은 검은색 티셔츠 위에 흰색의 실험복▼을 입고 몇 대의 노트북 앞에서 옆에 있는 라구와 오도널과 함께 버튼을 누르기 시작했다. 벡이 "위대한 뉴질랜드 탐험가들의 전통을 이어받아 이제 뉴질랜드는 우주로 출발합니다. 점화장치 준비. 산소 준비… 점화! 열, 아홉, 여덟, 산소 공급, 일곱, 여섯, 다섯, 넷, 셋, 둘, 하나."라고 말하며 손을 붉은 버튼 위로

▶ 벡은 말한다. "사람들도 그랬지만 저도 그 실험복이 싫었어요. 하지만 일부러 입었어요. 로켓이라는 어려운 걸 만들면서 아무것도 모르는 사람처럼 보이면 안 된다고 생각했어요. 솔직히 말해 발사하는 농장이 최첨단 시설은 아니잖아요. 그래서 더 사람들에게 신뢰를 주고 싶었어요. 특히 뉴질랜드에서는 우주를 장난으로 여기니까요."

내려놓자 벙커 밖에서 요란하게 터지는 소리가 들렸다. 벡은 문밖으로 나와 로켓이 날아가는 것을 보고는 공중으로 펄쩍 뛰며 "정말 죽인다! 그렇지!"라고 소리쳤고 라구가 옆에서 마냥 웃고 있었다. "아직도 타고 있어."라고 벡이 외쳤다. "22초. 이제 무사히 우주로 가는 거야." 주변에서 사람들이 박수를 치며 환호하는 동안 벡은 라구의 손을 잡으며 수고했다고 인사했다.

한 번에 성공하는 일은 드물지만 아테아1은 깔끔하게 날아갔다. 로켓은 우주로 100km를 넘는 높이에 도달했다가 지구로 돌아왔다. 양고기 소시지가 어떻게 되었는지 아무도 몰랐지만 상관없었다. 라구는 말한다. "순간 큰 안도감을 느꼈습니다. 모든 피와 땀과 실험의 대가였어요. 성공했어요. 이 작은 뉴질랜드에서는 정말 대단한 일이었습니다. 우리가 해낸 거예요."

발사 후 얼마 지나지 않아 한 배가 바다에 떠 있는 로켓의 1단부를 발견하고 배에 타고 있던 누군가가 벡에게 전화로 알려주었다. 기술 문제로 인해 로켓랩은 비행 중에 원하는 만큼 많은 데이터를 로켓으로부터 수신하지 못했다. 하지만 부스터의 잔해는 로켓이 연료를 모두 소진하고 제대로 작동했음을 보여주었다. 그레이트머큐리섬으로 돌아온 페이는 제일 좋은 와인을 몇 병 땄다.

페이는 로켓 발사를 철학적으로 표현했다. 페이에 따르면 뉴질랜드는 포식자가 없는 나라였다. 그 결과 새들은 도망갈 이유가 없으니 날지도 않았다고 말했다. 마오리족에게는 우주라는 단어가 있지만 로켓이라는 단어는 없었다. 벡은 이제 뉴질랜드와 하늘과의 관계를 바꾸었다.

13.　위태로울수록 치열하게

실리콘밸리의 기술 스타트업은 이정표가 될 만한 업적을 달성하고 나면 흔히 더 많은 자금을 조달하려고 한다. 초기 자금으로 한동안 버티며 제품을 만들어 자신이 하는 일을 알린 다음 부자들에게 그 제품을 보이고 밝은 미래를 꿈꾸게 하여 더 큰 금액의 수표를 받아낸다. 로켓랩이 캘리포니아에 있었다면 첫 로켓은 아마도 그런 절차를 밟았을지도 모른다. 벡은 빠듯한 예산으로 거의 혼자서 우주에 도달했다. 그 과정에서 벡은 새로운 기술을 개발하고 투자자들이 좋아하는 배고픈 사업가의 분위기를 물씬 풍겼다. 그러니 사람들이 이 공학 마법사에게 투자하기 위해 줄을 섰어야 마땅하다.

그러나 정작 벡이 성취한 바를 아는 사람은 거의 없었다. 로켓랩의 발사는 현지 언론을 비롯해 BBC와 몇몇 해외 매체를 통해 소개되었을 뿐 기술업계나 항공우주업계에 큰 파문을 일으키지는 못했다. 벡은 떠오르는 항공우주산업의 거물이라기보다는 호기심 많은 아이처럼 보였다.

한적한 곳에 사는 괴상한 발명가가 취미용 로켓을 우주로 보냈다. 훌륭하다. 이 정도였다.

벡과 로켓랩의 잠재력을 알아본 것은 미군 출신 인사들이었다. 이들은 저렴하게 우주로 무언가를 보낼 수 있다면 그게 누구든 이야기를 마다할 이유가 없었다.

미친 짓을 많이 하는 국방부 산하기관인 DARPA는 피트 워든 등의 압력으로 가능한 한 빠르고 저렴하게 우주로 로켓을 발사하는 방법을 찾고 있었다. DARPA는 아테아1의 사양을 검토한 뒤 미국의 '신속 대응이 가능한 우주'라는 목표에 도움이 되리라 생각했다. 특히 DARPA는 로켓랩이 자체 추진제와 금속 부품이 거의 없는 가벼운 로켓을 만든 데 깊은 인상을 받았다. 벡은 항공우주산업 종사자들이 오랫동안 논의만 해왔을 뿐 결코 해결하지 못한 몇 가지 발전을 이루어냈다. 아무런 연락도 없이 로켓 회사의 문을 두드렸던 첫 방문과 달리 이번에는 DARPA와 다른 군사기술 기관의 초청을 받아 미국을 방문해 아이디어를 발표했다.

DARPA와의 회의를 통해 로켓랩은 2건의 계약을 체결했다. DARPA는 먼저 전투가 발생했을 때 즉시 하늘 높이 카메라를 날릴 수 있는 로켓 기반 시스템을 개발해달라고 했다. 당시는 2010년이었고 학생들도 공중에 띄울 수 있는 상업용 드론이 나오기 전이었다. 군대는 전투가 시작되면 고해상도 카메라를 즉시 하늘로 보내 낙하산을 펴고 하강하면서 아래에서 벌어지는 상황을 연속으로 촬영할 방법이 필요했다. DARPA는 로켓랩이 이 장치를 만들 적임자라고 보았다.

이 프로젝트에는 '인스턴트 아이Instant Eyes'라는 이름이 붙었고 휴대용 로켓 발사기로 발전했다. 군인은 로켓랩에서 제작한 454g짜리 장치를 들고 다니다 버튼을 누르면 카메라와 컴퓨팅 장비를 20초 이내에

762m 상공까지 날려 보낼 수 있다. 그런 다음 카메라는 고해상도 사진을 찍고 데이터를 무선으로 휴대전화나 태블릿, 노트북에 전송한다. 오도널은 말한다. "인스턴트 아이는 본질적으로 야전에서 고립되어 즉시 주변 상황을 알아야 하거나 누군가를 구조하고 지원하기 위한 상황 인지 도구였습니다."

미국과 뉴질랜드는 가까운 동맹국이지만 군은 법률적 관점에서 로켓랩을 어떻게 처리해야 할지 명확한 기준이 없었다. 미국의 항공우주 기술 공유 제한법 때문에 로켓랩은 독자적으로 이러한 프로젝트에 참여하기가 어려웠다. 그러던 중 누군가가 로켓랩을 미국에 기반을 둔 국방부 협력업체와 연결하여 함께 프로젝트를 진행하는 방안을 생각해냈다. 로켓랩이 장치를 제작하면 협력업체는 생산 비용을 로켓랩에 지불하고 그 장치를 미군에 판매하는 방식이었다.

DARPA는 로켓랩이 아테아1보다 더 나은 로켓을 만들 수 있다고 생각했고 초소형·초저가 로켓을 계속 연구할 수 있도록 자금을 지원했다. 거창한 이름의 신속대응우주국과 해군연구소도 로켓랩에 약간의 자금을 지원했다. 로켓랩은 추진제를 개발하는 데 지원금을 사용했다. 이 지원금은 특히 로켓랩이 점액성단일추진제viscous liquid monopropellant를 만드는 데 투입되었다. DARPA와 계약은 로켓랩에게 작은 기적이나 마찬가지였다. DARPA 등 군 관련 조직은 로켓랩과 같은 형태로 작업을 진행하는 데 외국 회사에게 직접 돈을 준 적이 거의 없다. 먼 나라 식기세척기 디자이너 출신이 진행하는 민간 미사일 프로그램에 자금을 지원하다가 잘못되면 큰 문제로 비화해 관료는 발목을 잡힐 수 있었다. 그런데도 점액성단일추진제는 미국의 주요 관심 분야였으므로 여러 기관은 벡의 연구에 50만 달러를 지원할 만큼 흥미를 보였다.

로켓은 일반적으로 고체와 액체 2가지 추진제를 사용한다. 고체 추진제는 이름 그대로 고체 형태의 연료 덩어리다. 고체 추진제는 비교적 간단하게 만들 수 있는 데다 무엇보다 안전해서 다루기가 쉽다. 연료 덩어리를 만들어 필요할 때마다 로켓에 투입하면 된다. 고체연료의 가장 큰 단점은 일단 불이 붙으면 되돌릴 수 없다는 것이다. 한번 연료가 점화되면 끝까지 탄다.

오늘날 로켓 대부분은 케로신과 액체산소를 혼합한 액체 추진제를 사용한다. 케로신에 불을 붙인 다음 산소를 공급하면 로켓이 대기를 뚫고 산소가 부족한 우주에 진입하더라도 원하는 속도로 연소 작용을 제어할 수 있다. 액체연료의 단점은 저장과 사용에 주의하지 않으면 폭발할 수 있다는 것이다. 로켓 회사는 화학물질을 처리하기 위해 특수 장비를 갖추어야 한다. 액체 추진제는 발사하기 직전에 로켓에 장착해야 한다. 발사 전에 문제가 발생하면 로켓에 접근하기 전에 반드시 탱크에서 추진제를 제거해야 한다. 따라서 액체연료는 시간과 비용이 많이 든다.

액체연료의 장점은 무엇보다 고체연료보다 더 많은 힘, 즉 항공우주 엔지니어들이 '확 끄는 힘oomph'이라고 부르는 추진력을 제공한다는 것이다. 연료가 로켓엔진으로 주입되는 양도 정확하게 제어할 수 있다. 한번 불붙으면 끄지 못하는 방식이 아니므로 원하는 대로 엔진의 출력을 제어할 수 있다. 문제가 발생하면 클릭 한 번으로 로켓의 밸브를 닫아 완전히 연료 공급을 중지할 수 있다.

DARPA 등의 군 관련 조직은 로켓랩이 점액성단일추진제 연구를 통해 고체연료와 액체연료의 장점을 모두 갖춘 추진제를 개발하기를 바랐다. 점액성단일추진제라는 이름에서 알 수 있듯이 로켓랩은 점성이 있는 걸쭉한 액체연료를 만들어 엔진에 투입해서 점화하려 했다. 이 연료는 처음에는 반고체 상태지만 충격을 받으면 액화된다. 점액성단일추진제는 순수한 액체연료보다 안정적이면서도 고체연료처럼 밀도가 높다. 또한 연료와 산화제가 이미 섞여 있어 압력이 높은 로켓 내부에서 두 화학물질을 혼합할 필요가 없는 게 큰 장점이다.

군과의 계약으로 벡은 더 많은 직원을 고용할 여유가 생겼다. 벡은 채용 공고를 내고 젊은 엔지니어 몇 명을 고용했다. 그 덕분에 사무실은 점점 비좁아졌다. 그러나 군과 계약에는 큰 대가가 따랐다.

마케팅에 정통한 마크 로켓은 아테아1 발사 후 기업들이 로켓 측면에 로고를 붙이기 위해 줄을 설 것이라고 예상했다. 로켓랩은 소형 로켓을 더 많이 만들어 발사만 하면 된다고 생각했다. 에너지 음료 로고가 새겨진 발사체를 타고 인류의 유해가 우주로 향하고 이를 따라 돈이 흘러들어오면 우주여행을 인증받은 사망자를 포함해 모두가 행복해졌을 것이다. 그러나 그런 일은 일어나지 않았다. 마크 로켓은 말한다. "뉴질랜드 기업 시장은 생각보다 로켓랩에 더디게 반응했죠. 실망스러웠어요. 제가 기대한 만큼의 수익 창출이 쉽지 않았습니다."

로켓랩의 상업화 문제에 가장 직접 영향을 받은 사람은 벡이었다. 아테아1을 발사하고 군에서 자금이 조금씩 들어오기 전까지 벡은 자신의 미래가 매우 걱정스러웠다. 온종일 로켓만 만들고 싶었지만 여유 자금을 위해 요트용 탄소섬유를 테스트하거나 다른 회사의 장비를 개조했다. 벡은 가끔 고철 처리장을 돌아다니기도 했다. 고철더미를 뒤져 파이프나 금속 조각을 찾아 싸게 구입해왔다. 벡은 이렇게 해서라도 로켓 프로그램을 계속 진행하고 싶었다. "뉴질랜드 사람이라면 누구나 제가 하는 일을 미친 짓이라고 생각했습니다. 직원들 월급 때문에 밤새도록 잠못 이루는 날이 많았어요." 상황이 더욱 나빠지자 벡은 두 번째 주택 담보 대출을 받았다. "우리 가족은 꽤 심각한 재정난에 빠졌습니다. 잘못되면 정말 모든 게 끝장이었어요. 아내는 훌륭한 엔지니어였지만 아이들을 키우며 전업주부가 되었죠. 아내는 제 꿈을 위해 많은 걸 포기하고 참아냈습니다. 그러니 죽기 아니면 까무러치기였습니다. 다른 방법이 없었어요."▼

상황이 이렇다 보니 DARPA와 미군이 몇 가지 부품을 만들어달라고 했을 때 무척 반가웠다. 벡은 선택의 여지가 없었다. 벡에게는 로켓 제작이라는 목표가 있었기에 군과의 계약이 자신의 꿈을 이루는 가장 확실한 길이라고 생각했다. 하지만 마크 로켓은 파멸을 가져오는 자들과 거래할 수 없다고 판단했다. 마크 로켓은 벡에게 계약을 거부하라고 요구했고 벡이 이를 거절하자 로켓랩에서 손을 뗐다.

마크 로켓은 말한다. "저에게도 넘어서는 안 될 선이 있는데 피터가 그 선을 넘은 겁니다. 피터가 왜 그 길로 가고 싶어 했는지 이해해요. 많은 기회의 문이 열려 있으니까요. 지금도 유치했죠. 피터는 빠른 결정을 원했고 저는 로켓랩의 발목을 잡고 싶지 않았습니다. 저는 다른 길이 있을 수 있다고 생각했지만 피터의 상대는 미국의 주요 기관이었죠. 그들은 피터의 관심을 사로잡았습니다. 결국 CEO는 피터니 그가 알아서 하는 겁니다."

마크 로켓은 벡이 회사 지분을 되사는 데 동의했다. 하지만 당장 돈이 없었으므로 벡이 5년 안에 현금을 지불하는 것으로 두 사람은 합의했다. 마크 로켓의 입장에서는 매우 관대한 합의였다. 그는 벡과의 일을

▶ 언젠가 케린은 피터에게 이런 말을 했다고 한다. "우리가 판잣집에 살더라도 당신은 로켓랩을 계속해. 하지만 언젠가는 100만 달러가 입금된 통장을 보여줘야 해."

비밀에 부쳐 로켓랩의 재무제표에 부채로 표시되지 않게 했다. 이로써 마크 로켓은 로켓랩이 대성공하면 수백만 달러, 심지어 수십억 달러를 벌 수 있는 투자를 포기했다. 마크 로켓은 말한다. "제가 기억하는 한 언성을 높이는 일은 없었어요. 우리는 각자 입장이 명확했습니다. 저는 피터에게 꽤 잘해주었다고 생각해요."▼

군과 맺은 계약으로 소형 로켓을 제작하여 정기적으로 우주로 발사하겠다는 꿈은 방해받을 수밖에 없었다. 실리콘밸리의 스타트업은 자본을 쉽게 확보할 수 있었으므로 어떠한 타협도 없이 이루고자 하는 기술을 추구할 수 있었으나 로켓랩에는 다른 선택지가 없었다. DARPA를 만족시켜야 한다는 압박감으로 벡은 로켓 아테아2 개발을 중단하고 인스턴트 아이에 집중했다.

새 프로젝트를 위해 벡이 처음으로 고용한 사람이 새뮤얼 호턴이다. 기계공학을 전공한 호턴은 항공우주나 자동차 분야에서 일하기를 꿈꿨지만 뉴질랜드에서는 적당한 일자리를 찾을 수 없었다. 그는 호주 보잉에서 일하다가 어느 날 옛 스승에게서 뉴질랜드에 로켓 스타트업이 생겼다며 "똑똑하고 재능 있는 엔지니어를 찾고 있다."라는 말을 들었다.

호턴은 인스턴트 아이 프로젝트에서 로켓발사대를 설계하고 테스트할 만한 장소를 찾는 등 만능 재주꾼이 되어야 했다. 로켓랩은 오클랜드와 가까우면서도 비행 금지 구역이 아닌 곳이 필요했다. 호턴은 뉴질랜드식 인맥을 이용했다. 호턴은 친구에게, 친구는 아버지에게, 아버지

▶ 미리 귀띔하자면 현재 로켓랩의 기업 가치는 수십억 달러에 이른다. 로켓랩이 엄청난 자금을 조달하자 벡은 5년 후 주식으로 마크 로켓의 지분을 갚았다. 마크 로켓은 한때 회사 지분의 50%를 소유했지만 지금은 1% 미만이다. 마크 로켓은 "돌이켜보면 그때 왜 그랬는지 저도 모르겠습니다."라고 한탄했다.

는 이웃에게 전화했고 로켓랩은 곧 양과 소가 뛰노는 농장을 자유롭게 사용할 수 있게 되었다. 호턴은 말한다. "농장 주인은 우리 일을 재미있어했어요. 저는 우리가 하는 일에 자신이 있으며 소에게 로켓을 쏘거나 축사를 박살 내는 일은 없을 거라고 안심만 시키면 됐어요."

로켓랩은 약 6개월에 걸쳐 여러 형태의 인스턴트 아이를 개발하고 테스트했다. 직원들은 주 초반은 새로운 모델을 설계하고 조립하는 데 보내고 하루나 이틀 정도 테스트한 다음 금요일에는 농장으로 향했다. 야외 테스트가 있는 날에는 픽업트럭에 휴대용 미사일 발사기를 싣고 IRL에서 농장까지 주위의 관심을 피해 운전해 갔다.

목장에서 벡과 호턴과 두 엔지니어는 공중에 발사체를 발사하고 낙하산을 타고 내려올 때까지 기다렸다. 이들은 바람이 발사체 성능에 많은 영향을 미친다는 사실을 알게 되었다. 이들은 울타리 너머로 뛰어다니며 가시덤불 사이나 습지로 떨어진 발사체를 찾느라 하루를 보내기도 했다. 지역 주민들은 거의 불만이 없었다. 테스트 중 몇 시간 동안 당국에 의해 영공이 폐쇄되자 비행기로 농작물과 동물을 확인할 수 없게 된 한 농부가 불만을 제기한 게 전부였다. 호턴은 말한다. "근처에 공군 폭격장이 있었는데 군인들이 와서 아주 공손하게 무슨 일을 하는지 알려 달라고 하는 정도였어요."

로켓랩이 DARPA를 위해 인스턴트 아이를 개발하고 시연하기까지는 1년도 채 걸리지 않았다. 2011년이 되자 로켓랩은 인스턴트 아이 프로젝트로 이미 여러 상을 받았고 2012년부터 판매하겠다고 발표했다. 1960년대 이후 군납업체가 이렇게 빠르고 합리적인 비용으로 작업을 진행한 사례는 없었다.▼

호턴은 로켓랩 직원들의 동료애를 성공의 원인으로 꼽았다. 이들은 경험은 부족했지만 함께 일하기를 좋아했고 도전을 즐겼다. 퇴근 후에도 장난감 자동차에 로켓 모터를 붙이고 주차장에서 누가 빨리 날려보내는지 시합했다. 벡은 시합에서는 항상 이겨 다른 엔지니어들을 분발하게 했다. 벡은 또한 근무 태도에서 모범을 보였는데 이는 회사 전체로 이어졌다. 호턴은 벡의 업무 지시와 관련해 이런 일이 있었다고 한다.

피터는 할 일을 지시하기도 하고 무언가를 조사하고 부품을 사 오라고 요청하기도 했습니다. 정부 계약업체 출신인 저는 2~3일 내로만 처리하면 될 거로 생각했습니다.

한번은 낙하산을 꿰매줄 사람을 찾아야 했죠. 피터가 제게 그 일을 지시했고 몇 시간 후에 제게 진행 상황을 물어보았지만 아무것도 하지 못했죠. 반나절도 지나지 않아 피터가 전화를 걸어 30분 만에 모든 걸 직접 해결했습니다. 피터는 제게 아무 말도 하지 않았고 나무라지도 않았지만 무언가를 해야 할 때는 반드시 끝을 봤습니다. 피터는 또한 정통 로켓 교과서를 탐독했습니다. 책꽂이에는 항상 여러 권의 책이 꽂혀 있어서 문제가 생기면 책을 뒤졌습니다. 이렇게 쌓은 지식은 우리가 다음 단계로 넘어가는 데 든든한 토대가 되어주었습니다.

라구는 인스턴트 아이 프로젝트를 진행하던 초기에 로켓랩을 떠났다. 라구는 벡과 함께 이상한 장치를 들고 IRL 사무실을 뛰어다니던

▶ 로켓랩은 플로리다에서 인스턴트 아이를 시연했고 미국 협력업체는 수천 대를 판매할 수 있으리라 기대했다. 하지만 협력업체는 사업을 시작하지 못했고 곧이어 똑같은 기능을 하는 드론이 보편화되었다.

때를 잊지 못했다. IRL 과학자들은 항상 이상한 표정으로 이들이 도대체 무슨 일을 벌이고 있는지, 신체적 위험을 초래하거나 건물 전체를 파괴하지나 않을지 걱정했다. 벡의 곁에 있는 것만으로도 신나는 일이었다. 그러나 라구는 돌아다니면서 새로운 분야에서 경험을 쌓고 싶었다. 소형 로켓이 실패 없이 소형 위성을 궤도에 안착시키려면 적어도 몇 년은 더 걸릴 것으로 생각했다. 라구는 말한다. "누군가 찾아와 1억 달러를 주면서 스페이스X를 추격하라고 하지는 않았지만 로켓랩에서 보낸 모든 순간이 너무 좋았어요. 어려운 일도 많았지만 즐거웠습니다."▼

인스턴트 아이가 성과를 거두자 로켓랩은 점액성단일추진제와 벡의 원대한 목표에 집중했다. 벡은 새로운 연료를 개발하고 싶었을 뿐만 아니라 이를 로켓랩에서 제작한 미군의 AIM-9 사이드와인더(공대공미사일)에 주입해보고 싶었다.

다시 한번 로켓랩 직원 6명이 행동에 나섰다. 2명이 추진제를 정제하는 동안 다른 2명은 로켓 본체에 집중하면서 설계와 제작, 테스트를 반복했다. 전자장치나 소프트웨어에 문제가 생기면 시간제로 근무하는 오도널에게 도움을 요청했다.

테스트는 잘 진행될 때도 있었고 예상치 못한 방향으로 진행될 때도 있었다. 오도널은 말한다. "우리는 미친 듯이 일했어요. 한번은 자정 무렵에 피터와 함께 지하실에 있었던 기억이 납니다. 로켓에 추진제를 넣고 압력을 가하고 있었어요. 로켓 내부에서 무언가가 분출되면서 엄청난

▶ 라구는 미국으로 건너가 실리콘밸리에서 알테라로보틱스라는 로봇 회사를 설립했다. 라구는 말한다. "항상 약간의 아쉬움이 있어요. '아, 그냥 버텼어야 했는데.'라는 생각이 들죠."

압력이 축적되기 시작했습니다. 저는 그것을 제어해서 멈추려고 하는데 뒤돌아보니 피터가 책상 밑으로 뛰어들어가는 게 보였습니다. 피터가 저를 올려다보고 있더군요. 저도 책상 밑에 들어가야 하나 생각했습니다."

벡은 모든 프로젝트를 오가며 누구도 풀지 못한 문제를 해결하는 엄청난 능력을 발휘했다. 로켓랩에 개발 자금을 지원한 DARPA는 그 결과가 마음에 들자 테스트 비용을 지원했다.

2012년 11월에 벡과 로켓랩 직원들은 미군 장교들을 대상으로 점액성단일추진제 기반 미사일을 시연하기 위해 그레이트머큐리섬으로 갔다. 아테아1 발사 이후 3년이 지난 시점이었다. 로켓랩은 많은 성과를 거두었지만 테스트가 잘못되면 회사가 끝장날 수도 있었다. 불길하게도 벡과 오도널은 발사 전날 밤 테스트 중 미사일을 거의 폭파할 뻔했다.

마이클 페이가 다시 한번 행사를 진행해주었다. 기자들은 초대되지 않았지만 DARPA와 록히드마틴 등의 관계자들이 페이의 집에서 머물렀다. 발사 전날 밤 저녁 식사 중에 싸움이 벌어졌다. 고급 와인을 너무 많이 마셔서인지 록히드마틴의 한 임원이 테스트 후 자신들이 로켓랩의 기술을 인수해야 한다고 말하며 주도권을 잡으려 했다.▼ 당시 자리에 있었던 한 사람은 그 임원이 로켓랩을 깔보는 듯했다고 한다. "마치 '꼬마야, 여기 봐봐. 우리는 록히드마틴이야. 네 아이디어가 좋기는 한데 어른이 봐줘야 해.'라는 식이었죠. 난장판이 되어 고성이 끊이지 않았습니다. 다른 사람들은 여태껏 잘해왔으니 피터에게 그런 도움은 필요 없다고 말하기도 했습니다."

다음 날 테스트는 벡을 응원한 사람들에게 힘을 실어주었다. 로켓

▶ 록히드마틴은 로켓랩이 만든 단열재를 구입하던 기업 중 하나였다.

랩은 미군의 최첨단 기술을 능가하는 기계를 만들기를 바랐는데 정확히 그렇게 되었다. 미사일은 거의 완벽한 비행을 하고 바다에 부드럽게 착륙했고 로켓랩은 이를 회수하여 분석했다.

알 웨스턴은 에임스연구소의 빡빡한 생활을 떠나 뉴질랜드에서 휴가를 즐기고 있었다. 웨스턴은 군에 있는 친구들에게서 로켓랩의 활동에 대한 소식을 듣고 무작정 벡에게 시연에 초대해달라고 했다. 웨스턴은 미국의 무기 개발 프로그램에 참여했으며 에임스연구소에서 여러 최첨단 연구를 수행해 로켓랩과 벡을 평가하기 좋은 위치에 있었다. 웨스턴은 별 기대를 안 하고 시연에 참석했다가 벡의 미사일을 보고 놀라움을 금치 못했다. "뉴질랜드에는 로켓의 철자도 제대로 아는 사람이 없는 줄 알았어요. 아이디어를 들어보고 말도 안 된다고 생각했는데 그렇지 않았어요. 피터는 진짜였습니다."

시연이 끝난 직후 벡은 로켓랩의 작은 사무실에서 전체 회의를 열었다. 벡은 20대 직원들 앞에서 다음에 회사가 무엇을 할지 공개했다. 6년 동안 연구실에서 고군분투한 벡은 이제 미국 투자자들이 자신을 진지하게 받아들일 만큼 충분히 보여주었다고 생각했다. 다른 CEO라면 요란한 말들을 늘어놓았겠지만 벡은 차분하게 있는 그대로 설명했다. 벡은 실리콘밸리로 날아가서 막대한 투자금을 유치해 오겠다고 했다. 로켓랩은 이제 진짜 로켓을 만들 생각이었다.

14.　　　　　　아름다운 로켓 일렉트론

잠시 피터 벡의 입장이

되어보자. 2013년 당시 벡은 30대 중반이었고 스타트업 창업자로서 실리콘밸리에서 쉽게 볼 수 있는 유형은 아니었다. 벡은 비범한 대학 자퇴자나 멋진 아이디어를 가지고 대학을 갓 졸업한 청년들보다 나이가 훨씬 많았다. 벡은 또한 실리콘밸리의 30대라면 있을 법한 경력이나 인맥도 없었다. 성공한 기술 기업에서 일하거나 그런 기업을 운영해본 적도 없었고 그러다 보니 업계 내 인맥도 없었다. 기껏해야 군과 관련된 몇 가지 창의적인 공학 프로젝트를 수행한 정도였는데 해당 분야에서도 관심을 받기는커녕 이해조차 하지 못하는 어려운 프로젝트였다.

더욱 불리한 점은 벡이 뉴질랜드 출신이라는 것이다. 뉴질랜드 사람들은 겸손이 몸에 배어 있다. 자기선전에 매우 서툴며 실제로 뉴질랜드 사람들은 성공한 사람을 깎아내리려 한다.▼ 벡은 천성적으로나 문화적으로나 투자자들 앞에 서서 실리콘밸리에 유행하는 말마따나 세상을 바꾸겠다고 말하는 데 소질이 없었다.

벡이 요전에 자금을 모으려 할 때는 일이 잘 풀리지 않았다. 벡은 로켓랩 지분의 절반을 고작 30만 달러에 내주었다. 이번에는 벤처 투자사를 몇 군데 찾아가 500만 달러라는 훨씬 더 많은 돈을 요청할 계획이었다. 사람 좋은 마크 로켓과 달리 캘리포니아 투자자들은 벡을 이용해서 최대한 나쁜 조건으로 로켓랩의 지분을 빼앗으려고 혈안이 되어 있었다. 벡은 또한 투자자들에게 직접 전화로 홍보한 다음 그들의 사무실을 방문하기도 했다.

로켓랩의 프레젠테이션은 우스꽝스러웠다. 벡은 파워포인트 자료를 꺼내 투자자들에게 곧 다가올 우주 혁명에 관해 설명했다. 곧 수만 개의 위성이 우주로 발사될 것이며 로켓랩은 세계에서 가장 많은 로켓을 발사하는 회사가 될 것이라고 말했다. 맞다. 일반적으로 이렇게 원대하고 비용이 많이 드는 프로젝트는 국가나 억만장자들이나 도전한다. 그렇다. 로켓은 항상 예상보다 시간도 비용도 더 많이 든다. 게다가 역사적으로 보아도 로켓을 통해 이익을 얻기란 쉽지 않다. 하지만 이번에는 다를 것이다. 로켓랩은 정말 긴 시간 동안 무수히 많은 사람을 괴롭혀왔던 기술적 문제를 해결할 투지와 끈기가 있기 때문이다. 엄청난 로켓을 만들어 엄청난 돈을 벌 것이니 나를 믿어라. 나는 피터 벡이다. 내게는 부스스한 머리와 멋진 계획 그리고 열정이 있다.

벡은 축제의 호객꾼 복장으로 회의에 참석하기도 했다. 자신이 설계한 소형 로켓엔진과 몇 가지 다른 부품을 가방에 들고 나타났다. 벡은 또한 자신이 제작하려는 로켓의 거대한 도면을 인쇄하여 회의실 탁자를

▶ 이는 럭비 선수를 제외한 모든 뉴질랜드 사람에게 적용된다.

전부 차지하도록 펼쳐놓기도 했다. 한 사람에 따르면 벡은 가끔 회의실 탁자 위에 작은 플라스틱 공들을 던져놓기도 했는데 그만큼 많은 위성이 하늘로 올라갈 것이라는 뜻이었다.

그런데 놀랍게도 이런 게 효과가 있었다. 벡은 3주 동안 벤처 투자사 3곳에서 프레젠테이션을 했는데 그중 하나인 코슬라벤처스에서 수백만 달러를 투자받았다. 코슬라벤처스라는 이름은 그 돈만큼이나 큰 의미가 있었다. 코슬라벤처스는 실리콘밸리에서 유명한 투자사 중 하나였다. 로켓랩은 아무에게나 돈을 받는 게 아니라 자신들이 무엇을 하는지 정확히 알고 있는 사람들에게서 돈을 받았다.

벡은 말한다. "그 모든 일이 일어나는 동안 정확히 어디에 머물렀는지 기억합니다. 홀리데이인 1층 세 번째 방이었어요. 드나들기에 편하고 무엇보다 제일 쌌기 때문에 그 방을 선택했죠. 딸의 첫 생일도 놓쳤어요. 저는 투자자들에게 뉴질랜드에 있는 로켓 회사에서 500만 달러를 모으려고 한다고 이야기했으며 말 그대로 그들의 돈을 다 태워버릴 거라고 했습니다. 그러면 대부분 '좋아요. 투자금이 큰데 우선 100만 달러는 어때요?'라고 했어요. 하지만 저는 여기서 20만 달러 저기서 50만 달러 이런 식으로 투자금을 모으고 싶지 않았습니다. 저는 500만 달러를 온전히 한 투자자에게 받고 싶었어요. 로켓랩의 비전을 보고 회사와 저를 지지해줄 단 한 명의 투자자만 있으면 됐습니다."

많은 난관에도 불구하고 벡이 성공한 이유 중 하나는 에임스연구소와 피트 워든의 사람들 때문이다. 투자자들이 로켓랩을 실사하면서 조언을 얻기 위해 워든에게 전화를 걸었다. 워든은 다시 뉴질랜드에서 벡의 작업을 직접 목격한 웨스턴에게 전화했다. 웨스턴은 벡이 확실한 사람이라고 했다. 웨스턴의 말은 상당히 영향력을 발휘했다. 또한 벡은 벤처 투자가들이 중요시하는 패턴에도 부합했다. 벡은 거의 미쳤다고 할 정도로 로켓에 집착했으며 어떤 질문을 던져도 수준 있는 대답을 내놓았다. 게다가 벡은 이미 무언가 직접 만들었다. 우주에 관심이 있고 이 분야에 뛰어들려 한다면 이 뉴질랜드인은 꽤 괜찮은 투자처로 보였다.

2013년 10월에 로켓랩과 코슬라벤처스 사이의 계약이 마무리될 무렵 다른 기업들도 소형 로켓산업에 뛰어들 생각을 하기 시작했다. 리처드 브랜슨의 버진갤럭틱은 수년간 관광용 우주선을 제작해왔지만 큰 성공을 거두지 못하자 이 불확실한 사업을 역시 불확실한 무언가로 보완하겠다고 결정했다. 버진갤럭틱은 발사 때마다 위성을 몇 개씩 실어나를 수 있는 소형 로켓을 설계하기 위해 팀을 구성했다. 파이어플라이에어로스페이스(이하 파이어플라이)도 이와 비슷한 생각으로 2014년 초에 로켓 설계 작업을 시작했다. 이 회사들 역시 뜻있는 투자자를 찾았고 합법적인 경쟁사였다. 그러나 자금이 부족한 불법적인 경쟁사도 수십 곳이나 생겨났다.

팰컨1을 따라잡거나 능가하기 위한 경쟁이 시작되었다. 버진갤럭틱과 파이어플라이도 분명 로켓랩보다 큰 우위를 점하고 있었다. 버진갤럭틱은 팰컨1을 만든 직원을 대거 영입한 점이 가장 두드러졌다. 버진갤럭틱은 수년간의 경험을 바탕으로 비슷한 기계를 스페이스X보다 훨씬 더 빠르고 저렴하게 만들 수 있을 게 분명했다. 파이어플라이에도 스페이스X 출신이 몇 명 있었다. 게다가 두 회사 모두 미국에 소재하고 있어 상대적으로 쉽게 미국 자본을 이용할 수 있었다. 그 반면에 로켓랩은 미국 엔지니어를 뉴질랜드로 데려와 로켓 개발에 직접 참여시킬 수 없었다. 이는 미국이 군이나 항공우주 분야의 중요한 비밀이 타국에 누설될까 우려했기 때문이다.▼ 그런데 버진갤럭틱과 파이어플라이는 이러한 규제로부터 자유로웠다.

이런 문제들을 조금 더 쉽게 해결하기 위해 로켓랩은 공식적으로 본사를 오클랜드에서 로스앤젤레스로 변경했다. 적어도 처음에는 형식적인 조치였다. 벡은 여전히 오클랜드에서 생활하고 일했으며 로켓랩의 공학 팀도 모두 오클랜드에 있었다. 그러나 미국에 작은 사무실이 생기자 로켓랩은 법적 번거로움을 덜고 많은 미국 투자자를 유치할 수 있었다. 무엇보다 앞으로 미국 정부나 군, 나사와 좀더 수월하게 거래할 수 있었다. 뉴질랜드에서 벡이 로켓랩을 미국 회사라고 공표하자 크게 비난하는 사람들도 있었지만 앞으로 필요한 자원을 확보하기 위한 가장 확실한 길이라고 이해하는 사람들도 있었다.

벡은 말한다. "저는 애국심이 강한 사람입니다. 뉴질랜드 내에서 누구에게도 뒤지지 않을 거예요. 그런데 미국에 가보니 안 되는 일이 없었습니다. 우리에게 이런 자금을 지원해주는 곳은 지구상 어디에도 없었습니다. 저는 코슬라벤처스와 계약하고 곧장 상점에 가서 성조기를 샀습니다."

뉴질랜드로 돌아온 후 벡은 신입 사원을 채용하기 시작했다. 로켓랩은 이제 연구 개발을 하는 작은 회사에서 번듯한 사무실과 책상, 제조 공장을 갖춘 제대로 된 회사로 성장했다. 신입 엔지니어 중 일부는 뉴질랜드 대학이나 산업체 출신이었다. 벡은 다행히 호주의 몇몇 대학에 양

▶ 이 문제는 인적 교류의 문제가 아니라 정보 흐름에 관한 것이다. 미국 기술자도 로켓랩에서 일하며 다양한 작업을 수행할 수 있다. 하지만 엔진이나 전자 시스템의 작동에 대해 오클랜드에서 열리는 회의에 참석해서 자세히 설명할 수는 없다. 이와 달리 뉴질랜드 정부는 자국의 엔지니어가 미국으로 가 미국의 로켓랩 직원에게 기술 문제에 대해 자세한 정보를 제공해도 문제 삼지 않는다.

질의 항공우주공학 과정이 있다는 사실을 알게 되었다. 이 과정을 이수한 졸업생들은 항공우주 기업에서 일하길 희망했지만 지역에는 그런 기업이 없었으므로 보통 전공과 관련 없는 직장에 만족해야 했다. 이들에게 로켓랩에서 일하는 것은 일생일대의 기회였다.

벡은 군 프로젝트에 전념하면서도 수백만 달러가 생기면 이를 어떻게 사용할지 수년 전부터 정확히 계획해두었다. 벡의 노트북과 컴퓨터 설계 프로그램은 일렉트론이라는 로켓과 러더퍼드 엔진의 모델로 꽉 차 있었다. 벡은 소형 로켓 분야에서 최고가 되어 로켓 기술의 새로운 경지를 열고 싶었다.

먼저 로켓 본체는 알루미늄 대신 탄소섬유로 만들 예정이었다. 탄소섬유는 로켓의 가격을 높이지만 가볍고 강해 더 많은 화물을 실을 수 있다. 로켓랩은 이미 관련 기술을 확보한 것이나 마찬가지였다. 뉴질랜드는 오랫동안 아메리카컵에서 강국으로 군림했는데 최신 요트를 모두 탄소섬유로 제작했다. 그 덕분에 로켓랩은 탄소섬유 전문가들을 바로 영입할 수 있었고 또 아메리카컵 대회가 산발적으로 개최되는 바람에 돈벌이가 필요한 사람들에게 일자리도 제공할 수 있었다.

로켓랩은 로켓에서 복잡한 부품 중 하나인 터보펌프와 관련해 새로운 시도를 계획했다. 터보펌프는 극도로 높은 속도로 회전하는 터빈이 장착된 기계 시스템이다. 이는 사실상 로켓에서 유일하게 움직이는 부품이며 연소 가스와 액체산소와 케로신 같은 연료 사이에서 중간자 역할을 해야 한다. 터보펌프는 엄청난 압력하에서 적정 비율의 연료를 엔진에 공급해야 한다.

벡은 기계 부품과 배관을 상당 부분 제거하고 배터리로 작동하는 전기 모터가 높은 압력으로 연료를 연소실에 공급한다는 생각을 해냈다.

배터리 때문에 로켓의 무게가 늘어나지만 전체 구조는 더 간단해지며 연료를 더 정밀하게 제어할 수 있다. 문제는 아무도 로켓에 전기 터보펌프를 설치해본 적이 없다는 것이었다. 하지만 벡은 자신이 이 일을 해낼 적임자라고 생각했다.

로켓랩은 3D 프린팅을 도입해 한 걸음 더 나아갔다. 로켓랩은 로켓엔진을 손으로 깎는 대신 기계로 기계를 만드는 3D 프린터를 사용했다. 레이저로 금속 분말을 분사하고 금속을 녹여 얇은 층으로 엔진을 쌓아 올리는 방식이다. 항공우주산업에서 이 기술로 엔진 부품을 만든 경우는 있었지만 엔진 제작 공정을 전부 3D 프린터로 하는 일은 아무도 시도해본 적이 없었다. 아직 실험 단계였지만 이 기술로 로켓랩은 버튼 하나로 새 러더퍼드 엔진을 제작할 가능성을 열어두었다.

2013년 말부터 2014년까지 로켓랩의 직원 수는 10명 정도에서 20명으로 늘어났다. 벡은 오랫동안 생존 모드로 버텨왔다. 따라서 아이디어의 핵심에 대한 확신이 서기 전에는 계획을 성급하게 추진하고 싶지 않았다.

캘리포니아의 젊은 CEO라면 사람을 무더기로 채용해 가능한 한 빨리 사세를 확장했을 것이다. 그러나 벡은 이미 리더십을 발휘하고 있었다. 그는 검소하고 체계적인 데다 투자금을 더 받기 위해 목매지 않았다. 투자금을 많이 받을수록 회사에 대한 통제력을 투자자에게 더 내주어야 하기 때문이다. 벡은 종종 이런 말을 한다. "오늘 내가 1달러를 받으면 앞으로 돌려줄 돈은 100달러가 된다." 이런 벡의 태도는 로켓랩에 긍정적으로 작용하기도 했지만 때로는 회사의 발목을 잡기도 했다.

초기에 채용한 샌디 터티, 나오미 올트먼, 라클런 매챗 등은 각자 주요 프로그램을 맡아서 추진했다. 터티는 유럽에서 성장한 후 호주 퀸

즐랜드대학에서 일하다 로켓랩에 합류했다. 터티는 항공우주 분야 박사 학위를 취득하고 항공우주 회사에서 근무한 경험이 있어 신입 중 흔치 않은 경우였다. 올트먼과 매쳇은 대학을 갓 졸업한 전형적인 신입 사원 으로 아무런 기초 지식도 없이 바로 로켓 제작이라는 어처구니없는 일에 투입되었다.

벡은 자신의 직업윤리와 공학에 대한 생각으로 신입 사원들에게 모범을 보이려 노력했다. 벡은 보통 오전 7시 30분쯤 사무실에 출근해 오후 8시에나 퇴근했다. 초기 직원 중 하나는 말한다. "피터는 누구보다 열심히 일했습니다." 벡은 한가하게 수다를 떨거나 잡담하는 스타일이 아니었다. 그래서 벡에게는 일상적인 대화를 나누는 것 자체가 불편한 일이었다. 다만 로켓과 문제 해결 방식 등에 관한 이야기는 좋아했다. 벡 은 상대방에게 불친절하다는 느낌을 주지는 않았지만 대화할 때는 항상 목적이 있어야 한다는 생각을 들게 했다.

로켓랩 팀은 로켓 제조는 처음이었으므로 진행하면서 모든 것을 새로 창조해야 했다. 엔지니어들은 책, 사진, 인터넷의 기술 문서 등을 활 용하여 가능한 한 많은 정보를 수집했고 이를 기반으로 로켓의 부품을 제작하거나 중요한 부분을 설계했다. 벡은 일렉트론을 저렴하고 쉽게 제 조할 수 있어야 한다는 조건을 추가해 과제를 더욱 어렵게 만들었다. 이 전에 해온 것을 재연하는 데서 그치면 안 되었다. 벡은 직원들에게 복잡 한 항공우주 부품을 새롭고 저렴하게 제작할 방법을 찾으라고 했다.

직원들이 진공실이 필요하다고 하자 벡은 다른 로켓 회사처럼 비 싼 진공실을 구매하지 않아도 된다고 했다. 벡은 그 대신 직원에게 산업 용 스테인리스스틸 고기 분쇄기를 구입해 그 금속 통을 개조해서 사용하 라고 했다. 로켓랩에 근무했던 슈테판 브리셍크는 말한다. "해보니 성능이 아주 좋았습니다. 사실 거의 공짜로 얻은 거죠. 피터는 로켓의 다른 부품도 이런 식으로 구했습니다. 로켓랩이 이렇게 일한다고 하면 다른 대기업이 일하는 방식과 너무나 달라서 믿지들 않았어요."

과거에 공구를 제작해본 경험이 있었기에 벡은 공학 프로젝트의 방향을 잡는 데 어떤 육감이 있었던 것 같다. 신입 중 몇몇은 자신들의 공학 기술을 과시하며 정교한 부품을 만들기를 원했지만 벡은 일찍이 이를 차단하고 새로운 방향으로 임무를 돌렸다. 브리셍크는 말한다. "엔지니어가 설명하면 피터는 다 알아들었죠. 피터는 작동 방식도 이해하고 있었습니다. 그는 본능적으로 무엇이 싸고 비싼지 바로 알았습니다. 공학 전문가는 공학 그 자체를 좋아하기 마련입니다. 벡은 직접 선반 앞에서 일했어요. 직접 용접도 했죠. 벡이 못 다루는 기계는 없었어요."

벡은 물리학에 대한 이해도 뛰어나 머릿속에서 수치와 아이디어를 쉽게 응용했다. 고학력 신입 사원이 벡에게 이견을 제시하며 이론적 결함이 있다고 지적하는 일이 더러 있었다. 그러면 벡은 이를 경청하고 집으로 돌아가 비판에 반박하거나 자신이 옳음을 증명하기 위해 모델을 만들었다. 벡이 옳은 경우도 있었지만 그렇지 않으면 재빨리 자신의 의견을 접었다. 터티는 말한다. "피터가 모든 일에 의견을 내서 가끔 짜증도 났어요. 하지만 그게 그의 일이고 유용한 게 무엇인지 우리보다 잘 알았죠. 우리는 아주 진지하게 토론과 논쟁을 하고 일단 결정이 내려지면 모두 받아들였습니다. 잘못되더라도 모두가 같은 방향으로 나아가는 게 중요했어요."

로켓랩의 정신에 맞는 사람을 찾기 위해 벡은 엄격한 채용 과정을 개발했다. 한 명을 뽑는 데 100~200명의 지원자를 면접하는 일이 흔했다. 지원자의 학력도 중요하게 생각했지만 그보다는 지원자가 만든 것에 더 관심을 기울였다. 지원자 대부분은 로켓랩 사무실에 들어와 몇 시간에 걸쳐 회로 기판 분석이나 펌프 제작 등 기술 테스트를 거쳐야 했다. 벡은 누구보다 빠르고 정확하게 테스트를 통과한 사람을 선택했다. 브리셍크는 말한다. "피터는 사람들에게 실제 물리적 과제를 내주는데 저는 당연하다고 생각해요. 당신이 그 일을 할 수 있다는 걸 그 자리에서 증명하라는 거죠."

머스크와 마찬가지로 벡은 무리하게 일정을 잡는 습관이 있었다. 예를 들어 2013년 말에 로켓랩에 입사한 샌디 터티는 2014년 11월까지 로켓을 완성하고 발사대에 세우자는 일정을 벡에게서 받았다. 터티는 말한다. "현실적으로 들리지 않았어요. 하지만 저는 신입이었죠. 부정하고 싶지 않았습니다. 여기 있는 사람들이 가능한 일이라고 하니 한번 해보자고 생각했죠. 솔직히 조금 무리기는 했습니다."

2013~2015년에 로켓랩은 로켓을 만들기 위해 매우 고된 작업을 해야 했다. 로켓랩은 기본 엔진을 만들어 단 몇 초 만에 점화하는 일부터 시작했다. 이 목표를 달성한 후에 엔지니어들은 더 나은 엔진을 만들고 다시 짧은 시간 내에 점화되도록 노력했다. 이 과정은 몇 달 또는 몇 년에 걸쳐 반복되었고 수백 번의 테스트를 거쳤다. 모든 로켓 프로그램이 그러하듯 단계적으로 진행되는 때도 있었지만 그렇지 않은 경우도 많았다. 엔진이 뚜렷한 이유도 없이 폭발하기도 했고 시험대가 불꽃에 휩싸이기도 했다. 직원들은 일단 날아오는 파편을 피한 다음 컴퓨터 앞으로 돌아가 엔진이 폭발한 이유를 찾아내려 애썼다. 이러는 와중에 가끔 엄청난 돌파구가 나타나기도 했다.

로켓의 연료 탱크, 전자장치, 소프트웨어, 본체 외부도 동일한 과정을 겪었다. 큰 진전이 있을 때는 프로젝트가 거의 끝난 것 같다가도 해결하기 어려운 작은 결함이 발견되면 몇 개월이고 지연되기도 했다. 개발 초기에는 시간을 절약하고 전문가들의 지식을 활용하기 위해 외주업체와 계약을 맺어 로켓의 특정 부품을 제작했다. 하지만 초창기 직원들에 따르면 외주업체와 계약은 효과를 보지 못했다고 한다. 업체들은 신속하지도 않았고 로켓의 연동 부품을 이해하지도 못해 제대로 된 부품을 만들지 못했다. 로켓랩의 엔지니어들은 결국 직접 부품을 개발하고 새로운 기술을 배우고 완성하는 데 시간을 들여야 했다.

비록 벡이 기대한 일정보다 늦어졌지만 로켓랩의 이 같은 노력은 외부에 깊은 인상을 남겼다. 잠재적 투자자들은 스페이스X가 점점 더 많은 로켓을 발사하는 것을 지켜보았고 버진오빗Virgin Orbit이나 파이어플라이 같은 로켓랩의 경쟁사들도 자사의 프로그램에서 몇 가지 성공을 거두었다고 발표하는 상황이었다. 우주의 상업화가 더욱 피부로 느껴졌다. 벡은 이 상황을 최대한 이용해 실리콘밸리로 돌아가서 로켓랩의 사업을 더욱 빠르게 성장시킬 투자자들을 찾기로 했다. 코슬라벤처스가 벡을 대신해 활동하면서 자금을 조달하기가 쉬워졌고 더 많은 돈을 모을 수 있었다. 벡은 2015년에 실리콘밸리를 두 번 방문하고 벤처 투자사에서 약 7,000만 달러를 투자받았다. 호주와 뉴질랜드 정부, 록히드마틴도 추가 자금을 지원했다.

로켓랩은 이제 협소한 IRL 사무실을 떠나 오클랜드공항 근처 공업지대에 있는 대형 사무실 겸 공장으로 이전했다.▼ 직원 수는 매년 2배씩 늘어 곧 그 건물조차도 비좁아졌다. 전자 기기와 탄소섬유를 제작하는 별도의 공간과 일렉트론을 제작하는 중앙 공장이 따로 있었지만 건물

▶ 2016년에 이 건물에서 처음 벡을 만났다.

밖에도 컨테이너를 쌓아놓고 그 안에서 일했다.

로켓랩은 신규 자금을 유치했다고 발표하면서 2015년 12월까지 첫 번째 일렉트론을 발사할 예정이라고 했다. 실제로 준비된 게 아무것도 없었지만 로켓을 발사할 준비가 되었다 해도 허황된 계획이었다. 로켓랩은 일단 2가지 문제를 해결해야 했다. 첫째, 로켓을 발사할 수 있는 장소가 없었고 둘째, 미사일을 우주로 발사할 법적 권한이 없었다.

원래 로켓랩은 뉴질랜드에서 로켓을 발사할 계획이 없었다. 미국에는 기반 시설이 풍부하고 발사대를 설치할 만한 장소가 동부와 서부 해안에 널려 있었다. 유럽이나 남미, 아시아도 나름의 장점이 있었다. 그러나 로켓랩은 결국 물류 시설과 절차를 간소화하는 데 뉴질랜드가 최적의 장소라는 결론을 내렸다. 외딴곳에 있는 뉴질랜드는 항공과 해상 교통량이 적어 로켓을 발사하는 데 이상적인 입지였다.

로켓랩의 기업 문화를 고려하여 벡은 당시 스물두 살이던 숀 디멜로Shaun D'Mello에게 뉴질랜드에서 로켓을 발사할 장소를 찾으라고 했다. 디멜로는 호주 출신으로 2014년 중반에 인턴으로 로켓랩에 입사했다. 디멜로는 여러 프로젝트를 옮겨 다니며 유능한 인재로 인정받았다. 로켓 발사 장소를 선정하는 데 필요한 절차를 아는 사람이 아무도 없었기에 디멜로는 이 일을 맡기기에 적임자로 보였다.

디멜로는 컴퓨터에서 구글어스를 실행해 북섬과 남섬에서 사람이 살지 않는 해안가 지역을 샅샅이 뒤졌다. 오클랜드에서 자동차나 잠깐 비행기를 타고 갈수 있는 곳이라면 더할 나위 없이 좋았다. 디멜로는 지도에 대략 20여 곳의 위치를 표시하고 추가 조사를 진행했다. 디멜로는 날씨 패턴과 항공 교통량, 인근 어민의 수 그리고 각 지점에서 일렉트론이 도달할 수 있는 궤도 등을 파악해 스프레드시트를 작성했다. 그런 다음 디멜로는 여러 차례에 걸쳐 직접 현장을 둘러보고 몇 주 만에 마히아 반도를 최적의 로켓발사장으로 결정했다.▼

뉴질랜드 북섬 동해안에 있는 마히아반도는 외딴곳으로서 숨 막히는 절경을 자랑한다.▼▼ 물결치듯 출렁이는 목초지에서 양과 소가 노닐었으며 그 옆으로는 때 묻지 않는 해안과 청록색 바다가 연결되어 있다. 이 지역에는 주민 약 1,200명이 살고 있는데, 대부분은 농사를 지으며 생활한다. 대형 상점을 가거나 비행기를 타기 위해서는 가장 가까운 큰 도시까지 차로 약 1시간 반 정도 가야 한다. 평화롭고 조용한 분위기가 깨지는 시기는 크리스마스 연휴와 여름철로, 이 시기에 많을 때는 1만 5,000명의 관광객이 낚시, 서핑, 하이킹을 즐기기 위해 찾아온다. 관광객은 대부분 해변에 흩어져 있는 배치bach에 머무른다. 배치는 뉴질랜드 특유의 작고 단촐한 별장이다.

로켓랩은 다시 한번 마이클 페이의 호의와 인맥 덕분에 마히아로 들어갈 수 있었다. 이 부유한 사업가는 자신의 섬이 아니면 마히아에 있는 자신의 농장에서 시간을 보내기도 했다. 마이클 페이는 마히아에 벡이 관심이 있다는 것을 알고 주변 지인들에게 매물로 나온 땅이나 건물을 알아보기 시작했다. 그러던 중 해안가에서 양과 소를 키우는 오너누 이스테이션이라는 농장이 운영난을 겪으며 새로운 기회를 찾고 있다는 얘기를 들었다. 페이는 농장 소유주들에게 전화를 걸어 로켓 사업에 참여할 생각이 있는지 물었다.

▶ 로켓발사장을 건설할 곳으로 크라이스트처치가 잠시 언급되기도 했으나 지역 주민들의 반대에 부딪혀 무산되었다.
▶▶ 마오리족은 오랫동안 마히아반도를 안전한 피난처로 여겼다. 특히 부족 간에 전쟁이 발생했을 때는 이곳으로 숨어들었다.

마히아의 여러 농장은 한때 마오리족의 소유였으나 시간이 지나면서 대부분 대규모 영농업체에 팔려갔다. 그러나 오너누이스테이션은 여전히 1,800명의 마오리족 주주에 의해 운영되고 있었다.▼ 로켓랩의 임무는 이제 땅 소유주들과 지역 주민들에게 이 조용하고 자연 그대로의 환경에서 매주 있을 로켓 발사를 긍정적으로 생각하게 만드는 일이었다.

2015년 9월 벡과 페이는 오너누이스테이션의 고위 경영진 조지 매키와 그의 아버지를 처음으로 만났다. 조지 매키는 이렇게 말한다. "사람들이 우리 농장에서 로켓을 발사하고 싶다고 하더군요. 아버지와 저는 거기 앉아 정갈한 점심을 먹었습니다. 그런 다음 우리는 차에 올라타서 10분 동안 서로 아무 말도 하지 않았습니다. 그리고 우리는 서로 바라보며 '무슨 일이 일어난 거지? 이게 도대체 무슨 일이야?'라고 말했습니다."

오너누이스테이션은 면적이 약 40km²에 이르며 25km에 달하는 해안선을 끼고 있었다. 땅을 사거나 빌리려면 당장의 재정 상황 외에도 고려할 사항이 많았다. 마히아에 발사장을 건설하려면 중장비가 다닐 만한 대형 도로와 전력, 연료, 컴퓨터 시스템을 비롯한 주요 기반 시설이 있어야 했다. 로켓랩이 로켓을 지속적으로 발사하게 된다면 지역 주민들은 소음부터 해양 오염 물질까지 다양한 환경 문제와 부딪힐 수밖에 없었다.

마오리족은 한때 뉴질랜드 땅의 전체를 소유했지만 식민지가 된 후에는 뉴질랜드 영토의 5%만 보유하게 되었다. 따라서 마오리족은 로

▶ 마오리족은 특정 토지를 소유하는 대신 토지 전체를 관리하는 회사의 지분을 소유한다. 이런 방식은 토지를 중심으로 강한 유대감을 다져온 마오리족의 문화적·정신적 전통에 기반을 둔다. 이런 토지 관리 체계는 1930년대에 수익성 있는 농장을 만들기 위해 대단지를 조성하면서 시작되었다.

켓랩을 의심의 눈초리로 바라볼 수밖에 없었다. 거래를 성사시키려면 단순히 좋은 거래 조건을 제시하고 좋은 이웃이 되겠다고 약속하는 것만으로 충분하지 않았다. 로켓랩은 오너누이스테이션의 주주들과 마히아 주민들의 신뢰를 얻어야 했다.

벡은 우선 지역 지도자들과 만났다. 마오리족의 관행에 따라 벡은 방문자로서 자신을 소개하는 노래를 배워 불렀다. 어색하기는 했지만 벡은 자신의 이야기로 영향력 있는 일부 주주들을 설득했다. 벡은 발명품 이야기와 약속도 없이 항공우주 회사에 들이닥쳤던 미국 여행담으로 마오리족 주주들의 마음을 사로잡았다. 청중은 벡의 대담함과 기발함에 빠져들었다. 매키는 말한다. "피터에게서 마우이(마오리족이 뉴질랜드를 건국하는 데 도움을 준 신)의 정신이 느껴졌어요. 마오리 땅 소유주로서 우리는 피터에게서 마우이의 영리함과 재치를 보았습니다. 벡은 결국 기발한 방식으로 일을 해내죠."

얼마 안 있어 마히아 주민을 설득하는 일은 2015년에 로켓랩에 합류한 미국인 셰인 플레밍에게 맡겨졌다. 그는 6주에 걸쳐 여러 가정을 방문하고 다양한 그룹과 대화하며 그들이 우려하는 문제를 들어주었다. "지역 주민을 200명 정도 만났어요. 차와 비스킷을 얼마나 먹었는지 기억도 안 납니다."

적극적인 공세가 통했다. 두 달 동안 주민과 대화를 하고 다시 한 달 동안 사업 계약의 세부 사항을 교섭한 결과 양 목장에 민간 발사 기지를 설립하기로 했다.▾ 로켓랩이 토지를 임차하고 로켓을 발사할 때마

▸ 주주들의 투표는 거수로 진행했다.

다 주주들에게 수수료를 지불하기로 합의했다.▼ 로켓랩이 로켓을 더 많이 쏘아 올릴수록 농장 사람들은 더 많은 이익을 얻는다. 2015년 12월 1일에 마침내 로켓발사대의 토대를 다지기 위해 자갈을 가득 채운 트럭 12대가 줄지어 농장에 나타났다.

매키는 은하수를 마음껏 볼 수 있는 농장이 세계의 현대화에 이바지한다는 생각에 기뻤다. 매키는 지구관측위성과 곧 만들어질 우주 인터넷에 관한 벡의 이야기를 좋아했다. "항상 인터넷 통신망 안에 있다는 것은 수색이나 구조, 응급 상황에 도움이 된다는 얘기잖아요. 작게나마 그런 일에 동참할 수 있어서 기뻤습니다." 장기적으로 매키는 발사 수수료로 농장의 일부 토지를 개간해 토종 동식물로 채우고 생태 관광사업을 시작할 수 있기를 바랐다.

로켓랩이 발사 단지로 선택한 장소는 반도의 최남단에 있었다. 로켓랩은 곧바로 기반 시설 구축에 들어가 2.4m² 면적의 발사대와 수 킬로미터에 이르는 진입로를 건설했다. 직원들이 작업하고 로켓에 위성을 넣을 수 있게 사전 제작한 격납고도 옮겨놓았다. 55톤에 달하는 강철 로켓 거치대도 세웠다. 기지가 모양을 갖추기 시작하자 극적인 경치가 연출되었다. 끝없이 펼쳐진 초원과 그 끝에 세워진 로켓발사대 그리고 곧바로

▶ 매키가 준 자료에 따르면 수수료는 1회당 약 3만 달러다. 이는 수년 동안 수익을 내지 못했던 농장에 상당한 금액이다. 로켓랩이 나타나기 전 주주들은 농장에 감옥을 짓거나 감자를 재배하는 방안까지 고려했다. 오너누이스테이션 주주들은 다른 마오리족들의 부러움을 사고 있다고 매키는 말한다. 로켓랩은 21년 임대 계약을 체결했지만 3년마다 계약을 갱신하는 데 모든 주주의 동의를 받아야 한다. 매키는 말한다. "우리는 실리콘밸리 투자자들이 로켓랩을 러시아에 매각할까 봐 걱정입니다. 우리는 러시아인들이 들어오는 걸 환영하지 않아요. 새로운 소유주가 생긴다면 서로의 문화를 신뢰하고 존중하는 관계를 구축하기 위해 로켓랩과 동일한 과정을 거쳤으면 좋겠습니다."

바다로 이어지는 가파른 절벽이 환상적인 절경을 만들어냈다.

한동안 지역 주민들은 계약에 만족했다. 로켓랩은 지역 학교를 위해 장학금을 마련했다. 가능한 한 지역 건설업자를 고용했고 식당업자와 해안 숙박업자에게 새로운 수익원을 가져다주었다. 심지어 마히아의 한 커피숍은 이름을 로켓카페로 바꾸기까지 했다. 특히 마히아 주민은 로켓랩이 초고속 인터넷에 투자해서 모두가 사용할 수 있게 되어 감격했다.

하지만 시간이 지나면서 로켓랩과 주민들의 관계가 악화했다. 집이나 가게를 공사하려고 몇 주에서 몇 달 동안 의회 승인을 기다렸던 주민들은 로켓랩이 즉시 승인받는 것을 보고 좌절감을 느꼈다. 주민들은 건설업자들과 로켓랩 직원들의 태도에 분노했다. 로켓랩 직원들이 영향력 있는 지도자들에게는 친절하게 대하는 반면에 그 외 사람들에게는 그다지 존경심을 보이지 않고 마오리족의 문화적 관습을 무시한다고 느꼈다. 로켓카페 사장은 말한다. "로켓랩 직원들은 적을 만들고 관계를 단절시켰습니다. 공동체에 들어올 때 지켜야 할 기본 예의에 대한 지식이 부족했어요. 모두 무례한 태도나 절대적 오만함에서 비롯된 거예요. 저처럼 마오리족 공동체에서 나고 자란 사람에게는 해야 할 행동과 해서는 안 될 행동이 있습니다. 우리는 어리석고 멍청한 반도의 야만인이 아닙니다. 우리를 그렇게 대하면 안 됩니다."

디멜로를 비롯한 직원들은 언론과 마을 회의를 통해 발사대 건설 초기에 지역 주민들을 더욱 배려하지 못한 데 깊은 유감을 표명하며 상황을 진정시키려고 노력했다. 하지만 그들의 노력은 모든 주민을 설득하는 데 실패했다. 그렇다고 로켓랩의 작업이 중단되지는 않았다. 1년여에 걸쳐 시설을 계속 확장해 몇 안 되는 상업용 로켓 회사로서 위치를 확고히 하며 스페이스X와 어깨를 나란히 하게 되었다.

실제로 발사 기지를 이용하는 데는 벡의 추가적인 노력이 필요했다. 뉴질랜드는 이전에 로켓을 발사한 적이 없었다. 우주에서 기업 활동에 대한 규제도 정해진 게 없었다. 뉴질랜드는 또한 평화로운 나라라서 DARPA 등의 미국 군 기관을 위해 로켓을 발사하고 위성을 운반하는 일이 국민에게 지나치게 공격적인 행동으로 비쳤다. 한편 본사를 미국에 둔 로켓랩은 미국 정부와도 좋은 관계를 유지해야 했다. 미국은 40년 넘게 다른 국가가 미사일 같은 발사체를 개발하는 것을 저지해온 역사가 있기 때문이다.

뉴질랜드는 정말 작은 곳이다. 로켓랩이 정부에 접근한 방식을 알고 싶으면 바로 전 총리인 존 키에게 브런치를 요청하면 될 정도다. 그러면 존 키가 반바지와 티셔츠를 입고 식당에 나타나 자신을 알아보는 사람들에게 인사하며 뉴질랜드가 우주여행 국가로 나아가는 과정을 설명해줄지 모른다. 적어도 내 경험으로는 그랬다.

존 키는 말한다. "처음에는 매우 의심스러웠습니다. '정말? 뉴질랜드에 로켓이라고?' 뉴질랜드가 케이프커내버럴곶이나 케네디우주센터는 아니잖아요. 아시는지 모르겠지만 우리 나라의 국방 예산은 국내총생산의 1% 미만이며 전력은 호위함 2척과 상당히 낡은 선박 3척, 낡은 전투기 3대, 전차 2대가 전부입니다. 우리가 항공우주 기술의 최첨단에 선다는 발상은 이런 전력과 어울리지 않았죠."

벡은 2015년부터 키의 사무실에 나타나 자신의 희망과 꿈을 제시했다. 로켓랩이 가까운 미래에 일렉트론을 발사할 계획이니 신속하게 우주 관련 법을 제정해야 한다고 주장했다. 이러한 요청을 처음으로 접수한 관료는 당시 경제개발 장관이었던 스티븐 조이스였는데, 그는 벡과 전형적인 뉴질랜드식 대화를 나눴다. 조이스 장관은 말한다. "벡이 제게 발사 준비가 거의 끝났다고 하더군요. 그래서 수고했다고 말하니 벡이 관련 규제가 있어야 한다고 했습니다. 제가 '아, 그래요? 그럼 무얼 해야 하죠?'라고 물으니 그는 '규정을 만들고 법을 제정하는 등의 일을 처리해야 합니다.'라고 하더군요. 저는 '젠장. 할 수 없지.'라고 생각했습니다. 언제까지 이 모든 게 필요하냐 물었더니 6개월 안에 처리해달라고 하더군요. 저는 '이건 엄청난 시험대가 되겠구나.'라고 생각했습니다."

키와 조이스는 기업 친화적 정부를 운영하고 있었으므로 뉴질랜드가 이러한 흥미로운 기술의 최전선에 설 기회를 빠르게 받아들였다. 뉴질랜드는 새로운 법을 만들고 미국과 우주 및 무기 통제 조약을 체결해야 했다. 뉴질랜드 정부는 로켓랩과 함께 우주 관련 법률안을 제정하기 위해 12명으로 팀을 꾸렸다. 이들은 나사와 미국 연방항공청의 공개 문서를 가져와 차용하고 단순화해서 최대한 간단한 법률안을 만들었다. 이러한 일련의 과정은 6개월 이상 걸렸지만 뉴질랜드 정부는 2016년에 마침내 새로운 우주법을 마련했다.

로켓랩의 요청 중에서 유일하게 모든 사람이 반대했던 것은 달에서의 사업에 관한 규정이었다. 키는 로켓랩이 잘되길 바랐지만 달 표면에 무언가를 올려놓는 것은 고사하고 로켓을 한 대라도 제대로 쏘아 올릴 수 있을지 확신이 서지 않았다. 달과 관련한 내용은 너무나 장밋빛이었다. 키는 말한다. "달에서의 사업은 너무 앞서가는 거라고 생각했습니다." 조이스 역시 키와 마찬가지였다. "달과 관련해서 선을 그었습니다. 우리 나라는 500만 인구가 사는 나라인데 달에서의 사업은 주제넘어 보였어요."

미국에서 이와 유사한 법을 통과시키기는 더 어려웠다. 로켓랩은 형식적으로 캘리포니아에 본사를 두고 록히드마틴을 비롯한 미국의 여러 투자자가 투자한 회사지만 미국 정부는 자신들의 통제권 밖에서 다른 나라가 미사일과 같은 기술을 개발하는 데 거부감을 드러냈다. 벡은 다음과 같이 설명했다.

> 위성을 궤도에 올릴 수 있는 로켓을 개발했다는 것은 ICBM을 만든 거나 마찬가지입니다. ICBM 관련해서는 잘 얼버무릴 수도 있겠지만 그렇다고 하더라도 그건 피할 수 없는 현실입니다. 핵무기를 실어 나를 능력이 생기는 것인데, 여기에는 엄청난 책임이 따릅니다. 우리가 개발한 기술은 엄청나지만 이를 나쁜 의도로 사용하려는 사람들도 분명 있습니다. 따라서 이 기술이 악의적인 사람들 손에 들어가지 않게 하려고 엄청나게 많은 통제를 하고 있습니다. 미국 정부는 로켓 발사를 할 수 있는 기존의 국가를 제외한 나머지 국가들의 로켓 발사를 40년 동안 통제해왔습니다. 따라서 로켓랩이 하는 일은 안전하고 통제 가능하며 미국에도 좋은 일이라는 점을 내세워 미국 정부를 설득해야 했습니다.

뉴질랜드는 호주, 캐나다, 영국, 미국과 함께 '파이브 아이즈Five Eyes'라는 유명한 첩보 공유 동맹의 일원이었으나 가끔 동맹들과 다른 태도를 보이기도 했다. 뉴질랜드는 다른 국가와 분쟁에서 군사적 태세보다 평화적 태도를 택해서 항상 미국이 원하는 대로 행동하지는 않은 전력이 있다. 미 국무부도 뉴질랜드 기업이 순종하리라 기대하지 않았다.

키 총리는 버락 오바마 미국 대통령과 소통하면서 기회가 있을 때마다 로켓랩과 이들의 애로 사항을 이야기했다. 양국의 고위층은 마히아에서 로켓 발사를 미국이 일정 부분 감독하는 문제를 두고 협상을 벌였다. 몇 주가 지나도록 최종 합의에 이르지 못하자 미국이 로켓랩의 로켓 발사를 허용하지 않을지도 모른다는 소문이 돌았다. 로켓랩의 꿈을 막는 것은 기술이 아니라 정치였다.

로켓랩의 미래가 걸린 상황에서 벡은 워싱턴DC로 날아가 협상을 주도했다. 벡은 말한다. "홀리데이인에서 배수진을 치고 결론이 날 때까지 버텼습니다. 제가 우리 나라 정부 관료가 되어 미 국무부의 최고위층과 수많은 회의를 했습니다." 몇 달에 걸친 협상 끝에 벡은 2016년 말에 마침내 합의를 끌어냈다. "협정서에 서명할 때 제 옆에는 주미 뉴질랜드 대사관에서 나온 직원이 앉아 있었는데 별로 기뻐하지 않더군요. 알고 보니 그는 대사관에서 일하는 내내 뉴질랜드산 사과에 대한 관세를 철폐하는 데 매달려온 사람이었어요. 그런데 로켓랩은 몇 달 만에 양자 간 협정을 체결해버린 겁니다."

협정 조건에 따라 뉴질랜드는 로켓랩의 일렉트론을 미사일로 전환하지 않으며 미국에 적대적인 국가의 위성은 싣지 않겠다고 동의했다. 미국은 로켓랩의 발사장에 관리자를 파견하여 로켓을 조사하고 안전성을 감시할 수 있었다. 사실상 미국은 마히아에 감시자를 파견하는 셈이었다. 뉴질랜드는 미국의 특정 화물을 거부할 수 있었다. 조이스는 말한다. "미국은 뉴질랜드를 신뢰해야 했고 뉴질랜드 국민은 정부를 신뢰해야 했죠. 뉴질랜드 국민은 정부가 평화를 위협하는 문제에 관한 한 어떠한 타협도 하지 않을 것이라고 믿어야 했습니다. 저는 뉴질랜드인들이 어떤 종류의 무기도 우주로 보내고 싶어 하지 않는다고 확신합니다."

벡은 로켓 사업을 하는 데 법적으로 준비해야 할 게 그렇게 많을 줄은 몰랐다고 나중에 털어놓았다. 모든 이해 당사자와 협상을 좀더 일찍부터 시작했어야 했다. 하지만 로켓랩이 일렉트론을 개발하는 데 이미 성공했으므로 뉴질랜드와 미국의 관료들은 벡의 요청이 늦은 감이 있어도 이를 거절하기 어려웠다. 벡은 말한다. "우리는 이미 로켓을 테스트하고 있었습니다. 로켓을 완성하는 데 미국의 도움이나 기술은 필요하지 않았죠. 물론 미국 없이 할 수 없는 일이라는 것도 인정합니다. 하지만 양측의 이해관계가 맞아떨어졌다고 하는 게 더 정확한 표현일 겁니다."

로켓랩과 뉴질랜드 정부는 당시 협정과 관련해 언론의 비판을 받았다. 일부 신문은 로켓랩이 미국 회사가 되었고 이제 미국 정부와 긴밀한 동맹을 맺었다며 실망을 표했다. 하지만 실제로는 양국에서 발생하는 일에 아무도 관심을 기울이지 않았다. 미국 정부 관계자나 뉴질랜드 대중은 아직 로켓랩을 그다지 진지하게 받아들이지 않았다.

2016년에 처음 만났을 때 벡은 누구에게나 그랬듯이 내게도 낙관적인 전망을 제시했다. 벡은 2016년 첫 로켓 발사를 시작으로 계속 발사를 이어갈 것이라고 했다. 오클랜드 공장에는 공정마다 로켓 본체들이 있어 벡의 말이 더욱 실감 났다. 벡에 따르면 로켓랩은 2017년에는 한 달에 한 번씩 일렉트론을 발사하고 그다음에는 매주 발사할 계획이라고 했다.

2013년부터 그 순간까지 벡이 실리콘밸리의 첫 번째 투자자들과 대화하며 예측한 것들이 거의 모두 실현되었다. 플래닛랩스를 본뜬 수십 개의 위성 스타트업이 생겨났으며 이들은 모두 저렴하고 빠른 로켓을 원했다. 삼성, 스페이스X, 페이스북과 같은 거대 기업도 위성 수만 대를 쏘아 올려 방대한 우주 인터넷 연결망을 구축하겠다고 이야기했다. 세계는 곧 로켓을 끝없이 필요로 하게 될 것이고 이 뉴질랜드인은 우주에 대한 전 세계의 열광을 잘 이용할 수 있는 위치에 올라섰다.

늘 그렇듯 새로운 로켓은 예정보다 늦어졌다. 스페이스X는 18개월이면 팰컨1을 개발해서 발사할 수 있다고 생각했지만 로켓을 궤도에 올리는 데 6년이 걸렸다. 많이 늦어졌어도 6년은 엄청나게 빠른 속도였다. 기준을 어디부터 잡느냐에 따라 로켓랩은 벡이 회사를 설립한 2006년부터 또는 본격적으로 로켓을 연구하기 시작한 2013년부터 일렉트론을 제작하기 시작했다. 로켓랩은 애초에 벡이 설정한 2016년이라는 발사 시기는 맞추지 못했지만 2017년이 되자 마침내 일렉트론이 얼마나 뛰어난지 확인할 준비를 마쳤다. 항공우주업계 관점에서 보면 로켓랩은 놀라울 정도로 일정을 잘 지킨 셈이다. 5월에 마히아로 직원을 파견한 로켓랩은 추가로 7,500만 달러를 조달하여 총 1억 5,000만 달러의 자금을 확보했다. 일부 부자들뿐만 아니라 온 국민이 성공을 기대했다.

　로켓랩은 고객들과 화물 운송 계약을 맺기는 했지만 탑재물을 위험에 빠뜨리고 싶지는 않았다. 과거 로켓 개발의 역사를 보면 첫 로켓은 폭발할 확률이 매우 높았다. 다만 일렉트론이 언제 폭발하느냐가 관건이었다. 최악의 경우 로켓이 발사대에서 터지면 기지의 기반 시설과 양 떼가 모두 날아갈 것이다. 그나마 조금 나은 경우는 60초 정도 비행 후 폭발하는 것이다. 그러면 로켓의 성능에 관한 데이터를 수집해 공장 내 다른 일렉트론과 엔진을 수정할 수 있다. 물론 기적처럼 로켓이 몇 분간 비행해 우주의 가장자리에 닿을 수 있다.

　호주 출신 20대 엔지니어 나오미 올트먼이 가능한 모든 사고를 탐색해 대응하는 임무를 맡았다. 로켓랩은 위험한 상황을 감지하면 일렉트론의 엔진을 즉시 차단할 수 있는 비행 종료 시스템을 올트먼에게 맡겼다. 로켓랩과 미국 감시 기관들은 센서와 소프트웨어를 통해 로켓의 궤적을 추적하고 로켓이 통제 불능 상태이거나 민간인에 위험을 초래할 우려가 있다고 판단되면 엔진 가동을 중단한다.

　올트먼은 로켓랩에 입사하기 전에 비행 종료 시스템을 개발한 적이 없었다. 하지만 지난 4년 동안 이와 관련한 책을 읽으며 비행 종료 시스템을 설계하고 테스트해왔다. 비행 종료 시스템은 로켓 전체에서 가장 중요한 기술이라 해도 과언이 아니다. 사람들은 일렉트론이 우주에 도달하지 못해도 크게 문제 삼지 않을 것이다. 실제로 사람들은 실패하기 십상이라고 생각했다. 그러나 로켓 발사로 위험에 처한다면 얘기가 달라진다. 로켓을 안전하게 발사하지 못하면 로켓랩은 용서받지 못할 것이다. 가령 누군가가 로켓을 중지하라는 명령을 내렸는데도 로켓이 멈추지 않는다면 로켓랩은 서툴고 경솔한 아마추어라고 비난받을 것이다. 로켓이 무언가를 훼손했는지는 중요하지 않다. 사람들은 그저 피터 벡을 비롯한 유쾌한 젊은이들을 믿을 수 없다고 생각할 것이다. 로켓랩은 다시 로켓을 발사하려면 미국과 뉴질랜드에 잃어버린 신뢰를 되찾기 위해 긴 시간 노력해야 할 것이다.

올트먼은 발사 준비를 하기 위해 엔지니어 수십 명과 함께 5월 25일 마히아로 향했다. 이번 발사에는 장난스럽게 '이건 테스트다It's a Test'라는 이름이 붙었다. 직원들은 너무 성급하다고 느꼈는데, 안전에 문제가 있다기보다 엔지니어로서 로켓을 계속 테스트하고 수정하고 싶다는 생각이 컸다. 하지만 벡에게는 그럴 여유가 없었다. 기상 악화로 이미 발사가 며칠 미뤄진 터였고 이제는 버튼을 눌러야만 했다.

오전부터 이른 오후 시간까지 로켓랩 팀은 발사를 위한 준비 과정을 거쳤다. 밸브와 탱크의 압력을 조절하고 수천 개의 센서를 점검하고 통신 시스템을 테스트했다. 마히아 주민들은 주변 언덕을 차지하고 앞으로 몇 년 동안 마을에서 펼쳐질 새로운 쇼를 보기 위해 최적의 장소를 찾으려 했다. 미국의 감시자 몇몇은 관제 센터에 자리를 잡았다. 이들은 로켓랩의 모든 움직임을 감시하며 언제든 발사를 중단할 수 있었다.

오후 4시 20분에▼ 검은색 일렉트론이 불을 뿜으며 날아올랐다. 사람들은 혹시 무슨 일이 생길까 숨을 죽였지만 로켓은 모든 걱정을 한낱 기우로 만들어버렸다. 일렉트론은 하늘로 치솟으며 연료를 모두 연소한 1단계 엔진을 분리해 바다로 떨어뜨렸다. 2단계 엔진이 점화되고 일렉트론은 4분 동안 비행을 지속하면서 225km를 날아가 우주로 진입했다. 그때까지 로켓은 대부분 주요 테스트를 통과했고 시스템의 데이터를 거의 완벽하게 접수하면서 곧 궤도에 안착할 것 같았다. 그런데 그때 갑자기 미국의 감시 팀이 비행을 중단하라고 소리쳤다.

혼돈의 순간에 정확히 무슨 일이 일어났는지 알 수 없었다. 관제 센터 외부에 있던 로켓랩 엔지니어들은 모든 게 원활히 진행되고 있다는 생각에 성공을 축하하려 했다. 그러나 미국의 안전 담당자들은 로켓의 위치를 추적하는 데 어려움을 겪고 있었다. 로켓의 위치 데이터가 오다가 안 오기를 반복했다. 신뢰할 만한 위치 데이터가 오랫동안 들어오지 않자 담당자들은 일렉트론의 가동을 중단하라고 명령했다. 일렉트론은 추락해 태평양으로 떨어졌다. 올트먼은 밖으로 걸어 나와 구역질을 했다. 올트먼은 로켓이 추락해 슬펐지만 비행 종료 시스템이 제대로 작동해 그나마 안도감을 느꼈다고 했다.

원인을 조사하니 미국 팀이 추적 소프트웨어를 잘못 구성한 것으로 밝혀졌다. 로켓은 실제로 완벽하게 비행하고 있었으며 정지 명령만 없었다면 확실히 궤도에 도달했을 것이다. 소프트웨어 결함으로 로켓랩은 첫 번째 발사에서 성공하는 이례적인 기록 달성에 실패했다. 문제는

▶ 일론 머스크라면 좋아했을 시간이다(머스크는 테슬라를 주당 420달러에 비상장사로 전환하는 것을 검토하고 있다고 트위터에 글을 올린 적이 있었다. 420은 또한 마리화나를 뜻하는 은어다.-옮긴이).

실패의 원인이 감시자 측에 있다는 사실이다. 감시자 측 소프트웨어에서 결함이 발생했다. 그들은 피터 벡의 영혼을 몸 밖으로 끌어내 짓밟은 것이나 마찬가지였다.

사고는 났지만 로켓랩 엔지니어들이 이룬 성과는 감격할 만했다. 로켓은 4분 동안 데이터를 보내와 제대로 설계되었음을 입증했다. 수년에 걸친 그 모든 노력이 헛된 것은 아니었다. 마히아와 오클랜드에서는 파티가 벌어졌다. 물론 그 순간을 온전히 받아들이지 못하는 사람도 있었다. 터티는 말한다. "저는 매우 잔인하다고 생각했어요. 어려운 단계를 모두 통과했으니 그 무엇도 로켓을 막을 수 없다고 생각했죠. 모두가 박수를 치며 제 손을 흔들어댔어요. 그런데 누군가의 손가락 하나로 로켓이 멈췄어요. 저는 이 사실에 정말 화가 났습니다. 저는 그날 저녁 파티에 가지 않았어요."

2018년 1월이 되어서야 로켓랩은 두 번째 일렉트론을 제작하고 테스트한 다음 발사대로 옮길 수 있었다. 로켓랩은 아무것도 변경하지 않았다고 강조했다. 다만 로켓랩은 미국 업체들을 공개적으로 비난하고 추적 소프트웨어를 수정하는 데 도움을 주었다. 이번 발사 이름은 '아직도 테스트 중Still Testing'이었다. 두 번째 일렉트론은 뛰어난 성능을 발휘했다. 두 번째 발사에서 일렉트론은 플래닛랩스의 도브를 궤도에 거의 완벽하게 안착시켰으며 이와 함께 비밀스러운 기계도 궤도에 올려놓았다.

로켓랩은 '휴머니티스타'를 로켓의 화물칸에 넣었다. 휴머니티스타는 공 모양 위성이다. 너비는 1m로 반사판 65개를 이어붙여 만들었다. 휴머니티스타는 지구를 돌면서 디스코 볼 조명처럼 하늘에서 지구로 빛을 쏜다. 로켓랩은 예고도 없이 인류를 클럽의 열기 속으로 몰아넣었다. 휴머니티스타는 몇 개월 후 궤도에서 벗어나 대기권에서 소멸하기 전까지 밤하늘에서 가장 밝은 물체였다. 벡은 사람들이 휴머니티스타를 보고 영감을 받기를 바랐다. 벡은 2018년 2월 〈가디언〉과 인터뷰에서 이렇게 말했다. "휴머니티스타를 통해 사람들이 밖으로 나와 하늘을 올려다보며 지구는 거대한 우주에 있는 작은 행성에 불과하다는 사실을 깨닫기를 바랐어요. 이를 깨달으면 지구를 보는 관점이 달라지고 우리에게 무엇이 중한지 알게 될 거로 생각해요."

휴머니티스타에 관심 없는 사람도 많았다. 벡이 해외 언론과 처음 인터뷰한 후 반응은 냉랭했다. 휴머니티스타를 우주 낙서라며 로켓랩이 관심을 끌기 위해 밤하늘을 오염시키는 것이라고 조롱했다.

벡이 위대한 순간을 잠시 어지럽히기는 했지만 로켓랩이 항공우주산업의 강자로 부상했다는 사실은 부정할 수 없었다. 로켓랩은 로켓 발사 분야에서 모든 경쟁업체를 압도했으며 수천 개의 위성을 궤도에 배치하는 민간 로켓 회사로서 스페이스X와 어깨를 나란히 하게 되었다. 가장 평범한 소형 로켓 제조업체가 첫 번째 싸움에서 승리한 것이다.

벡은 말한다. "저는 이게 끝이라고 생각하지 않습니다. 성공적으로 첫 이정표를 세운 것뿐이에요. 모든 것이 훌륭하고 모두가 매우 행복합니다. 하지만 이제부터가 진짜예요. 로켓랩이 더 자주 로켓을 발사하고 실제로 지구에 영향을 미치기 전까지는 조금도 긴장을 늦추지 않을 겁니다. 저에게는 터널 끝의 빛에 조금 더 가까워졌을 뿐입니다."

15.

머스크와 스페이스X를 넘어

2018년 11월 로켓랩은 추가로 1억 4,000만 달러를 유치하면서 항공우주업계 유니콘이 되었다. 투자자들은 로켓랩의 가치를 10억 달러 이상으로 평가했다. 피터 벡은 로켓랩 지분을 상당 부분 내놓았지만 여전히 4분의 1을 소유하고 있었다. 인버카길 창고에 있던 소년에서 수억 달러를 벌어들인 사업가가 된 벡은 그에 걸맞게 행동하기 시작했다.

벡은 벤처 자금 중 일부를 본사 신축에 사용했다. 정문을 지나면 바닥에서 천장까지 빨간색 LED 조명으로 장식된 흰색 터널로 들어선다. 터널 끝에는 검은색 벽에 은색 글씨로 "우리는 지구의 삶을 개선하기 위해 우주로 간다."라는 문구가 적혀 있다. 이 영감 가득한 문구를 지나 왼쪽으로 돌면 안내 공간으로 들어서는데 여기서부터는 온통 검은색이다. 벽도 바닥도 천장도 검은색이다. 천장에서 비추는 조명만이 안내원과 경비원을 비춰줄 뿐이다.

넓은 방 맨 끝에는 유리로 된 관제 센터가 있다. 전면에는 대형 스크린 3개가 있고 발사 담당자들을 위한 책상이 두어 줄 놓여 있다. 관제 센터 바깥쪽 관람석에는 더 많은 빨간색 LED 조명을 설치했다. 피터 벡은 거의 다스 베이더의 로켓 발사 소굴을 만들고 이를 숨기지 않았다. 스피커에서는 연신 '스타워즈'의 음악이 흘러나왔다.

건물 안쪽으로 들어가면 음산한 기운은 덜하지만 여전히 화려하다. 직원 수백 명이 작업할 수 있는 세련된 책상과 전자장치나 엔진 실험을 위한 최첨단 실험실을 갖추고 있다. 공장은 비좁은 연구 개발실 스타일에서 대성당 규모의 산업용 제조 시설로 바뀌었다. 검은색 일렉트론 본체가 반듯하게 일렬로 늘어서 있고 그 옆에는 깨끗한 작업대가 있다. 탄소섬유나 엔진 3D 프린팅, 진동 테스트, 부품 도색 등을 위한 특수 공간도 마련되어 있다. 각 구역은 빨간색으로 경계가 표시되어 있고 바닥은 회색으로 빛났다. 천장에는 미국과 뉴질랜드의 대형 국기가 길게 드리워져 있어 마치 그 아래에서 벌어지는 일들을 축하하는 듯 보인다.

이런 시설은 로켓랩이 경쟁사보다 앞서 나간다는 표시나 마찬가지였다. 버진오빗과 파이어플라이에 이어 자금이 풍부한 아스트라와 벡터스페이스시스템도 궤도 진입을 위한 경쟁에 뛰어들었다. 이들 모두 곧 첫 번째 로켓을 발사하겠다고 장담했지만 실제 로켓을 발사대에 올려 일렉트론과 맞먹을 수 있다는 증거는 어디에도 없었다. 그 반면에 로켓랩은 이미 여러 대의 일렉트론이 준비되어 있었고 위성을 궤도에 올리려는 소형 위성 제조업체와 수십 건이 계약을 체결한 상태였다.

사실 로켓랩은 연이은 발표로 경쟁사를 압박하고 있었다. 로켓랩은 비밀리에 킥스테이지kick stage를 개발해 로켓 상단을 개량했다. 일렉트론을 우주로 날리는 게 1단 로켓이라면 2단 로켓은 위성을 궤도에 올린다. 그런 다음 자체 소형 엔진을 점화해 위성을 하나씩 초정밀 궤도에 배치하는 과정을 바로 킥스테이지가 한다. 이는 발레파킹 서비스처럼 위성을 최적 위치에 배치한다. 로켓랩은 또한 숀 디멜로를 미국으로 보내 버지니아주 월롭스섬에 두 번째 발사대를 건설하기 시작했다. 이로써 로켓랩은 우주의 새로운 지점에 도달하고, 발사 빈도를 늘리고, 미국 정부 기관을 위해 민감한 탑재물을 날려 보낼 수 있게 되었다.

첫 발사를 하고 나서 로켓랩은 미래를 위해 미국 기업이라는 이미지를 강화하고자 또 다른 조치를 취했다. 로스앤젤레스에 명목상 본사가 있었지만 2017년에 로켓랩은 헌팅턴비치에 실제 직원이 근무하는 사무실을 열었다.

로켓랩은 사무실을 열고 몇 가지 이점을 확실히 누렸다. 미국의 항공우주 분야 인력을 마음껏 활용하고 영업 사원을 위성 제조업체와 더 가까이 배치할 수 있었다. 게다가 미국 정부로부터 더 많은 사업을 수주하려면 법적으로 좀더 미국 사업체처럼 보여야 했고 그러기 위해 헌팅턴비치 사무실은 필수적이었다.

로켓랩은 이미 나사와 네 번째 로켓 발사에 대한 계약을 체결했는데 여기에는 단서 조항이 붙어 있었다. 미국은 러더퍼드 엔진을 뉴질랜드가 아닌 캘리포니아에서 제조하기를 원했다. 로켓랩의 뉴질랜드 팀은 오클랜드에서 엔진을 생산할 수 있는 기술을 분명히 가지고 있었다. 그러나 미국 정부는 로켓랩의 핵심 기술을 미국으로 이전하여 소중한 지적 재산과 항공우주 기밀을 보호하는 것처럼 보이는 통상적인 절차를 밟고자 했다. 거래의 의미는 분명했다. 로켓랩이 미국과 계속 거래하고 싶다면 정부의 체면을 세우고 애국심을 키우는 데 일조해달라는 뜻이었다.

로켓랩이 캘리포니아 헌팅턴비치에 엔진 공장을 건설하기 위해 고용한 핵심 인물이 브라이언 메어클이다. 메어클은 입사 전 스페이스X에서 4년간 근무한 기계공학자다. 오클랜드로 날아가 면접을 본 메어클은 벡이 친화력과 추진력을 겸비한 인물이며 다른 어떤 항공우주 기업의 CEO보다 기술 업무에 일상적으로 관여하고 있다는 사실을 알게 되었다. 메어클은 말한다. "피터는 보라색 작업복을 입고 컨테이너를 칠하고 있었습니다. 피터는 항상 직접 하는 걸 좋아했고 사업상 꼭 필요한 일이 아니면 전면에 나서지 않았습니다."

2017년 1월 로켓랩에 입사한 메어클은 면적 9,300m²의 창고에 8월까지 공장을 짓고 나사가 원하는 엔진을 완성하라는 지시를 받았다. 창고에는 사무직원 한 명과 데이비드 윤이라는 젊은 엔지니어뿐이었다. 이들은 앞에 놓인 도전에 흥분했다. 메어클은 말한다. "텅 빈 거대한 창고는 세상에서 가장 아름답죠. 텅 빈 캔버스나 마찬가지입니다."

메어클은 스페이스X와 로켓랩의 차이점을 곧바로 발견했다. 스페이스X는 모든 작업에서 속도가 우선이었고 이를 위해 어떠한 비용도 기꺼이 감수했다. 이와 달리 로켓랩은 속도와 비용 사이의 균형을 무엇보다 중요시했고 가능한 한 최저 비용으로 작업을 수행하는 데 중점을 두었다. 그래서 메어클은 새 공장에 직원들을 투입하기 전에 직접 페인트를 칠하고 에폭시로 바닥을 코팅했다. 업자를 고용하면 비용이 더 들었을 것이다. 새로 온 미국인 직원 하나는 이렇게 말했다. "피터는 단 한 푼도 허투루 쓰는 법이 없습니다. 그건 확실합니다."

메어클은 신속하고 저렴한 방식으로 계속해서 로켓을 제조하는 데 중점을 두는 로켓랩의 방식에 깊은 인상을 받았다. 이는 벡과 뉴질랜드 자체가 로켓랩의 엔지니어들에게 주입한 사고방식인 것 같았다. 메이클은 말한다. "뉴질랜드에는 항공우주산업도 없었어요. 그 잘난 이론 말고는 아무것도 없었죠. 로켓랩은 작은 부품 하나라도 스페이스X나 보잉 등이 왜 그렇게 만들었는지 알아내려고 구글을 뒤졌습니다. 그러고 나서는 기성품 중 싸면서도 유사한 기능을 하는 부품을 찾아냈죠. 로켓이 얼마나 간단하면서도 성능이 좋은지 정말 놀랐습니다. 로켓랩은 펑크 난 자전거 타이어를 수리하는 데 사용하는 재료들을 가져와 로켓에 이용했습니다. 일렉트론에는 호주에서 만든 경주용 자동차에서 떼어낸 부품이 있었습니다. 아는 부품이라고는 그것뿐이었고 무엇보다 쉽게 구할 수 있었기 때문이죠. 그들은 제가 함께 일한 그 누구보다 뛰어난 엔지니어였습니다."

메어클의 동료 데이비드 윤은 말한다. "로켓랩이 일하는 방식을 보면 무섭습니다. 전통적인 교육을 받은 엔지니어라면 누구도 시도하지 않을 방식으로 일합니다. 하지만 그런 식으로 해도 된다는 걸 결국 깨닫습니다. 잘만 돌아갔습니다."

로켓랩이 미국 지사를 확장하면서 그 존재로 인한 기술적·법적 문제가 더욱 심화했다. 미국에는 이전까지 로켓랩과 같이 두 나라에서 동시에 개발된 로켓 기술을 보유한 회사를 규제하는 법이 없었다. 미국의 국제무기거래규정이라는 일련의 법은 미국 엔지니어가 뉴질랜드 엔지니어에게 일렉트론에 관한 기술을 지원하는 것을 금지했다. 이 법은 로켓 관련 지식이 적성국 손에 넘어가는 것을 막기 위해 제정되었으며 업계에서는 이를 상당히 심각하게 받아들였다. 항공우주산업에 종사하는 엔지니어들은 로켓 부품의 사진을 인터넷에 게시하는 일만으로도 감옥에 갈 수 있다는 두려움을 가지고 살아간다.

이미 로켓을 만드는 자체 기술을 보유한 로켓랩은 국제무기거래규정 때문에 간혹 말도 안 되는 이상한 상황에 놓이기도 했다. 뉴질랜드 엔지니어는 엔진의 설계도를 미국에 보내서 미국 동료에게 작동 방식과 제조 방법에 관해 모든 지식을 알려줄 수 있다. 하지만 미국 엔지니어는 엔진을 개선하는 아이디어가 생각나도 뉴질랜드에 기술적 조언을 해줄 수 없다. 메어클은 국제무기거래규정과 관련해 다음과 같이 말한다.

> 기본적으로 뉴질랜드는 도면이나 정보 등 무엇이든 내키는 대로 우리에게 제공해도 문제가 되지 않았습니다. 하지만 우리는 그들에게 말하면 안 됐어요. 예컨대 뉴질랜드에 있는 엔진 팀에게 이렇게 저렇게 고치면 성능이 좋아질 거라고 말하면 안 되는 거예요. 그런데 우리는 미국에서 엔진을 만들고 있었으니 "이 자재나 이런 고정 장치를 이용하면 훨씬 더 쉽게 만들 수 있습니다."라고 제안할 수 있었죠. 설사 그렇게 해서 성능이 향상되었더라도 그건 그냥 우연의 일치로 간주했습니다.
> 처음 6~7개월 동안은 우리가 할 수 있는 것과 할 수 없는 것이 항상 명확하지 않았습니다. 국제무기거래규정와 관련해서 누군가 기소되었다는 이야기가 들리면 저는 '이렇게까지 위험을 감수해야 하나.'라는 생각이 들었습니다.

아이러니하게도 헌팅턴비치 공장에서 나온 첫 번째 엔진이 나사의 로켓에 사용되었다. 엄격한 규제는 미국 기업이 자국의 항공우주 기관을 위해 최고의 로켓을 만들기 어렵게만 할 뿐이었다.

미국 직원들은 벡을 좋아했지만 몇 가지 특이한 점에 당황하고는 했다. 벡은 직원들에게 대규모 프로젝트를 맡길 때 최소한의 지침만 내렸다. 그런데 가끔 현장을 불쑥 찾아와서는 직원들의 결정을 번복하거나 바꿔버렸다. 이런 상황은 공학 프로젝트를 진행할 때뿐만 아니라 카펫의 색깔이나 가구를 선택할 때도 마찬가지였다.▼ 예를 들어 벡은 텅 빈 공장에서 엔진 10개를 제조하라고 지시하면서도 메어클이나 직원들이 마감일을 맞추는 데 필수적이라며 요청한 기계의 구매는 승인하지 않았다.

벡은 또한 헌팅턴비치 사무실 입구 벽에 논란의 여지가 있는 문구를 붙여놓았다. "당신이 하는 모든 것을 예술 작품으로 만들어라. 생긴 것도 엉망이고 작동도 하지 않으면 아무것도 아니지만 작동하지 않아도 멋있기라도 하면 최소한 보기에는 좋을 것이다." 이 말은 항공우주 기업들이 좋아하는 '마지막 개척지로!'의 정신과도 한참 떨어져 있으며 로켓랩이 본질보다는 스타일을 우선시하는 것처럼 보인다. 미국인들은 왜 벡이 모든 로켓랩 방문객이 건물에 들어서면 맨 처음 그 문구를 보게 했는지 이해할 수 없었다. 데이비드 윤은 말한다. "피터는 매우 실용적이면서도 이미지를 중시하죠. 사무실 입구의 문구는 피터의 성격을 잘 보여줍니다."

한편 미국 지사는 로켓랩에 또 다른 예상치 못한 효과를 가져왔다. 전 세계 곳곳에 있는 엔지니어들 사이에 급여 문제로 심각한 긴장감을 조성했다.

캘리포니아에서 신규 채용된 엔지니어들은 뉴질랜드나 호주에서 온 엔지니어들보다 2배나 많은 연봉을 받았다. 미국인 채용이 늘어나면서 임금 격차에 대한 소문이 사내에 퍼지기 시작했다. 로켓랩이 첫 번째 로켓을 1억 달러도 안 되는 비용으로 만들 수 있었던 이유는 비교적 저렴한 오클랜드의 노동력 덕분이었다는 사실을 전 직원이 깨닫기 시작했다. 하지만 뉴질랜드의 엔지니어들은 협상력도 선택의 여지도 없었다.

▶ 스페이스X에 근무하다 2017년에 로켓랩에 입사한 대니얼 길리스는 말한다. "벡은 디자인에 대한 안목이 있어요."

뉴질랜드에는 항공우주 기업이 로켓랩밖에 없었기 때문이다.

당시 벡은 높은 성과를 낸 상위 10% 직원에게만 스톡옵션을 주었다. 이는 캘리포니아 기술 스타트업의 관행에 반하는 정책이었다. 실리콘밸리의 기술 스타트업에서는 직원들이 낮은 급여를 받더라도 회사가 큰 성공을 거두면 부자가 될 수 있다는 희망으로 장시간 일하면서 그 대가로 회사의 주식을 받는 일이 많았다.

로켓랩은 당시 비상장 회사였는데도 벡이 자신의 지분 일부를 주식시장에 매각했다는 소문이 돌면서 직원 간 갈등은 더욱 악화했다. 게다가 벡은 추가로 자금 조달을 마친 후 새 차를 몰고 사무실에 나타났으며 호화 주택을 지었다. 벡은 직원들이 주식을 팔지 못하게 했다. 그런데 정작 이런 일이 발생하자 직원들은 벡이 구입한 차와 집의 사진을 돌려보며 불평했다. 로켓랩이 완전히 자리를 잡기 전에 회사의 대표가 주식을 팔아 현금화하는 것은 결코 바람직한 모습이 아니었다.

하지만 뉴질랜드와 미국의 직원들은 전반적으로 벡에게 배울 점이 있다고 생각했다. 직원들은 벡의 동기가 무엇인지 확신하지 못했다. 벡은 정말로 로켓 제작을 좋아하는가, 아니면 단지 부자가 되고 싶은 것인가? 벡은 전 우주에 인류의 지능을 알리고 싶은 것인가? 직원들은 벡의 탁월한 경영 능력과 실행력을 인정했다. 벡은 언성을 높이거나 이유없이 직원을 공격하지 않았지만 일을 추진하는 과정에서 엄격하고 강압적으로 느껴지고는 했다. 직원들은 벡이 모두의 꿈이 실현될 수 있게 돕는다며 다소 불편한 상황도 용인하는 경향이 있었다. 한 직원은 말했다. "피터는 20~25년을 오직 로켓을 만드는 일에만 전념해온 사람입니다. 그 무엇도 피터를 막을 수 없습니다. 그토록 어려운 일을 해내는데 그런 성격이라도 있어야죠."

벡의 리더십 스타일은 매주 초 신입 사원들을 대상으로 하는 교육 프로그램에서 잘 드러났다.▼ 2018년 11월 세 번째 발사 전날 벡은 내게 한 교육에 참여할 기회를 주었다. 다음은 벡이 전달한 메시지 일부다.

여러분은 인류의 핵심 잠재력을 고양하기 위해 여기에 왔습니다. 물론 이런 말이 거창하고 CEO다운 말이라는 것을 잘 압니다. 하지만 이게 바로 우리가 하는 일의 핵심입니다. 사람들은 우주의 기반 시설에 얼마나 의존하고 있는지 깨닫지 못합니다. GPS를 끄면 우버도 틴더도 쓸모가 없습니다. 인간은 우주에 엄청나게 의존하고 있지만 눈에는 보이지 않습니다. 눈에 보이지 않아도 우리가 살아가는 방식에 절대적으로 중요한 게 바로 우주입니다.

우주산업에 큰 변화가 일어나고 있습니다. 예전에는 대형 우주선을 날리는 데 중점을 두었습니다. 하지만 이제는 플래닛랩스에서 만든 소형 위성에서 알 수 있듯 소형 우주선이 주를 이룹니다. 소형 우주선에는 배터리, 전자장치, 소프트웨어, 태양전지판이 달려 있습니다. 지난 5년 동안 이러한 기술은 엄청난 발전을 거듭해왔습니다.

정말 흥미로운 점은 우주에서 활동하는 기업들이 여러분이 당장 떠올리는 그런 기업이 아니라는 것입니다. 완전히 새로운 기업들입니다. 회사를 설립해 무언가를 측정하는 센서를 만들다가 어느 날 갑자기 센서를 궤도에 올려 전 세계를 상대로 그 기술을 제공할 수 있다는 것을 깨닫는 식입니다.

이런 일을 보면 저는 흥분합니다. 지금 우리가 우주를 이용하는 방식은 미래와 비교하면 정말 새 발의 피입니다. 미래에는 아직 생각지도 못한 방식들로 우주

▶ 당시 로켓랩의 총 직원은 350명이었는데 300명은 뉴질랜드에서 근무했고 나머지 50명은 미국에 있었다.

를 이용할 겁니다. 그리고 이 새로운 생각의 주인공은 바로 여러분입니다.

우리는 현재까지 5억 달러에 가까운 자금을 모금했습니다. 우리는 자금 조달뿐만 아니라 우리 분야에서도 성공했습니다. 로켓랩의 일렉트론은 현재 세계에서 유일하게 상업적으로 성공한 소형 발사체입니다. 인류 역사상 오직 두 민간 기업만이 우주선을 궤도에 놀려놓았습니다. 일론 머스크와 팰컨 9으로 무장한 스페이스X와 우리뿐입니다. 그 외에는 없습니다.

궤도에 위성을 안착시키는 우주산업은 매우 작고 그 안에 들어가기는 정말로 어렵습니다. 진입 장벽이 너무나 높습니다. 궤도에 진입하려면 음속의 약 27배에 달하는 속도에 도달해야 합니다. 성능이 0.1%라도 떨어지거나 질량이 0.1%라도 떨어지면 아무것도 궤도에 올리지 못합니다. 그냥 1,000만 달러짜리 불꽃놀이를 한 게 됩니다. 말도 못 하게 어려운 일입니다.

기술적 문제뿐만 아니라 규제와 기반 시설도 중요합니다. 우리는 자주 로켓을 발사할 수 있는 곳을 찾아야 했습니다. 우리에게는 발사 주기가 가장 중요하기 때문입니다. 마히아반도 발사장은 세계 유일의 민간 로켓발사장으로 72시간마다 발사할 수 있습니다.

우리는 인류의 잠재력을 고양하는 데 전념하고 있습니다. 우리는 인류를 돕기 위해 우주에 가고 있습니다. 저는 아름다움도 중요하게 여깁니다. 스프레드시트든 로켓 밸브든 아름다워야 합니다.

여러분은 로켓의 모든 구성 요소가 아름답다는 것을 알 겁니다. 제가 이토록 아름다움을 강조하는 이유는 누구든 시간을 들여 무언가를 아름답게 만들면 대개 제대로 작동하기 때문입니다. 기계나 부품뿐만 아니라 스프레드시트의 서식을 지정하고 글꼴을 변경하는 데 조금 더 시간을 할애하십시오. 어울리지 않는 끔찍한 색상은 사용하지 마십시오. 그냥 아름답게 보이게 만드십시오. 제게는 그게 정말 중요합니다.

우리는 분명 로켓랩이 더 크길 바라고 그 목표를 잘 달성하고 있습니다. 저는 지는 것을 좋아하지 않습니다. 그러므로 우리는 업계에서 선두를 달리는 데 집중할 겁니다.

우리는 보통 한 나라 전체가 해야 할 일을 하고 있습니다. 그것도 작은 팀으로 말입니다. 경쟁사들을 보면 우리보다 규모가 훨씬 더 큽니다. 다만 우리는 훨씬 더 똑똑합니다. 이곳에서 생활하다 보면 힘든 날이 많을 겁니다. 우리는 세상에 의미 있는 영향을 미치려고 노력하지만 거저 주어지는 것은 아닙니다. 힘들 때면 그냥 아래층으로 내려가 로켓을 만져보십시오. 그냥 쓰다듬어보십시오. 그러면 모든 것이 다시 좋아질 겁니다.

로켓을 쓰다듬으면서 로켓이 당신의 DNA고 당신의 DNA가 우주로 간다고 상상해보세요. 정말 멋질 겁니다.

2018년 11월 11일에 로켓랩은 세 번째 발사 준비를 시작했다. 이번 발사에는 '일할 시간이다It's Business Time'라는 이름을 붙였다. 이는 뉴질랜드 뮤지컬 코미디 듀오 플라이트오브더콘코즈의 노래를 향한 경의의 표시이자 로켓랩은 이제 테스트 단계를 넘어섰다는 선언이었다. 로켓랩은 고객들이 여전히 큰 위험을 무릅쓰고 있음을 알았다. 로켓랩은 이전에도 몇 개의 위성을 궤도에 올려놓았지만 고객들은 아직도 그 기술이 완전히 검증되지 않았다고 생각했다. 이번에는 로켓랩과 벡이 명예를 걸고 고객사 4곳의 위성 6대를 로켓에 실었다.

위성 2대는 선박이나 비행기, 기상 변화를 전문으로 관찰하는 위성 스타트업 스파이어가 제작했다. 티박나노새틀라이트시스템은 기상위성을 실었고 캘리포니아의 고등학생들은 데이터 수집을 위해 작은 위성을 제작해서 실었다. 마지막 위성 2대는 호주 스타트업 플리트스페이스테크놀로지Fleet Space Technologies(이하 플리트)에서 제작했다. 플리트는 이 위성을 새로운 우주 기반 통신 네트워크의 설비로 사용할 계획이었다.

세 번째 발사에는 새로운 우주 시대의 정신이 많이 담겨 있었다. 플리트는 위성을 하나도 궤도에 올리지 못한 채 스페이스X와 인도 정부가 발사하는 로켓에 빈자리가 나기만을 기다리며 지난 1년을 보냈다. 그러나 로켓 발사는 계속 늦어졌고 플리트는 발사 로켓에서 전용 공간을 보장받을 만큼 큰 고객이 아니었다. 그러던 중 플리트는 6주 전 일렉트론에 남는 공간이 있다는 사실을 알고 서둘러 위성을 로켓랩으로 보냈다. 플리트의 이탈리아 출신 CEO 플라비아 타타 나르디니Flavia Tata Nardini가 발사를 보기 위해 로켓랩에 와 있었다. 마침내 사업을 시작할 수 있게 된 나르디니는 관제 센터 밖 관람 구역에서 기쁜 마음으로 발사를 기다렸다. 플리트는 운송용 컨테이너나 토양 수분 측정기 등에 부착된 초소형 센서를 통해 원격지에서 우주로 데이터를 전송하고 이를 다시 지상의 컴퓨터로 내려받아 분석할 예정이었다.

플리트가 일렉트론에 위성을 실을 수 있었던 까닭은 로켓랩이 이전에 한 실수 때문이다. 로켓랩은 이미 5, 7월에 '일할 시간이다'라는 미명하에 일렉트론의 발사를 시도한 바 있었다. 하지만 심각한 기술적 문제를 발견하고 발사를 취소했다. 발사 준비 중 큰 폭발이 발생했다는 소문이 있었지만 로켓랩은 정확히 무엇이 문제였는지 비밀에 부쳤다. 다만 대중은 로켓랩이 궤도에 도달한 지 10개월이 지났어도 벡이 기대한 만큼 로켓 제작에 속도를 내지 못한다고만 알고 있었다.

세 번째 발사는 늦어진 일정으로 불확실성과 긴장감이 더욱 커졌다. 발사 전 회의에서 로켓랩의 엔지니어 팀은 벡과 미국 안전 요원에게 로켓의 상태를 간략하게 보고했다. 회의는 자연스레 탄소섬유로 만든

8m가량의 탁자에서 진행되었다.

발사가 불과 몇 시간 남지 않았을 때도 로켓에는 여전히 우려할 만한 몇 가지 문제가 있었고 직원들은 마지막까지 이를 해결하기 위해 노력했다. 누군가 문제가 있는 부품을 최종 점검해야 한다고 말했지만 벡은 "긴장할 거 없습니다. 그냥 놔둬요."라고 말했다. 로켓랩은 미국 당국의 비행 승인을 받기 위해 약 4,300개의 규제 항목을 충족해야 했다. 이에 반해 뉴질랜드에는 약 40개의 규제 항목이 있었다. 한 뉴질랜드인은 "미국 연방항공청 규정을 충족한다면 우리에게도 문제가 없다는 겁니다."라고 말했다.

회의 후 로켓랩 본사 직원들은 로켓 발사 시 뉴질랜드에서만 볼 수 있는 특이한 일들에 관해 이야기하며 시간을 보냈다. 마히아 지역에서는 24시간 내내 라디오에서 곧 있을 발사에 대비해 선박 등에 안내 방송을 한다. 대부분은 기꺼이 로켓랩을 위해 길을 내주었지만 가재잡이 어선들은 할당량 제한으로 가재 가격이 높을 때 조업에 나서고 싶어 했다. 그래서 로켓랩은 그때그때 어부들에게 개별적으로 전화해 로켓을 우주에 발사하는 18분 동안만 조업을 중단해달라고 정중하게 요청하기도 했다. 오너누이스테이션에서 일하는 목부는 발사 당일에는 발사대에서 멀리 떨어진 곳으로 갔지만 종종 양들이 말을 안 들었다. 로켓랩의 한 직원은 발사 직전 절벽 가장자리에 서 있던 양 한 마리가 로켓이 이륙한 후 사라졌다는 이야기를 들었다. "누군가 가서 확인했지만 양이 뛰어내렸다는 증거는 없었어요. 로켓이 이륙하고 양이 사라졌지만 무슨 일이 일어났는지 아직 명확히 밝혀지지 않았습니다."

시간이 흐르고 발사가 임박하자 대화를 멈추었다. 로켓랩 엔지니어와 발사 책임자들은 관제 센터에 들어가 자리를 잡았고 터티가 진행을 주도했다. 로켓랩은 새로운 본사에서 처음으로 관중의 관람을 허용했고 약 50명 정도가 관람 구역으로 모여 유리 너머 거대한 화면을 통해 로켓의 발사와 비행 상황을 볼 수 있었다. 관중은 주로 직원들과 그들의 가족, 위성업체 사람들이었고 나 역시 그들 가운데 있었다. 일요일이라서 그런지 예상보다 많은 사람이 오지 않았다. 일부 직원들은 분명히 더 중요한 일이 있는 것 같았다. 관중이 얼마 안 되는 것을 보고 한 사람이 말했다. "뉴질랜드가 원래 이래요. 이해가 잘 안 됩니다."

벡은 검은색 티셔츠에 검은색 바지를 입고 관제 센터에 앉아 있었다. 신발도 검은색이었다. 이제 벡은 흰 실험복을 입지 않았다. 발사 10분 전 벡은 거대한 화면을 올려다보며 손을 얼굴 근처로 모았고 마치 기도하는 것처럼 보였다.

아무리 잘해왔더라도 한 번의 폭발로 위기가 닥칠 수 있다는 게 로켓 사업의 무서운 점이다. 로켓랩은 지금까지 성공으로 세계를 놀라게 했지만 이번 발사에서 큰 사고가 발생하면 경쟁자들에 대한 우위가 무너지고 신뢰도가 떨어질 것이다. '일할 시간이다'는 로켓랩을 조롱하는 한낱 우스갯소리로 전락할 수도 있다.

벡은 직원들에게 자신이 직접 발사 카운트다운을 하고 싶다고 말했다. 오후 4시 50분, 인버카길 출신의 남자가 알r 발음을 굴리며 카운트다운하는 소리가 스피커를 통해 관제 센터에 울려 퍼졌다. "틴, 나인, 에잇, 서번, 섹스, 파이브, 포르르, 스으리, 투, 원." 로켓이 발사되었다.

로켓이 우주를 향해 날아가는 동안 벡은 양손으로 곱슬머리를 움켜쥐었다. 일렉트론이 중요한 고비를 넘길 때마다 잠시 가만히 있다가 조용히 주먹으로 책상을 치거나 손뼉을 쳤다. "계속 가!"라고 고객인 타타 나르디니가 관제 센터 밖에서 소리쳤다. "계속 가!" 8분이 지나고 로켓이 궤도에 진입해 위성을 배치하자 벡은 눈물이 그렁그렁해져 두 손을 머리 뒤로 감싸 쥐었다. 무엇보다 벡은 숨을 쉬려고 애썼다.

몇 분 후 관제 센터를 나온 벡과 이야기를 나누었다. 벡은 지치고 만감이 교차하는 표정이었다. "게임이 시작됐습니다. 이 시대는 계속해서 다가오고 있습니다. 소규모 발사 경쟁은 끝났습니다. 우리는 할 수 있다는 것을 증명했습니다." 그런 다음 벡은 일론 머스크가 이번 발사를 보았는지 알아봐달라고 부탁했다. "직원들이 정말 흥분했을 겁니다."라고 벡이 덧붙였다.

로켓랩은 한 달 후 또 다른 로켓을 발사하여 나사의 위성 여러 대를 궤도에 올렸다. 이는 항공우주업계에서 이례적인 일이었다. 게다가 2018년에 경쟁사들은 아무도 로켓 발사에 성공하지 못했다. 2019년에도 그랬고 2020년에도 마찬가지였다. 로켓랩과 스페이스X 외에는 아무도 로켓 발사에 성공하지 못했다.

2019년 5월에 나는 벡과 머스크의 만남을 주선했다. 벡은 로켓랩의 캘리포니아 사무실로 날아갔고 머스크는 로켓랩에 별 관심이 없다면서도 일정을 비워두었다. 이 만남은 거대 기업 스페이스X와 약소 기업 로켓랩의 관계를 완전히 바꿔놓았다.

스페이스X 경영진은 오랫동안 머스크에게 팰컨9을 이용해 대량의 소형 위성을 궤도에 올리자고 압박해왔다. 스페이스X는 이따금 소형 위성을 대형 위성과 나란히 실었지만 일부 임원은 한꺼번에 많은 위성을 날려 보내는 방식도 사업성이 있으리라 생각했다. 피트 워든 역시 나사 에임스연구소와 협력업체가 만든 위성을 날려 보내기 위해 머스크에게 비슷한 요청을 한 적이 있었다. 두 사람이 만난 자리에서 워든이 이런 제안을 하자 머스크는 격분했다. 목격자에 따르면 머스크는 "이제 그만 하세요. 정말 열 받네요. 절대 안 합니다."라고 했다.

스페이스X가 한 번에 많은 소형 위성을 발사하기로 했다면 이는 로켓랩이 막 도약하던 시기에 큰 위협이 될 수 있었다. 스페이스X의 대형 로켓 팰컨9는 비용과 화물 운송 측면에서 훨씬 우월했기 때문이다. 스페이스X 발사 비용은 6,000만 달러로 로켓랩의 600만 달러보다 비쌌지만 한 달 단위로 위성을 쏘지 않아도 단 한 번의 발사로 전체 위성군을 궤도에 배치할 수 있었다.

그 무렵 로켓랩의 미국 지사 설립을 주관했던 브라이언 메어클이 다시 스페이스X로 복귀했다. 머스크는 벡과의 저녁 식사를 앞두고 로켓랩이 얼마나 실질적인 경쟁자인지 파악하기 위해 부사장 중 한 명에게 메어클에게서 이야기를 들어보라고 지시했다. 메어클은 말한다. "저는 로켓랩이 사업에서 얼마나 성공할지는 모르겠지만 그들은 훌륭한 엔지니어이니 로켓은 잘 발사되어 날아갈 것이라고 말했습니다. 저는 그 저녁 식사에서 정확히 무슨 일이 있었는지 모릅니다. 하지만 사람들이 전하기로는 일론이 깊은 인상을 받았다고 하더군요. 저는 피터가 전달한 로켓랩의 비전이 스페이스X의 일반적인 비전과 그리 다르지 않다고 생각합니다. 이 만남을 통해 일론은 로켓랩의 광범위한 사업 영역을 깨닫고 그중 일부를 스페이스X로 가져와야겠다고 생각한 것 같았습니다."

벡이 머스크에게 만남을 청한 이유는 자존심 때문일 수도 있다.▼ 어떻게 보면 벡은 자신과 로켓랩이 머스크와 스페이스X가 있는 초엘리트 부류에 속한다는 사실을 사람들에게 알리고 싶었던 것 같다. 더 나아

▶ 벡은 머스크와 "즐거운 시간을 보냈습니다."라는 말 외에 만남에 관해 자세히 말해주지 않았다.

가 벡은 머스크가 자신을 동료로 인정해주기를 바랐다. 벡은 여전히 소박하고 겸손한 뉴질랜드 사람 특유의 품성을 유지하면서도 동시에 커다란 야망을 품고 있었다. 로켓랩의 성공은 자신감을 부풀렸고 숭배받고 싶은 열망을 부추겼다. 물론 머스크의 레이더망에 들기 위해 노력하다 보면 실제로 포착될 수도 있겠지만 문제는 그게 결코 좋은 일이 아니라는 것이다.

2019년 8월 스페이스X는 소형 위성 제조업체를 위해 정기 발사를 시작한다는 새로운 계획을 발표했다. 다양한 회사가 로켓의 공간을 확보할 수 있게 팰컨9를 비워두겠다고 했다. 예를 들어 일렉트론의 탑재 중량이 230kg가량인데, 동일한 중량의 화물을 로켓랩의 요금보다 500만 달러 저렴한 100만 달러에 팰컨9로 보낼 수 있다고 했다. 스페이스X는 나중에 이 프로그램으로 단일 발사로는 최다 기록인 143대의 위성을 배치했다.

당시 머스크는 몰랐지만 사실 벡은 이후 그에게 몇 가지 놀라움을 선사했다.

외부인에게 로켓랩은 여전히 항공우주산업계에서 작은 회사로 보였을 것이다. 스페이스X와 머스크는 새로운 우주에 관한 한 모든 언론의 관심을 빨아들이는 블랙홀과 같은 존재였다. 그 반면에 벡은 고향뿐만 아니라 그 어디에서도 머스크와 같은 주목을 받지 못했다.

하지만 업계 사람들은 로켓랩에 놀라움을 금치 못했다. 일렉트론은 지금까지 만들어진 로켓 중 가장 완벽하게 설계된 소형 로켓이라는 평가를 받고 있다. 스페이스X는 첫 발사를 시도하며 세 차례나 실패했지만 로켓랩은 세 번의 발사 모두 완벽했다. 로켓랩이 어찌할 수 없던 소프트웨어 사고만이 흠잡을 데 없는 기록에 오점을 남겼을 뿐이다. 새로운 로켓 프로그램이 이런 성공을 거둔 적은 없었다. 로켓랩과 벡은 과거에 모든 사람을 좌절하게 했던 문제들을 해결했다.

　　로켓랩의 성공은 조직의 구성과 구성원들의 지혜에 기인한다. 뉴질랜드인은 창의성과 할 수 있다는 정신을 일에 반영했다. 호주인은 실제 산업에서 쌓은 경험이 풍부해 연구 개발을 거쳐 제조에 이르는 데 무엇이 필요한지 잘 알았다. 누구의 도움 없이 운영해야 했으므로 사람들은 다르게 생각하고 단순화할 수밖에 없었다. 하지만 이런 조건들만으로 로켓랩의 성취를 완전히 설명하기에는 부족했다. 로켓랩은 1억 달러로 최고의 소형 로켓을 제작했고 거의 일정에 맞춰 완성했다. 로켓랩과 그 문화는 최고의 인재로 구성된 항공우주산업 내에서도 매우 보기 힘든 것이었다.

　　한 번도 스스로 말하지 않았지만 이 모든 것을 가능하게 한 핵심 요소는 바로 벡이었다. 벡은 정밀한 기술과 속도, 실용성을 모두 갖춘 인재였다. 이런 벡의 재능은 수십억 달러를 지출하며 로켓랩을 따라잡으려 한 경쟁사에서 보기 힘든 요소였다.

　　벡의 엄청나고 무자비한 실용주의를 잘 보여주는 이야기가 있다. 회사 초창기에 벡은 엔지니어 몇 명과 함께 미국 항공우주박물관과 나사 기지로 견학을 갔다. 이들은 뉴멕시코 앨버커키에 있는 국립원자력과학역사박물관과 같은 곳에서 구형 ICBM의 배관 주위에 어떤 단열재가 사용되었는지 분석했다. 그러고 나서 계속 장소를 이동하며 로켓 제조에 도움이 될 만한 숨은 단서를 찾았다. 터티는 말한다. "피터와 함께 여행하는 건 정말 짜증나는 일입니다. 비행기를 많이 타야 해서 여행 일정이 매우 빠듯했죠. 하루에 한 곳만 보고 밤에 멋진 호텔에 머무는 식이 아닙니다. 한 곳을 방문해서 보고 바로 떠나서 다음 장소로 이동한 다음 공항에서 잡니다. 먹을 시간도 없어서 아이스크림을 사서 택시에서 먹었을 정도예요. 정말 심했죠." 벡은 이런 추진력과 집중력으로 하루하루를 살았다.

벡이 말하지 않은 또 하나는 집에 있었다. 그는 로켓랩이 경험해온 어려운 과제들을 자세히 문서로 기록해서 집에 있는 서류장에 보관해두었다. 문서에는 로켓랩이 직면했던 기술적 문제와 해결 방법이 자세히 적혀 있다. 대개 벡은 샤워 중이나 작업실에 혼자 있을 때 떠오른 해결 방안으로 난관을 극복했다. 벡이 해결 방안을 내놓으면 이를 실현하고 실행에 옮긴 것은 결국 직원들이었지만 그의 통찰력 없었다면 로켓랩은 그저 경쟁사와 비슷한 위치에 머물렀을 가능성이 크다.

무엇이 벡을 움직였는지는 주위 사람들뿐만 아니라 그 자신에게도 미스터리로 남아 있다. 일각에서는 벡의 동기가 뉴질랜드뿐만 아니라 전 세계적으로도 인정받는 거물이 되고자 하는 열망에서 비롯되었다고들 한다. 이 같은 주장은 로켓랩의 실적이 좋아지면서 더욱 힘을 얻었다. 벡의 겸손함은 때때로 더 많은 관심을 받기를 바라는 욕망으로 바뀌기도 했다. 벡은 사람들이 스페이스X를 보듯 신앙에 가까운 열정으로 로켓랩을 바라보기를 바랐다. 의심할 여지 없이 벡은 머스크보다 더 큰 관심을 받고 싶어 했다.

세 번째 로켓 발사 후 나는 남섬에 있는 벡의 별장을 방문해 아이들과 함께 강으로 사금을 캐러 갔다. 우리 아들들은 금을 열심히 캐려 했지만 별 도움이 되지 않았다. 하지만 벡의 아들은 아빠의 지프에 뛰어올라 장비를 꺼내더니 금을 찾기 시작했다. 벡의 아들은 지나가는 트럭의 소리만 듣고 어떤 엔진인지 알아내고 외쳤다.▼ 그 후 우리는 제트스키를 탔다. 벡이 산 제트스키가 워낙 빠른 기종이라 뒤에 탔던 나는 거의 허리

가 부러질 뻔했다.▼▼

　　종일 나는 가벼운 대화를 시도하면서 벡이 항공우주산업의 거물이 되어서 진정으로 하고 싶은 일이 무엇인지를 알아내려 했다. 머스크는 화성의 식민지화라는 일생일대의 야망을 품고 있다. 벡에게도 남들에게 말하지 않은 원대한 목표가 있지 않을까? 벡이 그렇게 열심히 일하는 이유는 무엇일까? 하지만 나는 아무것도 알아내지 못했다. 벡은 그냥 로켓 사업의 시시콜콜한 부분과 경쟁사들의 노력에 대해서만 말하고 싶어 했다. 어디를 식민지화한다거나 우주에서 생명체를 찾겠다는 식의 이야기는 한마디도 하지 않았다. 그 대신 벡은 이런 말을 했다.

> 오해하지 마세요. 저도 화성으로 사람을 보내면 인류 발전에 이바지할 수 있다고 생각합니다. 의심할 여지 없이 훌륭한 일이에요. 하지만 우주를 상업화해서 접근성을 높이면 더 많은 사람에게 더 큰 영향을 미칠 수 있다고 생각합니다. 그것이 바로 사람들의 삶에 영향을 미치고 삶을 개선하는 방법이죠. 솔직히 화성에 사람을 몇 명 보낸다고 해서 당신이나 제 삶에 어떤 의미 있는 영향을 미칠까요? 영감은 받을 수 있겠지만 삶이 바뀌는 건 아니에요. 하지만 우리가 수많은 기상위성을 궤도에 올려놓아서 날씨를 정확히 관측해 농작물을 더 많이 수확할 수 있게 된다면, 아니 그런 걸 다 떠나서 단지 등산을 갈지 말지 결정할 수 있게 한다면 그게 우리의 삶에 더 의미 있는 영향을

▶ 우리 아들들은 '던전 앤 드래곤' 게임에 더 관심이 있다.
▶▶ 기자로서 자존심을 지키고자 나는 벡의 몸통을 잡는 대신 제트스키 측면에 있는 작은 손잡이를 잡았다. 그러다 보니 벡이 속도를 높일 때마다 뒤로 나자빠졌고 젖 먹던 힘까지 짜내며 버텨야 했다. 아마도 벡이 내게 어떤 메시지를 보낸 게 아닌가 생각한다.

미치는 거라고 생각해요.

로켓랩과 벡은 앞으로도 계속해서 우리를 놀라게 할 것이다. 경쟁사들이 로켓랩을 따라잡으려고 노력하는 동안 로켓랩은 이미 다음 단계를 계획하고 있었다. 벡은 경쟁사가 마스터플랜을 엿볼 수 없게 자신의 진짜 의도를 숨기는 데 능했다. 벡의 이런 면모는 당장 제트스키를 타고 얼마 지나지 않아서도 드러났는데, 뉴질랜드 정부는 결국 달 조약을 체결해야 했다.

3부

RAINBOW

실패의   진화

MANSION

16.

우주로 향하는
은밀한 발자국

2016년 중반쯤 항공우주업계에 몇 가지 이상한 소문이 돌기 시작했다. 샌프란시스코 마켓스트리트 인근에 항공우주 스타트업이 있는데 이 회사가 순식간에 우주로 물체를 날려 보낼 수 있는 소형 로켓을 제작하는 방법을 개발했다는 말이 돌았다. 내 친구들은 이러한 로켓 대부분이 국방부의 요청에 따라 제작되고 있다고 말했다. 군은 물체를 궤도로 발사하면 얼마나 이상한 일이 벌어지는지를 보고 싶어 했고 무엇보다 아무도 모르게 위성을 쏘아 올릴 수 있다는 데 환상을 품고 있는 듯했다.

알아보니 이 스타트업의 이름은 벤션스 유한회사Ventions LLC였고 CEO는 애덤 런던Adam London이었다. 회사의 주소지는 하워드스트리트 1142번지로 샌프란시스코 소마에 있었다. 이 모든 사실이 나의 호기심을 자극했는데, 첫째, 인터넷에서 애덤 런던이라는 사람에 관한 정보가 거의 없었고 둘째, 로켓 스타트업이 소마에 있다는 게 믿어지지 않았기 때문이다(소마는 임대료가 높고 건물이 밀집한 곳이다. - 옮긴이). 소마는 닷컴 붐 당시 인터넷이나 소프트웨어 회사들이 우후죽순처럼 생겨난 곳이다. 게다가 소마는 커피숍이 많아 한 방을 노리는 벤처 투자가들이 자주 출몰하기로 유명했다.

나는 이 비밀스러운 스타트업에 이메일을 보내 사업 내용을 공개해달라고 요청했지만 벤션스는 거절했다. 런던은 이런 답장을 보내왔다. "안타깝지만 우리 사업은 대부분 국방부와 관련되어 있어서 공개적으로 이야기할 수 없습니다. 하지만 향후 상황이 바뀌면 연락드리겠습니다."

이 정중한 이메일로 벤션스를 향한 내 호기심은 폭발적인 관심으로 바뀌었다. 그 뒤로 몇 달 동안 항공우주업계의 사람들에게 벤션스에 관해 묻고 다녔고 이들이 무엇을 하는지 조사했다. 더 나아가 벤션스가 확보한 정부 계약도 살펴보았다. 그 결과 불과 12명으로 구성된 이 작은 회사가 지난 수년 동안 공군과 DARPA와 계약을 맺어왔다는 사실을 알아냈다. 모든 자금은 위성을 빨리 우주로 보낼 수 있는 소형 로켓을 개발하는 데 투입되었다. 실제 벤션스의 로켓은 비행기 밑에 놓을 수 있을 정도로 작아서 비행기가 로켓을 하늘로 띄워 떨어뜨리면 샐보Salvo라는 로켓이 점화되어 우주로 날아가는 방식이었다. (이는 워든과 DARPA 직원들이 오랜 기간 구상해왔던 '신속 대응이 가능한 우주'에 매우 근접한 방식이다.)

이런저런 이유로 나는 벤션스에 대해 알아낸 내용을 아직 기사화하지 못하고 있었다. 언젠가는 런던이 나타나서 모든 이야기를 털어놓으리라 기대하고 있었다. 그러던 중 2017년 2월에 재미있는 일이 벌어졌다. 인도에서 플래닛랩스의 로비 싱글러와 함께 이동하고 있었는데 싱글러가 샌프란시스코 중심가에 있는 그 비밀 로켓 회사에 가본 적이 있다고 했다. 게다가 그의 막역한 친구인 크리스 켐프가 이제 막 벤션스의

CEO로 임명되었다고 알려주었다.

켐프는 나사 에임스연구소에서 정보기술 책임자로 있을 때부터 나와 알고 지낸 사이였다. 특히 켐프가 오픈스택Open-Stack이라는 소프트 웨어 프로젝트를 담당할 때 그의 역할을 주목했다. 이 프로젝트는 나사 내 클라우드 운영체제를 구축하는 작업이었다. 당시 나사는 여러 센터나 과학자나 엔지니어 사이에 데이터를 공유하는 데 어려움을 겪고 있었다. 오픈스택은 나사의 모든 정보를 데이터베이스화해서 좀더 쉽게 연결할 수 있는 계층화된 소프트웨어를 만드는 프로젝트였다. 이 프로젝트는 너무나 성공적이었고 나사는 켐프의 요구대로 소프트웨어를 오픈소스로 공개하고 누구나 사용할 수 있게 했다. 많은 기업이 오픈스택 코드를 활용하여 자체 공유 데이터베이스 시스템을 만들었고 오픈스택은 세계에서 인기 있는 오픈소스 프로젝트 중 하나가 되었다.

2011년 켐프는 나사를 떠나 오픈스택 클라우드 컴퓨팅 기술을 기반으로 한 스타트업을 설립하기로 한다. 켐프는 나사 내 오픈스택 코드명에서 착안해 회사 이름을 네뷸러Nebula라고 했다. 네뷸러는 실리콘밸리에서 가장 유명한 투자자들로부터 3,000만 달러 이상을 조달했다.▼ 네뷸러는 자체 컴퓨터 서버를 개발하여 데이터 센터에 탑재하고 오픈스택 소프트웨어를 구성했다. 네뷸러는 기업들이 서버-소프트웨어 조합을 구매하여 자체 클라우드 운영체제를 구축하는 데 사용하기를 바랐다. 당시는 클라우드 컴퓨팅 산업이 태동하던 시기였고 네뷸러는 이 시장을 지배하기 시작한 아마존과 경쟁했다. 기업들은 아마존의 컴퓨터 공간을 빌리는

▶ 투자자 중에는 구글에 최초로 투자한 앤디 벡톨샤임과 데이비드 체리턴, 램 슈리람도 있었다. 이 억만장자 3명은 투자 안목이 정확하기로 정평이 나 있다.

대신 네뷸러와 함께 내부 공유 데이터베이스 시스템을 구축하면 더욱 효과적으로 정보를 관리할 수 있었다.

세금이 투입된 기술을 기반으로 켐프가 회사를 설립하겠다고 하자 일부 나사 관계자들은 달가워하지 않았다. 게다가 켐프는 '피트키드'였다. 워든은 적이 많았다. 적들은 워든과 피트키드들이 문제를 일으키면 이를 빌미로 워든을 비판하고자 벼르고 있었다. 나사를 떠나 공식적으로 네뷸러를 설립하기 전에 켐프는 조사를 받았다. 켐프가 당시 이야기를 들려주었다.

나사에서 개발한 기술을 기반으로 수십 개의 회사가 설립되었는데, 그중 블룸에너지가 제일 유명했습니다. 나사를 떠나 회사를 설립하는 문제를 진지하게 고민하며 블룸에너지 초기 직원들을 찾아가 조언을 구했습니다. 그들이 규칙을 따르라고 하더군요. 그래서 저는 바로 그렇게 했어요. 변호사를 구하고 모든 일을 깨끗하게 처리해달라고 부탁했습니다. 그런데 설립도 전에 들뜬 동업자 하나가 회사를 차렸다고 여기저기 이메일을 보내버린 겁니다. 사실이 아닌 내용이 있었지만 이미 여러 사람에게 전달된 뒤였어요.

어느 날 아침 나사 사무실에 앉아 있는데 FBI 요원들이 들이닥쳤어요. 검은 정장을 입은 10여 명이 제 컴퓨터와 파일을 모두 압수해 갔습니다. 기꺼이 파일들을 넘기고 나니 제 개인 휴대전화를 달라고 하더군요. 휴대전화는 줄 수 없다고 하니 요원들은 휴대전화도 압수 대상이라고 했습니다. 저는 "아닙니다. 당신이 틀렸어요. 가져갈 수 없습니다."라고 했습니다. 그러자 그들은 총에 손을 얹었고 저는 "쏠 테면 쏴보세요."라고 하며 저항했습니다.

요원들은 계속 휴대전화를 달라고 했고 저는 계속 거부했어요. 둘 다 물러나지 않았어요. 저는 "총을 든 채로 거기 있어도 휴대전화는 못 가져가요. 이

건 제 휴대전화예요. 그러니 빨리 가세요."라고 말했습니다. 그러자 요원들은 "그러면 우리는 당신을 집까지 따라갈 겁니다."라고 했습니다. 저는 아내에게 전화를 걸어 "여보, FBI에서 나온 사람들이 우르르 내 뒤를 따라 집까지 가겠다는데 혹시 나를 데리러 올 수 있어? 지금부터 집에 도착할 때까지 앞으로 일어날 일에 대해 찬찬히 생각해보고 싶어."

아내가 건물 앞에서 저를 기다리고 있었고 FBI 요원들은 우리를 따라왔습니다. 우리는 집에 도착해 차고 문 개폐기 버튼을 누르고 차고로 들어가 차를 주차한 다음 바로 문을 닫아버렸습니다. 요원들이 불쾌해했어요. 제가 집 안에서 증거를 인멸할 거로 생각했던 모양이에요. 하지만 저는 아무것도 잘못한 게 없는데 왜 이런 일을 당해야 하는지 이해가 되지 않았습니다.

요원들이 집 안으로 들어와 컴퓨터를 가져가고 저를 심문했습니다. 묵비권을 행사할 권리가 있고 변호사를 통해 말할 권리가 있다고 했지만 저는 그렇게 하지 않았습니다. 모든 걸 다 말했어요. 그들은 이메일과 그 밖의 모든 것에 관해 물었어요.

어쨌든 간단히 말해서 대배심 조사가 진행되었고 약 1년 동안 제가 아는 모든 사람이 조사받았습니다. 당시에는 몰랐는데 꽤 심각한 일이었습니다. 제가 시작하지도 않았는데 소문만으로 회사를 설립했다고 믿어버려서 벌어진 일이었어요.

결국 공소시효가 만료되었고 우리는 파티를 열었습니다.

이 사건에서 켐프의 성격을 엿볼 수 있다. 켐프는 관료주의적 문제를 피하고 싶어 규칙을 따르려고 노력했다. 동시에 켐프는 패기가 넘쳤다. 그 무엇도 켐프의 앞길을 가로막지 못했다. 켐프는 규정과 전통적인 구조를 극복해야 할 과제로 여기는 사람이었다. 그는 권위자나 구태의연한 사고방식에 신경 쓸 시간이 별로 없었다. 이는 타고난 성격이었지만 레인보우 맨션과 에임스연구소에서의 경험으로 켐프는 더 자신 있고 당당해졌다.

켐프는 네뷸러를 운영하며 자존심에 큰 타격을 입을 수밖에 없는 처지였다. 나사에서 소동을 겪은 후 켐프는 회사를 설립하고 많은 사람의 관심을 끌었다. 네뷸러는 초기에 성공을 거두었지만 제품을 판매할 큰 시장을 찾지 못했다. 결국 켐프는 2013년에 CEO 자리를 내놓았고 2015년에는 폐업 형태의 매각을 통해 오라클에서 네뷸러의 일부 기술과 인력을 인수했다. 성공 가능성이 매우 높았던 회사가 실패했다.

하지만 켐프는 네뷸러의 실패를 딛고 다음 사업을 모색하며 정신을 더욱 자유롭게 했다. 켐프는 한 벤처 투자사의 '입주 기업가'가 되었는데 이는 일부 투자자들이 그에게 사무실을 제공하고 새로운 회사의 창업을 고민할 수 있게 해주었다는 말이다. 켐프는 버닝맨을 주관하는 사람들과 교류도 늘렸다. 버닝맨은 매년 블랙록사막에서 열리는 축제로서 사람들에게는 섹스와 약물, 예술이 공존하는 행사로 각인되어 있었다. 몇 년 전 켐프는 버닝맨에서 깨달음을 얻은 후 데이터를 중시하는 컴퓨터광에서 벗어나 업계에서 행동하는 사람으로 변모했다. 켐프는 네뷸러 실패 이후 버닝맨▼ 원로들과 관계를 돈독히 하며 변화한 성격을 공고히 하고 완전히 새로운 사람으로 변모했다.

▶ 켐프는 버닝맨 참가자들에게 무료로 물을 나눠주는 기지를 맡아 운영하기도 했다. 켐프는 말한다. "정말 필요한데 사람들이 깜박하고 안 가져오는 것 중 하나가 물이에요." 켐프는 또한 태양열로 구동하는 텐트용 에어컨을 직접 개발했다. "오전 11시부터 뜨거워지죠. 그런데 오후 3시까지는 잠을 자야 해서 오전 11시가 되면 자동으로 에어컨이 켜지도록 설정했어요."

켐프는 벤처 투자사 사무실에 있지 않으면 친구인 로비 싱글러와 윌 마셜을 대신해 플래닛랩스의 컨설팅 업무를 했다. 플래닛랩스는 위성을 로켓에 탑재하는 데 많은 시간과 비용이 든다는 것을 알고 로켓을 자체적으로 제작하고 싶어 했다. 플래닛랩스의 경영진은 켐프에게 전 세계를 돌아다니며 특히 소형 로켓 분야의 최신 동향을 조사해달라고 했다. 켐프는 몇 개월 동안 수십 개의 로켓 회사를 방문했다. 켐프는 뉴질랜드로 건너가 피터 벡과 로켓랩을 방문했다. 그리고 벤션스의 애덤 런던도 만났다.

런던은 MIT에서 항공우주공학 박사 학위를 취득했다. 런던의 외모와 행동도 이에 걸맞았다. 호리호리한 런던은 소년 같은 얼굴에 안경을 썼다. 먼저 말을 하는 법이 없고 대개는 부드럽고 신중한 말투로 대화했다. 런던은 말할 때 신중하고 명료한 단어를 선택해서 사람들에게 매우 똑똑하다는 인상을 주었다.

대학을 졸업한 후 런던은 맥킨지에서 몇 년간 컨설턴트로 일했지만 로켓공학의 유혹에서 벗어날 수 없었다. 런던은 2005년에 동료 몇 명과 함께 학교에서 실험해보았던 아이디어를 실현하기 위해 벤션스를 시작했다. 여느 실리콘밸리 CEO들과 달리 런던은 돈을 벌어 빨리 부자가 되고 싶은 욕심이 크게 없었다. 무엇보다도 런던은 공학을 사랑하고 기계의 문제를 해결하면서 시간 보내기를 즐겼다. 그 결과 벤션스는 시장에서 기술 기업이라기보다는 연구 개발 기업으로 인정받았다.

벤션스의 샌프란시스코 사무실은 대규모 DIY 작업실 같았다. 벤션스는 차고에 셔터가 달린 연립식 건물을 빌렸다. 건물 옆에는 주짓수 도장과 인쇄소가 있었다. 사무실 위층에는 컴퓨터용 책상이 몇 개 있었지만 모두 제각각이었다. 벤션스는 사무용 가구를 살 돈이 없었다. 톱질

받침에 합판을 얹어 회의용 탁자로 사용할 정도였다.

대부분 작업은 1층에서 이루어졌는데 공구와 로켓 부품으로 가득찬 개방된 공간이었다. 실험과 금속 가공을 위한 작업대들이 있었다. 포일로 덮인 기계 부품들이 곳곳에 놓여 있었다. 펌프에서 끊임없이 흐르는 물소리가 들렸지만 아무도 잠그려들지 않았다. 가장 인상적인 것은 초강력 플라스틱으로 직접 제작한 방폭막이었다. 벤션스 직원들은 물체에 압력을 가한 뒤 방폭막 뒤로 이동하면 문제가 생기더라도 안전하리라 믿었다. 벤션스는 창립 이래로 건물 전체를 소유한 적이 없었다. 임대료를 감당할 수 없어 공간 일부를 한 기계공에게 재임대하기도 했다. 누군가 바닥에 청테이프로 벤션스의 공간을 표시했다.

런던은 매우 작은 로켓을 만들고 싶었고 벤션스도 이를 추구했다. 얼마 안 되는 직원들이 밤낮을 가리지 않고 엔진과 터보펌프를 비롯해 관련 기계들을 소형화하기 위해 노력했다. 맷 리먼은 2010년에 벤션스에 합류했는데, 그 전에는 스페이스X에 있었다. 맷 리먼은 말한다. "직원들은 얼마나 작아질 수 있는지, 얼마나 중량을 견딜 수 있는지 확인하고 연구했습니다. 소형화하면 곤란한 특정 부품은 어떻게 할지 고민했어요. 소형 밸브, 연료 분사기, 전자장치와 유도장치가 그랬죠. 우리는 콜라병만 한 연소실 안에 맞는 추진기를 만들고 있었어요. 모든 게 다 그런 식이었습니다. 모든 전자장치를 웨이터 쟁반에 올려놓을 수 있을 정도였어요. 20년 전이라면 방 하나를 가득 채웠을 겁니다."

중요한 엔진 테스트를 해야 할 때면 직원들은 모하비사막이나 캘리포니아 앳워터에 있는 캐슬공군기지로 이동했다. 벤션스 직원들은 장비를 설치하고 최초 테스트에서 작동하지 않으면 부품을 조정하고 수리해서 금속관 끝에서 불꽃이 나올 때까지 고된 작업을 했다. 리먼은 말한다. "우리는 야외나 반원형 막사에서 잠을 잤어요. 겨울에는 프로판 온풍기 하나로 버티며 모두 양말을 신은 채로 잤어요. 너무 추워서 물도 끓일 수 없었습니다. 3일째가 되니 생산성이 떨어지기 시작했고 4일째에는 그곳에서 빠져나와야 했어요."

리먼은 불편한 생활에 어느 정도 익숙했다. 펜실베이니아주립대학에서 기계공학 박사 학위를 받은 후 항공우주 계약업체에서 스커드미사일을 복제하고 시험하는 일을 했다. 그 뒤 스페이스X에 입사했다. 리먼이 입사할 당시 스페이스X는 직원이 100명도 채 안 되었지만 스타트업으로서 패기가 넘치던 시절이었다. 그런데 벤션스는 스페이스X와 달리 절실함이 부족했고 런던은 머스크처럼 엄격하게 사람을 관리하지도 않았다. 벤션스는 런던의 아이디어를 계속 추구하기 위해 어느 정도 돈을 벌 수 있는 항공우주 기술 자문 계약을 맺고자 노력했다. 리먼은 말한다. "전체 상황은 진통제로 버티는 대학원생들이 모여 있는 듯했어요. 우리는 국방부 웹 사이트에 들어가 키워드 검색으로 가능한 계약을 찾았습니다. 8개월 동안 진행되는 10만 달러짜리 정부 계약을 따냈어요. 그런 다음 일을 해주고 돈을 받으면 18개월 동안 벤션스만의 일을 할 수 있었습니다."

평소 런던은 매우 상냥하고 친절한 사람으로 벤션스의 동료애는 그의 성격에서 비롯되었다. 팀 규모는 3~12명으로 다양했다. 직원 대부분은 항공우주 기술을 배우려는 젊은 엔지니어들이었고 리먼과 런던 등은 이들을 기꺼이 가르쳤다. 2013년이 되자 직원들은 완전한 로켓을 만들어 날리기 위해 매진했고 2015년에는 목표 달성을 목전에 두고 있었다. 벤션스는 미 공군과 계약을 맺고 F-15E 전투기 아래에 소형 로켓을 장착하여 약 5kg의 위성과 함께 궤도에 올려놓을 준비를 마쳤다.

그런데 이 중요한 기회에 벤션스는 갈림길에 섰다. 그 무렵 로켓랩과 파이어플라이 같은 회사들은 수백만 달러를 모금하고 수백 명의 직원을 고용했다. 하지만 벤션스는 여전히 적은 인원에 실제로 달성한 것은 아무것도 없는 상태였다. 심지어 런던조차도 회사의 지적 재산권을 팔고 다른 일을 해야 하는 게 아닌지 고민할 정도였다. 리먼은 말한다. "사람들은 우리에게 계획과 최종 목표를 묻고는 했습니다. 우리는 항상 항공우주 스타트업이 우리 엔진을 사줄지 모른다고 생각했어요. 하지만 우리 생각이 틀렸어요. 엔진은 가장 중요한 요소예요. 그래서 모두 엔진을 자체 제작하고 싶어 했죠. 아무도 엔진을 사려고 하지 않았어요. 솔직히 말해서 시간이 흐르며 몇몇 스타트업이 투자를 받게 되자 우리는 기회를 놓쳤다고 생각했습니다. 그러던 중 2015년 말에 애덤이 플래닛랩스를 통해 크리스 켐프를 만난 거예요."

켐프와 런던은 둘 다 남자라는 것 외에는 공통점이 하나도 없었다. 매사에 긍정적이고 야망이 컸던 켐프는 벤션스에 뛰어들어 런던에게 회사를 팔지 말라고 설득했다. 켐프는 실리콘밸리의 부유한 투자자들을 알고 있었으며 네뷸러를 운영하면서 자금 조달법을 터득했다. 켐프는 몇 달에 걸쳐 저녁과 주말에 런던과 함께 사무실에 남아 작고 저렴한 로켓의 사업성을 증명하기 위해 연구를 진행했다. 멋진 제안서를 작성한 두 사람은 투자자들을 초대하여 프레젠테이션을 했다. 켐프는 사업성에, 런던은 기술에 초점을 맞췄으며 리먼은 친근한 엔지니어 역할을 맡아 시설을 소개했다.

리먼은 말한다. "벤처 투자사에서 말하는 위험과 투자액이라는 게 제게는 너무나도 낯설었습니다. 좋게 말해 크리스 켐프와 저는 완전히 다른 세계 사람 같았어요. 크리스는 열정과 비전 그리고 먼 미래를 내다

보는 안목을 가지고 있었습니다. 크리스는 자신이 로켓을 잘 모른다고 인정합니다. 따라서 그의 말을 듣고 공장에 오는 사람들은 어떤 기대를 품고 있는지 궁금했습니다. 이게 정말로 말이 되는 걸까? 사람들이 정말 흥미를 보일까? 막상 하워드스트리트에 서면 우리 회사는 별거 없어 보입니다. 로켓을 만드는 곳처럼 보이지도 않았죠."

리먼이 자신에게 한 질문들은 정상적인 사람이라면 누구나 던질 만한 물음이었다. 그러나 실리콘밸리는 온전한 정신으로 돌아가는 곳이 아니다. 그 순간 벤션스는 희망과 꿈을 보여줘야 했고 켐프와 런던은 이를 충족시켜주었을 뿐이다.

우선 회사는 이제 벤션스라는 이름을 쓰지 않기로 했다. 새로운 회사는 이름을 붙일 수 없을 정도로 환상적일 것이다. 회사를 부를 일이 생기면 '스텔스스페이스컴퍼니'라고 불러야 했다.

스텔스스페이스컴퍼니(이하 스텔스스페이스)는 팰컨1이나 로켓랩의 일렉트론과 같은 소형 로켓을 만들 계획이었다. 하지만 가장 기본적인 부품만 이용해 더 작게 그리고 더 싸게 로켓을 만들 생각이었다. 홍보용 자료에 따르면 스텔스스페이스는 70kg가량의 화물을 우주로 운송하는 로켓을 100만 달러에 제작할 계획이었다. 스텔스스페이스는 역사상 그 어떤 기업보다 빠르게 1년에서 1년 6개월 이내에 첫 로켓을 설계하고 제작하여 발사할 것이며 그 이후에는 로켓을 대량생산할 수 있다고 장담했다. 매일 로켓을 발사할 계획이므로 로켓을 많이 만들어야 했다. 켐프와 런던이 대화를 나눌수록 구상은 더 나아졌다.

발사할 때는 가끔씩만 기존의 발사장을 이용하기로 했다. 로켓 발사는 자동 발사 시스템을 완벽하게 구축할 예정이었다. 선박용 컨테이너에 실려 도착한 로켓을 직원 몇 명이 트럭에 싣고 발사대로 옮기고 그런 다음 버튼만 누르면 로켓이 날아올라 궤도에 안착하는 방식이다. 수십 명의 인원이 필요한 관제 센터는 필요 없어진다. 스텔스스페이스는 가능한 한 참여 인원을 최소화하려 했다. 스텔스스페이스는 바다 위 바지선에서 로켓을 날려 보내는 게 최종 목표다. 로켓을 공장에서 바다로 옮긴 후 다시 돌아와 버튼만 누르면 된다.

이 계획을 모두 합치면 항공우주 분야의 포드와 페덱스를 동시에 구축하겠다는 의미다. 생산 시설에서 조립한 저가 로켓에 위성을 실어 자동화된 로봇 시스템으로 발사한다는 계획이다. 급하게 발사를 원하는 고객은 그저 스텔스스페이스의 홈페이지에 들어가 법인 카드 정보를 입력하고 예약만 하면 된다.

로켓랩이 실용주의를 추구하며 이상적인 소형 로켓 제작을 목표로 했다면 스텔스스페이스는 '닥치고 전진' 전략을 채택했다. 런던은 수많은 계산을 해본 결과 소형 로켓의 경제성은 대량생산을 통한 규모의 경제를 실현하지 않는 한 불가능하다는 결론에 이르렀다.▼ 플래닛랩스가 위성의 설계와 제조에 혁명을 일으킨 것처럼 스텔스스페이스는 로켓 분야에서 그 같은 혁명을 일으키려 했다. 스텔스스페이스는 로켓을 첨단 과학 영역에서 분리해 빠르고 저렴하게 제작할 수 있는 단순한 제품 영역에서 다루려고 했다.

▶ 런던에 따르면 재사용 로켓에도 이 계산은 유효했다. 로켓을 회수하고 수리하는 비용을 상쇄하고 경제적으로 이익을 보려면 한 로켓의 사용 수명이 다할 때까지 20회 이상 발사해야 하는데 그 어떤 기업도 이를 달성한 적이 없었다. 런던은 1993년 발표된 〈하루에 한 번 발사하는 로켓의 높은 비용 절감A Rocket a Day Keeps the High Costs Away〉이라는 논문에서 영감을 받았다. 이 논문은 로켓산업이 대량생산 모델로 전환해야 한다고 제안한다. 논문은 다음 웹 사이트에서 읽을 수 있다. https://www.fourmilab.ch/documents/rocketaday.html

당시 누구도 생산 시설에서 쏟아져 나오는 수백 개의 로켓이 얼마나 대단한지 그리고 70kg가량의 화물을 궤도에 올려놓는 25만 달러짜리 로켓이 얼마나 유용한지 몰랐다. 샌프란시스코만을 드나들며 화물을 운송하는 로켓 바지선은 꽤 그럴듯한 소리 같아도 시민 중 일부는 집 근처에서 매일 무기를 날린다면 반대할 게 뻔했다.

벤션스가 실험용 로켓을 완성하는 데 10년이 걸렸으니 18개월 이내에 대량생산이 가능한 새 로켓을 설계하고 조립하고 발사하여 궤도에 올려놓을 가능성은 희박해 보였다. 그러나 이런 세부 사항은 나중에 해결해도 되는 일이었다.

켐프와 런던이 로켓으로 환상에 가까운 청사진을 그리는 동안 2016년이 찾아왔고 사람들은 이들의 계획에 투자할 준비를 하고 있었다. 투자자들은 이미 스페이스X와 로켓랩을 보았으므로 그들 역시 로켓 회사를 소유하고 싶어 했다. 런던에게 약속한 대로 켐프는 수천만 달러를 모아 연구 개발 회사 벤션스를 우주의 혁신을 이룰 스텔스스페이스로 탈바꿈시켰다.

▶◆◀

그 무렵 나는 샌프란시스코 사무실에서 켐프와 런던을 만나 합의했다. 켐프는 스텔스스페이스가 첫 번째 로켓을 발사할 때까지 비밀리에 운영하고 싶었다. 만약 내가 비밀만 지켜준다면 계획 단계부터 위성의 궤도 안착까지 스텔스스페이스의 전 여정을 함께해도 좋다고 했다. 매력적인 제안이었다. 이는 시간을 거슬러 스페이스X 같은 기업이 탄생하는 과정을 지켜보고 로켓 제작 과정을 옆에서 관찰하는 것이나 마찬가지였다. 운이 좋으면 스텔스스페이스는 이전의 어떤 회사보다도 빠르게 궤도에 오르는 로켓을 만들어낼 것이고 그렇게 되면 나는 역사의 현장을 맨 앞줄에서 지켜보는 특권을 가질 것으로 생각했다.

하지만 그 반대일 수도 있다고 생각했다. 이 회사를 따라다니는 게 시간 낭비일지도 몰랐다. 켐프는 나사에서 일했지만 데이터 센터 관련 업무를 담당했다. 리먼이 말했듯 켐프의 항공우주공학 지식과 로켓 제작에 필요한 지식은 신뢰할 수준은 아니었다. 켐프는 종종 기계상의 공학적 문제들을 소프트웨어 분야의 방식으로 해결할 수 있다고 주장했다. 과거에도 비슷하게 주장하는 사람이 많았지만 결과가 좋은 적이 거의 없었다. 기계는 소프트웨어를 다루는 사람들이 생각하는 것보다 훨씬 더 복잡하고 시간이 오래 걸린다.

켐프의 열정과 성격 전반도 우려스러웠다. 2016년이 되자 켐프는 항상 검은색 옷을 입기 시작했다. 매일 입고 신는 가죽 부츠도 청바지도 몸에 딱 붙는 티셔츠도 가죽 재킷도 모두 검은색이었다. 켐프는 매일 아침 옷을 고르지 않아도 되니 시간이 절약되고 효율성이 좋아졌다고 말했다. 하지만 켐프는 억지스럽고 지나치게 극적인 인상을 주었다. 금발에 파란 눈을 가진 마흔의 남자가 이 바닥에서 조니 캐시(미국의 가수 겸 배우다. '맨 인 블랙'이라는 별칭이 있을 정도로 검은색 옷을 즐겨 입었다. - 옮긴이)를 흉내 내고 있었기 때문이다. 게다가 켐프가 가진 조엘 오스틴 수준의 열정은 고무적이면서도 역효과를 냈다. 켐프는 자신이 말하는 모든 것을 할 수 있다고 믿게 만드는 동시에 불신을 샀다. 켐프 정도의 자신감을 가진 사람을 보면 우리의 내면은 대개 경고등을 켠다. 그처럼 자신감이 넘치면 미쳤거나 무언가를 감추려는 사람이라고 생각하기 때문이다.

다행히도 켐프는 회사 사정을 완전히 부정하지 않았고 내가 만난 어떤 임원보다 더 진솔했다. 스텔스스페이스가 성공하든 아니면 그냥 불꽃을 내며 타버리든 그 결과를 상세히 글로 옮기는 데 켐프는 동의했고 결국 서로 합의했다.

▶◆◀

켐프는 가장 먼저 그가 실제로 뭔가를 아는 것 같다는 확신을 주었다. 켐프는 스텔스스페이스의 새 본사를 샌프란시스코만 동쪽에 있는 작고 조용한 마을 앨러미다에 세웠다.

앨러미다는 오클랜드 바로 옆에 있는 섬으로, 1940년대 미 해군이 서쪽 가장자리 습지에 설치한 거대한 공군기지가 있다. 그 후 수십 년 동안 군은 기지에 활주로와 여러 대형 건물을 지어 항공기를 테스트하고 수리하고 수용했다. 1997년에 기지는 폐쇄되었고 건물은 위험 물질로 가득 찬 채 방치되었다. 시에서는 오래된 기지를 관광지로 만들기 위해 일부 건물을 개조했다. 몇몇 회사가 들어와 창고를 공장으로 사용하기 시작하자 바다가 보이는 곳에 식당이 생겼다. 보드카 생산업체 행거원Hangar 1은 이름에서 알 수 있듯이 이전 비행기 격납고에 증류실과 시음실을 만들었다.

켐프는 몇 주 동안 캘리포니아의 폐쇄된 군사시설들을 둘러보았다. 그는 스페이스X처럼 본사에서 멀리 떨어진 곳에 로켓 시험장을 두고 싶지 않았다. 켐프는 사무실과 벙커 같은 시설이 있는 폐쇄된 기지를 찾을 수 있다고 생각했다. 엔지니어들이 엔진을 테스트할 때 안전하게 몸을 숨길 곳이 필요했다. 테스트도 숨기고 싶었다. 아무도 테스트가 진행되고 있다는 사실을 눈치채지 못할 정도로 외진 곳이어야 했다.

켐프는 결국 스텔스스페이스가 사용하기에 적합한 곳을 발견했다. 오라이언스트리트 1690번지에 있는 앨러미다기지였다. 공중에서 보면 시설은 U 자형이다. 중앙에 큰 본관이 있고 양쪽으로 긴 건물이 붙어 있는 구조다. 나중에 밝혀진 바에 따르면 해군은 1960년대 제트엔진을 시험하기 위해 이 건물을 사용했다고 한다. 긴 건물 2개는 터널형 시험실이었다. 터널의 한쪽 끝에 엔진을 설치하고 점화하면 불과 열이 거대한 배기관을 통해 흘러갔다. 배기관의 반대쪽 끝에는 기울어진 금속 벽이 설치되어 있어 배기가스를 건물 꼭대기에 있는 배기 시설로 올려보냈다.

켐프는 이 시설에 관해 소문으로만 알고 있었다. 시 당국은 켐프가 건물 안으로 들어가 조사하는 것을 허락하지 않았다. 시에서는 수십 년 동안 버려져 있던 낡고 위험한 건물을 임대하는 위험부담을 안고 싶지 않다고 통보했다. 켐프는 당연하게도 이런 통보를 은밀한 초대장으로 받아들였다. 켐프는 어느 날 밤 몰래 울타리를 넘어 문을 열고 들어가 휴대전화 불빛으로 주변을 살펴보았다. "정말 상태가 안 좋았어요. 바닥에는 2cm가 넘게 물이 차 있었고 석면과 쓰레기로 가득했어요. 이 건물을 인수하고 실제로 사용할 방법을 찾으려면 여러 가지 방안을 생각해야 할 것 같았습니다."

시에서는 이 건물을 온갖 잡동사니를 보관하는 일종의 창고로 취급했다. 선반마다 수십 개의 청사진이 쌓여 있었고 야구 장비는 물웅덩이에 버려져 있었다. 도트프린터와 전자레인지가 구석에 쌓여 있었고 냉장고들도 한곳에 모여 있었다. 바퀴 빠진 소방차가 도시 쓰레기의 마지막을 장식했다. 온통 썩은 냄새가 진동했고 벽과 천장에는 곰팡이가 잔뜩 피어 있었다.

아무리 흉해 보여도 켐프는 이 건물의 매력에서 벗어날 수 없었다.

샌프란시스코에서 차로 20분밖에 안 걸려 세계 최고 수준의 소프트웨어 엔지니어들을 영입하기 쉬웠다. 게다가 본사에서 엔진을 제작하고 테스트할 수 있으며 시설 내에서 엔진을 가동해도 외부에서 전혀 알 방법이 없었다. "딱 이런 장소가 필요했어요. 런던에게는 책상과 관제 센터 바로 옆에 있는 방음 벙커 안에 로켓엔진 시험대를 짓는다고 상상하면 된다고 말했습니다."

켐프는 설득력을 발휘해 이 위험한 건물을 임차하는 데 성공했다. 켐프는 일자리와 최첨단 공장을 유치하겠다는 화려한 제안서를 앨러미다시 관리자들에게 내밀었다. 그는 대담하게도 시 당국의 검토가 끝나지 아직 않은 상황에서 건물을 청소하고 소독하고 페인트칠까지 한 다음 직원들을 입주시켰다. 감독관들이 나타나서 일을 멈추라고 했지만 켐프는 계속 진행했고 결국 앨러미다시가 항복했다. 게다가 시는 임대료까지 파격적으로 깎아주었다.

2017년 1월부터 이사를 시작한 스텔스스페이스는 4월이 되자 로켓과 건물 모두에서 상당한 진전을 이루었다. 정문을 지나면 천장고가 높은 로켓의 주요 생산 구역에 들어선다. 벽은 모두 흰색으로 도장되어 있었다. 바닥도 흰색에 에폭시 코팅까지 되어 있어 수술실로 써도 될 만큼 깔끔하고 새것처럼 보였다. 천장고는 12m가량 되었다. 천장에는 무거운 물건을 옮기는 크레인이 매달려 있었다. 중앙에는 스텔스스페이스의 초기 버전 로켓과 그 부품이 놓여 있었다. 직원은 약 35명까지 늘었으며 알루미늄 연료 탱크와 탄소섬유 페어링fairing(노즈콘nose cone이라고도 하며 로켓의 맨 앞부분을 말한다. ─옮긴이)을 제작했다. 주요 생산 구역 주변 작업대에서는 직원들이 로켓에 설치할 배선과 컴퓨터 시스템을 준비하고 있었다.

작은 팀 하나가 터널 하나를 차지하고 그 안에 시험대를 설치했다.

시험대는 땅에 볼트로 고정된 대형 철제 구조물이었고 시험대 본체에는 온갖 종류의 관과 전선이 연결되어 있었다. 이 복잡한 기계장치는 로켓의 내부를 재현하고 터널의 뒤까지 뻗은 엔진에 연료를 공급하기 위한 장치였다. 대형 액체산소 탱크는 시험대 옆에 설치되어 있고 각종 공구와 전원 코드, 덕트테이프, 알루미늄포일이 가득한 탁자들이 올려져 있었다. 이 구역에서 일하는 사람들은 고글과 안면 보호대를 착용해야 했으며 매우 낮은 온도의 액체산소 때문에 실내는 온통 덮여 있었다.

오라이언스트리트 건물 중앙에 있던 회의실은 테스트를 진행하기 위한 운영실로 바뀌었다. 대형 TV 화면 앞에는 노트북 6대가 싸구려 플라스틱 피크닉 탁자 위에 놓여 있었다. 화면에는 엔진 근방에 놓인 카메라가 촬영한 영상이 송출되고 있었다. 직접 만든 제어장치에는 엔진을 작동을 제어하는 일련의 스위치가 있었다. 이 방도 흰색으로 칠했지만 완전히 다 가리지는 못했다. 벽 일부가 없었고 출입문 하나에는 큰 구멍이 나 있었다.

건물 뒤편에 있는 다른 대형 작업 공간은 기계 공장으로 사용했다. 3D 프린터, 선반, 밀링머신, 컴퓨터 제어 절단기 등이 있었다. 켐프와 직원들은 이 공간에서 윙윙거리는 소리를 듣고 기뻐하기도 했다. 시 당국이 건물에 전압이 부족하다고 했는데 실제로 작동하는 변전소가 있었기 때문이다.

직원들이 쉬면서 점심을 먹을 수 있게 스텔스스페이스 외부 공간에 장소를 마련했다. 이 장소는 두 터널의 끝에 생긴 U 자 모양 중앙에 있었다. 터널 옆을 걸어가다 내려다보면 깊은 수로가 보이는데, 비상시 화재에 대비하기 위한 안전장치다. 여기서 약 25m 정도 위를 올려다보면 배기 시설이 보인다.

스텔스스페이스에서 일하는 직원 대부분은 20대 남성이었는데 벤션스 시절부터 함께한 8명 남짓의 직원은 끈끈한 동료애로 뭉쳐 있었다. 그 당시 회사는 소형 로켓의 기존 설계에 새 부품을 적용하려 했다. 벤션스 출신들은 지금까지 해온 작업을 발전시키고 제대로 된 로켓 회사를 만들기 위한 자금과 열정을 스텔스스페이스가 가지고 있다는 사실을 알고 기뻐했다. 벤션스 출신들은 전반적으로 켐프에 회의적이었다. 켐프의 튀는 경영 방식에서 재미와 실망을 동시에 느꼈다. 하지만 켐프는 이 로켓 중독자들이 꿈을 이룰 수 있게 해준 사람이었다.

나머지 직원들은 폐업한 로켓 스타트업이나 대학의 연구 팀, 자동차경주 팀, 소프트웨어 회사 등을 비롯한 여러 산업체 출신들로 이루어졌다. 스텔스스페이스에는 어려서부터 우주를 좋아했으며 자신이 만든 무언가가 궤도에 오를 수 있다는 생각만으로도 짜릿해하는 직원들이 있었다. 일부 직원들은 앱이나 실리콘밸리의 값싼 물건보다 더 의미 있는 실제적이고 실체적인 무언가를 만들고 싶어 했다. 또 일부 직원들은 스텔스스페이스를 그저 직장으로만 생각했다. 이들은 업무와 노력을 중요하게 생각했지만 자신의 일을 석유 시추탑에서 용접하는 일이나 자동차를 수리하는 일과 다를 바 없다고 생각했다.

이들이 한 실험은 뉴스페이스가 얼마나 발전했는지를 보여주기 위한 것이었다. 런던은 항공우주공학 박사 학위를 가지고 있었지만 회사에는 석박사 학위를 가진 직원이 많지 않았다. 사실 스텔스스페이스에는 대학 자퇴자도 많았고 특이한 배경 때문에 실리콘밸리에 취직하기 어려운 사람도 많았다. 스텔스스페이스는 버려진 건물에 자리 잡았다. 스텔스스페이스 CEO는 사업에 실패한 데이터 센터 괴짜다. 이들이 실제로 로켓을 만든다면 고객들은 흥미롭게 생각하겠지만 아직 확실한 것은 아무엇도 없었다. 회사의 임무를 설명할 때 캠프는 과장하기도 했지만 그 속에는 진실도 담겨 있었다. "우리는 사실상 나사가 쓰는 예산의 100만 분의 1과 나사가 쓰는 시간의 100분 1로 나사와 같은 조직을 만들고 있는 겁니다."

　　스페이스X는 설계부터 실제 작동하는 로켓을 만들기까지 6년이 걸렸다. 이는 기록적인 속도였다. 같은 목표를 달성하기 위해 시간이 얼마나 남았는지 스텔스스페이스 직원들은 공장 정문에 걸린 카운트다운 시계를 통해 알 수 있었다. 2017년 4월 17일 오후 3시에 카운트다운 시계는 239일 22시간 59분 41초를 가리키고 있었다. 즉 스텔스스페이스는 18개월 만인 2017년 12월 초까지 로켓을 완성해야 했다.

17.

켐프 대 켐프

스텔스스페이스에서 처음 몇 달을 보내고 나는 특별한 기회를 잡았다고 느꼈다. 켐프와 런던, 회사 직원들은 약속을 지켰다. 스텔스스페이스 사람들은 내가 일거수일투족을 관찰하고 대화를 기록할 수 있게 허락해주었다. 나는 그들과 함께 로켓과 회사를 만드는 힘든 과정을 바로 옆에서 직접 체험했다.

그들과 더 많은 시간을 보낼수록 나는 여러분에게 그들이 우주 사업을 어떻게 이야기하고 생각하는지 그리고 어떻게 문제를 해결해나가는지 전달하고 싶어졌다. 일이 순조로운 경우도 심각한 경우도 있었다. 이 두 상황 모두를 있는 그대로 전달하고자 한다. 엔지니어들 곁에 여러분이 서 있는 것처럼 묘사할 예정이다. 엔지니어나 기술자들과 함께 어울려 잡담하듯 그들의 실제 모습을 생생하게 느낄 수 있을 것이다. 다음에 이어지는 장들에서는 그들의 입을 통해 이야기를 직접 듣게 될 것이다. 다소 특이한 접근 방식이지만 상황 자체가 워낙 특이했다. 여러분은 항공우주업계와 실리콘밸리에 퍼져 있는 거의 신앙과 같은 믿음을 있는 그대로 보게 될 것이다. 크리스 켐프는 독창적이고 유별난 엉뚱함으로 사람들을 놀라게 하는 재주가 있었다. 나는 스스로 꽤 괜찮은 작가라고 자부하지만 켐프에 대해서는 내 능력에 회의가 들었다. 켐프의 말과 생각을 아무리 잘 묘사한들 사람들이 믿어줄지 의문이었다. 켐프의 말을 직접 듣지 않으면 아무도 믿지 않을 것 같았다. 그래서 나는 크리스 켐프 자신이 직접 말하는 방식으로 이야기하기로 했다.

나는 뉴욕주 북부에서 태어났다. 신경생물학자였던 아버지는 내가 어렸을 때 앨라배마주 버밍엄으로 가 연구소를 차렸다. 그래서 나는 어린 시절 대부분을 버밍엄 교외에서 보냈다. 그곳은 헌츠빌 바로 남쪽이었는데 마침 헌츠빌에는 마셜우주비행센터와 내가 참가했던 스페이스캠프가 있었다.

아버지는 교수로서 학생들을 가르치고 연구했다. 아버지는 신경세포들이 어떻게 서로 소통하는지에 관한 논문을 썼다. 어릴 때 실험실에 놀러 가면 아버지는 DNA 염기 서열을 분석하는 등 여러 실험을 하고 있었다.

아버지는 다재다능한 사람이었다. 차고에서 경주용 자동차를 만들어서 운전하기도 했다. 어릴 때 나는 아버지와 함께 자동차를 손보며 자랐다. 집의 큰 차고에는 차가 10대 정도 있었다. 아버지는 또한 바이올리니스트로서 오케스트라에서 연주했다. 나도 바이올린을 배웠고 지금도 연주하면서 스트레스를 푼다. 아버지는 테니스 실력도 수준급이었다. 그야말로 전형적인 르네상스인이었다.

아버지는 매우 진지하면서 집중력이 강했다. 무슨 일을 하든 매우 진지하게 임했고 나는 어려서부터 아버지의 집중력과 열정을 본받으며 자랐다.

어머니는 교사이자 조종사였다. 사립학교에서 수업하고 민간 비행기를 조종했다. 하지만 부모가 되면서 많은 것을 포기하고 나와 내 여동생을 위해 헌신했다.

나는 확실히 괴짜였다. 비쩍 마르고 창백한 아이였다. 나는 공부보다 개인적으로 하는 일에 훨씬 많은 시간을 쏟았다. 5학년 때 사물함에는 책보다 화학 실험 도구가 더 많았다. 나중에는 숙제보다 텍사스인스트루먼트 계산기로 물리학이나 미적분 관련 프로그램을 작성해 문제를 해결하는 데 더 많은 시간을 쏟았다. 문제를 풀기보다 문제를 풀기 위한 공식을 만들다 보니 AP 물리에서 낙제할 뻔했던 기억이 생생하다. 이는 회로도를 파악해서 특정 지점의 전류나 전압을 알아내는 문제와 마찬가지였다. 간단히 계산할 수도 있지만 나는 계산기에 회로도를 그려 저항을 알아내는 메뉴를 설정했다.

그래서 나는 그냥 답만 적었다. 그렇게 10분 만에 시험을 마치면 학교에서는 "문제 풀이 과정을 적지 않았으니 부정행위다."라고 했다. 그러면 나는 "말도 안 됩니다. 저는 부정행위를 하지 않았어요. 문제를 이해한 것은 물론이고 문제를 해결하는 데 필요한 메뉴를 만들 정도로 충분히 이해했어요. 소스 코드를 보여줄까요?"라고 항변했다. 시험을 마치고 난 뒤에는 직접 만든 '스페이스인베이더' 게임에 몰두했다.

나는 아주 이른 나이에 인터넷을 시작했다. 컴퓨서브나 AOL이 나오기 전이었다. 내 컴퓨터로 대학 컴퓨터망에 접속했다. 그리고 켐프닷컴kemp.com이라는 도메인을 얻기도 했다.

나는 전자 제품에 관심이 많았다. 어머니는 벼룩시장이 열리면 수리 방법과 작동 원리에 관한 책들을 10달러에 사 오고는 했다. 열세 살 때는 벼락에 맞아 고장 난 TV를 샀는데 칩이 모두 깨진 상태였다. 나는 필립스에서 회로도를 얻어 하나하나 체계적으로 회로 기판을 고쳤다. 다른 사람들 같으면 버렸을 물건이지만 열세 살 때는 그런 것들도 재미있었다.

나는 컴퓨터가 비싸지만 수리하기 쉬우며 이를 이용해 돈을 벌 수 있다고 생각했다. 내 첫 직장은 애플 매장이었다. 서비스 부서에 일했다. 그러다가 10대 때부터 고장 난 컴퓨터를 사서 수리한 다음 팔기 시작했다. 몇백 달러를 몇천 달러로 쉽게 바꿀 수 있었다. 돈벌이가 되었다. 당시 나는 수만 달러를 벌었다.

그때가 1996년 무렵이었는데 나는 마약상이나 다름없었다. 다들 내가 약물을 불법 거래하고 있다고 생각했다. 우리 집에는 숨겨진 방이 하나 있었는데, 책장을 밀면 키패드가 달린 문이 나왔다. 그 방 안에는 대형 TV와 고급 오디오 시스템 외에 컴퓨터가 여러 대 있었다.

나는 영화 제작에도 관심이 많았다. 앨라배마주에 있는 우리 학교는 미식축구에 열심이었고 학교 팀은 주에서 가장 실력이 좋았다. 한 학생의 아버지가 수백만 달러를 기부해 위성 TV 트럭과 카메라를 갖춘 프로 수준의 TV 스튜디오를 만들었다. 나는 경기에 참여하고 생방송 중계도 도왔다. 그러다가 결국 많은 돈을 들여 집에 최고급 컴퓨터가 설치된 스튜디오를 만들었다. 모두 합치면 10만 달러 정도 들었을 것이다. 우리 집은 중산층이었는데 살던 집도 그 정도는 안 했던 것 같다.

고등학교 때는 비디오 사업에 본격적으로 뛰어들었다. 사람들에게 돈을 받고 비디오를 촬영, 편집하고 애니메이션을 삽입해주는 일을 했다. 고등학교 시절 내내 이런 일을 하다가 비디오 제작사에서 일했다. 이 일로 매년 수만 달러의 수입을 올렸는데 고등학생에게는 큰돈이었다. 그 돈이면 BMW를 살 수 있을 정도였다.

친구들이 몇 명 있기는 했지만 나는 주로 사업에 집중했다. 졸업 파티를 할 때가 가까워지자 학교에서 내게 비디오 촬영을 맡겼다. 그 덕분에 나는 졸업 파티를 즐길 수 없었지만 그 대신 돈은 벌었다.

대학에 진학할 때쯤 내가 하던 일을 더 큰 규모로 해보고 싶었다. 대학에 가면 인터넷에 접속해야 하는데 당시 대학 기숙사에는 대부분 인터넷이 없었다. 하지만 앨라배마대학 헌츠빌캠퍼스는 인터넷이 있었다. 아니 있다고 생각했다. 인터넷 포트는 있었지만 대학 서버와 연결되어 있었다. 입학 후에 대학 총장한테 가서 "저는 인터넷이 있는 줄 알고 이 대학에 왔습니다. 속았어요. 이 문제를 해결해주시기 바랍니다."라고 말했다. 그러고 나서 그해 여름에 문제가 해결되었다.

2학년 때는 실리콘그래픽스(테크놀로지 인수)에서 일했다. 실리콘그래픽스는 당시 구글이라 할 수 있을 정도로 가장 주목받는 기술 회사였다. 컴퓨터 그래픽 기술을 선도했는데 나는 직원 할인가로 컴퓨터를 구매하고 소프트웨어는 무료로 받을 수 있었다.

나는 바로 1만 달러짜리 컴퓨터를 구입하고 10만 달러 상당의 소프트웨어를 받았다. 이는 '쥬라기 공원' 제작에도 사용한 소프트웨어였다. 나는 학교에서 만난 4학년생과 함께 회사를 시작했다. 1998년이었는데 우리는 실제로 25년이나 앞서 인스타카트(미국 장보기 서비스업체. - 옮긴이)와 상당히 유사한 서비스를 만들었다. 마트의 시디롬을 가져다 컴퓨터에 삽입한 다음 온라인 쇼핑을 하는 것이었다. 그러나 핵심 아이디어는 같았다. 식료품을 선택하면 집으로 배달해주는 서비스였다. 당시에는 이를 오픈숍이라고 불렀다. 1990년대 후반 나는 TV에 출연해서 인터넷으로 장을 볼 수 있다고 말했는데 아직도 이 귀여운 동영상을 가지고 있다.

첫 여자친구는 대학에서 만난 선배였다. 이후에도 계속 연상만 만났다. 오랫동안 연상만 만나왔고 모두 괜찮은 사람들이었다.

대학에서 조종사 면허도 땄다. 모든 돈을 들여 조종술을 배웠다. 면허 시험을 볼 때 놀라운 경험을 했는데, 그곳에 모인 사람들은 하나같이 조종사가 세상에 큰 영향을 미칠 수 있다고 믿었다.

어쨌든 헌츠빌에서 60여 명의 사람으로부터 오픈숍에 1,000만 달러를 투자받았다. 어쩔 수 없이 두어 번 정장과 넥타이를 착용해야 했다. 우리는 2,500만 달러에 회사를 넘겼고 오픈숍을 인수한 회사는 나에게 시애틀로 오라고 했다. 집을 살 정도의 돈이 있었으므로 대학을 자퇴하고 스무 살쯤에 이사했다. "지금부터는 CEO가 될 거야."라고 말하며 뒤도 돌아보지 않았다.

부모님께 자퇴하겠다고 설명하기 위해 편지를 썼다. 내 인생에서 가장 진지한 편지였다. 나는 글쓰기를 좋아하지 않는다. 말하기를 훨씬 더 좋아한다. 내가 방에 들어가 자퇴하겠다는 말을 하면 아버지가 화낼까 봐 두려웠던 것 같다. 아버지가 화낼 만한 일 중 1순위가 학교를 그만두는 일이라고 생각했다. 부모님은 "이제 네가 알아서 해."라고 했고 나는 "알았어요. 제가 알아서 할게요."라고 대답했다.

앨라배마에서 윌 마셜을 만났는데, 내 인생에 큰 영향을 미쳤다. 친구를 만나러 한 대학에 갔다가 우연히 윌을 만났다. 우리는 이야기를 했고 조금씩 어울리며 같이 모험을 즐기기 시작했다. 가장 먼저 한 일은 동굴 탐험으로 기억한다. 아주 멋진 동굴이 많았는데 지하 깊이 들어갈 수 있었다. 윌은 "좋은 생각이야. 가보자!"라고 말했다.

우리는 도중에 손전등을 사기 위해 월마트에 들렀다. 월마트에서는 총도 팔았다. 윌은 영국에서 미국으로 온 지 얼마 안 되다 보니 어이없어했다. "뭐? 마트에서 총을 산다고?" 그래서 나는 이렇게 생각했다. '이 친구는 다르구나. 좋은 친구다.' 윌을 보면 나를 보는 것 같았다. 단, 나보다 더 똑똑했다. 윌이 세상을 어떻게 보는지를 알고 놀랐다. 그는 매우 개방적이고 자유분방했는데, 학자였던 우리 부모님과 비슷했다.

윌은 영국 대학에서 공부하던 중 나사의 핵융합 로켓엔진을 완성하는 프로젝트에 참여하기 위해 미국에 왔다. 이는 물질과 반물질을 자기장에 가두어 노즐을 만드는 방식으로 자기장을 왜곡하는 것이었다. 숲 한가운데 전기가 들어오는 헛간이 있는데 스위치를 켜면 '부웅' 소리를 내며 반물질을 가두기 위해 30초 동안 전체 주가 사용하는 전력량과 같은 양을 소비한다고 상상해 보라.

말할 필요도 없이 프로젝트는 실패했다. 성공했다면 앨라배마에는 블랙홀 이 생기거나 아니면 현존하는 것보다 더 큰 블랙홀이 생겨 모든 현실을 빨아 들였을지도 모른다. 윌은 프로젝트에 인턴으로 참여했다. 기밀 사항이니 더 는 이야기하면 안 될 것 같다.

나중에 윌과 나는 건물 침입에 빠져들었다. 우리는 영국으로 여행 가서 지금 까지 지어진 모든 성의 지도를 구했다. 대부분의 성은 완전히 파괴되어 숲 가운데 무너진 돌무더기로만 남아 있었다. 우리는 일주일 동안 영국 전역을 돌며 가능한 한 많은 성을 탐험하기로 했다. 이는 성 관광 여행이 아니었다. 입장료를 내는 곳은 우리의 관심사가 아니었다. 우리는 문자 그대로 침입할 수 있는 성을 노렸다.

우리는 영국을 가로질러가 스톤헨지를 보았다. 우리는 스톤헨지에 침입했 다. 런던으로 가서는 버킹엄궁전의 벽을 넘을 방법을 찾았다. 알고 보니 여왕 이 머무는 곳이었다. 우리는 한 정원에 들어갔다. 경비원들은 우리에게 총을 쏘거나 나가라고 하진 않았다. 한동안 관광객 무리에 끼어 일행인 척했다.

시애틀로 이사한 후 나는 클래스메이트닷컴classmates.com에서 일했다. 2000년이었고 상황은 꽤나 끔찍했다. 나는 여전히 인터넷의 가치를 믿었 지만 인터넷은 붕괴하고 있었다. 투자자는 모두 떠나갔지만 클래스메이트 는 돈을 벌고 있었다. 클래스메이트는 옛 동창이나 연인을 찾고 싶어 하는 충동을 이용해 돈을 벌었다. "당신이 예전에 만났던 사람이 여기 있습니다.

그 사람과 이야기하고 싶으세요? 1년에 24.95달러입니다." 나는 '좋아. 정말 대단하네.'라고 생각했다.

회사는 떼돈을 벌었고 나는 최고 기술 책임자가 되었다. 내가 회사를 떠날 때쯤 수백만 명이었던 회원은 5,000만 명으로 늘어났다. 당시에는 엄청난 규모였다. 1990년대판 페이스북이라고 생각하면 된다.

클래스메이트에서 일하면서 이스케피아라는 회사를 차렸다. 휴가를 보내려고 해변가 집을 빌렸는데 약 20%의 미국인이 대부분 비워놓는 별장을 소유하고 있다는 사실을 깨달았다. 그래서 그런 별장을 공유하는 시스템을 만들었다. 에어비앤비와 비슷한 걸 20년 앞서 생각해냈다. 이스케피아는 홈어웨이를 거쳐 익스피디아에 팔렸다.

이스케피아는 처음에 취미로 시작했지만 클래스메이트에서 해고당한 후에는 전업으로 삼았다. 혼자 일하는 데 익숙했던 나는 사내 정치를 처음 경험했다. 기술 책임자가 그 중심에 있었다. 기술 책임자도 결국 해고당했지만 그 전에 나를 희생양으로 삼았다.

사실 그때 내가 장난을 조금 쳤다. 나는 해고 통지를 받고서야 무슨 일인지 깨달았다. (이때가 처음이자 마지막 해고였다.) 기술 책임자의 이름을 주소로 하는 웹 사이트를 만들었다. 그러고는 그의 부하 직원들의 이름이 들어간 웹사이트를 만들고 이름 옆에 체스 말 중 폰 사진을 붙여두었다. 이 폰을 클릭하면 바로 기술 책임자의 웹 사이트로 이동하게 되는데 거기에는 사람들이 익명으로 그에 대해 댓글을 남길 수 있는 공간이 있었다. 이 웹 사이트는 인터넷에서 회사를 비난하는 퍽드컴퍼니닷컴 fuckedcompany.com과 똑같았다. 사람들이 댓글을 달며 기술 책임자의 비리를 폭로했고 그는 해고당했다. 그는 부동산업계로 이직했다고 한다.

생각해보면 부질없는 짓이었다. 지금 같으면 그런 일에 시간을 낭비하지 않았을 것이다.

내가 시애틀에 살 때 윌은 연말 이벤트를 기획하기 시작했다. 이 이벤트를 우리는 4D라고 불렀는데 아직까지 D가 무슨 뜻인지 기억하는 사람이 있을지 모르겠다.

첫 이벤트 중 하나는 옥스퍼드대학에서 열렸다. 이는 돈이나 성공을 초월해 인생의 목적을 찾고자 하는 사람들을 한데 모으자는 취지였다. 자신의 인생 전체를 하나의 이야기로 보고 이 사람들이 더 크고 의미 있는 목표를 달성하기 위해 협력할 수 있는지 알아보고 싶었다.

나는 윌이 모은 첫 10~15명 중 한 명이었다. 제시 케이트도 있었다. 제시는 젊고 멋진 '툼 레이더'의 라라 크로프트와 같은 분위기를 풍겼다. 모험심 강하고 똑똑하고 개방적이었다. 이 모든 게 내 마음을 사로잡았다.

우리는 아직도 4D를 진행한다. 매년 연말에 이벤트를 위한 장소를 찾는다. 장소는 인류가 건설한 뜻깊은 곳이어야 한다. 한번은 아레시보전파관측소에서 한 적도 있었다. 정글 한가운데 아주 큰 전파망원경이 있는데 이곳을 우리가 차지해버렸다. 사막에 유리로 피라미드를 만들어놓은 바이오스피어2에서도 4D를 진행했다. 유리 피라미드 안에는 정글과 바다, 사막이 있다. 이는 외부 세계와 완전히 분리된 밀폐형 공간이었다. 물론 이곳도 몰래 침입해 점령했다.

이런 곳들에서 나는 사람들이 무엇을 할 수 있는지 진지하게 생각해보았다. 1980년대 누군가 수십억 달러를 들여 거대한 실내 시설을 짓고 사람들을 가두었다. 그럼 우리는 여기서 무엇을 할 수 있는가? 이것이 바로 4D의 탄생 배경이라고 생각한다.

4D의 핵심은 지난 한 해 동안 이룬 성과를 되돌아보고 다가올 한 해 동안 이루고자 하는 목표를 점검해보는 것이다. 우리는 무작위로 짝을 이루어 목표

를 이야기하고 서로에게 더 큰 생각을 하도록 자극한다. 그런 다음 그 대화를 모두 함께 공유한다. 자기가 한 말에 책임감을 느끼자는 뜻이다. 한 명씩 앞으로 나가 "작년에 이것을 하겠다고 말했는데 잘 안 되었습니다." 또는 "작년에 로켓을 발사하겠다고 했는데 실제로 했습니다."라는 식으로 말해야 한다.

내가 이스케피아를 운영하고 있을 때 윌이 이벤트를 개최했다. 당시에는 워싱턴DC에서 열렸다. 그때 새해 축하 파티에서 피트 워든이라는 멋진 장군을 만났다. 피트는 다른 사람들보다 나이가 2배 정도 많아서 눈에 띄었다.

피트는 마티니 잔을 들고 돌아다녔는데 모든 이야기는 "내가 펜타곤에 있을 때"로 시작해 "내가 스타워즈계획에 참여했을 때"로 끝났다. 나는 피트처럼 흥미로운 사람은 처음 보았다. 가장 기억에 남았던 것은 피트가 중동전쟁 중에 벌인 역정보 작전이었다.

피트는 물리적인 전쟁보다 정보전을 더 이용하려고 해서 부시 행정부에 의해 밀려났다. 피트를 비롯한 군인들은 이라크인들에게 총을 쏘는 대신 전쟁이 끝났다고 설득하기 위해 라디오를 이용하고 전단지를 뿌렸다. 워든은 이것이 효과가 있다고 믿었다. 그러나 언론은 "이건 조지 오웰식이다. 이러면 안 된다. 옳지 않은 방법이다."라고 했다. 당시 국방부 장관이었던 도널드 럼즈펠드는 이 일을 피트 탓으로 돌렸고 〈뉴욕타임스〉와 〈워싱턴포스트〉 1면에는 피트의 사진이 대문짝만하게 실렸다. 아직도 선명하게 기억나는 피트의 말이 있다. "도널드 럼즈펠드가 나를 곤란하게 했지만 내게 나사 센터를 준다고 했어."

결국 피트는 에임스연구소에 자리를 얻었고 나도 그를 따라갔다. 에임스연구소에서 내가 얼마나 어리석었는지 깨달았다. 한심하게도 여행 방법이나 쇼핑 방법을 개선하겠다고 작은 회사에 매달려 있었다. 나사에 와서야 겨우 알게 되었다. '나는 이제 나사의 정보기술 책임자다. 나는 엄청난 일을 할 수 있고 이룰 수 있고 이루어야 한다. 이 기회를 놓치고 최대한 세상에 영향을 미치지 못한다면 그게 바로 부도덕한 일이다.'라고 생각했다.

나는 모든 연방 정부 조직에서 가장 어린 고위 임원이 되었다. 나는 곧 나사의 문화에 변화가 필요함을 깨달았다. 직원이 거의 10만 명에 이르니 누구를 해고한다는 게 쉬운 일이 아니었다. 문제는 어떻게 해고하느냐가 아니라 그들을 어떻게 업무에서 배제할 수 있느냐였다. 올바르게 생각하는 사람을 영입해 영향력이 있는 자리에 배치해야 한다. 그러고 나서 나머지 사람들을 재구성해 중요하지 않은 프로젝트에 배치한다.

내가 완전히 새로운 기술 조직과 지도부를 만드니 주위에서 말들이 많았다. 사람들은 경력상 특정 역할을 맡으리라 기대했지만 나는 경력이나 충성심을 중요하게 여기지 않았다. 일을 수행하기에 적합한 인물인지만 따졌다.

당시 예산은 겨우 운영을 지원할 수 있는 수준이었다. 정말 말도 안 되는 금액이었다. 쓸데없는 예산을 줄이니 신규 사업에 투자할 예산을 확보할 수 있었다. 그 예산으로 구글문이나 구글마스, 오픈스택 같은 특별 프로젝트를 진행했다.

스텔스스페이스에 대해 말하자면 나는 그 새로운 도전이 대단하다고 생각한다. 우리는 인간으로서 배우고 성장하고 발전해야 한다. 자신이 가진 경험과 열정, 에너지로 도전할 수 있는 위치에 자신을 놓아야 한다. 여기에서는 준비가 되었든 안 되었든 도전하고 극복해야 한다. 성공한 사람 중에는 중심을 잃고 방황하는 사람이 많다. 이런 사람들은 결국 자기 삶을 후회한다.

나는 내 인생에서 스텔스스페이스에 참여한 일보다 잘한 일이 없다고 생각한다. 애덤은 뛰어난 사람이다. 우리는 찰떡같이 잘 어울리고 상호 보완적이다. 애덤은 로켓 과학에 정통하다. 내가 앞으로 5년 동안 물리학과 유체역학 관련 책을 다 읽고 로켓과 관련한 사항을 이해하려고 노력해도 애덤의 반도 따라가지 못할 것이다.

나는 맨땅에서 회사 4개를 설립했고 여러 회사에 자문을 제공했다. 1억 달러 이상의 자금을 조달하고 5억 달러 이상을 조달하는 데 도움을 주기도 했다. 나는 자본을 조달하고 조직을 구축하는 법을 알고 있다. 지금 우리가 여기서 하는 일이 근본적으로 불가능한 일은 아니라고 생각한다. 충분히 가능한 일이다.

18.   누가 로켓을 만드는가

스텔스스페이스는 이름처럼 눈에 띄지 않기를 원했고 옛 해군기지라는 광활한 공간은 이에 일조했다. 해안가에 문을 연 식당과 술집은 스텔스스페이스에서 약 2.5km 떨어진 곳에 있었고 이곳으로 가는 차들은 주로 외곽 도로를 따라 이동했다. 스텔스스페이스 근처에는 무너진 채 방치된 큰 창고 건물들만 있는 데다 오라이언스트리트 건물을 지나는 사람은 하루 수십 명에 불과했다.

그렇다고 해서 스텔스스페이스는 모든 일을 안 보이게 할 수는 없었다. 본사 건물은 기지의 남동쪽 끝 부근에 있었다. 기지와 일반 거주지 사이에는 로켓 공장에서 약 300m 떨어진 곳에 둘린 낡은 담장밖에 없었다. 담장 너머에는 주택과 유치원, 축구장, 식당 등이 있는데, 모두 스텔스스페이스 내 폭발 실험 장소에서 약 800m 반경 내에 있었다. 본사 건물 바로 옆에는 포터리반아울렛과 퍼시픽핀볼박물관의 별관이 있었지만 그 누구도 자신들의 뒷마당에서 저렴한 비용으로 ICBM 수준의 로켓이 제작되고 있다는 사실을 바로 알아채지 못했다.

스텔스스페이스는 최단 시간 내에 로켓을 제작하기 위해 가능한 한 단순하게 만든다는 계획을 세웠다. 로켓랩이 로켓 본체에 탄소섬유를 사용했다면 스텔스스페이스는 저렴하고 쉽게 다룰 수 있는 알루미늄을 사용했다. 스텔스스페이스의 로켓은 높이가 12m, 너비가 0.9m 정도로 작아서 크고 복잡한 엔진이 필요없었다. 스텔스스페이스는 2명이 손으로 조립할 수 있는 5개의 작은 엔진으로 로켓을 추진할 계획이었다. 엔지니어들은 로켓 내부의 배선과 전자장치를 최대한 줄였다. 켐프는 로켓이 나는 데 필요한 부품 수를 최소한으로 줄이고 싶었다. 그럴수록 대량생산에는 유리하기 때문이다.

스텔스스페이스는 또한 최소한의 지상 기반 시설로 로켓을 발사할 수 있기를 바랐다. 로켓 제작자들은 정부가 운영하는 발사장에서 몇 주씩 머물며 준비하는 것을 당연하게 생각했는데, 이러한 작업에는 보통 수십 명의 인력이 필요했다. 켐프와 런던이 고안한 계획은 이동식 발사대였다. 이동식 발사대 본체에는 연료와 전자 커넥터가 모두 내장되어 있어 모터의 힘으로 로켓을 수직으로 세운다. 이동식 발사대는 표준 규격화된 선적 컨테이너에 들어갈 정도로 작아서 육상이든 해상이든 공중이든 스텔스스페이스가 원하는 발사 장소로 보낼 수 있다. 스텔스스페이스는 이동식 발사대와 함께 컨테이너에 들어갈 정도로 작은 관제 센터도 구축할 예정이었다. 그러면 직원들은 발사 기지에 있는 관제 센터를 대여하는 대신 익숙한 장비를 이용할 수 있게 되며 막대한 사용료를 내지 않아도 된다.

스텔스스페이스는 최종적으로 발사대와 관제 센터와 로켓을 컨테이너에 포장해서 발송하는 방식을 꿈꾸고 있었다. 컨테이너를 받아 해체한 다음 모든 장비를 발사장으로 운반하는 데는 직원 몇 명만 있으면 된다. 그리고 이들이 로켓 발사까지 책임진다. 이렇게 되면 며칠 안에 로켓 발사까지 마무리된다. 캠프는 스텔스스페이스가 새 시대의 운송 회사로 부상해 로켓 발사를 일상화하기를 바랐다.

하지만 아직도 스텔스스페이스는 첫 번째 발사 장소를 정하지 못했다. 캠프는 하와이로 날아가 활화산 근처에 가보았다. 캠프는 현지 주민들이 로켓 회사를 환영하지 않겠지만 아무도 가까이 가지 않으려는 위험한 땅에 발사대를 세운다고 하면 설득할 수 있으리라 생각했다. "저는 용암이 만든 대지를 보고 왔어요. 그게 스텔스스페이스가 가야 할 길이라고 생각해요. 대지가 형성되고 있는데 생긴 지 얼마 안 되니 아무도 살려고 하지 않습니다. 게다가 전에는 없던 땅이니 가격도 저렴했죠."

스텔스스페이스는 또한 알래스카 코디액섬에 발사 기지를 건설하는 방안도 고려하고 있었다. 하와이와 마찬가지로 코디액은 외딴곳에 있었기 때문에 캘리포니아나 플로리다에 있는 발사장에 비해 비행이나 선박으로 인한 제약이 적었다. 게다가 코디액섬은 과거 미군이 미사일을 발사해온 장소라서 기존의 기반 시설을 활용할 수 있었다. 그러나 이는 임시방편에 불과했다. 캠프는 이미 바지선을 구입해 스텔스스페이스의 기본 발사장으로 사용할 생각이었기 때문이다. 캠프는 이 바지선을 보기만 해도 뿌듯했다.▼ "길이 30m에 폭 12m짜리 바지선이죠. 보기만 해도 멋있어요."

▶ 나중에 나는 퇴역한 항공모함 옆에 묶여 있는 이 바지선을 봤다. 온통 새똥으로 뒤덮여 있었고 녹슨 조종실에는 펠리컨 한 마리가 앉아 있었다.

2017년 여름이 되자 스텔스스페이스는 건물을 개선했다. 석면을 살살이 제거해 직원들에게 좀더 안전한 환경을 제공했다. 켐프는 벽을 타고 지붕 구조물에 올라가 공유기 몇 대를 추가로 설치해 와이파이 사용 거리를 늘렸다. 그리고 건물 중앙에 화장실을 만들었다. 이는 건물 내 유일한 화장실로, 변기 4개와 소변기 2개를 설치해 모든 구성원이 사용할 수 있게 했다.

매일 아침 10시에 시작하는 회의에서는 일일과 주간에 중점적으로 추진할 사항을 선정했다. 켐프는 추진 중인 사항을 목록으로 만들어 화면에 띄운 다음 하나씩 진행 상황을 물었다. 회의실 탁자 위에는 주황색 모래가 담긴 10분짜리 모래시계가 있다. 켐프는 모래가 다 떨어질 때마다 재빨리 뒤집어 직원들이 회의에 집중하게 했다. 회의 내내 켐프는 눈을 크게 뜨고 집중했다. 이런 태도를 통해 켐프는 자신이 적극적으로 회의에 참석하고 있으며 빨리 현안을 해결해야 한다는 메시지를 직원들에게 전달했다. 런던은 대개 뒤쪽에 서서 정보를 흡수하면서 문제의 해결책을 고민했다.

켐프와 런던은 정말 매우 달랐다. 언젠가 회의가 끝난 후 켐프는 자신이 에임스연구소를 그만두고 새 직장을 찾고 약혼하고 집을 장만하고 가정을 꾸리는 데 30일 정도 잡고 일을 진행했다고 말했다. 켐프는 기한 내에 계획한 대로 일을 진행했고 아들까지 가졌지만 곧 이혼했다. "도전에 성공했어요. 하지만 그제야 '난 당신을 사랑하지 않아.'라는 생각이 들었죠." 그 뒤로 한동안 켐프는 여러 여자친구를 사귀었는데 마른 금발을 선호했다.▼ 그 반면에 런던에게는 아내와 자녀가 있다. 런던은 가정생활을 마치 공학 과제처럼 묘사했다. "화요일과 목요일에는 적정한 시간에 집에 가서 아이들과 저녁을 먹는다는 게 제 명목상 계획입니다."

하지만 얼마 안 되는 스텔스스페이스 직원들은 로켓엔진으로 인해 일과 삶의 균형을 유지하기 힘들었다. 직원 대부분은 초과근무를 할 수밖에 없었다. 오라이언스트리트 건물로 옮겨오고 초반에는 20명가량의 직원이 실험실과 관제 센터 사이를 부지런히 오가며 엔진을 작동시키기 위해 노력했다.

나는 가끔 저녁 7시쯤 테스트 작업을 보러 갔다. 실험실 안에 있는 사람들이 액체산소와 석유를 탱크에 채우기 시작하면 다른 사람들은 작업대 위에서 전선과 다른 부품들을 만지작거렸다. 벤션스 출신 루커스 헌들리가 관제 센터 운영 책임자로서 실험실 작업을 영상으로 지켜보았다.

새로운 테스트를 위해 엔진을 준비하는 데는 지난번 실수를 어떻게 처리했느냐에 따라 15분에서 2시간까지 걸린다. 처음 몇 주 동안 엔진은 아무런 반응을 보이지 않거나 2, 3초 동안 불꽃을 뿜는 게 전부였다. 키가 크고 체격도 육중한 벤 브로커트Ben Brockert는 냉소적이고 반항적인 인물이다. 테스트 과정에서 작업 순서를 알리는 역할을 맡은 브로커트는 순서마다 으스스한 농담을 했다. 한번은 테스트 전에 직원들에게 이렇게 말했다. "비상시 행동 지침에 따르면 엔진 근처에 불이 나면 소화전을 틀어 불을 끄게 되어 있지만 다른 곳에서 불이 나면 마땅히 방법이 없습니다." 또 나중에 테스트가 길어지자 브로커트는 이렇게 직원들을 독려했다. "엔진이 작동하거나 우리가 죽을 때까지 계속합시다." 브로커트에게 밤에 주로 무엇을 하느냐고 물은 적이 있었는데 돌아온 답은 이랬다. "대개 시를 씁니다."

▶ 당시에 켐프는 MIT 화학공학과를 졸업한 샌프란시스코 포티나이너스의 치어리더와 사귀었다.

스텔스스페이스 직원들은 새벽 2시까지 남아서 엔진을 대여섯 번 테스트했다. 오라이언스트리트 건물에는 한동안 난방이 안 들어왔으므로 직원들은 작은 프로판히터 주위에 모여 긴 밤을 견뎌야 했다. 런던은 가끔 손에 감자칩 한 봉지를 들고 건물 주위를 거닐었다. 문제가 발생하면 런던은 "데이터 기록해." 또는 "편차가 너무 커."라고 외치기도 했다. 일이 잘 풀리면 런던은 무표정하게 "발사대에서 불꽃이 나왔어. 와!"라고 소리쳤다. 엔지니어는 소음으로 민원이 발생할 것을 걱정해 간혹 테스트 중에 건물 밖으로 나가 소리가 어느 정도인지 확인했다.

로켓 사업의 전형적인 리듬에 맞춰 테스트마다 분위기는 흥분과 지루함 사이를 오갔다. 투자자들은 스텔스스페이스가 마침내 오류를 바로 잡아 엔진이 제대로 작동하리라 믿었다. 켐프는 테스트가 진행되는 동안 스마트폰을 꺼내 투자자와 영상통화를 나누며 돈이 헛되이 사용되지 않는다는 것을 확신시켰다. 하지만 엔진이 작동하지 않을 때면 웃음으로 실패를 얼버무렸다. 직원들은 배고프고 피곤하기도 했지만 계속 문제를 해결하려 노력했고 액체산소와 같은 필수 재료가 다 떨어져야 비로소 멈추었다.

마침내 그 노력과 오랜 시간이 결실을 맺었다. 엔진은 처음에는 3초, 그다음에는 30초, 다시 그다음에는 몇 분 동안 연소했고 결국 연료를 공급하는 한 계속 작동하기에 이르렀다. 뒤에 있는 작업장에서는 직원들이 제작하거나 구매한 로켓의 주요 부품을 바닥에 깔아놓고 조립하고 있었다. 켐프는 3개월이면 전체 로켓을 조립하여 거의 작동 가능한 상태가 되리라 확신했다.

2017년 5월 켐프는 에임스연구소와 레인보우 맨션 시절부터 친구였던 크레온 레빗을 초대하여 스텔스스페이스 직원들에게 강연을 들려주었다. 레빗은 플래닛랩스에서 위성을 연구했지만 항공우주의 역사를 공부하는 데 취미가 있었다. 레빗은 강연에서 로켓을 만들어 날리는 일이 왜 힘든지를 얘기했다. "지난 50년 동안 별다른 변화가 없었습니다. 우리는 여전히 거의 동일한 방식으로 로켓을 만들고 있습니다. 궤도에 도달하는 데 드는 킬로그램당 비용도 전혀 저렴해지지 않았습니다. 어떻게 이럴 수 있을까요?"

레빗에 따르면 인류는 오래전부터 주기율표를 뒤져가며 가장 많은 에너지를 방출하는 최고의 화학물질을 찾았다. 바로 핵연료다. 인류가 로켓에 핵연료를 사용하기를 원하지 않았다면 우리는 여전히 액체산소와 케로신 또는 수소를 결합하는 데 머물러 있을 것이다. "유체역학의 법칙과 재료공학의 법칙 때문에 쉽지가 않습니다. 산화제와 연료를 주입한 다음 성냥에 불을 붙이는 것인데, 만약 이를 방에서 하면 폭발이라고 부를 겁니다. 로켓의 경우 연소라고 부르지만 사실상 갇힌 공간에서 연속적으로 폭발이 발생하는 겁니다. 이 모든 것이 지금 성공 일보 직전까지 와 있습니다."

1900년대 초에 이미 현재까지 로켓공학을 지배하는 수학적 원리가 밝혀졌는데 매우 가혹했다. 최고의 추진제를 사용해도 물체가 중력을 벗어나기에는 역부족이다. 로켓은 질량의 약 85%가 추진제다. 이에 비해 자동차는 연료가 질량의 4%, 화물 수송기는 40%에 불과하다. 로켓의 추진제를 담을 구조물과 기계 및 전자 장치, 컴퓨터 등은 전체 질량의 15% 이내가 되어야 한다. 그러므로 로켓 제작자로서는 로켓 질량의 2%에 해당하는 무게 정도만이라도 화물을 실을 수 있으면 성공하는 셈이 된다.

발사 후 얼마 지나지 않아 로켓은 가장 큰 압력을 받는 순간, 즉 맥스큐Max Q에 도달하는데 최대 동압이라고도 한다. 운전 중 차창 밖으로 손을 내밀면 동압을 느낄 수 있으며 허리케인이 나무를 넘어뜨리고 집을 파괴할 때 이를 목격할 수 있다. 레빗은 로켓이 맥스큐에서 받는 압력을 5등급 허리케인이 일으키는 압력의 약 75배에 달한다고 한다. "물론 로켓이 맥스큐에서 조금이라도 비틀어지면 전체 프로젝트는 물거품이 되어버립니다."

대부분의 공학 분야에서는 이러한 엄청난 압력을 과잉 설계로 해결한다. 필요한 성능의 2배를 내도록 만드는 것이다. 그러나 로켓은 과잉 설계를 허용할 여유가 없으므로 이는 선택 사항이 아니다. 게다가 맥스큐는 결함을 중점적으로 노린다. 용접부와 연소실에 작은 틈만 있어도 강한 압력에 견디지 못한다.

이제 날아가는 로켓을 만들었다고 가정해보자. 보험사들의 분석표에 따르면 동일한 로켓을 여섯 번째 발사하면 보통 실패한다. 사람들이 자만하고 안일해져 문제를 놓치기 때문이다. 그다음으로 문제가 발생하는 지점은 50번째 발사 즈음이다. 이쯤 되면 뜻밖의 임무 변경이나 관료주의, 제도적 기억이 완벽한 적이 되어버린다. 레빗은 엄청난 고난을 겪고 출발선에 도달한 스텔스스페이스의 직원들에게 "행운을 빕니다!"라는 메시지를 전하며 강연을 끝냈다.

레빗이 볼 때 스텔스스페이스를 위한 긍정적인 변화가 있었다. 이제 회사가 일부 폭발에 대처할 수 있게 되었다는 사실이다. 사람을 태우고 날아가는 게 아닌 데다 가끔 폭발하더라도 고객들은 크게 상관하지 않을 만큼 위성의 가격이 저렴해졌다. 더 좋은 변화는 우리가 이런 일들을 이야기할 수 있을 정도로 여유가 생겼다는 것이다. 레빗은 말한다. "지구가 지금보다 조금만 더 컸더라면 그래서 중력이 조금만 더 강했더라면 아마 인류는 우주로 가지 못했을 겁니다."

▶◆◀

레빗이 나열한 문제점들은 너무나 극복하기 어려워서 로켓을 만들고 발사한다는 말은 진부한 표현이 되어버렸다. '그게 로켓 과학은 아니잖아.'(It's not rocket science. 로켓을 만드는 과학처럼 어렵지 않다는 의미다. ─옮긴이)라는 표현은 다른 사람의 노력을 깎아내리는 말이다.▼ 항공우주 분야에서 일하는 사람들은 우주 비행사나 엔지니어를 막론하고 일상적인 작업에서 극복하기 어려워 보이는 도전에 직면하고 극복하는 용감한 천재로 그려진다. 그런데 요즘에는 현실이 훨씬 더 다채롭다.

로켓에 대한 런던의 열정은 MIT 학위로 가득 찬 이력서에 잘 드러난다. 런던에게서 카리스마나 허세는 보이지 않았지만 천재성이 넘치고 손재주가 뛰어났다. 런던은 로켓에 친밀감을 느낀 나머지 애정을 듬뿍 담아 말한다. 그래서 그와 말하다 보면 로켓이 신비롭게 느껴질 정도다. 런던은 로켓이 "세상과 별개로 존재"하며 엔지니어는 전자·유체·추진 등 다양한 하위 시스템 간의 상호작용을 이해하고 조화시켜야 한다고 생각했다. 한번은 기계가 사람에게 말을 걸 수 있다고 했다. "뭔가 이상하게 보이면 무시하지 말고 기계에 귀를 기울여야 합니다."

런던이 벤션스에서 한 일은 로켓 과학 분야에서도 극단적인 것이었다. 그는 한때 반도체 제조 기술을 이용해야 할 만큼 극도로 작은 엔진을 만들려고 했다. 런던은 로켓의 전자장치와 기계장치를 물리적으로 가

▶ 물론 뇌 수술은 예외다.

장 작은 크기로 축소할 수 있다고 생각했다. DARPA와 피트 워든은 런던의 이런 작업에 매혹되었다. 런던은 워든과 함께 직경 15cm의 로켓을 개발하여 마치 스파이처럼 경쟁국의 위성을 감시하는 프로젝트를 구상한 적이 있다. 미국 정부는 런던의 로켓이 너무 작아서 다른 나라에서 레이더로 감지하지 못하기를 기대했다.▼

켐프와 만나지 않았다면, 우주의 상업화가 없었다면 런던은 최첨단 연구를 계속하며 조용한 삶을 살았을 것이다. 런던은 말한다. "로켓랩이 벤션스와 비슷한 일을 한다는 걸 알았습니다. 그런데 갑자기 로켓랩이 치고 나가면서 여기저기서 자금을 모으더군요. 내가 하지 않으면 다른 사람이 하는 걸 지켜보는 수밖에 없습니다."

스텔스스페이스 직원 대부분은 로켓 과학에 대한 소명 의식이 없다. 그들은 그저 우연히 발을 들여놓은 듯 보였다.

부모님이 필리핀과 베트남 출신 이민자인 로즈 호르날레스Rose Jornales는 남부 캘리포니아에서 자랐다. 2000년에 공군에 입대하여 아프가니스탄을 왕래하는 항공전자 기술병이 되었다. 2006년 제대 후 웨이트리스로 일했으며 결혼과 이혼을 겪은 후 결국 샌프란시스코국제공항 공항철도에서 유지 보수를 담당하는 일자리를 찾았다. 그런데 2017년에 한 친구가 호르날레스에게 스텔스스페이스에 한번 가보라고 했다. "로켓회사인 줄 몰랐어요. 제가 면접을 보게 될 줄도 몰랐죠. 갑자기 네 사람과 이야기하고 있더라고요. 저한테 이런저런 질문을 했어요. 이런 이야기를

▶ 플래닛랩스도 로켓 발사 분야에 뛰어들려고 런던과 이야기를 나눈 적이 있다. 런던은 매일 로켓을 발사한다는 윌 마셜의 아이디어를 좋아했다. 그러나 결국 플래닛랩스는 위성에 전념하기로 했다.

해도 되는지 모르겠는데 사실 그때 취해 있었어요. 하루 종일 술을 마셨거든요. 술을 마셔서 그런지 쉬웠어요. 그런데 뭘 물어보았는지 기억이 안 나요."

호르날레스는 로켓 내부의 수많은 배선을 고정하고 제어하는 안전장치를 만들었다. 그다음에는 로켓에 문제가 생기면 공중에서 폭발시키는 비행 종료 시스템을 만드는 일에 투입되었다. 호르날레스는 스텔스스페이스 초창기에 몇 안 되는 여성 중 한 명이었다. 당시 항공우주업계에서는 흔히 10명 중 9명이 남성, 1명이 여성이었다. 호르날레스는 활달하고 활력이 넘쳤다. 그의 쾌활한 성격은 나사를 돌리고 금속을 용접하는 사람들과 잘 통했다. 호르날레스는 스텔스스페이스에서 까칠하고 깐깐한 사람들과도 잘 어울렸다. 고된 하루를 보낸 후 맥주 한잔하며 떠들기를 즐기는 사람이라면 누구든 호르날레스와 잘 통하는 것 같았다.

만능 전기 기사 빌 지스Bill Gies 역시 우연히 스텔스스페이스에 합류했다. 머리색이 빨강·주황·초록·파랑·무지개색 등으로 수시로 바뀌었지만 전체적으로 앞은 짧고 뒤는 긴 멋진 머리 모양을 유지했다. 지스는 귀걸이를 많이 하고 다녔다. 두꺼운 귀걸이를 너무 오래 해서 양 귓불에 큰 구멍이 뚫렸다. 그는 검은색 전투화를 즐겨 신었고 담배를 피워서 이가 누랬다. 용모는 단정하지 않고 지저분해 보였으며 성격은 심술궂은 구석이 있었다. 그런데 알고 보면 빌 지스는 대단한 사람이다.

지스는 열여덟 살에 여자를 따라 집을 나와 결국 노숙자가 되었다. 10대 시절부터 전자 기기에 관심이 많아 결국 엘리베이터·세탁기·건조기·오락실 게임기 등을 고치며 곳곳을 전전했다. 스텔스스페이스에 합류하기 직전에는 기이하게도 비밀 동호회의 전기 기사로 일하기도 했다. 이 동호회는 한 갑부의 후원으로 샌프란시스코에 집을 구입한 다음 방탕

출 시설로 꾸몄는데, 바닥용 진동 장치나 조명·음향 장치 등을 설치했다.

지스는 또한 친구에게서 스텔스스페이스에 대한 이야기를 듣고 돈을 받지 않고 작업을 도와주고는 했다. 한 직원은 말한다. "새벽 3~4시에 시험실에서 작업하는데 그때까지 안 가고 있더라고요. 그런데 아무도 그 사람 이름을 몰랐습니다." 결국 일이 많아지자 캠프는 지스에게 돈을 주기 시작했다. 지스는 잠긴 문도 잘 열어서 창고나 출입문 열쇠를 잃어버리면 스텔스스페이스 사람들은 그를 찾고는 했다.

스텔스스페이스 직원들은 로켓엔진을 테스트하기 전에 안전을 위해 일련의 절차를 따라야 했다. 이 절차에 따르면 먼저 (엔진에서 살점을 녹일 정도로 뜨거운 열이 발생하기 때문에) 엔진이 있는 방에서 사람들을 내보내야 한다. 그런 다음 시험실 방폭문을 닫고 건물 내 모든 사람에게 곧 통제된 폭발이 있을 예정이라고 사전 공지하는 일 등을 해야 한다. 스텔스스페이스에는 다른 로켓 회사에는 없는 또 한 가지 절차가 있는데 바로 "지스가 시험실 천장에 없는지 확인하기"였다.

한번은 지스가 수리할 게 있어 환기 시스템에 기어들어간 적이 있었다. 그런데 그새 직원들은 테스트에 몰두하느라 지스가 거기에 있다는 사실을 잊어버렸다. 지스는 말한다. "그때 '젠장, 어디서 이렇게 센 바람이 불지?'라고 생각했어요. 나중에 제가 내려오는 걸 보고 모두들 놀라더군요. 그런데 이런 이야기를 해도 괜찮나요? 직업안전위생국이 소급해서 누군가를 고소하지는 않겠죠?"

시간이 흐르며 지스는 스텔스스페이스의 사랑받는 구성원이 되었다. 지스는 자신의 다양한 기술을 스텔스스페이스에서 십분 활용했다. 지스는 회사의 '파티준비비밀위원회'에 합류해서 회사의 지루한 업무에 활력을 더했다. 지스는 말한다. "제가 회사의 강령을 만든다면 외부 행사

장소로 호텔을 예약하지 말 것을 포함시킬 겁니다."

항공우주 회사에는 여성과 마찬가지로 흑인도 별로 없다. 하지만 크리스 스미스Kris Smith는 예외적으로 스텔스스페이스에 일찍부터 합류해 회사의 일상적 운영에 꼭 필요한 존재가 되었다. 건물의 수리나 확장 또는 새로운 건물을 지어야 할 때면 스미스가 책임지고 일을 진행했다.

혼혈인 스미스는 뉴욕에서 어린 시절을 보내며 마약과 폭력에 둘러싸여 자랐다. 그는 살인을 직접 목격하고 친구 부모가 거실에서 헤로인을 주사하는 모습을 보기도 했다. 키가 크고 운동신경이 뛰어난 스미스는 다행히 환경에서 벗어날 수 있었다. 농구로 장학금을 받고 대학에 진학하고 시리아·멕시코·중국·스페인 등에서 선수 생활을 했다. 샌프란시스코에서 훈련 기간에 위성 스타트업에서 사람을 구한다는 광고를 보고 취직해서 사무실과 연구실을 짓는 일에 관여했다. 그 회사가 바로 테라벨라로서 플래닛랩스가 나중에 인수한 회사다. 스미스는 보유한 회사 주식을 매각하고 부동산에 투자해 베이에어리어에 작은 제국을 건설했다.

스미스는 말한다. "흑인을 비롯한 유색인 어린이에게 기회가 날 때마다 해주고 싶은 말이 있어요. 이런 아이들은 대개 프로 선수를 꿈꾸지만 솔직히 무척 어려운 길입니다. 프로 선수나 연예인이 되기란 하늘의 별 따기죠. 아이들은 회사에 들어가 엔지니어가 되면 연봉 30만 달러를 받고 스톡옵션도 받아 회사가 상장하면 수백만 달러를 벌 수 있다는 걸 모르는 거예요. 이 세계를 경험하기 전까지 저도 몰랐어요. 이런 회사들이 분명 제 인생을 바꿔놓았습니다."

자동차경주 선수 출신 기술자도 한 명 있는데 기술이 뛰어났다. 벤 패런트Ben Farrant는 수년간 해군에서 복무한 뒤 르망 24시간 레이스에서 엔진을 개조하고 여러 경주 팀을 옮겨 다니며 전 세계를 누볐다. 비록 항공우주 분야에서 경험이 없었지만 패런트는 스텔스스페이스의 엔진을 제작하는 중요한 업무를 맡았다. 패런트는 말한다. "면접을 앞두고 위키피디아에 들어가 로켓에 관한 자료부터 찾아봤어요. 샅샅이 뒤졌습니다."

키가 크고 마른 체형에 수염을 기른 패런트는 기계에는 집요한 반면에 삶에는 느긋했다. 패런트는 작업 공간에 있는 모든 도구를 엔진 제작 중에 꼼꼼히 배치했다가 퇴근할 때는 깔끔히 치웠다. 패런트는 회사에 보통 오전 8시에 출근해 오후 6시에 퇴근했다. 늦게 출근하고 늦게 퇴근하는 실리콘밸리식 기업 문화를 싫어해서 헤드폰을 끼고 열심히 일하고 집에 돌아와서는 아내와 맥주를 마시며 쉬기를 즐겼다. 동료들과 잡담을 거의 나누지 않았지만 누군가 열심히 배우려는 사람이 있으면 기꺼이 가르쳐주었다. 어떤 면에서 패런트는 옛날 사람처럼 느껴졌다. 납작한 빵모자를 쓰고 몰래 나가 담배 피우기를 좋아하기 때문인 것 같았다. 아니면 경험 많은 베테랑 특유의 날카로운 관찰력과 느긋한 말투 때문일 수도 있다.

패런트는 말한다. "저는 젊은 친구들에게 애덤과 크리스가 어려서부터 이런 일을 꿈꿔왔다고 말해줍니다. 우리는 그들의 꿈을 실현하기 위해서 여기 있다고 말합니다. 하지만 저에게 로켓은 그저 또 하나의 기계일 뿐입니다. 일부 직원들은 이 일에 빠져 밤새도록 일하고 싶어 합니다. 저는 일을 빨리 끝내는 게 더 낫다고 생각해요. 저는 집에 가서 낡은 자동차를 고치거나 TV를 보는 게 좋습니다."

당연히 스텔스스페이스에도 어린 시절부터 항공우주산업에서 일하기를 꿈꿔온 사람들도 있었다. 하지만 이들이 스텔스스페이스에 입사하기까지는 우여곡절이 많았다. 부지런하고 재능 있는 엔지니어 가운데는 아이비리그는커녕 대학도 간신히 졸업한 사람이 많았다. 이들은 만들고 고치는 일을 좋아했다. 흥미 없는 공부에 매달리기보다는 자신의 열정을 좇는 데 시간을 쏟았다. 학교는 잘 다녔지만 비교적 자금과 자원이 부족한 스타트업에 처음 취직해 자신을 증명해 보려는 직원들도 있었다.

이런 부류에 속하는 엔지니어가 바로 이안 가르시아Ian Garcia와 마이크 저드슨Mike Judson, 벤 브로커트 삼총사다. 이들은 각각 다른 일을 하다 모하비사막에 본사를 둔 마스텐스페이스시스템(이하 마스텐)이라는 스타트업에서 만났다. 마스텐은 2010년 좀비라는 소형 우주선을 제작해 수직 이착륙과 재사용이 가능한 로켓의 선구자로 인정받았다. 특히 가르시아와 브로커트는 좀비의 성공에 크게 이바지했다. 좀비는 스페이스X가 재사용 가능한 로켓을 만드는 과정에서 일론 머스크의 관심을 끌 정도로 성능이 우수했다.

가르시아는 쿠바 출신이다 보니 미국의 로켓산업에 진입할 길이 없어 보였다. 하지만 가르시아는 국제 컴퓨터 과학 경시대회에서 높은 점수를 받아 전액 장학금을 받고 MIT에 입학했다. 그는 타고난 소프트웨어 개발 능력을 우주선 유도 및 항법 장치에 적용했다. 가르시아는 마스텐에서 잠시 근무한 뒤 벤션스와 스텔스스페이스에 유도 소프트웨어 부문 책임자로 입사했다.

저드슨은 스페이스X를 버리고 벤션스와 스텔스스페이스를 선택한 흔치 않은 인물이다. 저드슨은 마스텐을 비롯해 몇몇 항공우주 스타트업을 전전하다 2014년에 머스크와 런던에게서 동시에 면접을 제안받았다. 저드슨보다 로켓을 좋아하는 사람은 세상에 없을 것이다. 저드슨은 항상 늦게까지 남아 일했다. 로켓 옆에서 밤을 새는 일이 다반사였다. 스페이스X의 웅장한 시설에 비해 벤션스의 시설은 실망스럽기는 했지만 런던에게서 진정성을 느끼고 영감을 받았다. 저드슨은 벤션스를 택한 이유를 다음과 같이 말한다.

벤션스는 마스텐의 장점을 모두 갖추고 있었습니다. 열정이 넘쳤고 팀도 작았죠. 신속히 움직이려는 열망과 기존의 항공우주산업에서 탈피하고자 하는 열망으로 가득했습니다. 그러면서도 벤션스는 현실적이었죠. 실질적인 일을 해왔고 체계적이었습니다. 애덤은 기술에 관해 정말 많이 알았어요. 회의실에서도 공장에서도 가장 해박한 사람이었습니다. 문제를 단순화하는 능력이 있다는 점에서 그는 훌륭하면서도 우아한 엔지니어죠. 애덤은 문제를 쉽게 해결할 방법을 알고 있습니다.

결국 저는 지금 하는 일을 계속하기 위해 스페이스X 대신 벤션스를 선택했습니다. 무언가를 이끌어나갈 기회였죠. 저는 작은 연못의 큰 물고기가 되기로 했습니다. 우주로 화물을 보내는 소형 로켓을 만들기 위해 합류했습니다.▼

짜증꾼으로 알려진 벤 브로커트는 로켓 유목민으로 스텔스스페이스에 합류했다. 브로커트는 아이오와주에 있는 작은 마을에서 자랐다. 마을 주민은 50명 정도였고 브로커트의 집은 가난했다. 휴학과 복학을 반복하며 아이오와주립대학을 다녔다. 한 학기 수업을 듣고는 다음 학기 학비를 모을 때까지 휴학했다. 브로커트는 학비를 벌기 위해 요리사, 잡

▶ 켐프의 벤션스 합류에 대해 저드슨은 이렇게 말한다. "크리스가 발산하는 에너지가 마음에 들었어요. 스텔스스페이스에는 CEO 유형이 필요했습니다. 어느 정도 보여주기도 좋아하고 다소 반사회적 성격이 필요할 때가 있죠. 크리스는 처음부터 남다른 선견지명을 보여줬습니다. 애덤과는 성격이 정반대였죠. 우리는 크리스가 자금을 모금할 수 있는 사람이라는 걸 알았습니다. 크리스를 따라야겠다고 생각했어요."

역부, 기계공 등을 전전했다. 2007년 브로커트는 대학을 완전히 포기한다. "계산해보니 졸업하는 데 평생이 걸리더군요."▼

어릴 때부터 항공우주 분야에서 일하고 싶었던 브로커트는 500달러짜리 낡은 17인승 밴을 타고 모하비사막으로 가서 우주 스타트업의 문을 두드리기 시작했다. 일자리를 구하는 몇 개월 동안 밴에서 생활하며 시간을 최대한 활용하려고 노력했다. "도서관에서 회원증을 발급받아 그동안 읽지 못한 책을 읽었습니다. 죽지 않을 만큼 사막을 구석구석 누비기도 했죠."

운 좋게 마스텐에 자리가 생겼고 브로커트는 곧 좀비 팀에서 핵심 인재로 성장했다. 그는 항공우주 관련 서적과 업무를 통해 3년 동안 많은 것을 배웠다. "모하비는 마치 뉴스페이스의 수행처 같았죠. 짜증 나지만 2~3년 고생하고 나면 어디서든 무엇이든 할 수 있습니다."

스텔스스페이스에 합류했을 때 브로커트는 겉으로 굉장히 무뚝뚝하게 굴었다. 크리스 켐프는 가끔 브로커트를 스텔스스페이스의 이요르('곰돌이 푸'에 등장하는 우울한 당나귀. - 옮긴이)라고 불렀는데 그럴 만도 했다. 브로커트는 건드리지 말라는 표정으로 시험실과 공장을 돌아다녔다. 누군가가 말을 걸면 브로커트는 하루치 조롱과 냉소와 비관을 한꺼번에 쏟아내고는 했다. 사람들은 이런 브로커트를 미워하지 않았다. 그가 워낙 재치가 있는 데다 몸과 태도가 완벽하게 어우러진 궁극적 혐오를 드러냈기 때문이다.

브로커트에게 부드러운 면도 있었다. 그는 로켓에 빠져 항공우주

▶ 이 정도의 계산은 대학 입시 수학에서 만점을 받은 브로커트에게 아무것도 아니었다.

분야에 관한 지식이 해박했다. 어리거나 경험이 부족한 사람이 진심으로 배우려 한다면 브로커트는 적극적으로 알려주고 도와줄 것이다.

스텔스스페이스에서 브로커트는 여러 팀에서 일하며 어디에서든 로켓을 완성하는 데 도움을 주었다. 그는 또한 관제 센터를 운영하고 발사를 지휘하는 데 적임자로 인정받았다. 주기적으로 성질을 부려 사표를 던지거나 해고를 당하기도 했지만 몇 주나 몇 달이 지나면 언제 그랬냐는 듯 앨러미다에 다시 나타났다.

브로커트는 궁극적으로 스텔스스페이스가 성공하기를 바랐지만 다른 사람들과 달리 회사의 앞날을 낙관하지만은 않았다.

우리는 엄청난 진전을 이뤄왔고 많은 일을 해냈습니다. 하지만 궤도 로켓을 그렇게 빨리 만들겠다는 계획은 전적으로 불가능합니다.

벤처 자금을 받을 때는 어떤 대가를 주고 돈을 모으는 것인데, 대부분은 회사가 제공하는 대가에 대해 실수로든 고의로든 거짓말을 합니다. 돈이 있는 누군가에게 가서 "저에게 돈을 좀 주면 몇 년 안에 원금의 몇 배를 돌려드리겠습니다. 그건 이 얼토당토않은 사업 계획이 있으니 가능합니다."라고 해야 합니다. 로켓 개발과 관련해서는 일정이 정확할 수 없습니다. 무엇 하나 제대로 된 게 없죠. 지금 소형 로켓을 만들겠다는 회사가 전 세계에 56개사나 있습니다. 저는 그런 회사를 대부분 알고 있죠. 그중에서도 스텔스스페이스가 미국에서 가장 합법적이라고 장담합니다.

19.

우주복을 입고 오세요

2017년 10월이 되자 스텔스스페이스는 이 이름으로 더는 활동할 수 없었다. 회사 채용 담당자들은 홈페이지도 실명도 없는 로켓 제조업체를 합법적 사업체로 소개하기 어렵다고 느꼈다. 다른 직원들도 공급업체와 협상할 때 비슷한 문제에 부딪혔다. 스텔스스페이스는 빠듯한 기한과 가격을 제시하며 진지한 대접을 받고 싶었지만 직원이 '스텔스스페이스'라는 이름으로 주문하면 상대방은 웃기부터 했다.

한동안 캠프는 스텔스스페이스의 이름을 바꾸자고 해도 들어주지 않았다. 작업을 비밀리에 한다는 원칙에 맞을뿐더러 회사의 문화를 상징했기 때문이다. 캠프는 너무 많은 항공우주 스타트업이 제대로 작동하는 제품을 내놓기도 전에 과대광고를 한다고 생각했다. 그는 네뷸러 때 한 실수를 되풀이하고 싶지 않았다. 캠프는 당시 제대로 준비되지 않은 상태에서 제품을 과장해서 소개했다. 캠프는 로켓을 만들어 날린 후에 로켓과 회사가 얼마나 멋진지 얘기해도 충분하다고 생각했다. 하지만 실용적 측면에서 지금의 홍보 전략이 오히려 상황을 악화시킨다는 것을 켐프는 깨달았다. 그래서 스텔스스페이스를 아스트라스페이스(이하 아스트라)로 바꾸었다.

아스트라는 예정보다 늦어졌지만 많은 진전을 이루었다. 회사는 공장 바닥에 완성된 듯한 로켓을 깔아놓았고 엔진을 몇 개 제작해 작동하는지 점검했다. 켐프는 새로운 사명과 성과를 축하하기 위해 파티를 열기로 했다. 파티는 로켓이 전시된 오라이언스트리트의 본사 건물에서 열렸다. 투자자나 전前 직원, 친구들만 초대했다. 초대장에는 "#사진 금지, #SNS 금지. 가장 좋아하는 우주복을 입고 오세요!"라고 적혀 있었다.

켐프는 우주복을 입고 오라는 요청을 진지하게 받아들였다. 가죽 끈과 여러 개의 금속 버클이 달린 검은색 점프슈트를 입었다. 그리고 여기에 자전거 헬멧을 개조해서 착용했는데, 가면처럼 위에서부터 내려와 얼굴을 덮는 장치를 추가했다. 변태 우주 카우보이를 떠올리기에 딱 좋은 차림이었다.

당시 스페이스X 공동 창업자인 크리스 톰슨을 영입하려고 추진 중이던 켐프는 파티의 세부 사항까지 직접 챙겼다. 아스트라는 로켓을 아크릴수지로 만든 케이스에서 넣어 공개하기로 했다. 켐프는 이 아이디어가 마음에 들었다. 그런데 로켓 몸체에 완성품 엔진 5개를 장착해야 하는데 파티가 가까워지는데도 엔진이 모두 준비되지 않은 상태였다. 게다가 직원들은 진짜가 아닌 가짜 페어링을 전시하자고 제안했다. 그편이 쉽고 안전하다는 이유에서였다. 하지만 켐프는 가짜 페어링을 전시하면 아스트라의 신뢰도가 무너진다고 생각했다.

엔진과 페어링에 대한 논쟁은 켐프와 엔지니어들 사이의 전면전으로 비화했다. 켐프는 엔지니어들이 약속을 지키지 않는다고 비난했고 엔지니어들은 제시간에 맞출 수 없다는 거듭된 경고를 켐프가 듣지 않았다고 했다. 외부인이 보면 이러한 논쟁은 우스꽝스러워 보일 수 있었다. 파티 참석자들은 로켓의 실제 상태를 알지 못하고 음식과 술에 빠져 밤새 춤을 출 테니 아무도 신경 쓰지 않을 것이기 때문이다.

하지만 켐프는 아스트라의 상징에 집착했다. 10월 21일 '우주의 여명' 파티로 향하는 길에 켐프는 자신이 분노한 이유와 인생 철학을 설명했는데 그의 성격과 특징이 고스란히 드러났다. 켐프가 BMW 컨버터블 안에서 한 말은 다음과 같다.

미리 알려드려야 할 게 있습니다. 저는 운전면허증이 없으며 이 차는 등록이 안 되었죠. 그리고 자동차보험은 취소되었습니다. 그래서 조금 위험하다는 말을 드리고 싶습니다.

우리 회사는 지난 1년간 정말 열심히 달려왔지만 솔직히 축하할 일은 없었어요. 무슨 일이 있을 때마다 축하 행사를 하는 회사가 많습니다. 그건 정말 비효율적이죠. 자금을 모금했거나 새로운 시설을 지을 때 축하 행사를 한다면 그건 정말 잘못된 거죠. 모금한다는 건 돈이 부족하다는 뜻이고 시설을 지어야 한다는 건 그 자체가 안타까운 일이니까요.

우리는 로켓을 조립하고 발사하기 위한 기반 시설을 구축하는 일처럼 프로그램의 진전을 축하합니다. 그래야 직원들이 정말로 중요한 일에 집중합니다. 최근에 여러 진전을 보인 데다 마침 창립 1주년이라 겸사겸사 파티를 여는 겁니다.

우리는 비공개 회사라 관련 동영상을 공개하거나 홈페이지를 업데이트하지도 않습니다. 우리는 홍보팀이 없어요. 홍보하게 되면 아무래도 회사 역량이 분산되고 비용도 많이 듭니다. 하지만 고객이나 투자자, 협력업체 입장에서는 우리 회사에 대해 아무것도 볼 수 없는 게 되는 거예요. 그래서 저는 이 사람들을 한자리에 모아 48시간 안에 모든 일을 한꺼번에 처리하려고 합니다. 이 파티는 이메일에 답장하고 회의에 참석하고 방문이나 견학에 드는 시간을 절약해줄 겁니다.

우리의 주요 경쟁사인 로켓랩은 첫 번째 발사 전에 네 번에 걸쳐 투자자를 모집했습니다. 제품이 나오기도 전에 투자 행사를 네 번이나 해야 한다면 잘못하는 겁니다. 투자자에게 회사에 대한 소유권과 통제권을 상당 부분 넘겨주는 것이기 때문이죠. 투자자들은 단계별로 기업을 평가하는 방식이 다르고 보고 싶어하는 게 있습니다. 이런 점을 이해한다면 올바른 일을 수행하고 위험을 줄여 특정 투자자를 유치할 수 있을 겁니다. 제가 볼 때 많은 항공우주 기업이 이를 전혀 이해하지 못하는 것 같습니다.

우리는 사실이 아닌 것을 사람들이 믿게 만드는 데 시간을 낭비하지 않습니다. 직원들이 가짜 페어링을 전시하자고 하더군요. 이미 붙여놓았으니 노력이 덜 들 테니까요. 이는 진정성 없는 행동입니다. 실재하는 것을 보여준다는 데 의의가 있는 축하 자리입니다. 이는 우리가 구축하려는 문화에 절대적으로 중요한 요소예요. 그래서 "실제 로켓에 들어가지는 않지만 사람들에게 보여주자."라는 말은 완전히 이러한 가치를 배반하는 겁니다.

자, 이제 법을 어겨 운전면허가 취소된 이야기를 할 차례입니다. 불법이라고 하면 다들 혼란스러워합니다.

제가 어떻게 면허를 잃었는지 아세요? 힐러리 클린턴이 대통령 후보로 경선할 때 모금 행사가 있어서 친구랑 가던 중이었죠. 280번 고속도로를 탔습니다. 저는 원래 속도를 많이 내지 않습니다. 조금 빨리 달리는 정도죠. 그런데 늦겠다고 친구가 엄청 조바심을 내더군요. 그래서 속도를 높였죠. 제 차가 테슬라는 아니었지만 250마력 엔진이 달린 경주용 카트 같은 거였어요. 시속 130km에서 4단으로 놓으면 순식간에 시속 200km까지 달릴 수 있죠.

그냥 친구한테 장난치려고 액셀을 밟아 속도를 올리는 순간 친구가 "경찰이다!"라고 외쳤습니다. 보통 이런 일이 생기면 저는 되도록 빨리 끝내고 원래대로 돌아가고 싶어 합니다. 경찰이 딱지를 끊으면 끊는 거죠. 억지를 부리거나 변명하지 않아요.

그런데 친구가 경찰에게 "우리는 지금 세르게이 브린의 집에서 열리는 힐러리 클린턴 기금 모금 행사에 가는 길이에요."라고 말했습니다. 저는 속으로 '이건 아닌데. 그렇게 말하면 안 되는데.'라고 생각했습니다. 주 정부 경찰이었어요. 어쨌든 저는 딱지란 딱지는 모두 끊었어요. 난폭 운전을 비롯해 안 좋은 건 다 걸렸죠. 변호사를 고용했더니 놀랍게도 벌금은 면제받았습니다. 그 대신 안전 운전 교육을 받아야 했습니다.

저는 1년에 두 번만 우편물을 확인합니다. 우편물을 스캔해서 PDF 형식으로 보내게 해놓았습니다. 읽는 걸 깜빡할 때가 많고 어차피 쓸모없는 게 대부분이니까요. 전 그냥 우편물이 싫어요.

6개월에 한 번씩 우편을 확인해도 별문제가 없었어요. 그런데 법원 결정에서 실행까지 이와 관련한 통보가 마침 그사이에 날아왔던 거예요. 안전 교육을 받아야 한다고 통보받았지만 가지 않았고 그래서 다시 법원에 출두해야 한다는 연락이 왔죠. 그런데 저는 모든 걸 놓쳤습니다. 그러자 변호사는 이 문제에서 손을 뗐고 문제가 심각해졌습니다.

결국 이메일을 뒤져 우편물로 받은 내용을 전부 확인하니 자동차보험과 차량 등록이 취소된 상태였어요. "이렇게 하지 않으면 그에 상응하는 조치를 취하겠다."라는 식의 끔찍한 통보들이 연달아 왔더군요. 체포 영장이 날아오기 직전이었어요.

당연히 문제를 처리하려고 차량국에 전화했습니다. 캘리포니아 차량국은 제가 아는 조직 중 가장 생산성이 낮은 곳이에요. 아침 8시에 가도 3시간은 줄을 서야 하고 그러고 나서도 직원과 말 한마디 해보지 못하고 돌아서야 할 때가 있죠. 제가 그랬습니다. "이러이러한 것을 준비해서 다시 오세요."라고 하더군요. 정말 미치겠더라고요. 바빠 죽겠는데 말이죠.

여하튼 어떻게 해야 하는지 알아보았습니다. 이렇게 저렇게 써서 수표를 보내야 한다고 하더군요. 저는 수표를 사용하지 않습니다. 제 주거래은행은 수표를 지원하지 않아요. 수표를 신뢰하지 않는 새로운 은행이었습니다. 처음 가입할 때 좋아 보였습니다. 수표가 무슨 소용이 있나 하며 반겼죠. 그런데 차량국에서 수표를 달라고 합니다. 수표가 필요한 유일한 기관이었습니다. 그래서 저는 수표를 발행해서 차량국에 보냈고 차량국은 그것을 처리하는 데 몇 주나 걸렸는데 제대로 처리하지도 않았죠.

간단히 말하면 지금쯤은 면허가 갱신되었을 거로 생각하지만 이를 확인하기 위해서는 또 몇 시간을 기다려서 통화해야 해서 정말 힘들어요.

우리가 로켓을 만들 수 있는 이유는 방해받지 않고 집중할 수 있기 때문입니다. 차량국 같은 곳은 정말로 심각하게 집중력을 방해합니다. 엉망인 시스템에 사람들을 빠뜨린 다음 좌절의 늪에서 헤매게 만드는 겁니다. '어떻게 개선할까?'라고 생각하기 시작합니다. 그 길에 들어서는 순간 고생길이 열리는 거죠. 차량국과 비교하면 로켓 개발은 쉬운 편입니다.

20.

이웃의 다정한
안개 괴물

아스트라는 지난 1년 간 직원이 7명에서 70여 명으로 늘었다. 2017년 12월이었다. 원래 일정에 따르면 아스트라는 어딘가에 발사대를 설치하고 로켓1 발사를 지켜보기 위해 몇몇 인원이 나가 있어야 했다. 그런 일은 일어나지 않았지만 아스트라는 과정을 밟아나가고 있었다. 엔지니어들은 전체 로켓을 조립하고 외부로 끌고 나가 다음 테스트를 진행할 준비를 마쳤다. 처음으로 아스트라가 지금까지 해온 일들을 외부인이 조금이나마 엿볼 기회였다. 다음 테스트에서는 로켓을 수직으로 세워야 했기 때문이다. 관심 있는 사람이라면 오라이언스트리트의 본사 건물 담장 위로 삐죽 튀어나온 로켓을 볼 수 있었다.

스페이스X에서 일하던 크리스 톰슨은 고위 간부로 아스트라에 정식으로 합류했다. 톰슨은 풍부한 경험과 강인한 태도 그리고 그동안 아스트라에 부족했던 성숙한 지도력을 보여줬다.▼ 텅 비어 있던 곳은 이제 기계와 사람으로 가득 찼다. 아스트라에는 새로운 리듬이 생겼다. 직원들은 아침 일찍 나와 큰 수술을 앞두고 환자를 살피는 의사처럼 로켓 본체 주변에 모여들었다. 그러고는 각자 건물 중앙에 있는 책상으로 돌아가 정오까지 바쁘게 일했다. 그런 다음 오후에는 진지한 에너지와 목적을 가지고 다시 로켓 앞에 섰다.

아스트라는 규칙과 규정을 대수롭지 않게 생각하는 태도 때문에 시 당국과 몇 차례 실랑이를 벌였다. 회사 건물이 몇 차례 침입을 당하자 켐프는 날카로운 철조망으로 담장을 둘렀다. 감독관들이 나와 보고 그렇게 하지 말라고 하자 켐프는 철조망을 더 두껍게 쳤다. 켐프는 말한다. "감독관들이 또다시 철조망을 철거하라고 하더군요. 그래서 '북한'이라고 말했습니다. 그들이 '뭐라고요?'라고 묻자 '북한 때문에 그래요.'라고 대답했습니다." 결국 이 전략은 통했다. 시 정부의 관료는 미국의 최신 로켓 기술을 북한이라는 '악의 축'이 엿보게 방치했다는 책임을 지고 싶지 않았다.

한번은 엔진 테스트가 잘못되어 공장 지붕 일부에 불이 붙었다. 감독관이 눈치채지 못하게 타버린 지붕의 양쪽을 절단하고 새로운 지붕을 붙여 감쪽같이 수리했다. 아스트라는 일반적으로 감독관보다 몇 단계 앞서 나가는 방식을 택했다. 시 공무원들이 와서 특정 프로젝트를 하려면 사전에 승인받고 진행하라고 아스트라에 알린다. 아스트라는 이를 무시하고 일단 프로젝트를 진행한다. 시 당국자들이 승인 여부를 결정하기 위해 현장에 와 보면 아스트라는 이미 다음 단계를 진행하고 있었다. 시 당

▶ 원래 아스트라는 팰컨1을 만든 핵심 인물인 팀 버자를 영입하려 있으나 여의치 않았다.

국자들은 격노하지만 어쩔 도리가 없다. 앨러미다시는 캠프의 비전을 높이 샀고 아스트라를 지역 활성화와 일자리 창출의 주요 요인으로 보았다. 아스트라를 그대로 놔두든지 아니면 전체를 폐쇄하든지 선택해야 했다.

12월 17일에는 로켓을 공장 바닥 거치대에서 이동식 발사대로 옮기기 시작했다. 천장에 매달린 크레인으로 로켓을 들어 올린 다음 바닥에 발사대를 밀어놓고 로켓을 다시 발사 거치대에 내려놓아야 했다. 그런 다음 발사대 전체를 공장 외부에 있는 주차장으로 이동시킨다. 주차장에는 건물에서 3m 떨어진 곳에 콘크리트를 부어 사각형 기단을 만들어놓았다. 콘크리트 위에는 1.5m 높이의 검은색 금속 사다리꼴 받침대가 있었다. 이 기단은 로켓을 수평에서 수직으로 세워 받침대 위로 올린 다음 로켓의 배관을 통해 액체와 가스를 흘려보내며 실험하기 위해 만들어놓았다.

처음부터 긴장된 분위기가 역력했다. 직원들은 로켓을 바라보면서 수다를 떨었고 다음 단계까지 얼마나 걸릴지 궁금해했다. 크리스 톰슨은 초창기 스페이스X의 전쟁 같았던 시절을 이야기했다. 일론 머스크와 위스콘신에 갔는데 머스크가 호텔 조식 식당에서 팝타르트(토스터나 오븐에 구워 먹는 일종의 페이스트리. ─옮긴이)를 어떻게 해야 할지 몰라 당황한 일화를 들려주었다. "다큐멘터리 채널을 보는 것 같았어요. 머스크는 토스터를 한참 요리조리 살펴보더니 옆으로 팝타르트를 넣더군요. 그리고 나서 토스터에 손가락을 집어넣어 팝타르트를 꺼내려 했어요. 로비 한가운데서 '젠장! 탔어!'라고 소리치더군요." 톰슨 주위에 모인 엔지니어들이 웃음을 터뜨렸지만 예민한 로켓 수직 장착을 앞두고 아주 똑똑한 사람이 팝타르트도 제대로 못 구웠다는 이야기는 불길하게 느껴졌다.

아침 내내 직원 대부분이 로켓 주위를 서성였다. 로켓을 들여다보고 천장에 매달린 크레인을 올려다보고 로켓 주위를 돌고 로켓을 만져보고 로켓 근처에서 커피를 마시고 작업대에 놓인 부품을 만지작거렸다. 아스트라 전 직원이 하나의 물건을 만들기 위해 힘을 모았다. 아무도 이 일을 망치고 싶지 않았다. 그러나 이들은 로켓을 어떻게 다루고 옮길지 정확한 계획을 세우지 않았다. 아스트라 사람들은 현장 상황에 맞추어 행동할 예정이었고 로켓에 관해 이야기하고 쳐다보고 만지작거리는 행위는 로켓 발사를 미루기 위한 무의식적인 공동 전술이었다. 이로 인해 직원들은 내게 아스트라의 최근 상황에 관해 이야기할 시간이 많아졌다.

그 무렵 아스트라는 알래스카 코디액섬에 있는 태평양우주기지에서 로켓1을 발사할 계획이었다. 이를 위해서는 그곳 공무원들에게 로켓이 발사되어도 알래스카 동식물에는 아무런 영향을 미치지 않을 것이라는 확신을 주어야 했다. 그래서 아스트라는 로켓의 움직임을 소프트웨어로 시뮬레이션한 결과를 그곳 관계자들에게 보냈다. 로켓이 완벽하게 예측된 통로를 통해 우주로 날아가는 이상적인 시나리오와 로켓이 예정된 통로를 벗어나기 시작하면 담당자가 컴퓨터 버튼을 눌러 로켓을 비활성화하는 시나리오가 있었다. 일반적으로 로켓에는 폭발 장치가 탑재되어 있어 안 좋은 일이 생기면 원격으로 폭파된다. 그러나 아스트라 로켓은 작고 안전하게 보호되어 있어 폭탄이 필요하지 않았다. 담당자가 버튼을 누르면 로켓의 밸브와 연료 펌프가 꺼지고 로켓은 지구로 추락하게 되어 있었다.

앨라배마 헌츠빌에 본사를 둔 트로이7은 로켓과 미사일 시뮬레이션을 전문으로 하는 업체다. 트로이7 기술자들은 로켓 비행 시 발생할 수 있는 다양한 일을 컴퓨터 화면상에 구현했다. 이들의 애니메이션은 불꽃이 버섯 모양으로 터진다. 알래스카에 파견된 아스트라의 담당자는 이 애니메이션을 보면서 로켓이 지정된 경로를 벗어날 때마다 비활성화 버튼을 누르는 연습을 한다. 극도로 정밀하게 궤도를 추적하기 위해 로켓에는 군용 GPS 장치가 장착되어 있다. 일반 GPS 장치는 고도 18km, 시속 2,000km에 도달하면 자동으로 멈추도록 설계되어 있기 때문이다. 이는 테러리스트나 범죄자들이 시중에 나온 기술로 목표물에 미사일을 조준하는 것을 막기 위한 설계라고 알려져 있다.

규제 당국은 시뮬레이션과 비활성화 스위치를 이용해 인명 피해를 피하려고 노력하지만 아주 가끔은 위험을 감수하기도 한다. 캠프는 말한다. "코디액 근처 섬에 한 가족이 유랑 생활을 하고 있지만 그 위로 로켓을 발사해도 괜찮다는 계산 결과가 나왔습니다. 엄밀히 말하면 위험 정도가 통계적으로 미미한 수준이었어요."▼ 캠프가 하와이나 배에서 발사하고자 했던 이유 중 하나가 인간의 생명을 알고리즘적으로 평가해야 하는 불편함을 피하기 위해서였다.

로켓 주변에서는 공상적인 이야기보다 회사가 지나온 여정에 대해 들을 수 있었다. 한결같이 냉정한 목소리를 내는 아스트라 최고 재무 책임자 비타 브루노는 기쁜 마음으로 회사가 마침내 공장에 개별 화장실을 설치하고 중앙난방을 추가했다고 발표했다. 비타 브루노는 말한다. "작년에는 프로판히터를 사용해서 불이 자주 났습니다." 캠프에 따르면 화장실과 난방시설, 로켓까지 2,000만 달러가 들었다고 했다.

마침내 이야기를 멈추고 직원들이 움직였다. 누군가 쇠사슬을 당겨 공장 왼편에 있는 셔터를 올리자 시원한 바람이 페인트 냄새와 뒤섞여 들어왔다. 직원 몇 명이 로켓발사대를 흰색 실버라도(대형 픽업트럭)에

▶ 그 가족에게 로켓 발사를 통보했는지는 명확하지 않았다.

연결해 문 앞까지 끌어당겼다. 그러자 일군의 사람들이 몰려와 연결고리를 풀고 발사대를 조금씩 밀어 문을 지나 건물 안으로 이동시켰다. 본체에 노란 끈을 두른 로켓이 파란 크레인에 매달려 천천히 발사대 위로 내려왔다. "천천히!", "야!"라는 소리가 들리기도 했지만 대부분 원활하게 진행되었다.

다시 실버라도를 이용해 로켓발사대를 공장 우측에 있는 테스트 구역으로 옮길 예정이었다. "핀볼박물관 별관 근처에 주차한 차를 빼야해!"라고 한 엔지니어가 외쳤다. 여유 공간이 생겨도 차고에서 빠져나오기가 쉽지 않았다. 차고에서 처음 빠져나오려고 할 때 너무 속도가 빨라 깜짝 놀란 런던은 아이를 보호하듯 로켓의 한쪽을 손으로 붙잡았다. 실버라도는 로켓을 공장에서 끌어내는 데도 애를 먹었다. 900kg이 넘는 발사대 위에 360kg가량되는 로켓까지 올려졌으니 힘들 수밖에 없었다. 어쩔 수 없이 사람이 밀고 가야 했다. 실버라도에서 발사대를 분리해 사람들이 손으로 밀어 주차장으로 이동했다. 누군가 모래주머니를 가지고 달려와 발사대 바퀴 앞에 모래를 뿌려 마찰을 줄였다.

이렇게 해서 겨우 발사대를 옮겼다. 그다음에는 스카이트랙을 사용했다. 스카이트랙은 지게차나 사다리차 역할을 하는 이동식 중장비로, 이날은 지게차 장비를 앞에 달았다. 아스트라 팀은 발사대 한쪽 끝에 줄을 연결해 발사대를 0.9m 정도 높이로 들어 올렸다. 그런 다음 발사대를 주차장을 통해 끌어냈다. 크리스 톰슨은 말한다. "어디서나 마찬가지예요. 항상 스카이트랙이 로켓을 끌었어요. 스페이스X에서도 똑같이 했어요."

차를 타고 지나가던 사람들은 멈춰서 자신이 무엇을 보고 있는지 모르겠다는 표정을 지었다. 아스트라 로켓에는 다른 로켓에서 볼 수 있는 피라미드 모양의 페어링이 없었다. 덕트테이프와 골판지로 얼기설기 얽어놓은 금속 원통 모양이었다. 기껏해야 미친 과학자의 실험 도구처럼 보였다. 심지어 폭탄처럼 보이기도 하는 이 물건을 사람들은 아무렇지도 않게 모래주머니와 스카이트랙의 도움으로 옮기며 한 번씩 멈추어 전자 담배를 피우거나 머리 위로 날아가는 기러기 떼를 구경하기도 했다.

아무리 기계의 도움을 받는다고 해도 로켓과 발사대를 이동하는 데 시간이 오래 걸렸다. 아스트라 팀은 주차장을 통과한 다음 아스트라 공장 옆으로 철조망과 이동식 화장실, 컨테이너들을 지나 임시 테스트구 역으로 향했다. 대략 시속 90m 정도로 이동했는데, 켐프가 로켓을 밀면 서 농담을 건넸다. "로켓을 끌기 위해 로켓 과학자가 도대체 몇 명이 필 요한 거죠?"

마침내 어렵게 발사대를 사다리꼴 받침대 옆에 세울 수 있었다. 엔 지니어들은 로켓의 본체에 전선과 펌프를 연결했다. 누군가 발사대 조종 간의 버튼을 누르자 유압 펌프가 로켓을 부드럽게 들어 올렸다. "손가락 조심해!"라고 한 직원이 외쳤다. 로켓이 수직으로 서는 데는 1분 정도밖 에 걸리지 않았다. 로켓은 계획대로 완벽하게 받침대 위에 안착했다. 직 원 20여 명이 로켓에 몰려들어 몸체와 위치를 확인했다.

"수직인가요?"라고 누군가 물었다. "약간 기울어져 보이는데요."

"아니에요. 그냥 건물이 조금 비뚤어져 있어서 그렇게 보인 거예 요." 누군가 대답했다.

늦은 오후가 훨씬 지났는데도 켐프와 톰슨은 그날 저녁 회사 크리 스마스 파티를 앞두고 테스트를 하려고 했다. 톰슨은 스카이트랙에 부착 한 발판에 올라가 발사대 위쪽은 이상이 없는지 살펴보기 시작했다. 로 켓 주위에는 주민들이 아스트라 로켓을 보지 못하도록 컨테이너로 벽을

쌓는 작업을 하고 있었다. 그러나 컨테이너가 부족해 로켓의 3분의 1 정도가 보였다.▾

아스트라는 최근 톰슨을 비롯해 스페이스X에서 일했던 직원들을 고용해 테스트 작업을 맡겼다. 벤션스 출신과 다른 직원들은 옆에서 지켜보며 조언해주었다. 스페이스X 출신은 나머지 직원들과 긴장 관계에 있었다. 초기 로켓 작업의 대부분을 수행해온 벤션스 출신들을 비롯한 나머지 직원들은 서운한 마음을 억누를 수 없었다.

이 테스트에서 아스트라는 로켓의 배관을 통해 액체질소를 연료 탱크에 주입하려 했다. 액체질소는 실제 발사에서 사용할 액체산소보다 폭발 위험성이 낮고 온도가 매우 차가워 로켓의 내한성을 테스트하고 부품의 불순물을 제거하는 데 효과적이었다. 곧이어 관련자들이 모두 테스트 준비에 돌입했다. 이는 로켓 과학자들의 합주와 같았다. 크레인을 운전하고 전선을 고정했다. 손잡이는 작업을 수행할 의지와 능력이 있는 사람이 돌렸다. 로켓을 받침대에 올려놓는 과정에서 웃음을 자아내는 순간도 있었지만 지금 이 순간만큼은 유능한 인재 수십 명이 똘똘 뭉쳤다.

오후 6시경에는 사무실 직원들이 몇 블록 떨어진 곳에 있는 퇴역 항공모함으로 이동하자 가족들까지 합세한 크리스마스 파티가 시작되었다. 그러나 로켓 주변에 있는 20여 명은 파티에 신경 쓰지 않았다. 이들은 조명등을 켜고 테스트를 시작했다. 질소를 주입하자 작업자들은 어느 정도 안전한 거리로 물러나 노트북을 열고 로켓의 센서에서 오는 수치를 확인했다. 극저온인 액체질소는 외부 공기와 닿자마자 끓어오르는

▸ 켐프는 말한다. "언젠가는 이웃들에게도 무슨 일이 일어나고 있는지 알려야 할 거예요. 주택가에서 100m 채 안 되는 거리에 ICBM이 서 있는 거나 마찬가지니까요."

데, 질소가스가 배출되자 하얀 구름이 공장 주변을 가득 채우고 담장을 넘어 200m 높이까지 올라갔다.

켐프가 마침내 그만하라고 할 때까지 엔지니어들은 테스트를 계속했다. "가족과 함께하는 이 시간을 놓친다면 모두에게 안 좋을 거예요." 그 순간 엔지니어들은 로켓을 밤새도록 세워놓아야 한다는 것을 깨달았다. 톰슨은 몇 명을 보내 방수포를 구해오라고 했다. 엔지니어들은 로켓을 다시 수평으로 내리고 그 위로 올라가 방수포를 덮었다.

늦게까지 로켓 옆에 있던 엔지니어들이 본사 건물로 달려가 파티복으로 갈아입었다. 켐프가 마지막 점검을 하러 로켓 근처로 가니 벤 브로커트와 마이크 저드슨이 여전히 일하고 있었다. "헌신은 고맙지만 오늘은 그만하세요."라고 켐프가 말했다. 브로커트와 저드슨은 지독한 로켓 중독자였다. 켐프가 권하지 않았다면 술 마시고 떠들기보다 남아서라도 계속 테스트하기를 바랐을 것이다.

켐프와 나는 항공모함 파티장을 향해 걸어갔다. 나는 켐프에게 남는 시간에는 주로 무엇을 하느냐고 물었다. "인류가 달에서 자급자족하며 영구 정착할 수 있게 재단을 설립하고 있습니다. 그게 제 취미예요." 켐프는 내게 삶에 관한 조언도 해주었다. "모든 사람에게는 4가지가 필요합니다. 목적의식, 인생을 함께할 사람, 자립심 그리고 친구와 가족입니다. 이 중 하나라도 빠지면 인생이 망가집니다. 일을 지나치게 우선시하면 간혹 해고당하거나 혼자 남겨지기도 합니다. 스스로 목숨을 끊는 행위나 마찬가지예요."

켐프의 말이 끝나자 파티장에 도착해 있었다.

21.   장막 앞으로

2018년이 되자 크리스 켐프는 2가지 주요 목표를 세웠다. 하나는 아스트라 공장을 확장해서 매일 로켓을 제작하고 발사한다는 계획을 향해 나아가는 것이었고, 다른 하나는 가능한 한 빨리 아스트라의 로켓1을 알래스카로 가져가서 발사하는 것이었다.

아스트라는 맨땅에서 시작한 회사가 아니다. 아스트라는 수년간 엔진, 전자장치, 유도 및 항법 장치를 설계해온 벤션스에 바탕을 둔 회사다. 비록 벤션스는 초소형 로켓을 설계했지만 그 덕분에 아스트라는 좀더 유리한 입장에서 시작할 수 있었다. 그러나 그 이점을 감안한다 해도 아스트라는 놀라운 일을 해냈다. 통상 6~10년이 걸리는 일을 아스트라는 불과 1년 조금 넘는 시간 내에 실제로 사용 가능한 로켓을 만들어냈다.

켐프는 첫 로켓에 대한 기대치를 낮추려고 했다. 우선 로켓을 알래스카로 보내 발사하고 그저 좋은 결과가 나오기만을 기대했다. 아스트라의 목표는 최단 기간 내에 로켓을 개발하고 테스트하는 새로운 로켓 개발 모델을 제시하는 것이었다. 엔지니어들은 이전 발사에서 얻은 데이터를 바탕으로 몇 가지 조정한 뒤 다시 시도했다. 다른 로켓 제조사들이 한 번의 발사에서 완벽을 추구했다면 아스트라는 반복적인 발사를 통해 개선을 추구하는 식이었다. 켐프는 이러한 접근 방식이 아스트라에 지속해서 활력을 불어넣으리라 생각했다. 개선된 결과물을 보기 위해 몇 년을 기다리는 대신 지속적인 발전을 이룰 수 있기 때문이다.

아스트라 직원 대부분은 원칙적으로 켐프의 생각에 동의했다. 소프트웨어업계 출신이든 항공우주산업 출신이든 분야와 관계없이 새로운 접근 방식을 시도하고 예상보다 빨리 일을 해낼 수 있음을 보여준다는 아이디어를 좋아했다. 그런데 시간이 지날수록 항공우주업계 출신들이 켐프의 일부 요구에 반발하기 시작했다. 이들은 알래스카로 서둘러 로켓을 보내기보다 테스트를 반복해 완성도를 높이는 편이 더 합리적이라고 경고했다. 인력과 장비는 앨러미다에 있는데 문제가 발생하면 알래스카에서 어떻게 할지 아무도 몰랐기 때문이다. 하지만 켐프는 로켓을 준비해 발사한 다음 지켜보는 방식을 고수했다.

아스트라가 오라이언스트리트의 건물로 이전한 이래로 켐프는 회사의 다음 부지로 스카이호크스트리트 1900번지에 있는 건물을 눈여겨보았다. 오라이언은 로켓을 1, 2대 만들기에는 괜찮았지만 수백 대의 로켓을 생산하기에는 좁았다.

스카이호크에 있는 대형 창고 건물은 수십 년 동안 방치되어 있었다. 건물의 절반은 폐쇄된 공장과 비슷했다. 텅 비거나 지저분하거나 무너져 내리고 있었다. 나머지 절반은 더 엉망이었다. 노숙자와 10대들이 몇 년 동안 이곳에서 지낸 흔적이 역력했다. 유리와 벽은 부서졌고 기반 시설은 엉망이 되어 있었다. 벽에는 온갖 낙서가 휘갈겨져 있었다. 그러나 가장 끔찍한 것은 처음 건물을 확인하러 간 사람이 기계에 붙어 있는 시체를 발견한 일이었다. 남은 구리 조각을 훔치려다 전선에 감전되어 죽은 게 분명했다.

켐프는 그 끔찍한 공간에서 가능성을 보았다. 켐프가 내게 건물을 소개할 때 브라이슨 젠타일Bryson Gentile이라는 사람도 동행했다. 젠타일은 스페이스X 출신으로, 최첨단 공장을 짓기 위해 영입되었다. 켐프 그리고 젠타일과 이런 이야기를 나누었다.

켐프 총면적이 2만 3,000m²가 넘는데 상태가 상당히 안 좋아요. 미군은 다른 곳에서 엔진을 테스트한 다음 여기서는 분해나 정비만 했습니다. 비행기에서 엔진을 분리해서 정비하고 테스트한 다음 다시 비행기에 장착하는 작업을 했습니다. 우리는 이 건물을 스카이호크스트리트에 있어서 스카이호크라고 부릅니다. 오라이언스트리트에 있는 건 오라이언이라고 합니다. 근사한 이름이죠. 우리는 건물을 구입할 때마다 그 주변에 있는 가장 멋진 거리 이름으로 건물을 부르기로 했습니다.

우리는 오라이언 건물을 구입한 지 6개월 후에 이 건물에 처음 발을 디뎠습니다. 로켓 공장을 건설하려면 대형 건물이 필요합니다. 로켓은 크니까요. 조심하세요. 사방이 유리 조각이에요.

젠타일 새똥이 많네요.

켐프 생산 팀과 조립 팀을 책임지고 있으니 로켓 생산 시설을 어딘가에는 설치해줘야 합니다.

젠타일 이곳을 하루에 한 대씩 로켓을 찍어내는 공장으로 변모시키는 엄청난 작업을 제가 맡게 되었습니다. 자동차 공장을 떠올리면 되겠네요.

여기에는 엔진을 산화제로 세척했던 작업장이 몇 군데 있습니다. 미군은 가장 부식성이 강한 용액으로 도장을 벗겨냈죠. 이 공간을 어떻게 해야 할지 모르겠습니다. 천장이 높고 공간이 넓어 우리에게 가장 중요한 공간입니다. 천장에 크레인이 있고 바닥 면적이 엄청 넓어요. 포드처럼 일자로 로켓 조립라인을 배치할 수 있습니다.

켐프 아스트라는 매일 로켓을 만들어야 하는데, 이를 효율적으로 하려면 생산 설비 시설이 저렴해야 합니다. 좀비 영화 찍기에 딱 좋은 세트 같아요. 구멍이 많으니 조심해요.

젠타일 사람만 한 구멍도 있어요.

켐프 25년 동안 비어 있던 건물이죠. 25년 동안 오염된 토양이 자연 정화되었죠. 그래서 이제 사용할 수 있게 된 거예요. 해군이 토양을 검사하고 건물 아래나 주변 토양에 오염 물질이나 제트연료가 없음을 확인할 때까지 기다려야 했습니다.

이것은 실제 납 페인트입니다.

켐프는 납 페인트 조각을 집어 들어 입에 넣더니 반으로 쪼개 뱉어냈다.

켐프 건물 상태가 엉망이긴 하지만 1년 전만 해도 직원이 10명이었던 스타트업이 시 당국을 어떻게 설득했길래 건물 2만 3,000m²와 부지 4만m²를 얻을 수 있었을까 궁금하지 않나요? 우리는 세계 최고의 건축가 비야케 잉겔스를 고용했습니다. 잉겔스는 마침 구글의 새로운 캠퍼스 프로젝트를 막 끝낸 참이었죠. 우리는 그에게 지불할 돈은 없었어요. 하지만 오래된 건물을 재사용해 로켓 공장을 만들겠다고 했더니 비야케 잉겔스는 매우 흥분했어요. 그는 이곳에서 우리와 만나 공장과 사무실을 결합한 하이브리드형 건물을 어떻게 만들지 고민했습니다.

기본은 브라이슨의 생산 시설에서 시작하여 원을 그리며 외부로 향하게 유선형으로 짓자는 계획이었습니다. 버닝맨 축제에서 텐트들이 동심원을 그리며 설치된 모양과 비슷하죠. 가운데 돔을 두고 생산 시설이 둘러싼 모습을 상상하면 됩니다. 1년 후면 그 모습을 볼 수 있을 겁니다.▼

젠타일 저는 자동차와 항공우주 분야를 두루 경험했습니다. 스페이스X에서 수년 동안 근무하며 생산 기술 팀을 이끌었고 조립라인을 구축했습니다. 로켓은 그렇게 복잡하지 않습니다. 복잡해 보인다면 세분화하지 않아서겠죠. 로켓 제작의 핵심은 세분화에 있습니다.

새 로켓을 만들 때는 작은 볼트를 포함하여 약 10만 개의 부품이 필요합니다. 이를 반으로 줄이고 다시 반으로 줄이고 또 반으로 줄여야 합니다.

발사체의 질량을 최적화해야 합니다. 그게 바로 가장 신경 써야 할 부분이죠. 무게를 가볍게 하고 생산하기 쉬워야 합니다. 현재 항공우주산업의 금속 재료 부문은 몇 가지 첨단 용접 기술을 제외하면 1970년대 자동차산업과 비슷한 수준입니다.

우리는 오래전 개발된 자동차 기술을 로켓에 적용할 겁니다. 자동차 생산 공장에서 로봇을 사용하는 것처럼 최첨단 자동차 기술과 최첨단 항공우주산업 기술을 결합할 생각이죠.

켐프 우리는 계속해서 초고속으로 로켓을 개발할 거예요. 6개월마다 새 로켓을 개발할 겁니다. 로켓을 많이 만들고 많이 발사한 다음 데이터를 수집해 설계자에게 전달하면 더 나은 로켓을 만들 수 있습니다. 이 건물에 몇 년간

▶ 비야케 잉겔스는 실제로 동심형 사옥을 짓지 못했다. 아스트라는 그냥 일반 책상 몇 개만 공장 한쪽에 배치했다.

임대료가 들지 않으니 여기에서 제대로 된 로켓으로 큰 꿈을 펼칠 수 있게 되었어요. 하루에 한 대씩 로켓을 만들어 항구로 보내면 바지선에 실어 바다에서 발사할 수 있는 수준에 도달하고 싶습니다.

저는 기회를 찾으려고 합니다. 가만히 있어서 되는 일은 없어요. 무언가를 추진해서 엄청난 일이 벌어지게 하려면 많은 에너지를 한데 모아야 합니다. 오늘 아침 버닝맨 축제를 주관하는 한 사람과 이야기를 나눴습니다. 그리고 곧 스카이호크에 들어설 거대한 시설에 대해 생각하고 있었습니다. 우리는 이 장소를 전부 사용하지 않을 거예요. 베이에어리어에서 활동하는 조각가들은 작품을 보관할 장소가 필요합니다. 그래서 버닝맨 갤러리를 조성할 방법도 찾을 겁니다.

비행장에서 로켓을 테스트할 장소가 필요해서 "이곳에서 로켓을 발사할 겁니다."라고 시 당국에 말하면 미친 짓이라고 할 겁니다. 샌프란시스코 시내에서 차로 20분 거리에 있거나 로켓으로 5초 거리에 있는 곳에서 로켓을 발사하면 안 되니까요. 그런데 제가 말을 바꿔서 "그럼 단 몇 초만 테스트해도 될까요? 지상에서 고정 점화 테스트만 할 겁니다."라고 말하면 시 당국은 "그래요. 알았습니다."라고 할 겁니다. 하지만 제가 로켓을 테스트하겠다고 하면 "말도 안 됩니다. 절대 불가입니다."라고 응수할 겁니다.

조각 작품도 마찬가지입니다. 저는 시 당국에 "안녕하세요. 우리 공장을 어떻게 꾸미겠다는 예술가가 있는데 우리가 조금 지원하고 싶습니다."라고 말할 거예요. 절대 '버닝맨'이라고 하지 않고 '예술가'라고 할 겁니다. "세계적인 조각가들이 이곳에 작품을 전시할 예정입니다. 작품을 전시하는 공공 공간을 조성하고 싶은데 우리가 사용하지 않는 일부 공간을 사용할 수 있게 시에서 허용해주시면 고맙겠습니다. 청결하게 사용할 겁니다. 여기에 있는 축구장을 없애고 그 사이에 도로를 내서 입구를 만드는 등 제반 공사는 우리가 다할 거예요." 이렇게 말하면 공무원들은 "축구장을 관통하는 도로를 낸다고요? 아이들이 노는 곳이니 그건 안 됩니다. 작품 전시는 가능해요. 그건 해도 됩니다."라고 말하겠죠. 속임수라고요? 그렇죠. 하지만 놀라운 일이 일어나게 하는 속임수입니다.

2018년 2월 아스트라는 오라이언스트리트의 울타리 뒤로 로켓을 더는 숨길 수 없는 시점에 이르렀다. 켐프가 말한 고정 점화 테스트란 로켓을 정지한 상태에서 엔진만 가동한다는 뜻이다. 이러한 테스트는 보통 사막이나 텍사스 오지에서 이루어진다. 화염이 치솟고 잘못하면 폭발이 발생할 수 있기 때문이다. 그러나 아스트라는 니미츠비행장에서 이 실험을 하기로 했다. 니미츠비행장은 본사에서 2.4km 정도 떨어져 있으며 주위에는 행거원의 증류장과 헬스클럽, 식당 등이 있었다.

샌프란시스코만과 접해 있는 니미츠비행장은 앨러미다시 북동쪽 끝에 자리 잡은 대규모 주차장이라고 생각하면 된다. 한때 해군은 이곳을 다양한 임무에 사용했지만 기지와 마찬가지로 수년 동안 방치해왔다. 최근에는 비행장을 주로 이상한 일회성 프로젝트에 사용한다. 이곳에서 영화 '매트릭스'나 호기심 해결 TV 쇼 '미스버스터즈'를 촬영하기도 했다. 나는 이전에 니미츠비행장에서 하는 자율 주행 자동차 실험에 몇 차례 참여한 적이 있다. 한번은 시속 100km로 달리는 자율 주행 자동차에 몸을 실은 적도 있다.

고정 점화 테스트는 런던과 톰슨이 주도했다. 몰래 이동식 발사대와 로켓을 활주로로 끌고 나가는 작업은 또 다른 테스트였고 시간이 오래 걸렸다. 켐프는 로켓이 불을 내뿜는 것을 아무도 못 보길 바랐지만, 이날 아스트라 직원 모두는 더는 은밀히 작업을 진행할 수 없음을 깨달았다. 런던은 다음과 같이 말했다.

우리는 니미츠에 로켓을 가져다 놓고 첫 발사를 위한 마지막 준비 작업을 진행하고 있습니다. 단단히 고정하고 수평을 조절해야 합니다. 마지막으로 확인해야 할 게 많습니다.

최종 목표는 고정 점화 테스트를 진행하는 겁니다. 결과가 어떻든 대단한 장관을 연출할 거예요. 어떤 재료가 잘 견디는지 확실히 나타날 겁니다.

한편으로는 매우 깔끔한 테스트가 될 수도 있습니다. 5개 엔진이 모두 켜지면 5초 동안 작동할 겁니다. 하지만 엔진 중 하나 이상이 작동하지 않을 가능성이 높습니다. 이 경우 점화된 나머지 엔진을 끄면 됩니다. 모두 꺼버리는 거죠. 하지만 배터리 문제로 화재가 발생하면 로켓 전체가 불타고 큰 폭발이 일어날 수 있습니다.

내일 알래스카로 가지 못할 가능성도 염두에 두고 있죠. 로켓이 없기 때문입니다. 하지만 우선 고정 점화 테스트를 해야 하니 어떻게 될지 기대해봅시다.

아스트라가 생각했던 대로 고정 점화 테스트를 하는 데 며칠이 걸렸다. 엔진을 점화하고 2초 만에 로켓에 손상이 발생했다. 지면에서 불똥이 튀어 올라와 다시 로켓에 옮겨붙었고 아스팔트 조각과 흙도 함께 튀어 올랐다. 게다가 엔진 2개가 조기에 차단되며 안전 예방 조치로 연료가 배출되었는데 여기에 불이 붙어 로켓 주위로 더 큰 불꽃이 치솟았다. 이런 문제를 해결하기 위해 다음 테스트에서 아스트라의 엔지니어들은 엔진을 난연성 소재로 보강했다. 로켓이 기저귀를 찬 듯 보였지만 이 전략은 효과가 있었고 아스트라는 실험을 이어갈 수 있었다.

파편과 불꽃이 로켓 내부로 들어가 배선과 부품에 손상을 입혔을

지도 모른다고 많은 직원이 우려했다. 로켓을 알래스카로 보내야 하는 상황에서 논쟁이 시작되었다. 모든 일을 운에 맡기고 그냥 진행할지 아니면 로켓을 열어 내부를 점검할지 의견이 분분했다. 한 엔지니어는 "문제는 얼마나 깊이 살피느냐입니다."라고 말했는데, 이는 대형 폭탄의 상태를 조사할 때 듣고 싶지 않은 말이었다.

점점 더 많은 직원이 로켓을 알래스카로 보내는 게 무의미하다고 생각했다. 로켓은 너무 빨리 만들어진 데다 결함이 많았다. 이번 로켓은 앨러미다에서 테스트용으로 활용하면서 그동안 배운 내용을 최대한 반영해 두 번째 로켓을 만드는 편이 더 낫다고 생각했다. 그러나 켐프와 런던은 첫 로켓이 날아가는 것을 보고 싶었으며 발사 과정을 통해 소중한 경험을 쌓을 수 있다고 주장했다. 혹시 성공할지 아무도 모를 일이었다.

2018년 2월에 테스트 과정이 거의 끝날 무렵 현지 한 교통정보 리포터가 니미츠에서 로켓을 발견했다. 헬리콥터에 타고 있던 리포터는 조종사에게 선회를 부탁하며 무슨 일이 일어나고 있는지 시험장 위에서 자세히 관찰했다. 아스트라는 며칠 동안 니미츠에서 작업했지만 놀랍게도 아무도 관심을 기울이지 않았다. 그런데 헬리콥터가 나타나면서부터 지역 주민이 관심을 보이기 시작했다. 인근 맥줏집에서 일하는 한 직원은 ABC 뉴스 계열사에 이렇게 말했다. "헬리콥터 소리가 나서 뒤돌아보니 거대한 미사일이 실린 큰 트럭이 서 있더군요."

아스트라가 발사대와 로켓을 공장으로 옮기는 동안 ABC 뉴스의 차량 한 대가 도착했고 기자와 카메라맨이 차에서 내렸다.▼ 켐프는 직원들에게 로켓을 신속하게 공장 안으로 옮기라고 한 뒤 취재진을 향해 걸

▶ 당시 나는 켐프 옆에 서 있었는데 그가 이 상황을 어떻게 처리할지 매우 궁금했다.

음을 재촉했다. 켐프는 기자에게 로켓처럼 보이지만 로켓이 아니며 이에 대한 언급이 국가 안보에 중대한 위험을 초래할 수 있다고 말했다. 그러자 기자는 "그렇게 변호사처럼 굴지 마시죠."라고 응수했다. 그날 저녁 뉴스에 로켓 사진이 나왔고 ABC 방송의 홈페이지에는 '스카이7, 앨러미다에서 은밀하게 로켓 테스트 중인 우주 스타트업 포착SKY7 Spots Stealthy Space Startup Testing Its Rocket in Alameda'이라는 제목의 기사가 떴다.

공장 안으로 들어온 아스트라 팀은 로켓을 최대한 깨끗이 닦은 후 불에 탄 부분을 육안으로 점검할 계획이었다. 로켓 본체에 용해제를 도포하면서 젠타일은 "아주 잘 익었네."라고 말했다. 직원들은 취재진과 켐프가 연출한 '이건 당신이 찾는 드로이드가 아니오.'('스타워즈4'에 나오는 유명한 대사다.-옮긴이)와 같은 장면을 두고 웃음을 터뜨렸다. 하지만 직원 대부분은 앨러미다 주민이 알았으니 시에 민원을 접수할 것이라고 우려했다. 켐프는 직원들에게 10일 동안 최선을 다해 로켓을 정비하고 알래스카로 보내자고 말했다. 벤션스 출신인 마이크 저드슨이 몇 명 불러 모았다. 그러더니 운동선수들이 파이팅을 하듯이 한 손씩 가운데로 모으고 이렇게 외쳤다. "셋 하면 청소 시작! 하나, 둘, 셋!"

시간은 속절없이 흘렀다. 로켓을 청소하는 사람들은 21일 동안 쉬지 않고 일했다. 나는 이들의 에너지에 놀랐다. 이 테스트는 로켓을 확인하기 위해 계획되었지만 여러모로 상황을 악화시키고 의구심만 키웠다. 그런데도 이들은 계속해서 새로운 문제와 그 해결책을 찾아냈다. 젊은 사람 몇몇이 지쳐서 불평하자 벤 브로커트가 이렇게 소리쳤다. "여기 있기 싫으면 차라리 집에 가. 여기 앉아서 불평하지 마. 솔직히 나도 여기 있기 싫으니까." 그러자 저드슨이 말했다. "열흘 동안 볼 만하겠군."

22. 로켓 원정대

앵커리지에서 코디액 섬으로 향하는 작은 비행기에 탑승해서 자리에 앉아 있는데 마지막 승객 5명이 탑승하더니 통로로 걸어 들어왔다. 이들은 한눈에 띄었다. 근육질 몸매에 구릿빛 피부를 자랑하고 있었다. 게다가 몸에 붙는 옷을 입고 있어 연애소설에 나오는 인물들 같았다. 짧은 금발을 세운 젊은이와 그보다 조금 나이가 들어 보이는 남자가 있었다. 귀걸이를 한 흑인 친구와 갈색 머리를 높게 묶은 여성도 있었다. 검은 머리의 남자는 록 가수 지망생처럼 보였다. 나는 이 마지막 승객들을 살펴보고 왜 이들이 비행기를 탔는지 떠올려보려고 애썼다.

이륙 30분 후 음료 카트가 지나가고 남자들이 맥주 한 잔씩을 주문하자 나보다 몇 줄 뒤에 있던 수염 난 남자가 "아, 당신들이 바로 스트리퍼군."이라고 외쳤다. 주변 승객들은 모두 낄낄대며 수수께끼를 풀었다는 기쁨에 고개를 끄덕였다.

유래는 명확하지 않으나 오하이오주 신시내티의 한 스트립클럽에서 뽑힌 최고 스트리퍼 몇몇은 매년 3월 알래스카 순회공연을 한다. 비행기에 마지막에 오른 5명은 코디액의 작은 번화가에 다닥다닥 붙어 있는 3개 술집 중 메카라는 바에 공연하러 가는 길이었다. 코디액에는 여흥이라고 할 만한 게 없었다. 그래서 남녀 모두 저녁 늦게 스트리퍼들의 공연을 감상하기 위해 메카에 모이는 게 연례행사였다. 비행기에 탄 승객 대부분도 이 연례행사를 기다리고 있었다.

코디액에 내려 보니 현지인들이 스트리퍼를 반기는 이유를 더욱 분명히 알 수 있었다. 이 섬은 알래스카 남쪽에 위치하며 면적 9,300km²에 주민 약 1만 4,000명이 살고 있었다. 코디액은 알래스카의 아름다움을 고스란히 느낄 수 있는 곳이지만 매우 동떨어져 있다. 코디액섬에는 사냥이나 낚시, 탐험 외에는 외에는 거의 즐길 만한 게 없다. 그러니 스트리퍼들이 얼마나 반갑겠는가.

이런 코디액은 로켓발사장을 두기에 적당한 곳이다. 미국 정부는 1998년에 태평양우주기지를 설치했다. 이 기지는 코디액섬의 동남쪽 끝에 위치하여 인명을 위험에 빠뜨릴 일 없이 로켓을 태평양 상공에 발사할 수 있다.

태평양우주기지에서 로켓 발사가 자주 있지는 않았다. 아스트라가 이곳에 나타나기 전까지 20년 동안 약 20개의 로켓이 발사되었는데 대부분 군사 훈련용이었다. 코디액에서 발사된 미사일이 수천 킬로미터 떨어진 콰절레인 환초에서 발사된 다른 미사일에 요격당하는지 확인하는 훈련이었다. 2014년에는 미군이 실험용 무기를 발사하던 중 로켓이 예상치 못한 방향으로 우회하여 궤도를 이탈하는 사고가 발생했다. 안전담당자가 버튼을 눌러 발사 후 4초 만에 로켓을 폭발시켰는데 이로 인해 기지 대부분이 파괴되었다. 이후 코디액에서 한동안 로켓 발사를 하지 않았다. 그러다 2017년에 미군이 비밀 작전을 수행하면서 태평양우주기지를 다시 사용하기 시작했다.

코디액 주민들은 태평양우주기지에 많은 기대를 했다. 로켓과 그로 인해 함께 오는 사람들이 지역 경제를 활성화하기 바랐다. 더 나아가 정부뿐만 아니라 민간 기업에서도 로켓을 발사한다면 더욱더 환영할 일이었다.

2018년이 되자 태평양우주기지에 드디어 그 순간이 온 듯했다. 많은 로켓 스타트업이 주요 발사 장소로 이곳을 주목했기 때문이다. 캘리포니아와 플로리다의 주요 발사 기지는 군과 나사, 스페이스X가 장악했다. 이들은 검증되지 않은 신생 기업의 로켓보다 우선권을 가지고 있었다. 로켓 발사를 위한 코디액의 기반 시설은 훌륭했다. 게다가 이곳 기지를 운영하는 사람들은 아스트라와 같은 회사가 로켓을 발사하는 것을 환영했고 이들의 실수와 지연을 최대한 받아들일 준비가 되어 있었다. 내가 코디액을 방문하는 동안에도 최소 로켓 회사 3곳이 기지를 답사하면서 현지 주민의 환심을 사려고 노력했다.

아스트라는 2018년 초부터 코디액으로 소규모 인원을 보내 발사 준비를 시작했다. 이들은 태평양우주기지의 담당자를 만나고 아스트라 직원들이 거주할 곳을 찾는 등 기본적인 일을 해야 했으며 무엇보다 로켓과 관제 센터를 비롯해 여러 장비가 실린 선적 컨테이너를 인수해 발사장으로 옮기는 일을 준비해야 했다.

태평양우주기지 관계자들은 아스트라에 가능한 한 로켓을 늦게 보내달라고 공식적으로 요청했다. 기지 관계자들은 비밀로 분류된 기지 등급을 1급 비밀로 격상하는 과정을 밟고 있으니 아스트라 직원들에게 방해받고 싶지 않다고 했다. 그러나 애덤 런던은 일을 강행하기 위해 로켓을 코디액으로 보내기로 했는데 결국 옳은 결정이었다. 태평양우주기지 관계자들 역시 여느 공무원과 마찬가지로 업무 처리 속도가 느렸다. 심지어 아스트라가 사용할 시설에 콘크리트 타설조차 하지 않고 있어 결국 태평양우주기지는 '1급 비밀' 격상을 빌미로 시간을 벌려 했다는 인상을 피할 수 없었다. 실제로 아스트라 직원들이 기지에 나타나자 공무원들의 손이 갑자기 빨라지기 시작했다.

코디액 중심지에서 태평양우주기지까지는 차로 90분 정도 걸린다. 2018년 3월에는 눈보라를 뚫고 진흙탕 길을 달려야 했으며 가끔 길을 막는 소들 때문에 멈춰서야 했다. 주변 경치라고는 산맥에 둘러싸인 넓은 초원과 해안을 따라 부서지는 알래스카만의 회색 파도가 전부였다. 마침내 기지의 출입문이 나타나 안으로 들어가면 로켓을 궤도에 올리기 위한 목적으로 조성된 15km²의 대지와 시설을 만날 수 있다.

단지에는 중앙 도로를 통해 연결된 7개의 주요 건물이 있었다. 북쪽 끝에는 관제 센터 시설이 있었고 남쪽으로 몇 킬로미터 떨어진 곳에는 주 발사대와 비밀리에 로켓이나 위성을 조립할 수 있는 대형 건물 2개가 있었다.

아스트라는 신생 기업의 패기로 태평양우주기지에 바로 입성해 가장 큰 유개 구조물에 로켓을 배치했다. 아스트라는 또한 태평양우주기지가 소유한 대규모 관제 센터에서 수백 미터 떨어진 곳에 이동식 관제 센터를 설치했다. 두 관제 센터의 차이는 흥미로웠다. 태평양우주기지 관계자들은 관료적 냄새를 풍기는 깔끔한 사각형 사무실에서 일했다. 이와 달리 아스트라 직원들은 개조된 검은색 컨테이너에서 일했다. 컨테이너 바닥에는 인조 목재가 깔려 있었다. 컨테이너 가장자리에는 합판으로 만든 이케아 스타일의 책상들이 놓여 있는데, 각각 모니터 2대가 달린 사무용 책상 9개가 마련되어 있었다. 벽면의 높은 곳에는 대형 스크린 8개가 있어 다양한 각도에서 로켓을 촬영한 영상이나 로켓의 상태, 날씨 등에 관한 정보를 보여준다. 벽면의 나머지 공간은 화이트보드로 채워져 있었다. 컨테이너 출입문 근처에는 쿠키나 남은 인터넷 케이블, 눈삽 등을 보관하는 공간이 있었다.

철제 계단을 따라 관제 센터 위에 놓인 다른 컨테이너로 올라가면 휴게실 겸 발사 관람실이 있다. 흰색 가죽 소파 2개와 달걀 모양의 흰색 가죽 의자 몇 개, 흰색 탁자와 흰색 냉장고, 흰색 캐비닛과 화이트보드로 된 벽이 있었다. 마치 스티브 잡스가 알래스카의 황량한 벌판을 보고 나서 안전함을 느끼기 위해 만든 하얀 방 같았다.

아스트라 직원들은 휴식 공간에 오래 머물지 않았다. 커피나 간식을 먹기 위해 들러 유리 창문으로 아름다운 주변 경치를 바라보며 숨을 돌리는 게 전부였다. 대부분은 자신의 몸과 전자 기기에서 나오는 열로 후텁지근한 관제 센터 책상에 붙어 앉아 보냈다.

관제 센터에 있지 않은 직원들은 대형 창고 시설에서 로켓을 정비했다. 창고는 크레인이 달린 15m 높이의 천장이 있는 넓은 차고와 비슷했다. 로켓은 건물의 한쪽 구석에 놓인 발사대 위에 수평으로 뉘어져 있었다. 엔지니어들은 진단이나 전원 공급을 위해 로켓에 여러 개의 케이블을 달고 로켓과 외부 연료 공급 장치를 관으로 연결했다. 창고는 여기저기서 새어 들어오는 냉기를 막지 못해 추웠다. 재킷을 입은 직원들은 하얀 입김을 내뿜으며 일했다.

직원들은 기지에서 몇 킬로미터 떨어진 곳에 산장을 세내어 숙소로 사용했다. 기지가 건설된 후 사업 수완이 있는 한 주민이 한번 들어오면 몇 주씩 머물러야 하는 사람들을 위해 객실 60개를 갖춘 조립식주택을 배로 운반해왔다. 하지만 수십 년 동안 기지에서 발사가 활발히 이루어지지 않아 엄청난 손해를 본 셈이었다.

코디액내로우케이프로지라는 이름의 이 산장에는 나름 매력이 있었다. 산장은 널찍한 2층짜리 건물로 바닷가에 자리 잡았다. 2층의 큰 거실 공간에는 한쪽은 바다에, 다른 한쪽은 농장과 산에 면한 큰 창문이 있었다. 창가에 서면 가끔 멀리서 고래가 헤엄치며 숨을 내뿜는 모습이 보였다. 거실에는 가족 단위로 쓸 수 있는 큰 나무 탁자 몇 개와 탁구대, 당구대가 배치되어 있었다. 거실 TV 앞에는 소파도 몇 개 있었다. 벽에는 동물의 머리뼈 장식과 이 산장에 머물렀던 사람들의 사진이 무질서하게 걸려 있었다.

이에 반해 객실은 별 볼 일 없었다. 작고 간소해서 저렴한 호텔이나 기숙사를 떠올리게 했다. 식당도 전원적이라기보다 구내식당이라는 느낌이 강했다. 큰 식탁이 몇 개 있었고 식사는 뷔페식으로 하루 세 번 나왔다.

아스트라의 목표는 로켓을 초고속으로 제작해 최소한의 인원으로 발사한다는 것이었다. 아스트라는 뉴스페이스의 일원으로서 테스트에 테스트를 거듭하는 올드스페이스의 방식을 거부했다. 하지만 알래스카에서 모험을 할수록 이 같은 믿음에는 대가가 따랐다.

알래스카로 로켓을 빨리 보내려니 엔지니어들은 실제로 로켓을 제대로 완성할 시간이 부족했다. 이는 안 좋은 상황이었다. 사실 있어서는 안 될 일이었다. 직원들이 큰 고통과 끔찍한 결과가 따를 것이라고 경고했지만 캠프는 일정대로 밀고 나갔다.

아스트라는 로켓을 포장하여 코디액으로 보냈다. 로켓은 불완전한 상태였다. 내부 부품들은 테스트를 완료하지 못했고 소프트웨어는 마무리가 덜 되었다. 코디액에서 몇 안 되는 직원이 로켓을 받아 몇 주 동안 마무리 작업을 했다. 이들은 격납고에서 로켓의 내부를 점검하고 부족한 부분을 완성하는 데 오랜 시간을 보냈다. 아스트라 직원들은 부품을 빨리 받기 위해 코디액 부두 선적 관리자들에게 포도주를 선물하기도 했다. 직원들은 또한 근무시간과 관련해서 성가신 안전 및 보건 요건을 피하려고 태평양우주기지 관련자들을 속이는 방법을 알아냈다.

아스트라는 3월 내내 사람들을 알래스카로 보내 발생하는 문제를 해결했다. 3월 중순에는 약 20명 정도가 알래스카에 있었다. 애덤 런던과 크리스 톰슨 외에 무뚝뚝한 벤 브로커트와 로켓을 숭배하는 마이크 저드슨도 합류했다. 또한 스페이스X 출신 숙련자 로저 칼슨Roger Carlson과 로켓용 소프트웨어를 만든 제시 케이트 싱글러도 와 있었다.

토론토에서 자란 제시 케이트는 퀸스대학에서 천체물리학을 공부하고 워든의 권유로 해군대학원에서 컴퓨터공학 석사 학위를 취득했다. 제시 케이트는 에임스연구소에서 크리스 켐프가 오픈스택 클라우드 컴퓨팅 프로젝트를 시작하는 데 도움을 주었으며 매년 대규모 우주 축제를 주최하는 데 일조하기도 했다. 아스트라에 합류하기 직전에 제시 케이트는 베이에어리어와 해외에서 공유 주택 네트워크를 구축하는 데 힘써왔다. 그동안 남편 로비는 윌 마셜과 플래닛랩스를 설립했다.

켐프는 코딩 기술을 로켓에 적용하고자 제시 케이트를 영입했다. 처음에 제시 케이트는 로켓에서 데이터를 추출해 전반적인 상태와 성능을 확인하기 위한 시스템을 개발하는 데 집중했다. 몇 달 동안 이 일을 수행한 후에는 항공전자공학 팀으로 옮겨 로켓 유도장치 개발을 도왔다. 알래스카에서 제시 케이트는 중요한 소프트웨어를 상황에 맞추어 즉시 코딩해야 했으므로 엄청난 스트레스에 시달렸다.

　로켓을 우주로 쏘아 올리기 위한 전력 질주로 시작된 프로젝트는 이제 황량한 벌판에서 진행하는 무제한 과학 프로젝트로 변모했다. 3월 26일 월요일이 되어서야 비로소 아스트라는 발사 계획을 확정했다. 아스트라 직원들은 주 초반까지 테스트를 진행한 후 앨러미다에 있는 팀이 소프트웨어와 보조를 맞출 수 있게 수요일에 쉰 다음, 목요일에 추가로 테스트를 진행하고 금요일은 만약에 대비해 하루 남겨두기로 했다. 토요일에는 발사 전 총연습을 진행하고 일요일에는 모든 것을 한 번 더 점검한 후 4월 2일 월요일에 발사하기로 했다.

　많은 사람이 형편없는 로켓을 보고 당황했다. 태평양우주기지 사람들은 2014년에 발생한 폭발 사고로 받은 충격이 아직 가시지 않아 같은 일이 반복되지 않기를 바랐다. 기지 관계자들은 아스트라가 하는 일을 아마추어 작업 정도로 여겼다. 기지 관계자들은 아스트라 엔지니어들이 로켓을 수리하는 모습을 어깨너머로 보면서 불필요한 질문을 던져 성가시게 했다. 태평양우주기지 사람들은 뉴스페이스라는 새로운 움직임에 편승해 금전적 혜택을 누리길 원하면서도 기존의 사고방식을 포기하려 들지 않았다. 브로커트는 말한다. "기지 관계자들은 우리 보고 자신들이 50년간 해왔던 방식을 지키라고 요구합니다. 진작부터 저를 바보 취급하더군요." 발사를 일주일 앞두고 브로커트는 공개적으로 반감을 드러내며 트위터에 다음과 같은 글을 올렸다. "소규모 민간 로켓 회사가 미국 내 기존 발사장에서 로켓을 발사하는 것은 실수라고 확신한다." 이런 브로커트의 행동을 태평양우주기지나 국방북 관계자들은 괘씸하게 생각했다.

　시간이 지연됨에 따라 아스트라의 발사 비용은 점점 캠프가 놀랄 정도로 증가했다. 태평양우주기지의 요청으로 초청한 관제 및 안전 전문가의 체재비와 인건비로 하루에 수만 달러씩 소요되었다. 산장 주인은 정부 계약업체에 높은 요금을 청구하는 데 익숙해져 있었다. 한번 들어오면 100여 명의 대규모 인원이 몰려와 몇 주 동안 머물고는 했다. 산장 주인은 그 차액을 메우기 위해 인원이 적은 아스트라에 더 높은 요금을 청구했다. 누군가는 하룻밤에 1인당 270달러라고 말했다. 액체산소와 헬륨을 기지로 반입하는 비용으로 태평양우주기지가 5만 달러를 청구하자 칼슨은 텍사스에 있는 오랜 지인의 공급업체에 부탁해 더 저렴한 비용으로 운송시켰다. 또한 특수 기술자가 오가거나 특수 도구를 운반하기 위해 코디액을 왕복하는 항공편을 이용해야 했다.

첫 번째 발사를 시도하기도 전에 일부 아스트라 직원은 벌써 지쳐 있었다. 이들은 알래스카에 온 지 6주가 넘었다. 주중 휴일에는 몇몇이 시내로 나가 메카나 인근의 바에서 술을 마시기도 했다. 브로커트를 비롯한 몇 명은 산탄총을 구해서 해변에서 스키트 사격을 즐겼다. (브로커트가 가장 잘 쐈다.) 오픈스택 시절부터 캠프와 함께했던 천재 아이작 켈리는 마사지를 받았고 칼슨은 차가운 바다에서 수영을 한 다음 드론을 날렸다.

다른 직원들은 휴일에도 숙소에 머물며 재충전의 시간을 가졌다. 여느 날과 마찬가지로 온통 항공우주에 관한 이야기뿐이었다. 이는 발사를 앞두고 있어서가 아니라 원래 항공우주를 좋아했기 때문이다. 시간이 너무 많이 걸린다거나 로켓이 다루기 힘들다고 불평하면서도 저녁 식사 때 화성 식민지화 방법을 논하거나 블루오리진이나 스페이스X에서 겪은 이야기를 주고받으며 맥주를 마셨다. 이런 대화를 하면서도 진정으로 우주를 사랑하는 직원들조차 아스트라의 로켓이 경제적이지 않다는 회의가 들었다. 회사가 로켓을 제작하고 발사하는 데 30만 달러 이하의 비용이 들어야만 상당한 이익을 낼 수 있다고 생각했지만 쉽지 않으리라 예상했다. 그런데도 모두 계속 전진하기로 뜻을 모았다.

계속 날짜가 지나 결국 4월 2일이 되어도 아스트라는 로켓을 발사할 수 없었다. 모든 직원이 지난 일주일 내내 발사 준비를 했다. 매일 아침 직원 10여 명은 관제 센터로, 6여 명은 로켓 격납고로 출근했고 나머지 직원은 숙소에 머물렀다. 이들은 어떻게든 모든 일이 순조롭게 진행되리라는 희망을 안고 하루를 시작하고 로켓이 곧 발사될 것처럼 업무에 임했다. 하지만 매일 같은 일만 되풀이했다. 엔진 테스트하고 배관 테스트하고 통신 테스트하고 새로운 문제가 발생하면 이를 해결하는 과정이 반복되었다.

키가 크고 머리가 벗겨진 칼슨은 큰 파도 앞에서도 동요하지 않는 서퍼처럼 차분했다. 칼슨은 제임스웹우주망원경과 스페이스X의 드래건 캡슐처럼 대형 우주 프로젝트에 참여한 경험이 있었다. 그는 경험 많고 믿음직한 조력자 역할을 맡아 일상 업무를 운영했다. 모든 문제는 칼슨에게 보고하고 처리했다. 칼슨은 절대로 평정심을 잃지 않았다. 직원들이 그날 생긴 문제를 보고하면 고개를 끄덕이며 설명을 듣고 깊게 숨을 들이마셨다가 어깨를 편안하게 내려놓는 모습을 보였다. 칼슨은 엔지니어들의 분노를 몸으로 흡수한 다음 문제 해결 방법을 내뱉는 듯 보였다.

상황이 정말 안 좋으면 런던에게까지 보고했다. 런던은 보고를 듣고 나서 불편할 정도로 오랫동안 침묵을 유지한 다음 해결책을 제시했다. 거의 모든 직원이 런던을 존경했다. 긴 침묵의 시간 동안 나는 런던이 물아일체의 경지에 이르러 마음속으로 로켓의 구석구석을 점검하고 있지 않을까 상상했다.

벤 브로커트 역시 관제 센터와 발사대에서 작업하는 사람들에게 존경을 받았다. 브로커트는 여러 로켓 스타트업을 거치며 뉴스페이스 모델에 대한 경험을 쌓아왔다. 브로커트는 가능한 한 자주 발사한 다음 문제를 해결해 가능한 한 빨리 다시 발사하는 뉴스페이스 모델에 익숙했다. 한 엔지니어는 이렇게 말했다. "벤을 위해서라면 무엇이든 할 수 있습니다. 만약 벤이 바지를 내리고 로켓에 올라타라고 해도 저는 시킨 대로 할 거예요. 벤이 하라고 하면 중요한 일일 테니까요."

아스트라 직원들을 옆에서 지켜보면서 로켓을 발사하기 전까지의 과정이 결코 흥분되고 신나는 일이 아님을 알 수 있었다. 그 준비 과정은 고역이었다. 게다가 외딴곳이라는 입지와 산장 생활의 특수성까지 더해져 더 견디기 힘들어 보였다.

산장인 숙소에는 전기가 들어오지 않아 대형 연료 탱크가 달린 발전기에 의지해야 했다. 따라서 발사대에서 힘든 하루를 보내고 산장으로 돌아온 사람들은 발전기가 내는 둔중한 소음에 시달려야 했다. 처음에는 축복처럼 느껴졌던 소프트아이스크림 기계도 점점 더 소리가 커져 식사 중 대화를 방해할 정도였다. 산장 근처의 멋진 풍경조차도 아스트라 직원들을 힘들게 했다. 저녁 산책하러 나갔다가 독수리들이 썩어가는 고래 사체를 쪼아 먹는 광경을 목격하기도 했다. 고래의 크기에 놀라기도 했지만 악취를 풍기는 앙상한 사체와 점액질이 흘러나오는 척추뼈를 보며 문득 자신이 처한 현실을 자각하기도 했다. 대부분 빈방인 산장과 불안해 보이는 산장 주인은 영화 '샤이닝'에나 나올 법한 분위기였다.

4월 3일에 아스트라 직원들은 발사장에 있는 흰색 라운지에서 전체 회의를 했다. 밖은 여전히 추운데 작은 공간에 사람들이 모이자 실내온도가 급격히 올라갔다. 칼슨은 엔진 점화장치를 수리했다. 태평양우주기지에서는 로켓과 통신하고 로켓을 추적하는 통신 시스템과 관련한 문제를 해결했다고 팀에 알려왔다. 그런데 이제는 비행 중 추력의 방향을 조절하는 짐벌gimbal 중 하나가 오작동했다. 엔진에는 총 5개의 짐벌이 달렸는데 문제가 발생한 짐벌은 움직임이 느려 잘못하면 로켓이 궤도에서 이탈할 수 있었다. 아무도 로켓을 분해하고 수리하면서 일정을 지연시키고 싶지 않았으므로 아스트라는 결국 수천 번의 소프트웨어 시뮬레이션을 통해 문제 있는 짐벌을 단 채 로켓을 발사하면 어떤 일이 발생할지 예측하는 것으로 끝냈다.

아스트라 직원 대부분은 이렇게 문제가 있는 로켓이 제대로 작동해 지구 저궤도에 접근하리라 기대하지 않았다. 그러나 켐프는 저궤도 근처라도 가지 않을까 기대했다. 지난 몇 주 동안 발생한 여러 문제로 인해 직원들의 기대치는 낮아질 대로 낮아졌다. 회의 중에 사람들은 35초만 날아도 성공한 것이라고 공공연하게 이야기했다. 35초만 날아도 다음 발사를 위해 충분히 데이터를 확보할 수 있고 거의 미쳐버릴 것 같던 그동안의 작업에 보람을 느낄 수 있으리라 생각했다. 게다가 35초가 지나면 로켓이 육지를 통과해서 해상에서 비행하니 누구도 지상으로 추락하는 것을 볼 수 없으며 잔해를 수거할 필요도 없었다. 한 엔지니어는 이번 발사로 어쨌든 날려 보내는 단계에 이르렀다고 말했다.

회의 도중 크리스 톰슨은 평상시 격납고에서 일하는 엔지니어들을 질책했다. 로켓을 발사대에 수직으로 세운 상태에서 테스트할 때 무전을 보내도 이들이 몇 차례나 응답하지 않았기 때문이다. 톰슨은 이렇게 말했다. "우리가 로켓을 발사대 위에 올려놓았을 때는 누군가 통신 선상에 있어야 합니다. 어떤 평계도 결코 허용되지 않습니다. 무선을 받아야 합니다. 누군가 찾는 소리가 들리면 대답하세요. 어려운 일이 아닙니다. 이상입니다." 유도 및 항법 장치를 맡아온 이안 가르시아는 짐벌 오작동으로 시뮬레이션하고 계산하는 데 시간이 오래 걸렸다고 불평했다. 그러자 벤 브로커트는 "그런 일을 하게 만들어서 미안합니다."라고 비꼬았다.

저녁에 다시 숙소로 돌아온 아스트라 직원들은 나무 탁자를 붙여 또다시 모였다. 탁자에는 맥주뿐만 아니라 제임슨위스키와 불렛번도 몇 병 있었다. 로켓 과학자들이 모임을 시작하려는 순간 와인 코르크가 부러지는 바람에 런던이 병 따는 데 10분이나 걸렸다. 칼슨은 다음 날 모두가 실제 로켓 발사 상황과 동일하게 총연습을 할 것이라고 설명했다. 헬리콥터가 바다를 훑고 다니며 선박을 확인하는 상황이나 보안을 강화하기 위해 태평양우주기지 입구에 보안 요원을 배치하는 상황을 연출할 것이라고 했다. 아스트라 직원들은 아침 일찍 기지로 나와 모의 발사 훈련을 시작해야 한다고 칼슨은 말했다.

모의 발사 훈련 중 관제 센터에 있는 직원들은 주기적으로 모자 안에 손을 넣어 헬륨 누설이나 전압 측정장치 오작동 등의 문제가 적힌 종이를 뽑아 직원들에게 해결하도록 요구해야 한다고 칼슨은 설명했다. 이 모든 과정은 관제 센터에서 연방항공청 감독관이 지켜보는 가운데 진행한다고 했다.

칼슨은 이렇게 설명했다. "이건 농담이 아닙니다. 이제부터는 연방항공청 감독관이 항상 관제 센터에 상주할 테니 가능한 한 진지하게 임해야 합니다. 훈련 중에 발사대를 떠난 로켓이 3초 후 폭발하는 상황을 가정할 겁니다. 어떻게 해야 할까요? 모두 대피해야 한다는 정답이 아닙니다. 무조건 데이터를 확보해야 합니다."

관제 센터에서 통신을 담당할 벤 브로커트가 다음 차례로 나섰다. "위험 요소가 있으면 알려주세요. 누구든 언제든지 무엇이든 알릴 수 있습니다. 연방항공청 감독관이나 태평양우주기지 관련자들과 가끔 의견 차이가 있더라도 대부분 제가 원하는 방식대로 진행할 겁니다. 우리 로 켓이니까요. 카운트다운이 끝날 때까지 '발사 중지!'라고 외칠 마지막 기 회가 있습니다. 가능하면 영어로 외치는 게 좋습니다."

총연습 당일 밀턴 키터Milton Keeter는 짧게 연설하며 관제 센터에 있 는 모든 사람에게 다시 한번 경각심을 불러일으켰다. 키터는 백발이 성 성한 신사로, 10년 동안 안전에 중점을 두고 로켓업계에서 활동했다. 지 난 1년간 키터는 아스트라와 연방항공청과 태평양우주기지를 오가며 발사 허가를 받고자 많은 양의 서류를 작성해 제출했다. 키터는 대체로 친절하고 소탈한 성격이었지만 아스트라 직원들이 무성의하게 굴거나 관료들이 융통성 없이 굴면 단호한 태도를 보였다. "우리는 일할 때 과하 다 싶을 정도로 신중해야 합니다. 지루하고 힘든 일이라는 것을 잘 알고 있습니다만 그만큼 중요합니다. 연방항공청에 조그마한 트집이라도 잡 히면 발사 허가가 취소될 수 있고 그렇게 되면 우리는 발사할 수 없게 됩 니다."

총연습이 시작되자 키터는 '던전 앤 드래곤' 게임의 던전 마스터처 럼 보였다. 키터의 손이 모자 속으로 들어가자 재앙 시나리오, 즉 괴물이 사람들 앞에 나타났다. 사소한 문제는 점점 궁극의 재앙으로 발전했다. 비행 컴퓨터나 통신에 문제가 생겨 아무도 로켓의 위치를 모르는 상태가 되었다. 비행 종료 시스템으로 로켓을 무력화하려 했지만 작동하지 않 는다. 위치를 모르니 완전히 망한 상태다. 몇 초 후 폭발음이 들린다. 로 켓이 폭발한 것이다. 발사는 실패했다. 칼슨과 키터는 태평양우주기지로 가서 질책을 당해야 할 것이다. 나머지는 그대로 있어야 한다. 기지는 관 제탑을 폐쇄하고 인터넷 접속을 차단하여 외부와 통신을 막는다. 곧 누군가 와서 증인들의 진술서를 받기 시작할 것이다. 인명 사고라도 발생하면 한동안 아무도 외부로 나갈 수 없다.

모든 연습을 마치고 마지막으로 매우 심각한 시나리오까지 처리하는 데 약 6시간이 걸렸다. 이후 아스트라는 다음 날 로켓을 발사할 수 있게 다시 준비 작업을 시작해서 몇 시간에 걸쳐 시스템을 점검했다. 몇 가지 문제를 발견했지만 로켓 발사를 멈출 정도는 아니었다. 아스트라는 로켓을 발사하기로 했다.

그날 저녁 숙소에서 칼슨과 톰슨 등은 크리스 켐프와 화상회의를 했다. 켐프는 중동 일대를 돌아다니며 추가 자금을 모금하고 있었다. 켐프는 로켓 발사 소식을 기다리다 지쳤다고 했고 아스트라의 발사 기회가 곧 사라질 수 있다고 강조했다. 태평양우주기지에서 일하는 몇몇은 발사장을 옮겨 다니는 계약직 직원이라 며칠 후 로켓랩의 발사에 참여하기 위해 뉴질랜드로 떠나야 한다고 했다. 그들이 떠나면 아스트라는 몇 주 후에나 다시 발사를 시도할 수 있다. 이는 발사 지연으로 인한 비용 증가뿐만 아니라 아스트라의 입지에도 큰 타격을 입힐 수 있었다. 경쟁사인 로켓랩이 발사에 성공하면 아스트라는 망신을 당할 게 뻔했기 때문이다. 피터 벡은 이런 상황을 염두에 두고 로켓랩의 발사에 '일할 시간이다'라는 이름을 붙였다.

칼슨이 말했다. "오늘은 처음으로 모든 게 우리가 의도한 대로 진행되었습니다. 만약 오늘 실제로 발사했다면 로켓은 문제없이 날아갔을 겁니다. 몇 가지를 바꾸면 도움이 될 수도 있겠지만 불안한 부분도 있습니다."

톰슨은 "로켓에서 불안하지 않은 것은 원래 하나도 없습니다."라고 대꾸했다.

칼슨은 말했다. "태평양우주기지는 이미 몇 명의 직원을 로켓랩으로 보냈습니다. 그들은 준비가 제대로 되면 이번 주까지만 시간을 준다면서 이렇게 말하더군요. '보세요. 여러분은 언제까지 준비만 할 건가요? 이제 심폐 소생술을 멈출 때가 되었습니다.'라고 말했습니다. 그들의 마지막 통보였지만 우리는 지난 며칠 사이에 이미 그 지점을 넘어섰다고 생각합니다."

톰슨은 말했다. "완벽하냐고요? 아닙니다. 날아갈 수 있을까요? 네. 일련의 기적이 일어나야겠지만 전반적으로 상태는 좋습니다. 여기 있는 모두의 노력을 인정해야 한다고 생각합니다."

키터가 이렇게 덧붙였다. "모두 겨우겨우 버티고 있습니다. 이 상태로 계속하는 건 무리입니다. 연방항공청 등이 우리를 주목하고 있습니다. 특히 연방항공청은 벤을 우려하고 있습니다. 벤이 직원들에게 욕하는 등 적임자가 아니라고 생각합니다."

켐프는 다음과 같이 말했다.

그러니 결국 이번 주 토요일이 현실적으로 마지막 기회라는 거죠. 금요일에는 투자자 면담이 많습니다. 투자사 4, 5곳에서 관심을 보이며 발사를 기다리고 있습니다. 금요일에 로켓을 발사하면 제일 좋을 것 같습니다. 그런 다음에 "죄송합니다만 우리가 조금 일찍 발사했습니다."라고 말하면 아주 흥미로운 일이 벌어질 겁니다. 로켓랩보다 먼저 이번 발사를 성공시키면 우리의 입지가 크게 강화될 겁니다.▼

결과에 따라 다양한 계획을 준비해놓았습니다. 문제가 발생하면 위기 대응 계획을 실행할 예정입니다. 인명 사고에 대해 우려와 애도를 표하고 당국과 적극적으로 협력할 겁니다. 아무도 희생되지 않을 겁니다. 우리는 한 팀으로서 책임을 다하겠습니다.

코디액에서 작업은 힘들고 비용도 많이 듭니다. 여러분이 다른 발사장을 알아보면 좋겠습니다. 코디액에서 배울 수 있는 모든 것을 배우고 3~4개월 후에 다시 발사할 때는 훨씬 더 나은 상태로 준비하도록 합시다. 행운을 빕니다. 이제 로켓을 띄워봅시다.

4월 5일 목요일이 되자 아스트라의 엔지니어들은 다시 한번 로켓을 발사하기 위한 준비를 시작하고 제반 시스템을 점검했다. 밤사이에 바뀐 일기예보에 따르면 토요일에 비와 강풍이 예상되어 발사일을 금요일로 변경했다.

몇 주 동안 알래스카에서 동일한 패턴으로 작업해왔다. 아침 회의를 마치고 나설 때면 직원들은 낙관적 기대감으로 가득 찼다. 전날 발생한 문제를 해결하기 위해 계획을 세우고 작업을 마치면 로켓을 발사할 수 있으리라 확신했다. 하지만 일을 시작한 지 얼마 지나지 않아 또 다른 문제가 발생하고 하루 일정은 순식간에 엉망이 되어버린다. 칼슨이 말했다. "이건 꼭 전에 스페이스X에 있을 때 콰절레인에서 벌어진 상황과 비슷합니다. 두 걸음 전진하고는 열 걸음 후퇴했죠."

이런 일련의 과정은 매일 기술과 물리학에 조롱당하는 의례적인 일이 되어버렸다. 로켓의 주요 문제는 한 가지씩 생겼으나 이를 모두 합치니 문제가 연발하는 촌극이 빚어졌다. 엔지니어들이 한 문제를 해결할

▶ 아스트라 설립 초기에 켐프는 잠재적인 투자자 그룹을 알래스카로 데려가 화이트 라운지에 모아놓고 발사 카운트다운이 시작되면 경매를 시작하는 방안을 생각했다. 로켓 발사 전의 흥분과 긴장감으로 열광적인 분위기를 조성해 입찰가가 치솟기를 바랐다. 하지만 결과적으로 발사가 지연되었으므로 추진하지 않은 게 다행이다.

때마다 다른 문제가 생기는 듯했다.

아스트라 직원들은 헌신적이고 끈질긴 태도로 문제 해결에 전념했다. 직원들은 여전히 목적과 신념을 가지고 아침에 일어나 최선을 다해 열심히 일했다. 그 결과 모두들 로켓을 구석구석까지 속속들이 알게 되었다. 마치 수년 동안 다뤄온 예술 작품처럼 기억만으로 다시 만들 수 있는 지경에 이르렀다. 계속되는 문제에도 불구하고 직원들은 똘똘 뭉쳐 굴하지 않는 모습으로 로켓 발사를 추진했다.

▶◀◀

발사일이 점점 다가오자 아스트라의 엔지니어와 기술진은 모든 것을 신에 맡기고 어떤 희생도 치를 준비를 했다. 상황은 거의 질식할 것만 같았다. 크리스 켐프의 야망과 진정한 로켓맨이 되겠다는 애덤 런던의 열망 위로 로켓 발사에 대한 부담감과 점점 조여오는 시간의 압력이 쌓여갔다. 하지만 로켓은 전혀 협조하려 들지 않았다. 어떤 설득도 통하지 않았다. 도저히 날짜를 맞출 수 없었다. 아스트라 직원들은 태평양우주기지 직원들이 짐을 챙겨 피터 벡을 만나러 뉴질랜드를 향해 떠나는 모습을 두 손 놓고 지켜보아야 했다.

아스트라 엔지니어 몇몇도 발사가 중단되자마자 공항으로 달려갔다. 알래스카에서 고집스러운 기계와 상대하는 일에 이미 진절머리가 난 상태였다. 결국 켐프는 직원들에게 가까운 시일 내에 다시 조직을 구성해 재시도할 예정이니 우선 집으로 돌아가 휴식을 취하라고 했다.

그 뒤로 몇 달 동안 아스트라는 더 일찍 해야 했을 일들을 했다. 소프트웨어 엔지니어들은 시간 나는 대로 업데이트 파일을 보내는 대신 매일 밤 여유를 가지고 코딩을 완성할 수 있었다. 일부 엔지니어는 알래스카로 가서 가장 문제가 되는 부품들을 제거하고 교체했다. 6월이 되자 로켓을 다시 날릴 새로운 기회가 열렸고 직원들이 임무를 완수하기 위해 알래스카로 날아갔다.

7월 20일에 아스트라는 드디어 자신들이 만든 로켓의 역량을 확인할 수 있었다. 지난 몇 주 동안 로켓은 계속 말썽을 일으켰지만 최근 테스트에서는 상당히 안정적인 모습을 보여주었다. 직원들은 이제 로켓에 꽤 자신이 있었다. 이들은 로켓이 정확히 무엇을 할지 알 수 없었지만 이번에는 뭔가 일을 내리라 확신했다.

발사장 주변에 안개가 자욱한 가운데 아스트라 팀은 관제 센터에서 장시간 동안 발사를 준비했다. 문제가 생기면 컴퓨터에 중단 명령이 나타나도록 프로그램이 되어 있지만 그런 일은 결코 일어나지 않았다. 한 번의 '진행' 버튼이 그다음 '진행'으로 연결되더니 갑자기 로켓이 모든 엔진에서 불을 내뿜기 시작했다. 움직이지 않을 것처럼 보였던 물체가 엄청난 속도로 움직이고 있었다.

어떤 사람들은 너무 충격을 받아 거의 아무런 감정을 느끼지 못했다. 로켓이 실제로 발사되었다는 사실이 믿기지 않았다. 다른 직원들은 마음과 몸에서 로켓에 격려를 보내는 듯 몰입했다. 그리고 그 영광스러운 30초 동안 이들의 바람이 이루어지는 것처럼 보였다. 로켓이 상승하여 날아오르기 시작했다.

환호성은 영상을 지켜보던 앨러미다 직원들 사이에서 먼저 터져 나왔다. 알래스카에서도 한숨 돌린 직원들이 환호하기 시작했다. 그리고는 갑자기 죽은 듯 조용해졌다. 로켓은 작은 문제가 발생했을 때처럼 흔들리거나 천천히 코스를 벗어나지 않았다. 로켓은 거꾸로 곤두박질쳐 발사대를 향해 돌진하기 시작했다. 최악의 상황이었다. 불과 몇 초 만에 로켓은 땅바닥에 부딪히며 폭발했고 잔해는 사방으로 흩어졌다. 아스트라는 자신의 발사대를 폭파한 것이다.

발사가 실패한 데는 여러 가지 이유가 있었다. 로켓이 날아간 거리가 너무 짧아 성능에 대해 유용한 데이터를 확보하기 어려웠다. 태평양 우주기지의 관계자들도 실망하기는 마찬가지였다. 아스트라가 민간 기업 최초로 자신들의 기지에서 로켓 발사에 성공해 이를 계기로 다른 기업들의 문의가 이어지기를 희망했다. 그러나 태평양우주기지는 다시 한번 로켓 폭발을 처리해야 했다. 한편, 몇 달 동안 코디액에 머물렀던 아스트라의 엔지니어들은 발사대로 내려가 일일이 로켓의 잔해를 수거해야 했다.

놀랍게도 아스트라는 발사와 폭발을 거의 비밀에 부칠 수 있었다. 코디액 주민들은 발사가 이루어진 사실을 알고 있었지만 짙은 안개로 잘 볼 수 없었다. 이를 보도한 현지 기자는 시험 결과가 "불분명하다." 했다. 우주 전문 매체의 한 기자는 이렇게 썼다. "첫 로켓이 발사되었으나 그 뒤에 무슨 일이 일어났는지 아무도 모른다."

하루가 지나자 정부 관계자들은 로켓의 존재를 처음으로 인정하고 무슨 일이 일어났는지 설명했다. 연방항공청은 '사고'가 발생했다고 성명을 발표했다. 코디액 발사장의 책임자는 기자들에게 아스트라가 "매우 만족스러워했다."라고 말하고 더는 입장 표명을 하지 않았다. 켐프 역시 아무 말도 하지 않았다.

23.

비싼 불꽃놀이

일이 잘 되었다면 아스

트라는 로켓1에서 많은 데이터를 확보하고 이를 기반으로 로켓을 수정

할 수 있었겠지만 그럴 수 없었다. 로켓1에는 너무 많은 문제가 있었으

므로 비행이 왜 그렇게 빨리 중단되었는지 아무도 정확히 몰랐다.

켐프는 투자자와 아스트라 공장을 방문한 모든 사람에게 발사에

성공했다고 말하고 다녔다. 켐프는 로켓이 궤도에 안착했다거나 아니면

그 비슷한 일을 했다고 주장하지는 않았지만 발사와 로켓 품질을 그럴듯

하게 포장해서 설명했다. 이는 켐프가 타고난 낙관주의자이기 때문이기

도 했지만 또 다른 이유가 있었다. 직원과 투자자들이 계속 아스트라의

대의를 믿게 해야 했다.

뉴질랜드에서는 로켓랩이 아스트라에 압력을 가하고 있었다. 로

켓랩의 일렉트론은 웅장해 보였고 두 번의 발사가 모두 성공해 궤도에

도달했다. 항공우주산업을 바라보는 사람들은 소형 로켓 제조업체가 3,

4곳은커녕 한 곳이라도 사업성이 있을지 의아해했다. 게다가 로켓랩은 완벽하게 설계된 로켓이라도 있었지만 아스트라는 태평양우주기지를 날려버릴 뻔한 로켓뿐이었다. 다행히도 2018년 중반에 로켓랩은 문제가 발생한 부품의 근본 원인을 찾기 위해 잠시 발사를 연기했다. 아스트라가 빨리 움직인다면 따라잡을 수 있을지도 모른다.

알래스카에서 돌아온 후 아스트라는 최대한 효율적으로 조직을 정비했다. 로켓1에 문제가 많았지만 전체를 분해해서 다시 만들 시간은 없었다. 엔지니어들은 배선을 간소화하고 문제를 일으키기 쉬운 배터리와 유도장치의 접근성을 대폭 개선했다. 엔지니어들은 또한 알래스카에 있는 동안 자주 문제를 일으켰던 점화장치를 대대적으로 점검했다. 소프트웨어 팀은 코드를 개선하고 로켓을 테스트할 여유가 있어서 다행이라고 생각했다.

로켓랩은 11월에 다시 발사를 시도하겠다고 발표했고 켐프는 경쟁사보다 먼저 발사대에 서기를 원했다. 아스트라는 9월에 직원들을 다시 알래스카로 보냈다. 이번에는 비용을 절약하기 위해 숙소 대신 임대주택에 머물렀다. 하지만 초반부터 기존에 생겼던 문제들이 다시 나타나기 시작했다. 직원들이 로켓2를 작동시키기 위해 노력하는 동안 시간은 9월을 넘어 10월이 되었다.

매일 아침 직원들은 태평양우주기지로 출근해 온종일 일했다. 발사 담당 부사장인 로저 칼슨과 안전·인허가·발사 책임자 밀턴 키터는 항상 함께 다니며 로켓과 폭발 그리고 항공우주산업에 관해 차에 앉아 많은 이야기를 나누었다.

2018년 알래스카에는 펑크록 전기 기사 빌 지스와 보너빌 소금 사막에서 자동차경주를 보며 성장한 청년 기술자 케빈 르페버스Kevin Le Fevers 등의 핵심 직원이 있었다. 이 외에도 네뷸러에서 클라우드 컴퓨팅을 담당했던 소프트웨어 및 기술 시스템 전문가 아이작 켈리Issac Kelly, 스페이스X에서 일하며 팰컨9의 상단부 제작에 참여했던 크리스 호프만Chris Hofmann, 엔진 시험대와 이동식 발사대를 비롯해 수많은 작업을 했던 엔지니어 매튜 플래너건Matthew Flanagan 등이 있었다.

이들은 로켓1에서 고역을 겪고 로켓2에서 특수성을 배웠다. 이들은 캘리포니아에서 출발한 컨테이너가 코디액에 도착한 순간부터 첫 번째 로켓이 실패하고 다시 모든 과정을 시작하는 순간까지 그 자리에 있었다. 이들의 생생한 경험은 아스트라가 하루하루 버텨가며 로켓을 발사하는 과정을 이해하는 가장 좋은 방법이다.

켈리 2월 중순에 우리는 처음으로 알래스카에 도착했어요. 컨테이너는 저와 빌, 매튜, 밀턴 이렇게 넷이서 받았습니다. 기지 관계자들이 우리를 이상한 사람으로 생각할까 봐 걱정했습니다. 다른 사람은 모르겠지만 밀턴은 분명히 그렇게 생각했습니다.

눈이 내렸고 기온은 -8℃였습니다. 실내 작업 공간을 아직 마련하지 못해 밖에서 작업했습니다. 1~2시간 작업한 후에는 차 한 잔을 마시며 손을 녹여야 했어요. 밖에서 일하는데 바로 전주에 시속 320km의 바람이 불어 컨테이너가 넘어갔다며 현지 사람들이 겁을 주었습니다. 우리는 지게차로 컨테이너를 트럭에 실었습니다. 육체적으로 매우 힘든 작업이었습니다.

빌은 담배를 피울 수 있는 술집이 있다는 걸 알고 깜짝 놀랐습니다. 처음에는 과자 가게 온 아이처럼 좋아했지만 이내 질려버렸죠.

지스 저와 밀턴, 아이작, 매튜 플래너건이 있었죠. 육체노동이 많았어요. 전선을 연결하고 전원을 공급하는 작업 같은 거죠. 밀턴이 지게차로 거대한 철제 계단을 옮겼습니다. 아이작이 볼트 구멍을 맞추려고 애를 썼고요. 사람들은 쇠지레를 이용해 뭔가를 열려고 애를 썼습니다. 캘리포니아에서 올 때 컨테이너에는 이미 이상한 검은 접착제 같은 게 붙어 있었어요. 그 양이 말도 안 되게 많았습니다. 틈이 보이는 데마다 접착제를 바르며 무사하길 바랐던 것 같아요.

기지의 한 직원은 계속해서 우리 보고 큰 물건도 용접해서 바닥에 붙여놓으라고 했어요. 무게가 2t이나 되는데 그럴 필요가 있냐며 제가 의아해했더니 바람이 시속 110km로 분다고 하더군요. 기지 직원은 컨테이너 중 하나가 길거리로 나가떨어질 거라고 했어요. 실제로 자신이 봤다고 합니다. 그래서 용접이 필요하다고 했어요.

아이작이 비디오게임을 가져와서 얼마나 다행인 줄 모릅니다. 우리는 다큐멘터리 '살아 있는 지구'도 전편 가지고 있었습니다. 예측하기 어려운 날씨와 짧은 낮 길이 때문에 우리는 해가 뜨면 출발해서 해가 지기 전에 돌아왔습니다. 감사하게도 밀턴이 그러자고 했어요. 모두 길을 잘 알지 못했거든요. 도로에서 동물 무리에 막혀 알래스카식 교통 체증을 겪기도 했습니다.

알래스카에서 독수리는 우리 나라의 비둘기만큼 흔합니다. 독수리들이 쓰레기통에서 먹다 남은 햄버거나 뒤적이고 있죠. 위엄이라고는 찾아볼 수 없습니다. 이곳에서 독수리는 쓰레기를 먹는 동물입니다.

르페버스 처음에 도착했을 때는 정말 아름다웠습니다. 사진과 셀카를 찍느라 정신없었죠. 전에도 알래스카에 와봤지만 코디액섬은 처음이었습니다. 일을 시작했는데 처음에는 재미있었습니다.

둘째 주가 되니 약간 지치더군요. 우리는 하루에 12~14시간, 때로는 그 이상도 일했습니다. 계속 밀어붙였습니다. 매일 산장과 발사장만 오갔어요. 두 달 동안 이런 생활을 하니 꽤 힘들었습니다. 도저히 안 될 것 같았던 때가 많앉죠.

켈리 코디액에서는 일 외에 할 게 아무것도 없었지만 그래도 괜찮았어요. 모든 준비를 마치고 나서도 한참이 지난 후에 실제 버튼을 눌러 로켓을 발사할 수 있었습니다.

로켓이 떠오를 때 20초 동안은 정말 만족스러웠어요. 그 순간이 지나고 몇 초 동안 관제 업무의 긴장이 풀리자마자 '맙소사, 여기로 돌아오고 있어.'라고 생각했습니다.

로켓은 시야에서 사라졌지만 계기판의 숫자로 볼 수 있었습니다. 로켓이 올라가자 벤 브로커트가 속도를 알려주는데 멈췄다가 다시 속도가 빨라지기 시작했습니다. 이는 곧 로켓이 내려오고 있다는 뜻이었죠. 이를 가장 먼저 알아차린 건 브로커트였습니다.

로켓이 땅에 부딪힐 때 관제 센터에서도 그 소리와 충격을 듣고 느낄 수 있었습니다. 불과 1.5km 정도 밖에 안 떨어져 있으니까요. 두 번의 폭발이 있었습니다. 음속의 벽을 넘는 속도로 땅에 충돌했습니다. 벤이 "우리는 지구에 충돌했습니다. 이제는 당신이 알아서 하세요, 밀턴."이라고 하더군요. 저는 웃고 말았습니다.

르페버스 우리는 총 여섯 번 정도 시도했던 것 같습니다. 매번 처음부터 다시 시작해서 문제를 해결해야 했죠. 마침내 로켓이 발사되었을 때 모두 놀라지 않을 수 없었습니다. 우리는 누군가 "자, 내려가서 모두 끄고 처음부터 다시 시작하자."라고 말하는 데 익숙했기 때문이죠. 이번에는 다르다고 느껴졌습니다.

로켓이 이륙하고 나서 저는 더는 신경 쓰지 않았습니다. 그냥 로켓이 발사대를 벗어난 것만으로 흥분되더군요. 그 순간 만족감을 느꼈습니다. 그저 로켓이 발사대에서 벗어나기만을 바랐으니까요.

동료들과 밖에서 애들처럼 울다가 웃었습니다. 그렇게 즐거워하고 있었는데 갑자기 휘파람 소리가 들렸어요. 안개가 굉장히 짙어서 무슨 소리인지 판단하기가 정말 어려웠습니다. 로켓은 보이지 않았습니다. 소리만으로 '어디 있는 거지? 우리 다 죽는 거 아냐? 도대체 뭐야?'라고 생각했습니다.

그러고 나서 로켓이 땅에 부딪혀 폭발하는 소리가 들렸고 직원들은 "맙소사. 폭발했어!"라고 말했습니다. 저는 "제기랄. 그래. 폭발했어."라고 내뱉었습니다. 속이 다 시원했습니다. 이제 다 잊고 로켓2에 전념해야 해요.

켈리 다음 날 태평양우주기지 사람들에게서 일종의 동지애를 느꼈습니다. 기지 사람들도 로켓이 폭발하고 그 잔해를 수집하느라 오랜 시간 고생한 경험이 있었죠. 그들은 우리의 심정을 잘 알고 있었어요. 그런데 앨라배마 본사 직원들이 환호와 함성을 지르며 샴페인을 마시는 모습을 보니 정말 이상했어요. 우리 6명은 알래스카에서 발사 20분 만에 다시 일을 시작했거든요. 로켓의 잔해를 주으며 정말 이상하고 외로운 기분이 들었습니다. 기쁜 마음이라고는 전혀 없었어요. 우리가 원했던 성공은 이런 게 아니었으니까요.

르페버스 내려가 보니 로켓은 산산조각이 나 있었습니다. 우리는 우선 배터리부터 찾아야 했는데, 모두 찾아냈습니다. 헬륨 탱크도 찾았죠. 2개 중 하나는 온전했지만 나머지 하나는 일부분뿐이었습니다. 모든 연료 탱크의 밸브를 잠가야 하는 꽤 위험한 일이었습니다.

가족이 없는 관계로 제가 먼저 나섰죠. 아주 침착하게 행동하려고 했습니다. 그래도 조금 무섭기는 했습니다. 발사대 근처에 있는 탱크에서 수소가 흘러나오고 있었습니다. 마치 전쟁터 같았어요. 쉭쉭거리는 소리가 들렸어요. 산산조각이 난 로켓을 보는 편이 차라리 나았어요. 온전한 로켓을 컨테이너에 실어 다시 공장으로 돌려보내고 싶지 않았거든요. 작업장이나 그 옆에서 매일 로켓을 보면서 '맙소사. 이 고물 정말 보기 싫다.'라고 생각하고 싶지 않았습니다.

잔해를 수거하러 발사대에 갔을 때 기지 직원이 화가 많이 난 것 같았는데 아무 말 않더군요. 오히려 우리에게 힘내라고 말해줬어요. 불난 집에 부채질하면 안 된다는 걸 그들도 알았겠죠.

켈리 발사까지 너무 오래 걸렸어요. 저는 지쳤고 여러 번 사표를 내고 싶었습니다. 로켓은 사실 미완성품이었어요. 발사 가능한 로켓을 알래스카로 보낸 게 아니었습니다. 우리는 12주 동안 코디액에 머물며 총 세 번의 발사 시도를 했습니다. 3시간이면 될 일인데 말입니다.

르페버스 전반적으로 아주 좋았습니다. 인생에서 할 수 있는 멋진 일 중 하나가 로켓 발사가 아닐까 생각합니다. 특히 작은 팀이 단합해서 이를 달성했을 때는 더욱 그렇습니다. 발사가 실패로 끝난 후 알래스카에서 돌아오면서 기념품을 가져왔습니다. 숙소 오른쪽에 있던 고래 사체에서 척추뼈를 하나 빼서 컨테이너에 실어 캘리포니아로 보냈습니다. 그걸 받아보니 정말 냄새가 심했습니다.

그 뼈를 집에 가져와 욕조에 넣고 표백제를 뿌렸습니다. 나름 머리를 쓴 거예요. 그런데 척추뼈의 골수 부분이 마치 스펀지 같더군요. 2~3kg밖에 안 나가던 무게가 18kg까지 늘어났습니다.

몇 시간 동안 욕조에 담가놓았지만 냄새가 없어지지 않았습니다. 물이 질질 흘러서 쓰레기 봉지 20여 개에 나누어 담았습니다. 여름이었기 때문에 차에 넣어두면 물이 증발할 거로 생각했습니다. 봉지에 구멍을 뚫고 차 안에 넣어두었죠. 그런데 돌아와 보니 정말 끔찍했어요. 지방 썩는 냄새가 나더군요. 마치 부엌 조리대에 곰팡이가 생길 때까지 기름을 놔두었다가 그걸 쓰레기와 섞어놓은 듯한 냄새가 났어요. 멍청하게도 그때야 밖에 두어야겠다고 생각했습니다. 누가 내 고래 뼈를 가져가는 게 싫었어요. 그래서 아무도 훔치지 못하게 공장 뒤쪽 구석에 숨겼습니다. 지금은 다 말라서 제 아파트에 가져다 놓았습니다. 탁자 밑에 있어요.

칼슨　이제 로켓2로 넘어가야 합니다. 올해 우리는 알래스카에서 많은 시간을 보냈습니다. 키터와 저는 올해 3분의 1을 코디액에서 보냈어요.

키터　지금까지 115~120일 정도 있었던 것 같습니다.

칼슨　지금은 10월 중순입니다. 이 일을 시작한 지 2주가 넘었습니다. 이번에는 화물선이 아니라 C-140 화물기로 로켓을 알래스카로 가져왔습니다. 그래서 2~3일 만에 로켓을 받을 수 있었죠. 얼마 전에는 발사 총연습을 했습니다. 액체산소가 새는 걸 발견하고 하루 반나절 동안 수리했습니다. 그리고 지금은 연방항공청에서 발사 허가가 떨어지기를 기다리고 있는 상태입니다.

로켓1은 데이터 획득을 목표로 했는데 이는 달성했습니다. 로켓2는 정상 발사와 2단 분리를 목표로 정했습니다. 로켓이 마주하게 되는 가장 두려운 순간인 맥스큐를 무사히 통과했으면 좋겠습니다. 로켓은 발사 후 65초 만에 맥스큐에 도달합니다.

처음 로켓의 속도는 상당히 느리고 대기 밀도는 올라갈수록 점점 낮아집니다. 로켓은 대기권에서 최대 속도에 이릅니다. 이때 대기는 아주 희박한 상태죠. 그래서 로켓은 최대 동압, 최대 진동, 최대 난류가 발생하는 지점에 이르게 됩니다. 가장 힘들고 어려운 부분이죠. 제대로 된 로켓이 아니면 부서질 수 있어요. 맥스큐를 통과하면 로켓과 제어 시스템의 성능이 증명되는 셈입니다.

이 모든 것에서 가장 중요한 문제는 항상 공공의 안전입니다. 누군가를 다치게 하면 안 됩니다. 안전이 보장되었다면 그다음 중요한 문제는 우리가 그만한 노력을 했고 위험을 감수할 만한 가치가 있음을 증명하는 겁니다. 쉬운 문제를 모두 해결하고 이제는 비행할 가치가 있는 로켓을 만들어 위험을 감수할 수 있음을 사람들에게 보여주는 거죠. 그냥 차고에서 뚝딱 무언가를 만들어서 아무런 기록을 남기지 않고 재미로 로켓을 날리는 사람이 아니라는 사실을 보여줘야 합니다.

키터 이 모든 일에는 기술적인 부분과 법적인 부분이 있습니다. 현장에 파견되는 사람들은 대부분 감독관입니다. 이들은 주로 법적인 관점에서 바라보지요. 무언가를 문서화한 다음 그대로 실행합니다. 이와 달리 허가를 담당하는 사람들은 설계도를 평가하고 비행 안전성과 비행경로, 위험 지역 등 기술적인 세부 사항을 검토합니다.

결국 로켓의 설계를 충분히 분석해 민간에 위험 요소가 없음을 보여줘야 합니다. 보통은 비행 종료 시스템으로 위험을 제어합니다. 민간인이 없거나 적어도 민간인의 위험을 최소화할 수 있는 안전지대가 필요합니다. 코디액이 좋은 이유는 사람이 별로 없다는 거예요. 예상 사상자 분석이라는 걸 하는데 코디액은 그 수치가 낮아 연방항공청에서 허가받기가 상대적으로 쉬운 편입니다.

칼슨 다시 로켓을 날리려면 로켓1의 추락 사고에 대한 조사를 마무리해야 했습니다. 필수 요건이었죠. 이 조사가 발사 일정에 영향을 미치는 것은 아니지만 어쨌든 시간을 들여야 하는 일이었습니다. 정부가 로켓1의 추락을 사고라 했으므로 가장 낮은 수준의 사고 조사만 하면 되었습니다. 로켓은 일반인의 접근이 불가능한 통제 구역에 떨어졌습니다. 잔해를 수습하기 쉬웠고 환경에 영향을 줄 만한 요소도 없었어요. 어떤 의미에서는 별 피해가 없었던 겁니다.

로켓의 안정성을 높이려면 비용이 많이 들 겁니다. 유인우주선이나 최첨단 우주망원경을 탑재하는 로켓이라면 수십억 달러와 20년의 세월을 들여 안정성을 높여야겠죠. 하지만 몇천 달러짜리 위성을 탑재하거나 위성군 일부를 궤도에 올릴 때는 로켓의 안정성은 크게 중요하지 않습니다.

우리는 매우 저렴한 로켓을 날리려고 합니다. 그렇다고 곧장 바다로 추락하는 로켓도 상관없다는 얘기는 아니에요. 우리는 조금 덜 안정적이더라도 더 저렴한 로켓을 만들려고 합니다. 일일이 수작업을 거쳐 각종 테스트를 통과한 5,000만 달러짜리 부품 대신 언제 어디서나 쉽게 구할 수 있는 상용 부품을 사서 쓰는 거죠. 이제 이런 우리의 취지를 로켓 발사 기지와 연방항공청 같은 곳에서 받아들여주는 게 중요합니다. 이들 기관의 협력이 중요하죠. 다행히 우리는 연방항공청의 협력을 얻어냈죠. 이는 솔직히 좀 뜻밖이었습니다.

키터 발사 당일에는 당연히 최악의 상황에 대비해야 합니다. 보통 저는 발사 전날 밤에 잠을 잘 자지 못해요. 그래서 잠은 포기하고 정신적으로 최악의 상황을 대비합니다. 저는 위기 상황에서도 침착하고 차분하려고 노력합니다. 젊은 사람들은 로켓이 폭발하기 직전과 같은 최악의 상황에서 우왕좌왕하기 쉽거든요.

호프만 저는 이번 로켓 발사 책임자입니다. 이런 일에 교육 과정이나 훈련은 없어요. 그 대신 발사 매뉴얼이 있어요. 22쪽에 걸쳐서 해야 할 일이 빼곡히 적혀 있죠. 이 매뉴얼은 곧 발사 카운트다운 과정입니다. 마지막 5~10분에 정말 가슴이 두근거립니다. 정확히 발사 시간에 맞추어 모든 준비를 끝내는 게 가장 중요합니다. 이게 바로 "모두 준비 완료. 발사 준비."라고 알리는 흥분되는 순간입니다.

하지만 쉽지 않습니다. 자신감을 가지고 대처하는 수밖에 없습니다. 절차를 주도적으로 관리해야 해요. 모두에게 지시를 내리고 모두 점검하며 진행해야 합니다. 그렇다고 절대 자만해서는 안 됩니다. 항상 적당히 긴장해야 합니다. 저는 항상 로켓을 대할 때 그런 긴장감을 느껴요. '나는 준비가 됐어. 모든 것을 낱낱이 살펴보고 놓치는 것은 없는지, 나중에 문제가 될 만한 것은 없는지 반드시 확인해야 해.'라는 마음으로 긴장 상태를 유지합니다.

칼슨 발사 당일에는 긴장을 풀려고 노력합니다. 스트레스를 받거나 긴장하지 않고 느긋해지려고 합니다. 혈압이 얼마나 높은지 모르겠지만 발사 전날보다는 비교적 편안하게 느껴집니다. 발사 날에는 '내가 할 수 있는 일은 다 했다.'는 마음이면 좋겠습니다. 밤잠을 설치게 한 생각들을 몰아내고 카운트다운 절차를 실행하며 그 순간에 집중해서 한 가지 일만 해야 합니다. 잡념이 모두 사라지죠.

할 수 있는 일은 다 했습니다. 이제 매뉴얼에 따라 하나하나 해나가야 합니다. 관제 센터에서 받는 스트레스는 어마어마합니다. 사람마다 이런 스트레스에 대처하는 방식이 다르죠. 직원들을 최대한 다독이며 발사를 무사히 마칠 수 있다고 얘기해주는 사람이 있는가 하면 관제 센터에 맞지 않는 사람도 있습니다. 누가 결정력과 실행력이 있는지, 누가 스트레스를 잘 견디는지 알아야 합니다.

우리가 하는 일의 대부분은 공상과학소설이 아니라 어려운 공학일 뿐이에요. 우리에게 공상과학소설은 로켓 조립라인을 설치하는 것인데, 한 번도 실현된 적이 없는 일입니다. 군에 항공기 조립라인은 있어요. 하지만 로켓 조립라인은 아직 없습니다.

▶◆◀

모든 직업에는 힘든 순간이 있고 긴장과 영광의 순간이 있다. 하지만 로켓 사업은 특히 발사 준비부터 실제 발사까지의 이러한 경험이 엄청 크게 느껴진다.

아스트라의 발사가 지연되자 직원들은 매일매일 좌절과 흥분이 뒤섞인 상황을 어떻게 대처해야 할지 몰랐다. 골치 아픈 로켓은 절대로 발사대를 떠날 수 없을 것 같았다. 그래도 직원들은 마치 로켓이 곧 발사될 것처럼 정신적으로 준비를 해야 했다. 하루하루 최대한 집중해 압박감 속에서 문제를 해결해야 했다. 발사를 시도하면 직원들은 아드레날린이 솟구치는 것을 느꼈고, 그 에너지를 모두 방출한 후 다음 할 일을 계속해야 했다.

10월 27일은 이미 로켓2를 여러 차례 날리려다 실패한 뒤였다. 아스트라 직원들은 매우 화가 나 있었다. 늘 그랬듯이 켐프는 누구보다 로켓을 날리고 싶어 했다. 켐프는 아스트라의 투자자와 잠재적인 고객들을 위해 멋진 쇼를 보여주고 싶었다. 켐프는 아스트라와 그 관계자들만 발사 시도를 볼 수 있는 비밀 웹캐스트를 만들고 해설을 맡았다. 번번이 로켓은 발사되지 못했지만 켐프는 시청자들의 흥미를 유발하려 노력했다. 매번 로켓이 발사되지 못하는 기술적 이유를 설명하는 켐프는 유능하고 통제력 있는 사람으로 보였다.

로켓 발사 2시간 전이었다. 만약 실패하면 웹캐스트를 닫고 다시 몇 주간 기다려야 했다. 로켓의 점화장치가 다시 문제를 일으키기 시작했다. 잠시 점화장치에 대한 테스트를 실행할까 고민했지만 이 작업으로 얻을 수 있는 게 거의 없다고 판단했다. 정상 절차에 따라 로켓에 점화한 다음 이번만큼은 우주로 가기를 희망하는 수밖에 없었다.

본사 사무실에서 상황을 관찰하던 크리스 톰슨이 알래스카 관제센터 팀과 여러 가능성을 논의하며 10분 만에 결론을 내렸다. 모든 직원이 발사를 진행하기로 하자 켐프는 시청자를 웹캐스트 앞으로 불러모아 아스트라의 환상적인 순간을 목격할 수 있게 하고 싶었다. 그러나 전 직원과 기지 관계자들이 발사 계획을 확정하기 전까지는 기다려야 했다.

웹캐스트를 진행하려는 켐프와 마지막 세부 사항을 점검하려는 톰슨 사이에 갈등이 표면화되기 시작했다. 아스트라 사무실 한가운데서 고성이 오갔고 톰슨은 당장 회사를 그만두겠다고 큰소리쳤다. 켐프의 야망과 톰슨의 실용주의적이고 무뚝뚝한 태도가 충돌하며 로켓 발사에 긴장을 더했다.

톰슨 자꾸 그렇게 밀어붙이면 그만두겠습니다.

켐프 밀어붙인 게 아니에요. 관제 센터와 대화를 나눈 게 기지 전체에 전달되었는지 물어본 것뿐입니다.

톰슨 이미 전달했습니다.

켐프 그럼 됐습니다. 그냥 궁금했을 뿐입니다. 코디액 기지의 사람들보다 대중들에게 먼저 알리고 싶지 않았을 뿐입니다.

톰슨 전 대중은 신경 안 씁니다. 코디액에 있는 우리 직원의 안전만 신경 쓰고 있습니다.

켐프 저 역시 그게 중요하다고 생각합니다.

톰슨 여기 서서 이런 논쟁을 하고 싶지 않습니다. 각자 할 일을 하도록 하죠.

켐프 제 말이 그 말입니다. 외부에 알리기 전에 먼저 우리 직원과 충분히 교감하고 있는지 확인하려던 것뿐입니다. 그럼 이제 문제없죠?

톰슨 예. 그렇습니다.

켐프 좋습니다. 그게 알고 싶었던 겁니다. 아주 잘 됐습니다.

켐프는 웹캐스트를 다시 열고 밝고 희망찬 목소리로 모두에게 알렸다.

켐프 여러분, 관제 센터에서 새로운 소식이 들어왔습니다. 엔진과 로켓 데이터를 검토한 결과 모든 점화장치에 이상이 없는 것 같습니다.

앞으로 10~15분 사이에 알래스카 팀은 로켓에 다시 연료를 채우고 발사 8분 전으로 시간을 맞춘 다음 대기할 겁니다. 그러니 기다려주세요. 1시간 반 이내에 발사할 겁니다.

오늘은 발사가 이루어집니다.

그러나 그날 로켓은 발사되지 않았다.

11월 11일에 로켓랩은 뉴질랜드의 발사대에서 세 번째 로켓을 발사했다. 기술적 문제로 발사가 다소 지연되기는 했지만 피터 벡은 로켓랩이 새로운 이정표에 도달했으며 고객을 위해 연이어 로켓을 발사하겠다는 계획을 업계에 천명한 셈이나 다름없었다. 항공우주업계 엔지니어들은 서로 소식을 공유하는데, 알래스카에서 아스트라가 고전 중이라는 이야기가 벡의 귀에도 들어갔다. 벡은 아스트라의 로켓을 대수롭지 않게 생각했다. 벡은 아스트라가 발사 기회를 기다리며 알래스카에서 시간과 돈을 낭비하는 동안 성공의 즐거움을 만끽했다.

11월 29일에 아스트라는 로켓랩을 따라잡으려 최선을 다했다. 관제 센터에서는 15분 동안 아래와 같은 상황이 펼쳐졌다.

호프만 40, 33, 32, 31, 30, 20, 15, 10, 9, 8, 7, 6, 5, 4, 3, 2, 1, 0.

엔진에 불이 붙고 로켓이 하늘로 솟아올랐다. 앨러미다의 본사 사무실에서는 하이파이브가 오갔다. 코디액에서도 환호가 터져 나왔다.

켐프 이야아! 그렇지. 하하하. 좋아. 맙소사.

20초가 지나갔다.

호프만 엔진 고장. 5번 엔진 문제 발생. 모든 엔진 추력 상실.

관제 센터가 소란스러워졌다. 로켓은 이륙 지점 바로 옆으로 떨어졌다. 시청자들이 추락 장면과 잔해를 보지 못하게 누군가 웹캐스트를 차단했다.

켐프 비행한 시간이 어떻게 되나요? 웹캐스트를 껐나요? 누가 억지로 끄라고 했어요? 제기랄. 바보 같은 짓을 했네.

사무실 사람들이 잔해 영상을 보더니 추락 지점이 발사대 바로 밖임을 알게 되었다. "맙소사, 울타리 밖이야."

관제 센터 지상 지원 장비 보호 바랍니다.

켐프는 영상을 보고 알아차린다.

켐프 불이 났어? 저기 불이 났어요. 제기랄.
관제 센터 지상 팀, CXV201 발사대 폐쇄.
무선통신 CXV201 발사대 폐쇄합니다.
켐프 웹캐스트에서 "테스트 완료."라고 말해주세요. 그냥 그렇게 끝내면 안됩니다. 수백 명이 보고 있었는데 갑자기 중단한 거예요. 그렇게 끝낼 수는 없어요.

관제 센터 지상 팀, 급수 밸브 폐쇄.

무선통신 WV201 밸브 폐쇄합니다.

켐프 사람들이 난리를 치며 제게 연락해오고 있습니다. 상황이 안 좋아요. 아직도 보고 있는 시청자를 위해 어떤 조치를 취할 수 있을까요?

관제 센터 부탁합니다. 107번 액체산소 밸브 개방.

켐프 화면 연결 가능한가요? 안전한 장면을 다시 비출 수 있나요? 방송을 계속해도 될까요?

켐프가 다시 마이크를 잡았다.

켐프 오늘의 웹캐스트는 여기까지입니다. 오늘은 비행시간을 다 채우지 못했습니다. 현재 원격 측정 데이터를 분석하고 있으며 모두에게 이메일로 소식을 제공하겠습니다. 첫 번째 비행보다는 성공적이었습니다. 로켓3에 집중할 예정입니다.

켐프는 잠시 복도로 나와 비행을 지켜본 아스트라 직원들과 이야기를 나눴다.

켐프 애덤, 축하합니다. 너무 심각하게 생각할 필요는 없습니다. 로켓3은 좀 더 오래 날겠죠?

켐프는 사무실로 돌아와 컴퓨터 앞에 앉아 혼잣말을 했다.

켐프 두 번째 비행은 아름다웠어. 정말 멋진 비행이었어. 이제 빨리 대응해야 해. 투자자들이 문자를 보내오고 있어. 우선 이사진들에게 전화해야 해.

켐프가 전화를 걸었다.

> **켐프** 안녕하세요. 여러분에게 소식을 전하려 연락드립니다. 60초는 못 넘겼지만 정말 멋진 비행이었고 유용한 데이터도 많이 얻었습니다. 지난번처럼 피해가 심하지도 않아요. 정확히 어디로 떨어졌는지는 아직 파악 중입니다. 대략 30초 정도 비행했습니다.
>
> **이사진** 정말 대단한 소식입니다.
>
> **켐프** 발사 안 한 것보다는 훨씬 낫죠. 여유 시간이 24시간밖에 없었거든요. 마지막 기회였습니다. 발사해서 정말 기쁘게 생각합니다. 물론 좀더 오래 날았으면 좋았겠지만 분석할 데이터를 많이 얻어서 로켓3은 좀더 개선될 겁니다.
>
> **이사진** 멋집니다. 정말 잘 됐어요.
>
> **켐프** 여러분의 성원에 정말 감사드립니다. 데이터와 영상을 모두 수집하고 정리해서 며칠 내로 다시 소식을 전하겠습니다. 야간 발사는 언제나 장관이죠. 직원들에게 여러분의 성원을 전하겠습니다. 감사합니다.

켐프가 전화를 끊자 한 엔지니어가 방으로 들어오더니 이렇게 말했다. "지난번보다 약 100m 정도 더 높이 올라갔습니다."

> **켐프** 생각한 대로네요. 샘에게 전화해볼게요.
>
> 샘, 안녕하세요. 봤나요? 성공했어요. 60초는 못 넘겼지만 멋진 비행이었고 데이터를 많이 수집했어요. 우리 팀은 만족하고 있어요. 아무 손상도 없었죠.

엔진이 문제였던 것 같아요. 30초가 되기 직전에 엔진에 문제가 생겼어요. 지금 데이터를 분석 중입니다. 지난번 비행보다는 더 멀리 날긴 했지만 우리가 원하는 만큼은 아닙니다. 하지만 어쨌든 비행은 성공적이었어요. 직원들이 많이 배웠어요. 로켓을 발사대에 올려놓고 4시간 만에 발사한 거죠. 이를 통해 로켓3을 개선하는 게 목표예요.

네, 로켓2는 이제 정리해야죠. 야간 발사로 마무리해서 다행입니다. 야간 발사는 멋지죠. 로켓3은 더 좋아질 거예요.

켐프가 전화를 끊고 말했다. "무슨 일이죠? 다들 방송이 멈췄다고 아우성인데요."

켐프는 휴대전화로 알림을 받았다. "누가 문 앞에 왔지? 택배겠지." 한 직원이 방으로 들어왔다. "목격자로서 진술할 게 있나요? 누구 없어요? 지금 당장 작성해야 합니다. 뭐든 본 대로 정확히 써주세요. 논문처럼 쓸 필요는 없어요. 무슨 일을 하고 있었는지, 무슨 일이 있었는지만 써주세요."

켐프가 사고 때문에 그러냐고 물으니 직원이 그렇다고 했다. 켐프는 잠시 생각하고 상황을 판단하더니 실패한 발사와 대처에 대한 자신의 생각을 내게 이야기했다. "발사가 실패할 때를 대비해 계획을 세워야 한다고 투자자들에게 말해왔습니다. 성공하기를 바라야겠지만 실패한다고 해서 성공을 불가능하게 해서는 안 됩니다. 모든 것은 어떻게 표현하느냐에 달려 있습니다. 만약 발사 실패를 심각한 문제이며 예상치 못한 재앙으로 표현하면 그렇게 되는 겁니다. 하지만 발사 실패를 환상적인 성공이라고 하면 그렇게 됩니다."

24.

진짜 뉴스페이스 이야기

앨러미다 오라이언스
트리트의 아스트라 건물 밖에는 작은 캠핑촌이 있다. 로켓엔진 시험 시
설에서 약 10m 정도 떨어진 곳에는 항상 캠핑카 3~4대가 주차되어 있
다. 대부분 가족과 멀리 떨어져 사는 사람들이 이곳에서 지낸다. 베이에
어리어의 집값이나 집세가 워낙 비싸 주거 비용을 절약하고자 선택한 방
법이다. 아스트라는 직원들이 회사 부지에 캠핑카를 무료로 주차할 수
있게 허용했다. 그 덕분에 회사는 보안 요원을 따로 둘 필요가 없었다. 돈
한 푼 들이지 않고도 캠핑카에 거주하는 직원들이 24시간 연중무휴로
회사 주변에서 시설 내 침입자는 없는지 감시할 수 있었다.

캠핑촌 주변은 경치가 좋은 편은 아니었다. 자갈밭에 나란히 늘어
선 캠핑카 주위로 철조망이 처져 있는 데다 주변은 온통 컨테이너나 각
종 기체와 액체로 가득 찬 탱크, 공구 창고, 잡다한 기계류뿐이었다. 간혹
캠핑카로부터 5m 떨어진 곳에서 로켓을 세워 테스트하기도 했다. 그럴

때면 폭음을 동반한 가스 구름이 캠핑카 쪽으로 밀려왔다.

캠핑촌 사람들에게는 독특한 분위기가 있었다. 이들은 주로 엔진 시험대와 이동식 발사대를 제작하고 다양한 기계 문제를 처리하는 기계광들이었다. 이들은 항공우주산업에 냉소적이었다. 저녁에 맥주를 마시며 냉소적인 대화를 하고는 했다.

레스 마틴과 매튜 플래너건이 캠핑촌에 살았다. 마틴은 텍사스 출신으로, 열여섯에 아버지가 되었고 열여덟에 해병대에 입대해 보병대에서 대전차화기를 전문으로 다루었다. 4년 반 동안 근무한 후 웨이코에 있는 텍사스주립테크니컬칼리지에 입학해 전자공학을 전공했다. 이후 몇 년간 반도체업계에서 일한 뒤 반도체산업이 침체하자 직장을 옮기게 되었다.

2008년 마틴의 친구가 텍사스의 맥그레거에 있는 스페이스X라는 회사의 채용 공고를 보았다. 텍사스에 로켓 회사라니 말도 안 되는 소리 같았지만 마틴은 일단 지원해보고 성공할 가능성이 높은 다른 일을 찾을 때까지 6개월 정도만 일해보기로 했다. 스페이스X에서 마틴은 로켓 테스트 시스템에서 전자 분야를 담당하며 인정을 받았다. 3년을 근무한 뒤 모하비에 있는 버진갤럭틱으로 옮겼다가 다시 텍사스 오스틴으로 돌아와 파이어플라이에서 일했다. 그러다가 아스트라에 입사했다. 이것이 텍사스 출신 해병이 로켓 테스트 전문가가 되기까지의 여정이다.

플래너건은 버지니아에서 자랐으며 몬태나주립대학에서 기계 및 토목공학을 전공했다. 학교를 졸업한 후에는 현장에서 일을 배운 뒤 오스틴에 있는 파이어플라이에 입사했다. 플래너건은 파이어플라이에서 1년 동안 일한 후 하이퍼루프Hyperloop(공압식 튜브를 구축해 전자기적으로 가속되는 유선형 동체에 사람을 싣고 초음속에 가까운 속도로 이동시키는 교통 시스템. -옮긴이)

를 개발하는 일론 머스크의 스타트업으로 옮겼다가 마침내 아스트라에 합류했다.

가끔씩 마틴은 크리스 켐프와 다투거나 이곳 생활에 신물이 날 때면 텍사스로 돌아가 몇 주 또는 몇 달을 가족과 보내기도 했다. 이로 인해 플래너건이 테스트나 발사 기반 시설을 구축하는 프로젝트를 맡을 기회가 많아졌다. 플래너건은 성격이 좋고 부지런한 사람으로, 앨러미다와 알래스카 사이를 오가며 발사 지연과 관련한 문제를 처리하고 견뎌냈다.

2018년 12월 9일에 나는 마틴과 플래너건과 함께 시간을 보내기 위해 캠핑촌에 갔다. 우리는 댈러스 카우보이스 대 필라델피아 이글스의 미식축구 경기를 시청했다. 마틴은 댈러스 카우보이스의 팬이었다. 플래너건은 두 번째 발사 후 알래스카에서 막 돌아온 참이었다. 아스트라의 열렬한 로켓 애호가들과 달리 이 두 사람은 로켓에 대한 애정이 그다지 크지 않았다. 둘은 아스트라를 그냥 직장이라고 생각했다.

마틴 전 다른 회사의 로켓 발사는 안 봐요. 전혀 신경 안 써요. 우리 로켓만 걱정할 뿐이죠. 다른 사람들의 일을 걱정할 시간이 없어요. 로켓은 제 취미도 아니고 첫사랑도 아니죠. 스페이스X의 로켓에 관심이 있었는데 주식을 처분하고 나서는 더는 관심이 안 가더군요. 키가 한 뼘만 더 컸어도 댈러스 카우보이스에서 선수로 뛰고 있을 텐데 말이죠. 하지만 제 맘대로 되는 게 아니죠.

플래너건 학교를 졸업하고 항공우주산업에 뛰어들고 싶었어요. 지금은 그냥 빠져나가고 싶을 뿐이죠. 아니, 그럭저럭 괜찮아요. 제 말은 멋진 것 같기도 하다는 거예요.

마틴 항공우주산업의 문제는 모든 일자리가 서부 해안에 있다는 겁니다. 저는 텍사스에 살고 싶고 매튜는 사람이 없는 곳에 살고 싶어 합니다. 매튜의 집은 몬태나에 있고 우리 집은 텍사스의 라운드록에 있죠. 결국 캠핑카에서 함께 살 수밖에 없었어요. 앨러미다에 살려면 월세로 1,500달러를 내야 합니다. 그것도 룸메이트와 함께 살 때 가격이죠. 1,500달러면 텍사스에서 제가 받은 주택 담보 대출금하고 같아요.

캠핑카에서 살면 한 달에 300달러 정도 들어요. 와이파이는 회사 걸 이용합니다. 회사가 우리의 검색 기록을 보지 않아서 정말 다행이에요. 상수도는 연결되어 있어요. 정화조 비우는 것만 신경 쓰면 됩니다. 급하지 않으면 여기 화장실은 쓰지 않아요. 정화조가 차면 짜증 나거든요.

크리스가 버닝맨 축제에 간다고 제 캠핑카를 빌린 적이 있어요. 그동안 저는 크리스의 샌프란시스코 아파트에 머물렀죠.

플래너건 크리스가 캠핑카에 구멍을 냈어요.

마틴 맞아요. 제 캠핑카에 구멍이 났어요.

플래너건 여기에 사는 건 좀 달라요. 마당이 줘도 안 가질 자갈밭이거든요.

마틴 아침에 일어나서 밖에 나가자마자 상수리나무 밑에서 뛰노는 아이들 대신 액체산소 탱크를 보면 힘들죠.

플래너건 좋은 점은 집으로 돌아갈 때 캠핑카를 가져갈 수 있다는 거예요. 아이들과 캠핑 갈 때 좋죠.

마틴 우리 애들은 캠핑을 좋아하지 않아요. 애들을 응석받이로 키웠나 봐요. 근교를 벗어나려 하지 않아요. 저도 가면 도장에 가요. 그게 우리의 야외 활동의 전부예요.

플래너건 저는 보통 2주에 한 번씩 집에 가려고 합니다. 하지만 지난해에는 3개월을 알래스카에서 보냈어요. 그래서 항상 계획에 차질이 생겼죠. 알래스카에 다녀올 때마다 집에 가려고 했는데 그게 잘 안 되더군요.

마틴 이 업계가 좀 재밌습니다. 머리를 아무리 굴려도 스페이스X와 같은 회사들이 돈을 어떻게 버는지 모르겠어요. 버진갤럭틱 같은 회사는 그렇게 많은 돈을 쏟아붓고도 아직 아무것도 못 했잖아요. 버진갤럭틱은 정말 좋은 회사였어요. 복리 후생이나 분위기가 최고였죠.

하지만 답답했어요. 일하고 또 일해도 성과가 없었죠. 실망스러웠어요. 아무리 돈이 많아도 결국 우주로 아무것도 못 보내면 헛일이라는 생각이 들더군요. 새로운 로켓 회사가 거의 6개월에 하나씩 등장하는 것 같아요.

플래너건 최근에 부쩍 더한 것 같아요.

마틴 어렸을 때 장래 희망이 뭐였는지 기억나지 않지만 항공우주 엔지니어는 절대 아니었어요.

플래너건 고생물학자가 되고 싶었다고 말했잖아요.

마틴 맞아요. 한동안 고생물학자가 되고 싶었죠. 변호사나 의사가 되고 싶었던 적도 있어요. 시골 출신이라 그런지 돈을 많이 버는 변호사가 되고 싶었던 거 같아요. 하지만 어렸을 땐 공룡에 푹 빠졌죠.

제가 가난한 시골 출신이잖아요. 항상 일만 했어요. 제가 뭘 좋아하는지 생각할 겨를이 없었어요. 리더십에 관한 책들을 많이 읽었는데 그냥 좋아하는 걸 찾으면 나머지는 저절로 따라온다고들 하더군요. 어떻게 하면 좋아하는 걸 찾을 수 있나요? 곧 마흔셋이 되는 데다 아이도 다섯이나 있고 대출금도 있는 제가 어떻게 할 수 있을까요? 그건 비현실적인 얘기예요.

전 그냥 좋아하는 일을 하지 않는 90%의 미국인이 될 것 같아요. 타이어 할인점을 경영하는 사람이 타이어에 열정이 있을까요? 아니죠. 가게를 잘 운영해서 돈을 버는데 누가 뭐라 하겠어요?

전 뭐든 만드는 게 좋아요. 뭔가를 빨리 끝내서 모범이 되고 그 속도를 유지하는 게 좋아요.

플래너건 우주산업이 멋진 건 해결해야 할 어려운 문제가 많다는 거죠. 아직도 많은 사람이 다양한 시도를 하는 분야입니다. 전반적으로 어려운 공학적 문제가 많아요. 평생을 항공우주에만 종사하고 싶지는 않지만 공학적 열정을 발휘할 기회라고 생각해요.

마틴 코카콜라를 병에 담는 일보다 우리가 하는 일이 덜 복잡해요. 코카콜라를 병에 담는 걸 본 적 있어요? 고난도 기술이죠.

플래너건 코카콜라는 항상 잘 해내죠.

마틴 맞아요. 절대 실패하는 법이 없어요. 그거 알아요? 병에 355ml라고 쓰여 있으면 항상 정확히 355ml인 겁니다. 정말 놀라워요. 1년에 수백만 병을 생산하는데 한 치의 오차도 없는 거예요.

플래너건 하지만 지루한 일 중 하나가 아닐까요?

마틴 맞아요. 로켓 만드는 일이 평범한 직장을 다니는 것보다 훨씬 낫죠. 그런데 베이에어리어만 아니면 좋겠어요. 전 극우는 아니에요. 보통 민주당에 투표하니까요. 그렇지만 제 아이들이 부랑자가 되거나 마약을 끼고 사는 건 싫어요. 제가 기독교인이라서 그런지 집에서는 엄격하죠.

플래너건 얼마 전 있었던 로켓 발사를 얘기해보죠. 그날 일어난 일 중 가장 믿을 수 없는 일이 있었어요. 정말 그럴 줄은 몰랐어요. 매번 똑같은 일이 반복되다 다른 일이 벌어지면 이상하다고 생각하게 되죠.

마틴 정말로 이상해요.

플래너건 특히나 엔진이 점화도 되지 않은 상태였어요. 지금까지 우리 문제는 주로 항공 전자장치나 자이로스코프에 있었어요. 그런데 그날은 우리가 엔진 제어기를 교체하고 있었는데 그 작업이 거의 끝나갈 무렵 누군가 자이로스코프를 다시 교체하는 데 얼마나 걸리냐고 물었어요. 그래서 바로 교체하겠다고 했어요. 그날 일찍 톰슨에게 언제까지 끝내야 하냐고 물었어요. 언제까지 준비가 안 되면 다음 날로 미루게 되는지 궁금했죠. 그랬더니 톰슨이 1시나 1시 30분까지는 준비가 끝나야 한다고 했어요. 그런데 2시인가 2시 30분쯤 되니 준비가 끝났다며 시작하자고 하더군요.

마틴 정말 말도 안 되는 일이었어요. 그 전날 문제를 듣고 심각하다고 생각했죠. 그런데 크리스 켐프가 "우리는 내일 다시 시도합니다."라는 이메일을 보내더군요. 저는 불가능하다고 생각했죠. 그러고 그런 일이 발생한 거예요.

플래너건 사실 궤도에 도달하지 않았으니 엄밀히 말하면 실패한 거죠. 하지만 어쨌든 발사대는 떠났어요. 어쩌면 그래서 제가 아직 아스트라에 남아 있는지도 모르겠습니다. 켐프는 최대한 빨리 발사시키려 하고 저는 날든 말든 신경을 안 쓰죠. 저는 결국 우리가 해낼 거라 믿어요. 계속 좀더 나아지리라 생각하죠. 이번에도 약간 우유부단했어요. 해결해야 할 규제가 너무 많았거든요.

하지만 최적화하고 완벽히 하기 위해 끊임없이 매달리기보다 일단 발사하고 그다음에 개선하자는 태도가 통했어요. 어차피 사소하고 일상적인 문제는 발생하게 마련이니까요. 따라서 모든 문제를 힘들게 해결하려 하기보다는 가능한 한 빨리 시도해보고 모든 골칫거리를 겪어보는 게 좋아요. 물론 그 과정에서 사람들이 너무 지치지 않게 해야 하죠.

마틴 그런 식으로 일한 게 일론이죠. 자기 돈을 가지고 있었잖아요. 일론이 없었다면 우리도 존재하지 않았을 겁니다. 일론에 대해서는 이런저런 말이 많지만 그래서 우리가 존재하는 겁니다. 우리가 먹고살잖아요. 일론이 만드는 변화에 편승한 거죠. 그게 엄연한 사실입니다.

하지만 우주의 물리법칙이라는 어려운 장벽이 있죠. 로켓 정도의 추력을 내는 엔진은 대학생도 만들 수 있어요. 문제는 우주로 날아갈 만큼 가볍게 만드는 겁니다. 여기서부터 한계선이 생겨요. 안전성과 수익성이 계속 떨어지는 거죠.

플래너건 점화하고 추력을 발생시키는 건 어렵지 않죠. 특히 내연기관은 그래요. 당연히 구동 부품이 많죠. 하지만 무언가를 우주로 보내는 일은 어렵습니다. 추력을 만들고 자재와 부품을 최적화해서 가볍게 만들기란 쉬운 일이 아닙니다.

마틴 그것도 돈이 떨어지기 전에 만들어야 해요.

플래너건 맞아요.

마틴 돈이 금세 바닥나죠. 돈을 모아도 순식간이에요. 밑 빠진 독이 따로 없어요. 이 업계에도 사기꾼이 분명 있어요. 그 돈이 모두 어디에 들어가나요? 그렇게 많은 돈이 필요한 이유를 모르겠어요. 말이 안 돼요. 벤처 투자자들은 돈은 소프트웨어 같은 분야에서 벌지언정 투자는 우주 분야에 하길 좋아하죠. 멋있다고 생각하나 봅니다.

아스트라의 최종 목표는 매일 발사하는 겁니다. 그 전에 전 땅속에 묻혀 있거나 주머니에 돈이 넘칠 정도로 부자가 되어 있겠죠. 매일 발사를 하든 말든 전 상관 안 할 겁니다.

플래너건 매일 하는 우주 배송에 수요가 있다면 정말 놀라울 겁니다. 말도 안 되는 소리 같지만요.

25.   리셋

지난 수십 년간 새롭게 개발한 로켓들이 초기 비행 중에 폭발하는 사고가 종종 있었다. 항공 우주업계는 그런 실패를 오히려 자랑스럽게 생각한다. 로켓 과학은 으레 어렵다고 여기기 때문이다. 로켓 발사에 매번 성공한다면 로켓과 이를 만드는 사람들은 지금과 같은 신비감을 잃을 것이다.

하지만 로켓 회사 직원들은 자신의 로켓만은 예외이리라 믿는다. 회사에서 누군가 폭발할 수 있다고 거듭 말해도 직원들은 첫 시도 만에 로켓이 날아가리라 확신한다. 자신들이 더 영리하고 더 열심히 일했기 때문이라고 생각한다. 이는 로켓이 증명해줄 것이라고 한다. 운명도 이를 알고 있으니 자신들의 로켓은 궤도에 진입할 수밖에 없다고 한다.

이 같은 믿음은 로켓이 장렬하게 폭발하는 장면과 함께 산산조각이 나며 허탈감을 몰고 온다. 성공만 믿다가 그 생각이 얼마나 틀렸는지 직접 눈으로 목격하고 받아들여야 한다. 로켓은 거의 성공하지 못한다.

공중에서 그냥 터져버린다. 자기기만의 물리적 결과물이 하늘에서 조각 조각 떨어지는 모습을 보면 누구나 자신을 믿는 게 얼마나 허무맹랑한지 잘 알 수 있다.

모든 로켓 프로그램을 정부가 운영하던 시절에 실패는 국가적 자존심에 타격을 입혔다. 그런데도 미국이나 소련은 계속 로켓 발사를 시도했다. 하지만 민간 로켓 제조업체는 정부와 다른 압력을 받는다. 투자자는 결과를 보고 싶어 하고 직원은 자신이 가능성 있는 회사에서 일하고 있다고 믿고 싶어 한다. 로켓이 폭발하면 자금이 고갈되기 전까지 얼마나 더 이 일을 수 있느냐 하는 문제가 떠오른다.

폭발로 켐프는 상당한 충격을 받았지만 이를 드러내지 않았다. 로켓은 사실상 기대한 대로 작동하지 않았고 아스트라는 인명이나 재산 피해 없이 많은 교훈을 얻었다. 켐프는 말한다. "변한 것은 아무것도 없습니다. 우리의 로켓은 발사 실패로 더욱 나아질 것입니다. 실패로 아스트라는 로켓의 작동 방식을 좀더 이해하게 되었습니다. 저는 로켓을 성공과 실패의 관점에서 보지 않습니다. 로켓은 모두 발사되었고 그 덕분에 우리는 더 효율적으로 일할 수 있게 되었습니다."

켐프에 따르면 로켓1은 발사대를 떠나기만 하면 되었고 결국 그 목표를 달성했다. 아스트라는 로켓2로 최대 동압, 즉 맥스큐에 도달해서 2단을 점화하고 페어링을 열어 탑재 위성을 분리하는 모의 테스트를 진행하려 했다. 비록 로켓2는 맥스큐에 도달하지 못했지만 몇 가지 의미 있는 성과를 거뒀다. 켐프는 말한다. "투자자들에게는 미리 이런 사항들을 얘기해두었습니다. 이사회와 결과도 공유했습니다. 투자자들은 자신이 동의한 사항이므로 다 받아들였습니다. 아스트라는 트위터 같은 SNS 활동을 따로 하지 않아서 여론 재판은 받지 않았습니다. 우리의 비공개

전략이 제대로 작동하고 있는 거죠. 우리가 하는 일을 다 공개하면 사람들이 저마다의 잣대로 우리 일을 평가하려 하겠지만 그 잣대가 모두 올바르다 할 수 없습니다."

2019년이 되면서 아스트라는 로켓에 큰 변화를 주기 시작했다. 그동안 아스트라는 작고 저렴한 로켓이 혁명을 일으킬 것이라는 애덤 런던의 주장을 증명하려고 했다. 하지만 이제는 로켓을 더 크게 만들기로 했다. 아스트라 엔지니어들은 엔진이 전보다 2배의 추력을 내야 하고 로켓도 더 넓고 길어져야 한다고 생각했다. 또한 페어링에 비싼 탄소섬유 대신 금속을 사용하고 이동식 발사대도 간소화하기로 했다. 스페이스X의 팰컨1 개발에 중요한 역할을 했던 크리스 톰슨이 아스트라의 차세대 기술을 책임지기로 했다.

로켓랩은 2018년 11~12월에 성공적으로 일렉트론을 발사하고 2019년 3월에도 발사에 성공했다. 켐프는 로켓랩의 성공을 보고 이에 맞춰 더 큰 로켓을 빨리 개발할 수밖에 없었다고 솔직하게 인정했다. 아스트라는 2016년에 약 2,000만 달러를 모금했고 2018년에는 추가로 약 7,500만 달러를 모금했다. 켐프는 다시 아스트라 이사회에 추가 자금을 요청하고 직원 수를 115명에서 140명으로 늘려야 한다고 주장했다. 이사회는 켐프의 요청을 받아들였다.

로켓이 2대 모두 폭발했는데도 아스트라는 고객을 확보할 수 있었다. 대형 로켓은 탑재물 100kg을 우주로 발사할 때 비용이 100만 달러에서 250만 달러로 상승했다. 켐프는 말한다. "로켓랩은 560만 달러에 탑재물 200kg을 실을 수 있다고 주장합니다. 우리 계산으로는 아스트라의 로켓 제작 단가가 로켓랩보다 약 5배 낮다고 추정합니다. 물론 틀릴 수도 있습니다. 어쩌면 3배나 7배 낮을 수도 있습니다. 아스트라 로켓의 성능이 20~30% 떨어질지도 모르지만 생산 비용은 500% 저렴해질 겁니다."

켐프는 단순함을 추구해 로켓랩을 앞지르겠다는 생각을 계속해서 밀어붙였다. 로켓랩은 대량생산이 불가능한 특수 부품과 공학 기술을 너무 많이 사용했다. 이와 달리 아스트라는 금속 재료와 로봇을 이용해 대량으로 로켓을 만들 계획이었다. 켐프는 말한다. "우리 생산 시설은 테슬라 공장과 비슷하게 보일 겁니다. 로봇이 부품을 장착하고 용접한 다음 리벳을 박고 조일 것입니다. 최신식 자동차 공장처럼 보일 겁니다." 그 외에도 아스트라는 로켓 시험대에서 로켓 발사에 이르기까지 모든 작업을 통합할 자동화 시스템을 구축하기 위해 구글에서 최고 임원 한 명을 영입했다.▼

크리스 켐프와 피터 벡은 공개적인 자리에서 논쟁한 적은 없지만 서로를 좋아하지는 않았다. 켐프는 과거에 플래닛랩스를 대신해 로켓 기업을 탐색하던 중 로켓랩을 방문해 극진한 대접을 받은 적이 있다. 벡은 켐프를 헬리콥터에 태워 마히아반도에 있는 로켓랩의 발사대를 보여줬다. 벡은 로켓랩의 기술과 미래 계획에 관해 많은 부분을 공개하며 플래닛랩스와 계약하기를 희망했다. 켐프는 돌아와서 플래닛랩스에게 로켓랩을 사용해야 한다고 건의했고 두 회사는 파트너십을 맺었다. 그러나 켐프가 아스트라를 설립하자 벡은 켐프의 뉴질랜드 방문을 수상히 여겼다. 켐프가 로켓랩을 염탐했다고 생각했다.

켐프는 나와 이야기할 때 벡의 기술을 칭찬하며 은근히 비난했다. 벡은 거의 완벽한 기계를 만들었지만 그 완벽함이 로켓랩의 발목을 잡고 있다고 했다. 제작 비용이 너무 많이 들기 때문이다. 켐프는 또한 자금 모

▶ 이 최고 임원은 마이크 자자예리로, 2020년 1월까지 18개월 동안 근무했다.

금 방식이나 실리콘밸리식 게임에서 벡이 아마추어였다고 평가했다. 벤처 투자자들은 벡의 절박함을 이용하여 로켓랩의 지분을 불리한 조건으로 다량 포기하도록 강요했다고 지적했다. 그 외에도 로켓랩은 첫 번째 로켓을 개발하고 비행하기까지 너무 오래 걸렸다. 켐프는 말한다. "우리는 돈을 모금하고 나서 발사했습니다. 투자자들은 이런 방식을 좋아합니다. 우리가 다시 자금을 모금해보니 아스트라에 대한 평가가 좋았습니다. 하지만 로켓랩은 우리 수준의 자금을 확보하는 데 5년이 걸렸습니다."

벡은 아스트라를 우습게 여겼다. 벡은 발사 실패 보고서를 읽고 아스트라에 관한 정보를 얻기 위해 사람들을 만났다. 벡에 따르면 아스트라는 시간을 낭비하고 로켓 제조에 필요한 엄격함을 갖추지 못했다. 벡은 또한 켐프를 솔직하지 못하고 위험할 정도로 무모하다고 생각했다. 벡은 말한다. "저는 아무거나 만들지 않습니다. 비행을 순전히 운에 맡기고 싶지 않다면 로켓랩을 이용하세요. 거칠고 불확실한 방식으로 만든 로켓이 필요하다면 아스트라의 로켓을 이용하게 두세요. 하지만 저는 천성적으로 그런 로켓을 못 만들어요."

로켓랩이 발사에 박차를 가하자 아스트라는 더 큰 로켓을 제작하며 스카이호크스트리트 건물 안에 거대한 새 공장을 짓는 데 주력했다. 2019년 2월까지 아스트라는 2만 3,000m² 규모의 건물을 개조하면서 동물의 사체와 수십 년 동안 쌓인 쓰레기를 모두 치우고 켐프의 친구들이 만든 버닝맨의 조각품을 들여왔다. 그 뒤 몇 달간 작업자들은 바닥과 벽을 흰색으로 칠하고 온갖 용접기와 금속 절단기를 들였다. 그런 다음 사람들이 컴퓨터로 작업할 수 있는 공간을 만들고 동시에 여러 대의 로켓을 제작할 수 있는 실제 조립라인을 개발했다. 아스트라 설립 이래 처음으로 직원들은 효율적인 작업 공간에서 일하게 되었고 이로 인해 회사에 대한 자부심이 생겼다.

켐프가 스카이호크 건물에서 사람들이 일할 수 있게 시 당국을 설득한 일은 엔지니어들이 로켓을 개발하는 일만큼이나 인상적이었다. 해군은 스카이호크에서 제트엔진을 수리하면서 엄청난 양의 페인트 희석제와 기타 화합물을 건물 토양 지하수에 버렸다. 수십억 달러를 들여 정화 작업을 한 결과 어느 정도 나아지기는 했지만 사람들은 여전히 화학 물질이 공기 중에 배출될까 봐 두려워했다. 시 당국과 직원들을 안심시키기 위해 켐프는 특수 에폭시로 바닥을 도포해 오염 물질의 배출을 막았다.

켐프는 이렇게 말한다. "기체크로마토그래피 기기를 구입해서 직접 운영하기 시작했습니다. 기체크로마토그래피는 영화 '고스트버스터즈'에 나오는 계측기처럼 생겼습니다. 3만 달러 정도하는데 제 책상과 직원들이 있는 곳에서 7분마다 공기를 포집해서 검사합니다. 트리클로로에틸렌, 벤젠 등 사람들이 우려하는 화학물질은 전혀 검출되지 않았습니다. 이곳 공기는 미국에서 가장 안전하고 깨끗합니다. 규제는 많을수록 좋습니다. 제가 빌리고 싶은 건물의 경쟁률이 그만큼 떨어지니까요."

오라이언에서와 마찬가지로 켐프는 시청이 승인하기 전에 스카이호크로 사람들과 장비를 옮기기 시작했다. 켐프는 말한다. "한번은 4월 1일까지 입주하겠다고 했더니 저를 감옥에 넣겠다고 하더군요. 그래서 이렇게 말했죠. '바로 그겁니다. 이제 말이 통화겠군요.'라고 대답했습니다. 제가 건물로 입주하겠다고 하니 그제야 시에서 요구 사항을 통보했습니다. 그들은 우리가 건물을 수리하는 데 몇 년씩 걸릴 줄 알았나 봅니다. 이게 바로 정부의 관료주의에 맞서는 아스트라의 거침없는 힘이에요."

스카이호크에 변전소를 설치하는 데 26주가 걸릴 것이라고 했지만 켐프는 1~2주 만에 끝낼 방법을 찾아냈다. 특정 기계를 설치하지 못하게 하거나 건물의 구조를 변경할 수 없다는 통보를 받으면 아스트라는 야간에 작업해버렸다. 그러면 시 공무원들은 보통 눈치채지 못하거나 알았다고 하더라도 상황을 되돌릴 수 없었다. 이렇게 신속한 움직임은 그만한 가치가 있었다. 시 당국은 아스트라에게 평방 피트(약 0.09m²)당 57센트의 임대료를 청구했는데 이는 앨러미다 지역 시세의 약 6분의 1이었다. 무엇보다도 아스트라는 시 당국과 임대료를 협상하여 규정을 준수하는 한 건물을 어느 정도 무료로 운영할 수 있었다.

기반 시설이 갖추어지자 아스트라는 건물을 최첨단 공장으로 바꾸기 시작했다. 아스트라 역사상 처음으로 입구에 의자와 잡지 그리고 벤션스 로켓 모형이 있는 제대로 된 로비를 갖추게 되었다. 공장 내부에는 유리창을 통해 진행 상황을 볼 수 있는 실제 관제 센터를 설치했다. 직원들의 책상은 관제 센터 옆에 발사 팀, 엔진 추진 팀, 항공전자 팀 등으로 나누어 배치했다. 공장 안쪽에는 엔진이나 안테나 등을 제작하는 작업장이 있었다. 한 작업장에 가니 로켓에 들어가는 모든 배선과 컴퓨터를 여러 개의 테이블 위에 펼쳐놓았다. 이렇게 하면 엔지니어들은 로켓의 내부 구조를 참조해 빠르게 소프트웨어를 업데이트하거나 새로운 부품을 테스트할 수 있었다. 공장 절반은 로켓을 제작하는 공간으로 사용했다. 이곳에서 대형 장비로 로켓의 연료 탱크와 페어링을 조립했다.

로켓 제작과 공장 개조를 동시에 진행하다 보니 로켓 발사가 늦어졌다. 처음 몇 년 동안 아스트라는 사상 최단 시간 내에 로켓을 만들어 날리기 위해 미친 듯이 달려왔다. 그러나 발사 실패로 아스트라는 신중해졌고 로켓3의 엔진과 본체를 더욱 보강했다. 직원들이 더는 알래스카 현지에서 테스트하기를 원하지 않았으므로 미리 테스트를 수행하기로 했다. 벤션스 시절과 마찬가지로 인근 비행장 대신 캐슬공군기지에서 엔진 점화와 같은 주요 테스트를 진행하기로 했다.▼ 이 모든 절차에는 시간과 돈이 필요했다.

로켓랩은 2019년 5, 6, 8, 10, 12월에 일렉트론을 추가로 발사했다. 로켓랩은 재사용이 가능한 로켓을 만들기 위해 비밀 프로그램도 공개했다. 그렇게 되면 로켓랩의 로켓 한 대당 발사 비용이 떨어지게 되므로 켐프는 다시 계산해야 했다. 이 모든 것이 켐프를 우울하게 만들었다.

2019년 말 아스트라는 로켓3의 설계를 완료했다. 직원들은 로켓3이 좀더 오래 비행하리라 확신했다. 로켓이 제대로 작동하는지조차 알지 못하는 상태에서 켐프는 스카이호크 공장을 최대한 활용하여 한 대가 아닌 여러 대의 로켓3을 제작하라고 지시했다. 아스트라는 놀라운 속도로 자금을 소진하고 있었지만 로켓랩이 성공적으로 로켓을 발사하면서 유리한 조건이든 불리한 조건이든 더는 자금을 조달하기가 어려워졌다.

켐프는 또한 더는 아스트라를 비밀리에 운영할 수 없다는 점을 인정해야 했다. 아스트라는 DARPA가 주최하는 '론치 챌린지Launch Challenge'에 출전하기로 했다. DARPA는 단 며칠 동안 로켓 2대를 서로 다른 위치에서 발사할 수 있는 로켓 제조업체를 찾기 위해 1,200만 달러의 상금을 내걸었다. 문제는 발사 위치와 탑재물을 참가자에게 미리 알려주지 않는다는 것이었다. 수십 개의 회사가 참가 신청서를 제출했지만 서류 심사 후 아스트라, 버진오빗, 벡터스페이스시스템에만 참가 자격이 주어졌다. DARPA는 이 대회를 2020년 초에 개최하고 대대적으로 홍보할 계획이었다.

▸ 인근 비행장에는 보는 눈이 많았고 테스트를 하기에는 기반 시설이 부족했다.

2020년 1월 말 스카이호크 공장에서는 긴장된 분위기 속에서 전 직원이 참가하는 회의가 열렸다. 마지막 발사 시도가 있은 지 1년이 지났고 자금은 점점 바닥나고 있었다. 임원진은 직원들에게 비용 관리의 중요성을 강조하기 위해 75in 스크린을 작업 현장에 설치하기로 했다. 스크린에는 각 팀의 주요 프로젝트와 관련한 정보가 표시되었다. 예를 들어 엔진 팀은 스크린 상단에 델핀이라는 엔진 이름과 벤 패런트와 케빈 르페버스를 비롯한 팀원들의 이름이 큰 글씨로 표시되어 있었다. 스크린 왼쪽에는 주요 작업을 완료하기까지 남은 시간을 표시하는 카운트다운 시계가 있었고 중간에는 팀의 역할에 따라 다음 주요 테스트와 관련된 카운트다운 시계가 있었다. 가장 오른쪽의 숫자는 다음 발사까지 남은 시간을 보여주었다.

시계 밑으로 팀의 월별 예산과 집행 금액을 보여주는 표가 있었다. 이 표를 보면 엔진 팀은 한 달에 4만 달러를 사용할 수 있는데 지금까지 3만 4,160달러를 지출한 것을 알 수 있다. 그 아래에는 팀에서 최근 구매한 장비 목록이 적혀 있다. 스크린 왼쪽에는 팔짱을 긴 화난 토끼가 그려져 있었는데, 이는 엔진 팀이 할 일이 많음을 의미했다. 이런 스크린은 발사 운영 팀에도, 1단 항공전자 팀에도 하나씩 설치되었다. 모든 팀이 마찬가지였다.

켐프는 여전히 아스트라가 필요한 만큼의 자금을 조달할 수 있다고 확신했지만 직원들은 그렇지 못했다. 많은 사람은 아스트라가 로켓을 발사할 자금이 거의 남아 있지 않다고 생각했다. 만약 앞의 로켓들처럼 또다시 폭발한다면 아스트라는 파산할 게 뻔했다. 하지만 켐프는 로켓이 작동하리라 확신했으므로 폭발로 회사를 살리기 위해 구걸하느니 발사에 성공해 유리한 위치에 있을 때 자금을 조달하는 편이 낫다고 생각했다. 하지만 불길하게도 DARPA 론치 챌린지에서 아스트라의 라이벌인 벡터스페이스시스템이 첫 로켓을 날려보지도 못하고 12월에 파산 신청을 했다.

자금이 줄어들자 런던은 맥킨지에서 컨설턴트로 일한 경험을 살렸다. 런던은 상시 재정을 관리하며 간식과 공구 상자를 더 저렴하게 구입할 방법을 찾기 시작했다. 그러면서도 런던은 친구를 만나서는 더는 자금을 조달할 수 없어 아스트라가 곧 벡터스페이스시스템과 같은 운명을 맞이할 것이라고 말했다.

전 직원회의는 관제 센터 바로 밖에 있는 급식실에서 열렸다. 뷔페식 식사에 익숙한 직원들은 일회용 포장 용기에 담긴 저렴한 도시락을 하나씩 집어 들고 자리에 앉아 켐프를 비롯한 임원들의 말을 들었다. 많은 직원이 몇 주 동안 쉼 없이 일해 지칠 대로 지친 상태였다. 그래도 최근 몇 가지 테스트는 순조롭게 진행되었고 조금만 더 밀어붙이면 로켓 3을 알래스카로 보낼 수 있을 것 같았다.

켐프 자, 시작하겠습니다. 여러분은 지난 몇 주 동안 정말 많은 일을 해냈습니다. 저는 그 어느 때보다도 우리 회사에 기대하는 바가 큽니다.

여러분도 알다시피 애덤과 저는 여러분이 시험실 안에 있는 동안 사무실에서 로켓을 코디액으로 보내기 전 어떻게 하면 최대한 시간을 벌 수 있을지 고민하며 많은 시간을 보냈습니다.

지난 분기에는 월평균 550만 달러를 지출했습니다. 예상보다 이렇게 지출이 많다는 사실을 분기 중반쯤에 알게 되었습니다. 우리는 그동안 이 문제를 두고 많은 이야기를 나눠왔습니다.

우리는 프로그램 집행과 인력에 큰 변화를 주지 않고 전반기를 버틸 만한 현금을 확보하려고 노력 중입니다. 예산 계획서를 보고 4분기 계획이 완전히 빗나갔음을 알았습니다. 이는 솔직히 엉성한 계획과 로켓 발사 준비를 위한 필수 작업이 복합적으로 작용한 결과였습니다. 누구의 잘못도 아닙니다. 계획을 잘못 세웠을 뿐입니다. 계획을 개선하자니 여러분의 의견이 필요했습니다. 지금은 개선 방안이 생겼습니다.

저는 이 경험에서 배운 모든 것을 개인적으로 오류 일지에 기록하고 있습니다. 원하시면 볼 수 있습니다. 모든 임원진은 이번 일을 진지하게 되돌아보길 바랍니다.

이제 우리는 돈과 시간을 제대로 써야 합니다. 팀이 작업을 완료하기 위해 더 많은 돈이 필요한데 예산 부족으로 무언가를 살 수 없는 일은 없었으면 좋겠습니다. 문제가 발생하기 전에 미리 예산을 재할당하고자 합니다. 제게 성공이란 필요한 사람에게 돈이 돌아가도록 하는 겁니다. 여유 자금은 없습니다. 우리는 앞으로 6개월 동안 이 난관을 잘 헤쳐 나가야 합니다. 저는 최대한 많은 자금을 모금하여 우리 계획이 잘 마무리되도록 하겠습니다.

예산이 부족하면 불평하지 말고 관리자에게 우려 사항을 알려주기 바랍니다. 투명하게 소통하고 함께 책임져야 합니다. 성공적 발사를 위해서라면 여러분을 최대한 돕겠습니다. 발사에 성공하면 아스트라는 번성할 겁니다. 이제 애덤이 말할 차례군요.

런던 처음부터 투명하게 소통했어야 했는데 부족했습니다. 죄송합니다. 개선해나가겠습니다.

1월 현재 수정된 계획에 따르면 상황이 그렇게 나쁘지만은 않습니다. 오늘 아침까지 우리는 약 250만 달러를 지출했으며 이달 말까지 급여로 100만 달러를 더 지출할 예정입니다. 지출액 중에는 연초에 집행하는 알래스카의 발사대 사용료 50만 달러가 포함되어 있습니다. 따라서 실질적으로 지금까지 지출한 금액은 200만 달러지만 주의해야 합니다. 공급업체에 지급하는 대금이나 현금 사용에 주의를 기울여야 합니다. 아스트라는 항상 업계에 도움이 되려 노력한다는 점을 기억해주십시오. 혹시 우리가 그렇게 하지 않는다고 생각하면 제게 직접 말해주십시오.

저는 우리가 로켓 발사에 필요한 도구들을 충분히 가지고 있다고 생각합니다. 혹시 부족한 게 있다면 알려주십시오. 그리고 오늘처럼 점심과 간식에도 약간의 변화가 있을 겁니다. 일주일에 두 번은 오늘처럼 도시락으로 점심을 제공합니다. 1인당 한 끼에 평균 5달러로 저렴합니다. 그래서 조금 차이가 있을 겁니다. 고기 요리도 2종류에서 하나로 바꿉니다. 샐러드바는 훌륭하다고 생각해서 일주일에 3일은 계속 운영할 예정입니다. 저녁 식사 역시 계속해서 제공합니다. 간식은 코스트코에서 구입하기로 했습니다.

전반적으로 보면 사소한 조치지만 그 덕분에 식비의 3분의 1을 절약할 수 있습니다. 작년에 우리는 약 150만 달러를 식비로 지출했습니다. 따라서 올해는 약 100만 달러 정도 나올 겁니다.

아스트라는 궤도에 오를 세 번의 기회를 제공하기 위해 모든 노력을 다하겠습니다. 저는 우리가 지금 제대로 된 방향으로 나아가고 있다고 생각합니다. 스트레스가 많다는 것을 알고 있습니다. 우리 모두 무척 열심히 일하고 있다는 사실도 잘 압니다. 우리는 방향을 제대로 잡았고 잘 되리라 생각합니다.

사람들이 할 수 있는 일의 양에는 한계가 있습니다. 그리고 그 한계에 접근하고 있다면 사람들에게 알려야 합니다. 짧게라도 휴식을 취하는 편이 낫습니다. 피곤하면 효율이 그만큼 떨어져 시간이 더 듭니다. 우리 팀은 규모가 큽니다. 필요하면 누구나 하루나 이틀 정도는 쉴 여력이 있습니다.

3주 연속 근무했다면 하루나 이틀의 휴가를 얻어 쉬기 바랍니다. 이는 관행으로 굳어져야 합니다. 5일까지는 발사대를 선적하고 11일에는 로켓을 보내야 합니다. 우리는 책임 여하를 막론하고 서로 도와야 합니다.

켐프 로켓 발사를 위해 계속 노력합시다. 우리는 재정적 측면과 아울러 여러분의 가족과 투자자, 고객이 지켜보는 가운데 이번 발사에서는 기대치를 최대한 낮추려고 합니다. 다음 발사도 마찬가지입니다. 그래야만 우리가 기대치를 뛰어넘을 가능성이 커집니다.

로켓3이 작동하지 않으면 소규모 팀을 구성해 이유를 알아내고 문제를 해결한 다음 가능한 한 빨리 발사할 예정입니다. 그러나 수십억 달러를 모금하고 무한정 시간을 할애할 수는 없습니다. 마감일은 중요합니다. 마감일은 집중력을 발휘하게 합니다. 우리가 계속해서 훌륭한 일을 하고 우리가 한 일을 세상에 알릴 수 있다면 다른 항공우주 회사와 차별화될 겁니다.

우리는 극단적인 조치를 취하지 않고서도 이 어려운 상황을 극복하고 세 번의 발사 기회를 성공시킬 수 있습니다. 회사의 지배권을 바꾸지 않고 투자자에게 지배권을 주지 않고 직원을 해고하지 않고도 말입니다. 우리 모두 함께한다면 로켓 발사를 위한 큰 변화는 필요 없을 겁니다. 로켓을 발사합시다. 우리는 반드시 해낼 겁니다.

2020년 3월 2일에 '론치 챌린지'가 본격적으로 시작되었다. DARPA는 아스트라 본사에 촬영 팀을 파견하여 로켓3의 발사 준비를 촬영했다. 아스트라의 핵심 직원이나 투자자, 가족 외에는 누구도 건물 안에 들어와 로켓 발사와 관련한 작업을 본 적이 없었지만 이번에 처음으로 인터넷을 통해 전 세계에 방송될 예정이었다. 이에 따라 아스트라는 약 100명의 손님을 초대해 파티를 열고 본사 로비에서 대형 스크린으로 발사 과정을 지켜보게 했다. 로켓3은 한 달 전 알래스카로 이동하여 전과 마찬가지로 시련과 고난을 겪었다. 그사이 벡터스페이스시스템은 파산했고 버진오빗은 '론치 챌린지'에서 완전히 손을 뗐다. 따라서 아스트라만이 유일한 참가자가 되었다. 로켓을 성공적으로 발사하면 DARPA로부터 200만 달러를 받고, 3월 18일까지 두 번째 발사를 성공시키면 1,000만 달러를 추가로 받게 된다.

DARPA는 대회 취지와 달리 모든 것을 아스트라에게 유리하게 진행하여 논란을 야기했다. 원래 DARPA는 참가자들에게 촉박한 일정으로 첫 번째 발사 장소를 통보하여 로켓을 비롯한 관련 시설을 먼 곳으로 배송하는 능력을 테스트하려는 계획이었다. 그래서 두 번째 발사 장소는 첫 발사 장소와 완전히 다른 곳이어야 했다. 그런데 DARPA는 알래스카에서 발사가 진행될 예정이라고 아스트라에 미리 알려주어 홈그라운드의 이점을 제공했다. 게다가 두 번째 발사도 알래스카에서 할 수 있다고 통보했다. 여러 분야의 이해관계자들이 개입하여 단일 경쟁자만 참석하는 이 대회를 성공으로 이끌고 싶은 의도가 분명해 보였다.

DARPA는 원래 아스트라에게 발사 기간을 넉넉하게 주었지만 눈보라와 함께 기술적 문제가 발생하여 시간은 더욱 지연되었다. 이제 아스트라는 200만 달러를 받으려면 3월 2일에는 발사해야 했다. 그래야 더 큰 상금도 노릴 수 있었다. 그렇지 않으면 DARPA는 대회를 취소할 것이다.

아스트라 직원들은 하루라도 빨리 로켓을 발사하고 싶었다. 많은 직원이 4개월 동안 쉬지 않고 엄청난 스트레스를 받으며 로켓과 씨름했다. 오라이언 건물의 로비에서 전채 요리를 먹으며 술잔을 기울이는 사람들은 아스트라 팀이 하는 고생이나 과거의 고난과 노력을 거의 몰랐다. 외부인 대부분은 모든 일이 순조롭게 진행되리라 예상했다.

처음에는 발사 당일이 특별한 날이 될 것만 같았다. 아스트라는 1시간 빨리 발사 카운트다운을 시작했고 시계는 0을 향해 계속 움직였다. 갑자기 문제가 생겨 여러 번 중단되었던 과거의 발사와 달리 이번에는 모든 일이 순조로웠다. 그 무렵 나는 아스트라의 로켓 발사에 냉소적이었다. 하지만 진행 상황을 보고 약간 놀랐다. 시간이 갈수록 비관적인 예상은 완전히 사라지고 내 몸은 아드레날린으로 가득 찼다. 나는 믿고 싶었다.

당시 나는 기대에 찬 아스트라 투자자 옆에 서 있었는데 카운트다운 시계가 갑자기 52초에 멈추었다. 로켓 유도 시스템 중 하나가 말이 안되는 데이터를 전송하기 시작했다. 발사팀은 정보를 분석하고 계속해도 되는지 확인하는 데 시간이 필요했다.

1시간 후 아스트라의 엔지니어들은 센서가 오작동하고 있다고 보고했다. 데이터상 로켓이 기울어졌거나 크게 움직였다고 되어 있었지만 로켓은 발사대에 버젓이 서 있었다. 센서를 수리하려면 종일 걸릴 것이고 그렇게 되면 '론치 챌린지'에서 우승하지 못할 것이다. 그래도 다른 시스템이 잘 작동하면서 불안정한 부분을 보완하여 로켓이 정상적으로 발사될 가능성은 충분했다. 톰슨과 켐프는 평소처럼 대응 방안을 두고 다투었다. 로켓은 톰슨의 분신 같은 존재였다. 톰슨은 로켓을 폭발시키고 싶지 않았다. 하지만 켐프는 로켓을 날려 대회에서 우승하고 싶었다. 결국 아스트라는 발사를 중단했고 모든 DARPA 관계자와 초대 손님은 실망한 채 자리를 떴다.

발사 일정이 종료된 후 아스트라는 몇 주에 걸쳐 고장 난 부분을 수리하고 추가 검사를 진행했다. 3월 24일에 아스트라는 다시 발사할 준비를 완료했다. 이번에는 예전의 비밀스러운 방식으로 돌아가 아무에게도 발사를 알리지 않았다. 회사를 위한 최선의 선택이었을 것이다.

발사 전날 아스트라 엔지니어들은 평소와 마찬가지로 일련의 테스트 과정을 거쳤다. 시간이 지나면서 로켓 발사에 꼭 필요한 헬륨이 부족해지기 시작했다. 결국 2단 로켓에 있는 헬륨을 테스트 중인 1단 로켓으로 옮기기로 했다. 그러나 평상시보다 더 오래 냉각된 헬륨을 1단 로켓에 주입하자 플라스틱 밸브가 저온을 견디지 못하고 열린 상태에서 얼어버렸다. 너무 많은 양의 헬륨이 탱크로 쏟아져 들어와 금속 탱크가 감당할 수 없을 정도로 압력이 높아졌다. 결국 로켓은 발사대 위에서 폭발하고 말았다.

알래스카 주민은 폭발을 알아차렸고 코디액에서는 뉴스로 보도되었다. 태평양우주기지 관계자들은 이상 현상이 발생했다고만 발표했다. 켐프는 테스트 중 폭발이 발생해 로켓이 손상되었다고만 말했을 뿐 다른 자세한 내용을 밝히지 않았다.

폭발은 최악의 결과를 초래했고 아스트라 직원들은 절망했다. 폭발의 원인은 태만과 값싼 부품 때문이었다. 아스트라는 로켓에 스테인리스스틸 밸브 대신 저렴한 플라스틱 밸브를 사용했다. 로켓3은 단 1초도 날지 못했으므로 데이터도 남기지 못했다. 이제 다시 로켓을 날리려면 새로운 로켓이 완성되기를 기다려야만 했다.

26.   피, 땀, 눈물

크리스 켐프는 다시 로 켓을 발사하고 싶었지만 세상은 다르게 생각했다. 아스트라 직원들은 지난 발사의 실패로 교만함을 버리는 동시에 수치심을 느꼈다. 로켓이 일상적인 테스트 중 폭발했을 뿐만 아니라 이로 인해 이동식 발사대도 날려버렸다. 스페이스X의 모든 영광을 안고 온 크리스 톰슨이 로켓3의 모든 것을 맡아 진행했다. 사람들은 알래스카에서 무슨 이유로 위험하게 냉동 헬륨을 다른 탱크로 이동시켰는지 궁금해했다. 현장에 퍼진 소문에 따르면 톰슨이 화장실에 가서 자리를 비운 사이에 그 같은 결정이 내려졌다고 했다. 로켓이 폭발할 때 톰슨이 화장실에 있었던 것은 사실이다.

다시 알래스카로 돌아가려면 로켓3.1로 여러 테스트를 해야 했고 이동식 발사대를 처음부터 다시 만들어야 했다. 그러나 코로나19가 전 세계를 덮치며 그렇지 않아도 어려운 작업이 더 어려워졌다. 부품 선적은 지연되었고 여러 협력업체는 공장 가동을 중지했다. 액체산소값은 급등했다. 병원에서 환자를 살리기 위해 대량으로 액체산소를 구매했기 때문이다.

아직 입증된 기업은 아니었지만 국방부는 아스트라를 다른 여러 우주 관련 회사와 마찬가지로 국가 안보에 중요한 기업으로 지정했다. 그 덕분에 아스트라는 정부에서 각종 면제를 받아 폐업은 면할 수 있었다. 하지만 코로나19의 확산을 막기 위해 직원을 15%만 출근시켰다. 아스트라는 또한 비용을 절감하기 위해 직원의 약 20%를 해고했다. 회사를 운영하는 데 매월 수백만 달러가 필요했지만 코로나19 발생 초기에는 추가 자금을 조달하기가 거의 불가능했다. 세계경제의 미래가 불투명해지자 공포에 쌓인 투자자들은 수중에서 현금을 놓으려 하지 않았다.

이런 문제들로 아스트라는 2020년 9월이 되어서야 로켓을 제작하고 테스트해서 알래스카로 보낼 수 있었다. 9월 12일에 스카이호크에서 마스크를 쓴 직원 몇몇이 최신 로켓을 우주로 보내기 위한 작업에 동참했다.

발사 책임자인 크리스 호프만이 관제 센터에 앉아 발사를 지휘했다. 호프만은 주황색 모호크 머리를 해 쉽게 눈에 띄었으며 컴퓨터 옆에 놓인 진통제와 제산제들은 일이 주는 스트레스를 고스란히 보여주었다. 호프만은 아스트라가 20차례 이상 발사와 폭발, 발사 중지 과정을 거쳤다면서 "이제는 발사해야 합니다."라고 말했다.

스카이호크에 직원이 얼마 안 되니 평소보다 긴장감이 떨어져 편안하게 느껴졌다. 관제 센터 외부에 대기 중인 인원은 문제를 해결하거나 나중에 데이터를 분석해야 하는 핵심 직원뿐이었다. 브라이슨 젠타일은 축하할 일에 대비해서 아침 일찍 맥주를 사러 나갔다. 하지만 분위기는 회의적이었다. 직원들은 지속해서 로켓을 개선해왔지만 여전히 매일

매일 새로운 문제가 발생한다고 불평했다. 전날 밤 헬륨 누출로 발사가 중단되었는데 이는 이전에 문제가 전혀 없어 한동안 손대지 않았던 부품에서 발생한 문제였다.

벤션스 출신 베테랑 맷 리먼은 조용히 나에게 다음 직장은 항공우주 분야가 아닐 것이라고 말했다. "저는 수년간 애덤과 함께하면서 모든 걸 다 지켜봤습니다. 하지만 종종 회의가 들더군요. 이게 다 무슨 소용이 있는지 모르겠습니다. 이미 우주에 GPS 위성과 감시 시스템이 있습니다. 우리는 우주 인터넷을 만들 수 있지만 그게 없어도 이미 필요한 영상은 넘칩니다."

켐프는 평소보다 더 날씬해 보였다. 7일 동안 물만 마시는 단식 다이어트로 체중을 감량했다. 코로나19가 만연해도 켐프는 최근 일론 머스크와의 모임에 참석했으며 그 만남이 행운을 가져다주기를 바랐다. "로켓을 발사하기만 하면 모든 것이 나아질 겁니다."라고 켐프는 말했다. 그때 누군가 관제 센터에서 위스키를 들고나와 쓰레기통에 부어버리더니 다시 안으로 돌아갔다.

금요일 오후에서 저녁으로 넘어가면서 아스트라는 로켓을 발사할 시점에 도달했다. 카운트다운이 다시 시작되었다. 로켓은 다시 발사되었지만 이번에는 실패 방식이 새로웠다. 발사되자마자 로켓은 정해진 비행 경로가 아닌 반대 방향으로 나가는 듯했다. 발사한 지 얼마 되지 않아 태평양우주기지 관계자들은 로켓이 코디액섬으로 떨어지지 않도록 비상 버튼을 눌러 비행을 종료시켰다.

발사 후 아스트라는 트위터에 다음과 같이 올렸다. "발사와 이륙에는 성공했지만 1단이 불타며 비행이 종료되었습니다. 하지만 정상적인 비행시간은 많이 확보한 것 같습니다. 앞으로 더 많은 소식 전하겠습니다!" 잠시 후 열린 인터넷 기자회견에서 켐프는 이번 발사를 "아름다운 발사"라고 선언했다. "우리가 이룬 성과가 매우 자랑스럽습니다. 처음부터 대량생산을 염두에 두고 로켓을 설계했습니다. 캘리포니아 공장에서 대량으로 생산할 수 있다고 생각합니다."

하지만 공장에 모여 비공개로 발사를 분석하던 직원들은 다른 의견을 제시했다. 리먼이 말했다. "정말 끔찍한 일이 일어날 뻔했습니다. 엉뚱한 방향으로 날아갔어요." 로켓은 이륙하고 몇 초 후부터 엔진이 지시를 거부하는 듯 흔들리기 시작했다. 직원 대부분은 소프트웨어 오류로 로켓이 역방향으로 비행했거나 아니면 방향 센서가 거꾸로 설치되었을 가능성이 높다고 생각했다. 이는 누군가 유도 시스템에 엉뚱한 좌표를 입력하는 일과 같은 아주 기본적인 실수였을지도 모른다. 원인이 무엇이든 참사가 발생했다.

런던은 실망했지만 그나마 안전한 곳에서 폭발했다는 사실에 안도했다. "엄청난 불길이 타오르면서 연료가 전량 소진되었습니다. 환경을 생각하면 매우 다행입니다." 유도 시스템은 결국 제대로 작동했으므로 안전 요원이 폭발시키지 않았다면 로켓은 임무를 완수했을 것이라며 런던은 아쉬워했다.

먼 곳에서 지켜보던 피터 벡은 이번 실패를 계기로 더는 켐프가 로켓랩의 로켓이 과잉 설계되었다고 비난하지 않기를 바랐다. 또한 아스트라가 완전히 망하는 것은 아닌지 궁금해했다. "지금쯤이면 자금이 바닥나지 않았을까요?"라고 벡이 내게 물었다.

예전 같았으면 이번 폭발은 아스트라의 몰락으로 이어졌을지도 모른다. 머스크와 스페이스X 이전에도 몇몇 백만장자들이 로켓 사업에 손을 댔지만 시간이 흘러도 재산만 갉아먹자 대부분 포기했다. 어차피 성공한다는 보장도 없었다. 미국 정부와 나사라는 강력한 경쟁자가 자신들의 우주 프로그램을 철저히 보호했다. 게다가 로켓 발사로는 수익이 많이 나지도 않았다. 사람들은 그저 하고 싶어서나 남아 도는 돈을 재미 삼아 쓰고 싶어서 로켓에 눈을 돌리는 듯 보였다. 머스크도 네 번째 로켓이 성공하지 않았다면 아마 항공우주산업을 떠났을 것이다.

비록 아스트라의 은행 잔고가 위험한 수준까지 떨어졌지만 켐프는 일을 계속 진행할 수 있었다. 벤처 투자자들이 우주산업의 기회를 보고 몰려드는 새로운 시대였고 켐프는 그들이 무엇을 원하는지 잘 알았다. 켐프는 아스트라의 모든 로켓을 '베타' 프로젝트라고 발표했다. 아스트라의 로켓은 스타트업이 웹이나 스마트폰에서 테스트하는 소프트웨어와 다를 게 없었다. 작동할 때도 있고 안 할 때도 있었다. 중요한 것은 될 때까지 계속 전진하는 것이었다.

물론 아스트라의 고통을 지켜보는 업계 사람들은 더 냉정한 의견을 내놓았다. 로켓을 가능한 한 빨리 만들어서 발사하며 배워나가겠다는 아스트라의 초기 발상은 물론 매력적이었다. 하지만 사람들은 아스트라의 더딘 성장을 아쉬워했다. 이쯤 되면 성과가 있어야 했다. 로켓에 관한 한 아스트라의 발사체는 비교적 작고 간단했다. 폭발하더라도 최소한 몇 분은 비행해서 다음을 위해 유의미한 데이터를 남겨야 했다. 문제는 아스트라 팀이나 로켓 제작 방식 또는 둘 다에 있는 듯했다.

하지만 아스트라는 깊은 성찰을 하거나 작업 방식을 점검할 시간이 없었다. 그저 지난 로켓을 폭발시킨 기본 실수를 찾아내 공장 바닥에서 출시를 기다리고 있는 로켓에 반영한 다음 알래스카로 보냈다.

12월 15일에 크리스 호프만은 또 한 번의 카운트다운을 하고 로켓 3.2를 발사했다. 그리고 이번에는 기적처럼 오랜 시간을 날았다. 예정대로 1단 로켓이 떨어져 나가고 2단 로켓의 엔진이 점화되면서 궤도에 진입했다. 크리스 켐프와 크리스 톰슨은 오랫동안 서로 반목했지만 스카이호크의 관제 센터에서 마스크를 썼는데도 열광적인 비명을 지르며 서로 포옹했다. 로켓에 탑재된 카메라는 뒤로는 지구를, 앞으로는 검은 우주를 보여주었다.

몇 초간 환호의 순간이 지나고 직원들은 다시 발사에 집중했다. 발사는 순조롭게 진행되었지만 완벽하지는 않았다. 로켓은 목표에 거의 도달했지만 연료가 바닥났다. 민간 자금으로 제작된 로켓 중 가장 빠른 속도로 우주에 진입했지만 궤도에는 진입하지 못했다. 성공과 실패가 뒤섞인 기묘한 순간이었고 켐프를 제외하고는 이를 어떻게 받아들여야 할지 아무도 몰랐다.

켐프는 말했다. "올해는 정말 힘든 한 해였습니다. 연말을 승리로 마감했다는 사실이 중요합니다. 많은 사람이 이 프로젝트에 피와 땀과 눈물을 쏟아부었다고 생각합니다. 우리에게는 다시 시도할 자금이 있습니다. 우리에게는 또 다른 로켓이 있습니다. 그렇다고 해도 모두가 돌아와 또다시 시도하기는 쉽지 않았을 겁니다."

그 후 켐프는 로켓랩과 같은 경쟁사들이 처음으로 우주에 도달하는 데 몇 년씩 걸렸다고 말하며 칭찬 아닌 칭찬을 하기 시작했다. "솔직히 말해서 저는 그들이 대단하다고 생각합니다. 8년 또는 10년 동안 팀에 동기를 부여하고 영감을 주기가 보통 어려운 일이 아니었을 겁니다."

2021년 1월이 되자 켐프는 정말로 준비되었다는 것을 느꼈다. "로켓은 그대로 유지합니다. 이제는 생산 단계로 넘어갑시다. '닥치고 전진'입니다. 올여름에 첫 탑재물을 쏘아 올린 다음 곧바로 매달 로켓을 발사할 예정입니다."

아스트라는 스페이스X와 마찬가지로 두 번째 발사 기지를 건설하여 더 많은 발사 기회를 제공하겠다는 계획을 세우고 그 후보지로 콰절레인을 점찍었다.

켐프는 말했다. "콰절레인까지는 매우 멉니다. 비행기가 있으면 모든 게 쉬어질 거예요. 우리에게는 이제 발사 기지 팀이 있습니다. 마치 스타벅스 매장을 선택하듯 골라가면 됩니다. 물론 여러 요소를 고려해야 합니다. 비용은 얼마나 드는지, 근처에 C-130 수송기가 착륙할 만한 공항이 있는지, 현지 규제 조항은 어떻게 되는지 등을 따져봐야 합니다. 기지 건설을 위해 현지 당국의 승인을 몇 가지 더 받아야 합니다. 우리 계획은 처음에는 전국적인 네트워크를 구축한 다음 세계 곳곳에 발사대를 세우는 겁니다. 발사 기지 건설은 그저 콘크리트 발사대를 만들고 그 주위에 울타리를 둘러싸면 끝입니다."

이 모든 것에 많은 돈이 들지만 최근 발사로 비용 문제를 해결했다고 켐프는 주장했다. 로켓이 발사된 직후 켐프가 투자자들에게 문자메시지를 보내자 현금이 도착하기 시작했다. "돈이 뭉텅이로 들어왔습니다."라고 켐프가 말했다.

이 절반의 성공은 또한 켐프가 아스트라에 관해 이야기하는 방식에도 변화를 가져왔다. 그는 여전히 로켓의 대량생산을 내세웠지만 새로운 항목을 추가했다. 소프트웨어업계에서 일한 경험을 살려 켐프는 아스트라를 플랫폼 기반 기업으로 만들겠다고 발표했다. 단순한 플랫폼이 아니라 지구상의 삶을 개선하는 데 초점을 맞춘 플랫폼을 만들겠다고 이야기했다.

켐프는 말한다. "미래가 어떻게 펼쳐질지 이제 더 잘 보입니다. 화성 정착과 같은 이야기를 하려는 게 아닙니다. 그 일은 일론이 하겠죠. 저는 아스트라만이 할 수 있는 이야기를 들려줄 수 있도록 노력하겠습니다. 그리고 이는 정말로 어머니 같은 지구에 관한 이야기가 될 겁니다. 지구상의 삶을 개선하는 겁니다."

아스트라는 항상 스스로를 우주의 페덱스라고 생각하고 그렇게 표현해왔다. 매일 새로운 위성을 저렴한 비용으로 궤도에 올릴 것이라고 했다. 켐프는 이제야 자신의 임무를 설명하는 정확한 표현을 찾았다. 억만장자들은 먼 곳으로 사람과 물건을 보내고 지구를 떠나려 했지만 아스트라는 지구를 포용할 계획이었다.

켐프는 이렇게 말한다. "우리는 새로운 개척자들이 우주에서 새로운 무언가를 건설할 수 있게 도울 겁니다. 플래닛랩스는 시스템을 작동시키는 데 10년이라는 시간과 10억 달러의 비용을 들였습니다. 여기에 도브를 30차례에 걸쳐 개선하는 과정도 있었습니다. 플래닛랩스 이후 우주 관련 기업이 400곳이나 들어섰습니다. 이들 기업은 수십억 달러를 모금했습니다. 엄청나게 많은 돈입니다. 모두 지구에 초점을 맞추고 있습니다. 지구상의 사물을 연결하고 지구의 사물을 관찰하고 있습니다. 이들은 하나같이 지구상의 삶을 개선하겠다고 말합니다.▾ 가장 중요한 것은 어떤 아이디어라도 가능하게 만드는 겁니다. 기숙사 방구석에서 탄생한 아이디어라도 우주로 나갈 수 있게 해야 합니다. 우리는 우주로 나가는 비용을 줄여서 그 위대한 꿈이 이루어지게 할 수 있습니다."

켐프는 내게 자신의 생각을 말하며 점검하고 있는 게 분명했다. 그는 이번 발사를 계기로 아스트라가 다음 단계로 넘어갔으며 앞으로는 단

▸ 아스트라는 심지어 '우주에서 지구상의 삶을 개선한다Improve Life on Earth from Space'라는 문구를 상표로 등록했다.

순히 로켓을 대량생산하겠다는 것 이상의 더 큰 메시지가 있어야 한다고 느꼈다. 켐프는 무언가를 생각하며 회사의 진화를 준비하고 있었다. "엄청난 변화가 일어나고 있습니다. 그리고 그 변화의 뒤에는 정말로 위대한 사람들이 있습니다."

27.

그래도 목적지는 우주

2021년 1월 말 어느 일 요일 오후 크리스 켐프는 전화로 기쁜 소식을 알려왔다. 2월 2일에 아스트라가 나스닥에 상장되어 거래소에서 주식 거래를 시작한다고 했다. 평상시 같았으면 아스트라의 상장은 말도 안 되는 일이었지만 때가 때인지라 가능했다.

코로나19가 퍼지기 전 월스트리트의 천재적 투자자들은 수익은 거의 없지만 그 미래가 장밋빛으로 가득하다고 떠들어대는 기업에 투자하는 금융 상품에 빠져들었다. 투자자들은 이른바 스팩SPAC이라고 하는 기업인수목적회사special purpose acquisition company 투자에 눈을 돌렸다.

스팩을 만들기 위해서는 몇몇 부유한 사람이 모여 돈을 모으고 미래에 회사를 인수하겠다고 선언만 하면 되었다. 즉, 스팩 자체는 아무것도 하지 않으며 단지 수억 달러에 달하는 현금이 모인 풀에 불과했다. 현금 풀을 모은 사람은 밖으로 나가 인수할 회사를 찾은 다음 스팩에 합병하여 단일 기업으로 만들었다. 이 상품의 말도 안 되는 특징 중 하나는 다른 회사를 인수하기도 전에 주식시장에서 거래될 수 있다는 점이다. 투자자는 누가 현금 풀을 모았는지 볼 수 있었고 그 모금자가 똑똑하거나 대단해 보이면, 모금자의 배경이 마음에 들면 스팩 주식을 사서 그 풀이 결국 흥미로운 뭔가를 찾기를 바랐다.

그동안 사람들은 항상 스팩을 의심의 눈초리로 바라보았다. 수십 년 전부터 존재한 스팩은 사기성이 농후한 금융 상품 중 하나로 여겨졌다. 과거에는 주로 절박한 사람들이 스팩을 이용하여 의심스러운 회사를 인수해서 그럴듯하게 꾸민 다음 순진한 투자자들에게 특별한 기업인 양 발표했다. 종종 그 과정에서 투자자들은 전 재산을 잃기도 했다.

하지만 2019년 무렵부터 실리콘밸리와 월스트리트 사람 가운데 일부는 스팩에 대한 새로운 관점을 제시하고 평판을 바꿀 수 있다고 생각했다. 이들은 현재는 수익성이 없지만 언젠가는 거대한 제국으로 변모할 기술 기업이 많다고 했다. 투자자에게는 일찌감치 투자하여 기업의 성장과 함께 이익을 얻을 기회를, 기업에는 빠른 성장을 위해 대규모로 자금을 조달할 기회를 준다고 했다.

일반적으로 기업은 상장 전에 적어도 몇 년 동안은 수익을 내고 성장률을 높여야 한다. 미국은 규정상 상장 기업의 미래 재무 성과에 대해 투기하는 것을 금지하고 있기 때문이다. 투자자는 과거 재무 재표를 바탕으로 회사를 평가하고 향후 방향을 추측해야 한다. 지난 몇 년간의 성과가 좋을수록 그 기업은 상장할 때 투자자의 선택을 받을 가능성이 높아진다.

그러나 월스트리트는 때때로 이렇게 당연한 절차를 무시했다. 월스트리트는 스팩과 그들이 인수한 회사의 미래 성과를 과대광고해 투자자를 극도의 흥분 상태로 몰아넣었다. 5년 안에 약으로 암을 치료하겠다는 기업이나 지구온난화를 해결하겠다는 기업이 나타나 매출이 2, 3, 5배로 증가한다고 했다.

스팩은 사실상 모든 투자자가 벤처 투자가인 양 행동하게 한다. 투자자는 위험한 회사에 투자하고 그 회사가 정말로 크게 성공하기를 바랄 수 있다. 물론 이는 주식시장을 운영하는 안정적인 방법은 아니다. 많은 투자자는 여러 가지 이유로 자신이 구매하는 주식의 위험성을 이해하지 못한다. 하지만 뭐가 문제인가? 부자들은 더 많은 돈을 벌기를 원했고 코로나19 팬데믹 동안 불안정하고 혼란스러웠던 금융시장은 스팩의 부활을 정당화했다.

홀리시티라는 스팩이 아스트라의 투자자로 밝혀졌다. 홀리시티는 통신업계 전설이자 억만장자 크레이그 맥코가 1년 전 설립한 스팩이다. 맥코는 빌 게이츠를 포함한 몇몇 지인에게서 3억 달러를 모금하고 블랙록이라는 투자사가 2억 달러를 추가로 출연하여 아스트라를 지원하고 상장하는 데 사용했다.

계약에 따라 아스트라는 먼저 홀리시티와 합병한 다음 여러 달에 걸쳐 몇 가지 걸림돌로 작용하는 사소한 규정을 제거한 후 나스닥에서 ASTR이라는 종목 코드로 거래를 시작했다. 홀리시티는 이미 상장사였다. 따라서 투자자들은 여러 당사자가 합병 거래를 마무리하는 데 필요한 서류 직업을 마치고 나서야 아스트라의 주식을 매입할 수 있었다. 켐프가 2월 2일 합병을 발표하자 홀리시티의 주가는 10.34달러에서 15.00달러로 급등했고 주말에는 19.37달러까지 올랐다. 거의 파산 직전까지 갔던 아스트라는 기업 가치가 며칠 만에 20~40억 달러로 상승했다.

상장 발표를 앞두고 진행된 대화에서 켐프는 내게 스팩이 허용하는 모든 것을 활용해서 아스트라의 밝은 미래를 열어가겠다고 했다. 잠재적 투자자에게는 아스트라의 로켓이 궤도를 벗어났지만 회사는 문제를 파악했다고 알릴 계획이라고 했다. 아스트라는 6월에 다시 로켓을 발사할 예정인데, 성공하면 2021년 하반기에는 매달 로켓을 발사할 것이다. 그 후에는 공장에서 로켓을 하루에 한 대씩 생산할 것이다. 그런 다음 전 세계에 건설할 발사대에서 하루에 한 대씩 로켓을 발사하기 위해 노력할 것이라고 했다. 켐프는 더 나아가 위성에 가장 일반적으로 사용되는 부품을 직접 생산해 위성 사업에도 진출할 생각이라고 했다. "그렇게 되면 고객은 카메라라나 소프트웨어, 통신기기 등 위성 탑재체에만 집중하면 됩니다. 아스트라는 발사를 위주로 하는 플랫폼을 구축하고자 노력하고 있습니다."

이번 기회를 빌려 켐프는 로켓랩을 비난하기도 했다. "솔직히 로켓랩이 무엇을 하고 있는지 모르겠습니다. 로켓랩은 고성능 페라리 로켓에 땜질만 하고 있죠. 몇 년 전 궤도에 진입했지만 여전히 1년에 몇 번씩만 발사하고 있어요. 아스트라는 상장 기업으로서 매일 우주 임무를 수행할 만한 능력을 완전히 갖추고 있습니다."

로켓랩의 피터 벡은 아스트라의 자금 모금과 상장 소식을 듣고 거의 기절할 뻔했다. 피터 벡은 내게 메일을 보내 투자의 위험성을 잘 아는 벤처 투자가를 상대하는 일과 노후 자금을 마련하려는 서민을 상대하는 일은 엄연히 다르다고 말했다. 벡은 이렇게 물었다. "나를 고리타분하다 해도 상관없지만 도대체 양심이란 게 있기는 합니까?"

벡은 오랫동안 아스트라의 기술력을 의심해왔고 켐프의 상술에 전혀 관심이 없었다. 벡은 누가 50kg도 안 되는 화물을 궤도로 운반하는 로켓을 쓰겠다고 할지 궁금하다고 했다. 무엇보다 누가 켐프를 믿겠냐고 했다. 벡은 이렇게 말했다. "켐프의 말은 앞뒤가 맞지 않습니다. 언젠가 켐프는 잘못을 깨달을 겁니다."

나는 크레이그 맥코와 빌 게이츠가 아스트라의 투자자라는 사실에 무척 놀랐다. 1990년대에 두 사람은 텔레데식이라는 스타트업에 투자한 적이 있었다. 텔레데식은 지구 저궤도에 수백 개의 저비용 위성을 배치하여 통신이나 인터넷 시스템을 구축하려고 90억 달러를 들였다. 텔레데식은 이리듐이나 그 이전의 유사한 벤처기업과 마찬가지로 별다른 성과를 거두지 못한 채 2002년 대부분의 활동을 중단했다.

어떻게 된 일인지 텔레데식은 2021년에 다시 우주산업에 뛰어들었지만 수익성 있는 위성 서비스보다는 수익이 낮은 로켓 발사업계에 진출했다.

맥코는 말한다. "결국 텔레데식에서 추구한 전체 시스템이 잘못된 것이었습니다. 연구자들이 위성을 만드는 것 자체가 말이 되지 않았어요. 올드스페이스 출신을 고용하자 회사는 더 엉망이 되어갔습니다. 대형 항공우주 기업이나 방위산업체에서 관리하지 않는 로켓을 사용하려고 하면 협박을 해왔으니까요. 당시 냈던 보험료면 오늘날 아스트라에서 로켓 발사를 30회 정도 할 수 있는 수준이었습니다."

맥코는 아스트라에 투자해 복수하거나 원금을 회복하고 싶어 하는 것 같았다. "투자자들이 큰 좌절을 안겨준 로켓 발사 분야로 다시 눈을 돌리고 있습니다. 여전히 로켓 발사 분야엔 변화가 없습니다. 방위산업체들은 스페이스X와 치열하게 싸웠지만 일론 머스크로 인해 새로운 비즈니스 방식을 받아들이지 않으면 안 되는 상황에 직면했죠. 기존 업체들은 이제 항공우주산업의 비주류가 될 겁니다. 민간 항공우주 기업이 훨씬 더 잘해나가고 있어 기존 업체들은 관심에서 멀어질 겁니다."

코로나19가 처음 세계를 휩쓸었을 때 스페이스X와 플래닛랩스, 로켓랩을 제외한 뉴스페이스 기업은 모두 사라질 것처럼 보였다. 로켓 제조 스타트업은 모두 어려움을 겪었다. 위성 스타트업은 우주로 갈 기회를 기다리며 현금을 바닥내고 있었다. 상황은 갈수록 악화했다. 전 세계경제가 멈추고 투자 자본이 하룻밤 사이에 사라졌다. 미치지 않고서야 누가 대재앙이 닥친 상황에서 가장 위험한 사업에 수억 또는 수십억 달러를 투자하겠는가.

하지만 우리가 모두 알다시피 정말 이상한 일이 일어났다. 정부가 돈을 찍어 나누어주기 시작했고 전 세계 주식시장이 폭등했으며 막대한 현금이 기술 기업으로 흘러들어오기 시작했다. 지구상의 고된 삶을 뛰어넘는 이상적 사업 계획으로 로켓 제조업체와 위성 제조업체가 급부상하며 투자 열기를 활용하는 놀라운 위치에 올라섰다. 아스트라가 스팩과 합병한 직후 로켓랩도 플래닛랩스도 스팩과 합병했으며 그 외 우주 기업 12곳 이상이 같은 길을 걸었다. 이들 모두는 하나같이 수익성은 없지만 마치 마법처럼 갑자기 수십억 달러의 가치가 있는 기업이 되어 있었다.

아스트라는 새로 유입된 자금을 즉시 사용하기 시작했다. 먼저 실리콘밸리의 유명 기업들의 임원을 대거 고용했다. 아스트라는 놀랍게도 수석 엔지니어로 벤자민 라이언을 임명했다. 라이언은 로켓을 만들지 않는 애플 출신이다. 라이언은 주로 노트북이나 아이폰용 트랙패드를 개발했으며 소문에 따르면 애플이 기를 쓰고 만들려는 자율 주행 자동차 프로그램에도 관여했다고 한다. 켐프는 로켓을 상업화하는 데 필요한 새로운 관점과 지식을 라이언이 아스트라에 가져왔다고 주장했다. 하지만 사람들은 아스트라의 투자자들을 기쁘게 하기 위해 라이언을 고용한 것이라고 했다. 이사회는 실리콘밸리에서 엄청난 명성을 쌓은 라이언이 켐프의 대담한 충동을 억제할 수 있다고 생각했다. 로켓을 만들어본 적도 없는 라이언은 실질적인 로켓 책임자가 되어 톰슨이나 런던 위에 올라섰다.

최근 발사에서 궤도에 진입하기 전에 연료가 떨어졌으므로 아스트라는 새롭고 더 큰 로켓을 만드는 데 전념할 계획을 세웠다. 로켓 길이를 1.5m 늘리고 너비도 조금 더 늘려 액체산소와 케로신을 담을 수 있게 했다. 새로운 디자인에 따라 아스트라는 다시 한번 발사 비용을 변경해야 했다. 이제는 50kg의 화물을 궤도에 올리기 위해 발사당 약 350만 달러가 든다고 했다. 홈페이지는 500kg 이상의 화물을 우주로 보낼 수 있다고 자랑했지만 이상하게도 어떻게 그 작은 로켓으로 그렇게 할 수 있는지는 설명하지 않았고 아무도 이를 문제 삼지 않았다.

2021년 7월 1일에 스팩과 합병 작업이 모두 완료되자 아스트라의 주식은 ASTR이라는 이름으로 나스닥에서 공식적으로 거래되기 시작했다. 이는 순수 로켓 회사로는 최초 상장으로서 민간 우주산업의 역사에 한 획을 그은 사건이었다. 켐프를 비롯한 아스트라 직원들은 나스닥의 개장 종을 울리기 위해 뉴욕으로 날아갔다.

거래소에서 켐프는 검은색 정장을 입고 잠재적 투자자들에게 아스트라의 지난 여정을 알리는 짧은 연설을 했다. "4년 전 애덤 런던과 저는 우주에서 지구상의 삶을 개선한다는 대담한 목표를 세우고 비밀리에 아스트라를 설립했습니다. 더 건강하고 긴밀한 지구를 향한 우리의 비전은 세계에서 가장 재능 있는 팀이 역사상 어떤 회사보다 저렴한 비용으로 로켓을 개발해 발사하겠다는 목표로 이어졌습니다. (…) 모든 사람을 위한 우주를 만듭시다." 켐프는 또한 여름까지 아스트라의 첫 번째 상업용 로켓을 발사하겠다고 했으며 2025년부터는 매일 발사하겠다고 약속했다.

　연설 후 아스트라 임직원들은 나스닥 종을 울리는 무대에 켐프를 중심으로 올라와 섰다. 켐프와 런던 바로 옆에 애플에서 막 이직해온 라이언이 있었고 아스트라가 최근에 고용한 신임 임원들도 그 자리에 있었다. 크리스 호프만과 몇몇 아스트라 베테랑들도 참석했지만 멀찍이 떨어져 있었다. 행사를 지켜보던 사람 대부분은 지난 4년 동안 아스트라를 이끌어온 많은 직원이 최근 몇 주 사이에 회사를 떠났다는 사실을 몰랐다. 레스 마틴도 맷 리먼도 떠났다. 벤 패런트도 그만두었다. 로저 칼슨·벤 브로커트·밀턴 키터·빌 지스·아이작 켈리·로즈 호르날레스·매튜 플래너건도 모두 떠났다. 일부는 해고당했고 일부는 지쳐서 새로운 직업을 선택했다. 이들 중 상당수는 새로운 경영진의 합류를 좋아하지 않았고 투자자들이 아스트라를 나쁜 방향으로 끌고 간다고 생각했다. 외부 투자자들이 로켓 사업에 열광하면서 주가를 밀어 올리자 아스트라 전현직 직원들은 회사의 주식을 계속 보유해야 할지 팔아야 할지 고민했다.

　8월 말 개편된 아스트라 팀은 회사가 올바른 방향으로 나아가고 있음을 증명할 첫 기회를 맞이했다. 켐프가 여름까지 상업용 로켓을 발사하겠다고 했지만 아스트라 로켓에 실제로 탑재물을 싣고자 하는 회사가 없었으므로 아스트라는 그 임무를 수행하지 못하고 있었다. 하지만 미 우주군은 아스트라의 능력을 테스트하기 위해 로켓 발사를 지원하기로 했다. 우주군은 로켓에 몇 가지 센서를 장착해서 위성을 실은 로켓 내부에서 무슨 일이 생기는지 알아보고자 했다. 평소와 같이 몇몇 직원들이 알래스카로 가서 로켓3.3을 준비했고 나머지 직원들은 관제 센터 업무를 수행하기 위해 스카이호크에 모였다.

　예전과 달리 아스트라의 로켓은 업계에서 본 발사 중 가장 빠르고 화려하게 발사되었다. 그런데 발사 직후 5개 엔진 중 하나가 고장 나더니 작은 폭발이 일어났다. 추력이 부족해지자 로켓이 한쪽으로 기울었다. 그러데도 로켓은 바로 추락하지 않고 지상에서 몇 미터 떠오른 상태에서 옆으로 천천히 계속 움직였다. 로켓은 발사대에서 벗어나더니 그 주위를 둘러싼 금속 울타리 쪽으로 움직였다. 로켓은 술에 거나하게 취한 사람이 의자에서 일어나 비틀거리며 걸어가는 모습처럼 보였다. 우습게도 로켓은 지상을 맴돌다가 울타리에 난 약 4m 너비의 구멍을 뚫고 들어갔는데, 마치 누군가가 이 모든 일을 예상하고 미리 문을 열어놓은 듯 보였다. 그런데 불안할 정도로 오랫동안 떠다닌 로켓이 다시 하늘로 날아오르기 시작했다. 아무도 예상치 못한 일이었다. 엔진 4개가 연료를 태우면서 로켓이 우주를 향해나갔다. 하지만 로켓이 정해진 비행경로를 벗어나자 기지 관계자들은 비행을 종료시켰다. 로켓은 2분 30초 동안 비행하며 맥스큐를 통과하고 초음속에 도달했다. 로켓이 비행하는 동안 현장에 있던 아스트라 직원들과 실시간으로 영상을 보던 사람들은 입을 다물지 못했다.

며칠 동안 로켓은 인터넷에서 작은 화젯거리가 되었다. 항공우주 분야의 베테랑이나 온라인에서 발사 장면만 몇 시간씩 지켜보는 우주광들조차 이렇게 드라마틱한 순간을 경험한 적이 없었다. 다시 한번 사람들은 그 로켓을 보고 혼란에 빠졌다. 발사가 시작되자마자 엔진이 고장난 것도 놀라운 일이지만 로켓의 소프트웨어가 아무런 동요 없이 상황을 통제하고 바로잡은 것도 대단한 일이었다. 이는 누군가 제대로 일했다는 뜻이다.

그러나 가장 가까이서 아스트라를 지켜본 사람들은 여러모로 이번 발사가 최악임을 알고 있었다. 로켓 프로그램은 일반적으로 꾸준히 발전하는 경향이 있다. 보통 로켓은 처음에는 폭발하고 두 번째는 한동 안 날다가 폭발한다. 세 번째는 거의 성공하고 그다음부터 성공에 성공 을 이어간다. 그런데 아스트라는 작년, 즉 2020년 12월에는 궤도의 가장 자리까지 닿더니 8개월 후인 이번 발사에서는 궤도에 닿기는커녕 우스 운 돌발상황만 연출하고 말았다. 게다가 로켓에서 가장 많이 테스트하고 분석한 장치 때문에 추락하는 심각한 문제가 발생했다. 아스트라는 핵심 을 놓치고 있는 것처럼 보였다. 캠프는 다음과 같은 글을 트위터에 올렸 다. "우주는 어렵지만 우리는 이 로켓처럼 포기하지 않을 것이다."

과거에 민간 로켓 회사들은 실험을 대부분 비밀리에 할 수 있었다. 로켓이 폭발하는 장면을 반드시 공개해야 할 의무가 없었으며 보통은 제 대로 작동하기 시작하면 영상을 공개했다. 아스트라도 과거에는 마찬가 지였다. 하지만 상장사가 된 지금은 대담하게 발사 장면을 생중계한다. 오랫동안 장막 뒤에 숨어 있던 회사는 이제 앞으로 나와 평가받기로 했 고 그 평가는 생각보다 빠르게 이루어졌다.

발사 다음 날인 월요일에 시장이 개장하자 아스트라의 주가는 25% 폭락했다. 인터넷의 난다 긴다 하는 논평가들이 레딧 등의 커뮤니 티에 몰려가 아스트라에 실망을 표했다. 많은 투자자가 이 젊고 유망한 로켓 회사의 주식을 샀지만 로켓이 옆으로 비틀거리다 위로 날아가 폭발 하는 모습을 보고 실망했다. 대부분의 회사가 몇 달 또는 몇 년이 지나야 제품의 성공 여부를 알 수 있는 반면 아스트라는 곧바로 성공과 실패가 판가름 났다. 로켓은 우주에 진입해 성공하지 않으면 화염에 휩싸여 실 패하는 수밖에 없었다.

발사에 실패한 아스트라는 업계 최초로 소송에 직면했다. 용감한 변호사들이 나서 아스트라와 최고 경영진이 회사를 과대광고하는 등 증권법을 위반하지는 않았는지 알아보겠다고 했다. 비참하고 한심한 이 소송으로 아스트라가 상장 기업이라는 사실이 얼마나 코미디 같은 일인지 잘 드러났다. 로켓을 만드는 데 무엇이 필요한지, 로켓이 과연 사업성은 있는지 아는 사람은 지구상에 거의 없다. 사실 로켓에 대해 가장 잘 아는 사람들은 로켓 사업에 뛰어들어도 별로 건질 게 없다고 생각했다. 아스트라는 무대 위에서 대중의 심판을 받았다. 이 대중은 자신이 우주를 잘 알고 있으니 어떤 식으로든 우주 사업에 참여하겠다는 사람이거나, 아니면 이상주의적 과대광고와 비관론을 오가는 혼란을 이용해 이득을 취하고자 사람이었다.

기업공개는 아스트라와 켐프에게 일종의 악마와의 거래였다. 그 어떤 상황에서도 이런 조직에 로켓을 궤도로 쏘아 올리는 데 7차례나 기회를 주지 않을 것이다. 하지만 아스트라는 워낙 많은 자금을 조달해서 앞으로도 몇 년 동안 계속해서 로켓을 만들고 날려 보낼 수 있다. 나는 이런 상황이 전혀 이해되지 않았다. 제대로 작동하지도 않는 데다 설령 날아간다 해도 그 가치가 의심스러운 로켓으로 수억 달러가 흘러 들어갔기 때문이다.

하지만 다른 측면에서 보면 완벽했다. 크리스 켐프는 실리콘밸리 정신의 화신과 같았다. 켐프의 균형 잡힌 몸에서는 낙관주의와 에너지, 승부욕, 지성이 끊임없이 넘쳐났다. 켐프의 이런 자질은 법이나 권위, 기타 모든 것을 끝까지 밀어붙이려는 욕구와 결합했다. 켐프는 평생 이런 게임을 해왔고 잘 해냈다. 그를 싫어하고 무자비하다고 생각하는 사람도 많지만 매력적이고 유능하다고 생각하는 사람들도 있었다. 여러모로 켐프는 혼란스러운 뉴스페이스 시대를 이끌기 위해 태어난 사람이다.

해고된 아스트라 직원 중 한 명이 켐프를 가장 잘 드러낸 말을 해주었다. 그는 켐프의 팬은 아니었지만 현실주의자였다. 그는 로켓 제작 경험이 풍부한 사람들이 아스트라에 와서 제대로 작동하는 로켓을 만드는 데 고군분투하는 것을 보았다. 그는 회사에서 가장 똑똑한 애덤 런던이 그 좋아하던 로켓을 제쳐두고 예산 문제나 점심 메뉴를 처리하는 것을 보았다. 그는 유명 기업 출신들이 로켓(혹은 광고 알고리즘)과 같은 다음 대형 프로젝트에서 돈을 벌기 위해 높은 지위와 스톡옵션을 받는 것을 보았다. 그는 이렇게 말했다. "이 모든 과정에서 투명했던 사람은 켐프뿐이었습니다. 켐프는 아스트라에서 자신의 말을 지킨 유일한 사람이었어요. 꿈을 실현할 수 있게 돈은 모금하겠다고 했는데 정말 그 약속을 지켰습니다."

상업용 위성의 세계

발사체

일부 재사용 가능한 최신 로켓은 역사상 가장
저렴한 비용으로 화물을 운반할 수 있다.

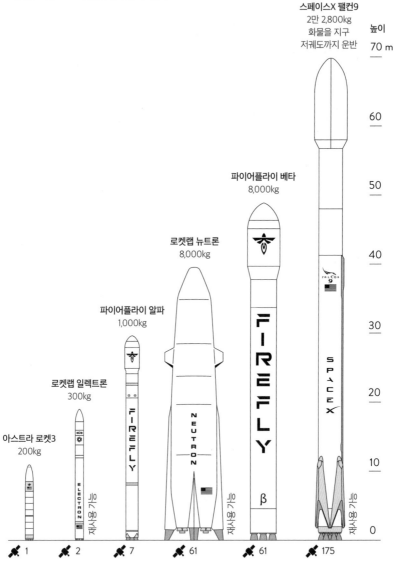

스페이스X 팰컨9
2만 2,800kg
화물을 지구
저궤도까지 운반

높이
70 m

60

파이어플라이 베타
8,000kg

50

로켓랩 뉴트론
8,000kg

40

파이어플라이 알파
1,000kg

30

로켓랩 일렉트론
300kg

20

아스트라 로켓3
200kg

10

0

1 2 7 61 61 175

한 번에 우주로 보낼 수 있는 130kg짜리 위성의 대수

출처: 에번애플게이트 자료: 각사 보고서

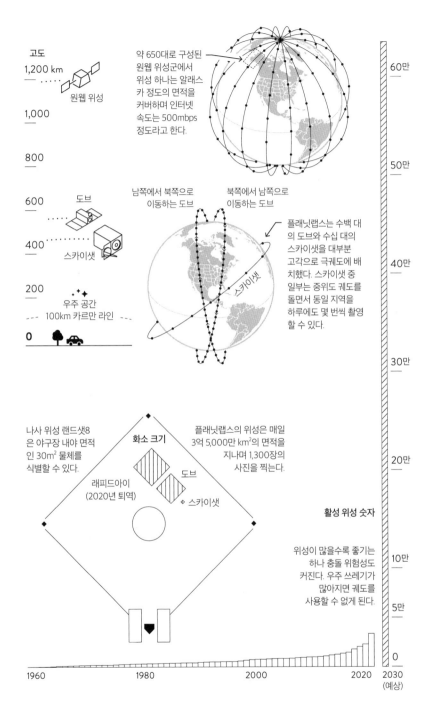

자료: 참여과학자모임·나사·조너선 맥도웰

로켓랩은 뉴질랜드 마히아반도와
미국 버지니아주 월롭스섬에서
로켓을 발사한다.

HQ 본사
✦ 지상 기지국
🚀 발사장
⚙ 생산 공장

로켓랩

스페이스X는 미국
탄도미사일 시험장이
있는 콰절레인 환초에
서 팰컨1을 시험했다.

우크라이나

노르웨이 스발바르제도는
극지방을 지나는 위성과
교신하기 좋은 위치에 있어
지상 기지국이 많다.

원웹은 프랑스와 미국
플로리다에서 제작한
위성을 기아나우주센터
에서 발사한다.

파이어플라이

아스트라와 플래닛랩
스는 베이에어리어에
본사를 두고 있다.

자료: 각사 보고서

4부

RAINBOW

매드   맥스

MANSION

28.

열정에 대하여

맥스 폴랴코프Max Polya-
kov는 텍사스에 살며 텍사스스러운 일을 하고 싶었다. 2018년 10월 어느
오후 폴랴코프는 몇몇 사람과 함께 텍사스 오스틴 시내에서 북쪽으로 약
80km 떨어진 브릭스에 있는 파이브웨이비어반으로 향했다. 비어반에
서는 차를 세우고 창문을 내리면 여성이 다가와 "오늘은 뭐가 필요하세
요?"라고 친절하게 묻고 맥주나 술, 건초더미를 차에 바로 실어주었다.

우크라이나 출신의 폴랴코프는 여러 면에 차원이 다른 열정을 보
인다. 예를 들어 커다란 빨간색 헛간을 보자마자 "비어반이야! 저기 봐!
여기가 입구래! 봐봐! 아주 때맞춰 잘 왔네!"라고 소리쳤다. 폴랴코프는
특히 사슴용 옥수수 사료를 보며 감탄했다. 폴랴코프는 씹는담배에서 육
포까지 쉴 새 없이 눈을 움직였다. 비어반이 현금 외에 신용카드도 받는
것을 보고 놀라서 흥분했다. 폴랴코프는 모든 것을 흡수해서 우리가 부
러워할 정도로 이 같은 경험을 만끽했다. 폴랴코프는 양손에 24종류의

맥주팩을 들고 돌아오는 길에 "문화가 정말 다양하네."라고 말했다.

여러분에게는 맥스 폴랴코프라는 이름이 낯설지도 모르겠는데, 이런 사실이 놀라우면서도 곧 수긍이 간다. 폴랴코프는 일론 머스크와 제프 베이조스 다음으로 우주라는 거대한 도박에 집중했다. 폴랴코프는 파이어플라이에어로스페이스라는 로켓 스타트업에 사재 2억 달러를 털어넣은 인물이다. 폴랴코프가 텍사스에 온 데는 그만한 이유가 있었다. 그는 파이어플라이의 광활한 로켓엔진 제조 시설과 시험장(비어반에서 약 800m 떨어진 곳에 있다.)에서 자금이 어떻게 쓰이는지 확인하고 인근 시더파크에 위치한 본사 사무실에 들러 자신의 존재를 알리고자 했다.

2019년 실리콘밸리에서 폴랴코프를 처음 만났다. 당시 우리는 둘 다 실리콘밸리에 살고 있었다. 항공우주업계에는 잘 알려지지 않은 우크라이나 출신의 부자가 로켓 게임에 뛰어들었다는 이야기가 전부터 돌고 있어서 나는 그가 누구인지 궁금했다. 인터넷에 떠도는 정보에 따르면 폴랴코프는 누스페어벤처스파트너스라는 투자사를 운영한다고 하는데, 정확히 무엇을 하는 회사인지는 모호했다. 게다가 온라인 데이트와 게임 사이트, 기업용 소프트웨어 회사에 관여해 돈을 벌었다고 한다. 하지만 이런 이력만으로는 폴랴코프가 어떻게 로켓 회사에 자금을 투자할 정도로 돈을 벌었는지 가늠할 수 없었으며, 무엇보다 어떤 사람인지에 관한 정보도 부족했다.

멘로파크에 있는 사무실을 처음 방문했을 때 폴랴코프는 천사와 장난꾸러기를 오가는 얼굴이었다. 40대 초반인 폴랴코프는 평균보다 조금 큰 체격에 배가 나왔으며 짧게 자른 연한 갈색 머리를 하고 있었다. 그는 문 앞에서 나를 맞이하며 건물로 안내했다. 폴랴코프는 공상과학 예술을 좋아하고 유머 감각이 있었다. 입구에는 수십 개의 소형 보안 카메라로 만든 조각상이 있고 회의실 옆에는 금속으로 만든 사이버 돼지 조형물이 놓여 있었다. 곳곳에는 로켓과 위성 모형을 비롯해 각종 기계 등 수많은 우주 관련 잠식물이 있었다. 벽에는 종교화에 관심이 있는지 성인 그림이 많았다.▼

폴랴코프는 다양한 장식물만큼이나 화려한 말솜씨를 자랑했다. 단어와 아이디어들이 슬라브식 억양으로 속사포처럼 쏟아져 이해하는 데 애를 먹었다.

쉴 새 없이 쏟아지는 말을 통해 폴랴코프가 언론, 특히 서방 언론을 신뢰하지 않아 노출을 꺼린다는 사실을 알게 되었다. 폴랴코프가 내 인터뷰 제안에 응한 이유는 벨라루스 출신의 비서실장 아르티옴 아니시모프Artiom Anisimov가 추천했기 때문이다. 아니시모프는 나와 내가 그간 써온 기사에 문제가 없음을 보증하며 엉터리 기자가 아니라고 폴랴코프에게 말했다.

약 30분간 이런저런 이야기를 하더니 폴랴코프는 마음을 열고 자신을 드러내기 시작했다. 파이어플라이가 첫 번째 로켓을 개발 중이라고 했다. 로켓랩, 아스트라 등 다른 스타업이 제작한 로켓보다 훨씬 크지만 스페이스X의 팰컨9보다는 작다면서 전자들의 로켓이 세단이라면 후자의 로켓은 대형트럭이고 파이어플라이의 로켓은 승합차 수준이라고 했다. 많은 화물을 신고 합리적인 가격으로 비행할 수 있지만 로켓에만 집착하지 않는다고 했다. 훨씬 큰 야망을 품고 있으므로 단지 로켓에 집착한다면 어리석을 일이라고 폴랴코프는 말했다. 폴랴코프는 로켓과 위

▶ 당시는 러시아가 우크라이나를 침공하기 전이었다. 전쟁은 이후 폴랴코프를 포함한 여러 사람과 기업에 큰 영향을 미쳤다.

성, 소프트웨어를 만들어 항공우주산업의 상당 부분을 장악하고 싶어 했다. 폴랴코프의 사업 전략은 '총공격'과 '열정' 이 두 단어로 요약할 수 있다. 그는 이 두 단어를 사용해 한참 혼잣말을 했다. 자신의 에너지와 비즈니스 감각을 결합해 경쟁자를 섬멸하고 영원히 사라지게 할 것이라고 했다.

당연한 이야기지만 나는 처음부터 맥스가 좋았고 알아갈수록 더욱 좋아졌다.

폴랴코프의 부모님은 소련의 우주 프로그램을 위해 일했다. 우크라이나는 ICBM과 로켓 제조 및 공학의 중심지였다. 그러나 소련 붕괴 이후 우크라이나의 경제는 쇠퇴했고 항공우주산업은 붕괴해 인재들이 직장을 잃었다. 폴랴코프의 장대한 계획은 냉전 시대에는 상상도 할 수 없었던 일, 즉 구소련의 최고 항공우주공학과 미국의 최고 뉴스페이스 기술을 결합하는 것이었다. 그는 우크라이나에 공장과 연구 시설을 설립해 구소련 최고 우주 엔지니어와 재능 있는 젊은 인재들을 고용할 계획이었다. 그리고 이들이 개발한 기술을 텍사스로 보낼 예정이었다. 역사상 가장 위대한 두 우주 강대국의 지식을 파이어플라이에 집약할 생각이었다. 그러면 일론 머스크도 이 괴물에 맞설 수 없을 것이다.

폴랴코프의 계획이 내게는 허무맹랑하게 들렸다. 미국은 항공우주 기술을 엄격하게 통제하고 있는 데다 동구권과 텍사스 중부 양쪽에 다리를 걸치고 정보를 오가게 하겠다는 생면부지의 우크라이나 사람을 정부와 군이 곱게 볼 리 없었다. 하지만 폴랴코프의 생각에는 어딘가 낭만적인 면이 있었다. 세상이 달라졌으니 수십 년 동안 쌓아온 지식과 멋진 기술을 그대로 묵혀두거나 최악의 경우 적국에 넘어가게 하는 대신 활용할 방법을 찾아야 하지 않을까? 어쩌면 폴랴코프가 활용 방법을 찾아낼지 몰랐다.

　인터넷을 뒤져보면 폴랴코프에 대해 들어본 적이 있는 업계 사람들 사이에 그가 수상한 사람이거나 어쩌면 스파이일지 모른다는 소문이 퍼져 있었다. 폴랴코프는 사람들의 의심을 사기 십상이었다. 데이트 사이트를 소유한 경력과 우크라이나라는 국적 때문에 그가 수상쩍은 일을 꾸미고 있다고들 생각했다. 어쩌면 미국 기술을 우크라이나로 아니면 최악의 경우 러시아로 빼돌릴 수도 있다고 생각했다. 어쩌면 폴랴코프는 우리가 알지 못하는 부정한 방법으로 돈을 벌었을지 모른다. 게다가 폴랴코프는 말도 웃기게 했다.

　솔직히 말해서 나는 폴랴코프를 처음 만났을 때 아무것도 신경 쓰지 않았다. 눈앞에 있는 남자는 과장되고 허풍선이 같은 면이 있지만 분명 매우 지적이고 삶의 기쁨으로 가득 찬 사람을 끄는 매력이 있었다. 나는 우주와 사업과 고향에 대해 그토록 열정적이고 낭만적으로 이야기하는 사람을 본 적이 없다. 폴랴코프는 이민자도 위대한 일을 할 수 있음을 증명하고자 미국에 왔다며 이 위대한 나라를 위해 위대한 로켓을 만들고 싶고 그 과정에서 고국에 있는 사람들도 도울 수 있으면 좋겠다고 했다. 폴랴코프의 말에서 진심이 느껴졌다.

▶◆◀

　파이어플라이의 역사와 현재 전체적인 상황은 복잡하므로 나중에 자세히 설명하겠다. 여기서는 2014년 톰 마르쿠식Tom Markusic이 동업자 2명과 함께 파이어플라이를 설립했다는 사실만 말해두겠다. 마르쿠식은 2017년 파이어플라이가 파산 직전에 이르기까지 몇 년 동안 회사를 운영했다. 그런데 마치 마법처럼 폴랴코프가 나타나 파이어플라이를 구원하고 심지어 마르쿠식을 CEO로 복귀시켰다.

마르쿠식은 우주에 관한 한 상당한 경력을 자랑한다. 그는 나사, 스페이스X, 블루오리진, 버진갤럭틱에서 근무했으며 로켓 추진 분야에서 선구적 연구를 한 이력이 있다. 마르쿠식은 텍사스 출신은 아니지만 텍사스 사람처럼 굴었다. 마르쿠식은 부츠를 신고 청바지에 반소매 셔츠를 주로 입는다. 콧수염과 턱수염도 기른다. 총과 맥주와 트럭을 좋아해서 가능하면 이 셋을 동시에 즐기기도 한다. 텍사스식 행동의 핵심은 최대한 자신감 있게 으스대며 왔다 갔다 하는 것일지도 모르겠다. 마르쿠식은 팀에게 이렇게 말한다. "제가 매주 여러분에게 강조하는 것은 첫째는 '영리하게 일하라.' 둘째는 '일이나 해.'입니다."

폴랴코프와 마르쿠식이 뜻을 모으자 부조리극이 펼쳐졌다. 우크라이나 출신의 괴짜 부자가 나타나더니 모두가 만류하던 로켓 회사를 인수했다. 폴랴코프는 마르쿠식이 파이어플라이의 CEO로 남아 있게 했다. 누구보다 마르쿠식이 로켓 만드는 법을 잘 알고 있기도 했지만 파이어플라이에 대한 대중의 거부감도 없애고 싶었기 때문이다. 두 사람은 서로에 큰 관심이 없었지만 다른 사람들과 마찬가지로 뉴스페이스를 향한 환상으로 뭉친 사이였다.

두 사람이 함께 있으면 얼마나 기이하게 보이는지를 얘기하기 위해 비어반에 가기 전 상황을 그대로 옮겨보겠다. 폴랴코프는 텍사스 시골에 있는 파이어플라이의 부지를 살펴보고 있었고 마르쿠식은 로켓 회사를 두 번 다시 파산으로 몰고 가지 않을 인재임을 스스로 증명하고자 했다.

폴랴코프 텍사스 최고네요! 너무 좋습니다! 캘리포니아와는 정말 다르군요. 이게 진짜 미국이지. 너무 좋습니다! 제가 여기 왔을 때 열정과 에너지와 모든 것이 함께 어우러져 별을 향해 나아가는 느낌을 받았어요. 마치 아내를 찾은 기분입니다. 처음에는 아름다움만 보이지만 그다음부터는 장점이 모두 드러나죠. 아침에 일어나면 무언가를 해야겠다는 에너지가 느껴지지 않나요? 그렇죠? 그렇습니다. 총공격하는 거예요. 공격! 제 말 들리나요? 맞습니다. 그런 정신으로 로켓을 만드는 거예요.

마르쿠식 이곳이 시험장입니다. 시험장은 무엇보다 날씨가 좋아야 합니다. 야외 작업이 많기 때문이죠. 텍사스는 보통 1년 내내 건조합니다. 여름에는 덥지만 견딜 만하며 겨울은 매우 온화합니다. 시험장에서는 소음이 크게 나서 넓은 공간이 필요합니다. 만약 일이 잘못되어 폭발하더라도 주변 땅이나 사람에게 영향을 미치지 않을 넓은 공간이 필요합니다.

시험 발사대를 건설하려면 건축·용접·파이프·배관·밸브·기계 공장 등이 필요한데 텍사스는 석유 산업이 발달한 덕분에 이와 관련한 기반 시설이 많습니다.

오스틴 주변을 둘러보니 비용이 저렴하고 규제가 적어서 좋더군요. 우리는 여기에 허가 없이 원하면 뭐든 지을 수 있었죠. 저렴하고 빠르게 일을 처리하는 데 금상첨화인 곳입니다. 소음 조례처럼 활동을 방해하는 요소들이 없습니다.

폴랴코프 이게 우리 땅입니다! 얼마나 아름다운지 보라고요! 파이어플라이 농장입니다.

마르쿠식 로켓 농장입니다. 이곳은 농장이기 때문에 연간 약 300달러의 재산세를 냅니다. 맥스는 농부인 셈이죠.

폴랴코프 저는 농부처럼 보이지만 로켓이 취미죠. 오! 저기 봐요. 저의 사랑스러운 소들이 있군요!

마르쿠식 네, 100마리 정도 있습니다. 이 소들은 모든 걸 봤어요.

폴랴코프 사랑스러운 것들! 저의 사랑스러운 소들 좀 보세요! 멋진 시험장입니다. 소가 더 있어요. 우리 소가 얼마나 많은지 보라고요! 소에 둘러싸인 우주 재벌 같지 않나요!

마르쿠식 이게 다 소고깁니다.

폴랴코프 그래요.

마르쿠식 소고기하고 로켓입니다. 좋아요. 잠시 후에 로켓을 보러 갈 건데 그 전에 새로운 시험대를 보여줄게요. 우리는 로켓의 2단을 시험대 위에 올려놓고 작업 중입니다.

폴랴코프 모든 걸 처음부터 만들었죠! 저게 소의 고추인가요?

마르쿠식 아니요. 아마 젖꼭지일 겁니다. 하하, 저 소는 생식기가 4개네요! 여기로 와보세요. 더 잘 보입니다.

맥스가 말한 대로 우리는 맨땅에서 시작했어요. 이곳은 원래 소들을 방목하는 들판이었는데 도로를 포장할 때 쓰는 칼리치라는 물질이 매장되어 있어요. 우리는 그걸 직접 캐내서 이곳에 도로를 만들었어요. 우리는 모든 것을 직접 제작합니다. 용접 작업이나 보이는 것 모두 이 작은 건물 안에서 한 거예요. 스페이스X에서 일할 때 초반에 시험장을 운영하면서 많은 걸 배웠습니다. 이게 우리를 차별화할 수 있는 요소라고 생각합니다.

여기가 복합 소재 작업장입니다. 다양한 작업을 하지요. 엔진이나 유체 시스템을 조립하는 청정실이 있습니다. 저건 복합 소재 부품을 경화하는 오븐입니다.

폴랴코프 여긴 쇠를 다루는 곳이죠. 실리콘밸리처럼 말랑말랑한 걸 만들지 않아요. 오늘은 얼마나 테스트를 할 건가요? 엔진 연소 테스트를 더 하나요?

마르쿠식 직원들한테 하루에 두 번씩 하라고 했습니다. 테스트하고 엔진을 분해하고 수리해서 다시 설치하라고요. 준비하는 데 한 5시간 걸릴 거예요. 저기 나무 사이에 시설을 하나 더 짓고 싶습니다. 알라모 요새처럼 벽을 쌓아 안전한 공간을 만들 겁니다. 맥스를 위한 요새죠.

폴랴코프 무시무시한 러시아 스파이들이 나를 죽이려고 올지 몰라.

마르쿠식 그래요. 그러니까 러시아인들이 오면 그냥 요새 안에 들어가서 "엿 먹어라." 하는 겁니다.

폴랴코프 이제 비어반에 갈까요?

마르쿠식 우리 사무실에도 맥주가 많잖아요.

폴랴코프 그건 재미가 없어요. 비어반에 갑시다!

마르쿠식 좋아요. 가서 맥주를 좀 마시죠. 오후 2시에 문을 여는지 궁금하네요.

폴랴코프 당연히 열었겠죠. 안 열고 뭐 하겠어요, 비어반인데!

29.   신의 계획

톰 마르쿠식의 이야기
는 간단했다. 마르쿠식은 신이 자신에게 인류의 지식을 우주에 전파하라
는 사명을 맡겼다고 했다. 마르쿠식은 오하이오 만투아에서 자랐다. 주
북동부에 있는 만투아는 1,000명 남짓한 인구가 모여 사는 마을로, 주민
대부분이 공장 노동자였다. 아버지는 제너럴모터스의 조립라인에서 일
했다. 가족은 시골에 땅이 조금 있었는데, 마르쿠식은 그곳에서 두 형제
와 함께 여우와 사향쥐를 잡으며 뛰어놀았다.▼ 나중에는 물리학이라는
난해한 학문에 빠져들었지만 어린 시절 마르쿠식은 지능보다는 힘이나
체력을 중시하는 분위기에서 성장했다. "저는 매우 평범한 가정에서 자
랐습니다. 열심히 일했지만 학문적 소양은 없는 집안이었죠. 우리 동네에
서는 공부가 중요하지 않았어요. 공장에 좋은 일자리가 많았으니까요."

▶ 마르쿠식은 이렇게 잡은 동물의 털가죽을 팔아 용돈을 벌었다.

마르쿠식은 열세 살이 되자 스타카우스키농장에서 일자리를 얻었다. 스타카우스키농장은 아라비아말을 사육하고 훈련하는 가족 운영 사업체로 유명한 곳이었다. 마르쿠식은 말을 돌보고 건초를 묶는 일부터 시작해 나중에는 기계를 수리하는 일까지 했다. 이때 기름과 공구를 처음 접한 그는 기계가 어떻게 작동하는지 알게 되었다. 마르쿠식은 이를 "공학의 정수"라고 불렀다. 마르쿠식은 말한다. "건초 포장 기계를 한 번쯤 분해해본 사람이라면 그 안에 신비의 정원이 있다는 걸 압니다. 골드버그 장치와 같아요. 작은 금속 조각과 매듭 등이 모두 서로 맞물려 있습니다. 기계를 다룰 때는 정신 자세가 중요합니다. 문제를 극복하고 자신이 정말로 하고 싶지 않을 때조차 끝까지 인내하는 법을 배워야 하죠."

농장에서 일하면서 마르쿠식은 뜻밖에도 인맥을 쌓을 수 있었다. 스타카우스키농장의 말들은 100만 달러에 달하기도 했는데, 여름이면 부자들이 자녀와 함께 농장에 들러 사고자 하는 말을 살펴보고 직접 타보기도 했다. 마르쿠식은 또한 전국 곳곳에서 열리는 마장마술 대회를 보러 다녔다. 이러한 여행을 통해 중서부 작은 마을 소년은 사회계층과 만투아라는 울타리 너머에 있는 기회를 알게 되었다.▼

부모님은 마르쿠식의 학교 성적에 거의 관심을 기울이지 않았을 뿐더러 사실 그럴 필요도 없었다. 이 젊은이는 자연스레 공부에 끌렸는데, 학교를 '해방구'나 '유혹적'이라고 표현할 정도였다. 학교는 마르쿠식이 통제할 수 있는 영역이자 별 기대나 압박 없이 갈 수 있는 곳이었다. 그는 필수 과목에서 우수한 성적을 거두었으며 관심이 가는 과목은 더

▶ 마르쿠식은 스타카우스키농장주와 계속 연락을 주고받으며 지낸다. 스타카우스키 사람들이 고객인 마이클 델을 만나러 오스틴에 올 때면 함께 어울리고는 한다.

깊이 파고들었다.

고등학교를 졸업할 무렵 마르쿠식은 앞으로 무엇을 해야 할지 몰랐다. 학업 성적은 우수했지만 가족 중 누구도 마르쿠식이 대학에 진학해야 한다고 생각하지 않았다. 마르쿠식은 열 살 때부터 학교 친구인 크리스타 잉글리시와 사귀고 있었다. 잉글리시의 집안사람들은 부동산업에 종사했는데 대학 진학을 당연하게 생각했다. 잉글리시의 아버지는 마르쿠식이 딸과 계속 사귀고 싶다면 전공과 대학을 정해야 한다고 분명히 밝혔다. 마르쿠식은 잠시 생각하다가 어릴 적부터 로켓과 비행기를 좋아했던 것을 떠올리고 대학 진학을 결심했다.

마르쿠식이 항공우주 분야에 발을 들여놓은 계기에 관해서는 이상하게도 또 다른 이야기가 있다. 이는 한 소녀를 쫓아다니다가 소녀의 부모를 만족시키기 위해 진로를 결정했다는 이야기와 전혀 다르다. 이 이야기는 마르쿠식의 5학년 시절로 거슬러 올라간다. 마르쿠식은 크리스마스에 모형 로켓 조립 세트를 선물로 받아 조립한 다음 집 근처의 광활한 옥수수밭으로 향했다. 하늘은 푸르고 대지는 고요했다. 어서 발사하고 싶은 아이 앞에는 아무도 밟지 않은 눈밭이 광활하게 펼쳐져 있었다. 그는 로켓을 발사대 끝의 금속 막대 위에 올려놓고 도화선에 불을 붙였다. 그러고 나서부터 상황이 심각해진다. 마르쿠식은 신성한 경험을 한다.

엄청난 소리에 놀랐습니다. 푸른 하늘을 올려다보니 로켓이 빠른 속도로 상승하고 그다음부터는 미끄러지듯 날아가더군요. 뚜껑이 열리고 낙하산이 펴지더니 아래로 내려왔습니다. 그때 비로소 연기 냄새를 맡을 수 있었습니다. 카메라가 있었다면 제 입이 귀에 걸리는 걸 찍었을 겁니다.

뭐랄까 아주 심오한 순간이었습니다. 제 운명과 만난 느낌이었죠. '이게 내 삶이다. 이를 위해 태어났구나.'라는 생각이 들었어요.

저는 기독교인으로서 신의 섭리를 믿습니다. 우리에게는 모두 목적이 있고 신의 계획이 있다고 믿습니다. 그때는 몰랐지만 제 생각에는 우주의 파동에 자신을 맞추고 있었던 것 같습니다. 그래서 저는 로켓을 만들기 위해 태어났다고 생각합니다. 이는 당시 벌어진 모든 일에 대한 제 첫 번째 감정적 반응이었습니다. 5학년 때 저는 어떤 가르침도 없었고 무엇을 하고 싶은지도 몰랐지만 그 순간부터 로켓을 만들기로 마음을 먹었습니다. 로켓 제작은 마음속 깊은 곳에서 나오는 열정을 불러일으켰고 제가 평생 하고자 하는 일이었습니다.

여자친구든 신성한 경험이든 또는 둘 다든 어떤 이야기를 믿어도 상관없다. 마르쿠식은 엄청난 결단력으로 로켓을 추구했다. 마르쿠식은 오하이오주립대학에 입학해 항공 및 우주공학을 전공했다. 그런 다음 테네시대학에서 항공우주공학 및 물리학 석사 학위를, 프린스턴대학에서 기계 및 항공우주공학 박사 학위를 받았다. "더는 받을 학위가 없을 때까지 학교에 다녔습니다. 시골 촌놈이 프린스턴대학에서 박사 학위를 받은 게 보통 일은 아니죠."

신에게서 받은 은하 간 임무를 수행 중인 사람이라면 높은 목표를 향해 나아가야 하는데, 마르쿠식이 바로 그렇게 했다. 마르쿠식은 초고난도 분야인 플라스마 물리학, 즉 '제4의 물질 상태'를 연구하는 분야로 뛰어들었다.

세상에는 기체와 액체, 고체가 있고 플라스마가 있다. 플라스마는 이온화된 기체다. 분자를 높은 온도로 가열하면 원자의 전자와 핵이 분리되어 이온이 형성되며 혼란스러운 에너지가 넘치는 플라스마 상태에 들어간다. 번개나 오로라, 항성의 핵, 핵무기 등이 모두 플라스마의 예다. 마르쿠식이 볼 때 플라스마는 차세대 로켓연료였다. 마르쿠식은 지구 저궤도나 달은 물론 화성 너머, 심지어 태양계 가장 먼 곳까지 갈 수 있는 로켓을 만들고 싶었다. 그러기 위해서는 기존의 불을 뿜는 로켓에서 일어나는 화학적 폭발 대신 거의 무한한 잠재력을 지닌 플라스마를 활용해야 한다. 이는 본질적으로 물질에 전기에너지를 주입하고 가속하는 방식이다.

마르쿠식은 말한다. "단순히 가열하는 게 아니고 물질의 핵 구조와 상호작용하는 겁니다. 즉 정전기 및 자기장을 이용하여 물질과 상호작용하는 거죠. 이렇게 전자기의 상호작용을 이용하면 물질과 입자를 자극해 매우 높은 속도로 올릴 수 있습니다. 가열식 장치에서 얻을 수 있는 속도보다 훨씬 빠르죠."

공군과 나사는 군사 작전과 심우주 탐사 모두에서 이러한 유형의 기술에 관심이 많았다. 마르쿠식은 공군과 나사에서 장학금을 받고 그 대가로 1996~2001년에 에드워드공군기지에서 근무하면서 위성용 플라스마 추진기 개발에 참여했다. 군은 이 기술을 사용해 정찰위성의 위치를 언제든 재조정할 수 있기를 희망했다. 가령 이라크에서 분쟁이나 긴급 상황이 발생하면 인도 상공에 있는 위성을 이라크 상공 궤도로 이동시키는 식이다. 그 후 마르쿠식은 앨라배마주 헌츠빌에 있는 나사 마셜 우주비행센터에서 근무했다. 그는 첨단 추진 연구 팀의 초창기 멤버로서 다양한 추진 실험을 수행하는 대형 진공실 중 한 곳에서 일하며 반물질과 핵 에너지 등의 특성을 테스트했다. 이 기술을 사용하면 목성의 얼음 위성들을 탐사하고 단기간 내 화성에 도달할 수 있으리라 생각했다.

마르쿠식이 나사에서 근무하는 5년 사이에 이 기관은 기초 학문 연구에서 인간의 우주 비행으로 우선순위를 바꾸기 시작했다. 나사처럼 우주광들이 가득한 곳에서도 마르쿠식은 슈퍼 우주광에 속했고 그의 프로젝트들을 지원하던 자금은 바닥을 쳤다. 나사는 마르쿠식을 달래고 지속적 관심을 유도해야 했다. 그래서 나사는 마르쿠식을 '엑스파일'의 조직과 유사한 조직의 책임자로 임명했다. 이 조직은 개인들이 대단한 발견을 했다거나 신비한 현상을 알아냈다고 주장하는 편지와 이메일을 조사하는 일을 했다. "차고에 뭐가 떠다닌다고 하거나 영구운동 장치를 발명했다는 전화가 걸려오고는 했습니다. 그러면 저는 나사의 전용 제트기를 타고 현장에 나가 조사합니다. 이래 봬도 제가 박사입니다. 물리학을 잘 알고 있죠. 공학도 잘 압니다. 그래서 가보면 그게 진짜인지 아닌지 알 수 있습니다. 그런데 진짜는 단 한 건도 없었습니다."

한번은 복합 쇼핑몰 안에 있는 한 회사에서 편지 한 통을 받았다. 그곳에 도착하니 삼각형 물체를 든 남자와 벽에 나란히 서 있는 노인들이 보였다. 삼각형 물체는 각 변의 길이가 30cm 정도였는데 몸체에는 전선이 몇 개 달렸고 측면에는 약 2m 길이의 줄이 연결되어 있었다. 몇 마디 대화를 나눈 후 남자가 전원 공급 장치의 스위치를 돌리자 삼각형 물체가 갑자기 위로 날아오르더니 줄이 팽팽하게 당겨지며 몇 미터 높이의 공중에 떠 있었다. "확실히 떠 있었어요. 제가 물체에 가까이 다가가자 마치 발가락에서 번개가 나와 땅으로 들어가는 것 같았습니다. 약간 따끔거렸고 뭔가 좀 이상했습니다." 시연이 끝난 후 발명가와 이야기를 나눈 마르쿠식은 그 자리에 있던 노인들이 이 물체를 반중력 장치라 믿고 평생 모은 돈을 쏟아부었다는 사실을 알게 되었다.

처음 본 현상에 당황한 마르쿠식은 호텔로 돌아와 밤새 인터넷을 뒤지며 설명을 찾기 시작했다. 사이트를 몇 군데 뒤진 끝에 마르쿠식은 비펠트브라운 효과Biefeld-Brown effect라는 것을 발견했다. 이는 한 쌍의 전선에 높은 전압(약 60,000V)을 가하면 공기가 플라스마로 분해되고 이로 인해 강한 이온 풍이 생성되어 물체가 상승하는 현상이다.

다음 날 마르쿠식은 발명가의 사무실을 찾았다. 투자자들도 사무실로 찾아와 나사에서 온 남자의 판결을 초조하게 기다렸다. 마르쿠식은 그 장치가 획기적인 발견이라기보다 잘 알려진 실험을 재현한 것이라고 설명했다. 그 장치는 반중력 장치가 아니며 공기가 없는 우주에서는 작동하지 않기 때문에 나사에는 아무런 쓸모가 없다고 설명했다. 따라서 발명가가 연구비 명목으로 나사에 요구한 10만 달러는 지불할 수 없다고 덧붙였다. 그리고 마르쿠식은 사무실을 나왔고 투자자들 속은 일제히 뒤집혔다.

'엑스파일'식 임무는 기분 전환은 되었지만 성에 차지 않았다. 마르쿠식은 한가한 시간에 경영서를 읽고 급여표를 보며 민간 기업이 국가기관과 어떻게 다른지 알아보려 노력했다. 혼자 하는 공부도 괜찮았지만 대부분의 책은 탁월한 통찰력은 없고 자명한 정보만 가득했다. 마르쿠식은 지루해졌고 속으로 좌절하고 있었다. 나사를 떠나야겠다고 생각하자마자 놀라운 일이 일어났다.

2006년 중반 '엑스파일'식 임무를 함께한 동료 데이비드 위크스가 사무실로 들어오더니 흥미로운 임무를 맡았다고 했다. 한 억만장자인 듯한 사람이 남태평양의 정글 섬에서 로켓을 발사하려고 하는데 나사는 그 부자와 직원들을 관찰하고 그 프로젝트에서 배울 점이나 우려되는 점이 있는지 확인하고 싶었다. 나사 관리자들은 베테랑인 위크스에게 젊은 사람을 한 명 데려가라고 했고 결국 마르쿠식이 같이 가게 되었다.

마르쿠식은 일론 머스크나 스페이스X에 대해 들어본 적도 없었고 그런 일에 관심도 없었다. 마르쿠식이 들은 바에 따르면 스페이스X는 액체산소와 고급 케로신처럼 일반적인 로켓추진제를 사용하는 팰컨1이라는 소형 로켓을 가지고 있었다. 이는 불을 뿜는 로켓이지 플라스마 발전기가 아니었으므로 마르쿠식은 흥미가 없었다. "저는 이미 해결책을 찾아낸 평범한 기술보다 첨단 기술이 오히려 체질에 맞았어요." 그래도 남태평양으로의 여행은 복합 쇼핑몰에 있는 괴짜 발명가의 실험실로의 가는 일보다는 나아 보였다. 마르쿠식과 위크스는 앨라배마에서 하와이로 날아간 후 비행기를 갈아타고 마셜제도의 콰절레인 환초로 향했다.

마르쿠식은 군대 막사처럼 생긴 콰절레인 대표 호텔에 짐과 경영서 더미를 풀었다. 주변 환경은 헌츠빌과 전혀 달랐다. 로널드 레이건 시대의 군사기지와 극비 무기 시스템, 제2차 세계대전 당시 일본군 참호, 상어 등은 마르쿠식이 전혀 예상치 못한 풍경이었다. "그냥 야생이었어요. 저는 해변에 앉아 '자연과 하나가 되게 하소서.'라고 기도했습니다."

마르쿠식과 위크스는 쌍동선을 타고 매일 환초에 있는 오믈렉섬으로 향했다. 오믈렉섬에는 스페이스X의 발사대가 있었다. 섬에 도착하니 스페이스X 직원 십수 명이 팰컨1을 점검하고 있었다. 직원 대부분이 티셔츠 차림의 20대로, 땀을 뻘뻘 흘리며 일하랴 벌레 쫓으랴 정신이 없었다. 마르쿠식이 보아온 나사 로켓 과학자나 기술자와는 전혀 다른 모습이었다. 해가 지고 밤이 되면 스페이스X 팀은 커다란 모닥불을 피우고 술을 마시며 파티를 벌였다.

그렇게 한 달이 지났다. 마르쿠식은 스페이스X 팀이 하는 일에 흥미를 느꼈다. 나사 출신으로서 반감을 느낄 법도 했으나 그 반대였다. 자신은 매일 밤 숙소로 돌아와 기업용어나 전문용어나 식상한 표현으로 가득한 경영서나 읽으며 지냈으나 오믈렉섬 젊은이들은 손을 더럽히면서도 무언가 놀라운 일을 했다. 그동안 마르쿠식이 추구해온 게 모두 거짓과 허상으로 느껴졌다. 스페이스X가 하는 일은 매우 현실적으로 다가왔고 어린 시절 눈 덮인 들판에서 경험한 정신적인 전율이 마르쿠식을 덮쳤다.

저는 섬에 있는 스페이스X의 사람들이 기계와 하나가 되었다고 느꼈습니다. 그들은 로켓을 발사하려 했죠. 하지만 로켓은 그들에게 고통과 실망을 안겨주었습니다. 일이 안 풀리면 술을 마시고 서로를 티배깅▼하기도 했습니다. 물론 전문가다운 행동은 아니에요. 하지만 강한 팀워크를 보여주는 행동입니다. 이런 건 제가 읽던 경영서에는 나오지도 않았어요.

어느 시점이 되니 세상에는 거짓으로 행동하는 세계와 진짜로 행동하는 세계가 따로 있다는 생각이 들더군요. 그래서 저는 렌치를 들고 실제로 참여하면서 그들과 함께 일하기 시작했습니다. 밤이면 코코넛게가 몸 위로 기어다니는 해변에서 모닥불을 피고 낚시와 캠핑을 했습니다.

마르쿠식은 액체연료로켓과 그 작동법이 많이 알려져 있어도 로켓을 날리는 게 얼마나 어려운 일인지 알게 되었다. 공학을 실제로 적용하려면 해결해야 할 문제가 많았다. 날씨나 환경, 상황이 주는 압박도 마찬가지였다. 마르쿠식은 벌레나 더위, 바람 혹은 모든 것을 녹슬게 하는

▶ 티배깅teabagging이란 방심한 상대방의 얼굴에 고환을 갖다 대 주위 사람들을 웃기려는 행동이다. 나사 직원이 그랬다면 징계를 받았겠지만 스페이스X에는 그런 규정이 없었다.

소금기 가득한 공기 등에 도전하고 싶었다.

게다가 마르쿠식은 항공우주산업에 어떤 실질적 에너지가 주입되지 않는 한 사람들은 화성이나 우주를 더 깊이 탐험하는 데 필요한 특이한 신기술을 추구하지 않으리라는 사실을 깨달았다. 우주로 무엇을 보내는 일은 일상적이면서도 익숙하고 저렴해야 했다. 이런 일은 민간 기업이 주도할 수밖에 없었다. 스페이스X를 비롯해 수십 개의 뉴스페이스 기업이 기본을 완성해야만 그제야 마르쿠식이 10년 동안 매달려온 최첨단 기술을 추구할 길이 열릴 수 있었다. "저는 그 정글 섬의 원주민과 다를 게 없는 사람이었던 겁니다."

미국으로 돌아온 지 얼마 되지 않아 마르쿠식은 머스크와 스페이스X 임직원의 눈에 들어 입사를 제안받았다. 그 무렵 마르쿠식은 넷째 아이가 태어나기 직전이었다. 마르쿠식은 어린 시절부터 사귀어온 크리스타 잉글리시와 결혼해 이미 세 아이를 두고 있었다. 당시 스페이스X는 급여가 높지 않았다. 주로 직원들에게 스톡옵션 형태로 미래의 부를 약속하며 비인간적인 장시간 노동도 불사하게 했다. 구성원의 대부분을 차지하는 젊은 직원은 그런대로 버티겠지만 마르쿠식에게는 부양가족과 주택 담보 대출이 있었다. 게다가 크리스타가 앨라배마의 아름다운 붉은 벽돌집에서 로스앤젤레스에 있는 스페이스X 본사 근처 작고 비싼 집으로 이사하고 싶어 하지 않았다. 크리스타는 로스앤젤레스의 교통 체증도 끔찍하다고 했다. 마르쿠식이 이 같은 고민을 스페이스X에 얘기하자 회사는 다른 보직을 제안했는데, 텍사스 중부 오지에 로켓엔진 시험장을 건설하는 일을 맡아달라고 했다. 사람들이 별로 살고 싶어 하지 않는 곳에서는 큰 집을 저렴하게 구할 수 있었다.

마르쿠식는 제안을 받아들였는데, 이는 큰 모험이었다. 나사의 관료주의에서 마르쿠식과 같은 사람이 해고당하기란 거의 불가능한 일이었다. 따라서 마르쿠식은 남은 30년 동안 책이나 읽고 가끔 작업에 참여하며 편안하게 살 수 있었다. 나사가 플라스마 추진기의 놀라운 세계에 다시 관심을 기울이기만 바라면서 말이다.▼ 그런데도 마르쿠식은 세계에서 가장 위험한 회사의 특등석에 올라타기로 했다. 스페이스X의 첫 번째 팰컨1은 2006년 3월에 발사되었지만 즉시 발사대로 떨어져 섬의 발사 시설을 모두 엉망으로 만들었다. 당시 아무도 머스크가 이 사업에 얼마나 많은 돈을 투자할지 정확히 몰랐다. 그러니 텍사스의 그 큰 집을 담보로 대출받는다는 것은 어리석은 일이었다.▼▼ 모든 모험이 몇 달 만에 끝날 수도 있었기 때문이다.

마르쿠식은 말한다. "정부 기관에서 일하다 보면 정치적인 이유 등으로 프로그램이 하나씩 취소되는 것을 볼 수 있습니다. 열심히 하다가 그만두고 또 열심히 하다가 그만두는 과정이 계속되면 사기가 떨어집니다. 요란하게 시작해 끝을 보지 못하는 일이 반복됩니다. 그래도 안정적인 은퇴를 준비할 수 있으니 상관없다고 할 수 있죠. 하지만 박차고 나와 매우 대담한 계획과 비전에 돈을 투자한 미친 사람들과 함께할 수도 있죠. 여러분도 여기에 합류해서 무언가를 이룰 수 있습니다. 뉴스페이스는 무언가를 이룰 기회입니다."

2006년 6월 마르쿠식은 텍사스 맥그레거에 있는 시험장에 도착했다. 근무하는 직원은 얼마 되지 않았다. 이 시험장 부지는 폭파와 관련해

▶ 나사에서 마르쿠식은 '금배지gold badger', 즉 정규직 공무원이었다.
▶▶ 크리스타가 "젊고 로켓에 미쳐 있으면 가능했겠죠."라고 하니 마르쿠식이 "저는 나이도 있는데 미쳐 있었으니 문제였죠."라며 옆에서 거들었다.

유서 깊은 곳이었다. 이곳에서 제2차 세계대전 중 군은 TNT와 폭탄을 생산했고 이후에는 수십 년 동안 화학·군수·항공우주 업체들이 장비를 테스트했다. 스페이스X가 이 부지에 들어오기 전에는 억만장자 앤드루 빌이 설립한 빌에어로스페이스라는 개인 회사가 있었는데, 3년 만에 수백만 달러를 탕진하고 2000년 말에 폐업했다.

주변 환경은 그다지 고무적이지 않았다. 옥수수밭과 소와 앞에 보트가 주차된 작고 검은 주택이 있었다. 40°C가 넘는 더위에 뜨거운 바람이 휘몰아치는 곳이었다. 현장 작업자 조 앨런은 이곳에서 일한 지 벌써 수십 년이 넘었다. 조 앨런은 이곳에 군대가 있던 시절부터 빌에어로스페이스 시절을 거쳐 지금 스페이스X까지 두루 경험해왔다. 앨런은 강인한 정신과 이 땅에 대한 해박한 지식으로 사랑받았다. 앨런이 "거기는 파지 마세요. 우리가 1978년에 파봤는데 고생만 하다 끝납니다."라는 식으로 말했는데 그런 말에서 거친 현실을 느낄 수 있었다. 앨런은 첫 아내한테 총을 맞은 적이 있었고 맥그레거에서 일하는 동안 세 번의 친자 확인 소송을 당했다. "그런데 하나만 제 자식이더라고요."라고 앨런이 웃으며 말했다.

스페이스X 직원들은 새 로켓을 테스트하기 위해 로스앤젤레스와 맥그레거를 오갔다. 직원들은 맥그레거를 엔지니어의 휴양지 정도로 여겼다. 모두들 이 장소를 개조해서 더 진지하고 영구적인 작업장으로 바뀌어야 한다고 생각했고 이는 마르쿠식이 맡은 임무 중 하나였다. 일을 시작한 지 불과 몇 주 만에 마르쿠식 부부는 넷째 아이를 낳았다. 크리스타는 당분간 아이들을 키우는 일이 대부분 자신의 몫이 되리라 직감했다. 마르쿠식이 새벽 2~3시까지 일하는 날이 많았기 때문이다. 안락하게 일하던 공무원이 스타트업이라는 지옥으로 뛰어든 대가다. 마르쿠식은 말한다. "편안하게 살다가 죽고 싶지 않았습니다. 저는 모험을 원했습니다. 하지만 인생이 그리 녹록하지 않더군요. 종종 모험은 어리석고 위험 천만한 일이 될 수 있기 때문이죠."

마르쿠식은 운이 좋았다. 스페이스X의 111번째 입사자인 마르쿠식은 5년 동안 다양한 프로젝트에 참여했다. 그는 물론 팰컨1과 이 로켓이 궤도에 도달하는 데 필요한 모든 테스트에 역량을 집중했다. 2008년 9월에 스페이스X의 로켓은 약 1억 달러를 들여 정말 오랫동안 고난을 겪은 끝에 마침내 궤도에 진입했다. 이를 기념하기 위해 크리스타는 부부의 신앙심을 과하게 드러내지 않는 선에서 블로그에 게시물을 작성했다.

2008년 9월 29일. 드디어 그 일이 이루어졌다.

마침내 팰컨이 날아올랐다.

주위는 온통 커다란 기쁨과 환희, 안도감으로 가득했다.

서쪽에서 위대한 남자▼가 해냈다.

어른들은 서로 포옹하고 심지어 울었다. 입을 맞추며 기뻐했다. 성공 소식이 멀리 떨어진 곳까지 전해지자 칭찬과 축하의 선물이 세계 곳곳에서 도착했다.

▶ 크리스타가 '위대한 남자'라고 한 표현은 2가지로 해석할 수 있다. 다른 사람들이 보는 머스크와 머스크 자신이 보는 머스크다. 크리스타는 남편이 다른 남자에게 복종하는 모습을 결코 좋아하지 않았다. 인터뷰에서 크리스타는 최근에 내가 쓴 머스크 전기를 거의 다 읽었을 때쯤 집의 고양이가 책에 오줌을 쌌다고 말했다. 크리스타는 그런 상황이 정말 웃기고 적절하다고 생각했다. "작은 수컷 고양이는 집 안에서 누가 우두머리인지 알아내려 골몰하죠. 그 책이 있으니 우리 집에 머스크가 있는 것 같았어요. 책을 보니 완전 테스토스테론으로 가득 찬 수컷들의 영역 다툼의 현장이더군요. 고양이는 테스토스테론으로 가득 찬 그 책에 끌린 것 같았습니다. 바로 그 위에 쪼그리고 앉아 일을 보았어요. 환장하겠더라고요. 그래도 다 읽어야겠다고 생각해 헤어드라이어를 꺼내 말렸습니다."

좋은 일이었다.

스페이스X 직원 대부분은 머스크와 애증 관계에 있었다. 직원들은 머스크의 추진력과 타의 추종을 불허하는 비전과 불굴의 정신이 주변 사람들에게 제공하는 모든 기회를 대단하게 여기다 결국은 요구 사항과 질책에 위축되고 긴 근무시간에 지쳐갔다. 하지만 마르쿠식은 머스크를 위해 일하기를 즐겼다. 마르쿠식은 머스크의 직설적 성격과 사람에 대한 신뢰를 높이 평가했다. "머스크는 '이걸 했으면 좋겠습니다. 바로 지금이요. 그러니 빨리 가서 하세요.' 이런 식이었습니다. 저는 그런 까탈스러운 성격과 잘 맞았습니다."

스페이스X에서 일하던 후반에 마르쿠식은 텍사스와 로스앤젤레스를 오가며 출퇴근했다. 회사는 마르쿠식에게 로스앤젤레스에 아파트를 마련해주었다. 마르쿠식은 대형 로켓의 시장성을 조사하고 나중에 대형 로켓에 들어갈 랩터 엔진에 대한 초기 작업을 수행했다. 긴 출퇴근 시간으로 아내와 네 자녀와 함께 보내는 시간이 많지 않았다. 2011년이 되자 스페이스X 직원은 약 1,000명까지 늘었다. 마르쿠식은 변화할 때가 되었고 생각했다. "스페이스X의 성공이 분명해졌습니다. 그리고 뉴스페이스 운동이 현실로 다가왔죠. 이를 계속 이어가려면 더 많은 스페이스X가 필요했고 저는 이를 실현하는 데 도움이 돼야 한다고 생각했습니다."

마르쿠식은 친구들에게 이메일을 보내 새로운 기회를 고려해보겠다는 뜻을 알렸다. 몇 분 후 마르쿠식에게 새로운 일자리를 제안하는 메일이 들어오기 시작했다. 마르쿠식 부부는 곧 워싱턴주 켄트에 있는 블루오리진 사무실에서 제프 베이조스와 만났다.

블루오리진 사무실의 장식물은 부부를 놀라게 했다. 베이조스는 우주복, '스타트랙 엔터프라이즈' 모형, 운석에 맞아 흠집이 난 우편함 등을 수집해놓았다. 사무실 한가운데는 거대한 총알 모양의 물건이 서 있었다. 이는 쥘 베른을 떠올리게 하는 스팀펑크 스타일 우주선이었다. 베이조스는 마르쿠식이 그동안 만나온 기술 분야의 여느 억만장자와는 다르게 느껴졌다. 마르쿠식은 베이조스에게서 똑똑하고 친절하다는 인상을 받았고 결국 시스템 수석 엔지니어로 일하기로 했다.

하지만 일이 마냥 순조롭게 진행되지는 않았다. 광적으로 돌진하는 스페이스X와 달리 블루오리진은 천천히 움직였다. 블루오리진 로고에는 거북이 두 마리가 뒷발로 서서 하늘을 향해 손을 뻗고 있는데 이는 토끼와 거북이를 연상시킨다. 베이조스는 이 로고를 사용하며 블루오리진이 꾸준히 발전하여 우주 산업화라는 장기 레이스에서 승리하는 데 중점을 둘 것이라고 강조했다. 하지만 이러한 기업 문화는 마르쿠식과 맞지 않았다. 마르쿠식은 사무실에 출근하면 더 열심히, 더 빨리, 더 오래 일하라는 명령 대신 주 후반 전 사원이 참여하는 자전거 타기나 누군가가 추천하는 오트밀 쿠키 요리법을 메일로 받았다. "다른 회사에서 그런 메일을 보냈다가는 바로 잘릴 겁니다. 일과 삶의 균형을 강조하는 게 저와 맞지 않았어요. 잘못된 것이긴 하지만 다소 불쾌했습니다. 마치 제가 박물관의 일부나 소장품처럼 느껴졌습니다. 제게 '오른쪽은 스페이스X 출신의 톰 마르쿠식이다.'라는 설명이 붙어 있는 듯했죠."

마르쿠식은 블루오리진에서 겨우 2주 버텼다.

마르쿠식이 블루오리진을 그만둔 배경에는 버진갤럭틱의 리처드 브랜슨과 그의 우주를 향한 열망이 숨어 있었다. 사자 갈기 같은 머리에 수염까지 기른 브랜슨은 머스크와 베이조스와 마찬가지로 2000년대 초반에 우주 사업을 시작했다. 언제나 쇼맨십이 뛰어난 브랜슨은 먼저 우주 관광에 집중해서 사람들을 태우고 몇 분 만에 우주 가장자리까지 날아갈 우주 비행기를 만들고자 했다. 버진갤럭틱은 무중력을 경험하고 돌아오는 길에 지구를 관찰하는 기회를 25만 달러에 제공할 계획이었다. 버진갤럭틱은 2004년에 설립되어 그동안 약간의 진전을 이루기는 했지만 2011년까지도 우주 비행기와 우주 관광사업은 여전히 너무나 먼 이야기였다. 그런데도 버진갤럭틱은 사세를 확장해 더 많은 우주 비행기를 만들겠다고 했다.

브랜슨은 마르쿠식에게 전화를 걸어 팰컨1을 만들었던 사람들을 모으고 있으니 합류해달라고 부탁했다. 버진갤럭틱은 장기적으로 로켓랩이나 아스트라와 마찬가지로 소형 로켓을 만들 계획이었다. 다만 큰 차이점은 로켓이 비행기를 타고 대기권으로 올라간 다음 엔진을 점화해 우주로 나가는 것이었다. 다소 엉뚱한 생각 같지만 우주 박물관의 유물 같은 존재로 남느니 그편이 낫겠다고 생각한 마르쿠식은 가족과 함께 버진갤럭틱의 본사가 있는 모하비사막으로 향했다.

모하비사막의 중심은 공항이다. 모하비공항에는 비행기 수백 대를 모아둔 비행기 보관소가 있다. 기체는 습도가 높으면 부식되기 쉬우므로 민간 항공사들은 수리 대기 중이거나 재판매용 또는 폐기 전 비행기들을 기후가 건조한 이곳에 보관한다. 장거리 활주로와 관제탑이 있는 모하비공항은 개발 중인 비행기나 특이한 항공기를 테스트하기에 좋은 곳이다. 여유 공간이 넓어 사고에도 대비할 수 있다.

활주로 주위에 격납고가 있는데, 이곳에서는 땜질이 한창이다. 3, 4명으로 구성된 우주 스타트업들이 이곳 격납고에 자리 잡았다. 이들은 정부나 연구 용역으로 생계를 유지하며 자신들의 꿈인 로켓을 천천히 제작하고 있다.▼

모하비에서 비교적 깔끔한 시설을 갖춘 회사는 2, 3곳뿐인데, 그중 하나가 버진갤럭틱이다. 버진갤럭틱은 풍부한 자금력을 활용해 공항 활주로 근처 격납고에서 멀리 떨어진 곳에 있는 거대한 격납고를 사들였다. 공장▼▼ 바닥은 에폭시로 코팅해 광택이 났고 최첨단 기계로 가득했다. 복도에는 기념사진을 찍을 수 있게 브랜슨의 등신대가 있었다. 컴퓨터를 갖춘 별도의 사무 공간도 있었다.

버진갤럭틱은 본사에서 멀지 않은 곳에 대형 엔진 시험대를 설치했다. 엔진 시험대는 빨강과 흰색으로 도장된 수평, 수직 모양의 복잡한 구조물이었다. 마르쿠식은 텍사스에서처럼 콘크리트 바닥과 타워를 기반으로 각종 측정이나 테스트를 언제든 할 수 있게 이곳을 세계적 수준으로 끌어올려야 했다. 하지만 주요 임무는 따로 있었다. 마르쿠식은 버진갤럭틱의 로켓인 런처원을 설계하고 작동시킬 방법을 찾아야 했다. 버진갤럭틱은 1,000만 달러 미만의 발사 비용으로 약 200kg의 화물을 궤도에 올리고자 했다.

당시 버진갤럭틱의 우주 비행기 사업과 위성 발사 사업은 모두 조지 화이트사이즈George Whitesides ▼▼▼가 이끌고 있었다. 화이트사이즈는 프린스턴대학에서 공학과는 무관한 공공 및 국제 문제를 전공했다. 그나마 우주 관련 경력은 2010년에 당시 나사 국장이던 찰스 볼든 주니어 밑에서 1년 동안 비서실장으로 재직한 게 전부였다. 이마저도 화이트사이즈가 윌 마셜나 크리스 켐프, 싱글러 부부와 매우 친했기 때문에 가능했다.

▶ 마스텐 같은 회사가 대표적이다.
▶▶ 공장 명칭은 '페이스FAITH(Final Assembly, Integration and Test Hangar)'다.
▶▶▶ 버진갤럭틱은 나중에 버진갤럭틱과 버진오빗으로 분리된다. 버진갤럭틱은 화이트사이즈가 그대로 맡아 운영했고 버진오빗은 다른 사람이 맡았다.

화이트사이즈는 키가 크고 말랐으며 낙천적 열정이 넘치는 인물로, 한때 마르쿠식이나 버진갤럭틱 직원들과 잘 지냈다.

하지만 2013년부터 런처원의 미래를 두고 마르쿠식과 화이트사이즈, 버진갤럭틱 직원들 사이에 의견이 달라지기 시작했다. 이들은 로켓 추진 방식과 탑재 중량, 우주 관광사업의 문제점 등을 놓고 논쟁을 벌였다. 마르쿠식은 말한다. "그들이 나가려는 방향이 저와 달랐습니다. 그들이 틀렸다는 게 아니에요. 비전이 서로 달랐을 뿐입니다."

억만장자의 우주 기업을 모두 거쳐온 마르쿠식에게는 가장 고통스러운 창업의 길밖에 남지 않았다. 다행히도 마르쿠식이 여러 기업을 전전하는 동안 스페이스X의 주가가 상당히 올라 있었다. 그는 보유 중이던 주식을 처분해 얼마간의 자금을 마련했다. 마르쿠식은 또한 사업가에서 투자자로 변신한 P. J. 킹이나 마이클 블룸과 친해졌다. 세 사람은 어느 날 저녁 블룸의 욕조에 앉아 와인을 진탕 마시고는 인생에서 현명하지 못한 결정을 내리고야 말았다. 마르쿠식은 말한다. "우리는 머리를 맞대고 해보자고 했습니다."

▶◆◀

파이어플라이는 2014년에 설립되었다.▼ 마르쿠식은 다시 우주산업계의 방랑자가 되어 짐을 싸서 텍사스로 돌아왔다. 마르쿠식은 맥그레거와 같은 시골구석이 아닌 오스틴 시내에서 북쪽으로 32km 정도 떨어

▶ 파이어플라이는 처음 몇 개월 동안 P. J. 킹의 사무실이 위치한 캘리포니아 호손에 있었다. 그런데 그 바로 옆이 스페이스X 본사였다.

진 시더파크라는 교외 지역에 파이어플라이의 본사를 설립했다.▼

마르쿠식은 전부터 로켓랩을 알고 있었지만 로켓 제조업체라기보다 연구 개발업체로 생각했다. 실제로 로켓랩은 미군의 의뢰를 받아 새 추진제와 즉시 발사할 수 있는 소형 로켓을 개발하기도 했다. 로켓랩의 주력 로켓인 일렉트론은 2014년 8월에나 공개되었다. 마르쿠식은 버진 갤럭틱이 소형 로켓 시장에도 진입하려 한다는 계획을 알았지만 그 접근 방식에 문제가 있다고 생각했다. 마르쿠식은 다른 중소형 로켓 회사를 싸잡아 '모하비급'이라고 표현했는데, 이는 모하비사막의 격납고에서 로켓을 만들며 꿈을 꾸는 업체들을 말한다. "로켓을 만드는 일은 어렵지 않습니다. 하지만 궤도 발사체라면 완전히 얘기가 달라집니다. 둘 사이에는 하늘과 땅만큼의 차이가 있습니다."

전반적으로 마르쿠식은 소형 로켓 시장을 개방된 운동장에서 누가 먼저 궤도에 진입하는지를 놓고 다투는 경주라고 생각했다. 어떤 회사라도 궤도에 진입에 하는 데 성공하면 하늘은 곧 수백 개의 위성을 매년 우주로 운반하는 로켓으로 가득 찰 것이다. 이 같은 미래를 생각하며 마르쿠식은 집 뒷마당에서 반짝이는 반딧불이를 보고 파이어플라이라는 사명을 선택했다. 왜 우주는 뒷마당처럼 빛날 수 없을까? 마르쿠식은 엔진에서 불꽃을 뿜어내는 수많은 로켓을 하늘로 날려 보내리라 결심했다.

파이어플라이는 시더파크 본사 외에도 브릭스 지역에 약 80만 m² 규모의 부지를 인수했다. 텍사스 중부 지역의 작은 외딴 마을인 브릭스

▶ 크리스타와 아이들은 이사 간 집을 좋아했다. 1만 2,000m² 규모의 부지에 지어진 집이었는데, 인근에 자연보호구역이 있어 집 마당에 사슴이 들어와 자거나 야생멧돼지가 들어와 뛰어다녔다.

는 시더파크 본사에서 북쪽으로 약 30분 거리에 있었다. 마르쿠식은 브릭스에 또 다른 엔진 시험대와 제조 시설을 건설해 엔진과 로켓 본체를 제작할 계획이었다. 마르쿠식이 텍사스를 선택한 이유는 저렴한 땅값과 '원하는 것은 무엇이든 할 수 있는' 문화 때문이었다. 텍사스에서 파이어플라이는 필요하면 어제든 폭발물을 터뜨릴 수 있었다. 게다가 텍사스는 공간 확보가 용이해 모든 주요 작업을 서로 가까운 곳에서 할 수 있었다. 이제 스페이스X처럼 캘리포니아에서 제작한 로켓엔진을 텍사스로 운송해 테스트할 일은 없었다. 엔지니어와 기술자는 제품을 수정해서 테스트하는 과정을 신속하게 얼마든지 되풀이할 수 있었다. 무엇보다 시더파크와 브릭스는 오스틴과 가까워 캘리포니아에 비해 생활비가 저렴하면서도 활기찬 도시 생활을 누리려는 젊은 엔지니어를 유치하기 좋았다.

마르쿠식은 좋은 결과를 바라면서도 최악의 상황에 대비했다. "실패하더라도 직원들은 모하비나 맥그레거로 돌아갈 필요없이 여기에서 다른 일자리를 찾을 수 있을 겁니다. 시더파크와 브릭스는 미국에서 빠르게 성장하는 도시로, 파이어플라이가 실패하더라도 직원들은 이곳의 집을 팔면 이익을 얻을 수 있습니다."

파이어플라이는 한동안 정말 잘 나갔다. 마르쿠식은 전에 있던 곳에서 몇 사람을 데려왔고 텍사스대학이나 인근의 여러 학교 졸업생 중에서 젊은 엔지니어들을 고용했다. 노련한 인력, 예를 들어 스페이스X와 버진갤럭틱에서 시험장을 건설한 레스 마틴▼과 같은 베테랑이 브릭스에 나타나 콘크리트를 타설하고 철근을 구부리기 시작했다. 마르쿠식은 회사를 운영하고 이 복잡한 작업을 제대로 진행하는 방법을 배우면서 경영

▶ 그다음에는 아스트라에서 일했다.

자로서 입지를 굳혔다.

당시 한 언론과의 인터뷰에서 마르쿠식은 파이어플라이의 첫 번째 로켓의 이름은 알파이며 완전히 새로운 유형의 로켓이 될 거라고 밝혔다. 로켓 본체를 알루미늄이나 합금이 아닌 탄소섬유로 제작할 계획이라고 했다.▼▼ 탄소섬유는 고가인 데다 오븐에 굽고 성형하는 등의 공정에 전문 지식이 필요했지만 가볍고 강했다. 파이어플라이는 또한 추진제와 엔진 설계와 관련해 몇 가지 특별한 기술을 보유하고 있었다.

모든 게 순조롭게 진행되면 알파는 2017년 말까지 800만 달러의 비용으로 지구 저궤도에 탑재물 450kg 정도를 운반할 수 있었다. 그 후에는 약 1,130kg의 탑재물을 궤도에 올릴 수 있는 더 큰 로켓인 베타를 개발할 예정이었다. 다음 단계는 재사용이 가능한 우주 비행기 감마가 준비되어 있었다. 이 비행기는 측면에 로켓을 장착해 로켓이 궤도에 안착하도록 도와줄 것이다. 우주 비행기는 임무를 수행한 다음 지구로 활공해서 내려온다. 파이어플라이 초창기에 마르쿠식은 이 모든 게 실제로 가능하다고 느낀 것 같다. 여느 로켓 스타트업 CEO와 마찬가지로 언론에 지나치게 낙관적인 약속을 늘어놓았기 때문이다. 2017년까지 발사하겠다는 목표는 무리였고 2018년까지 흑자를 내겠다는 계획은 너무 야심 찼다.

스페이스X는 팰컨1을 만들어 궤도에 올리는 데 약 6년이 걸렸다. 물론 마르쿠식과 같은 사람은 경험을 통해 얻은 교훈을 적용하면 개발 과정을 단축할 수 있다. 그렇게 해서 맨땅에서 출발한 기업이 3년 만에

▶▶ 로켓랩은 탄소섬유를 이미 사용하고 있었다. 하지만 당시 로켓랩은 관련 기술이나 개발 소식이 알려질 만큼 주류가 아니었다.

우주로 간다면 역사상 가장 위대한 기술 업적을 달성하게 될 것이다. 기술 스타트업 사람들은 항상 비현실적인 약속을 한다. 물론 이는 게임의 일부다. 그러한 허무맹랑한 약속이 업계를 움직이고 투자자에게 확신을 준다. 하지만 로켓 스타트업 CEO들은 다른 업계보다 더 극적인 형태의 자기 착각에 빠진다. 이는 로켓 사업이라는 도박이 갖는 비현실성으로 인해 판돈을 올리지 않으면 투자 유치가 어렵기 때문인지도 모른다. 그러니 보수적으로 가기보다는 더욱 황당하게 나간다. 결국 투자자는 신중하라고 외치는 두뇌의 신경세포를 무시하고 말도 안 되는 거짓말에 넘어가 모든 돈을 잃는다.▼

어쨌든 마르쿠식은 수년 동안 억만장자 밑에서 추진기만 파다가 파이어플라이에 관한 이야기를 풀고 다니며 CEO로서 받는 관심을 즐겼다. 파이어플라이 직원들은 거침없이 말하는 CEO를 실제로 그럴듯하게 보이게 했다. 2015년 9월 파이어플라이는 처음으로 12m 높이의 시험대를 완공하고 인근에 약 900m² 규모의 생산 시설과 관제 센터를 건설했다는 보도 자료를 발표했다. 9월 말 파이어플라이는 반짝이는 새 시험대에서 처음으로 엔진을 테스트했는데 다행히 엔진이 정상적으로 작동했다. 직원은 60명으로 늘었고 마르쿠식은 2019년까지 200명을 더 고용하겠다고 약속했다. 그때가 되면 파이어플라이는 연간 50대▼▼의 알파를

▶ 회사가 텍사스에 있을 때 한 가지 단점은 캘리포니아처럼 투자자를 쉽게 눈요기로 현혹할 수 없다는 것이다. 마르쿠식은 말한다. "캘리포니아에서는 부자들이 개발 중인 로켓을 보기 위해 친구를 데리고 차를 몰고 옵니다. 그들에게 투자는 곧 정체성의 일부라 다른 사람에게 보여주고 싶어 합니다." 마르쿠식의 이 말이 우스꽝스럽게 들려도 내 경험상 사실이다.

▶▶ 업계 특성상 더 많이 생산하겠다고 해도 상관없었을 것이다.

생산하고 흑자로 전환할 수 있다고 말했다.

마르쿠식은 미래형 플라스마 엔진 전문가에서 사업가로 거듭나며 언변도 유창해졌다. 파이어플라이는 저렴하게 그리고 꾸준히 만들 수 있는 로켓, 즉 '모델T' 제작을 목표로 하고 있다고 마르쿠식은 설명했다. 파이어플라이는 급격히 성장하는 지구 저궤도 경제에서 배송 회사로 변모할 것이라고 했다. 마르쿠식은 말한다. "인터넷업계에 넷스케이프와 구글이 있다면 항공우주업계에는 스페이스X와 블루오리진 그리고 파이어플라이가 있습니다. 스페이스X와 블루오리진이 넷스케이프죠. 파이어플라이는 구글과 같은 기업이 될 겁니다. 일론과 제프와 같은 화성 탐사의 선구자들과 경쟁할 수 있어 기쁩니다. 그들이 화성에 가도 저는 여기에 남아 돈을 벌 거예요. 저는 화성 식민지 건설에는 관심이 없습니다."

2016년 초 파이어플라이는 항공우주산업계의 화두로 떠올랐다. 전 세계 25개 이상의 기업이 소형 로켓을 개발해 궤도에 올리겠다는 계획을 발표했다. 일론 머스크는 세계 곳곳의 엔지니어들에게 열심히만 노력한다면 우주를 정복할 수 있다고 떠벌렸다. 하지만 실제 자금을 지원받은 회사는 극히 일부에 그쳤고 업계 종사자들은 중소형 회사의 계획을 농담으로 여겼다. 로켓랩은 벤처 투자사에서 자금을 확보했고 멀쩡한 로켓이 오클랜드 공장에 있으니 성공 가능성이 높아 보였다. 하지만 로켓랩을 운영하는 사람은 대학을 졸업하지도 않은 데다 항공우주업체 근무 경력도 전혀 없었다. 그 반면에 파이어플라이는 설립자와 엔지니어의 명성으로 볼 때 투자처로 최선의 선택지로 보였다. 게다가 로켓랩과 달리 파이어플라이는 사업체가 모두 미국에 있어 투자자나 정부 계약에 접근하기 쉬웠다.

이에 따라 파이어플라이의 금고로 돈이 흘러 들어갔다. 파이어플라이는 공동 창업자와 친구, 소수의 부자 등을 포함한 소규모 투자자 그룹에서 수백만 달러를 모금했다. 2016년 중반 파이어플라이는 2,000만 달러를 추가로 모금했고 회사의 가치는 약 200만~1억 1,000만 달러로 높아졌다. 그 사이 나사와 550만 달러 규모의 위성 발사 계약을 체결했고 다른 정부 기관이나 기업과도 2,000만 달러 상당의 계약을 맺었다. 마르쿠식은 첫 번째 로켓을 궤도에 올리는 데 약 8,500만 달러가 들 것으로 추정했고 회사는 목표를 달성하기 위해 순항하는 듯 보였다.

하지만 속사정은 달랐다. 2015년 버진갤럭틱은 마르쿠식과 공동 창업자들을 상대로 소송에 나섰다. 마르쿠식이 버진갤럭틱을 떠날 때 회사의 지적 재산을 탈취해 이를 파이어플라이 운영에 이용했다고 주장했다. 파이어플라이는 막대한 자금을 모았지만 더 많은 자금이 필요했다. 그러나 핵심 유럽 투자자 중 한 명이 영국의 브렉시트에 위협을 느끼며 투자를 중단했다. 설상가상으로 2016년 9월에 팰컨9가 발사대에서 폭발했다. 로켓 사업이 얼마나 위험한지 세상이 자각하기 시작하자 파이어플라이 투자자들에게도 영향을 미쳤다. 결국 마르쿠식은 현재 소송이 진행 중인 로켓 회사에 자금을 지원할 의사가 있는 새로운 투자자를 찾아야 했다. "소송 문제는 이전 투자자들에게 큰 문제가 아니었죠. 하지만 이후에는 사정이 매우 어려워졌어요. 우리는 절박한 마음으로 새 투자자들을 만났지만 그들은 소송 때문에 주저했습니다. 최악의 상황이었어요."

파이어플라이는 매우 빠르게 악화했다. 마르쿠식은 자금을 지원해줄 사람이 있다면 어디든 달려갔다. 마르쿠식은 매주 100만 달러를 쓰며 미친 듯이 뛰어다녔다. 투자자를 만나기 위해 비행기와 렌터카를 타고 이동하는 동안 그는 자신이 선견지명이 있는 CEO가 아님을 깨달았다.▼ 회사의 지출을 더 잘 관리하고 일부 직원을 해고하거나 수익성이 없는 사업을 접었어야 했지만 그렇게 하지 못했다. 그 대신 파이어플라이는 전속력으로 달리기만 해서 결국 자금이 바닥났다. "우리가 그토록 빨리 자금을 소모한 이유 중 하나는 투자자가 텍사스로 와서 에너지를 느끼길 원했기 때문입니다. 우리가 현장에서 날아다니는 걸 투자자가 직접 보고 당장 동참해야 한다는 긴박감을 느끼길 바랐습니다. 그러기 위해서는 많은 돈을 써야 했죠. 이는 양날의 검과도 같습니다. 우리는 추진력으로 밀어붙이고 있었지만 그 모든 게 갑자기 중단되었습니다."

2016년 말 파이어플라이 직원 대부분은 무급 휴직에 들어갔다. 마르쿠식은 직원들에게 새로운 투자자를 찾으면 곧 복직할 수 있다고 말했다. 곧 투자자가 나타나리라 믿고 계속 출근하는 직원도 있었다. 하지만 투자자는 나타나지 않았다. 2017년 4월에 파이어플라이는 남은 3,000만 달러를 모두 소진하고 파산 신청을 했다.

▶ 한번은 계획 수립이 현재 미국의 상황에 미치는 영향에 대해 마르쿠식이 열정적으로 주장을 편 적이 있었다. "저는 미국 문화가 너무나 많은 계획을 세운다고 생각합니다. 부모님 세대는 '본능이 시키는 대로 해라. 일자리를 얻고 섹스를 많이 해서 아이들을 낳으면 문제가 해결될 거야.'라고 생각했죠. 하지만 오늘날 우리 아이들, 즉 밀레니얼 세대는 버킷 리스트가 있어요. '대학에 진학하고 수입이 이 정도가 되면 그때 배우자를 만나고 그다음에 아이를 낳을 거야.'와 같은 식으로 계획을 짜는 것 같습니다. 그러다가 30대가 되면 '이런, 아이를 낳기엔 생물학적 시간이 얼마 안 남았어.'라며 깜짝 놀라곤 해요. 저는 무엇이든 계획대로 된다고 생각해서도 안 되고 너무 미래에 집착해서 계획을 세울 필요도 없다고 생각합니다. 그렇게 하면 스스로를 속이고 계획에 묶여 눈앞의 기회를 놓칠지도 몰라요. 저는 조직도 마찬가지라고 생각합니다. 이건 스페이스X에서 배운 건데요. 일론은 항상 우리에게 다음 일에 집중하라고 했죠. '자, 이제 우리는 다음 일을 제대로 해야 합니다. 그러면 또 다음 일을 할 기회가 생길 겁니다.' 하지만 만약 우리가 열 단계 앞을 미리 내다본다면 집중력을 잃고 일을 제대로 해내지 못할 거로 생각합니다. 그래서 저는 열여덟 살에 아이를 낳고 계획 없이 살아도 문제가 없다고 말합니다."

마르쿠식은 말한다. "평소에도 잠을 많이 자는 편이 아니었지만 그때는 하루에 3시간밖에 못 잤습니다. 여러 가지 문제로 잠을 잘 수가 없었죠. 정말 감정 소모가 심했어요. 저는 무릎을 꿇고 고난을 극복할 힘을 달라고 기도했습니다. 우리가 잘못해서 실패했다거나 일을 해내기에는 멍청했다면 받아들이겠습니다. 하지만 우리는 아주 잘하고 있었습니다."

외부에서 볼 때 파이어플라이의 파산은 말이 안 되는 일이었다. 전 세계 투자자들이 기록적인 수준으로 우주 기업에 자금을 쏟아붓고 있었기 때문이다. 그러자 마르쿠식의 리더십 문제가 도마 위에 올랐다. 로켓업계에서 파이어플라이가 무질서하고 계획보다 훨씬 뒤처져 있다는 소문이 돌았다. 마르쿠식은 파이어플라이가 일을 제대로 한다고 생각했지만 다른 사람들은 어리석게 돌아다니며 현금을 낭비하고 있다고 생각했다.

힘들 때면 마르쿠식은 파이어플라이의 빈 사무실을 혼자 돌아다녔다. 마르쿠식은 과거를 생각하고 눈물을 흘렸다. 회사의 자산을 스프레드시트로 작성하기 시작했고 파산 절차가 진행되는 동안 회사를 살 만한 사람을 알아보기 시작했다. 무엇보다 마르쿠식은 누군가가 갑자기 나타나 회사를 구해주기를 간절히 기도했다. 마르쿠식은 하나님께서 로켓을 만들도록 자신을 창조하셨으니 결국 어떤 식으로든 도움을 주시리라 믿었다.

30.   총공격

아르티옴 아니시모프
는 파이어플라이의 붕괴를 지켜보고 있었다. 아니시모프에게는 계획이
있었다. 아니시모프는 1986년 소련의 몰락으로 고통받던 벨라루스 중부
의 작은 마을인 오시포비치에서 태어났다. 어린 시절 그는 가족과 함께
몽골로 이주했다. 아버지는 군인으로서 고국에 돌아가 더 나은 삶을 보
장받기 위해 소련의 아프가니스탄 전쟁에 참전했다. 몽골에서 4년간 복
무한 후 아니시모프 가족은 벨라루스로 돌아와 침실이 하나 있는 아파트
를 받을 수 있었다.

오시포비치에는 기회가 많지 않았다. 도시에는 범죄가 만연했고
경제는 무너졌으며 학교는 폐허가 되었다. 하지만 아니시모프는 똑똑하
고 근면했다. 10대 시절 교환 학생으로 미국에 와 테네시주에 있는 한 가
족과 함께 살았다. 그 가족의 아버지는 외과 의사였고 어머니는 교사였
으며 아이들은 활달하고 인기가 많았다. 당시 아니시모프는 미국이라는

나라에서 편안함을 맛보았다. "단순하게 설명하기는 어렵지만 사람들이 다르게 사는 곳도 있고 다른 것이 더 좋을 수도 있다는 것을 알게 되었습니다."

아니시모프는 벨라루스와 리투아니아, 네브래스카에서 대학을 다녔고 법학 학위를 몇 개 취득했다. 네브래스카대학에서는 우주법의 권위자인 프란스 폰데르뒹크Frans von der Dunk 밑에서 공부했다. 아니시모프는 우주산업이 변화함에 따라 우주법이 매우 중요해질 것이라는 폰데르뒹크의 말을 듣고 진로를 결정했다. ▼

졸업 후 아니시모프는 워싱턴DC로 가서 항공우주산업에서 일자리를 찾으려고 했다. 순진하기도 했고 어떻게 일을 찾아야 할지 몰랐던 아니시모프는 회사에 불쑥 찾아가 채용 담당자와 면담했다. 한번은 차도 없고 택시를 탈 돈도 없어 히치하이킹으로 버지니아에 있는 한 회사에 가기도 했다. 비자 문제와 취업 실패로 그는 거의 2년 동안 식료품 가게에서 주차 요원으로 일했다. 그러는 동안 변호사 시험에 합격하고 항공우주업계에서 인맥을 쌓았다.

아니시모프는 우주광이 되었다. 아니시모프는 우주 관련 콘퍼런스에 참가해 가능한 한 많은 사람과 대화를 나눴다. 대화를 하면 할수록 아니시모프의 전략은 효과가 있었고 여러 스타트업에서 법률 업무를 수행하는 일자리를 찾을 수 있었다. 2013년 아니시모프는 실리콘밸리로 이주했다. 여러 회사를 전전하던 끝에 마침내 맥스 폴랴코프의 오른팔로

▶ 네브래스카에 도착했을 때 아니시모프는 수중에 단 160달러밖에 없었다. 교환 학생으로 방문한 테네시의 가족은 그를 위해 7만 5,000달러를 대출받아주었다. 아니시모프는 이 돈으로 기숙사비와 식비, 학비를 지불했다. 그는 몇 년 후 이 가족에게 돈을 모두 갚았다.

우주와 관련한 모든 일을 맡게 되었다.

아니시모프는 항공우주산업의 역사를 비롯해 산업을 좌우하는 정치와 업계 주요 인사들을 꿰뚫고 있었다. 그가 끊임없이 구축한 인맥은 폴랴코프에게도 귀중한 인맥이 되었다. 아니시모프는 또한 업계의 변화를 꿰고 있어서 누가 득세하고 누가 지고 있는지 알았고 다른 사람의 약점을 어떻게 활용하여 이익을 얻을 수 있는지 파악했다.

2016년 당시 폴랴코프는 우주를 향한 야망은 컸지만 이와 관련한 경험은 많지 않았다. 인터넷 사이트와 기업용 소프트웨어를 이용해 돈을 벌었지만 우주 분야에 본격적으로 뛰어든 것은 아니었다. 폴랴코프는 플래닛랩스와 비슷한 방식으로 위성으로 영상을 촬영하고 분석하는 EOS 데이터에널리틱스라는 회사에 자금을 지원했으며 우크라이나에서 몇 가지 우주 관련 프로젝트를 지원했다.

파이어플라이의 재정 문제에 관한 소식이 돌기 시작하자 아니시모프는 폴랴코프가 크게 성장할 기회라고 생각했다. 아니시모프는 마르쿠식에게 연락을 취하기 시작했고 그다음에는 폴랴코프를 만나 사업을 논의하고 싶은지 물었다. 아니시모프는 위태위태한 파이어플라이를 잘 이용하면 밑바닥부터 시작할 필요없이 폴랴코프가 로켓 사업에 바로 진입할 수 있다고 생각했다. 마르쿠식은 2016년 가을 폴랴코프를 기꺼이 만났고 연말까지 그와 계속 이야기했다. 2017년 1월 마르쿠식은 더 많은 가능성에 대해 논의하기 위해 우크라이나로 향하는 비행기 일등석에 몸을 실었다.

폴랴코프가 파이어플라이를 인수한 경위에 대해서는 2가지 설이 있다. 하나는 폴랴코프가 백기사 역할을 했다는 설이다. 파이어플라이가 가장 어려운 시기에 막대한 돈을 투자해 회사를 파멸에서 구했다는 것이다. 마르쿠식은 투자자를 찾기 위해 최선을 다했지만 실현되지 않았다. 폴랴코프와의 제휴로 파이어플라이의 기술이 살아남았고 지금까지 회사에 몸담았던 모든 사람이 어떤 결과를 얻었다는 단순한 얘기다.

다른 설은 줄거리가 좀더 냉소적이고 사악하다. 이 이야기에서 마르쿠식은 폴랴코프를 만나 기회를 감지하고 깨끗한 재정 상태로 다시 시작하기 위해 공동 창업자와 기존 투자자들을 밀어낸다. 마르쿠식은 회사를 살리기 위해 최선을 다하는 대신 그냥 버려둬서 2016년 후반 파산에 이르게 했고 이로 인해 기존 투자자들의 지분 가치를 하락시켰다. 또한 폴랴코프가 파이어플라이의 자산을 헐값에 살 수 있게 경매를 조작했다고 한다. 파이어플라이스페이스시스템은 사라졌고 이전 투자자들의 지분도 사라졌다. 새로 파이어플라이에어로스페이스가 탄생하면서 폴랴코프와 마르쿠식이 대주주로 참여하게 되었다는 얘기다.

파이어플라이의 공동 창업자들 이 두 번째 설을 믿고 자신들이 배신을 당했다며 마르쿠식과 폴랴코프를 상대로 소송을 제기했다. 폴랴코프와 마르쿠식은 이와 같은 악의적인 주장을 부인하고 기업 운영자로서 비상 상황에 대처한 것뿐이라고 반박했다.▼

어쨌든 폴랴코프는 로켓 회사를 소유하게 되었고 즉시 약 7,500만 달러를 투자했다. 이로써 파이어플라이는 직원들을 재고용하고 로켓 생산을 재개하며 시설을 확장할 수 있었다. 사실 이런 상황에서 마르쿠식이 CEO로 남기란 매우 어려운 일이다. 일반적으로 회사가 파산하면 새 소유주가 새 경영진을 투입하는데, 그 이유 중 하나는 그들이 새 소유주에게 충성을 다하며 잘 경영하리라 기대하기 때문이다. 하지만 마르쿠식

▶ 이 책을 쓰고 있을 당시 소송은 진행 중이었다.

은 새 소유주를 설득해 폐업 직전 회사를 살리고도 우주 임무라는 천명을 계속 수행할 수 있었다.

로켓 회사를 인수하는 것만큼 흥분되는 일도 없다. 거래가 성사된 후 만난 폴랴코프는 미래에 대한 희망으로 가득 차 있었다. 폴랴코프는 위성 데이터를 분석하는 회사에 투자하고 있었지만 이제 본격적으로 로켓을 제작할 시기가 되었다. 폴랴코프는 위성과 이를 실을 로켓을 만들고 싶었다. 항공우주 기업은 시장의 수요에 따라 특화하고 있었다. 플래닛랩스는 위성을, 로켓랩은 로켓을 만든다. 이와 달리 파이어플라이는 위성과 로켓을 모두 만들어 가격에서 우위를 점하려 했다. 다른 로켓 회사에 웃돈을 주는 대신 파이어플라이는 자체 위성을 저렴한 비용으로 궤도로 보낼 수 있었다. 자사의 위성을 최우선으로 처리하면 다른 고객들은 어쩔 수 없이 화물칸에 여유가 있는 로켓이 나올 때까지 기다려야 한다.

폴랴코프는 1세대 민간 우주 기업이 모두 중대한 실수를 했다고 주장했다. 로켓랩이나 버진갤럭틱, 아스트라는 로켓을 너무 작게 만들었다. 위성 기업은 궤도에서 너무 빨리 고장 나는 형편없는 기계를 만들었고 로켓 기업은 발사 일정에 얽매였다. 몇몇 기업은 제품 측면에서 파이어플라이보다 앞서 있었지만 그들이 아무리 빨리 시작했어도 이런 전략적·기술적 실수를 만회하기에는 역부족이었다. 폴랴코프는 말한다. "우리는 그저 편하게 앉아 웃으면 되었습니다. 업계 전체가 엉망이었으니까요."

폴랴코프는 파이어플라이의 첫 번째 로켓을 완성하는 데 "수천만 달러"가 필요하다고 예상했으며 2019년 중반이면 발사에 성공할 것이라고 말했다. "우리는 로켓랩보다 훨씬 적은 비용으로 해낼 겁니다." 파이어플라이는 비용을 낮추기 위해 우크라이나의 항공우주기술을 일부 활용하기로 했다. 폴랴코프는 수십 년에 걸쳐 완성된 매우 복잡한 부품 설계를 텍사스로 이전할 수 있었다. 폴랴코프는 말한다. "스페이스X가 나사의 기술을 이용한 것처럼 우리는 우크라이나의 유산을 미국으로 가져올 겁니다.▼ 우리는 가져올 게 많습니다. 정밀한 탄도와 유도 시스템도 들여와야 해요. 유산은 다시 사용돼야 합니다." 우크라이나 엔지니어들은 인건비가 저렴해 파이어플라이의 인건비 절감에 도움이 될 것이다. "규율과 절차가 중요합니다."

파이어플라이는 소형 로켓 제조업체들보다 약 10배 많은 화물을 운반하겠다고 했다. 폴랴코프는 말한다. "버진갤럭틱은 엉터리입니다. 로켓랩의 탑재 중량 150kg은 부족해 보입니다. 지금까지만 보면 이 산업에 회의적입니다. 모든 게 과장되어 있습니다. 우리는 화성으로 가지 않을 거예요. 거길 왜 갑니까? 돈을 못 벌면 의미가 없습니다."

항공우주산업에 대한 폴랴코프의 자신감은 성장 배경에서 비롯한 것으로 보인다. 그는 가난한 가정에서 태어나 소련 붕괴의 혼란 속에서 재산을 모았다. 폴랴코프는 다른 사업에서 얻은 지혜로 피터 벡과 크리스 켐프와 같은 사람들을 짓밟는 데 능했다.

우주 사업에 종사하는 사람들은 대부분 어린 애들입니다. 그들은 돈의 의미를 모릅니다. 그들은 100달러라는 돈을 처음으로 벌고는 울지 않았을 겁니다. 우주 시장은 쇼고 서커스입니다. 저는 이 시장이 좋습니다.

지금은 정부의 막대한 자금으로 거품만 잔뜩 끼어 있죠. 많은 기업이 결국

▶ 이는 사실이다. 스페이스X는 설립 이래로 나사와 제휴를 맺고 나사가 수십 년 동안 개발한 기술을 이용해왔다.

사라질 겁니다. 우리는 위성과 데이터, 로켓을 장악해 그런 기업들을 인수하고 시장을 통합할 겁니다. 인류의 우주를 향한 열정으로 일들이 계속 진행될 거예요. 우주는 인류의 마지막 미개척지입니다.

▶◆◀

맥심 폴랴코프는 우크라이나 남동부에 있는 인구 75만의 도시 자포리자에서 성장했다. 자포리자의 경제와 일상생활은 수세기 동안 농업에 기반을 두고 있었다. 그러나 소비에트연방, 즉 소련이 들어서며 자포리자는 산업 도시로 거듭났다. 먼저 철도가 생겼고 그다음에는 댐과 공장이 차례로 들어섰다. 소련은 다양한 역량을 자랑하는 모범 도시를 조성하고자 했는데, 자포리자를 대표 산업 도시로 만들었다. 소련 전역에서 젊고 강한 남자들이 몰려와 도시를 건설하고 철강·알루미늄·중장비 등의 공장에서 일했다. 높은 임금을 준다는 말에 속아 이주했지만 일상생활은 암울했다. 대부분은 화장실과 수도가 없는 막사에서 살았다. 과거 번성했던 시절의 흔적은 빛바랜 모습으로 남았다. 공장들은 녹슬고 무너져내려 지금은 그라피티 예술가들의 캔버스로 쓰일 뿐이다. 유명한 금속 세공사 거리 옆에 있는 공원에는 셔츠를 벗고 손에 장비를 든 건장한 노동자 동상만이 잡초가 무성한 길을 지키고 있다.▼

폴랴코프의 부모님은 자포리자 역사에서 나중에 이주한 또 다른

▶ 드니프로강 변 도시들의 역사를 좀더 알고 싶다면 로만 아드리안 키브립스키 Roman Adrian Cybriwsky의 《우크라이나의 강을 따라: 드니프로강 변의 사회 환경사Along Ukraine's River: A Social and Environmental History of the Dnipro[Dnieper]》를 읽어보기 바란다.

계층의 노동자군에 속했다. 부모님은 우크라이나 자포리자에서 중요한 위치를 차지했던 소련 항공우주 프로그램의 과학자였다. 폴랴코프의 아버지 발레리는 로켓과 우주선의 다양한 시스템을 상호 연결하는 소프트웨어를 만들었는데, 이는 사실상 로켓의 운영체제나 다름없었다. 이 소프트웨어는 국제 우주정거장과 미르(러시아 우주정거장)를 비롯해 100톤의 화물을 궤도에 올릴 수 있는 대형 로켓 에네르기아와 매우 짧게 우주에 다녀온 우주왕복선 부란 등 여러 야심 찬 항공우주 시스템에 적용되었다. 폴랴코프의 어머니 루드밀라는 아버지와 같은 사무실에서 일하면서 로켓이 지구로 원활하게 돌아와 재사용될 수 있게 하는 기계 시스템을 개발했다.

가족은 폴랴코프의 할머니가 소유한 작은 집에서 살았다. 냉전과 우주 경쟁이 절정이던 시기에 폴랴코프의 부모님은 야심 찬 과학 공동체의 일원이자 모스크바와 키예프의 관료주의와 통제에서 벗어나 비교적 자유롭게 생각하는 사람들과 함께 시간을 보내며 즐거움을 느꼈다. 과학자가 정말 대단한 업적을 이루면 가끔 특별한 혜택을 받기도 했는데, 1987년에 에네르기아가 처음으로 비행한 후 폴랴코프 가족은 도시의 상급지에 60m² 짜리 아파트를 받았다.

소련이 붕괴하고 몰락하자 자포리자와 그 우주센터도 함께 쇠퇴했다. 예산은 이미 줄어들었고 조국 러시아는 완전히 멸망했다. 우크라이나가 로켓 프로그램과 그 모든 인재와 자산을 활용하려면 이를 유지할 방법을 찾아야 했다. 세상이 바뀌자 폴랴코프 가족은 비참한 생활을 해야 했다. 폴랴코프는 말한다. "소련이 붕괴한 후 아버지는 한 달에 5달러로 네 식구를 먹여 살려야 했습니다. 아버지는 '혹시라도 우주와 관련된 일을 한다면 나한테 죽도록 맞을 줄 알아.'라고 말씀하셨습니다."

아버지는 누군가가 에네르기아나 부란을 되살릴 방법을 찾을지도 모른다는 희망을 계속 품고 있었지만 몇 년이 지나도록 의미 있는 변화는 없었다. 우크라이나의 주요 명절이 되면 어머니는 네덜란드에서 장미와 튤립을 대량으로 구입하고 이를 팔아 가족의 생계를 유지했다. "어머니는 생활력이 강한 분이었죠." 시골 가족 별장은 생활에 많은 도움이 되었다. 가족은 감자나 오이, 토마토를 재배하고 지하실에 저장하여 겨울을 났다. "모든 가정은 매년 최소 400kg의 감자를 확보해야 했습니다. 그렇지 않으면 생존할 수 없었어요." 1994년이 되자 루드밀라는 꽃 사업으로 연간 2,000달러를 벌 수 있었다. "아버지는 돈도 안 되는 우주에서 벗어나 나가서 돈을 벌라고 등을 떠밀렸습니다. 평생을 바쳤는데 정말 괴로웠을 겁니다." 아버지는 중동, 우즈베키스탄, 타지키스탄을 다니며 구소련의 공장에서 사용하던 산업용 제어기를 손봐주고 한 달에 50달러를 벌었다.

부모님이 고생하는 동안 폴랴코프는 학교에서 두각을 나타냈다. 수학과 물리 분야의 전국 경시대회에서 우승했고 학교를 조기 졸업했다. 열여덟 살에 의대에 입학하여 산부인과 의사가 되기 위해 6년 동안 공부했다. 하지만 아기를 받고 국가 의료 시스템 하에서 얼마나 버는지 알고는 의대를 마치기 직전인 2000년에 자퇴했다.

폴랴코프는 당시 닷컴 붐이 한창이었지만 우크라이나 출신 중 이 기회를 포착한 사람이 아무도 없다는 사실을 알아차렸다. 인텔과 IBM과 같은 미국의 대형 기술 기업은 전 세계를 뒤져 저렴하게 소프트웨어를 만들 수 있는 사람들을 찾았고 러시아와 인도와 같은 곳에서 수천 명의 소프트웨어 개발자를 고용했다. 아직 학생이었던 폴랴코프는 처음으로 이 분야에 진출하여 최고가 입찰자에게 우크라이나 기술자들을 저임금으로 파견하는 소프트웨어 개발 외주 회사를 설립했다.

의사가 되기를 포기한 후 폴랴코프는 더 큰 기술 벤처에 자신의 에너지를 쏟았다. 폴랴코프는 자체 제품을 만드는 소프트웨어 회사를 설립해 인터넷 서비스 개발도 시작했다. 히트다이나믹스와 맥시마룸과 같은 스타트업을 설립하여 기업의 온라인 마케팅과 광고 캠페인을 추적하고 분석했다. 큐피드를 포함한 여러 온라인 데이트 사이트를 공동 설립했으며 플러트Flirt나 비노티BeNaughty처럼 다소 수상한 사이트도 운영했다. 2005년에 설립된 큐피드는 그중에서 가장 크게 성공했다. 몇 년 후 큐피드는 5,400만 명의 고객을 확보할 만큼 성장했고 2010년에 상장했다. 그동안 폴랴코프는 드니프로페트롭스크국립대학에서 국제 경제학 박사학위를 취득했다.

폴랴코프는 자포리자에서 북쪽으로 약 100km 떨어진 드니프로페트롭스크 또는 간단히 드니프로라고 불리는 도시에서 주로 활동했다. 폴랴코프는 이곳의 영리한 학생 중에서 인재를 뽑아 도시 중심부에 사무실을 열었다. 2018년 8월에 나는 드니프로로 가서 폴랴코프의 사업체를 직접 둘러보았다.

▶◆◀

드니프로에 도착하니 과거로 시간 여행을 온 기분이었다. 비행기는 소련에서 즐겨 사용하던 직사각 모양의 공항에 착륙했다. 직사각형 콘크리트 블록으로 만든 직사각형 중앙 터미널에는 직사각형 창문이 있고 직사각형 지붕이 건물 위에 얹혀 있었는데, 모두 흰색 아니면 회색이었다. 차에 올라 도시 중심부로 향하자 공항에서 느낄 수 없던 드니프로의 매력을 느낄 수 있었다. 도시는 여전히 낡고 황폐해진 구소련의 잔재로 가득했지만 드니프로강이 도시를 휘감아 흐르는 가운데 공원과 시장, 광장이 있는 인구 100만이 사는 곳이었다.

폴랴코프가 여행 비용을 지원해주겠다고 했으나 거절했다. 그런데도 폴랴코프는 내 여행을 계속 통제하려 들었다. 폴랴코프는 드니프로가 러시아와 전쟁 중인 크림반도와 가까우니 위험하다며 내게 사람을 붙여주었다. 내 여행 동반자는 타냐와 올가라는 이름의 아름다운 여성 둘과 드미트리라는 턱이 네모난 수행원이었다. 여행 내내 타냐와 올가는 몸에 꼭 맞는 드레스와 10cm가 넘는 하이힐을 신었고 드미트리는 총과 기타 호신 장비를 담은 가방을 들고 군복 같은 칙칙한 차림으로 우리 주위를 맴돌았다. 우리는 작가와 슈퍼모델, 근육남으로 구성된 동유럽판 A-특공대였다.

드니프로의 긴 역사에는 다양한 산업과 중공업이 발전한 영광의 순간이 있었다. 제2차 세계대전 이후 들어선 러시아는 이런 산업 기반에 매료되어 드니프로를 대형 군용 장비와 비행기, 자동차를 생산하는 도시로 지정했다. 독일 전쟁 포로를 동원해 새 공장을 지었다. 이후 몇 년 동안 모든 게 순조롭게 진행되자 소련의 이오시프 스탈린 서기장은 드니프로를 비밀 항공우주 프로젝트 기지로 지정했다. 그리하여 1950년경 대형 자동차 공장을 ICBM 공장으로 개조했고 드니프로는 함부로 들어올 수 없는 도시가 되었다.

폴랴코프는 도시의 역사를 알아야 한다고 생각했는지 우리 일행을 지역 항공우주박물관으로 보냈다. 박물관이라고 하면 소련과 우크라이나의 무기나 우주 프로그램의 영광을 기념하는 현대식 시설과 화려한 멀티미디어 전시물을 떠올리겠지만 그렇지 않았다. 항공우주박물관은

2층짜리 건물이었다. 회색빛 직사각형 건물의 안으로 들어서니 그 내부는 어둡고 먼지 쌓인 동굴 같았다. 커다란 전시실에는 위성과 노즐, 연료실 등이 덩그러니 전시되어 있었고 벽에는 근엄한 표정의 관료와 엔지니어들의 초상화가 줄 맞춰 걸려 있었다.

박물관에서 유일하게 좋았던 것은 안내인이었다. 여든이 다 된 차분하고 지적인 백발의 신사가 우리를 안내했다. 안내인의 설명에 따르면 제2차 세계대전이 끝나자 미국은 독일의 미사일 전문가를 모두 자국으로 데려갔지만 러시아는 과학자들이 만들고 싶어 한 발사체 설계도와 관련 연구물을 확보했다. 소련은 이 설계도와 연구물 그리고 드니프로를 발판으로 우주항공 분야에서 한발 앞서 나갔다. 1951년에는 드니프로에 ICBM 공장을 열었고 1959년에는 연간 100대의 미사일을 생산하기에 이르렀다. 드니프로는 점차 세계에서 가장 분주한 ICBM 공장으로 자리매김하며 미국이 사탄이라고 부른 SS-18미사일 등을 포함한 다양한 죽음의 발사체를 생산했다. 드니프로는 소련 지상 발사 미사일의 약 60%를 생산하기에 이르렀다. 그 생산량은 소련의 니키타 흐루쇼프 서기장이 "우리는 소시지를 찍어내 듯 로켓을 찍어내고 있다."라고 자랑할 정도로 엄청났다. 그 뒤로도 40년 동안 드니프로는 계속해서 점점 더 치명적인 ICBM을 생산했다. 안내인이 말했다. "결국 소련과 미국은 서로를 몇 번이고 전멸시킬 수 있는 지경에 이르렀습니다. 마음만 먹으면 우리는 18분 안에 미국의 어느 곳으로든 미사일을 쏘아 인구 400만의 도시를 사막으로 만들 수 있었습니다." 결국 양국이 목표를 달성했다는 이야기다.

안내인의 이야기는 드니프로의 우주산업의 역사로 이어졌다. 1962년 드니프로에서 만든 위성이 최초로 궤도에 진입했다. 3년 후에는 위성 24대를 생산했다. 그중 5×5m 크기의 물체를 선명하게 식별할 수 있는 정찰위성이 가장 유명했다. 이러한 성과를 바탕으로 드니프로의 엔지니어들은 로켓으로 눈을 돌렸고 소련 우주 프로그램의 주력 제품을 생산했다. 드니프로에서 가장 유명한 로켓은 1980년대에 등장한 60m 높이의 아름다운 제니트Zenit이다. 일론 머스크는 제니트를 역대 최고의 로켓이라고 칭송했고 이곳 사람들 역시 이 로켓에 엄청난 자부심이 있었다. 안내인이 칭찬한 여러 기술에는 폴랴코프의 부모도 관여했다.

박물관 주차장에 가면 ICBM, 로켓, 엔진을 볼 수 있는데, 아무도 돌보지 않는 항공우주 유물처럼 아스팔트 위에 여기저기 놓여 있었다. 그래도 그것들 사이에 서면 멋지게 보였다.

박물관을 둘러본 후 일행과 함께 승합차에 올라 역사와 우주여행을 계속했다. 우리는 숲이 울창한 드니프로 외곽으로 이동했다. 고속도로에서 빠져나와 울퉁불퉁한 길을 따라가니 전기 철조망으로 둘러싸인 검문소가 나왔다. 제복을 입은 남자들이 나타나 내 여권을 보자고 했다. 허술한 근무 태도로 보아 일하기 싫거나 무엇이든지 가능하게 하는 누군가의 힘이 작용했다고 생각했다. 곧바로 게이트를 통과해 160만 m²의 삼림 한가운데에 숨겨진 구소련의 로켓 시험장으로 들어갔기 때문이다.

최고의 구경거리는 지금까지 최고의 로켓엔진을 테스트하기 위해 사용한 시험대였다. 시험대는 몇 층은 되어 보이는 높이에 약 30m의 너비로, 숲속에서 로켓을 테스트하는 미친 과학자가 만들었을 법한 거대한 철골 구조물이었다. 주 구조물에서는 기다란 금속 배기 파이프가 나와 저수지까지 이어졌다. 저수지는 나무를 베어내고 시멘트를 부어 만든 인공 저수지다. 기술자들이 시험대 위에 엔진을 고정하고 버튼을 누르자 코끼리 코처럼 생긴 파이프를 통해 불길이 분출하며 불꽃과 천둥소리를 숲으로 밀어냈다.▼ 그러자 숲에 사는 다람쥐나 여우, 토끼 등이 놀라 도망갔다.

전성기에 이 단지는 엄청났을 것이다. 이 항공우주 요새에는 1,000명 이상이 거주했을 것이다. 추진제 생산 시설과 거대한 물탱크뿐만 아니라 카자흐스탄 남부에 있는 바이코누르기지까지 이어지는 철도도 있었다. 규모와 기이함이 인상적이긴 했지만 낡고 오래된 모습은 감출 수 없었다. 시험대는 녹슬었고 전선과 파이프가 엄청나게 복잡하게 얽히고설킨 내부는 50년 동안 그대로 방치된 듯 보였다. 시험대에서 10m쯤 떨어진 곳에는 엔지니어들이 컴퓨터 앞에 앉아 테스트하는 벙커가 있는데, 6개의 작은 창문이 검게 그을린 시멘트벽에 튀어나와 있어 마치 수용소 같은 분위기를 풍겼다.

그곳을 보여준 안내인은 테스트 장비와 30년 넘게 일해온 체격이 건장한 과학자였다. 그는 자신이 알고 있는 역사와 지식을 천천히 이야기해주었다. 직원 수가 가장 많을 때는 1,200명이었지만 지금은 250명으로 줄었다고 한다. 과거에는 소련의 미사일과 우주 로켓의 생산을 계속 지원하기 위해 하루에 세 번씩 테스트했다. 하지만 지금은 어떤 국가나 회사가 새 엔진을 테스트하거나 우크라이나 기술을 배우고자 할 때만 사용했다. 안내인은 말했다. "예전에는 좀더 재미있었어요. 젊은이들로 가득했습니다. 하지만 많은 사람이 자기 사업을 시작하며 떠나갔죠. 스타트업이 이곳에 몰려올 수 있어서 우리를 찾는 사람이 있으리라 생각합니다. 우리는 열려 있고 누구와도 협력할 겁니다."

소련이 붕괴하면서 우크라이나의 로켓 기술과 공학에 대한 수요

▶ 이 시설을 만들며 벌목으로 훼손한 숲을 되살리기 위한 프로젝트의 일환으로 매년 실험장 주변에 수백여 그루의 나무를 심는다고 한다.

도 급격히 감소했다. 러시아는 더 이상 우호적이지도 않고, 통제도 되지 않는 국가에서 제조된 제니트보다는 소유스처럼 자체 제작한 우주선을 선호했다. 미국 관리들은 그 공백 상태에서 수십 년간 축적된 항공우주 지식이 적의 손에 넘어가는 것을 막기 위해 우크라이나로 몰려갔다. 미국 관리들은 최고의 항공우주 전문가들에게 영주권을 발급하고 MIT나 캘리포니아공과대학의 교수로 임명하거나 정부 연구소에 일자리를 마련해주었다. 우크라이나에서는 한때 5만 명이 항공우주산업에 종사했지만 지금은 7,000명으로 줄었다. 미국에서 자리 잡지 못한 업계 사람 대다수는 인도나 중국을 비롯한 다른 나라에서 일자리를 찾아야 했다. 이 다른 나라에는 대놓고 말하지는 않지만 이란과 북한 등이 있었다. 우크라이나 엔지니어들은 여전히 드니프로 숲에서 배운 기술을 다른 곳에 판다는 의심을 받고 있다. 이들의 임금이 예전만 못하기 때문이다.▼

▶ 우크라이나의 항공우주산업을 재활성화하기 위한 가장 극적인 시도는 1995년 미국·러시아·우크라이나·노르웨이의 기업들이 지구 적도 근처 바다에서 로켓을 발사하는 것을 목표로 하는 시론치Sea Launch 컨소시엄을 결성하는 데서 시작되었다. 무모하게 들리겠지만 시론치 계획은 실제로 실현되었다. 5억 달러를 조성해 장비와 관제 센터 그리고 240명이 탑승 가능한 약 200m 길이의 시론치커맨더Sea Launch Commander라는 선박을 확보했다. 발사대로 사용하기 위해 길이 133m, 너비 67m의 유조선 오디세이도 구입했다. 이 두 선박의 협조로 러시아산 엔진을 장착한 제니트를 적도 근처 바다에 있는 발사 장소로 옮겼다. 시론치 계획은 몇 가지 면에서 훌륭했다. 첫째, 러시아와 우크라이나에 항공우주산업 자금을 제공하여 두 나라의 엔지니어들을 유급으로 고용해 바쁘게 만들었다. 보잉은 미국 측 투자자로 참여하여 정부의 승인하에 컨소시엄 지분의 40%를 소유했다. 둘째, 시론치 계획에 따르면 어디든 이상적인 발사 지점으로 이동할 수 있었다. 가장 먼저 1999년 10월에 다이렉트TV용 통신위성을 실은 제니트가 발사되었다. 이후 15년 동안 시론치는 에코스타나 XM 위성과 같은 민간 회사를 위해 약 30여 개에 이르는 로켓을 발사했다. 하지만 2014년 러시아가 크림반도를 점령하고 사실상 우크라이나와 전쟁을 벌이면서 시론치 계획은 엉망이 되었고 두 나라가 로켓 발사를 위해 협력할 가능성은 모두 사라졌다.

우크라이나에 있는 여러 항공우주 자산은 유즈마쉬라는 회사가 관리하고 있었다. 숲속 로켓 시험장도 이 회사가 운영했다. 유즈마쉬는 또한 드니프로 외곽에 800만m² 규모의 제조 시설도 운영하고 있는데, 바로 이곳에서 수십 년 동안 핵미사일과 로켓이 만들어졌다.

드문 일이기는 하지만 폴랴코프와 같은 사람을 알고 있다면 기자도 이 시설을 방문할 수 있다. 숲속 로켓 시험장에서처럼 슈퍼모델과 경호원과 함께 승합차를 타고 ICBM 공장으로 이동했다. 철조망에 둘러싸인 울타리를 통과한 후 여권을 경비원에게 제시했다. 이 경비원은 시험장 직원보다 더 깐깐해서 시간이 걸렸다. 그 어떤 기자도 이 시설 안으로 들어간 적이 없었다. 경비원이 마음만 먹으면 언제라도 방문을 종료할 수 있었다. 실제로 우리 일행이 서류를 보며 경비원과 이야기하는 동안 나는 차 밖에서 10분 동안 대기해야 했다. 우리 차는 공장 건물과 숲 사이에 있는 아스팔트 공간 한가운데 주차되어 있었다. 이곳은 엄청난 규모에 비해 사람은 거의 안 보였다. 주변을 둘러보니 화물 트럭이 한 대 보였고 한쪽에는 전시물인 듯한 15m 길이의 미사일이 누워 있었다. 그리고 제복을 입은 두 사람이 1960년대에 제작된 것으로 보이는 작은 트랙터를 타고 지나갔다. 그게 다였다.

냉전이 끝나갈 무렵 반소 교육을 충분히 받으며 성장한 사람으로서 눈앞에 펼쳐진 장면에 경외감과 실망감을 동시에 느꼈다. 전혀 생각지 못한 여러 일이 연달아 발생하면서 나 같은 미국 시민을 제거하는 게 최종 목적이었던 공장까지 왔다. 주변이 더 음침하고 위협적으로 보이길 기대했지만 현실은 그렇지 않았다. 그곳은 그냥 빛바랜 텅빈 공장이었다. 파멸을 가져다주는 존재가 아니라 말년을 보내는 우울한 양로원 같았다.

나는 옛날 ICBM 공장의 생산 시설은 물론 공장을 이곳저곳 다니며 죽음과 파괴의 상징이었던 미사일도 볼 수 없었다. 입구에서 곧바로 로켓 생산 구역으로 가서 나이 많은 안내인을 만났기 때문이다. 그에 따르면 유즈마쉬 기계 설비는 제니트를 비롯해 미국의 오비탈사이언(노스럽그러먼 인수)이 개발한 안타레스의 제1단과 브라질 발사대에서 위성을 궤도로 발사하려고 했던 치클론4의 로켓엔진을 제작하거나 적어도 제작할 수 있다고 했다.

유즈마쉬는 야심 차게 연간 20대의 로켓을 생산할 계획이라고 했다. "지금은 주문이 많지 않습니다."라고 안내인이 말했다. 지난 몇 년 동안 유즈마쉬는 로켓 제조 인력을 대폭 축소했으며 남아 있는 엔지니어와 기술자들조차 비용을 절감하기 위해 주당 2, 3일만 근무하거나 아예 무급으로 몇 달을 버티고 있었다. 항공우주 분야의 손실을 만회하기 위해 회사는 트랙터나 전기면도기, 비행기 착륙 장치 등 다양한 제품을 생산했다. 내가 공장을 둘러보는 동안에도 한쪽에서는 로켓 본체가, 다른 쪽에서는 버스가 만들어지고 있었다.

어려운 시절인데도 안내인은 공장을 향한 자부심이 넘쳤다. 안내인은 내게 아르곤 아크 용접 장비와 용접의 정밀도를 검사하는 X선 기계를 보여주며 일론 머스크가 제니트를 좋아한다고 자랑했다. 북한이 우크라이나의 엔진 기술을 손에 넣었다는 농담도 했다. 과거 〈뉴욕타임스〉 기사와 후속 보고서에 그런 내용이 나온다며 북한이 놀라운 속도로 미사일 기술을 향상했고 북한의 로켓엔진이 한때 이 유즈마쉬 공장에서 만든 RD-250과 유사하다고 말했다. "북한에 관해서는 쓰지 마세요. 인터넷에 떠도는 허위 정보 때문에 조사받은 적이 있거든요."라고 안내인은 웃으며 말했다.

우리는 넓은 공장 바닥을 돌아다녔다. 공장 곳곳에 로켓의 본체와 단을 연결하는 고리와 페어링이 놓여 있었다. 건물 안을 돌아다니는 사람은 대부분 50~70대였다. 공장 생산실 옆으로는 흰 실험복 입은 나이든 여성들이 금속 서류 캐비닛으로 둘러싸인 나무 책상에 앉아 내가 여기저기 돌아다니는 것을 지켜보았다. 왠지 모를 슬픔이 곳곳에 드리워져 있었다. 의심할 여지 없이 우크라이나 엔지니어들은 탁월하다.▼ 다른 국가와 기업들은 한때 공장에서 무섭게 쏟아져 나오던 제품을 제조하기 위해 고군분투했다. 그러나 정치와 부패 그리고 공장 외부의 꾸준한 발전은 공장 내부의 지식과 가능성을 마비시켜버렸다.

▶◆◀

내가 드니프로에 갔을 때 러시아는 이미 남부의 크림반도를 합병한 상태였다. 블라디미르 푸틴의 군대는 몇 년 동안 우크라이나 동부를 압박해왔고 분쟁 지역의 가장자리에서 약 160km 정도 떨어진 드니프로까지 긴장이 고조되었다. 드니프로 사람들은 푸틴이 드니프로와 그 주변 지역을 러시아의 일부로 만들고 싶다는 의사를 분명히 밝혀왔으므로 앞으로 무슨 일이 벌어질지 걱정했다. 드니프로 시민과 우크라이나 국민은 서방이 원하는 대로 핵무기를 처분하고 민주주의를 추구하며 유럽과 더 깊은 관계를 형성하려 노력해왔지만 가장 어려울 때 특히 미국에 배신당

▶ 우크라이나는 미사일과 로켓뿐만 아니라 엄청난 대형 비행기도 만든다. 키예프에서 멀지 않은 공장에서 엔지니어와 기술자들은 안토노프를 만든다. 안토노프는 날개 길이만 90m에 이르는 거대한 화물기다. 2022년 2월 침공 당시 러시아는 바로 안토노프 공장을 공격했다.

했다는 느낌을 지울 수 없었다. 한편 지역 정치인들은 우크라이나 경제를 활성화하기 위해 지원된 자금을 빼돌리는 부패한 행동으로 전혀 국가에 도움을 주지 못했다.

전쟁 전 드니프로는 러시아의 군사적 위협과 우크라이나의 무능함이 합쳐져 무법 상태가 만연하며 우스꽝스러운 분위기로 가득했다. 예를 들어 일행과 함께 한 식당에 갔는데 입구에는 금속 탐지기가 있었다. 그래서 경호원은 로비에서 기다려야 했다. 그가 다른 경호원들과 함께 로비에서 무릎 위에 총 가방을 올려놓고 이야기를 나누는 동안 나를 비롯한 식당 손님들은 안에서 식사를 했다. 가령 푸틴이 위협하고 있다는 생각을 잠시 잊기 위해 마리화나를 피우고 싶다면 하이드라라는 다크 웹 사이트에 접속해 제품을 고른 다음 비트코인으로 지불하고 GPS 좌표를 받으면 된다. 지정된 위치로 이동하여 땅을 파면 묻어둔 날짜와 함께 마리화나가 들어 있다. 게다가 바주카포로 돼지를 쏠 정도로 언제든 무기를 과도하게 사용했다. 특히 폴랴코프를 알고 있다면 무기 사용은 더 쉬웠다.

후천적이든 선천적이든 폴랴코프는 그런 환경에서 번창했고 어떻게 문제를 해결해야 하는지 정확히 알았다. 폴랴코프는 드니프로에서 가장 높은 건물 2채를 인수하고 맨 꼭대기 층의 사무실을 차지했다. 폴랴코프의 사무실에서는 강과 숲을 비롯해 오래된 대학 건물들이 내려다보였다. 폴랴코프는 밤늦게까지 일하고 술을 마시며 사무실에서 잠드는 날이 많아 사무실 한 편에 침대가 마련되어 있었다. 사무실에는 곳곳에 보안 카메라를 설치하고 누구도 대화를 엿듣지 못하게 방음문을 달았다.

드니프로에 있는 사무실에서 폴랴코프의 회사에 관해 더 많은 것을 알게 되었다. 폴랴코프는 데이트 사이트와 기업용 소프트웨어 시장에서 성공을 거두어 벤처기업 7개를 설립하고 연간 1억 달러 이상의 수익을 올렸다. 폴랴코프는 또한 온라인 게임과 로봇공학, AI 소프트웨어 분야에서도 큰 역할을 했다. 데이트나 게임 사이트는 크게 문제가 없어 보였으나 일부 의심스러운 부분도 있었다. '게임'은 도박을 의미할 때가 많았고 '데이트 사이트'는 아름다운 여성의 가짜 계좌을 이용해 남성이 신용카드 번호를 누르고 구독하게 하지만 막상 해지는 거의 불가능했다. 기업의 소유 구조는 복잡하고 재정은 해외 계좌에 은닉했다. 방문 당시 폴랴코프의 회사는 직원 5,000명가량이 거의 기계적으로 돈을 벌고 있었다.

어느 날 저녁 우리는 드니프로의 한 고급 레스토랑에 갔다. 폴랴코프의 고위 보좌진 중 한 명인 아니시모프를 비롯해 약 12명이 참석했다. 우크라이나 군대에서 복무했다는 건장한 체격에 호탕한 남자가 구소련의 군사시설에 내가 방문하는 문제를 조율한 듯 보였으며 같이 참석한 여성 둘은 온라인 작업을 담당했다. 하지만 웨이터가 끝없이 오번 위스키를 따라주는 바람에 누가 무슨 일을 하는지 일일이 파악하기 어려웠다. 함께한 손님들은 폴랴코프가 한때 우크라이나의 모든 오번 위스키 공급을 독점하고 1,900만 달러에 증류 공장을 인수하려다가 말았다고 했다. 그 이야기는 허풍인지 몰라도 그 순간에는 그럴듯해 보였고 다음 날 아침에는 너무나 사실처럼 느껴졌다.

3시간 동안 먹고 마시며 이 사람들이 폴랴코프에게 얼마나 충성하고 있는지 깨달았다. 대부분 수십 년 동안 폴랴코프와 일해왔으며 신생 기업을 대기업으로 성장시킨 사람들이었다. 폴랴코프는 열심히 하는 사람에게 확실하게 보상했다. 식사 중에 폴랴코프는 최고 실적자를 칭찬하면서도 그가 더 많은 돈을 벌 수 있다고 말했다. 폴랴코프는 핵심 임원들에게 소프트웨어나 도박, 데이트 사이트에서 얻은 이익을 이제 위대하고 영광스러운 무언가에 투자하고 있다고 말했다. 그들의 노력이 파이어플라이의 로켓을 작동시키는 원동력이었다.

폴랴코프는 말한다. "저는 저마다 미리 프로그래밍된 아이디어를 가지고 태어난다고 생각합니다. 그러다 어느 순간이 오면 그 아이디어를 찾아내고 느끼기 시작합니다. 그 아이디어에 대한 열정을 느껴야 합니다. 그게 제가 미국에 와서 다른 사람에게 손을 벌리지 않는 이유입니다. 자신의 돈으로 열정을 제대로 찾아내는 게 중요합니다."

▶●◀

어린 시절 우크라이나 기술의 위력을 매일 봐왔던 폴랴코프는 나라가 혼란에 빠지자 뼈저리게 느낀 게 있었다. 폴랴코프는 우크라이나의 항공우주 지식을 구하고 새로운 세대의 엔지니어들이 다시 큰 꿈을 꿀 수 있게 영감을 불어넣는 일을 자신의 사명으로 생각했다. 그는 사명을 완수하기 위해 제조 시설과 연구 개발 시설을 갖춘 드니프로에 파이어플라이의 지사를 설립하고 지역 교육 기관에 막대한 자금을 투입했다.

어느 날 아침 여행 동료들은 나를 파이어플라이의 우크라이나 공장으로 데려갔다. 전에 유즈마쉬에서 일했던 베테랑 엔지니어들이 학교를 갓 졸업한 새내기 엔지니어들과 함께 기계를 검사하고 있었다. 폴랴코프는 고급 3D 프린터, 레이저 커터 등 최첨단 제조 장비에 수백만 달러를 투자했다. 파이어플라이의 우크라이나 공장은 이전에 창문을 만들던 곳으로, 드러난 금속 서까래와 벽돌로 만든 벽에서 드니프로의 거친 분위기가 그대로 드러났다. 폴랴코프는 그곳을 변화시켰다. 공장은 이제 밝고 깨끗한 공간이 되었으며 젊은 에너지를 느낄 수 있었다. 공장에서는 100명 이상이 근무하고 있었다. 저임금과 낮은 재료비 덕분에 세계에서 가장 저렴하게 로켓 부품을 생산할 수 있다는 계산이 선 데다 무엇보다 수십 년간 축적된 항공우주 분야 전문 지식을 활용해 다른 로켓 제조업체를 능가하는 기술을 개발할 수 있다는 게 중요했다.

폴랴코프의 전략에는 상당히 타당성이 있었다. 러시아는 오랫동안 로켓엔진 제조 분야에서 세계 최고의 기술을 자랑했으며 미국 엔지니어들도 따라 하기 어려워하는 기계상의 발전을 이루냈기 때문이다. 그 대표적 예가 RD-180 엔진이다. 미국의 유나이티드론치얼라이언스는 극비로 정찰위성을 우주로 보내는 로켓 회사인데, 이 회사는 오랫동안 러시아산 RD-180 엔진에 의존해왔다.▼ 마찬가지로 우크라이나 엔지니어들은 터보펌프라고 부르는 로켓의 핵심 시스템을 제작하는 데 뛰어난 능력이 있다. 터보펌프는 로켓의 연소실에 연료가 들어가 혼합되는 속도를 제어하는 장치다. 말로는 간단하게 들려도 제대로 된 터보펌프를 만드는 일은 업계에서 어렵기로 악명이 높다. 스페이스X의 팰컨1을 포함한 많은 로켓 프로그램이 이 터보펌프 때문에 지연되기도 했다. 파이어플라이의 우크라이나 공장 직원들은 회사의 로켓에 들어가는 터보펌프를 설계하고 미국의 엔지니어들에게 이 기술을 가르쳤다. 말 그대로 올드스페이스가 뉴스페이스를 만난 격이다. 폴랴코프는 이를 "우리는 두 세계의 장점을 모두 가지고 있습니다."라고 표현했다.

인근 연구 개발 시설에는 위성에 적용할 새 추진기를 연구하는 팀

▶ 러시아의 크림반도 합병으로 이 난처한 상황은 서서히 사라졌다. 유나이티드론치얼라이언스는 블루오리진이 개발한 새로운 엔진으로 전환하는 과정에 있다.

이 있었다. 새 추진기는 이온 추진 장치로서 가스에 전기를 가하여 이온을 생성한 다음 이를 이용하여 위성을 추진한다. 그러면 위성은 충돌을 피하거나 임무를 수행하기에 더 나은 위치로 이동할 수 있다. 이 연구 팀은 백지상태에서 시작해 불과 1년 만에 최신 추진 장치를 개발했다. 상용화되면 가격은 약 20만 달러로, 다른 나라의 수백만 달러에 이르는 제품에 비해 훨씬 저렴하다.

드니프로를 여행하는 동안 짬을 내서 대학을 방문했다. 역시 외관은 인상적이지 않았지만 내부는 빛났다. 폴랴코프는 수백만 달러를 학교에 기부하여 시설을 개선하고 사이버 보안과 AI, 항공우주, 로봇공학을 비롯한 다양한 공학 관련 과정을 개설했다. 지역 천문관을 수리하고 과학 공모전을 개최했다. 그리고 돈을 풀어 뛰어난 교수진을 잡아두기도 했다. "교수들은 푼돈 수준의 급여를 받고 있었습니다. 그래서 우리는 급여를 올려주고 학교를 운영하며 교육 생태계를 개선하려고 노력하고 있습니다."

폴랴코프는 실리콘밸리를 모방하기 위해 교수진과 학생들이 개발한 지적 재산을 새로운 기업의 기반으로 사용할 수 있는 시스템을 대학이 구축하도록 장려했다. 폴랴코프는 또한 새로운 벤처 자금을 유치하고 사람들이 더 기업가적인 방식으로 사고하게 유도했다. 운이 좋아 몇 가지 프로젝트가 성공하면 학교는 재정적으로 도움을 얻게 되고 학생은 더 큰 꿈을 꾸게 될 것이다. 그리고 그렇게 되면 폴랴코프의 도움 없이도 모든 게 진행될 수 있다. 폴랴코프는 말한다. "우리는 지속 가능한 모델을 구축하려고 노력하고 있습니다. 상황이 안정되면 열정이 생기고 사람들이 아이디어를 갖게 됩니다. 열정과 행동은 함께 가야 합니다."

폴랴코프는 거칠고 호탕하면서도 의외로 지적이었다. 폴랴코프는 사려 깊고 내성적이며 책을 많이 읽었다. 고향 사람들과 마찬가지로 폴랴코프는 시적이고 거의 종교적인 용어로 과학을 말한다. 폴랴코프가 하는 모든 자선 활동과 교육 사업은 누스페어라는 단체에서 관리했다. 이 단체는 1930~1940년대 누스페어noosphere(정신권) 개념을 창안한 러시아·우크라이나 과학자 블라디미르 베르나츠키Vladimir Vernadsky를 기리기 위해 설립되었다.

20세기에 진입해 수십 년을 지켜본 베르나츠키는 인류가 기술을 통해 지구에 미치는 영향이 자연의 힘과 비슷해지기 시작했다고 깨달았다. 인류의 기술은 지질학적 변화를 일으킬 정도였다. 베르나츠키는 이 현상을 설명하기 위해 누스페어라는 단어를 사용하고 이를 '인류 문화 에너지'라고 표현했다.

1943년 베르나츠키가 사망하기 2년 전에 작성한 논문에서 이 과학자는 인류가 잠재력을 발휘하기 직전에 있다고 흥분된 어조로 주장했다. 베르나츠키는 제2차 세계대전의 참상을 잊고 사람들이 이렇게 대규모로 기계를 만들고 정교한 통신 시스템을 구축하고 원자와 핵 에너지의 비밀을 풀기 시작한 데 놀랐다. 그는 인류가 곧 깨달음과 무한한 가능성에 가까워질 것 같은 느낌을 받았다. 베르나츠키는 이렇게 말했다. "누스페어는 우리 행성의 새로운 지질학적 현상이다. 그 안에서 인간은 처음으로 대규모 지질학적 힘이 된다. 인간 앞에는 점점 더 넓은 창조적 가능성이 열린다. 우리의 손자 세대가 그 꽃을 피울 수 있을지도 모른다." 논문의 뒷부분에서 베르나츠키는 이렇게 덧붙였다. "미래에는 동화 같은 꿈이 가능해 보인다. 인간은 자신이 사는 행성의 경계를 넘어 우주 공간으로 발돋움하려 하는데 아마 그렇게 될 것이다."

베르나츠키는 러시아와 우크라이나에서는 오늘날까지 그 명성을 유지하고 있지만 안타깝게도 전 세계적으로는 그렇지 않다. 베르나츠키는 키예프에 우크라이나과학아카데미를 설립하고 과학에 관한 관심을 고조시켰다. 베르나츠키는 인류의 기술과 발전에 감격하면서도 인류가 환경과 조화를 이루며 발전해나가야 한다고 주장했다. 우리만의 놀라운 새로운 도구를 사용하여 가장 순수한 물과 가장 깨끗한 공기를 만들어야 한다고 했다. 베르나츠키는 모든 사람이 평등하게 번영하고 대륙을 넘어서 하나로 뭉쳐 지구를 완성하고 우주 전체에 인류를 퍼뜨리기를 원했다.

베르나츠키의 생각은 소련의 우주개발 프로그램을 뒷받침하는 지적 토대가 되었다. 따라서 폴랴코프가 그러한 책들에 빠져 자신을 '인류 문화 에너지'를 지구의 경계를 넘어 확장하는 데 도움을 주는 수단으로 여기는 것은 당연했다.

하지만 폴랴코프를 가장 흥분시킨 것은 실제로 인간의 잠재력을 확장한다는 근본적인 생각이었다. 폴랴코프는 밝고 열정적이고 선의를 가진 사람들이 한곳에 모여 공동의 목표를 추구할 때 인간의 잠재력이 최고조에 이른다고 믿었다. 르네상스가 그 예다. 사람들이 하나의 대의를 믿고 일치단결한 소비에트연방 초기 시절도 마찬가지다. 폴랴코프에 따르면 실리콘밸리도 전에는 그런 특징이 있었지만 지금은 너무 산만하고 근시안적으로 돈만 추구한다. "우리는 모두 돈에 탐욕스러워졌습니다. 돈을 짜내고 또 짜내면 결국 돈 때문에 죽게 되어 있습니다."

폴랴코프는 우크라이나에 투자하여 "변화를 추구하며 무언가를 하고 싶은 열정적인 사람들"을 찾고 싶었다. 이를 위해 가장 먼저 해야 할 일은 항공우주에 조예가 깊은 사람들을 찾아 그 지혜를 다음 세대에 전달하는 것이다. 수십 년의 노력으로 얻은 기술을 잃지 않기 위해서다.

"우리는 이미 할아버지 세대와 아버지 세대를 잃었습니다. 세 번째 세대까지 잃고 싶지 않습니다. 지식을 전달해야 합니다. 생각을 바꿔야 해요. 토양에 영양을 공급하는 거죠. 이런 곳을 잃으면 다시 만들기가 무척 어려워집니다."

더 포괄적으로 말하면 폴랴코프는 모든 젊은이에게 열정으로 무엇을 성취할 수 있는지를 보여주는 본보기가 되고 싶었다. 파이어플라이의 로켓은 폴랴코프의 투쟁을 기리는 기념비이자 자포리자 출신이나 다른 도시 출신도 위대한 일을 할 수 있다는 상징이 될 것이다. 폴랴코프는 말한다. "자고 일어나면 뭔가를 해야겠다는 에너지가 느껴지죠? 하지만 좋은 일을 해야 합니다. 더 나은 일을 위해서 말이죠."

31.

돈이 없으면
아무것도 날지 않는다

2018년 우크라이나를 다녀오고 몇 달 후 폴랴코프는 캘리포니아 멘로파크에 있는 자신의 집에서 맥주 파티를 열었다. 회사 직원이 많이 참석했으며 항공우주업계 사람들도 왔다. 실리콘밸리에서 가장 부유한 지역에 사는 이웃들도 참석했다.

폴랴코프는 몇 년 전 충동적으로 집을 구매했다. 폴랴코프는 가족과 함께 캘리포니아로 이주하고 싶었고 실리콘밸리 지역에 집을 알아보기 위해 부동산 중개인을 고용했다. 폴랴코프는 유망한 매물 몇 곳을 확인한 후 아내와 함께 날아왔다. 중개인은 로버트 사우스 드라이브에 있는 집을 적극적으로 추천하면서 실리콘밸리의 부동산이 시시각각 변하고 있다고 조언했다. 폴랴코프는 중개인에게 적당한 가격에 구입하라고 지시하고 우크라이나로 돌아가는 비행기를 타기 위해 아내와 함께 서둘러 공항으로 향했다. 며칠 후 거래가 성사되고 지역 신문인 〈팔로알토위클리Palo Alto Weekly〉에는 이런 기사가 실렸다. "멘로파크 역사상 최고가인

760만 달러에 주택 거래 성사." 부동산 중개인은 폴랴코프가 온 도시를 통틀어 부동산 가격 상승의 주범이 될 것이라는 사실을 말하지 않았다.

집은 작은 성처럼 보였다. 거대한 뒤뜰에는 수영장과 손님용 숙소가 있었다. 그래도 폴랴코프는 사생활을 더욱 보호받고 싶었고 옆집 주인 할머니에게 집을 팔라고 설득했다. 수십 년째 그곳에 사는 할머니는 처음에는 여러 가지 제안을 거절했다. 그런데도 폴랴코프는 굴하지 않고 할머니의 자녀들까지 찾아가 매매 가격을 제시했다. 그러자 주인 할머니는 자녀들의 설득에 못 이겨 집을 내놓았고 폴랴코프 가족은 집 한 채가 아니라 한 '단지'에 살게 되었다.▼

그 결과 뒤뜰이 훨씬 더 넓어졌다. 폴랴코프는 여기에 사우나와 야외 바를 설치했다. 공간이 충분해서 파티가 열리는 날이면 수백 명의 손님이 돌아다니며 마음대로 음식과 음료를 마실 수 있었다. 폴랴코프의 아내 카티아는 안주인 역할을 제대로 했으며 네 자녀는 장난스러웠지만 막무가내로 행동하지는 않았다. 무릎까지 오는 가죽 바지를 입은 폴랴코프는 노래를 부르며 파티를 축하했고 사람들에게 밀반입한 철갑상어를 먹어보라고 권했다. 모두 즐겁게 지냈다.

2019년이 되어도 폴랴코프는 여전히 로켓 사업을 좋아했다. 나는 멘로파크 사무실에 가끔 들러 폴랴코프와 오번 위스키를 마시며 업계에

▶ 폴리코프 가족이 이사한 지 얼마 되지 않았을 때 폴랴코프의 아내는 지역의 동방정교회 사제를 초대하여 가족이 새로 이사한 곳에서 종교적 유대 관계를 형성할 수 있게 기도해달라고 요청했다. 폴랴코프는 그 전에 술을 몇 잔 마셨고 사제를 놀라게 하려고 수영장 덮개를 작동시키는 버튼을 눌렀다. 덮개가 수영장 전체를 가로지르며 물 위를 덮자 폴랴코프는 그 위를 걸으며 "보세요! 저는 물 위를 걸을 수 있습니다! 저는 예수님과 동급이에요!"라고 외쳤다. 폴랴코프는 이 사건을 엄청난 헌금으로 무마했을 것이다.

서 일어나는 여러 소문에 관해 이야기했다. 폴랴코프는 보잉이나 록히드 마틴과 같은 옛날 회사에 대해 결코 좋게 말하지 않았다. 폴랴코프는 이 회사들이 부패하고 국민의 세금을 도둑질한다고 생각했다. 러시아인에 대해서는 그보다 더 나쁘게 말했다. 폴랴코프가 하는 말의 양과 속도 그리고 모든 주제에 관해 내뿜는 에너지 때문에 대화는 항상 강렬해졌다. 하지만 나는 폴랴코프와 나누는 대화가 즐거웠다. 쉬지 않고 열정적으로 이야기하면서도 그 말을 실행하는 사람은 쉽게 만날 수 없기 때문이다. 폴랴코프는 독특하고 흥미로웠다.

폴랴코프는 소형 로켓이 모두 무의미하다고 확신했다. 소형 로켓은 90~230kg 사이의 화물만 우주로 운반할 수 있다. 폴랴코프가 투자하면서 파이어플라이는 약 1,000kg의 화물을 운반할 수 있도록 알파를 더 크게 만들기로 했다. 이미 개발 중인 두 번째 로켓 베타는 더 큰데 8,000kg가량의 화물을 실을 계획이다. 이 같은 탑재 중량 덕분에 파이어플라이의 고객은 한 번에 수십 개의 위성을 궤도에 안착시킬 수 있다. 항공우주산업은 항상 예상보다 더디게 움직여 로켓에 대한 수요가 있으려면 몇 년은 더 기다려야 한다고 폴랴코프는 생각했다. 그때쯤이면 알파는 날고 베타는 출시되어 다른 소형 로켓 제조업체를 도태시킬 것이다. "우리는 3~5년 후 시장이 어떤 모습일지 알고 있습니다. 우리는 적절한 시기에 적절한 장소에서 시장을 장악할 제품을 선보일 겁니다."

한때 폴랴코프는 첫 번째 로켓을 발사하려면 파이어플라이에 5,000만~7,500만 달러를 쏟아부어야 할지도 모른다고 생각했다. 로켓이 성공하면 투자금은 순식간에 수십억 달러로 불어날 것이다. 폴랴코프는 과거 벤처 투자가와 투자 파트너에게 사기당한 경험이 있어서 동업자를 들이기를 싫어했다.▼ 이렇게 외부 투자자를 싫어하고 알파의 테스트가 지연되면서 폴랴코프가 파이어플라이에 투자한 돈은 1억 달러를 넘어섰다. 폴랴코프는 추가 투자금 역시 거래의 일부라고 주장했다. "공기역학의 첫 번째 법칙은 돈이 없으면 아무것도 날지 않는다는 겁니다. 가진 돈을 모두 회사에 투자하는 것보다 더 좋은 일은 없습니다. 열정을 느낄 수 있으니까요."

폴랴코프의 투자금으로 파이어플라이는 엄청난 장비를 구입했다. 텍사스에 있는 시설에는 모든 로켓 회사가 부러워할 만한 최첨단 시설이 갖추어져 있었다. 대형 시험대가 2대 있어서 수직과 수평 위치에서 로켓 엔진을 테스트할 수 있었다. 대형 탄소섬유 로켓의 본체를 만드는 공장을 지었고 테스트를 주관하는 관제 센터도 있었다. 직원 수백 명이 단지 내를 어슬렁거리는 소에게 인사하며 분주하게 돌아다녔다. 보통은 엔진이 잘 작동하여 몇 분 동안 분출된다. 하지만 엔진에 문제가 있는 날에는 금속 덩어리들이 쌓여 실패한 공학 기술의 무덤이 되기도 했다. 일부 직원들은 파이어플라이가 2019년 캘리포니아 남부에 있는 반덴버그공군기지에서 발사할 것이라고 주장했지만 그 날짜를 정말로 믿는 사람이 있을지 의심스러웠다.

폴랴코프의 우크라이나 사업 역시 순조로웠다. 수백만 달러가 들어간 천문관의 개보수 공사가 마무리 단계에 있었다. 드니프로의 어린이들을 위한 선물이었다. 공과대학은 더 많은 스타트업을 창출하기 위해 노력했다. 폴랴코프는 특히 금융 기술 쪽으로 사업을 확대하면서 기술 제국을 확장했다. "제 시간이 오고 있습니다. 느낄 수 있어요. 사업 중 하나를 매각하면 파이어플라이에 5년 동안 자금을 지원할 수 있습니다."

▶ 사실 폴랴코프는 벤처 투자가를 인간쓰레기라고 생각했다.

우크라이나의 로켓 과학자 역시 파이어플라이를 위해 최고 수준의 기술을 제공하고 있었다. 놀랍게도 폴랴코프와 아니시모프는 미국 정부와 특별 협정을 체결하여 우크라이나 항공우주 분야의 지적 재산이 합법적으로 텍사스로 넘어갈 수 있게 했다. 이는 일방적인 거래였다. 파이어플라이의 우크라이나 엔지니어는 미국 동료에게 거의 모든 것을 가르칠 수 있지만 텍사스에서 만들어낸 기술은 미국 밖으로 나갈 수 없다. 그래도 두 나라를 하나로 묶고 우크라이나의 항공우주산업을 활성화하겠다는 폴랴코프의 목표에 한 걸음 더 다가선 조치였다. 미국과 가까운 동맹국 중 하나인 뉴질랜드에 기반을 둔 로켓랩 조차도 외국인의 손에 항공우주 기술이 넘어가는 것을 미국 정부가 최대한 막는 바람에 기술 발전이 쉽지 않았다.

파이어플라이를 위해 미국 정부와 특별 협정을 맺는 데는 몇 달이 걸렸고 매우 어려웠다. 그 과정에서 폴랴코프는 상당히 당황했다. 폴랴코프는 우크라이나가 미국의 동맹국이니 깊고 광범위한 기술 제휴를 맺을 기회를 미국이 당연히 환영하리라 생각했다. 많은 이민자가 미국으로 들어와 소프트웨어, 인터넷 서비스, 컴퓨터 하드웨어 등과 같은 분야에서 기술 회사를 창업했다. 이들은 환영받았고 종종 외국인에게서 자금을 조달하기도 했다. 그중 러시아인 유리 밀너는 실리콘밸리의 큰손 중 한 명으로 자리 잡았으며 페이스북, 트위터, 에어비앤비 같은 회사의 막대한 지분을 틀어쥐고 있었다.▼ 밀너는 블라디미르 푸틴의 친구들과 긴밀한 관계를 맺고 있었지만 모국인 러시아와의 관계는 불투명했다. 그러나 아무도 이를 문제 삼지 않으며 유리 밀너는 원하는 대로 자유롭게 자금

▶ 밀너는 플래닛랩스에도 투자했다.

을 지원할 수 있었다.

폴랴코프는 항공우주 사업에 걸림돌이 하나 더 늘었을 뿐이라고 합리화했다. "우주 분야는 외국인을 환영하지 않습니다. 아마 외국인이 참여하기 가장 힘든 산업일 겁니다. 그저 우크라이나인 중에도 뛰어난 인재가 있다는 이야기를 전할 수 있기를 바랍니다."

텍사스주 파이어플라이의 본사에서 마르쿠식은 항상 폴랴코프의 투자를 "엄청난 기적"이라고 표현했다. 2018년 투자 계약을 체결하고 약 1년 후 두 남자는 직원들을 앞에 두고 미래를 기대하며 덕담을 나누었다.

마르쿠식 좋아요. 시작하겠습니다. 이제 한 주를 마무리하려 합니다. 영광스럽게도 맥스 폴랴코프가 왔습니다. 매우 드문 일이기 때문에 잠시 시간을 내서….

폴랴코프 전 항상 여기 있습니다.

마르쿠식 우리는 점점 목표에 다가가고 있습니다. 우리는 정말로 달성해야 합니다. 여러분도 같은 마음을 가지기 바랍니다. 그런데 내년에는 정말로 할 일이 많습니다. 매우 힘든 한 해가 될 겁니다.

폴랴코프 우리는 죽지 않았기 때문에 다시 궤도에 올랐습니다. 해고되었다 복직한 사람들에게는 남다른 의미가 있으리라 생각합니다. 여러분은 가족으로 돌아왔고 이제 가족으로 남을 겁니다. 엄청난 열정과 활력이 넘치는 가족이죠.

마르쿠식 우리는 기대가 큽니다. 맥스도 역시 여러분에게 기대가 큽니다. 매주 강조하듯 우리가 일정을 지키고 계획대로 한다면 모든 수준에서 지원받을 수 있다고 생각합니다.

폴랴코프 이 일은 제게 취미 같은 겁니다. 성공하지 못한다 해도 내일 당장 죽지는 않습니다. 그렇죠? 하지만 우리는 성공해야 할 이유가 있습니다. 우리를 싫어하는 사람들이 있습니다. 리처드 브랜슨 같은 사람이죠. 브랜슨은 옛날 사람이라 저는 크게 신경 쓰지 않습니다. 하지만 러시아나 중국, 우크라이나의 로비스트들은 파이어플라이가 실패하기를 바랍니다. 여러분은 이를 느끼고 뒤집어야 합니다. 모든 부정적 에너지는 우리에게 불리하게 작용하기 때문입니다. 파이어플라이 가족은 부정적 에너지를 우리를 자극하는 긍정적인 에너지로 바꿀 수 있습니다.

우리는 로켓랩이 느끼는 것을 느끼고 싶습니다. 그런데 우리 로켓은 4배 더 큽니다. 우리는 어느 정도는 돈과 성공, 영광을 위해 싸우는 거 아닌가요? 미국을 다시 위대하게 만들기 위해서 말입니다. 제 말이 맞죠? 그걸 느껴봅시다. 위험을 무릅써야 합니다. 위험을 각오하고 뭐든 날려야 합니다. 테스트하고 날리고, 테스트하고 날리고, 테스트하고 날립니다. 여기는 미국이고 텍사스죠? 캘리포니아가 아닙니다. 그러니 다 날려도 됩니다. 일정이 매우 빡빡하기는 하지만 이것이 유일한 방법입니다. 여러분들에게는 실수할 권리가 있습니다.

인터넷으로 하는 사업은 아름답다고 할 수 있습니다. 훨씬 적은 돈을 투자해서 제품의 70%만 만들어 출시해도 엄청난 떼돈을 벌 수 있기 때문입니다. 하지만 과학도 아름답습니다. 여러분은 과학을 선택했습니다. 과학이 어려워서 이 길을 선택했을 겁니다. 지금 하는 일이 여러분의 인생에서 가장 힘든 일이 될 수 있습니다. 하지만 여러분의 내부에는 엄청난 열정이 있죠. 우리와 같은 일을 할 수 있는 사람은 많지 않습니다. 그걸 대단하게 여기기 바랍니다. 열정 에너지를 잃지 말기 바랍니다. 회사에서 일이 잘 안 되고 열정이 식었다고 느끼면 제게 이메일을 보내주세요.

마르쿠식 모든 이메일은 모니터링되고 있음을 명심하세요.

초기의 이 좋은 분위기와 로켓업계의 거물이 되겠다는 폴랴코프의 낙관적 전망은 아무런 로켓 발사 없이 2019년이 지나가고 2020년 초에도 발사 계획이 가시화되지 않자 완전히 달라졌다. 파이어플라이는 모든 로켓 회사와 마찬가지로 동일한 기술 문제를 겪고 있었다. 엔진은 잘 작동했지만 로켓 본체를 만들고 모든 전자장치가 조화롭게 작동하기까지는 시간이 걸렸다.

터보펌프와 같은 로켓의 가장 복잡한 부품에 대한 설계를 우크라이나 팀이 보내주어도 미국 팀은 이를 구현하는 데 어려움을 겪고 있었다. 폴랴코프는 마르쿠식에게 멋진 선물을 주었지만 마르쿠식이 제대로 활용하지 못한다고 생각했다. 폴랴코프는 마르쿠식이 무능하고 느리다고 비난했다.

폴랴코프의 좌절은 필연적이고 이해할 만했다. 폴랴코프는 파이어플라이가 마감일을 맞출 수 있다고 낙관적으로 생각하는 실수를 저질렀다. 폴랴코프는 파이어플라이에 매달 500만~1,000만 달러를 추가로 투자해야 했다. 파이어플라이가 첫 번째 로켓을 제작하는 데 5,000만 달러가 들 것으로 예상했지만 이제 금액은 1억 5,000만 달러에 가까워지고 있었다.

본인 외에는 누구도 폴랴코프의 정확한 자산 규모를 알지 못했지만 머스크나 베이조스 만큼은 아니었다. 폴랴코프가 수표를 발행할 때마다 재정상 고통이 뒤따랐다. 베르나츠키를 비롯해 전 세계 열정적 사람들에 관해 이야기하던 폴랴코프는 이제 그 돈으로 차라리 자가용 제트기나 섬을 샀어야 했다고 후회하기 시작했다. 폴랴코프의 아내는 처음부터 로켓 사업을 도박이라고 생각했다.

폴랴코프는 특히 미국 정부가 파이어플라이에 더 많은 관심을 보이지 않는 데 짜증이 났다. 파이어플라이는 나사나 국방부와의 계약에서 제외되었다. 로켓랩의 소형 로켓으로 계약이 넘어가서가 아니었다. 모하비의 영세한 회사들조차 수십억 달러를 지원받아 달 착륙선 같은 것들을 만들고 있었다. 그동안 폴랴코프는 자신의 돈을 대형 로켓에 투입했지만 아무도 그 노력을 인정하지 않았다. 폴랴코프는 동유럽 국가에서 돈을 그만큼 썼다면 정부 관리들이 자신을 왕처럼 받들었을 것이라고 불평했다.

폴랴코프는 마르쿠식을 해고하고 싶기도 했지만 두 사람은 사업상 묶여 있었다. 마르쿠식은 미국인으로서 파이어플라이의 얼굴이자 신뢰의 상징이었다. 폴랴코프는 이미 너무 많은 돈을 지출했으므로 경영자를 바꾸어 시간을 더 지연하고 싶지 않았다. 폴랴코프는 마르쿠식이 이기적이며 기회만 주어지면 자신을 배신할 것이라고 확신했다. 폴랴코프는 이러한 감정을 숨기지 않았다. 폴랴코프의 돈이 필요한 마르쿠식은 어떤 모욕도 받아들였다. 폴랴코프가 파이어플라이 지분의 80%를 보유하고 있었으므로 마르쿠식은 어쩔 수 없었다.

▶◆◀

코로나19로 많은 것들이 지연되었지만 폴랴코프에게는 해당되지 않았다. 전에는 민간 항공사를 이용했지만 코로나19로 인한 여러 가지 불편을 극복하기 위해 자가용 제트기를 이용하기로 했다. 폴랴코프는 자가용 제트기에 만족했다. 비행시간이 단축되어 보다 더 편리하게 마르쿠식을 만날 수 있었다. 전에는 분기마다 파이어플라이 본사에 들렀지만 2020년 초부터는 2~3주마다 한 번씩 텍사스로 향했다.

8월에는 나도 폴랴코프와 아니시모프와 일정을 함께했다. 지난 몇 달 동안 파이어플라이는 수십 명의 직원을 캘리포니아 남부 반덴버그공군기지로 파견했다. 그들의 임무는 알파를 발사하기 위해 기존의 발사대를 개조하는 것이었다. 따라서 우리는 반덴버그를 먼저 방문한 다음 텍사스로 가기로 했다. 텍사스에서는 로켓을 캘리포니아로 보내기 전에 최종 점검을 하고 있었다.

오클랜드공항에 오전 6시경 도착해서 탑승한 다음 맥주를 마셨다. 반덴버그까지는 짧은 비행이었는데▼ 폴랴코프는 가는 내내 짜증을 냈다. 폴랴코프는 마르쿠식이 발사대 근처에서 반년 동안 허송세월하고 있다고 불평했다. 발사대를 처음부터 짓는 게 아니라 그냥 개조만 하는데 어려울 게 뭐가 있겠냐고 했다. 폴랴코프가 마르쿠식을 들먹이며 욕을 해댔다.

반덴버그공군기지는 군 소유라는 점만 빼면 리조트라도 해도 손색이 없었다. 반덴버그공군기지는 캘리포니아의 숨 막히게 아름다운 해안선을 끼고 400km²의 광활한 부지에 자리 잡고 있었다. 태평양의 거센 파도를 배경으로 관목 지대에서는 사이사이 유칼립투스가 자라고 있었다. 도착하자 피어오르는 안개 속에서 "우주의 고장에 오신 것을 환영합니다."라는 표지판이 나타나 이곳이 지난 수십 년 동안 미사일과 로켓 발사의 중요 거점이었음을 알려주었다.

군사기지에서는 보안 센터에 등록하고 출입증을 받아야 했다. 미국 시민인 나는 신속하게 무려 1년짜리 출입증을 발급받았다. 이에 반해 폴랴코프는 우주산업에 1억 달러 이상을 투자하고 발사 때마다 기지에

▶ 기내 잡지 중에는 대형 부동산 매물을 소개하는 〈팜앤랜치Farm and Ranch〉와 자가용 비행기 매물을 소개하는 〈이그제큐티브컨트롤러Executive Controller〉가 있었다.

100만 달러씩 지불할 고객이었지만[▼] 1시간이나 기다려 겨우 하루짜리 출입증을 발급받았다. 폴랴코프는 페인트공이나 용역 기술자 취급을 당한 데다 외국인이라 의심까지 받았다. 우리 일행 중 한 명은 "다른 나라 같았으면 지금쯤 맥주와 매춘부가 대령해 있을 텐데 말이지."라고 농담했다.

출입 절차를 마치고 우리는 SUV에 탑승했다. 아니시모프는 2개의 발사대 있는 제2 발사 단지로 우리를 데려갔다. 도중에 폴랴코프는 창문을 내리고 시원한 공기를 마셨다. "아, 좋다. 상쾌하네. 뭔가 엄청난 게 있을 것 같아." 우리는 단지에 도착해서 파이어플라이 표지판을 발견했다. 폴랴코프는 "엄청나구나! 엄밀히 말하면 모두 다 내 거지."라고 말했다.

한 안내인이 나와 폴랴코프를 맞이했다. 안내인은 반덴버그에서 수십 년 동안 일했으며 이곳의 역사를 잘 아는 사람이었다. 안내인은 코로나19 정찰위성을 비롯해 파이어플라이가 곧 차지할 발사대에서 과거에 발사된 모든 미사일과 위성에 관해 이야기했다. 과거 미국은 18개월이면 전체 미사일 프로그램과 필요한 발사 기반 시설을 가동할 수 있었다. "지금은 그 시간에 환경 영향 평가서조차 작성할 수 없습니다."라고 안내인이 말했다.[▼▼]

과거 이야기만 하는 안내인에 지친 폴랴코프는 그를 돌려보냈다. 우리는 실제 발사 현장과 운영 센터로 내려갔다. 파이어플라이의 사무실

▶ 발사를 연기해도 50만 달러를 지불해야 했다.

▶▶ 운이 좋으면 발사대 근처에서 사슴이나 퓨마나 흑곰을 볼 수 있다고 안내인은 말했다. 하지만 운이 나쁘면 추마시 인디언의 묘지 위에 기지를 건설해서 생긴 '6번 발사대의 저주'에 시달릴 것이라고 했다.

은 냉전 시대의 유물처럼 보이는 낮은 황색 건물에 있었다. 발사대와 가까운 거리에 있었으며 언덕과 관목 지대 위로 불쑥 솟아오른 타워로 쉽게 찾을 수 있었다. 폴랴코프는 사무실을 돌아다니며 분노를 쏟아부을 희생자를 찾았다. 스페이스X에서 근무했던 엔지니어가 우리를 지나가자 폴랴코프는 발사대에서 지금까지 수행한 작업을 설명해달라고 했다. 엔지니어는 용접 팀에게 받은 날짜를 제시하며 희망적인 일정표를 보여주었다. 그러자 폴랴코프는 "용접 팀은 항상 헛소리를 하니 발사대나 보여주세요."라고 했다.

첫 번째 발사대에는 과거에 나사가 로켓을 세워놓기 위해 설치해둔 거대한 타워가 있었다. 지금은 사용하지 않았으므로 나사는 새로운 고객이 이곳을 사용할 수 있도록 타워 철거 비용을 지불하기로 합의했으며 기지 직원들이 나와 철거 작업을 하고 있었다. 두 번째 발사대는 이미 정리가 끝나 파이어플라이에 넘겨졌으며 콘크리트 토대 위에 자체 기반 시설을 구축하는 중이었다. 두 발사대 사이에는 발사를 추적하고 로켓에서 보낸 정보를 수신하기 위한 데이터 센터가 있었다. 이곳 역시 냉전 시대의 유물 같았다. "하수도가 막혀 냄새가 날 수도 있습니다."라고 폴랴코프를 안내하는 남자가 말했다. 발사 관제 센터는 18km나 떨어져 있고 들어가려면 신원 조회가 필요해서 방문하지 않기로 했다.

그때 마르쿠식이 합류했다. 마르쿠식은 발사대 부지와 운영과 관련해 폴랴코프에게 바로 보고했다. "로켓랩은 어떻게 해서 그렇게 빨리 새로운 발사대를 마련했습니까?"라고 폴랴코프가 물었다.

"소형 로켓이라서 가능한 겁니다. 게다가 뉴질랜드 전 국민이 지원하고 있습니다."라고 마르쿠식이 대답했다.

파이어플라이의 한 직원은 폴랴코프에게 직원들이 돈을 허투루 쓰지 않는다는 것을 보여주고 싶었다. 그 직원은 한 창고를 가리키며 누군가가 오토바이를 들이받아 부서져 헐값에 사들였다고 말했다. "운전자는 죽었을지도 모릅니다. 잘 모르겠습니다만 어쨌든 부서진 모서리는 수리해서 막을 겁니다."

근처 있는 또 다른 창고에는 빨간색 금속 캐비닛 말고는 아무것도 없었다. 캐비닛에는 "위험! 폭발물. 화기 엄금"이라는 경고문이 적혀 있었다. 이 캐비닛 안에는 비행 중에 문제가 발생하면 파이어플라이의 로켓을 폭발시킬 폭탄이 들어 있었다. 구두 상자 절반 정도 크기인 폭탄은 둘로 분리해서 하나는 케로신 탱크에, 다른 하나는 액체산소 탱크에 각각 설치할 예정이었다.

폴랴코프는 캐비닛 앞에서 프로레슬링 선수처럼 포즈를 취하고 몇 장의 사진을 찍었다. 이는 함께한 일정 가운데 폴랴코프가 유일하게 만족한 순간이었다. 폴랴코프는 쉬지 않고 마르쿠식을 괴롭혔는데 옆에서 보는 내가 불편할 정도였다. 다른 장소로 이동하려고 차에 탈 때마다 폴랴코프는 오번 위스키를 마시고 혀를 푼 다음 악담을 퍼부었다. 마르쿠식은 분위기를 띄우려고 다음 날 폴랴코프를 위한 돼지 바비큐 파티가 있을 것이라고 말했다. 그러자 폴랴코프는 이렇게 말했다. "저는 못 갈 것 같습니다. 아내가 싫어할 걸요. 직원들이 왕 대접하는 게 결국 절 망치는 거라며 싫어합니다."

공항으로 돌아가기 전에 마르쿠식은 폴랴코프의 기분을 풀어주려고 모든 직원을 격납고에 모아놓고 한마디 했다. 마르쿠식은 모두에게 앞으로 하루이틀 사이에 텍사스에서 중요한 테스트가 있을 예정이라고 알려주며 연설을 시작했다. 테스트를 통과하면 로켓을 캘리포니아로 보낼 것이며 반덴버그공군기지에 있는 직원들은 최초의 발사를 이상 없이 준비하느라 24시간 분주하게 뛰어다녀야 할 것이라고 했다. 그 상황은 격납고에 모인 사람들 대對 폴랴코프의 은행 계좌와 인내심이 얼마나 오래 버티나 겨루는 모양새였다. 마르쿠식은 다음과 같이 짧은 연설을 했다. 중간에 폴랴코프의 투자금을 말하는 대목에서는 박수갈채가 쏟아지기도 했다.

지금 하는 일에 대해 여러분과 개인적으로 소통하고 싶었습니다. 약 5년 전에 이 회사를 설립하고 정말 많은 일이 있었습니다. 맥스 폴랴코프가 오늘 여기에 있습니다. 폴랴코프는 무려 1억 5,000만 달러 이상을 투자했습니다. 폴랴코프는 약속대로 돈을 투자해 회사를 도와주었습니다. 무엇보다 우리는 이 일을 완수해서 투자자가 보상받고 그 모험이 그럴 만한 가치가 있었음을 보여주어야 합니다.

앞으로의 계획은 이렇습니다. 우리는 가을이나 겨울에 로켓을 발사할 겁니다. 그렇게 해서 소형 로켓 시장을 장악할 겁니다. 밖에서는 소위 똑똑하다는 사람들이 이러쿵저러쿵 말들이 많습니다. 하지만 그들은 우리보다 훨씬 뒤처져 있습니다. 여러분은 이 일이 얼마나 힘든지 다 알 겁니다. 우리에게는 선발주자가 될 엄청난 기회가 있습니다. 알파를 날려 보내야만 우리가 신뢰할 만한 회사임을 증명할 수 있습니다.

여러분 중에 어떤 회사에서 최초로 로켓을 발사하는 임무에 참여해본 사람이 있나요? 아무도 없습니다. 믿기 어렵겠지만 우리에게는 정말 엄청난 기회가 있습니다. 이건 아무나 경험할 수 있는 게 아닙니다. 여러분에게는 평생 자랑할 만한 일이 생길 겁니다. 이를 알고 매일매일 동기 부여하기를 바랍니다. 여러분은 매우 특별한 무언가의 일부이며 신이나 우주 또는 그 무엇에 의해 선택받은 사람입니다.

지금은 8월이고 11월이나 12월경에 발사할 계획입니다. 그러니 아직 시간이 있습니다.

반덴버그공군기지에서 오스틴-버그스톰국제공항까지 이르는 3시간 동안 폴랴코프의 속마음을 충분히 알 수 있었다. 마르쿠식은 맥주를 가득 채운 아이스박스를 들고 비행기에 올랐다. 이륙하자마자 또 다른 오번 위스키 병이 돌기 시작했다. 폴랴코프는 비행 내내 반덴버그공군기지의 작업 속도가 마음에 들지 않는다고 불평을 털어놓았다. "제 아내는 파이어플라이에 투자를 중단하라고 합니다."

알고 보니 마르쿠식과 폴랴코프는 회사를 유지하기 위해 투자를 유치하고 있었다. 마르쿠식은 곧 투자 계약이 이루어져 수억 달러를 지원받을 수 있을 것이라고 했다.

폴랴코프는 투자 유치를 기뻐할 것 같았지만 사실 그렇지 않았다. 폴랴코프는 매달 마르쿠식에게 수표를 끊어주는 게 싫으면서도 첫 로켓 발사 전에 다른 투자자가 발을 들이는 게 싫었다. 파이어플라이가 여전히 많은 위험을 안고 있으므로 투자자들이 인색하게 굴 가능성이 컸다. 마르쿠식이 역할을 제대로 하고 더 빨리 움직였다면 로켓은 이미 발사되었을 테고 폴랴코프는 수십억 달러를 벌고 있었을 것이다. 하지만 폴랴코프는 곧 회사의 상당 부분을 헐값에 넘겨줘야 하고 파이어플라이의 유일한 최대 주주 자리도 내줘야 할 판이다. 새로운 투자자들이 폴랴코프를 싫어할 수도, 마르쿠식이 머리를 써서 폴랴코프를 몰아낼 수도 있었다.

마르쿠식은 당연히 회사를 살리고 싶었고 투자를 유치한 데 자부심을 느꼈다. 투자 유치로 폴랴코프의 재정적 부담을 덜어줄 것으로 생각했다. 하지만 마르쿠식은 폴랴코프가 보이는 상반된 반응에 혼란을 느꼈다.

높은 고도에서 술을 마시니 비행 도중에 모두들 상당히 취했다. 폴랴코프와 마르쿠식은 계속 다툼을 벌였고 아니시모프와 나는 모른 척하며 서로 잔을 주고받았다. 대화는 격렬했지만 어떻게 보면 치유 효과도 있었다. 두 사람은 서로의 진심을 털어놓았다. 폴랴코프는 자신이 잃은 돈에 대해 불평했고 마르쿠식은 폴랴코프가 얼마나 짜증 나는 사람인지에 대해 불평했다. 폴랴코프는 이루지도 못할 거짓 약속을 끝없이 내뱉었다고 마르쿠식을 비난했다. 그러자 마르쿠식은 술기운을 빌려 "약속하는 게 제 특기예요."라고 대들었다.

텍사스에 도착해 호텔 근처 식당에서 파티를 이어갔다. 폴랴코프는 호텔 스위트룸에 머물렀다. 모두 계속 술을 마셔댔고 폴랴코프와 마르쿠식은 계속 싸웠다. 마르쿠식의 아내 크리스타가 합류했는데, 전반적인 분위기를 눈치채지 못하는 듯했다. 크리스타가 오자 식사 분위기가 바뀌어 긴장감이 풀어졌다. 사람들은 웃기 시작했다. 모두 다시 한 팀이 되었고 회사의 전망에 대해 열광했다. 나는 위스키를 마시며 어떻게 로켓이 만들어지는지 새삼 다시 깨달았다.

32.   한계

새롭게 하루가 시작되
었으니 새로운 시각으로 접근해보자고 생각했다. 적어도 계획은 그랬다.
숙취로 골치가 아팠지만 아침에 폴랴코프와 아니시모프를 만나 텍사스
의 파이어플라이 농장으로 갔다. 우리는 마르쿠식이 반덴버그에서 말한
중요한 엔진 테스트가 성공적으로 진행되었다는 소식을 이미 들은 상태
였다. 사람들은 축하하고 싶었고 폴랴코프가 마침 오스틴에 와 있으므로
크게 파티를 벌일 명분도 생긴 셈이었다. 파이어플라이는 출장 요리사를
불러 통돼지 바비큐를 굽고 시험장 야외에서 파티를 벌일 준비를 했다.
우리가 단지에 도착했을 때 돼지는 이미 귀에 호일을 두르고 몸에는 막
대가 꽂혀 있었다. 직원들은 모두 돼지를 바라보며 돼지 이야기를 했다.
돼지가 주인공인 것 같았다.

폴랴코프는 다른 사람들만큼 돼지를 좋아하지 않았다. 나는 전에
폴랴코프가 기분 나빠하는 모습을 보기도 했고 다른 사람의 무례한 행동

에 화내는 일을 목격하기도 했는데, 그런 분노는 대개 일시적이었다. 하지만 텍사스에서 폴랴코프는 화내고 절망했다. 그 정도는 그가 반덴버그에서 낸 짜증이나 화에 비할 바가 아니었다. 폴랴코프는 농장 정문을 지나서 소를 쳐다보지도 않고 작업자들이 있는 공장으로 직행했다. 폴랴코프는 용접공을 발견하고 왜 그렇게 마감일을 못 맞추는지 이유를 물어보았다. 그러자 "아니, 저한테 왜 이러세요?"라고 용접공이 반발했다.

파이어플라이 직원들이 전혀 예상하지 못한 사태였다. 모두 엔진 테스트를 완료하기 위해 몇 주 동안 거의 휴식 없이 일해오다 마침내 해내 스스로 뿌듯해했다. 마케팅 팀 직원 한 명이 파이어플라이의 다큐멘터리 동영상 중 한 장면을 보여주었다. 몇 년 전 마르쿠식이 눈물을 흘리며 회사를 문 닫는다고 말하는 장면이었다. 그랬던 파이어플라이 직원들은 이제 엄청난 성공을 눈앞에 두고 있었다.

하지만 폴랴코프는 돈을 잃은 데다 이제 파이어플라이를 완전히 통제할 수 없을지도 몰랐다. 그런데 여기에 마르쿠식이 우크라이나산 터보펌프에 문제가 있어서 일정이 지연되었다고 말하며 기름을 붓자 상황은 더욱 안 좋아졌다. 폴랴코프는 미국 직원들이 제대로 제작하는 방법을 몰랐고 미묘한 기술 차이도 이해하지 못했다고 맞섰다.

회의 중 몇몇 임원이 들어와 감사관이 재무 상태를 들여다볼 수 있도록 문서에 서명해달라고 폴랴코프에게 요청했다. 이는 실사 절차의 하나로 잠재적 투자자들이 흔히 하는 요청이었다. 이와 동시에 폴랴코프는 새로운 자금이 들어오지 않더라도 다음 해에도 파이어플라이에 자금을 계속 지원하겠다는 내용의 문서에도 서명해야 했다. 파이어플라이가 생존을 위해 자신을 필요로 하면서도 자신을 밀어낼 준비를 하고 있는 것을 보고 폴랴코프는 철저히 이용만 당한다고 느꼈다. 게다가 사람들은 폴랴코프에게 국적이 상황을 더 어렵게 하고 있다고 상기시켰다. 미국 정부나 투자자들은 폴랴코프가 우크라이나 사람이라서 미국 로켓 회사에 어울리지 않는다고 생각했다.

나는 폴랴코프와 마르쿠식이 싸우는 모습을 보고 방을 나왔다. 두 사람은 내가 있어도 신경쓰지 않고 싸움에 몰두했지만 헤어지는 연인이 다투는 소리를 엿듣는다는 게 어쩐지 부적절해 보였다. 드디어 두 사람이 방에서 나왔다. "젠장, 우린 돌아가겠습니다."라고 폴랴코프가 말했다. 곧 있을 테스트와 통돼지 구이 그리고 자신을 위한 파티에도 참석하지 않겠다고 했다. 마르쿠식은 이렇게 말했다. "분위기가 좋게 끝났을 수도 있었습니다. 오늘은 축하를 나누는 좋은 자리일 수 있었어요."

돌아가는 자가용 제트기 안에서 폴랴코프와 아니시모프는 잠이 들었다. 나는 특별히 달리 할 일이 없었기에 아이스박스에서 맥주를 찾았다.

나는 오랫동안 맥스 폴랴코프를 좋아했다. 맥스는 약간 미친 사람처럼 보일 수 있다. 사실이다. 맥스는 약간 미쳐 있다. 하지만 동시에 맥스는 우주 기업가 중 가장 현실적인 사람이기도 했다. 맥스는 시장에 만연한 수많은 과대광고를 꿰뚫어보고 환상이 아닌 좀더 실용적인 방식으로 접근했다. 맥스는 돈으로 무엇이든 할 수 있었지만 로켓 사업을 소명으로 생각하고 이에 매진했다. 로켓 사업은 가족과 조국, 과학을 위한 것이기도 했다. 맥스는 엄청난 위험을 감수하고 아니시모프 같은 사람들을 설득해 그 여정에 평생을 바치도록 했다. 맥스 주위에는 충성스러운 사람이 많았다. 맥스라는 사람과 그의 인격을 믿고 따르는 사람들이었다. 물론 맥스가 이들에게 충분한 보상을 해주기도 했다. 하지만 불행히도 파이어플라이의 직원들은 이 모든 것을 느낄 기회가 없었다. 그를 이해하려면 시간과 그의 엉터리 영어 연설의 진정한 의미를 해석하는 훈련이 필요했다. 그래야만 그가 얼마나 사려 깊고 진정성 있는 사람인지 알 수 있었다.

나는 폴랴코프에게 깊이 공감했다. 파이어플라이 엔지니어들은 최선을 다해서 가능한 한 빨리 로켓을 만들려고 했지만 나는 폴랴코프의 입장에서도 생각해보았다. 폴랴코프는 모든 것을 걸었지만 파이어플라이의 직원들은 잘못되어도 잃을 게 없었다. 직원들은 일하며 폴랴코프의 투자를 당연하게 여겼다. 폴랴코프는 막대한 재산을 자녀에게 물려주어 대대손손이 번영을 누릴 수도 있었지만 이를 포기하고 마르쿠식과 동업을 택했다. 하지만 마르쿠식은 항상 자신의 이익만 생각하는 것 같았다. 폴랴코프는 이를 알고 있었지만 정면으로 부딪쳐 문제를 일으키고 싶지 않았다. 그는 줄다리기하는 게 싫었다. 로켓만 만들면 되었지 다른 문제는 신경 쓰고 싶지 않았다.

오클랜드에 착륙해서 전용 공항 로비로 들어갔는데 우연히도 크리스 켐프가 바로 그곳에 있었다. 켐프는 자가용 비행기 면허를 유지하기 위해 비행시간을 채워야 했다. 두 사람을 서로에게 소개했지만 켐프는 폴랴코프가 누구인지 전혀 모르는 듯했다. 이는 한 번 더 폴랴코프를 비참하게 했다. 폴랴코프는 가방에 싸가지고 온 우크라이나산 터보펌프를 켐프에게 보여주었다. 켐프는 가방 안을 들여다보더니 약간의 흥미를 표했다. 두 사람은 어색한 작별 인사를 나누었고 우리는 실리콘밸리로 길을 재촉했다. 폴랴코프는 켐프를 "거만한 자식"이라고 했다.

▶◆◀

2020년 11월 파이어플라이는 텍사스에서 반덴버그로 대형 로켓을 운송했다. 연말까지는 불가능해 보였고 해를 넘겨 2~3월에는 가능할 것 같았다. 그 정도 일정과 끝이 보이는 계획은 평상시라면 폴랴코프의 기분을 좋게 만들었을지도 모르겠지만 지금은 절대 그럴 상황이 아니었다.

2020년 2월 사실을 검증하는 〈스눕스〉(snopes.com)는 폴랴코프를 인간쓰레기로 묘사하는 긴 기사를 게재했다. 폴랴코프가 투자한 것으로 보이는 수많은 데이트 사이트를 파헤쳐 위장 사이트라는 결론을 내렸다. 한마디로 모두 포르노 사이트라고 했다. 〈스눕스〉의 기사는 폴랴코프와 동업자들이 여러 유령 회사를 통해 그 사이트들에 투자하고 이를 이용해 순진한 사람들을 등쳐 먹는다고 주장했다. 사이트에 가입하면 가상의 여성에게서 메시지가 날아온다고 했다. 구독자들이 구독을 취소하려고 하면 사이트는 답이 없거나 다른 사이트로 넘어갔다.

이는 새로운 폭로도 아니었다. 파이어플라이의 초기 공동 창업자들이 마르쿠식과 폴랴코프를 고소했을 때 이미 비슷하게 주장했다. 그러나 그사이 파이어플라이는 나사와 연방 정부에서 대형 계약을 따냈으며 그중에는 달 탐사 임무도 포함되어 있었다. 이런 계약은 상황을 더욱 복잡하게 했다. 〈스눕스〉는 인터넷 지하 세계에서 활동하는 사람에게 정부 계약을 주면 문제가 될 수 있다고 주장했다. 폴랴코프는 언론에 발표한 성명에서 어떠한 부정행위도 일절 하지 않았다고 단언했다. "모든 사업과 투자는 법의 테두리 내에서 이루어지며 필요하면 이용 약관도 공개할 수 있습니다. 저는 우주 사업에 전념하고 있습니다."

〈스눕스〉의 기사가 나온 후 나는 〈블룸버그비즈니스위크〉에 폴랴코프와 함께한 시간을 요약하고 소련과 미국 기술을 통합하려는 파이어플라이의 야망을 다룬 기사를 썼다. 이는 항공우주산업 관계자에게는 이미 알려진 사실이었다. 미국 정부는 두 나라 사이에 일방적 기술 교류를 승인했으며 이에 대해 더 알고 싶은 사람은 손쉽게 그 협정문을 찾아 볼 수 있다. 그런데도 대중은 의심했다. 파이어플라이의 한 직원은 회의 중에 전 직원들 앞에서 폴랴코프에게 텍사스에서 개발한 혁신적 기술이 우크라이나로 유입되지 않으리라는 것을 어떻게 믿을 수 있냐고 직접 묻기도 했다.

폴랴코프에 따르면 〈스놉스〉와 〈블룸버그비즈니스위크〉의 기사로 외부 자금을 조달하는 데 어려움을 겪었다. 장기간에 걸쳐 협상이 이루어지고 서명하기 직전에 누군가가 〈스놉스〉의 기사를 읽고 폴랴코프를 우크라이나나 러시아의 이중 스파이라고 믿으면서 계약을 망설인다고 했다.

나는 뜬금없이 왜 이런 소란이 일어나는지 이해할 수 없었다. 정욕을 주체 못 하고 인터넷을 뒤지는 남성들에게 어느 날 갑자기 월스트리트 투자자들이 이렇게까지 동정심을 보이는 게 이상하게 느껴졌다. 내 말은 그런 수상한 사이트에 가입하면 사기당할 수 있음을 충분히 예상해야 한다는 뜻이다. 사실 폴랴코프가 비난받아야 한다면 제프 베이조스나 일론 머스크는 해명해야 할 게 더 많다. 아마존 직원들에 대한 처우에 제프 베이조스는 더 많은 책임을 져야 할 것이며 머스크는 항상 뭔가 머스크다운 의심스러운 일을 한다고 비난받아야 할 것이다. 우주 사업의 거물들에 대한 도덕적 기준이 명확하게 수립되려면 아직 멀었다.

게다가 폴랴코프가 우크라이나에서 하는 일은 실제로 미국에 큰 도움이 되었다. 우크라이나의 최신 기술이 미국의 주요 적성국으로 넘어갈 게 뻔했지만 그 누구도 항공우주산업에 투자해서 이러한 유출을 막으려고 하지 않았다. 하지만 폴랴코프는 가족과 함께 실리콘밸리에 살면서 로켓 파이어플라이에 2억 달러를 투자해 문제를 해결하려고 했다. 나에게는 이런 방식이 다른 어떤 대안보다 훨씬 나아 보였다.

협상에 실패하자 폴랴코프는 격분했다. 다른 나라 같았으면 폴랴코프는 경제 영웅이자 기술계 유명 인사로 칭송받았겠지만 미국에서는 의심과 배척의 대상이었다. 폴랴코프는 더는 참지 못하고 분노를 터뜨렸다.

중요 자료가 중국이나 기타 불량 국가로 유출되고 있는데 어떤 회사도 이에 조치를 취하지 않고 있습니다. 저는 소련의 지적 재산을 미국으로 가져와서 좋은 일을 할 수 있는 마지막 희망입니다. 심지어 일론 머스크도 저에 비하면 애송이에 불과합니다. 저는 애국적인 일을 하고 있습니다.

이는 이제 소련과 미국 간의 문제가 아니라 인생을 지식에 바친 사람들의 문제입니다. 이는 누스페어와 지식에 관한 겁니다. 그들은 지식을 존중해야 합니다.

저는 이제 믿음의 끝에 다다랐습니다. 사람들은 저를 스파이라고 생각합니다. 정말 고통스럽습니다. 8년 전 가족과 함께 미국에 온 것은 가족에게 미국의 시각과 방식을 보여주기 위해서였습니다. 저는 미국 국세청에 세금을 냅니다.

미국은 옛날의 미국이 아닙니다. 우리 모두 이민자입니다. 최근 아버지와 술을 마시는데 그러시더군요. "뭘 기대한 거야? 넌 평범한 미국인보다 몇 세대는 앞서간 거야. 로켓에 말려든 거지. 그들은 너를 이해하지 못하고 너를 미워하며 모든 것을 파괴하려 할 거야." 저는 안타깝게도 특이한 존재입니다. 이렇게 계속되면 "다 관둬!"라고 할 겁니다. 열정에도 한계가 있는 법이니까요.

33.   연소 정지

2020년 12월 4일에 폴랴코프는 내게 전화를 걸어 여러 끔찍한 소식을 전했다. 미국 정부는 폴랴코프가 물러나고 지분을 다른 투자자에게 매각하지 않으면 파이어플라이가 로켓 발사 허가를 받지 못하도록 막고 있다고 했다. 정부는 이미 폴랴코프에게 파이어플라이의 이사회에서 물러나라고 요구하는 동시에 다른 여러 기관을 통해 압력을 가하고 있었다. 그러면서 폴랴코프의 사업체에 대한 조사에 착수해서 생활을 힘들게 만들 수 있다는 암시를 주었다.

이 모든 일은 폴랴코프가 반덴버그에서 막 돌아온 직후에 발생했다. 파이어플라이의 로켓이 발사대에 올라가자 정부에서 갑자기 조치를 취한 것처럼 보였다. 파이어플라이가 로켓을 발사대에 올려놓으리라 생각한 사람은 거의 없었다. 정부가 우크라이나 사람한테 테스트를 허용하기는 했지만 이제 로켓 발사가 임박해오니 회사를 통제할 때가 되었다고 생각한 모양이다. 어쩌면 고위층 누군가가 사주했을지도 모른다. 보잉이나 록히드마틴이나 노스럽그러먼이 스페이스X를 따라 생긴 스타트업에 더는 시장을 뺏기고 싶지 않아서 고위층에게 부탁했을 수도 있다. 어쨌든 폴랴코프는 망했다. 폴랴코프는 파이어플라이의 경영권을 양도하고 발사 전에 지분을 매각해야 했다.

반덴버그공군기지에서 폴랴코프의 출입증은 '인솔자 동행'으로 격하되었다. 폴랴코프가 로켓을 보기 위해서는 모든 움직임을 감시하고 통제하는 인솔자가 있어야 했다. 폴랴코프는 이제 로켓에서 작업하고 있는 기술자와 이야기할 수 없었다. 폴랴코프는 감독관 없이는 화장실도 못 갔다.

폴랴코프에 따르면 그렇게 지위가 격하된 이유는 재무부와 공군 그리고 특히 나사에서 파이어플라이의 경영권을 포기하라는 명령을 담은 편지를 연이어 보내왔기 때문이다. 편지들에는 폴랴코프가 더는 전략적 결정이나 경영자로서 결정을 내릴 수 없다고 명시되어 있었다. 다른 견실한 미국인이 합류할 때까지 마르쿠식이 유일한 이사회 구성원이 될 것이라고 했으며 우크라이나 공장 역시 폐쇄하라고 했다. 분노한 폴랴코프는 다시 화를 냈다.

전부 '폴랴코프를 제거하라.'는 이야기뿐입니다. 저는 전부 포기하고 희생한 뒤 파이어플라이에서 나가는 길밖에 남지 않았어요. 제 영혼과 우크라이나식 또는 러시아식 열정은 잔인하게 파괴되었습니다. 미국은 제가 큰돈을 버는 걸 싫어합니다.

미국에서는 이게 정상이죠. 제 수준의 전략적 자산을 보유하고 일정 수준 성공을 거두기 시작하면 사람들은 그것을 빼앗으려고 합니다. 정부와 경쟁사,

정보 기관의 합작품입니다. 미국에 와서 이 일에 2억 달러를 투자한 이 우크라이나인은 도대체 뭐 하는 사람일까? 그들의 마음속에 저는 우크라이나인이며 인터넷 사업에서 돈을 벌었고 로켓을 날리는 사람입니다. 러시아 스파이들에게 살해당하지 않는 이 자식은 도대체 뭘까? 분명히 의심스러운 회사와 조직의 일부라고 생각합니다. 안 봐도 뻔합니다. 게다가 바로 옆에서 도와주는 사람이 벨라루스인입니다. 아시다시피 벨라루스는 러시아와 매우 가깝습니다.

지금 제게 제시되는 금액은 투자금보다 훨씬 적어요. 아마도 향후 2~3주 안에 1달러당 80센트에 지분을 넘기게 될 겁니다. 골치 아픈 문제를 피하고자 그렇게 할 겁니다.

마르쿠식은 신경 쓰지 않더군요. 전에도 그랬으니까요.

그들은 아주 단순한 이유로 제 지분을 팔게 할 겁니다. 제 영향력이 강하면 아무도 투자하지 않는다고 하겠죠. 운이 좋다면 파이어플라이 지분의 20%를 소유할 수 있다는 말을 들었습니다. 지금 제가 85%를 소유하고 있습니다.

영화 '더 울프 오브 월스트리트'처럼 하라는 건가요? 주인공은 정부로부터 거래를 제안받고 "엿 먹어!"라고 거절했잖아요? 그래서 어떻게 되는지 알죠? 제가 그렇게 되었으면 좋겠어요? 제게는 아마 더 잔인할 겁니다.

그래서 12월 20일에 가족과 함께 에든버러로 떠납니다. 다 끝났고 항공편도 예약했어요. 우리는 12월 21일에 에든버러에서 크리스마스트리를 받을 겁니다. 아이들과 아내, 고양이 모두 다 같이요. 직행으로 가는 편도 항공권을 구입한 거죠. 그래서 큰 비행기로 예약했어요.

항상 이랬어요. 우리 실수입니다. 애국자니까 이렇게 해도 될 거로 생각한 게 착각입니다. 발사할 때가 되니 10일 동안 5통의 편지가 날아오더군요. 탁! 탁! 탁!

그거 알아요? 파이어플라이 지분의 90%를 텍사스대학에 줄 수도 있어요. 제길! 나머지 10%는 드니프로페트롭스크국립대학에 줄 겁니다. 텍사스대학이라면 회사의 지위를 보호할 수 있을 겁니다. 아무도 텍사스대학은 건드리지 못하겠죠. 공화당원들과 테드 크루즈 상원의원 등이 있으니까요. 막강하죠. 헤지 펀드나 벤처 투자가에게 투자하느니 그렇게 하는 편이 낫습니다. 공짜로 줄 겁니다.

2억 달러를 투자하고 4년 동안 여기에 살면서 기술을 가져오고 러시아인들에게 살해당할 뻔했지만 미국 정부로부터 어떤 지원도 받지 못합니다. 미국 정부로부터 어떤 계약도 따내지 못합니다. 저 때문이래요. 사실상 미국에서 추방당한 거나 마찬가지입니다. 맥스! 정신 차려. 네 인생이나 살아.

우리 로켓은 날 준비가 되어 있습니다. 우리 로켓이 시장을 엉망으로 만들 겁니다. 아마도 결국엔 노스럽그러먼이나 사모 펀드 같은 데서 가져가겠죠. 아마 제가 떠날 때까지 발사 허가를 막고서 돈을 낭비하게 할 겁니다.

일단 발사에 성공하면 아무 말도 못 할 겁니다. 일론 머스크는 이를 잘 알고 있죠. 로켓이 발사대에 서고 실제로 발사되면 모든 문제가 사라집니다. 발사되기 전에 사람들은 로켓이 가짜이고 돈을 세탁하기 위한 사기라고 생각하지만 발사대 위에 진짜로 서 있으면 입을 다물게 되죠. 그래서 발사되기 전에 저를 죽이려고 하는 겁니다. 아주 적극적으로요.

하지만 걱정하지 마세요. 제 돈은 이게 다가 아닙니다. 스코틀랜드로 가서 인터넷뿐만 아니라 핀테크와 애드테크, 게임과 도박 사업에 더 뛰어들 거예요. 그것도 제기랄 제가 합법적인 영국 시민이니 가능한 겁니다.

그렇게 폴랴코프는 실제로 가족과 함께 스코틀랜드로 이주했고 그곳에서 궁전 같은 저택을 샀는데, 이번에도 여러 채를 구입해 성을 이루었다. 하지만 폴랴코프는 파이어플라이 지분을 텍사스대학에 기부하지는 않았다. 그것은 화가 나서 던진 말이었다. 파이어플라이 지분을 바로 팔지도 않았다. 그는 '더 울프 오브 월스트리트'처럼 상황을 처리할 계획이 없었기 때문이다. 폴랴코프는 정신적으로 무너져 더는 싸울 기력도 없었다. 그러나 어느 정도 합당한 거래를 원했다. 특히 기술 회사들이 엄청난 돈을 모으고 있었기 때문이다.

2021년 5월 파이어플라이는 제드 맥칼렙이라는 암호화폐 억만장자 등이 포함된 투자자 그룹으로부터 7,500만 달러를 모금했다. 제드 맥칼렙을 비롯해 데보라 리 제임스, 로버트 카르딜로가 이사회에 합류했다. 제임스는 공군 장관을 지낸 인물이고 카르딜로는 국가지리정보국장 출신이다. 이제 우크라이나인은 군인과 최고 스파이로 교체되었다. 마르쿠식은 기자들에게 이를 "경영상의 결정"이라고 말했다. "파이어플라이가 미국 정부와 더 긴밀하게 협력함에 따라 폴랴코프와 저는 미국 시민으로 구성된 경영진을 구성하는 것이 최선이라는 결론을 내렸습니다. 물론 폴랴코프는 미국 시민권자는 아니지만 매우 영리한 사업가입니다."

폴랴코프는 파이어플라이 지분의 절반을 익명의 투자자들에게 1억 달러에 매각했다. 폴랴코프는 자신이 살려주고 정상화한 회사의 어떤 직원과도 연락할 수 없었다. 이 거래로 파이어플라이는 이제 10억 달러 이상의 기업 가치를 인정받았다.▼ 서류상으로는 폴랴코프가 수억 달러를 날린 셈이었지만 적어도 앞으로 계속 발생할 재무적 책임을 혼자 부담할 일은 없어졌다.

▶ 마르쿠식은 또한 연말까지 1억 달러를 추가로 모금할 계획이라고 기자들에게 말했다.

감사의 표시로 나사는 파이어플라이와 9,300만 달러 상당의 계약을 체결했다. 이는 2023년 달에서 과학 실험을 수행할 달 착륙선을 제작하는 계약이었다. 이 계약이 성사될 수 있었던 유일한 이유는 베레시트의 지적 재산권을 폴랴코프가 가지고 있었기 때문이다. 베레시트는 이스라엘의 첫 달 착륙선으로 2019년 달에 착륙하지 못하고 추락했다. 나사는 폴랴코프가 있을 때는 이 기술의 가치를 알아보지 못하다가 지금은 착륙선을 인수하는 데 그의 선구안과 지혜를 활용하게 되어 매우 좋아했다. 하지만 마르쿠식은 다소 모호하게 파이어플라이는 베레시트 기술을 기준으로 삼기는 하겠지만 자체 기술로 달 착륙선을 제작할 예정이라고 언론에 흘렸다. 그는 100% 미국 기술이라고 했다.

비슷한 시기에 또 다른 우주 스타트업이 비슷한 상황을 겪었다. 이 회사의 창업자는 러시아인이었는데 그 역시 경영권을 포기하고 혈기왕성한 미국인에게 회사를 넘겼다. 나는 이 두 사건을 연결하는 기사를 쓰면서 미국 정부가 항공우주산업에서 숙청을 자행하고 있다고 지적했다. 그런데 기사에 러시아인과 폴랴코프를 동시에 포함시킨 게 원인이 되어 상당 기간 친구 관계였던 폴랴코프와 아니시모프의 관계가 끝나버렸다. 폴랴코프는 그 러시아인을 비열한 악당쯤으로 생각했고 그를 자신과 엮는 게 터무니없다고 생각했다. 폴랴코프는 더는 내 문자메시지나 전화에 답하지 않았다.

폴랴코프는 2021년 6월 초에 잠시 미국에 들어왔다. 로켓은 여전히 발사되지 않은 상태로 몇 달째 반덴버그에 서 있었다. 마르쿠식은 코로나19로 발사가 지연되고 있으며 공급망이 교란되어 일부 핵심 부품을 구할 수 없다고 말했다. 폴랴코프는 이제 신경 쓰지 않았다. 폴랴코프는 딸의 고등학교 졸업식에 참석하고 집을 팔기 위해 실리콘밸리로 돌아왔다. 내 기사가 나간 지 몇 달이 지났으므로 그는 나를 마지못해 만나 주었다.

오후 2시쯤 폴랴코프의 사무실을 방문했다. 폴랴코프는 내게 앉으라고 하더니 최근 나의 잘못을 조목조목 들춰냈다. 미국인들은 술을 많이 마시는 사람을 신뢰하지 않는데, 기사에 자신을 술꾼처럼 묘사했다고 지적했다. 또한 의심스러운 데이트 사이트로 돈을 번 수상한 외국인처럼 묘사했으며 어떤 부분에서는 바보처럼 그렸다고 했다. 폴랴코프는 이야기하는 내내 사슴 머리뼈를 뒤집은 모양의 금속 컵에 계속 위스키를 따라 마시며 내게도 부어주었다.

폴랴코프는 내가 잘못했다고 말하기는 했지만 분노는 대부분 다른 사람을 향한 것이었다. 그보다 앞서 가족이 자가용 제트기로 입국했는데 세관 직원에게 장시간 시달렸다고 했다. 폴랴코프의 열네 살 된 아들이 향후 MIT에 입학하는 데 필요해 미국 영주권을 소중히 여긴다고 말하자 비로소 풀려날 수 있었다. 폴랴코프에 따르면 짧은 시간 동안이나마 아들이 애국심과 야망을 드러낸 데다 자가용 제트기를 타고 온 점이 세관 직원에게 가족이 미국에 빌붙으러 돌아온 게 아니라는 확신을 주었다. 그러나 며칠 후 폴랴코프가 비행기를 타고 입국했을 때는 상황이 달랐다. 세관 직원은 폴랴코프를 약 2시간 동안 잡아두고 그가 왜 미국에 돌아왔는지에 대해 질문을 퍼부었다.

폴랴코프는 파이어플라이의 진행 상황에 대해서는 어느 정도 마음을 비웠다고 했다. 미국 정부가 지분의 상당 부분을 매각하도록 강요했지만 폴랴코프는 여전히 약 50%를 소유하고 있으며 회사가 성공적으로 로켓을 발사하면 그 지분은 10억 달러 이상의 가치가 나갈 것으로 예상했다. 결국 그 지분마저 팔면 폴랴코프의 재산은 엄청나게 늘어날 것이다. 그 외에도 코로나19로 폴랴코프의 게임 사업이 번창했다. 그는 회사를 1, 2개 매각하고 10~20억 달러를 더 확보할 수 있을 것이라 했다. 이미 스코틀랜드에는 동물이 뛰놀고 호수가 3개 딸린 수백만 제곱미터에 이르는 땅이 있었다. 게다가 곧 위스키 증류장도 구입할 거라고 했다. 돈이 많으니 못할 일이 없었다.

그러나 폴랴코프의 마음의 평화는 그리 오래 가지 않았다. 폴랴코프는 경쟁사들이 끌어들인 모든 수상한 투자를 줄줄이 나열하기 시작했다. 미국의 로켓 및 위성 제조업체는 중국과 러시아로부터 자금을 조달했다. 어떤 경우에는 자금의 출처를 모호하게 하여 투자자가 문제가 없는 것처럼 보이게 만들었다. 폴랴코프는 자신의 명성이 훼손되는 동안 다른 회사들이 자유롭게 사업을 벌이는 상황을 보고 불공평하다고 생각했다. 폴랴코프의 말은 틀리지 않았다. 항공우주 기업들은 사업을 계속하기 위해 무엇이든 했다. 게다가 2020년과 2021년의 호황기에 온갖 돈이 쏟아져 들어왔고 미국 정부는 국익에 부합한다고 판단하면 문제 삼지 않았다.

폴랴코프는 화가 나서 텍사스대학 고위 관계자와 전화하려다 취소했다. 원래 텍사스대학의 공학 프로그램에 수백만 달러를 기부할 계획이었다. 폴랴코프는 엔지니어를 지원하고 싶었다. 하지만 이제 당할 만큼 당했다. 학교는 아마 다른 사람에게 돈을 구해야 할 것이다. 폴랴코프는 또한 마르쿠식한테 말할 수 없이 실망한 것 같았다. 폴랴코프에 따르면 마르쿠식은 면전에서 폴랴코프를 러시아 스파이이자 음란물 판매상이라고 불렀다. 폴랴코프는 마르쿠식을 투자자에게서 돈을 뜯어가고도 로켓을 발사하지 못하는 배은망덕한 놈이라고 비난했다. 마르쿠식이 자기밖에 모른다고 폴랴코프는 말했다.

대화가 거의 끝날 때쯤 폴랴코프는 내게 다시는 그런 실수를 하지 말라고 했다. 그의 직원들이 딥페이크 전문가라며 내가 하는 모든 일을 찍은 동영상이 인터넷에 떠돌 수 있다고 농담했다. 폴랴코프는 말만 할 뿐 실제로 그런 일을 할 사람은 아니다. 하지만 세상일을 누가 알겠는가? 나는 어쩌면 그런 폴랴코프의 허풍을 좋아한 것일지도 모르겠다. 한편으로는 내가 그의 삶의 극히 일부만 알고 있다는 생각이 들었다. 폴랴코프는 정말로 알 수 없는 사람이다.

네 잔째 위스키를 들이키자 잠깐이나마 진짜 폴랴코프가 나타났다. 폴랴코프는 다시 무례한 미국인에 불만을 표출했다. 마침내 미국은 폴랴코프의 열정을 죽이는 데 성공했다. 폴랴코프는 "슬픕니다. 이렇게 끝나면 안 되는데 말이죠."라고 말했다. 폴랴코프의 눈에는 눈물이 가득했다. 그런 다음 폴랴코프는 분위기를 전환하며 미국을 위해 건배하자고 제안했다.

폴랴코프는 사무실을 정리하려고 하는데 기념으로 아무거나 가져가라고 했다. 어쩌면 이 나라에서 마지막 만남이 될지 모르니 작별 선물이라고 했다. 폴랴코프는 책상에서 일어나 여러 방을 뒤지며 공상과학 예술 작품, 항공우주 전시물, 종교 용품을 찾았다. 나는 로비 근처에서 몇 분 동안 기다렸는데 폴랴코프가 바이킹 조각상을 들고 나타났다. 폴랴코프가 "핀란드인 맞죠?" 하고 물었다. 나는 아니라고 했다. 그는 다시 "핀란드인이 아니면 스칸디나비아인이죠?"라고 했다. 내가 아니라고 하자 폴랴코프는 낙담한 표정을 했다. 나는 "아, 맞아요. 맞아."라고 대꾸할 수밖에 없었다.

조각상은 한 손에 기다란 동물 뿔을 들고 그 넓은 부분을 다른 손 위로 향하게 하고 있었다. 바이킹은 술을 다 마시면 뿔로 된 잔이 비었음을 보여준다. 술을 마시는 척하며 동족을 속이지 않았다고 증명하는 모습이다. 폴랴코프는 자신이 믿을 만한 전사라며 바이킹과 같다고 했다.

파이어플라이의 첫 번째 발사는 2021년 9월에나 이루어졌다. 텍사스까지 갔다가 통돼지 구이를 포기한 지 1년이 지난 후였다. 첫 번째 발사치고는 로켓은 놀라울 정도로 잘 작동했다. 거의 정시에 이륙하여 2분 30초 동안 비행했다. 그러나 중간에 엔진 4개 중 하나가 고장 났고 로켓은 궤도에 진입할 만큼의 추진력을 얻지 못했다. 그래도 파이어플라이에는 성공이었다.

폴랴코프는 발사 장면을 보기 위해 반덴버그로 날아갔다. 폴랴코프는 일반인들과 마찬가지로 관람 구역에 서야 했다. 모두들 파이어플라이를 축하했지만 폴랴코프는 더욱 거칠어졌다. 폴랴코프는 달 착륙선 기술을 되찾겠다며 위협했다. 그렇게 되면 다시 달에 착륙하려는 미국에 커다란 타격이 될 수 있다. 열정은 모두 사라졌다. 모든 사람에게 우주는 이제 돈벌이 수단에 불과했다. 폴랴코프는 터보펌프를 다른 곳으로 수출해 마르쿠식과 미국을 곤란하게 만들 것이다. 폴랴코프는 말했다. "2~3년만 일찍 발사했다면 아마 경쟁사들을 제압했을 겁니다. 저는 지금 가진 돈을 다 쓰고 쉰 살이 되면 행복하게 죽을 겁니다."

에필로그

2022년 중반에 나는 실리콘밸리에 있는 리오랩스LeoLabs라는 회사를 방문했다. 리오랩스는 지구 전역에 레이더 기지 네트워크를 구축하고자 1억 달러 이상을 조달했다. 이 네트워크는 우주를 올려다보며 지구 저궤도에 있는 모든 물체를 추적하도록 설계되었다. 추적 대상은 위성과 오래된 로켓의 본체, 충돌이나 폭발로 생긴 파편 등이다. 큰 물체는 당연히 눈에 잘 띄지만 리오랩스의 기술은 몇 센티미터 크기의 물체도 식별할 수 있을 만큼 뛰어났다.

미국 정부와 군은 오래전부터 지구 저궤도에서 이루어지는 활동을 감시해왔다. 정부와 군은 동맹국과 적성국이 우주에서 벌이는 일을 알고 싶어 했고 발사 위성과 로켓이 기존 기계와 충돌하지 않고 계획대로 이동하는지 확인하고 싶어 했다. 미국은 이를 위해 자체 레이더 시스템을 개발하고 여러 데이터를 공개했다. 그러나 2022년이 되자 이 시스템으로는 우주로 발사되는 모든 것을 감당할 수 없어졌다.

2015년에 설립된 리오랩스는 재앙이 발생하지 않게 하려면 지구 저궤도를 관리해야 한다고 생각하고 텍사스·코스타리카·뉴질랜드·알래스카에 최초로 레이더를 건설했다. 이 레이더만으로도 리오랩스는 전부터 지구를 공전하고 있는 수십만 개의 물체를 추적할 수 있었다. 위성의 경로를 관찰하고 위성끼리 충돌하거나 우주를 떠도는 오래된 로켓 본체와 충돌 시기를 예측할 수 있었다. 향후 몇 년 동안 리오랩스는 더 많은 레이더 기지를 구축하여 우주의 모든 물체를 24시간 내내 감시할 계획이었다.

리오랩스의 추적 시스템과 소프트웨어가 합작해 생성한 이미지는 놀라웠다. 스페이스X 스타링크 위성 수천 대가 지구 주위에 격자 모양으로 자리 잡고 있었다. 원웹과 플래닛랩스의 위성 수백 대도 이 격자 안에 있었다. 우리 행성 주위를 둘러싸고 펼쳐진 파편 지대도 보였다. 2021년 러시아가 만든 파편이 눈에 띄었다. 가장 최근 것으로 러시아가 자국의 위성 중 하나를 미사일로 쏘며 그 위용을 뽐냈는데, 위성이 파괴되면서 1,500개 이상의 파편으로 부서졌다.

스페이스X와 플래닛랩스를 비롯한 회사들은 위성이 충돌하지 않게 리오랩스에 비용을 지불하고 위성을 찾아 움직임을 추적하도록 한다. 리오랩스가 충돌 가능성을 발견하고 해당 회사에 알리면 그들은 추진 시스템을 이용하여 궤도를 약간 조정해 충돌을 예방한다. 하지만 이 작업을 수동으로 하기에는 너무 많은 위성과 너무 많은 물체가 우주에 떠 있다. 2022년 리오랩스는 한 달에 4억 건씩 충돌 경고를 보냈다. 스페이스X나 플래닛랩스의 컴퓨터 시스템은 경고를 받고 위성에 명령을 보내서 필요에 따라 움직일 수 있게 조치를 취했다. 그동안 지구에 사는 우리는 머리 위에서 그런 일이 발생하리라고는 꿈에도 생각하지 못하고 하루하루를 행복하게 보냈다.

리오랩스의 CEO인 댄 세펄리는 현재 지구 저궤도가 기본적으로 관리가 안 되고 있다고 한다. "위성을 발사하기 전에 충돌을 일으키지 않겠다는 계획서를 제출하고 지상과 교신 허가를 받아야 합니다. 하지만 일단 계획을 제출하고 허가를 받으면 발사에만 매달립니다. 아무도 위성 발사 후 계획 준수 여부를 점검하지 않습니다. 위성은 수십 년 동안 우주에 떠 있고 모든 궤도에 들어갈 수 있어서 통제할 수 없습니다. 한마디로 엉망이죠. 하지만 어느 정도 관리만 한다면 더 많은 위성을 우주로 보낼 수 있다고 생각합니다."

리오랩스의 이야기는 새로운 우주 경쟁을 바로 보여준다. 우리는 한 스타트업이 직원 50명으로 지구 저궤도의 항공교통관제 시스템을 만드는 시대에 살고 있다. 이런 일을 하는 회사가 있다는 게 안심이 되면서도 민간에서 이 일을 하고 있다는 게 불안하기도 하다. 이렇듯 민간 우주산업은 한동안 흥미진진함과 불안함 사이 어딘가에 있게 되리라 생각한다.

스페이스X는 민간 우주산업을 지배하는 존재로 부상했다. 가장 인상적인 로켓을 보유하고 있으며 어떤 회사나 국가보다 더 많은 위성을 제작하고 발사한다. 일론 머스크는 화성에 집착하고 있기는 하지만 지구 저궤도의 경제성을 입증하는 데도 열심이다. 스페이스X는 팰컨1의 발사로 임무를 시작했고 그 성공에 안주하지 않았다.

우리가 지금까지 살펴본 플래닛랩스를 비롯한 로켓랩, 아스트라, 파이어플라이와 같은 우주 기업들의 미래는 경쟁력과 민간 우주산업의 진화에 달려 있다. 수백 개의 우주 스타트업에 수백억 달러가 쏟아졌다. 플래닛랩스에는 여나믄 개의 라이벌 기업이 있으며 로켓랩이나 아스트라, 파이어플라이는 경쟁자가 그보다 2배는 많다. 우후죽순으로 기업인수목적회사인 이른바 스팩이 등장하면서 민간 우주산업에 투자자들의 관심이 높아졌다. 그러나 2022년 초 세계경제가 둔화하고 금융시장이 현실을 직시하면서 우주산업으로 쏟아지던 자금이 마르기 시작했다. 투기성이 농후한 로켓 회사와 위성 회사는 구체적 성과를 보이라는 압력을 받아야 했다.

이런 책을 쓰는 일은 위험하다. 여러분은 자본주의에서 새로운 한 분야를 창조한다는 게 무엇인지 자세히 알게 되었을 것이다. 나는 거의 실시간으로 이 회사들을 따라다녔다. 이 책이 여러분의 손이나 귀에 도달할 때쯤에는 여기에서 소개한 회사 중 몇 곳은 아마 더는 존재하지 않을지도 모른다.

하지만 어떤 형태든 새로운 경제체제가 만들어질 테고 그것이 우리의 삶에서 중요한 역할을 할 것이라는 점만은 분명하다. 지구 저궤도 위성에서 전송되는 우주 인터넷을 비롯한 각종 영상과 과학은 새로운 컴퓨터 기반 시설의 기초가 될 것이다. 앞서 언급한 바와 마찬가지로 이로 인해 아직 명확히 설명하거나 가늠할 수 없는 효과들이 반드시 뒤따를 것이다.

우주산업이라는 위험한 도박이 내세우는 가정에 의문을 제기하는 사람이 많다. 민간 우주 분야에서 일고 있는 거품은 결국 별다른 성과 없이 꺼질 것이라고 사람들은 확신한다. 하지만 나는 그 과정에 고통스러운 순간이 있을지언정 기술의 진화는 계속될 것이며 그 결과 세계가 작동하는 방식은 근본적으로 변화를 맞으리라 확신한다. 이는 새로운 분야가 창조되면 기술과 인간 정신이 보여주는 특성이다. 이 책의 서문에 인용한 바와 같이 "올려다보라. 우리는 중력의 법칙을 무시하고 너무나 낮았던 세계의 천장을 뜯어냈다."

이제 우리가 지금까지 살펴본 주인공들로 돌아가보자.

예상했겠지만 맥스 폴랴코프는 상황이 좋지 않았다. 파이어플라이의 첫 번째 발사 직후 폴랴코프는 미국 정부로부터 비난이 담긴 메일을 계속 받아왔다. 미국 정부는 메일을 통해 폴랴코프가 러시아의 스파이거나 언젠가는 러시아의 스파이가 될 것이라고 비난하며 항공우주 기술을 러시아로 넘길 수 있으며 국가 안보에 심각한 위협이 될 수 있다고 주장했다. 내가 입수한 정부 문서에 따르면 "국가 안보와 관련된 사항 중 공개로 분류된 정보를 바탕으로 요약하자면 폴랴코프는 파이어플라이에어로스페이스에 영향을 미쳐 독점적 비공개 지적 재산권과 기술 정보 그리고 민감한 미국 정부의 고객 정보가 러시아로 유출할 가능성이 높다."

미국 정부의 불만은 구체적이지 않았다. 사실 폴랴코프에 대한 구체적인 불만은 없었다. 데이트 사이트나 부정한 사업과 관계를 언급하지도 않았다. 미국 정부는 단지 우주라는 공간에서 러시아가 미국의 적이라는 점을 지적하고 폴랴코프가 우크라이나 출신이며 러시아와 우크라이나가 과거에 함께 우주선을 만들었다는 점을 지적하는 데 그쳤다. 폴랴코프는 러시아를 싫어했다. 하지만 미국 정부는 폴랴코프가 어떤 이유로 러시아를 도울지 확실한 근거도 제시하지 않은 채 가능한 한 빨리 모든 지분을 처리하라고 강요했다.

미국 정부는 단호한 의지를 보여주기 위해 파이어플라이의 다음 로켓 발사를 금지했다. 반덴버그우주군기지▾에서 퇴각하라고 하고 비행 허가도 막았다. 게다가 폴랴코프의 일부 사업체를 연방 블랙리스트에 올려 금융거래를 할 수 없게 했다.

어느 날 저녁 폴랴코프는 분노에 차서 소셜 미디어에 단돈 1달러에 파이어플라이의 모든 주식을 톰 마르쿠식에게 팔겠다는 글을 올렸다. 글에서 폴랴코프는 연방 기관 20여 곳이 자신을 배신했다고 비난했다. "이제 좀 행복하신가요? 역사가 여러분을 심판할 것입니다."

실제로 1달러에 팔지는 않았지만 여하튼 폴랴코프는 자신의 지분을 처분했다. 2022년 2월 24일에 폴랴코프는 한 사모 펀드 회사가 비공개 금액에 지분을 인수했다고 밝혔다. 매각을 앞두고 몇 주 동안 미국 정부가 자신을 매우 곤란한 상황에 처하게 했다고 폴랴코프는 내게 불평했다. 미국 정부가 끈질기게 물고 늘어지는 상황에서 폴랴코프는 신속하게 매각하는 방식으로 거래를 해야 했다. 거래하고 싶어 하는 사람이 거의

▶ 반덴버그공군기지는 2021년 반덴버그우주군기지로 명칭이 바뀌었다.

없었기 때문이다. 폴랴코프는 원래 투자금보다 약간 높은 금액을 회수할 수 있었던 것 같다. 하지만 그게 전부였다. 폴랴코프는 당시 파이어플라이의 실제 가치만큼의 제값을 받지 못했을 게 분명하다.

폴랴코프가 러시아의 스파이이었을까? 그렇다면 나도 매우 놀라겠지만 정부는 그 주장을 입증할 증거 비슷한 것도 내놓지 못했다.

내 추측으로는 파이어플라이가 실제로 경쟁력이 있다는 것이 밝혀지면서 경쟁사와 비방자들이 더는 참을 수 없다고 생각해 조치를 취한 것 같았다. 로비스트들을 고용했고 여러 청탁이 들어왔다. 폴랴코프는 제압하기 쉬운 목표물이었다.

폴랴코프의 지분 매각 소식이 언론에 전해지고 얼마 안 있어 블라디미르 푸틴은 우크라이나를 공격하기 시작했다. 개전 첫날 러시아군은 드니프로의 로켓 공장 인근을 폭격했다. 그날 이후 나를 안내했던 사람들은 홍보 업무를 포기하고 화염병을 만들고 기관총을 쏘는 법을 배웠다. 폴랴코프의 사무실 옥상에는 우크라이나군 저격수들이 배치되었다. 파이어플라이에서 일하던 엔지니어들은 입대하거나 나라를 떠났다. 전 국토가 엉망이 되면서 우크라이나 항공우주산업의 부흥에 대한 희망도 사라져가고 있었다. 폴랴코프는 내게 보낸 메일에 이렇게 썼다. "망할 놈들. 러시아 개자식들!"

그동안 폴랴코프는 마르쿠식이 CEO 자리에서 쫓겨난 것을 그나마 위안으로 삼았다. 폴랴코프의 지분을 인수한 사람들이 마르쿠식을 물러나게 했다.▾ 전문 투자자들은 일정 지연과 예산 초과를 그냥 두고 보지

▶ 마르쿠식은 여전히 파이어플라이의 이사회 구성원이며 최고 기술 고문으로 재직 중이다.

않았다. 파이어플라이는 폴랴코프나 마르쿠식이 없어도 잘 나갔다.

2022년 10월 파이어플라이는 두 번째로 로켓 발사를 시도해서 큰 성공을 거두었다. 로켓은 궤도에 도달했고 위성 몇 대를 궤도에 올려놓았다. 이를 통해 파이어플라이의 가치는 수십억 달러에 이르게 되었다. 폴랴코프는 멀리서 인터넷을 통해 이를 지켜보았다. 파이어플라이는 폴랴코프의 도전 정신과 과감한 투자, 리더십에 힘입어 엄청나게 빠른 속도로 로켓 발사에 성공했지만 모든 영광은 투자자들이 새롭게 임명한 CEO에게 돌아갔다.

이 무렵 폴랴코프는 다른 일에 빠져 있었다. 우크라이나가 공격을 받자마자 폴랴코프는 즉각 행동에 나섰다. 폴랴코프는 상업용 위성사진을 대량으로 확보해 우크라이나군에 제공했다. 폴랴코프는 위성사진을 사비로 구입했고 그의 엔지니어들은 사진을 분석하여 러시아군이 어디로 가는지, 무엇을 하는지를 알려주었다. 우크라이나군 관계자들은 폴랴코프의 신속한 조치가 키예프에 대한 초기 포위 공격을 막고 러시아에 강력하게 저항하는 데 중요한 역할을 했다고 생각했다. 폴랴코프는 우크라이나 정부 최고층으로부터 상과 표창을 받았다. 폴랴코프는 민간 우주 기술을 이용하여 러시아군을 당황하게 하고 약화했다. 우주 강국이 스타트업의 빠른 대응에 굴복했다.

폴랴코프가 전쟁 현장에서 활약하기 전에 위성사진은 이미 엄청난 위력을 발휘하고 있었다. 위성 기업들은 국제 지정학적 무대에서 중요한 역할을 했다. 전쟁이 시작되기 몇 주 전 러시아는 우크라이나를 침공할 계획이 없다고 부인했다. 하지만 플래닛랩스가 매일 생산하는 영상은 러시아의 선전과 정치 공작을 일거에 무너뜨렸다. 전 세계는 러시아군이 우크라이나 국경에 집결하는 상황을 볼 수 있었다. 우리는 무슨 일이 일어날지 알고 있었다.

전쟁이 진행되면서 플래닛랩스의 위성영상은 TV나 신문, 소셜 미디어 피드에 끊임없이 나타났다. 세계는 키예프 외곽에서 약 65km 길이의 러시아 호송대가 진흙에 갇힌 모습을 지켜보았다. 우리는 병원과 학교가 공격받기 전 사진과 공격받은 후 사진도 보았다. 러시아는 군사시설을 폭격했고 사진은 거짓말을 하지 않았다. 폭격이나 공격이 감행될 때마다 공개출처정보 분석가들은 위성사진을 지상에서 촬영한 사진이나 보고서와 대조하여 실제 상황을 보다 더 정확하게 알리기 위해 노력했다. 과거 그 어떤 전쟁도 이런 식으로 자세히 입증된 적은 없었다.

러시아가 우크라이나의 통신 기반 시설을 파괴하려하자 스페이스X는 우크라이나에 수천 개의 스타링크 안테나를 보냈다. 이 우주 인터넷 덕분에 우크라이나군은 몇 년 전이라면 불가능했을 방식으로 작전을 펼수 있었다. 러시아군이 암호화된 스타링크 시스템을 뚫을 능력이 없었으므로 우크라이나군은 안전하게 서로 통신할 수 있었다. 우크라이나는 또한 스타링크 기술로 군사용 드론을 조종해 전국 각지에서 수천 건의 폭격 임무를 수행할 수 있었다. 볼로디미르 젤렌스키 대통령은 일론 머스크에게 감사 인사를 전했고 우크라이나 군장성들도 온라인에 비슷한 감사의 글을 올렸다.

과거에도 위성 기술이 전쟁에 사용되기는 했지만 우크라이나와 러시아의 전쟁은 진정한 의미에서 최초의 우주 전쟁이라 할 만하다. 민간 우주 기업이 구축한 도구는 우크라이나에 유리하게 작용해 러시아군을 약화하며 전쟁의 흐름을 바꾸어놓았다.

플래닛랩스는 2021년 12월 스팩 열풍이 절정에 달했을 때 상장했다. 수억 달러를 모금했고 약 30억 달러의 기업 가치를 인정받았다. 플래닛랩스는 고객사 800여 곳을 보유하고 있으며 연간 약 1억 3,000만 달러의 매출을 올린다고 발표했다. 윌 마셜과 로비 싱글러, 제시 케이트 싱글러는 모두 백만장자가 되었지만 여전히 공동체를 이루며 함께 살고 있다. 이 책에서 언급한 플래닛랩스의 초창기 주요 인물 대부분은 여전히 회사에 남아 있다.

하지만 크리스 보슈하우젠은 마셜이나 싱글러 부부와의 불화로 2015년에 플래닛랩스를 떠났다. 보슈하우젠은 말한다.

> 윌과 로비 사이에서 저는 그들의 이상주의 속에서 실재를 찾는 역할을 했던 것 같습니다. 제 일은 그들이 하고 싶은 일을 실용적으로 접근하는 것이었습니다. 우리 모두는 서로에게 지쳤고 윌과 로비는 각자 알아서 하고 싶어 했습니다. 우리는 이야기를 나누었고 저는 그들의 결정을 지지한다고 말했습니다. 그들은 제게 다시 한번 고려해달라고 물어보는 것조차 힘들어했습니다. 우리는 큰 포옹을 하고 헤어졌습니다.

보슈하우젠은 벤처 투자가가 되었다. 보슈하우젠은 먼저 뉴질랜드의 로켓 스타트업인 로켓랩에 투자했다. 2021년 말 보슈하우젠은 블루오리진의 로켓을 타고 관광객 자격으로 우주여행을 다녀왔다.

마셜과 싱글러 부부는 플래닛랩스 외에도 지난 몇 년 동안 달에 인간 식민지를 건설하기 위해 많은 노력을 기울였다. 이들은 민간 자금으로 달 정착지를 최초로 건설하고자 노력하는 오픈루나재단Open Lunar Foundation을 설립했다. 이 단체에는 크리스 켐프·피트 워든·크레온 레빗·벤 하워드·스티브 저벳슨도 참여했다. 이들은 로켓 가격이 저렴해져 이제 국가가 아닌 개인도 자체 달 탐사 임무를 수행할 수 있다고 생각하며, 전 세계 사람들이 참여해서 기존과는 다른 통치 방식을 갖는 새로운 문명을 달에 건설하기 원했다.

나는 오픈루나 회의에 몇 년 동안 참석했다. 초기 계획은 달을 공전하는 위성 도브를 몇 개 보내 정착하기 가장 좋은 장소를 찾는 것이었다. 그런 다음 로봇 탐사선을 달 표면에 보내 임무들을 수행하고자 했다. 그다음 단계는 주거지 건설이었다. 세르게이 브린과 유리 밀너가 이 프로그램의 재정 지원자로 선임되었고 회의는 종종 실리콘밸리에 있는 밀너의 1억 달러짜리 저택에서 열리고는 했다.

현재 오픈루나는 희망과 꿈의 규모를 축소하고 정책 프로젝트화했다. 제시 케이트 싱글러는 여전히 그룹의 리더로서 달 정착지의 다양한 역학 관계와 전략에 영향을 미치고 있다.

이 친구들은 여전히 매년 새해에 4D(Dream, Drive, Develop, Deliver) 클럽의 일원으로 모인다. 윌 마셜과 싱글러 부부, 크리스 켐프를 비롯한 친구들은 그룹을 이루어 각자 희망과 야망을 소리 내어 이야기하고 자신의 삶을 되돌아본다. 4D는 매년 이들이 형성한 특별한 유대를 상기시켜준다. 오랜 세월 이렇게 끈끈하게 우정을 유지하고 모임을 정기화하기는 쉽지 않다. 레인보우 맨션에 살았던 친구 하나가 4D에 참석해서 이런 말을 한다. "제 생각에는 제시 케이트 싱글러가 그룹의 정신적 리더입니다. 제시 케이트는 말을 많이 하는 편은 아니지만 추진력이 대단하죠. 우리 모두 일과 삶을 함께해왔습니다."

에임스연구소는 2015년 피트 워든이 떠난 이후로 많이 달라졌다. 나사는 워든이 떠난 후 조직을 개편하여 각 연구소나 센터 임원이 연구소장이나 센터장이 아니라 나사 본사에 직접 보고하도록 했다. 이는 연구소장이나 센터장의 전횡을 막고 워든 같은 사람이 다시 생기지 않도록 하기 위한 조치였다. 짐작하겠지만 현재 에임스연구소는 활력을 잃었다.

에임스연구소와 레인보우 맨션를 모두 거친 케빈 파킨은 워든과 함께 유리 밀너의 심우주 탐사 프로젝트를 진행하고 있다. 워든은 말한다. "태양계와 그 너머로의 확장이 제가 하는 일입니다. 결국 우리는 주변의 다른 항성계로 이주해야 할 겁니다."

알 웨스턴은 여전히 에임스연구소에서 일하지만 나사 직원은 아니다. 웨스턴은 구글이 인수한 회사로 이적하여 세르게이 브린을 위해 비행선을 제작하고 있다.

내가 이 이야기를 소설로 쓴다면 아마도 피트 워든은 이 모든 음모를 뒤에서 조정하는 역할로 묘사될 것이다. 워든은 저렴한 비용으로 필요하면 바로 로켓을 발사해 군이 원하는 곳을 감시할 수 있는 세상을 수십 년 동안 꿈꾸었다. 워든이 없었다면 플래닛랩스나 아스트라는 존재하지 않았을 것이다. 군이 따지자면 스페이스X나 로켓랩도 존재하지 않았을지도 모른다. 결국 정부가 팰컨1 시절 머스크를 지원하도록 설득한 사람도 워든이었고 벡에 투자하도록 사람들을 설득한 사람도 중간에 뉴질랜드 특사인 알 웨스턴이 있기는 했지만 워든이었다. 워든이 이 현실을 거의 창조한 셈이다. '비밀 작전을 수행하던 장군이 똑똑한 젊은이들과 친구가 되어 부지불식간에 자신의 명령을 따르도록 설득하다.'는 줄거리는 꽤 좋은 이야기가 될 것이다.

피터 벡은 변함없이 경쟁에서 한두 걸음 앞서 있다. 로켓랩은 2021년 중반에 상장하여 수억 달러의 자금을 조달해 수십억 달러의 기업 가치를 인정받았다. 상장으로 벡은 뉴질랜드에서 주요 기업인이자 가장 부유한 시민이 되었다. 하지만 로켓 사업이 여전히 어렵다는 사실도 드러났다. 로켓랩은 제2의 스페이스X라는 불리지만 여전히 적자에서 벗어나지 못하고 있다(2022년 기준).

로켓랩은 새로 조성한 자금을 뉴트론이라는 재사용 가능한 대형 로켓 개발에 투입할 계획이다. 뉴트론은 스페이스X의 팰컨9와 정면으로 맞설 것이다. 로켓랩은 또한 일렉트론을 재사용할 수 있는 기술을 완성하여 비용은 낮추고 발사 속도는 높이는 데 매진해왔다. 그 외에도 뉴질랜드와 미국에 발사대를 설치했다. 로켓랩은 로켓을 수십 차례 발사해 위성 수백 대를 궤도에 안착시켰다.

로켓랩은 이제 단순한 로켓 회사가 아니다. 로켓랩은 자체 공장에서 일반 위성 부품 대부분을 제조하기 시작했다. 고객은 위성을 골라 자신만의 고유한 기술이 담긴 탑재체를 위성에 장착 다음 로켓랩의 로켓에 실기만 하면 되었다. 이로써 로켓랩은 더 수익성 있는 위성 사업으로 진출했다. 로켓랩은 위성에서부터 로켓 제작과 발사까지 한 번에 진행할 수 있어 회사의 매출과 이익이 증가했다.

2022년 7월 로켓랩은 나사를 대신해 달에 탑재물을 운반했다. 이는 소형 로켓 제조업체 역사상 가장 야심 찬 임무였으며 로켓랩의 로켓은 완벽하게 임무를 수행했다. 벡이 예측했듯이 뉴질랜드는 달 조약을 우주 관련 법규에 추가해야 했다. 로켓랩은 달 탐사 임무와 화성 및 금성과 관련한 임무도 추가로 계약했다.

뉴질랜드는 자국 해안에서 발사한 위성을 폐기하기 전까지 관리하는 법안을 제정했다. 즉 이 나라는 위성이 우주에 있는 동안 관리하고 수명이 다하면 안전하게 처분할 것을 법으로 명문화했다. 이런 법이 있는 나라는 뉴질랜드가 유일하다.

아스트라는 거침없이 달리고 있다. 2022년 3월 고객으로부터 대가를 받고 위성을 궤도에 올리는 데 성공했다. 이전에 폭발과 우여곡절이 있었지만 기록적인 속도로 우주를 향해 나아갔다. 아스트라는 또한 스페이스X와 로켓랩과 함께 업계 최고 수준으로 평가받았다.

아스트라는 2022년 5월에 투자자들을 위해 공장에서 좋은 소식을 알리는 축사 행사를 열었는데, 놀랍게도 앨러미다 시장이 참석하여 회사를 칭찬하며 손님을 맞이했다. 시장은 테슬라 공장을 언급하며 이렇게 말했다. "저는 일론 머스크와 테슬라가 프리몬트에서 한 일을 크리스 켐프와 아스트라가 여기 앨러미다에서 할 수 있다고 생각합니다. 크리스! 아무 문제 없이 가능하겠죠?"

사실 앨러미다시 정부는 몇 달 전 아스트라를 단지에서 내쫓으려고 했다. 하지만 이제는 회사가 이룬 성취를 부인할 수 없는 단계에 이르렀다. 공장을 또다시 확장했고 여러 대의 로켓이 우주로 갈 준비가 되어 있었다. 아스트라는 또한 1만 3,600대의 인터넷 위성군을 구축하기 위해 서류를 제출했다. 이 위성군은 인근 새 공장에서 설계하고 제작할 예정이다.

크리스 켐프는 무대에 올라 우크라이나 전쟁 중 민간 우주산업이 이뤄낸 성과를 언급했다. 켐프는 상장한 모든 우주 회사를 언급하며 2040년이 되면 우주 경제의 규모가 1조 달러에 이를 것으로 예측했다. 켐프는 또한 로켓랩은 피터 벡이 호언장담한 대로 로켓을 자주 발사하지 못하고 있다고 비판했다.

켐프는 직원들의 노고를 치하하며 행사를 마무리했다. 아스트라는 가장 작은 팀으로 "역사상 가장 빠르게 4년 만에" 위성을 궤도에 올린 회사라고 치켜세웠다. 값싸고 작은 로켓을 만들겠다는 방향이 100% 맞는다는 보장은 없지만 어떤 어려움이 있어도 끝을 보겠다고 약속했다.

불과 몇 주 후인 2022년 6월에 아스트라는 계획을 대폭 수정했다.

아스트라는 나사를 대신해 기상 추적 위성을 우주로 운반하려고 했지만 로켓이 궤도에 진입하지 못하면서 위성이 손상되었다. 아스트라 직원들은 연속해서 발사에 성공하기를 바랐지만 그런 일은 일어나지 않았다.

처음에 켐프는 상황을 긍정적으로 평가하며 로켓을 고칠 수 있을 것이라 했다. 하지만 8월이 되자 소형 로켓을 완전히 폐기하고 대신 더 큰 로켓을 만드는 데 집중하기로 했다. 켐프는 아스트라의 새로운 로켓은 600kg 정도의 탑재물을 궤도에 올릴 수 있으며 "2023년 중 시험 발사를 목표로" 하겠다고 발표했다.

켐프는 대형 로켓을 그렇게 빨리 만들 수 있는 아스트라의 핵심 기술이 무엇인지 공개적으로 언급하지 않았다. 대형 로켓을 움직이는 엔진은 아스트라가 아닌 파이어플라이가 설계한 엔진이고 그 힘은 우크라이나산 터보펌프에 의존해야만 하기 때문이다.▼

켐프는 2분기 실적을 발표하면서 아스트라의 새로운 계획을 공개했다. 분기 순손실은 8,200만 달러였지만 아직 현금을 2억 달러 보유하고 있었다. 켐프는 이 돈으로 대형 로켓을 만들어 앨러미다 공장에서 수십 대씩 찍어낼 계획이라고 했다. 켐프는 내게 문자메시지를 보내왔다. "우리는 로켓3에서 많은 것을 배웠습니다. 우리가 회사를 상장한 이유는 로켓4 때문입니다."

크리스 켐프는 여전히 위아래로 검은 옷을 즐겨 입는다.

▶ 또 다른 반전이 있었다. 군수업체인 노스럽그러먼이 2022년 자사의 구형 로켓인 안타레스의 엔진을 러시아산이 아닌 파이어플라이의 엔진으로 교체할 것이라고 발표했다. 만약 폴랴코프가 러시아를 도우려는 의도가 있었다면 결과적으로 두 미국 회사가 지금 채택하고 있는 기술을 개발하는 데 돈을 투자한 셈이니 그는 아주 끔찍한 일을 저지른 게 된다.

감사의 글

5년 동안 한 권의 책을 쓰려면 관련 인물들의 엄청난 인내와 호의를 비롯해 친구의 지지와 가족의 관용 필요하다.

아내 멀린다와 아들 보위와 터커는 이 책을 쓰는 동안 모든 좋은 순간과 나쁜 순간을 지켜보았다. 폴랴코프의 목소리로 생식기가 여러 개 달린 소 이야기를 해서 아이들을 웃겼고 이들에게 우주와 항공우주에 대해 알려주며 로켓도 몇 개 보여주었다. 그래도 너무나 많은 시간을 서재에 틀어박혀 아이들과 함께 보내지 못했다. 아마 그 시간을 되찾을 수 없을 것이다. 하지만 아이들의 미소와 격려로 끝까지 버틸 수 있었으니 나는 운 좋은 아빠다.

멀린다는 내가 놀라운 일을 목격하거나 훌륭한 인터뷰를 하고 흥분해서 집으로 뛰어들어오는 모습도, 나쁠 때는 스트레스에 시달려 신경 쇠약에 걸리기 직전인 모습도 보았다. 그런 와중에도 멀린다는 오로지 나를 격려하고 가정을 정상적으로 꾸려나가는 일에 전념했다. 이 말이 감상적으로 들릴지 모르지만 멀린다가 아니었다면 나는 결코 이 책을 쓸 수 없었을 것이다. 아내는 나를 최악의 상황에서 구원해주며 모든 헌신을 보여주었다. 멀린다는 내 뮤즈이자 천사다. 멀린다에게 내 사랑을 전한다.

이 여정에서 내가 정보를 얻기 위해 괴롭히고 또 괴롭혔지만 여전히 연락하고 있는 사람들이 있다. 크리스 켐프·맥스 폴랴코프·윌 마셜·로비 싱글러·제시 케이트 싱글러·애덤 런던·아르티옴 아니시모프·피트 워든·피터 벡·모건 베일리·트레버 해먼드 등이다. 내게 시간을 할애해준 데 깊이 감사한다. 아마 죽을 때까지 호의를 갚지 못할 것이다. 또한 여러 회사의 직원들, 특히 아스트라의 직원들에게 감사한다. 그들은 매주 나를 만나 시간을 내주었다.

책을 쓰는 동안 출판 에이전트 데이비드 패터슨이 나 때문에 곤란에 빠진 적이 있었다. 그는 모든 일을 프로답게 처리했다. 출판계의 베테랑인 그는 뛰어난 심리학자이기도 하다. 패터슨에게 고맙다는 말을 전한다. 항상 곁에서 내가 호흡할 수 있게 해주었다.

할리우드에서 항상 날 도와주는 하우이 샌더스는 끊임없이 낙관적인 사고방식으로 나를 격려해주었다. 그와 통화를 할 때마다 모든 일이 잘될 것 같은 기분이 들었다. 그는 처음부터 이 프로젝트를 믿고 이 소재로 새로운 가능성을 볼 수 있게 도와주었다. 항상 과감하게 생각하고 내가 잘되기를 바라는 마음을 전해준 샌더스에게 감사하다.

편집자 사라 머피를 많이 괴롭혔다. 그래도 그는 친절과 지지로 응답해주었다. 편집 과정에서 우리는 마치 하나의 마음이 된 듯 느껴졌다. 머피에게 고마운 마음을 전한다. 나를 인내하며 이 책에 많은 사랑과 애정을 주었다.

브래드 스톤을 만나게 된 것은 내 인생 최대 행운이었다. 우리는 오랫동안 함께 일해온 친구다. 그는 고상하고 친절하며 현명한 사람이다. 비록 각자 자신만의 일을 하고 있지만 나는 우리가 함께 저널리즘과 글쓰기를 향해 나아가는 팀이라고 생각한다.

또한 블룸버그에서 일하게 된 것을 행운으로 생각한다. 이렇게 기자들을 지원하는 회사는 없을 것이다. 먼저 감사의 인사를 하고 싶은 사람은 마이클 블룸버그다. 그는 내게 세계 각지를 다니며 이야기를 찾을 기회를 주었고 재능을 최대한 발휘할 수 있게 해주었다. 이런 말들이 아첨처럼 들릴지 몰라도 사실이다. 그가 이 글을 볼지 모르겠다. 블룸버그에서 일하면서 뛰어난 동료와 편집자, 친구를 많이 만났다. 짐 애일리·크리스틴 파워스·제프 무스쿠스·맥스 체프킨·앨런 제프리스·빅토리아 다니엘은 나의 특이한 면을 이해해주고 내 이름으로 나오는 글이 훨씬 더 나아질 수 있게 해주었다. 이들 모두를 사랑한다.

또한 메건 샬레·프란체스카 쿠스트라·시렐 코작에게도 감사의 말을 전한다. 이 훌륭한 영화 제작자들은 내가 이 책의 일부 주제를 다큐멘터리로 만드는 방법을 배우는 동안 도와주었다. 그 과정이 어려웠다고 하면 모자란 표현일 것이다. 이 세 여성에게 감사하는 마음을 어떻게 전해야 할지 모르겠다. 그 재능에 경외감을 느끼며 세 사람의 관대함을 결코 잊지 못할 것이다.

데이비드 니콜슨과 다이아나 스루야쿠스마는 불행히도 멀리 떨어진 땅에 갇혀 오랜 시간 나와 같이 있어야 했다. 바에서 술을 엄청나게 마시며 두 사람에게 신기한 우주 경쟁에 대해 이야기하지 않을 수 없었다. 두 사람은 지겨웠을지 몰라도 내게는 큰 도움이 되었다. 두 사람은 이제 친구보다 가족에 가깝다. 만약 이들을 만나지 못했다면 인생이 달라졌을 것이다. 이들을 위해 무엇이든 할 것이다. 칠레 사막에서 주술사에게 독살당할 때도 같이 있고 싶은 사람들이다.

키스 리에게 새로운 책의 초안을 맨 먼저 보냈다. 우리는 우연히 테니스 코트에서 만났고 그 후로 서로 가족처럼 지내고 있다. 우리 두 아들은 리를 알게 되어 다행으로 생각한다. 키스 리는 모범적인 아버지이자 남편이다. 항상 너그러운 그는 내 글에 현명하고 사려 깊은 의견을 주었다. 그는 내가 계속 나아갈 수 있게 용기를 준다.

또한 아름다운 환경 속에서 이 책의 일부를 쓸 수 있게 장소를 제공해준 아이다호의 좋은 사람들, 특히 피트와 마리안느에게 감사하다. 뉴질랜드와 훌륭한 시민 역시 마찬가지다. 나는 많은 나라를 가봤지만 뉴질랜드보다 더 좋은 나라는 없었다. 정말 마법 같은 나라다.

마지막으로 내 모든 창의적 능력을 키워주고 항상 놀라움으로 가득 차 있는 어머니 마고와 아버지 존에게 감사의 말을 전하고 싶다. 따뜻하고 사랑이 넘치는 가족을 만나게 해준 블레이즈와 주디에게도 감사의 말을 전한다.

부모님은 얼마 전에 충동적이었는지 모르겠지만 멕시코로 이주하여 멋진 사람들이 있는 곳에 정착했다. 그중 훌리안과 안드레스는 이제 테니스 친구이자 이웃 그리고 평생 친구가 되었다. 이 책의 대부분을 멕시코에서 썼는데, 훌륭한 음식과 훌륭한 사람들이 나를 잠시 책에서 멀어지게 해서 몸과 마음을 바로잡는 데 많은 도움을 받았다. 코로나19는 정말 지독했지만 예상치 못하게 부모님과 (그리고 세 마리 고양이와) 시간을 보낼 수 있었고 멕시코와 사랑에 빠지는 계기가 되었다.

만약 내가 누군가를 잊었다면 당신 역시 사랑한다고 전하고 싶다.

레인보우 맨션

2024년 7월 10일 초판 1쇄 발행 | 2024년 8월 5일 4쇄 발행

지은이 애슐리 반스 **옮긴이** 조용빈
펴낸이 이원주, 최세현 **경영고문** 박시형

책임편집 김유경 **교정교열** 신상미
기획개발실 강소라, 강동욱, 박인애, 류지혜, 이채은, 조아라, 최연서, 고정용, 박현조
마케팅실 양봉호, 양근모, 권금숙, 이도경 **온라인홍보팀** 신하은, 현나래, 최혜빈
디자인실 진미나, 윤민지, 정은예 **디지털콘텐츠팀** 최은정 **해외기획팀** 우정민, 배혜림
경영지원실 홍성택, 강신우, 김현우, 이윤재 **제작팀** 이진영
펴낸곳 (주)쌤앤파커스 **출판신고** 2006년 9월 25일 제406-2006-000210호
주소 서울시 마포구 월드컵북로 396 누리꿈스퀘어 비즈니스타워 18층
전화 02-6712-9800 **팩스** 02-6712-9810 **이메일** info@smpk.kr

ⓒ 애슐리 반스(저작권자와 맺은 특약에 따라 검인을 생략합니다)
ISBN 979-11-6534-973-8 (03400)

쌤앤파커스(Sam&Parkers)는 독자 여러분의 책에 관한 아이디어와 원고 투고를 설레는 마음으로 기다리고 있습
니다. 책으로 엮기를 원하는 아이디어가 있으신 분은 이메일 book@smpk.kr로 간단한 개요와 취지, 연락처 등을
보내주세요. 머뭇거리지 말고 문을 두드리세요. 길이 열립니다.